EUL VERLAG

CONTROLLING

Herausgegeben von Prof. Dr. Volker Lingnau, Kaiserslautern, und Prof. Dr. Albrecht Becker, Innsbruck

Band 1
Katrin von Briel
Controlling im Logistik-Outsourcing
Lohmar – Köln 2005 • 322 S. • € 52,- (D) • ISBN 3-89936-368-X

Band 2
Avo Schönbohm
Reflexives Controlling – Rationalität und Revolution unternehmerischer Wirklichkeit in der Postmoderne
Lohmar – Köln 2005 • 292 S. • € 49,- (D) • ISBN 3-89936-413-9

Band 3
Volker Lingnau (Hrsg.)
Einsatz von Controllinginstrumenten im Mittelstand – Konferenz Mittelstandscontrolling 2005, TU Kaiserslautern
Lohmar – Köln 2006 • 212 S. • € 45,- (D) • ISBN 3-89936-431-7

Band 4
Tim Dwornicki
Universitäre Kostenrechnungen – Eine entscheidungsorientierte Analyse grundlegender Gestaltungsoptionen
Lohmar – Köln 2006 • 264 S. • € 47,- (D) • ISBN 3-89936-475-9

Band 5
Peter Winter
Risikocontrolling in Nicht-Finanzunternehmen – Entwicklung einer tragfähigen Risikocontrolling-Konzeption und Vorschlag zur Gestaltung einer Risikorechnung
Lohmar – Köln 2007 • 472 S. • € 62,- (D) • ISBN 978-3-89936-553-5

JOSEF EUL VERLAG

Reihe: Controlling · Band 5

Herausgegeben von
Prof. Dr. Volker Lingnau, Kaiserslautern,
und Prof. Dr. Albrecht Becker, Innsbruck

Dr. Peter Winter

Risikocontrolling in Nicht-Finanzunternehmen

Entwicklung einer tragfähigen Risikocontrolling-Konzeption und Vorschlag zur Gestaltung einer Risikorechnung

Mit einem Geleitwort von
Prof. Dr. Hans-Jörg Hoitsch, Universität Mannheim

EUL VERLAG

Bibliographische Information der Deutschen Bibliothek

Die Deutsche Bibliothek verzeichnet diese Publikation in der Deutschen Nationalbibliographie; detaillierte bibliographische Daten sind im Internet über <http://dnb.ddb.de> abrufbar.

Dissertation, Universität Mannheim, 2006

ISBN 978-3-89936-553-5
1. Auflage Januar 2007

Printed in Germany
Druck: RSP, Troisdorf

JOSEF EUL VERLAG GmbH
Brandsberg 6
53797 Lohmar
Tel.: 0 22 05 / 90 10 6-6
Fax: 0 22 05 / 90 10 6-88
E-Mail: info@eul-verlag.de
http://www.eul-verlag.de

Bei der Herstellung unserer Bücher möchten wir die Umwelt schonen. Dieses Buch ist daher auf säurefreiem, 100% chlorfrei gebleichtem, alterungsbeständigem Papier nach DIN 6738 gedruckt.

Für Kerstin und meine Eltern

Geleitwort

Das Phänomen Risiko und der Umgang mit diesem im Unternehmenskontext stellen grundlegende und wichtige Fragestellungen der Betriebswirtschaftslehre dar, die einen engen Bezug zur Theorie der Unternehmung und zur Unternehmensführung aufweisen. Im Finanz- und Versicherungsbereich kommen der Risikohandhabung traditionell eine große Bedeutung und eine entsprechende Aufmerksamkeit zu. Wissenschaft und Praxis bringen diesem Themenkomplex in jüngerer Zeit aber auch in Bezug auf Nicht-Finanzunternehmen (wieder) ein verstärktes Interesse entgegen. Dies liegt vor allem in der aktuellen Corporate Governance-Diskussion und den hiermit einhergehenden gesetzlichen und aufsichtsrechtlichen Regelungen, wie dem Gesetz zur Kontrolle und Transparenz im Unternehmensbereich, dem Sarbanes-Oxley Act of 2002 oder der Neuen Baseler Eigenkapitalverordnung begründet. Unabhängig hiervon erfordern grundlegende ökonomische Überlegungen die bewusste Gestaltung des Unternehmensrisikos, sodass Risikomanagement weit mehr als nur ein „Modethema" bzw. ein „Strohfeuer" der betriebswirtschaftlichen Auseinandersetzung darstellt, das im Moment zwar hell aufflammt, aber wenig nachhaltig brennt. Die genannten Regelungen haben jedoch zweifelsohne die Entwicklung und Implementierung formalisierter Risikomanagement-Systeme bzw. die Verbreitung und Etablierung des Risikomanagements in Unternehmen forciert und beschleunigt. In der Praxis bestand und besteht eine gewisse Orientierungslosigkeit bzgl. der notwendigen bzw. zweckmäßigen Ausgestaltung des Risikomanagements. Hierbei kommt der Betriebswirtschaftslehre die Aufgabe zu, theoretisch fundierte und praktikable Hilfestellungen in Form von Lösungskonzepten, Methoden und Instrumenten für die ökonomisch motivierte Handhabung von Unternehmensrisiken zu entwickeln und bereitzustellen. Bei der Ausarbeitung, dem Aufbau und dem Betrieb von Risikomanagement-Systemen wurden vor diesem Hintergrund in der Unternehmenspraxis vor allem große Erwartungen an das Controlling gerichtet. Zur Bezeichnung des Spannungsfelds bzw. der Schnittstelle zwischen Controlling und Risikomanagement wird der Bergriff Risikocontrolling verwendet. Einem Risikocontrolling bzw. risikoorientierten Controlling kommt dabei zweifelsohne eine wichtige Rolle in Bezug auf die unternehmerische Handhabung von Risiken zu. Die Auseinandersetzung mit dieser Thematik ist bisher aber von einer bedenklichen begrifflichen Unschärfe, einem Mangel an überzeugender konzeptioneller Fundierung und einer fundierten Einordnung in die Betriebswirtschaftslehre gekennzeichnet.

Dieser Problematik nimmt sich Peter Winter mit der vorliegenden Arbeit an und greift somit eine aktuelle Entwicklung innerhalb der Betriebswirtschaftslehre mit großer theoretischer und praktischer Bedeutung auf. Sein Ziel ist die Entwicklung einer tragfähigen Risikocontrolling-Konzeption, die in nachvollziehbarer und begründeter Weise aus ebenso fundierten Controlling- und Risikomanagement-Konzeptionen abgeleitet wird. Hierzu greift er grundlegende konzeptionelle Fragestellungen auf und schlägt umfassende und aufeinander abgestimmte Konzeptionsstrukturen zur Charakterisierung der jeweiligen Erkenntnisgebiete vor. Die auf dieser Basis erarbeiteten Konzeptionen werden als „tragfähig" bezeichnet, da sie unter Beachtung real existierender Phänomene wie Stellen, Praktiken und Instrumente eine nachvollziehbare Einordnung und Charakterisierung des Controllings, Risikomanagements und Risikocontrollings ermöglichen und somit die Grundlage für eine geschlossene Behandlung der Thematik schaffen sollen. Die derartig entwickelte konzeptionelle Fundierung des Risikocontrollings stellt eine bislang einzigartige, in sich geschlossene und in die Betriebswirtschaftslehre integrierte Betrachtung dieses noch jungen Themenbereiches dar. Peter Winter erachtet jedoch eine allein strukturell-konzeptionelle Behandlung des Risikocontrollings als nicht ausreichend. Er konkretisiert die Hauptaufgabe des Risikocontrollings, nämlich die Entwicklung unternehmensweit einsetzbarer, theoretisch fundierter und praktikabler Risikomessmethoden zur Unterstützung der Unternehmensführung bei der Entscheidungsfindung und der Verhaltenssteuerung, durch einen Risikorechnungsgestaltungsvorschlag. Mit dessen Hilfe wird eine gezielte Steuerung der Unternehmensrisiken ermöglicht. Hierbei greift er grundlegende und aktuelle Erkenntnisse zur Notwendigkeit und Gestaltung der Unternehmensrechnung auf und kombiniert diese mit Erkenntnissen zu Möglichkeiten und Grenzen der Risikomessung. Der resultierende Vorschlag zur Gestaltung einer Risikorechnung vereinigt dabei erstmals Aspekte der Rechnungsgestaltung mit jenen der modernen Risikomessung und Risikosteuerung. Weiterhin wird zudem eine Vielzahl von konkreten Anwendungsmöglichkeiten aufgezeigt.

Die vorliegende Arbeit leistet sowohl einen Beitrag zur konzeptionellen Fundierung des Controllings, Risikomanagements und Risikocontrollings als auch zur Weiterentwicklung der Unternehmensrechnung. Sie bietet somit Lesern, die sich für konzeptionelle Fragestellungen in Bezug auf Controlling oder Risikomanagement interessieren, als auch Lesern, die Interesse an Gestaltungsfragen der Unternehmensrechnung haben, wertvolle Erkenntnisse. Ich hoffe, dass die Arbeit die praktische und wissenschaftliche Auseinandersetzung mit diesen Themengebieten anregt und befruchtet und wünsche ihr einen breiten Leserkreis.

Mannheim, im Dezember 2006 Prof. Dr. Hans-Jörg Hoitsch

Vorwort

Die vorliegende Arbeit entstand während meiner Tätigkeit als wissenschaftlicher Mitarbeiter am Lehrstuhl für Allgemeine Betriebswirtschaftslehre und Industrie, insbesondere Produktionswirtschaft und Controlling der Universität Mannheim. Sie wurde im Herbstsemester 2006 von der Fakultät für Betriebswirtschaftslehre der Universität Mannheim als Dissertation angenommen.

Ich möchte mich bei allen bedanken, die zum Gelingen meines Promotionsprojektes beigetragen haben. Herzlichen Dank schulde ich zuforderst meinem akademischen Lehrer und „Chef" Prof. Dr. Hans-Jörg Hoitsch für seine Unterstützung und Motivation sowie für die gewährten Freiräume. Des Weiteren möchte ich mich bei Prof. Dr. Peter Albrecht für die Übernahme des Korreferats bedanken.

Zudem gilt mein Dank meinen Kollegen und den Mitarbeiten des Lehrstuhls für Allgemeine Betriebswirtschaftslehre und Industrie, insbesondere Produktionswirtschaft und Controlling für die äußerst angenehme Zeit und die freundschaftliche Atmosphäre am Lehrstuhl. Insbesondere möchte ich mich bei Frau Renate Haase als „Mutter der Kompanie", bei meinen Hauptstudiumskollegen Herr Dipl.-Kfm. Volker Nietzel und Herr Dipl.-Kfm. Michael Otte für die produktive und interessante Teamarbeit und ihre intellektuelle und moralische Unterstützung sowie bei meinen Kollegen Frau Dipl.-Wirtsch.-Chem. Ines Eberhardt und Herr Dipl.-Kfm. Thorsten Grohsjean für anregende Gespräche fachlicher und nichtfachlicher Art und ihre allgemeine Unterstützung bedanken. Meinen ehemaligen Famulanten Herr Dipl.-Kfm. Joachim Sowada und Frau Dipl.-Kffr. Christina Stierle möchte ich für ihre engagierte Unterstützung meines Wirkens am Lehrstuhl sowie die Durchsicht des Manuskriptes herzlichen Dank aussprechen. Bei Dr. Tim Dwornicki und Dr. Sebastian Goes bedanke ich mich für wertvolle Hinweise zum Promotionsprozess. Prof. Dr. Lingnau bin ich für die Aufnahme meiner Arbeit in die Reihe Controlling sowie für Rat und Unterstützung zu Dank verpflichtet.

Mein größter Dank gilt schließlich Frau Dipl. Ing. Kerstin Wagner, die meine Promotion stets liebevoll begleitet und unterstützt hat, sowie meinen Eltern, die durch ihre Erziehung, ihren liebevollen Rückhalt und ihre uneingeschränkte Unterstützung überhaupt erst die Entstehung dieser Arbeit ermöglicht haben.

Heidelberg, im Dezember 2006 Peter Winter

Inhaltsverzeichnis

Seite

Abbildungsverzeichnis

Tabellenverzeichnis

Abkürzungsverzeichnis

AG	Aktiengesellschaft
AktG	Aktiengesetz
AS/NZS	Australian Standard/New Zealand Standard
ASX	Australian Stock Exchange
aVaR	absoluter Value at Risk
BaFin	Bundesanstalt für Finanzdienstleistungsaufsicht
BAKred	Bundesaufsichtsamt für das Kreditwesen
Basel II	neue Baseler Eigenkapitalvereinbarung
BERI	Business Environment Risk Intelligence
BFuP	Betriebswirtschaftliche Forschung und Praxis
BS	British Standards
BSC	Balanced Scorecard
CAN/CSA	Canadian Standards Association
CAPM	Capital Asset Pricing Model
CCFaR	Conditional Cash Flow at Risk
CEaR	Conditional Earnings at Risk
CFaR	Cash Flow at Risk
CFO	Chief Financial Officer
COSO	Committee of Sponsoring Organizations of the Treadway Commission
COSO ERM	COSO Enterprise Risk Management Framework
CRO	Chief Risk Officer
CVaR	Conditional Value at Risk
CXaR	Conditional XaR-Risikomaß, d. h. bzgl. einer beliebigen Rechengröße
DAX	Deutscher Aktienindex
DBW	Die Betriebswirtschaft
DRS	Deutscher Rechnungslegungs-Standard
DRV	Discounted-Risk-Value
EaR	Earnings at Risk
ECFS	Expected Cash Flow Shortfall

EDV	Elektronische Datenverarbeitung
EES	Expected Earnings Shortfall
ES	Expected Shortfall
EVA	Economic Value Added
EVS	Expected Value Shortfall
EXS	Expected Shortfall bzgl. einer beliebigen Rechengröße
F&E	Forschung und Entwicklung
FMEA	Fehlermöglichkeits- und Einflussanalyse
GmbH	Gesellschaft mit beschränkter Haftung
HGB	Handelsgesetzbuch
IAS/IFRS	International Accounting Standards/International Financial Reporting Standards
IDW PS	Prüfungsstandard des Instituts der Wirtschaftsprüfer
IMA	Institute of Management Accountants
InsO	Insolvenzordnung
IRMSA	Institute of Risk Management South Africa
ISO/IEC	International Organization for Standardization/ International Electrotechnical Commission
JIS	Japanese Industrial Standard
JSA	Japanese Standards Association
KMU	Kleine und mittlere Unternehmen
KonTraG	Gesetz zur Kontrolle und Transparenz im Unternehmensbereich
KPMG	Klynveld, Peat, Marwick und Goerdeler (Wirtschaftsprüfungs- und Beratungsgesellschaft)
krp	Kostenrechnungspraxis
KWG	Gesetz über das Kreditwesen bzw. Kreditwesengesetz
LPM	Lower Partial Moments
METI	Ministry of Economy, Trade and Industry (japanisches Wirtschaftsministerium)
MITI	Ministry of International Trade and Industry (frühere Bezeichnung für das japanische Wirtschaftsministerium)
MMT	Modigliani-Miller-Theorem
NEMAX	Aktienindex des Frankfurter Neuen Marktes
NYSE	New York Stock Exchange

ONR	Österreichisches Normungsinstitut Regel
PD	Published document
PDCA	Plan, Do, Check, Act
PMR	Probable Minimum Return
PwC	PricewaterhouseCoopers (Wirtschaftsprüfungs- und Beratungsgesellschaft)
RAPM	Risk Adjusted Performance Measure bzw. risikoadjustiertes Performancemaß
RAROC	Risk Adjusted Return on Capital
RARORAC	Risk Adjusted Return on Risk Adjusted Capital
RC	Risikocontrolling
RL-Kennzahlensystem	Rentabilitäts-Liquiditäts-Kennzahlensystem
RM	Risikomanagement
RMS	Risikomanagement-System
RORAC	Return on Risk Adjusted Capital
rVaR	relativer Value at Risk
SDAX	Smallcap Aktienindex
SEC	Securities and Exchange Commission
SOA	Sarbanes-Oxley Act of 2002
SWOT	Strengths, Weaknesses, Opportunities and Threats
UPM	Upper Partial Moments
US-GAAP	United States Generally Accepted Accounting Principles
VaR	Value at Risk
WACC	Weighted Average Cost of Capital
WaR	Wert-am-Risiko
WiSt	wirtschaftswissenschaftliches Studium
WISU	Das Wirtschaftsstudium
XaR	(beliebiges) at Risk-Risikomaß
ZfB	Zeitschrift für Betriebswirtschaft
ZfbF	Zeitschrift für betriebswirtschaftliche Forschung
ZfCI	Zeitschrift für Controlling und Innovationsmanagement
ZfCM	Zeitschrift für Controlling & Management
ZfO	Zeitschrift Führung + Organisation
ZP	Zeitschrift für Planung und Unternehmenssteuerung

Symbolverzeichnis

Allgemein

n	Stichprobenumfang
μ	Erwartungswert
σ	Standardabweichung

Ökonomische Rationalität des Risikomanagements

a, b	Alternativen
A, B	Unternehmen
B	Zins und Tilgung
C	Wert eines Calls (Kaufoption)
$E^A(\ddot{U})$	Erwartungswert der Zahlungen an die Anteilseigner
$E^K(\ddot{U})$	Erwartungswert der Zahlungen an die Kreditgeber
I_B	ex ante festgestellter Kapitalbedarf für lohnende Investitionen
I_I	Innenfinanzierungspotenzial
I_R	Umfang tatsächlich durchgeführter Investitionen
K_A	Kosten der finanziellen Anspannung
K_{AF}	Außenfinanzierung
K_I	Insolvenzkosten
P	Wert eines Puts (Verkaufsoption)
$p(\cdot)$	Wahrscheinlichkeitsdichte einer Zufallsvariablen
p_I	Insolvenzwahrscheinlichkeit
r	Zinssatz
s	zukünftiger Zustand der Welt
t	(Rest-) Laufzeit
t_I	zukünftiger Investitionszeitpunkt
t_0	aktueller Betrachtungszeitpunkt
$T(\ddot{U}_V)$	zu zahlender Steuerbetrag
$\ddot{U}$	von der Unternehmung erwirtschafteter finanzieller Überschuss
$\ddot{U}_V$	Vorsteuerüberschuss
$\ddot{U}_N$	Nachsteuerüberschuss

Rechnungszwecke und Entscheidungsverhalten

a, b, c	Alternativen
H	Austauschverhältnis (Trade-off) von Risiko und Wert
k	Parameter für das Risikogewicht bei additiven Risiko-Wert-Modellen
$R(\cdot)$	Maß für den Risikogehalt einer Alternative, Risikomaß
$SR_z(\cdot)$	Shortfall-Risikomaß
$V(\cdot)$	Maß für den Wert einer Alternative, Wertmaß
W	Wohlstandsniveau
u	Risikonutzenfunktion
X	Zufallszahl, Zufallsvariable
Φ	Präferenzfunktional, Gesamtpräferenz

Risikomessung und Risikomaße

A, B	Betrachtungsobjekt
A, b, α, θ, W	Parameter der Risikomaßfamilie nach *Pedersen/Satchell*
$aVaR$	absoluter Value at Risk
$CVaR$	Conditional Value at Risk
ES	Expected Shortfall
$f(\cdot)$	Dichtefunktion
$F(\cdot)$	Verteilungsfunktion
$f_-(\cdot)$ bzw. $f_+(\cdot)$	gemischte Dichtefunktion
$L(\cdot)$	Verlust- bzw. Kostenfunktion
LPM	Lower Partial Moments
n	Parameter der LPM
P	Wahrscheinlichkeit
Q_α	α-Quantil einer Verteilung
R	Risikomaß
R_{P-S}	Risikomaßfamilie nach *Pedersen/Satchell*
R_{Stone}	Risikomaßfamilie nach *Stone*
$rVaR$	relativer Value at Risk
SE	Shortfall-Erwartungswert
$SR_z(\cdot)$	Shortfall-Risikomaß zum Referenzpunkt z

SV	Shortfall-Varianz
SW	Shortfall-Wahrscheinlichkeit
X, x	Zufallsgröße
$X_+(z)$	Gewinnbereich der Verteilung von *X*
$X_-(z)$	Verlustbereich der Verteilung von *X*
Y, y	Zufallszahl, Zufallsvariable
Y_0, *k*, *A*	Parameter der Risikomaßfamilie nach *Stone*
z, t	Referenzpunkt einer Verteilung

Messung von Wahrscheinlichkeiten

A	Ereignis
Σ	Ereignisraum
Ω	Ergebnismenge
P	Wahrscheinlichkeitsmaß

Risikorechnung

B	Menge der Bezugsobjekte, Bezugsobjekt höherer Ordnung
BOH	Bezugsobjekthierarchie
CF	Cashflow
DCF	Discounted Cash Flow
i	Bezugsobjekt bzw. Index für Bezugsobjekte
j	Index für Produkte bzw. Perioden
JÜ	Jahresüberschuss
k	Index für Bezugsobjekthierarchien
M	Rechengröße
P	Produkt
r	Index für Risikofaktoren
$R_i(B)$	Komponentenrisiko eines Bezugsobjekts *i* bzgl. eines Bezugsobjekts höherer Ordnung *B*
$R_i^{'}(B)$	marginales Risiko eines Bezugsobjekts *i* bzgl. eines Bezugsobjekts höherer Ordnung *B*
RAROC	Risk Adjusted Return on Capital
RARORAC	Risk Adjusted Return on Risk Adjusted Capital
RF	Risikofaktor

$RORAC$	Return on Risk Adjusted Capital
t	Index für Perioden
UB	Unternehmensbereich
β	Betafaktor
$\Delta R_i(B)$	inkrementelles Risiko eines Bezugsobjekts i bzgl. eines Bezugsobjekts höherer Ordnung B
μ	Erwartungswert
ρ	Korrelationskoeffizient
σ	Standardabweichung
σ^2	Varianz

1 Einleitung

1.1 Problemstellung

Controlling hat sich in der Unternehmenspraxis wie auch in öffentlichen Verwaltungen und Non-Profit-Organisationen als Führungsinstrument, Aufgabenbereich und Institution etabliert. Auch in der Hochschulausbildung fand Controlling als wichtiges betriebswirtschaftliches Fach Aufnahme in die Curricula als Spezielle Betriebswirtschaftslehre.[1] Trotz der hohen praktischen Bedeutung und Anerkennung, die dem Controlling zuteil wird, sind die Begründung und Konsolidierung des Controllings als eigenständige betriebswirtschaftliche Teildisziplin noch nicht abgeschlossen und weiterhin wichtiger Bestandteil der akademischen Auseinandersetzung. Zudem weichen der Gegenstand und die Abgrenzung der deutschsprachigen Controlling-Forschung z. T. merklich vom internationalen bzw. angloamerikanischen Programm ab.[2] Entsprechend ist das Controlling im deutschsprachigen akademischen Bereich charakterisiert durch einen andauernden **Selbstfindungs- und Begründungsdiskurs**, da zwar im Laufe der Zeit eine Vielzahl von Abgrenzungsversuchen gegenüber anderen betriebswirtschaftlichen Teildisziplinen wie Unternehmensrechnung und Unternehmensführung unternommen wurden, bisher aber noch kein grundlegender, artikulierter Konsens über eine fundierte Legitimation im Sinne einer eigenständigen Teildisziplin besteht. Dabei wurde die Grundlagendiskussion gerade in jüngerer Zeit durch das Aufkommen neuer Forschungsansätze und -perspektiven neuerlich belebt und intensiviert.[3]

Gleichwohl sieht sich das Controlling in Praxis und Wissenschaft einem fortlaufenden **Anpassungsdruck** ausgesetzt.[4] Gerade deswegen wäre ein Konsens über die Grundfragestellung bzw. den Kern des Controllings als Orientierungspunkt für die Controlling-Praxis und -Forschung wichtig, da hierdurch auch die notwendige Kommunikation zwischen beiden gefördert werden könnte. Wichtige aktuelle Entwicklungen stellen z. B. die Internationalisie-

[1] Zu einem Überblick über Stand und Entwicklung deutschsprachiger Controlling-Lehrstühle vgl. *Binder, C./Schäffer, U.* (2005a). Zur Wahrnehmung des Controllings in der Betriebswirtschaftslehre vgl. z. B. *Ahn, H.* (1999a) und *Ahn, H.* (1999b).

[2] Vgl. z. B. *Küpper, H.-U.* (2005), S. 1-6.

[3] Vgl. *Scherm, E./Pietsch, G.* (2004b), S. 5.

[4] Zur historischen Entwicklung und Wandlung des Controllings vgl. z. B. *Lingnau, V.* (1999). Denkbare externe Einflussfaktoren auf die Controlling-Entwicklung sind u. a. rechtliche Anforderungen, Wettbewerbsintensität und -dynamik, Unternehmensgröße und -komplexität, Stand und Entwicklung der Technik sowie geltende Managementmodelle und Organisationsformen.

rung[5], Bestrebungen zur Konvergenz des internen und externen Rechnungswesens[6] sowie die wachsende Bedeutung von Corporate Governance-Aspekten[7] dar, wobei die einzelnen Faktoren nicht unabhängig von einander sind, sondern sich gegenseitig beeinflussen und verstärken.

Ein bedeutender Teilaspekt der aktuellen Entwicklungen, gerade vor dem Hintergrund der Corporate Governance-Diskussion, ist das **Risikomanagement**. Gesetzliche und regulatorische Initiativen wie das *Gesetz zur Kontrolle und Transparenz im Unternehmensbereich* (KonTraG) aus dem Jahre 1998, der *Sarbanes-Oxley Act of 2002* (SOA) oder die *neue Baseler Eigenkapitalvereinbarung* (Basel II), die Ende 2006 offiziell in Kraft treten wird, haben Unternehmen weltweit veranlasst, formalisierte Risikomanagement-Systeme zu entwickeln und zu implementieren. Diese Aufgabe stellte die Unternehmen vor große Herausforderungen und führte aufgrund wenig konkreter Bestimmungen und mangelhafter theoretischer und technologischer Grundlagen zu einer gewissen Orientierungslosigkeit hinsichtlich der notwendigen bzw. zweckmäßigen Ausgestaltung des Risikomanagements.[8] Bei der Suche nach Hilfestellungen bei der Lösung dieser Problemstellung sowie deren Umsetzung wurden die Aufmerksamkeit und die Erwartungen insbesondere auf das Controlling gerichtet: In der Unternehmenspraxis sollten Controller mit ihrem Know-how und ihrem Instrumentenkasten beim Aufbau und Betrieb von Risikomanagement-Systemen mithelfen bzw. eine führende Rolle hierbei übernehmen. Die Controlling-Forschung bemühte sich ebenfalls, risikoorientierte Konzepte und Instrumente zu entwickeln. Insbesondere im Bereich der Nicht-Finanzunternehmen wurde damit einem vermeintlich neuen Themenkomplex große Aufmerksamkeit geschenkt, der in der wissenschaftlichen und praxisorientierten Literatur unter den Bezeichnungen risikoorientiertes Controlling bzw. **Risikocontrolling** diskutiert wird.[9]

Unabhängig von der aktuellen, hauptsächlich von der Erfüllung gesetzlicher Vorschriften und sonstiger Standards motivierten Betrachtung des unternehmerischen Umgangs mit Unsicherheit und Risiko (Compliance bzw. Komplianz), stellt die bewusste Entdeckung, Einschätzung und Gestaltung des Unternehmensrisikos eine bedeutende und grundlegende Aufgabe für die Unternehmensführung bzw. Unternehmer und Manager dar. Insbesondere für die Sicherung der fortgesetzten Unternehmensexistenz, aber auch vor dem Hintergrund einer wertorientierten Unternehmensführung kommt dem systematischen Umgang mit dem Risiko eine wichtige

5 Vgl. z. B. *Weber, J./Meyer, M.* (2005b).
6 Vgl. z. B. *Truxius, D.* (2006); *Wagenhofer, A.* (2006).
7 Vgl. z. B. *Freidank, C.-C.* (2004); *Gleich, R./Oehler, K.* (2006).
8 Vgl. *Hoitsch, H.-J./Winter, P.* (2004b), S. 235.
9 Vgl. *Hoitsch, H.-J./Winter, P.* (2006).

Rolle zu. Hierbei besteht auch ein enger Zusammenhang zur Theorie der Unternehmung.[10] Die betriebswirtschaftliche Forschung und Praxis befindet sich im Bereich des Risikomanagements für Nicht-Finanzunternehmen jedoch trotz der schon länger zurückreichenden Auseinandersetzung mit Risikofragen[11] in einem noch recht frühen Stadium. So ist die Begriffsbildung noch nicht abgeschlossen und es existieren nur vereinzelt theoretisch fundierte Ansätze und tragfähige Technologien.[12] Entsprechend sieht *Meffert* die Erweiterung und Vertiefung des Risikomanagements als eine der zentralen Zukunftsaufgaben in der betriebswirtschaftlichen Forschung an.[13] Somit ist es nicht verwunderlich, dass die betriebswirtschaftliche Forschung bisher kaum geschlossene Risikomanagement-Konzepte präsentieren konnte, die sowohl theoretisch fundiert als auch praktikabel sind.

Einen Beitrag zur Unterstützung der Unternehmensführung in Bezug auf das Risikomanagement kann die Controlling-Forschung durch die **Entwicklung tragfähiger Risikocontrolling-Konzeptionen** leisten. Diese stellen praktisch-normative Aussagensysteme dar, die in gestalterischer Absicht theoretische Aussagen aufgreifen und diese mit normativen Postulaten verknüpfen, um Gestaltungsvorschläge bzw. Handlungsempfehlungen für die Unternehmenspraxis zu generieren. Eine tragfähige Risikocontrolling-Konzeption soll dabei auch eine nachvollziehbare Einordnung des Risikocontrollings in die Betriebswirtschaftslehre bzw. eine nachvollziehbare Charakterisierung des Gegenstandes des Risikocontrollings ermöglichen, die auch einen möglichst erkennbaren Bezug zum real existierenden Phänomen Risikocontrolling in Form empirisch erfassbarer Praktiken, Stellen und Systeme der Unternehmenspraxis aufweist.

Für die Behandlung dieser Aufgabenstellung erweist es sich aber u. U. hinderlich, dass in der Controlling-Forschung recht heterogene Konzeptionen existieren, die nur bedingt mit der Controlling-Praxis korrespondieren, da je nach zugrunde gelegter Controlling-Konzeption unterschiedliche Funktionen, Instrumente und Institutionen bzw. Bedeutungen und Handlungsweisen des Controllings betrachtet werden und somit abgeleitet auch abweichende Vorstellungen hinsichtlich des Risikocontrolling-Gegenstandes bestehen. Ebenso existieren in der Risikomanagement-Forschung und -Praxis divergierende Auffassungen zum Gegenstand, zur Bedeutung, zur Notwendigkeit und zur zweckmäßigen Ausgestaltung eines unternehmensgetragenen Risikomanagements in Nicht-Finanzunternehmen. Als Grundlage der Entwicklung

10 Vgl. z. B. die Überlegungen von *Knight, F. H.* (1921); *Schneider, D.* (1997b).

11 Vgl. z. B. *Schuy, A.* (1989), S. 10 und die dort angegebene Literatur.

12 Vgl. *Chmielewicz, K.* (1979) zu Begriffsbildung, Theorie und Technologie als Elemente der wirtschaftswissenschaftlichen Forschung

13 Vgl. *Meffert, H.* (1998), S. 720-721.

von Risikocontrolling-Konzeptionen als Erklärungs- und Gestaltungshilfen für das Risikomanagement, müssen daher zunächst Fragen bzgl. **tragfähiger Controlling- und Risikomanagement-Konzeptionen** geklärt werden.

Ungeachtet dieser konzeptionellen Probleme hat das risikoorientierte Controlling bzw. das Risikocontrolling bereits Aufnahme als Handlungsfeld bzw. Institution in Nicht-Finanzunternehmen sowie in die Hochschulausbildung gefunden.[14] Bis dato steht jedoch eine umfassende und fundierte Betrachtung der Bedeutung, der Grundlagen, der Struktur und des Inhaltes von Risikocontrolling-Konzeptionen aus.

Genau am beschriebenen Problemstellungskomplex setzt die vorliegende Arbeit an. Ausgehend vom erkannten Bedarf an Konzepten zur Erklärung und Gestaltung des unternehmensgetragenen Risikomanagements in Nicht-Finanzunternehmen[15] sowie den Erwartungen an die Controlling-Forschung und -Praxis in diesem Zusammenhang wird die **Zielsetzung** verfolgt, eine tragfähige Risikocontrolling-Konzeption für Nicht-Finanzunternehmen zu entwickeln, die auf den Grundlagen der Controlling- und Risikomanagement-Forschung beruht, einen nachvollziehbaren und abgrenzbaren Gegenstand aufweist sowie einen erkennbaren Zusammenhang zum real existierenden Phänomen Risikocontrolling erkennen lässt. Dabei wird die Auffassung vertreten, dass die Entwicklung von Theorien zur Erklärung und Gestaltung von Methoden zur Abbildung des Unternehmensrisikos eine originäre Aufgabenstellung der Controlling-Forschung ist. Insbesondere die Entwicklung unternehmensweit einsetzbarer, theoretisch fundierter und praktikabler Risikomessmethoden zur Unterstützung der Entscheidungsfindung und der Verhaltenssteuerung durch die Unternehmensführung, welche erst eine gezielte Steuerung der Unternehmensrisiken ermöglichen, stellt eine wichtige Herausforderung für das Controlling im Kontext des Risikomanagements und somit den Kernbereich des Risikocontrollings dar.

Im Einzelnen soll die vorliegende Arbeit im Zuge der Bearbeitung der beschriebenen Problemstellung Folgendes leisten:

- Entwicklung einer tragfähigen Controlling-Konzeption auf der Grundlage eines Vorschlags zur zweckmäßigen Struktur von Controlling-Konzeptionen, basierend auf bestehenden Controlling-Konzeptionen und dem Stand von Forschung und Praxis.

14 Vgl. *Hoitsch, H.-J./Winter, P.* (2006).

15 Unter Nicht-Finanzunternehmen werden in dieser Arbeit in Form einer negativen Definition Unternehmen verstanden, die keine Finanzunternehmen sind. Finanzunternehmen im Sinne dieser Arbeit sind Kreditinstitute, Finanzunternehmen und Finanzdienstleistungsunternehmen etc. im Sinne des Kreditwesengesetzes (§ 1 KWG).

- Entwicklung einer tragfähigen Risikomanagement-Konzeption auf der Grundlage eines Vorschlags zur zweckmäßigen Struktur von Risikomanagement-Konzeptionen, basierend auf bestehenden Risikomanagement-Konzeptionen und dem Stand von Forschung und Praxis.
- Entwicklung einer tragfähigen Risikocontrolling-Konzeption auf der Grundlage eines Vorschlags zur zweckmäßigen Struktur von Risikocontrolling-Konzeptionen, basierend auf bestehenden Risikocontrolling-Konzeptionen, den in dieser Arbeit vorgeschlagenen tragfähigen Controlling- und Risikomanagement-Konzeptionen und dem Stand von Forschung und Praxis.
- Entwicklung eines Vorschlages zur Gestaltung einer Risikorechnung als Kernbereich der vorgeschlagenen tragfähigen Risikocontrolling-Konzeption.

Die einführende Betrachtung von Controlling- und Risikomanagement-Konzeptionen dient der Fundierung der Auseinandersetzung mit dem Risikocontrolling als Gegenstand der Controlling-Forschung und als real existierendem Phänomen der Unternehmenspraxis sowie dessen Einordnung in die Betriebswirtschaftslehre. Diese Vorgehensweise ist erforderlich, da das Risikocontrolling selbst einen jungen Gegenstandsbereich der Betriebswirtschaftslehre darstellt und bisher nur eine unzureichende konzeptionelle Fundierung erfolgte. Zudem wird bei der Betrachtung des Risikocontrollings i. d. R. auf Controlling und Risikomanagement rekurriert. Dabei werden auch explizit internationale Aspekte der Forschung sowie empirische Erkenntnisse in die Untersuchung mit einbezogen.

Die Arbeit lässt sich damit folgendermaßen in das **Forschungsprogramm** des Controllings einordnen: Zum einen reiht sich die konzeptionelle Betrachtung des Risikocontrollings in die Entwicklung und Reflexion von Controlling-Konzeptionen ein, die traditionell eine herausragende Stellung innerhalb der deutschsprachigen Controlling-Forschung einnehmen. Diese ist bis dato primär normativ und konstruktivistisch geprägt.[16] Zum anderen wird mit dem Vorschlag zu einer Risikorechnung in Nicht-Finanzunternehmen an einen weiteren wichtigen Zweig der Controlling-Forschung, nämlich der Entwicklung von Unternehmensrechnungsgestaltungsempfehlungen, angeknüpft. Dieser ist vornehmlich instrumentell bzw. rechentechnisch geprägt. Durch die Berücksichtigung neuerer Ansätze bzw. Perspektiven der Controlling-Forschung und empirischer Erkenntnisse wird diese grundsätzliche Ausrichtung jedoch z. B. um deskriptive, kognitive und strukturationstheoretische Aspekte erweitert.

[16] Vgl. *Müller, A.* (1996), S. 146; *Becker, A.* (2003), S. 48; *Binder, C./Schäffer, U.* (2005b), S. 613.

1.2 Gang der Untersuchung

Zur Bearbeitung der beschriebenen Problemstellung und zur Erreichung der Zielsetzung wird folgende Vorgehensweise als sinnvoll erachtet:

Im **zweiten Kapitel** erfolgt die controllingseitige Fundierung der zu entwickelnden Risikocontrolling-Konzeption. Hierzu werden zunächst die Bedeutung von Controlling-Konzeptionen für die Controlling-Forschung sowie der Stand der Controlling-Forschung betrachtet. Aufbauend auf bestehenden Ordnungsansätzen zu Controlling-Konzeptionen und einer kritischen Betrachtung ausgewählter Controlling-Konzeptionen wird anschließend ein Strukturierungsvorschlag abgeleitet, da zur Entwicklung einer tragfähigen Controlling-Konzeption die Explikation einer aussagefähigen Konzeptionsstruktur als notwendig erachtet wird. Zur Konkretisierung der möglichen Merkmalsausprägungen des Strukturierungsvorschlages werden anschließend klassische und neuere Controlling-Konzeptionen als Referenzansätze vorgestellt und kritisch auf ihre Eignung, als Grundlage für eine tragfähige Controlling-Konzeption zu dienen, geprüft. Unter Berücksichtigung des vorgeschlagenen Strukturierungsrahmens und der kritischen Evaluation der Referenzansätze wird abschließend eine tragfähige Controlling-Konzeption entworfen, die als Grundlage der zu entwickelnden Risikocontrolling-Konzeption dient.

Eine analoge Vorgehensweise hinsichtlich der risikomanagementseitigen Fundierung der Risikocontrolling-Konzeption wird im **dritten Kapitel** verfolgt. Das Risikomanagement wird dabei als spezifischer Bezugsrahmen bzw. Führungskontext für das Controlling gesehen, der eine spezielle Ausrichtung des Controllings erfordert. Auch hier erfolgt zunächst eine Betrachtung des Standes der Risikomanagement-Forschung. Besondere Beachtung wird dabei theoretischen Ansätzen zur Begründung der ökonomischen Vorteilhaftigkeit eines unternehmensgetragenen Risikomanagements geschenkt, da diese von grundlegender Bedeutung für die Relevanz und die Ausgestaltung des Risikomanagements sind. Im Anschluss wird ein Vorschlag für eine sinnvolle Konzeptionsstruktur des Risikomanagements als Rahmen für die zu entwickelnde Risikomanagement-Konzeption unterbreitet. Hierbei werden sowohl bestehende Ansätze der betriebswirtschaftlichen Risikomanagement-Literatur als auch Risikomanagement-Standards berücksichtigt. Letztere liefern praxisorientierte Leitlinien für die Gestaltung formalisierter Risikomanagement-Systeme nach nachprüfbaren, unternehmensübergreifenden Prinzipien. Aufbauend auf den gewonnenen Erkenntnissen wird eine tragfähige Risikomanagement-Konzeption vorgeschlagen, die als integriert-holistisches Risikomanagement bezeichnet wird.

Eine Zusammenführung der konzeptionellen Ergebnisse zu Controlling und Risikomanagement zur Fundierung der vorzuschlagenden Risikocontrolling-Konzeption erfolgt im **vierten Kapitel**. Zunächst werden aber die Entwicklung, die Einordnung und der Stand des Risikocontrollings sowie bestehende Ansätze in der Literatur ausführlich betrachtet, um auch eigenständige Entwicklungen des Risikocontrollings erfassen zu können. Demselben Zweck aus praktischer Perspektive dient auch die Präsentation der Ergebnisse einer empirischen Studie zum Stand des Risikocontrollings in deutschen Kapitalgesellschaften. Als Grundlage der zu entwickelnden Risikocontrolling-Konzeption werden zunächst wieder eine geeignete Konzeptionsstruktur unter Berücksichtigung der vorgeschlagenen Controlling- und Risikomanagement-Konzeptionsstrukturen entwickelt und anschließend aus Controlling-Konzeptionen abgeleitete bzw. bestehende Risikocontrolling-Konzeptionen als Referenzansätze betrachtet. Aufbauend auf den gewonnenen Erkenntnissen wird schließlich eine als tragfähig erachtete Risikocontrolling-Konzeption vorgeschlagen.

Da die Entwicklung von Ansätzen zur Erklärung und Gestaltung der zahlenmäßigen Abbildung des Unternehmensrisikos zur Unterstützung der Unternehmensführung bei der risikobezogenen Entscheidungsfindung und Verhaltenssteuerung in der vorgeschlagenen Konzeption als Kernbereich des Risikocontrollings angesehen wird, wird im **fünften Kapitel** ein Vorschlag zur Gestaltung einer Risikorechnung in Nicht-Finanzunternehmen entwickelt. Dabei werden zunächst die Notwendigkeit einer eigenständigen Risikorechnung als Teilsystem der Unternehmensrechnung erörtert sowie deren Gegenstand und Grundprobleme beschrieben. Nach einer kritischen Betrachtung der wenigen bestehenden Risikorechnungsansätze wird aufbauend auf Erkenntnissen zur Unternehmensrechnungsgestaltung im Allgemeinen ein Risikorechnungsvorschlag entwickelt. Dieser orientiert sich an der bewährten Struktur von Gestaltungsmerkmalen der Kosten- und Erlösrechnung nach *Hoitsch* und *Schmitz*.[17] Abschließend werden zur Konkretisierung des Vorschlages noch mögliche Realisationsformen der Risikorechnung skizziert.

Eine Zusammenfassung der wesentlichen Untersuchungsergebnisse beschließt im **sechsten Kapitel** die vorliegende Arbeit.

Abbildung 1 fasst den Gang der Untersuchung in grafischer Form zusammen.

[17] Vgl. *Hoitsch, H.-J./Schmitz, H.* (1998).

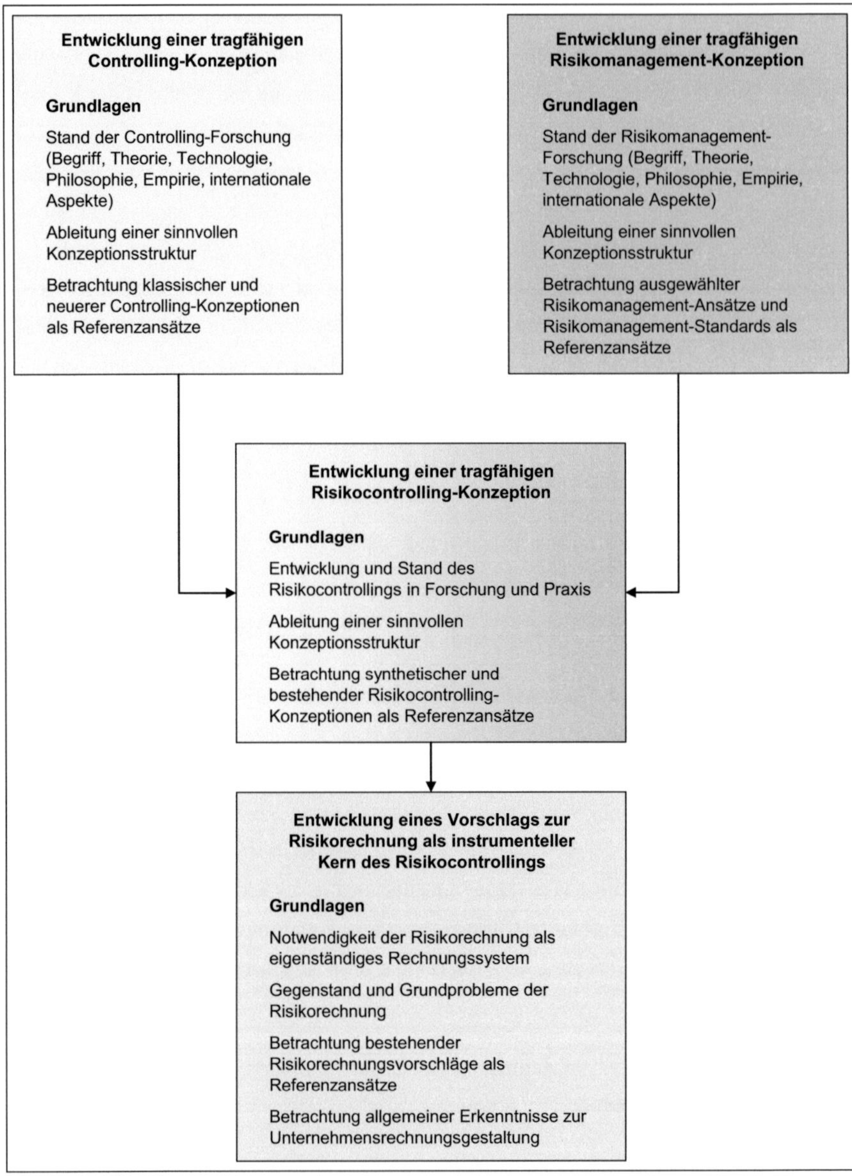

Abbildung 1: Schematische Darstellung der Vorgehensweise

2 Konzeptionelle Grundlagen des Controllings

Die Auseinandersetzung mit dem Risikocontrolling als Gegenstand der Betriebswirtschaftslehre und real existierendem Phänomen erfordert zunächst dessen Verortung innerhalb der Wissenschaft und der Unternehmenspraxis. Durch das Aufzeigen von Beziehungen zu bestehenden Erkenntnisgegenständen und Praktiken erfolgt eine Anknüpfung an vorhandenes Wissen und die Sicherstellung einer konsistenten Interpretation des Phänomens. Daher werden zur Grundlegung der Risikocontrolling-Betrachtung zunächst die als „Elterndisziplinen" zu bezeichnenden Erkenntnisgegenstände und Handlungssysteme Controlling und Risikomanagement untersucht.

Ziel dieses Kapitels ist es, ausgehend von einer kritischen Reflexion des Forschungsstandes das controllingseitige Fundament für das Risikocontrolling in Nicht-Finanzunternehmen in Form einer tragfähigen Controlling-Konzeption zu legen. Anspruch ist dabei nicht die Entwicklung einer allgemein gültigen und abschließenden Konzeption des Controllings, sondern die Ableitung einer zweckmäßigen Struktur und vertretbarer Inhalte für eine fundierte Auseinandersetzung mit dem Risikocontrolling. Hierzu werden zunächst die Bedeutung von Controlling-Konzeptionen für die Controlling-Forschung sowie der Stand der Controlling-Forschung betrachtet. Aufbauend auf bestehenden Ordnungsansätzen zu Controlling-Konzeptionen und einer kritischen Betrachtung ausgewählter Controlling-Konzeptionen wird ein Strukturierungsvorschlag abgeleitet, der als Basis für die Entwicklung einer tragfähigen Controlling-Konzeption dient.

2.1 Controlling-Konzeptionen: Bedeutung, Inhalt und Anforderungen

Die Entwicklung und Reflexion von Controlling-Konzeptionen nimmt eine herausragende Stellung im Rahmen der Controlling-Forschung ein. Eine beträchtliche Anzahl controllingbezogener Veröffentlichungen beschäftigt sich seit den Anfängen der deutschsprachigen Controlling-Forschung bis zum heutigen Tage mit der Ableitung, Kritik und Strukturierung unterschiedlicher Controlling-Ansätze und auch in Controlling-Lehrbüchern wird häufig eine nicht vernachlässigbare Seitenzahl auf deren Diskussion verwendet.[18] Der breite Raum und die Ka-

[18] Vgl. z. B. *Horváth, P.* (2003), S. 1-90; *Weber, J.* (2004), S. 20-49; *Küpper, H.-U.* (2005), S. 1-49.

pazitäten, welche von Controlling-Konzeptionen eingenommen werden, sowie deren Heterogenität sind gut an dem aktuellen, fast 1000 Seiten starken Sammelband von *Scherm* und *Pietsch* zu Controlling-Theorien und -Konzeptionen zu erkennen.[19] Die zu beobachtende große Bandbreite der akademischen Auffassungen wird mithin sogar als „postmodernes Potpourri" bezeichnet, während dem Ergebnis der umfangreichen Beschäftigung zugleich eine größere Bedeutung für die theoretische und konzeptionelle Fundierung des Controllings abgesprochen wird.[20] Der mangelnde Konsens und die Vielzahl an Ansätzen und Meinungen werden jedoch aus sozialwissenschaftlicher bzw. postmoderner Perspektive auch als Indiz einer lebendigen Wissenschaft verstanden.[21]

Als Gegenstand der **Controlling-Forschung** können die Beschreibung und die Erklärung des Erkenntnisbereiches Controlling sowie die Erarbeitung von Gestaltungsempfehlungen für das Controlling und damit die Bereitstellung von Handlungsempfehlungen für die Unternehmenspraxis angesehen werden. Es sind also erklärende (positive, deskriptive), metrisierende (messende) und gestaltende controllingbezogene Theorien zu formulieren.[22] Der Schwerpunkt liegt bisher auf instrumentalistisch-technischen Betrachtungen, die aus einer konzeptionell-normativen Perspektive heraus angestellt werden.[23]

Controlling-Konzeptionen weisen einen starken Bezug zur praxisbezogenen Gestaltungsaufgabe der Controlling-Forschung auf: **Konzeptionen** können als praktisch-normative Aussagensysteme charakterisiert werden, die in gestalterischer Absicht theoretische Aussagen aufgreifen und diese mit normativen Postulaten verknüpfen, um diese dann auf die Praxis zu beziehen.[24] Entsprechend versteht *Harbert* unter einer Konzeption „ein System von Aussagen [..], welches die Grundlinien einer Sachverhaltsgestaltung als Mittel zur Erreichung einer bestimmten Zielsetzung formuliert"[25]. Controlling-Konzeptionen sind i. d. R. gedankliche Modelle, die einen Zusammenhang aus bestimmten Grundbegriffen konstruieren.[26] Zentral für diese Denkmodelle bzw. Konstruktionsmodelle sind Mittel-Zweck-Beziehungen, deren Gültigkeit im Rahmen bestimmter Kontexte postuliert wird. Eine Controlling-Konzeption ist somit ein Aussagensystem, das eine finale Beziehung zwischen dem Gegenstand des Control-

19 Vgl. *Scherm, E./Pietsch, G.* (2004a). Zu einer kritischen Rezension des Bandes vgl. *Schneider, D.* (2005).
20 Vgl. *Schneider, D.* (2005).
21 Vgl. *Scherm, E./Pietsch, G.* (2004b), S. 6; *Schönbohm, A.* (2005), S. 1.
22 Vgl. *Schneider, D.* (1995), S. 117-119.
23 Vgl. *Scherm, E./Pietsch, G.* (2004b), S. 8-9; *Binder, C./Schäffer, U.* (2005b), S. 613 und S. 620.
24 Vgl. *Scherm, E./Pietsch, G.* (2004b), S. 8-9.
25 *Harbert, L.* (1982), S. 140.
26 Vgl. *Amshoff, B.* (1993), S. 77.

lings und einer betriebswirtschaftlichen Zwecksetzung herstellt.[27] Dabei wird eine mehrdimensionale Kennzeichnung anhand jeweils einer funktionalen, institutionalen und instrumentalen Perspektive als sinnvoll erachtet.[28] Inhalt und Struktur lassen sich somit dahingehend konkretisieren, dass eine Controlling-Konzeption Aussagen über die funktionale, instrumentale und institutionale Gestaltung des Controllings umfassen soll, die aus operational formulierten Controlling-Zielen konsequent abgeleitet werden. Folglich beinhaltet sie Aussagen über die zielorientierte Zuordnung von Aufgaben und Instrumenten zum Gegenstandsbereich des Controllings und zu organisatorischen Stellen.[29]

Die Konzipierung des Controllings stellt zudem die Grundlage zur fundierten, **wissenschaftlichen Durchdringung des Betrachtungsbereiches** und zur Erkenntnisgewinnung dar, da hierdurch der Betrachtungsgegenstand konkretisiert, von anderen betriebswirtschaftlichen Teilbereichen abgegrenzt und in den betriebswirtschaftlichen bzw. wissenschaftlichen Gesamtzusammenhang eingeordnet wird.[30] Seit Beginn der betriebswirtschaftlichen Beschäftigung mit dem Controlling besteht die hinreichende Konkretisierung des Controlling-Gegenstandes als rekurrierendes und bislang ungelöstes Problem, sodass diesbezüglich eine gewisse „Unschärfe" zu konstatieren ist. Entsprechend weisen die Auffassungen über die Einordnung des Controllings in das Wissenschaftsprogramm der Betriebswirtschaftslehre und in die betriebliche Praxis eine recht hohe inhaltliche, zeitliche und räumliche Variabilität auf.[31] Dies ist wohl z. T. damit zu erklären, dass das Controlling als Tätigkeitsbereich aus der Unternehmenspraxis heraus entstanden ist[32] und eine wissenschaftliche Auseinandersetzung erst im Nachhinein auf dieser Basis einsetzte[33]. Als Ergebnis der periodisch wiederkehrenden Versuche einer Konsensbildung ist am ehesten die Bemühung um die Findung des „Kerns des Controllings" anzusehen. Dieser wird in jüngeren Beiträgen wie folgt artikuliert: Controlling hat die zielführende bzw. zielgerichtete betriebswirtschaftliche Unterstützung der Unternehmensführung[34] bzw. die Sicherstellung der Effizienz und Effektivität der Führung zum Ge-

---

27 Vgl. *Harbert, L.* (1982), S. 140.

28 Vgl. *Küpper, H.-U. et al.* (1990), S. 283.

29 Vgl. *Schweitzer, M./Friedl, B.* (1992), S. 142. Ähnlich *Niedermayr, R.* (1994), S. 12.

30 Ähnlich *Küpper, H.-U.* (2005), S. 3.

31 Vgl. z. B. *Harbert, L.* (1982), S. 1-2; Küpper, H.-U., *et al.* (1990), S. 282; *Schweitzer, M./Friedl, B.* (1992), S. 142; *Küpper, H.-U.* (2005), S. 1; *Weber, J.* (2002), S. 20. Interessante Versuche einer „Außenansicht" des Controllings unternehmen z. B. *Homburg, C.* (2001), *Brockhoff, K.* (2003) und *Berger, M. M.* (2004).

32 Vgl. *Beckmann, D./Hirsch, B.* (2002), S. 145; *Küpper, H.-U.* (2005), S. 50. Zur historischen Entwicklung von Controllerstellen und -aufgaben vgl. z. B. *Schneider, M.* (1993) und *Lingnau, V.* (2000), Kapitel 2. Zu länderspezifischen Eigenheiten vgl. *Lingnau, V.* (2000), Kapitel 3 und *Schwarz, R.* (2002a), Kapitel 1.

33 Vgl. *Harbert, L.* (1982), S. 1.

34 Vgl. *Becker, A.* (2003), S. 8; *Beckmann, D./Hirsch, B.* (2002), S. 146; *Franz, K.-P./Kajüter, P.* (2002), S. 124.

genstand.[35] Der Versuch, ein einheitliches Controlling-Verständnis zu etablieren, trifft jedoch auch auf Ablehnung, da eine Standardisierung als nicht möglich bzw. sinnvoll erachtet wird.[36]

Dabei bleibt weiterhin umstritten, wie Controlling in die Betriebswirtschaftslehre einzuordnen ist, d. h. ob es lediglich eine moderne Bezeichnung für bekannte und anderweitig behandelte Aufgabenbereiche, einen Oberbegriff für eine integrierende Betrachtung mehrerer Gebiete oder einen genuinen, bisher unzureichend behandelten Problembereich darstellt.[37] Hierbei wird auch von einer Sinn- bzw. Identitätskrise der Controlling-Forschung gesprochen.[38] Für eine fruchtbare wissenschaftliche Behandlung des Controllings wird auf die Bedeutung der Herausstellung einer eigenen, spezifischen Problemstellung hingewiesen. Die Problemstellung soll sich von anderen Problembereichen möglichst trennscharf abgrenzen lassen, gleichzeitig eine Einordnung in bestehende Theorieansätze bzw. die Entwicklung neuer theoretischer Ansätze erlauben sowie mit den in der Praxis beobachteten Entwicklungen vereinbar sein bzw. praktische Relevanz besitzen. Die **Anforderungen an eine Controlling-Konzeption** können wie folgt zusammengefasst werden:[39]

- Präzision: Eingrenzung der Aufgabenstellung des Controllings und deren Abgrenzung von anderen Aufgabenfeldern bzw. Identifikation einer eigenständigen Problemstellung der Controlling-Forschung (funktionale Perspektive).
- Konsistenz: Aufzeigen der Beziehung von Controlling-Funktion und -Institution.
- Empirische Gültigkeit: Aufzeigen der Vereinbarkeit des funktionalen Controlling-Verständnisses mit dem empirisch beobachtbaren Controllership bzw. Controlling in der Unternehmenspraxis.
- Theoretische Fundierung: Erarbeitung eigener Controlling-Theorien bzw. Ableitung benötigter Theorien aus anderen Disziplinen.

Die Unternehmenspraxis profitiert dabei von einer tragfähigen und abgrenzbaren Controlling-Konzeption, von der sie sich Hilfestellungen bei der Behandlung controllingbezogener Problemstellungen erhoffen kann.

In der betriebswirtschaftlichen Literatur wurde im Laufe der Zeit eine Reihe von Controlling-Ansätzen und Vorstellungen entwickelt und vertreten, die z. T. recht inhomogen sind. Daher

---

35 Vgl. *Dyckhoff, H./Ahn, H.* (2002), S. 116-119; *Dyckhoff, H./Ahn, H.* (2001), S. 119.

36 Vgl. *Scherm, E./Pietsch, G.* (2004b), S. 6. Zu einem Überblick und zu einer kritischen Einschätzung zu Versuchen, eine herrschende Meinung zu etablieren vgl. z. B. *Schönbohm, A.* (2005), S. 29-32.

37 Vgl. *Küpper, H.-U.* (2005), S. 3-6.

38 Vgl. *Schönbohm, A.* (2005), S. 21-22.

39 Vgl. *Weber, J.* (2002), S. 48; *Pietsch, G.* (2003), S. 11-15; *Küpper, H.-U.* (2005), S. 6-7.

erscheint es für die Ableitung eines tragfähigen konzeptionellen Fundaments für das Risikocontrolling erforderlich, Forschungskonzepte, theoretische Ansätze und Konzepte der betriebswirtschaftlichen Controlling-Forschung zu umreißen.

2.2 Forschungskonzeptionen des Controllings

Die Herangehensweise an das Controlling und dessen Behandlung als Gegenstand der betriebswirtschaftlichen Forschung wird durch die verwendete Forschungskonzeption beeinflusst. Dies gilt insbesondere auch für die Ableitung von Controlling-Konzeptionen. *Chmielewicz* unterscheidet für die Wirtschaftswissenschaften vier Forschungskonzeptionen mit jeweils unterschiedlichen Wissenschaftszielen, die beliebig auf Teilbereiche der Betriebswirtschaftslehre angewandt werden können:[40]

Im Rahmen der **Begriffslehre** wird das essentialistische bzw. deskriptive Wissenschaftsziel verfolgt, d. h. es werden Begriffe gebildet und präzisiert. Die Konkretisierung und Abgrenzung bzw. Definition der betrachteten Objekte ist grundlegende Voraussetzung für die theoretische Erfassung der Erkenntnisgegenstände, da Begriffe die Elemente bzw. Basisbausteine von Aussagen über Ursache-Wirkungs-Zusammenhänge liefern, deren Bildung Gegenstand der **Wirtschaftstheorie** mit dem theoretischen Wissenschaftsziel der Erklärung und Prognose von Sachverhalten ist.[41] Bei der **Wirtschaftstechnologie** hingegen stehen Ziel-Mittel-Betrachtungen im Vordergrund, wobei eine Umformung bzw. Uminterpretation von Wirkungen in Ziele und gestaltbare Ursachen in Mittel vorgenommen wird. Die theoretischen Aussagen werden also in Aussagen über ein zielerreichendes Gestalten umgeformt. Im Bereich der **Wirtschaftsphilosophie** werden schließlich Aussagen über die Erwünschtheit und Eignung von Zielen und Mitteln, d. h. Werturteile, formuliert. Die Wissenschaftsziele selbst können entsprechend in der Deskription, der Erklärung und Prognose, der Gestaltung und der Wertsetzung gesehen werden.[42]

In Bezug auf das Controlling als Forschungsgegenstand der Betriebswirtschaftslehre sind also folgende, aufeinander aufbauende Leistungen zu erbringen: Zunächst ist ein zweckmäßiger Controlling-Begriff zu definieren sowie die erfassten Sachverhalte und deren Zusammenhänge zu beschreiben und zu kennzeichnen. Diese Aussagen sind zu einem System empirisch

---

[40] Vgl. *Chmielewicz, K.* (1979), S. 8-15 und S. 18. Zu einer Übertragung auf die Controlling-Forschung vgl. *Schmidt, A.* (1986), S. 1-3 bzw. auf eine strategische Controlling-Konzeption vgl. *Langguth, H.* (1994), S. 5-6.

[41] Zum Theoriebegriff in der Betriebswirtschaftslehre vgl. z. B. *Scherm, E./Pietsch, G.* (2004b), S. 6-8.

[42] Bzgl. der Controlling-Forschung vgl. hierzu *Schmidt, A.* (1986), S. 1 und *Lehmann, F.-O.* (1992), S. 15-16.

gehaltvoller Hypothesen-Aussagen über Entwicklungsdeterminanten, Ziele, Prozesse, Teilsysteme, Methoden, Anwendungsvoraussetzungen, Randbedingungen etc. unter Beachtung der Auswirkungen auf die Unternehmung sowie deren Mitglieder und Umwelt zu verknüpfen, die eine Erklärung und Prognose von Controlling-Sachverhalten erlauben. Hieraus sind Handlungsempfehlungen unter Berücksichtigung von Zielvorstellungen und Restriktionen abzuleiten. Zusätzlich können normative Aussagen über Prinzipien, Prozesse, Systeme und sonstige Bezugsobjekte des Controllings getroffen werden.[43] Der enge Bezug zu Controlling-Konzeptionen ist dabei offensichtlich.

Eine Systematisierung von **Forschungstypen** anhand der beiden Kriterien „Anwendungsabsicht" und „Suche nach einem grundsätzlichen Verständnis", die jeweils die Ausprägungen ja/nein annehmen können und somit vier Typen (Grundlagenforschung, anwendungsorientierte Grundlagenforschung, Taxonomien, angewandte Forschung und Entwicklung) ergeben, schlagen *Mayntz* und *Stokes* vor.[44] Innerhalb der Controlling-Forschung lassen sich alle vier Typen entdecken, wobei aber *Brockhoff* zu Recht einen Mangel im Bereich der Grundlagenforschung sieht, was sich insbesondere in der unbefriedigenden Theoriebildung niederschlägt.[45]

Im Folgenden werden die einzelnen Aufgabengebiete der Controlling-Forschung und deren Beziehung zu Controlling-Konzeptionen näher betrachtet. Ein Überblick über den Stand der empirischen und der internationalen Controlling-Forschung ergänzt die Darstellung.

2.2.1 Begriffslehre in der Controlling-Forschung

Die Begriffsbestimmung nimmt in der Controllingforschung einen breiten Raum ein[46] und ist insbesondere aufgrund der häufig als unbefriedigend empfundenen Abgrenzung gegen andere betriebswirtschaftliche Teilbereiche als noch nicht abgeschlossen anzusehen.

Die andauernde Beschäftigung mit der **Begriffsbestimmung** ist im Zusammenhang mit ihrer Bedeutung für andere Forschungsbemühungen zu sehen, da Begriffe die Beziehung zwischen Sprache und Realität herstellen und somit Voraussetzungen für Aussagen über die Realität darstellen.[47] Begriffe – im Sinne von Bedeutungsinhalten von Worten[48] – werden durch Defi-

43 Vgl. *Schmidt, A.* (1986), S. 1-3.
44 Vgl. *Mayntz, R.* (1997) und *Stokes, D. E.* (1997).
45 Vgl. *Brockhoff, K.* (2003), S. 34. Vgl. auch *Schneider, D.* (2005).
46 Vgl. *Zenz, A.* (1999), S. 8. Die Begriffslehre steht im engen Zusammenhang mit der Ableitung von Controlling-Konzeptionen.
47 Vgl. *Raffée, H.* (1995), S. 26.

nitionen festgelegt, wobei nach essentialistischer Sichtweise dem zu definierenden bzw. inhaltlich zu klärenden Begriff (Definiendum) ein erklärender Begriff (Definiens) eindeutig zugeordnet wird. Definitionen dienen der Sprachverkürzung und der Sprachregelung[49], wodurch eine effiziente und reibungslose Kommunikation über interessierende Sachverhalte ermöglicht wird. Somit sollen die controllingrelevanten Begriffe als Bausteine von Controlling-Konzeptionen möglichst verständliche, präzise und konsistente Aussagen zu den Komponenten des Controllings ermöglichen.[50] Daher besitzen die Bemühungen der Begriffsbildung ebenfalls eine Relevanz für die Unternehmenspraxis.

Bisher konnte aber zum Themenkomplex Controlling trotz umfangreicher Erörterung kein umfassender und befriedigender begrifflicher Konsens bzw. eine einheitliche Definition gefunden werden.[51] Symptome hiervon sind, dass der Controlling-Begriff in sehr unterschiedlichen Kontexten verwendet und mit unterschiedlichen Begriffsinhalten belegt wird, der Begriff die Aufgabenstellung nicht erschließt bzw. ihm viele heterogene Aufgabenstellungen zugeordnet werden, häufig eine eindeutige Abgrenzung gegen die Unternehmensführung fehlt und die Institutionalisierungsfrage ungelöst bleibt.[52] Durch die Belegung des Wortes „Controlling“ mit unterschiedlichen Inhalten[53] entstehen „Sprachverwirrung“ und Kommunikationsschwierigkeiten, die eine theoretische und praktische Entwicklung behindern, denn sie erschweren eine zweckgerechte gedankliche Strukturierung der Sachverhalte.[54] Hierbei wird auch auf die divergierenden Begriffsverständnisse in Wissenschaft und Praxis hingewiesen.[55]

Einen Ansatz zur Annäherung an den Controlling-Begriff stellen **etymologische Betrachtungen** dar, wobei aber nicht unbedingt von der Identität des Wortstammes auf inhaltliche Entsprechungen geschlossen werden kann.[56] Da Worte und Wortinhalte nicht statisch sind, sondern sich entwickeln und kontextabhängig sind, ist eine differenzierte Betrachtung nach sachlichen, räumlichen und zeitlichen Aspekten sinnvoll.[57] In die Betrachtung der sprachlichen Zusammenhänge werden auch die verwandten Begriffe Controller und Controllership mit

48 Vgl. *Langguth, H.* (1994), S. 8.
49 Vgl. *Chmielewicz, K.* (1979), S. 51.
50 Vgl. *Lingnau, V.* (2002), S. 133-134.
51 Vgl. dazu schon *Harbert, L.* (1982), S. 4. Zu Unterschieden zwischen controllingnahen Begriffen in Deutschland und den USA vgl. *Roso, M. et al.* (2003).
52 Vgl. *Langguth, H.* (1994), S. 7.
53 Vgl. *Harbert, L.* (1982), S. 4; *Lingnau, V.* (2002), S. 121.
54 Vgl. *Harbert, L.* (1982), S. 47.
55 Vgl. *Homburg, C.* (2001), S. 426-427.
56 Vgl. *Harbert, L.* (1982), S. 6 und S. 8. Kritik zum etymologischen Ansatz findet sich bei *Sjurts, I.* (1995), S. 166.
57 Vgl. *Harbert, L.* (1982), S. 15 sowie *Schwarz, R.* (2002a), S. 13.

einbezogen. Den Ausgangspunkt bildet i. d. R. das englische Wort „control"[58]. Im Deutschen und Französischen ist die allgemeine Bedeutung der verwandten Wörter „Kontrolle" bzw. „contrôle" Überwachung, (Nach-) Prüfung, Beaufsichtigung. Im Englischen bedeutet „control" vor allem Beherrschung, Steuerung. Die fachsprachliche, d. h. betriebswirtschaftliche, Bedeutung von „Kontrolle" ist gewöhnlich ein Vergleich einer zu prüfenden Größe mit einer Normgröße (Soll-Ist-Vergleich). [59] In der englischsprachigen Literatur bedeutet „control" hingegen (auch) die Steuerung bzw. Beeinflussung von Aktivitäten.[60] Kontrolle und Steuerung/Beeinflussung von Aktivitäten sind dabei bedeutsame Führungsaufgaben.

Ein breites Spektrum an Bedeutungsinhalten umfassen auch die Controlling-Definitionen[61], wobei am einen Ende des Spektrums Controlling wenig mehr bedeutet als (Durchführung der) Kontrolle und am anderen Ende des Spektrums Controlling eine Art Metaführung (Führung der Unternehmensführung) darstellt. Je nach Betrachtungsweise bzw. Schwerpunkten können unterschiedliche Definitionsansätze unterschieden werden.[62] Bei der funktionalen Betrachtungsweise wird Controlling als ein zusammengehörendes Gebiet von Führungs- und/oder Führungsunterstützungsaufgaben angesehen, während bei der institutionalen Abgrenzung Controlling als ein Aufgabenbündel einer bestimmten Institution bzw. Organisationseinheit begriffen wird – ganz im Sinne von „Controlling is what Controllers do". Controlling kann aber auch als eine Denkhaltung, eine bestimmte (kybernetisch orientierte) Art der Unternehmensführung, ein Teilbereich des Führungsprozesses (Regelung) oder ein dies unterstützendes Instrument der Unternehmensführung angesehen werden.[63] Bei einer Anlehnung an die Perspektiven der Controlling-Konzeptionen gibt es zudem neben dem funktionalen und institutionalen auch noch einen instrumentalen Ansatz, bei dem die Abgrenzung des Controllings anhand der eingesetzten Instrumente versucht wird.[64]

Eng verwandt mit den Definitionsansätzen sind die Strategien der Begriffsbildung. Zum einen wird durch Induktion versucht, empirisch aus real beobachtbaren Controlling-Phänomenen wie Controllingstellen und -instrumenten Realdefinitionen zu bilden. Zum anderen wird in

---

58 Vgl. *Eschenbach, R./Niedermayr, R.* (1996a), S. 49.

59 Vgl. z. B. *Wild, J.* (1974), S. 44; *Weber, J.* (2004), S. 312-314; *Küpper, H.-U.* (2005), S. 132 und S. 169, S. 226-228.

60 Vgl. *Schwarz, R.* (2002a), S. 15 und S. 22-26.

61 Kritisch zur Möglichkeit einer einheitlichen Controlling-Definition äußert sich *Kappler, E.* (2002), S. 161. Es besteht ein sehr enger Zusammenhang zwischen Controlling-Definition und Controlling-Konzepten.

62 *Harbert* unterscheidet folgende drei Definitionstypen: Controlling als Sammelbegriff für bestimmte Aufgaben der Unternehmensführung (funktional), Controlling als Aufgabenbündel einer speziellen organisatorischen Einheit (institutional) und Controlling als partielles Führungsmodell (normatives Soll-Konzept über die Art der Führung). Vgl. *Harbert, L.* (1982), S. 48-105.

63 Vgl. hierzu auch die Controlling-Grundauffassungen bei *Schmidt, R.* (1991).

64 Vgl. *Wall, F.* (2000), S. 302-303; *Wall, F.* (2002), S. 67.

Form einer Nominaldefinition durch Deduktion ein Controlling-Begriff aus einem umfassenderen Bezugsrahmen abgeleitet und von diesem abgegrenzt bzw. in diesen eingeordnet.[65]

2.2.2 Theoretische Fundierung des Controllings

Die im vorherigen Abschnitt betrachtete Begriffsbildung stellt eine wichtige Vorstufe zur Theoriebildung dar.[66] Eine allgemein akzeptierte Controlling-Theorie hat sich jedoch bisher noch nicht herausgebildet[67], wohl auch wegen der mangelnden begrifflichen Klarheit und Einigkeit. Zudem werden der Mangel an eigenständigen Controlling-Theorien oder gar überhaupt die unzureichende theoretische Fundierung des Controllings beklagt.[68]

Das Forschungsprogramm im Bereich Controlling ordnet sich jedoch in das der übergeordneten Disziplin Betriebswirtschaftslehre ein, da häufig auf Theorien und Methoden aus anderen Teildisziplinen zurückgegriffen wird: „Das Controlling beinhaltet und verbindet in erster Linie bestimmte Erkenntnisse von verschiedenen Teildisziplinen der Betriebswirtschaftslehre.“[69] Die Controlling-Forschung ist entsprechend durch vielfältige Einflüsse aus unterschiedlichen Disziplinen gekennzeichnet.[70] Hierdurch entsteht eine beachtliche Heterogenität und Dynamik der wissenschaftlichen Auseinandersetzung mit dem Controlling. *Schmidt* identifiziert die personenbezogene Führungsforschung, die Organisationsforschung, die Planungs- und Kontrollwissenschaft, das Informationswesen und die Unternehmensrechnung als inhaltliche Bezugspunkte der Controlling-Forschung, wobei das Controlling innerhalb der Führungswissenschaft anzusiedeln ist und die Systemtheorie, die Kybernetik, die Psychologie und die Soziologie wichtige Beschreibungs- und Erklärungsansätze liefern.[71] Somit umfassen die Aussagensysteme bzgl. des Controllings „Elemente des klassischen, entscheidungsorientierten, systemtheoretisch-kybernetischen sowie des verhaltenswissenschaftlichen Forschungsprogramms der Betriebswirtschaftslehre“[72]. Bei *Sjurts* lassen sich als theoretische Hintergründe für Controlling-Ansätze die Entscheidungstheorie und Informationswirtschaft, die kybernetische und die sozialwissenschaftliche Systemtheorie, der Situative Ansatz sowie verhaltens-

65 Vgl. *Küpper, H.-U.* (2005), S. 11-15 und *Zenz, A.* (1999), S. 8-15.
66 Vgl. *Chmielewicz, K.* (1979), S. 51.
67 Vgl. *Zenz, A.* (1999), S. 7. *Schmidt* äußert sich kritisch zum damaligen Stand der Controlling-Forschung insgesamt. Vgl. *Schmidt, A.* (1986), S. 5.
68 Vgl. *Kieser, A.* (2003), 17; *Scherm, E./Pietsch, G.* (2004b), S. 10.
69 *Schmidt, A.* (1986), S. 4.
70 Vgl. *Schwarz, R.* (2002b), S. 3. Dies ist innerhalb der Betriebswirtschaftslehre aber keineswegs ein alleiniges Merkmal der Controlling-Forschung.
71 Vgl. *Schmidt, A.* (1986), S. 4 und S. 70.
72 *Schmidt, A.* (1986), S. 4.

wissenschaftliche Ansätze entnehmen.[73] Laut *Schwarz* wurde die Controlling-Forschung vor allem durch die Disziplinen Rechnungswesen, Sozialwissenschaften und Kybernetik (sowie die Managementlehre) geprägt, wobei der Entscheidungstheorie und der Neuen Institutionenökonomik eine integrative Funktion zukommen.[74] *Küpper* erachtet insbesondere die Optimierungstheorie (Operations Research-Modelle), die Agency-Theorie, verhaltenswissenschaftliche Theorien und die Transaktionskostentheorie als wichtige Ansätze zur theoretischen Fundierung des Controllings.[75] *Amshoff* – der eine systemtheoretische, eine kontingenztheoretische, eine kybernetische, eine entscheidungstheoretische sowie eine Transaktionskosten- und eine Principal-Agent-Perspektive des Controllings unterscheidet – weist darauf hin, dass das Controlling je nach zugrunde gelegtem Ansatz unterschiedlich interpretiert bzw. konstruiert wird (interpretative Realität des Controllings).[76] In den letzten Jahren ist zudem eine zunehmende Öffnung der Controlling-Forschung für nicht-wirtschaftswissenschaftliche Theorien bzw. eine verstärkte Beschäftigung controllingfremder Wissenschaftler mit dem Controlling zu beobachten.[77] Der Controlling-Forschung wird aufgrund dieser multidisziplinären Prägung mithin auch eine wichtige Rolle bei der Integration und Schnittstellenbehandlung innerhalb der Betriebswirtschaftslehre zugesprochen.[78] Diese Gemengelage kann wohlwollend als eine theorie- und methodenbezogene Offenheit bezeichnet werden – kritisch betrachtet kann hingegen von einer mangelnden Kohärenz und Beliebigkeit („anything goes")[79] gesprochen werden.

Eine multidisziplinär geprägte und fundierte Controlling-Theorie sollte ein abgrenzbares und kohärentes System wissenschaftlicher Aussagen über die relevanten Aspekte des Controllings als Forschungsgegenstand mit expliziertem Erkenntnisziel und Erkenntnisobjekt zur Bildung eines Erkenntnisstandes liefern.[80] Zur Beschreibung, Erklärung und Prognose von Funktionen, Institutionen und Instrumenten des Controllings sind möglichst geschlossene Aussagen über Entwicklungsdeterminanten, Ziele, Aufgaben, Prozesse, Methoden, Aufgabenträger und Randbedingungen zu treffen.[81] Hierzu sollten anerkannte Theorien aus anderen Forschungsbereichen auf ihre controllingbezogene Tauglichkeit und ihre gegenseitige Kompatibilität

---

73 Vgl. *Sjurts, I.* (1995), S. 169-216.
74 Vgl. *Schwarz, R.* (2002a), S. 22-52 und *Schwarz, R.* (2002b), S. 5-8.
75 Vgl. *Küpper, H.-U.* (2004), S. 28-37; *Küpper, H.-U.* (2005), S. 50-80.
76 Vgl. *Amshoff, B.* (1993), S. 2 und S. 52-70.
77 Vgl. z. B. die Übersicht zu den soziologisch und sozialphilosophisch inspirierten Beiträgen im Sammelband von *Scherm, E./Pietsch, G.* (2004a) in *Scherm, E./Pietsch, G.* (2004b), S. 10-17 sowie die Ausführungen zur interpretativen Controlling-Perspektive bei *Schönbohm, A.* (2005), S. 101-148.
78 Vgl. *Schmidt, A.* (1986), S. 4.
79 Vgl. *Ortmann, G.* (2003).
80 Vgl. *Amshoff, B.* (1993), S. 13.
81 Vgl. *Langguth, H.* (1994), S. 5.

überprüft und an Controlling-Sachverhalte angepasst sowie ggf. um controllingspezifische Aussagen erweitert werden.

2.2.3 Controlling-Technologie und Philosophie

Im Gegensatz zum theoretischen Wissenschaftsziel steht bei der Betrachtung von Controlling-Technologien das pragmatische Wissenschaftsziel im Vordergrund, bei dem es um die Nutzbarmachung theoretischer Erkenntnisse und die Ableitung von Handlungsempfehlungen für bestimmte Problemstellungen geht.[82] Im Rahmen von **Controlling-Technologien** werden Aussagen über die Ziel-Mittel-Zusammenhänge hinsichtlich des Controllings getroffen, um Entscheidungshilfen und Empfehlungen für eine möglichst gute Gestaltung von Ziel-Mittel-Strukturen zu geben.[83] *Chmielewicz* weist jedoch darauf hin, dass in den Wirtschaftswissenschaften eine objektive Abgrenzung zwischen theoretischer und technologischer Forschungsrichtung kaum möglich ist.[84]

Die Ziel-Mittel- bzw. Zweck-Mittel-Betrachtung stellt eine Instrumentalrelation dar, sodass unter Controlling-Technologie Instrumente, Methoden, Techniken, Werkzeuge, Verfahren und Hilfsmittel verstanden werden können, die der Erfüllung von Controlling-Aufgaben dienen.[85] Im Sinne von Aussagen über die Gestaltung von Controlling-Systemen wären dabei Hinweise auf die Art, die Ausgestaltung und das Zusammenspiel von Aufgaben, Instrumenten und Institutionen des Controllings in Unternehmungen zu geben. Diese Aussagen sind somit ein integraler Bestandteil von Controlling-Konzeptionen. In der Controlling-Forschung sind Aussagen zur Controlling-Technologie vor allem in Beiträgen zur **Organisation** des Controllings[86] sowie zu den **Instrumenten** des Controllings zu finden. Insbesondere die Diskussion von Controlling-Instrumenten nimmt einen breiten Raum im Rahmen der Controlling-Literatur ein.[87]

Die Bereitstellung bzw. der Vorschlag von zu verfolgenden Controlling-Zielen ist die Aufgabe der **Controlling-Philosophie**, da sich die Wirtschaftsphilosophie dem Werturteilsproblem

82 Vgl. *Amshoff, B.* (1993), S. 14-15.

83 Vgl. *Langguth, H.* (1994), S. 6.

84 Vgl. *Chmielewicz, K.* (1979), S. 191.

85 Vgl. *Amshoff, B.* (1993), S. 246.

86 Zu Vorschlägen zur organisatorischen Ausgestaltung des Controllings vgl. z. B. *Hoitsch, H.-J./Baumann, F.* (1991); *Horváth, P.* (2003), S. 831-921; *Weber, J.* (2004), S. 575-591; *Küpper, H.-U.* (2005), S. 513- 547.

87 Zur Bedeutung von Instrumenten als Thema von controllingbezogenen Veröffentlichungen in renommierten Fachzeitschriften vgl. *Binder, C./Schäffer, U.* (2005b). Über die Abgrenzung von Controlling-Instrumenten besteht aber ebenfalls kein breiter Konsens. Zumeist werden hierunter Systeme der internen Unternehmensrechnung und Unternehmenssteuerungssysteme verstanden.

annimmt und Werturteile, d. h. normative Aussagen über erwünschte Sollzustände, bildet[88]. Weitergefasst können hierunter auch wertende Aussagen über Prinzipien, Prozesse, Systeme und sonstige Bezugsobjekte des Controllings verstanden werden.[89] Im Unternehmenskontext bzw. in der Controlling-Praxis wird unter Controlling-Philosophie im Sinne einer Konkretisierung der Unternehmensphilosophie auch „das generelle *Normen- und Wertegerüst der Controlling-Träger* [..], *welches das Denken und Handeln gegenüber dem Phänomen Controlling beeinflusst*"[90] verstanden. *Welge* identifiziert drei solcher Werthaltungen (passiv-vergangenheitsorientierte, aktiv-zukunftsorientierte, innovativ-antizipative Controlling-Philosophie), welche die Ziele, den Aktions- und Gestaltungsbereich, die Schwerpunktaufgaben und die Art der Aufgabendurchführung prägen.[91] Diese haben somit neben dem direkten Einfluss der Zielfestsetzung einen indirekten Einfluss auf die anderen Elemente von Controlling-Systemen bzw. Controlling-Konzeptionen.

2.2.4 Empirische Controlling-Forschung

Die Entwicklung und Betrachtung von Controlling-Konzeptionen erfolgte bisher vor allem aus einer konstruktivistisch geprägten[92], normativ-konzeptionellen[93] Perspektive heraus, bei der primär deduktiv gewonnene Aussagen und argumentative Schlussfolgerungen entwickelt wurden.[94] Beim Empirismus und Positivismus wird hingegen die auf der (wiederholten) Beobachtung realer Sachverhalte basierende Induktion zur Erkenntnisgewinnung eingesetzt. Im Rahmen eines kritischen Rationalismus werden – spontan, deduktiv oder empirisch gewonnene – Hypothesen einer empirischen Überprüfung unterzogen.[95] Da für Controlling-Konzeptionen zu Recht auch eine Praxiskompatibilität gefordert wird,[96] können empirische Forschungsbemühungen einen wertvollen Beitrag zu deren Bestätigung und Weiterentwicklung leisten.[97] Dennoch wird ein recht schwacher bzw. unbefriedigender Entwicklungsstand der deutschsprachigen empirischen Controlling-Forschung im Vergleich zu anderen betriebswirtschaftli-

---

88 Vgl. *Fülbier, R. U.* (2004), S. 267.
89 Vgl. *Schmidt, A.* (1986), S. 3.
90 *Amshoff, B.* (1993), S. 233.
91 Vgl. *Welge, M. K.* (1988), S. 12-19 und S. 21. Siehe auch Abschnitt 2.3.1.
92 Vgl. *Müller, A.* (1996), S. 146.
93 Vgl. *Becker, A.* (2003), S. 48; *Binder, C./Schäffer, U.* (2005b), S. 613.
94 Zum Konstruktivismus vgl. z. B. *Lorenzen, P.* (1974). Eine einführende, auf die Betriebswirtschaftslehre bezogene Darstellung findet sich bei *Fülbier, R. U.* (2004), S. 269.
95 Vgl. *Rösner, M.* (2003), S. 9-13; *Fülbier, R. U.* (2004), S. 268.
96 Vgl. *Weber, J.* (2002), S. 48 und *Küpper, H.-U.* (2005), S. 6-7.
97 Vgl. *Küpper, H.-U.* (2005), S. 9-11.

chen Disziplinen konstatiert[98] und diese als rudimentär, überwiegend deskriptiv und wenig systematisch charakterisiert.[99]

Neben einigen Untersuchungen zur Controlling-Effizienz lassen sich nach *Becker* drei Hauptrichtungen der empirischen Controlling-Forschung unterscheiden: Befragungen zu den dem Controllingbereich in der Praxis zugeordneten Aufgaben und Aufgabenfeldern, Untersuchungen zum Berufsbild und erwünschten Qualifikationen von Controllern auf der Basis der Analyse von Stellenanzeigen sowie Erhebungen zur formalen Einbindung von Controlling-Bereichen in die Unternehmensstruktur. Diese ergeben jeweils ein recht heterogenes Bild der Controlling-Praxis. Dabei werden im deutschsprachigen Raum vor allem die formalen Aspekte des Controllings wie formale Aufgabenzuordnungen und Anforderungen untersucht. Das Studiendesign und die Ergebnisinterpretation sind häufig durch den Bezugsrahmen der normativen Konzeptionen geprägt.[100] *Becker* kritisiert die Studien dahingehend, dass durch die Konzentration auf die formalen Aspekte von Controlling-Systemen bedeutende informale Aspekte nicht berücksichtigt werden, systematische Verzerrungen durch die ausschließliche Befragung von Controlling-Verantwortlichen auftreten und hauptsächlich Einzelaspekte erfasst werden. Während der normative Wahrnehmungsfilter die Erfassung der Controlling-Praxis beeinträchtigt[101], behindert der unzureichende Stand der Controlling-Theorie eine umfassende Entwicklung und Überprüfung von Hypothesen.[102] Daher fordert er eine strukturationstheoretische Ausrichtung der empirischen Controlling-Forschung an konkreten Praktiken, Systemen, Akteuren und Konflikten des Controllings.[103]

Über die Betrachtung des Gesamtkomplexes Controlling hinaus gibt es eine Vielzahl an deskriptiven Untersuchungen zu Verbreitung, Einsatz und Ausgestaltung bestimmter „Controlling-Instrumente" (i. d. R. Methoden der internen Unternehmensrechnung und Unternehmenssteuerung), wie Kostenrechnung[104] und Balanced Scorecard[105].

---

98 Vgl. *Kunz, J.* (2003), S. 3. Ein Überblick über deutschsprachige empirische Studien zum Controlling findet sich z. B. bei *Horváth, P.* (2003), S. 52-71. Eine frühe Darstellung zu älteren amerikanischen und deutschen Untersuchungen findet sich bei *Harbert, L.* (1982), S. 168-225.

99 Vgl. *Weber, J.* (2003), S. V; *Binder, C./Schäffer, U.* (2005b), S. 614.

100 Vgl. *Becker, A.* (2003), S. 48-50.

101 Vgl. *Becker, A.* (2003), S. 58-60.

102 Vgl. die Einschätzung von *Küpper, H.-U.* (2005), S. 547.

103 Vgl. *Becker, A.* (2003), S. 262-265.

104 Zu einer Übersicht zum Stand der empirischen Forschung zur Kostenrechnung im deutschsprachigen Raum vgl. *Währisch, M.* (1998), S. 11-56.

105 Zu einen Überblick über empirische Befunde zur Balanced Scorecard in der deutschen Unternehmenspraxis vgl. z. B. *Zdrowomyslaw, N. et al.* (2003) und *Henseler, J. et al.* (2004), S. 26-28.

In jüngerer Zeit gibt es jedoch viel versprechende Tendenzen in Richtung einer anspruchsvolleren empirischen Controlling-Forschung, die sich weg von reiner Deskription hin zur Hypothesenbildung und -überprüfung mit aufwändigeren statistischen Methoden entwickelt.[106]

2.2.5 Stand der internationalen Controlling-Forschung

Die Controlling-Forschung im deutschsprachigen Raum weist trotz ihrer US-amerikanischen Wurzeln einige Besonderheiten im internationalen Vergleich auf: Sie ist durch einen starken Selbstbezug bzw. Abgrenzungsbemühungen und damit einhergehend durch eine konzeptionelle Ausrichtung geprägt.[107] In einer zunehmend globalisierten Wissenschaft und Praxis ist es jedoch notwendig, auch eine explizite Einordnung der Controlling-Forschung in den internationalen Kontext vorzunehmen.

Auf internationaler bzw. angloamerikanischer Ebene werden die konzeptionellen Fragestellungen des Controllings im Bereich der Management/Managerial Accounting- und Management Control Systems-Forschung behandelt.[108] Einen guten Überblick über den Stand der Management Accounting-Forschung in Nordamerika gibt der Übersichtsartikel von *Shields*, in dem auf der Basis einer Analyse von Veröffentlichungen in den für den nordamerikanischen Raum bedeutsamsten sechs Zeitschriften ein Überblick über die **Themenstellungen**, die untersuchten **Branchen**, die zugrunde gelegten **Theorien**, die verwendeten **Untersuchungsmethoden** und die **Untersuchungsergebnisse** gegeben wird.[109] Die Ergebnisse zeigen, dass die am häufigsten behandelten Themengebiete Management Control Systems (Anreizgestaltung, Budgetierung, Performance Measurement etc.) und Kostenrechnung bzw. Kostenmanagement sind, die meist bzgl. einer Branche, insbesondere der Fertigungsindustrie, behandelt werden. Die theoretischen Grundlagen liefern aus dem wirtschaftswissenschaftlichen Bereich zumeist die Principal-Agent-Theorie, die Produktions- und Kostentheorie sowie Produktionswirtschaftstheorien und aus dem sozialwirtschaftlichen Bereich Theorien zum organisationalen Verhalten sowie die Psychologie und die Verhaltenswissenschaften. Als Forschungsmethoden werden vor allem analytische Untersuchungen, Befragungen, Auswertung vorhandener Datenbestände sowie Laborexperimente verwendet.

---

106 Beispiele hierfür sind *Schäffer, U. et al.* (2003); *Schäffer, U./Steiners, D.* (2005). Vgl. auch die Einschätzungen von *Homburg, C./Klarmann, M.* (2003), S. 75 und *Binder, C./Schäffer, U.* (2005b), S. 614.

107 Zum Controlling im angloamerikanischen Sprachraum und in Frankreich vgl. z. B. *Stoffel, K.* (1995) und *Lingnau, V.* (2000), S. 7-42. Zum Controlling in Japan vgl. *Otto, S.-S.* (2000) und *Lang, H. A.* (2001).

108 Vgl. *Schwarz, R.* (2002a); Roso, M., *et al.* (2003); *Hoffjan, A./Wömpener, A.* (2005); *Küpper, H.-U.* (2005), S. 6.

109 Vgl. *Shields, M. D.* (1997).

Eine vergleichbare Literaturstudie für den deutschen Sprachraum wurde kürzlich von *Binder* und *Schäffer* vorgestellt. Ein Vergleich zeigt, dass die deutschen Beiträge generischer, d. h. weniger branchenspezifisch sind, dass Kostenrechnungsthemen ebenfalls eine herausragende Stellung einnehmen und dass analytische Untersuchungen häufiger sind als empirische.[110] Insgesamt ist die empirische Forschung im angloamerikanischen Raum quantitativ und qualitativ stärker entwickelt als im deutschsprachigen. Dennoch gibt es auch Kritik am Stand der angloamerikanischen empirischen Management Accounting-Forschung: So schätzt *Zimmermann* ihren Stand als unbefriedigend ein und kritisiert den mangelnden Fortschritt. Als Gründe hierfür sieht er insbesondere mangelhafte Datengrundlagen, unzureichende theoretische Fundierung, gewandelte Anreize für die Forscher, mangelnde Berücksichtigung ökonomischer Theorien, wenige empirisch überprüfbare Hypothesen sowie Konzentration auf Entscheidungsfindung anstatt auf Steuerung an.[111]

2.3 Überlegungen zur Struktur von Controlling-Konzeptionen

Die vorhergehenden Ausführungen haben gezeigt, dass sich trotz umfangreicher Forschungsbemühungen noch kein einheitliches Controlling-Verständnis etablieren konnte. Des Weiteren wird die Controlling-Forschung ständig um neue Gesichtspunkte und Ansätze erweitert.[112] Die Charakterisierung einer tragfähigen Controlling-Konzeption bedarf zur Integration in das Forschungsprogramm und „die Sprache“ des Controllings einer Einordnung in die bestehenden Ansätze. Dies soll auf der Grundlage relevanter Strukturen und Aspekte von Controlling-Konzeptionen erfolgen, die unter Rückgriff auf in der Literatur vorgeschlagenen Ordnungsversuchen zu Controlling-Ansätzen identifiziert werden. Diese Ordnungsversuche wurden erarbeitet, um bestehende Controlling-Vorstellungen zu systematisieren und aufbauend auf den resultierenden Ordnungsrahmen Aussagen über Unterschiede und Gemeinsamkeiten, Kernbestandteile und Entwicklungslinien der Ansätze abzuleiten.[113] Diese Ordnungsversuche sind aber selbst hinsichtlich der Ordnungsobjekte und -kriterien recht unterschiedlich.[114] Insgesamt leistet die Typenbildung bei der Bildung und Ordnung von Begriffen wertvolle Unter-

[110] Vgl. *Binder, C./Schäffer, U.* (2005b), S. 614.

[111] Vgl. *Zimmerman, J. L.* (2001). Diese Kritik ist jedoch selbst umstritten, vgl. z. B. *Luft, J./Shields, M. D.* (2002).

[112] *Lehmann* kam bereits im Jahre 1992 zu dieser Einschätzung. Vgl. *Lehmann, F.-O.* (1992), S. 45. So tritt selbst bei einzelnen Autoren wie *Weber* eine Wandlung der Controlling-Auffassung ein: Ausgehend vom umfassenden Koordinationsansatz *Küppers* vertrat er zunächst eine metaführungsorientierte Auffassung, während er neuerdings einen rationalitätssicherungsorientierten Ansatz postuliert. Vgl. *Weber, J.* (1995) bzw. *Weber, J.* (2004).

[113] Zu den theoretischen Grundlagen der Typologie und ihrer Bedeutung für die Wissenschaft vgl. *Amshoff, B.* (1993), S. 86-109 und die dort angegebene Literatur.

[114] Vgl. *Weber, J.* (2004), S. 22.

stützung, indem mehrere relevante Merkmale, ihre Beziehungen und Merkmalskombinationen zur Erkenntnisgewinnung bzgl. des betrachteten Objekts gesucht und untersucht werden.[115]

2.3.1 Ordnungsansätze für Controlling-Vorstellungen

Die Entwicklung von Ordnungsansätzen ist für die Controlling-Forschung von besonderem Interesse, da diese einen Beitrag zur Abgrenzung bzw. Einordnung des Controllings in den Gegenstandsbereich der Betriebswirtschaftslehre (insbesondere der Führung), zu einer umfassenderen und differenzierteren Begriffsbildung sowie zur Findung des „Kerns des Controllings“ leisten.[116] Ein grundlegendes Problem hierbei ist die zweckmäßige Auswahl der Ordnungsmerkmale. Grundsätzlich kann das Controlling von unterschiedlichen Perspektiven aus betrachtet und durch eine Vielzahl von Merkmalen beschrieben werden. Eine vollständige und lückenlose Erfassung aller denkbaren Merkmale ist sowohl unmöglich als auch für eine kompakte Beschreibung unnötig. Deshalb ist es erforderlich, die wesentlichen Merkmale systematisch zu bestimmen. Die Wesentlichkeit ist jedoch grundsätzlich nicht objektiv bestimmbar, sondern kontextabhängig und somit aus der Zwecksetzung der Betrachtung herzuleiten.[117] Ein Ansatz zur Identifikation möglicher relevanter Merkmale ist die Betrachtung bestehender Ordnungsansätze. Durch eine Analyse und Strukturierung können aus ihnen die in der Controlling-Forschung als relevant erachteten Kriterien herausgearbeitet werden, die dann als Eckpunkte für die Struktur einer tragfähigen Controlling-Konzeption dienen können. Neben einer reinen Auflistung der in den Ordnungsansätzen verwendeten Gliederungsmerkmale sind u. U. weitere Aspekte interessant. Da die Controlling-Forschung durch eine Perspektivenvielfalt gekennzeichnet ist, die sich auch in den Ordnungsansätzen widerspiegelt, werden neben den Merkmalen und deren Ausprägungen auch das Ordnungsobjekt, die generelle Vorgehensweise bzw. Perspektive und die identifizierten „Typen“ erfasst. Diese Vorgehensweise führt ihrerseits zu einem Ordnungsschema, das eine „Metaordnung“ der Ordnungsansätze erzeugt – was aufgrund der Heterogenität der Ansätze durchaus sinnvoll ist.

Tabelle 1 fasst die Untersuchungsergebnisse zusammen. Es lassen sich zunächst controllerbezogene und rein funktionale Systematisierungen unterscheiden. Von den Ordnungsobjekten und Perspektiven her kann in methoden- und theoriebezogene, funktionsbezogene, personenbezogene, zielbezogene, umweltdynamikbezogene und institutionenbezogene Ansätze diffe-

[115] Vgl. *Amshoff, B.* (1993), S. 89 und S. 93-95.

[116] Vgl. *Amshoff, B.* (1993), S. 110-113. Um dies leisten zu können, sollte eine Controlling-Typologie folgenden Anforderungen genügen: Echtheit, Differenziertheit bzw. Homogenität, Pragmatik, empirische Relevanz, Interdisziplinarität und Zielorientiertheit. Vgl. *Amshoff, B.* (1993), S. 113-115.

[117] Vgl. *Amshoff, B.* (1993), S. 115- 117.

renziert werden. Die beiden wichtigsten Hauptrichtungen scheinen eine institutional- bzw. persönlichkeitsgeprägte und eine führungsfunktionsgeprägte zu sein[118], die auch miteinander vermischt und um weitere Aspekte, wie situative Überlegungen, bereichert werden. Die gewählte Perspektive beeinflusst die betrachteten Merkmale, sodass meist nur ein bestimmter Teilbereich des Themengesamtkomplexes Controlling beleuchtet wird. Als Differenzierungskriterien bzw. wesentliche Merkmale werden entsprechend die Umweltbedingungen, die vorherrschende Technologie bzw. der Wissenstand, der Instrumenteneinsatz, die Funktionsbreite und -tiefe (Gegenstandsbereich und Aufgaben), direkte und indirekte Ziele sowie methodisch-theoretische Grundlagen verwendet, wobei sich Erklärungs- und Beschreibungsfunktion der Merkmale vermengen können.

In der jüngeren Controlling-Theorie wird Controlling entsprechend der weit verbreiteten, „klassischen" führungssystem- und koordinationsorientierten Auffassung[119] vornehmlich aus einer funktionalen Perspektive betrachtet und somit vornehmlich als Aufgabenbündel mit besonderem Bezug zur (Funktion der) Unternehmensführung und getrennt von der organisatorischen Gestaltung der Aufgabenzuteilung und -erfüllung[120] gesehen. Die damit verbundene deduktive Vorgehensweise soll die Induktionsproblematik bei der Verallgemeinerung und Herleitung von Aussagen aus real beobachtbaren Controlling-Phänomenen (Controller, Controlling-Abteilungen) vermeiden und kann zu einer Einordnung des Controllings in eine funktionalorientierte BWL beitragen.[121]

Aus der Menge der bisher vorgeschlagenen Merkmale zur Charakterisierung des Controllings lassen sich aus funktionaler Perspektive zusammenfassend folgende Kriterien ableiten:

- Vorgehensweise bei der Konzeptualisierung (induktiv vs. deduktiv).
- Methodologie bzw. Betrachtungsperspektive.
- Einstellung der Aufgabenträger zum Controlling („Controlling-Philosophie").
- Umfeldbedingungen.
- Ziele (mittelbar/indirekt und unmittelbar/direkt).
- Funktionsbreite.
- Funktionstiefe.

---

118 Vgl. *Zenz, A.* (1999), S. 16.
119 Vgl. *Lingnau, V.* (2002), S. 115; *Becker, A.* (2003), S. 1, *Rösner, M.* (2003), S. 55.
120 Vgl. *Küpper, H.-U.* (2005), S. 8.
121 Vgl. *Zenz, A.* (1999), S. 16.

Eine alternative Grundstruktur funktionalorientierter, „klassischer“ (d. h. koordinationsorientierter) Controlling-Konzeptionen schlägt *Becker* vor. Dabei unterscheidet er folgende Elemente:

- Controlling-Begriff (Controlling-Funktion und deren Gegenstandsbereich).
- Konzeptionalisierung des Führungssystems/Führungsprozesses (Führungssystemelemente bzw. Führungsfunktionen, Phasen des Führungsprozesses).
- Art/Umfang/Gegenstand der Koordination (Systembildung, -nutzung etc.) und Koordinationsinstrumente (übergreifende vs. isolierte).
- (Organisations-) theoretische Grundlagen (z. B. Systemtheorie, Kybernetik, Agencytheorie).[122]

Zur Erarbeitung des Grundgerüstes einer Controlling-Konzeption bedarf die funktionale Perspektive der Erweiterung um institutionale und instrumentale Aspekte. Zudem sollte eine tragfähige Konzeption den in Abschnitt 2.1 postulierten Anforderungen (Präzision, Konsistenz, empirische Gültigkeit, theoretische Fundierung) genügen bzw. Aussagen über deren Gültigkeit treffen. Entsprechend wird in Anlehnung an die bestehenden Ordnungsansätze, *Beckers* Vorschlag und die Anforderungen an Controlling-Konzeptionen folgende **Struktur** für eine tragfähige Controlling-Konzeption vorgeschlagen werden:

- Aussagen zur theoretischen Fundierung des Controllings und dessen Einordnung in die Betriebswirtschaftslehre (z. B. grundlegende Theorie der Unternehmung, Menschen- bzw. Akteursbild, Ansatzpunkt für die Notwendigkeit des Controllings). Hierbei ist Folgendes von besonderem Interesse:
- Konzeptualisierung des Unternehmens bzw. der Unternehmensführung als Bezugsrahmen des Controllings (Unternehmenssystem, Führungssystem, Führungsprozess) und der Stellung des Controllings in diesem. Eine Konkretisierung sollte durch die folgenden Punkte erfolgen:
- Spezifikation der Art und des Umfangs der Controlling-Ziele (mittel- und unmittelbar) und -Aufgaben (Aufgabenbreite und -tiefe).
- Spezifikation der Instrumente, die der Aufgabenerfüllung dienen.
- Spezifikation der Institutionalisierungsmöglichkeiten bzw. Aufgabenträger.

[122] Vgl. *Becker, A.* (2003), S. 41-47.

Die einzelnen Elemente sind nicht unabhängig von einander und z. T. werden ähnliche Aspekte betrachtet. So ist z. B. die Konzeptualisierung der Führung abhängig von der gewählten theoretischen Fundierung, ebenso wie auch Ziele, Aufgaben, Instrumente und Institutionen hiervon abhängen. Daher sind die Elemente dermaßen angeordnet, dass eine gewisse hierarchische Ordnung entsteht bzw. eine zunehmende Konkretisierung erfolgt.

Autor	Ordnungs-objekt	Generelle Vorgehensweise/ Perspektive	Differenzierungskriterien bzw. Merkmale (Ausprägungen)	Typen
Baumgartner, B. (1980), S. 117	Controller-Typen	Personenbezogene Betrachtung, Aufgabenzuordnung zu Controllern	Relevante Umwelt (Komplexität und Dynamik), vorherrschende Technologie (Wissen über Ursache-Wirkungs-Zusammenhänge, Kontrolle über verursachende Faktoren), Häufigkeit der Verwendung technokratischer Instrumente (hoch, mäßig), Haupttätigkeitsgebiet (operative und strategische Steuerung)	Idealtypischer Controller, Innovator-Controller, Navigator-Controller
Harbert, L. (1982), S. 278 ff.	Konzeptionelle Richtungen	Funktionale Betrachtung, Aufgabenkomplexbezogen	Funktionsbreite (Spezialist vs. Generalist), Funktionstiefe (Management-Service vs. Willensbildung und -durchsetzung)	Restaufgabenansatz, Management-Service-Ansatz, entscheidungsorientierte Ansätze, führungsorientierte Ansätze
Zünd, A. (1985), S. 32	Controller-Typen	Umweltbedingte Aufgabenzuordnung zu Controllern	Umweltdynamik (relativ statisch, begrenzt dynamisch, extrem dynamisch)	Registrator, Navigator, Innovator
Schmidt, A. (1986), S. 5	Controlling-Auffassungen	Nach primären Betrachtungsschwerpunkten	Primärer Betrachtungsschwerpunkt (konkretisiert durch den Gegenstandsbereich in der Unternehmung und den Aufgabenkomplex)	Rechnungswesenorientierte, informationssystemorientierte, führungssystemorientierte Ansätze
Welge, M. K. (1988), S. 21	Controlling-Philosophien	Aufgabendurchführungsorientierte Betrachtung	Ziele (Erfüllung von handels- und steuerrechtlichen Dokumentationsvorschriften, Gestaltung und Sicherung der Informationsversorgung, Entlastung der Unternehmensführung), Aktions- und Gestaltungsbereich (betriebliches Rechnungswesen, betriebliches Informationswesen, Führungsprozesse), Schwerpunktaufgaben, Art der Aufgabendurchführung (reaktiv, aktiv-integrativ, innovativ-antizipativ)	Passiv-vergangenheitsorientierte, aktiv-zukunftsorientierte, innovativ-antizipative Controlling-Philosophie
Schweitzer, M./Friedl, B. (1992), S. 142-147	Controlling-Konzeptionen	Zielbezogen	Direkte Ziele [Sachziele] und Umfang der Aufgaben (Informationsziel/planungs- und steuerungsorientiertes Koordinationsziel/führungssystemorientiertes Koordinationsziel) / indirekte Ziele [Unternehmenszielbezug] und Inhalt der Aufgaben (Erfolgsziel/ weitere Ziele)	Nach direkten Zielen: Informationsorientierte/ planungs- und steuerungsorientierte/ führungssystemorientierte Konzeptionen Nach indirekten Zielen: jeweils Zusatz von eingeschränkt/uneingeschränkt
Amshoff, B. (1993), S. 139-361	Controlling-Typologie	Ziel-, einstellungs- und systembezogen (Aufgaben, Instrumente, Organisation), „theoriegeleitet und empirisch gestützt"	Controlling-Ziele (Sicherung der Planung, Kontrolle, Steuerung, und Informationskongruenz, Integration von Planung und Kontrolle, Beitrag zur Sicherstellung der Harmonisation, Entscheidungsqualität und Flexibilität), Controlling-Philosophie (Zeitbezug: vergangenheits-, zukunftsorientiert, antizipativ und Verhaltensbezug: passiv, aktiv, innovativ), Controllingsystem (Aufgaben, Technologie, Träger, Formalisierung)	Zieltypen: kontrollsicherungsorientiert, entscheidungsqualitätssicherungsorientiert, kontroll- und entscheidungsqualitätssicherungsorientiert, planungs- und harmonisationssicherungsorientiert Philosophietypen: übernommen aus *Welge* (1988); Systemtypen: fünf institutionale Typen und drei funktionale Typen

Autor	Ordnungs-objekt	Generelle Vorgehensweise/ Perspektive	Differenzierungskriterien bzw. Merkmale (Ausprägungen)	Typen
Lachnit, L. (1994), S. 3-4	Controlling-Ausprägungen	Entwicklungshistorisch-institutionell	„Entwicklungsstufe“, Umweltdynamik (entnommen aus *Zünd* (1985))	Historisch- und buchhaltungsorientiertes, zukunfts- und aktionsorientiertes, managementsystemorientiertes Controlling
Niedermayr, R. (1994), S. 12-24	Konzeptionstypen	Zielbezogene Ableitung	Direkte/unmittelbare Controllingziele (Koordinationsziel, Informationsziel), indirekte/mittelbare Controllingziele (alle Unternehmensziele, Beschränkung auf bestimmte Unternehmensziele)	Rechnungswesenorientierte, informationsorientierte, führungssystembezogene Konzeptionen und Praktikeransätze
Schmidt, R. (1995), S. 25 ff.	Controlling-Grundauffassungen	Ziel- und grundfunktionsbezogen (funktional)	Controlling-Ziele (grundlegende Ziele: Gewinnziel, langfristige Erfolgssicherung/spezielle Ziele: Sicherung einer rationalen der Entscheidungsfindung, Entlastung und Unterstützung der Unternehmensführung), Controlling-Grundfunktionen (Steuerung und Regelung, Koordination, Information)	Eigenständige Führungsfunktion, institutionalisierte Serviceleistung
Sjurts, I. (1995)	Theoretische Controlling-Ansätze	Theoretischer Standpunkt bzw. Perspektive	Theoretischer Hintergrund (Entscheidungsverhalten, Systemtheorie, Situative Ansätze, Verhaltenswissenschaft), Begründung der Notwendigkeit der Controlling-Funktion, Controllingziel, Controlling-Gegenstand und verwendete Daten, kompatible Menschenbilder und Unternehmenskulturkonzepte	Entscheidungsverhaltensorientierte Ansätze (Controlling als Informationsversorgung oder Informationskoordination)/Systemtheoretische Ansätze (systemtheoretisch-kybernetische und systemtheoretisch-sozialwissenschaftliche Ansätze, Controlling als Adaptions- und Koordinationsfunktion oder Koordination der Führungsteilfunktionen)/Situative Ansätze (Begründung des Controllings vs. Ausprägungen des Controllings)/ verhaltenswissenschaftliche Ansätze (deskriptive vs. präskriptive Perspektive)
Zenz, A. (1998), S. 16-42	Controlling-konzeptionen/Controllingtypen	Funktionale Perspektive (zwecksetzungsbezogen)	Unternehmenszielbezug (Wertziele: Erfolgs- vs. Finanzziele, weitere Unternehmensziele), Funktionsbreite (Sicherung von Planung, Kontrolle, Organisation, Informationsversorgung, Personalführung), Funktionstiefe (Entwurf der Systemelemente, Bewertung der Systeme, Auswahl der Systemelemente, Systemintegration, Systembetrieb: partiell vs. vollständig, Systemkoordination, Systemüberwachung)	Controlling als Betrieb von Führungsteilsystemen: informationsorientierter Typ, regelungsorientierter Typ, Synonym für Führung Controlling als Einwirkung auf Führungssysteme: begrenzt führungsgestaltender Koordinationsansatz, umfassender Koordinationsansatz, Metaführungsansatz
Horváth, P. (2003), S. 152-156	Konzeptionen des Controllings	Koordinationsfunktionsbezogen	Vorgehensweise bei Ableitung des Ansatzes (deduktiv, deskriptiv-induktiv, empirisch-kognitiv), Ausmaß der Koordinationsfunktion (eingezogene Führungsteilsysteme), Bezug zu den Unternehmenszielen	Koordination von Informationsversorgung mit -verwendung, Planungs- und Kontrollsystem mit Informationsversorgungssystem, Führungsgesamtsystem bzgl. Ergebnis- bzw. Wertziele oder alle Unternehmensziele

Autor	Ordnungsobjekt	Generelle Vorgehensweise/ Perspektive	Differenzierungskriterien bzw. Merkmale (Ausprägungen)	Typen
Weber, J. (2004), S. 22-31	Definitionstypen	Funktional	„grundsätzlicher Fokus“	Controlling als Informationsversorgungsfunktion, spezielle Form der Führung, Koordinationsfunktion
Küpper, H.-U. (2005), S. 3-15	Controlling-Konzeptionen	Deduktiv-funktional	Zwecksetzung (Gewinnzielausrichtung vs. Koordination) und relevante Führungsbereiche (Informationssystem, quantitative vs. qualitative Planung, Steuerung und Kontrolle)	Gewinnzielorientierte, informationsorientierte, planungs- und kontrollorientierte, koordinationsorientierte Controlling-Konzeptionen

Tabelle 1: Metaordnungsrahmen zur Ordnung von Controlling-Ordnungsansätzen

2.3.2 Funktionaler Ordnungsansatz nach *Zenz*

Als gelungenes Beispiel[123] für einen systemorientierten funktionalen Ordnungsansatz, der auch als repräsentativ für andere Ansätze angesehen wird[124], wird im Folgenden der „konzeptionelle Ordnungsrahmen zur Beschreibung von Controlling-Konzeptionen von *Zenz* betrachtet.[125] *Zenz* untersucht die Zwecksetzungen der Controlling-Konzeptionen in der deutschsprachigen Literatur, die durch Ziele und Funktionen des Controllings abgebildet werden. Hierzu greift er auf die drei Merkmale Unternehmenszielbezug, Funktionsbreite und Funktionstiefe zurück, die eine möglichst genaue Kennzeichnung der wesentlichen Bestandteile der Konzeptionen und deren Einordnung in das System der Unternehmensführung ermöglichen sollen. Damit werden die schon von *Schweitzer* und *Friedl* sowie *Harbert* verwendeten Merkmale aufgegriffen.[126]

Das Merkmal **Unternehmenszielbezug** zeigt die Orientierung und inhaltliche Präzisierung der Funktionen des Controllings im Sinne indirekter Ziele[127] auf und stellt den Bezug zur Unternehmung her. **Funktionsbreite** bezeichnet die Verschiedenartigkeit der Aufgabenqualitäten[128], d. h. bei der vorliegenden führungssystemorientierten Perspektive, auf welche Führungsteilsysteme die Aufgaben des Controllings sich erstrecken, wobei bei der Differenzierung des Gesamtführungssystems in Teilführungssysteme dem Ansatz *Küppers*[129] gefolgt wird. Entsprechend wird auf die Sicherung der betrachteten Führungsaufgaben Planung, Kontrolle, Organisation, Informationsversorgung und Personalführung abgestellt, d. h. auf Aktivitäten, die der Erfüllung der einzelnen Führungsfunktionen dienen. Unter **Funktionstiefe** wird der Grad des Einflusses des Controllings auf die Führungsprozesse verstanden, d. h. welche Führungsaktivitäten (Willensbildung und -durchsetzung) bzw. Beteiligung hieran und welche Führungsunterstützungsaktivitäten (Informationsaufbereitung und -versorgung, Beratung) dem Controlling zugeordnet werden.[130] *Zenz* unterscheidet hierbei führungssystem- und koordinationsfunktionsbezogen „originäre Führungshandlungen“ (Systembetrieb) und Metaführungsfunktionen (Entwurf der Systemelemente, Bewertung der Systeme, Auswahl der Sys-

---

123 Zu dieser Einschätzung vgl. *Weber, J.* (2004), S. 22.
124 Zu dieser Einschätzung vgl. *Rösner, M.* (2003), S. 64.
125 Vgl. im Folgenden *Zenz, A.* (1998) und *Zenz, A.* (1999), S. 16-42.
126 Vgl. *Schweitzer, M./Friedl, B.* (1992), S. 144 bzw. *Harbert, L.* (1982), S. 248-252.
127 Zu direkten und indirekten Controlling-Zielen vgl. *Schweitzer, M./Friedl, B.* (1992), S. 143 und *Niedermayr, R.* (1994), S. 54-57.
128 Vgl. *Harbert, L.* (1982), S. 248.
129 Planungssystem, Kontrollsystem, Informationssystem, Personalführungssystem und Organisation. Vgl. *Küpper, H.-U.* (2005), S. 30.
130 Vgl. *Harbert, L.* (1982), S. 248.

temelemente, Systemintegration, Systemkoordination, Systemüberwachung)[131], die auf das Führungsgesamtsystem und seine Teilsysteme durch Veränderungen an deren Elementen und ihren Beziehungen sowie den innerhalb des Führungssystems ablaufenden Aufgabenerfüllungsprozessen einwirken. Metaführung bedeutet dabei die „Führung der Führung", also die Planung, Implementierung, Lenkung und Kontrolle von Managementfunktionen. Abbildung 2 stellt den Ordnungsrahmen dar.

<table>
<tr><th>Dimension</th><th colspan="8">Ausprägung</th></tr>
<tr><td rowspan="2">Unternehmenszielbezug</td><td colspan="5">Wertziele</td><td colspan="3" rowspan="2">Weitere Unternehmensziele</td></tr>
<tr><td colspan="2">Erfolgsziele</td><td colspan="3">Finanzziele</td></tr>
<tr><td>Funktionsbreite</td><td colspan="2">Sicherung der Planung</td><td>Sicherung der Kontrolle</td><td colspan="2">Sicherung der Organisation</td><td colspan="2">Sicherung der Informationsversorgung</td><td>Sicherung der Personalführung</td></tr>
<tr><td rowspan="2">Funktionstiefe</td><td rowspan="2">Entwurf der Systemelemente</td><td rowspan="2">Bewertung der Systeme</td><td rowspan="2">Auswahl der Systemelemente</td><td rowspan="2">Systemintegration</td><td colspan="2">Systembetrieb</td><td rowspan="2">Systemkoordination</td><td rowspan="2">Systemüberwachung</td></tr>
<tr><td>partiell</td><td>vollständig</td></tr>
</table>

Abbildung 2: Konzeptioneller Ordnungsrahmen zur Beschreibung von Controlling-Konzeptionen nach Zenz[132]

Anhand des Hauptdifferenzierungsmerkmals Funktionstiefe unterscheidet *Zenz* zwei Gruppen von Controllingansätzen, welche mithilfe des Merkmals Funktionsbreite weiter untergliedert werden. Der ersten Gruppe werden jene Ansätze zugeordnet, bei denen dem Controlling „originäre Führungsfunktionen" (also der Systembetrieb) zugeordnet werden und Controlling als **„(partielle) Primärführung"** charakterisiert wird. In dieser Gruppe werden drei Typen unterschieden: der informationsorientierte Typ (Betrieb eines entscheidungsorientierten monetären Informationsversorgungssystems bzw. Rechnungswesens), der regelungsorientierte Controllingtypus (Betrieb des Planungs- und Kontrollsystems sowie z. T. des Informationsversorgungssystems) und der unternehmensführungsorientierte Ansatz (Führungsprinzip, das alle sachbezogenen Führungsfunktionen umfasst, Betrieb des Führungssystems mit Ausnahme der Personalführung). Die zweite Gruppe umfasst Ansätze, die dem Controlling die Funktion der **Einwirkung auf das Führungssystem** (Metaführung) zuschreiben und somit die Controllingfunktion von den originären Führungsfunktionen abzugrenzen versuchen, wobei die Koordinationsfunktion eine herausragende Stellung einnimmt. Auch hier werden drei Typen unterschieden: der begrenzt führungsgestaltende Koordinationsansatz (erfolgszielorientierte systembildende und systemkoppelnde Koordination von Planungs- und Kontrollsystem mit dem

[131] Diese Funktionen können als Verfeinerungen der systembildenden und systemkoppelnden Koordination nach *Horváth* verstanden werden. Vgl. hierzu *Horváth, P.* (2003), S. 123-128; *Weber, J.* (1995), S. 41-43.

[132] Quelle: *Zenz, A.* (1998), S. 34 und *Zenz, A.* (1999), S. 17.

Informationsversorgungssystem), der umfassende Koordinationsansatz (Systemkoordination und -integration aller Führungsteilsysteme) und der Metaführungsansatz (alle Metaführungsaktivitäten bzgl. aller Führungsteilsysteme). Ohne Schwierigkeiten lassen sich in dieser Ordnung die klassischen und auch heute noch verwendeten Ordnungsansätze von *Schweitzer* und *Friedl* sowie *Küpper*[133] wieder finden und einordnen.

Die Grenzen dieses Ordnungsansatzes zeigen sich, wenn er auf neuere Controlling-Ansätze, die nicht dem Koordinationsparadigma folgen,[134] angewandt werden soll. Zwar wurde eine Anpassung des Ordnungsrahmens an neuere Entwicklungen in der Controlling-Forschung versucht. So wurde von *Götze*, *Glaser* und *Hinkel* eine Erweiterung um die funktionsorientierten Beiträge von *Weber* (Sicherung der Rationalität der Führung, rationalitätssicherungsorientierter Ansatz)[135] sowie von *Pietsch* und *Scherm* (Führung und Führungsunterstützung, reflexionsfunktionsorientierter Ansatz)[136], die zusammen als „integrative Konzeptionen" bezeichnet werden, vorgenommen.[137] Eine überzeugende Einordnung dieser „führungsprozessbezogenen Controlling-Konzeptionen"[138] lässt sich aber nicht erreichen. Dies zeigt die Notwendigkeit der Erweiterung bestehender Strukturierungsansätze, wie z. B. in Abschnitt 2.3.1 erfolgte.

2.4 Referenzansätze für eine tragfähige Controlling-Konzeption

Die Charakterisierung eines tragfähigen Controlling-Ansatzes erfordert neben der Identifikation von Strukturmerkmalen eine inhaltliche Konkretisierung möglicher Merkmalsausprägungen. Daher werden im Folgenden Referenzansätze, d. h. klassische und neuere Vorschläge zu Controlling-Konzeptionen, betrachtet und kritisch auf ihre Eignung hin untersucht, als Grundlage für eine tragfähige Risikocontrolling-Konzeption dienen zu können. In der Controlling-Literatur werden die unterschiedlichen Konzeptualisierungsvorschläge, wie in Abschnitt 2.3.1 gezeigt, üblicherweise in mehr oder weniger homogene Gruppen eingeteilt. Die Klassifizierung erfolgt dabei primär auf Basis der postulierten Controlling-Funktion.[139]

---

133 Siehe Tabelle 1.

134 Diese werden in Abschnitt 2.4.2 näher betrachtet.

135 Vgl. *Weber, J.* (1998), S. 29-36; *Weber, J./Schäffer, U.* (1999); *Weber, J.* (2004), S. 31-63.

136 Vgl. *Pietsch, G./Scherm, E.* (2000); *Pietsch, G./Scherm, E.* (2001b); *Pietsch, G./Scherm, E.* (2002).

137 Vgl. *Götze, U. et al.* (2001), S. 102-103.

138 Vgl. *Küpper, H.-U.* (2005), S. 18-25 zu dieser Bezeichnung.

139 Zu unterschiedlichen Ordnungsansätzen vgl. z. B. *Lingnau, V.* (1999), S. 83-87; *Zenz, A.* (1999), S. 25-42; *Kimmig, J. M.* (2001), S. 13-17; *Pietsch, G.* (2003), S. 5-11; *Weber, J.* (2004), S. 23-30; *Küpper, H.-U.* (2005), S. 15-27.

2.4.1 Klassische Controlling-Konzeptionen

Als klassische Ansätze werden an dieser Stelle rechnungswesenorientierte, informationsorientierte und koordinationsorientierte Controlling-Konzeptionen bezeichnet. Während die rechnungswesen- und informationsorientierte Sichtweise eine hohe praktische Relevanz besitzt, wird die akademische Diskussion noch vom koordinationsorientierten Ansatz dominiert.[140]

2.4.1.1 Rechnungswesen- und informationsorientierte Controlling-Konzeptionen

Die frühesten deutschen Controlling-Auffassungen sind als **rechnungswesenorientiert** zu charakterisieren, da der Kern des Controllings in der Verbesserung bzw. entscheidungs- und steuerungsorientierten Ausgestaltung des internen Rechnungswesens sowie der hierauf aufbauenden Versorgung der Führung mit geeigneten Rechnungsweseninformationen gesehen wurde. Das Controlling-Verständnis war dabei stark durch das US-amerikanische Controllership-Verständnis geprägt. Der Gegenstandsbereich des Controllings wird entsprechend in einer auf das interne Rechnungswesen gestützten Planungs-, Steuerungs- und Kontrollhilfe gesehen. Folglich bezieht sich das Controlling auf Finanz- bzw. Erfolgsziele, weist eine eher operative Ausrichtung auf und fällt in den Aufgabenbereich der Rechnungswesenabteilungen.[141]

Im Rahmen **informationsorientierter** Auffassungen wurde der Gegenstandsbereich über das Rechnungswesen hinaus auf das gesamte betriebliche Informationssystem erweitert. Insbesondere wurden nicht-monetäre Zielsetzungen und Informationsarten mit einbezogen. Die spezifische Funktion des Controllings wird in der Koordination des Informationsbedarfs der Unternehmensführung mit der Informationsbeschaffung gesehen. Institutionell wird das Controlling als die zentrale Einrichtung der betrieblichen Informationswirtschaft verstanden. Aufgabe des Controllings ist es demnach, die Unternehmensführung durch die Bereitstellung führungsrelevanter bzw. entscheidungs- und steuerungsrelevanter Informationen bei der Verfolgung der Unternehmensziele zu unterstützen. Dieser Aufgabenkomplex kann in entsprechenden Stellen mit führungsunterstützendem Charakter institutionalisiert werden.[142] Aus instrumenteller Sicht kommt insbesondere dem (internen) Rechnungswesen und Kennzahlensystemen sowie deren informationstechnologischen Ausgestaltung besondere Bedeutung zu.[143]

---

[140] Vgl. *Weber, J.* (2004), S. 31.

[141] Vgl. *Lingnau, V.* (1999), S. 84-85; *Pietsch, G.* (2003), S. 5-6; *Weber, J.* (2004), S. 23.

[142] Vgl. *Lingnau, V.* (1999), S. 85-86; *Pietsch, G.* (2003), S. 6-7; *Schaefer, S./Lange, C.* (2004), S. 106-107; *Weber, J.* (2004), S. 24; *Küpper, H.-U.* (2005), S. 25-26.

[143] Vgl. *Reichmann, T.* (2001a); *Reichmann, T.* (2004).

Bei den rechnungswesen- und informationsorientierten Ansätzen sind auf der Grundlage der identifizierten Anforderungen an Controlling-Konzeptionen (Präzision, Konsistenz, empirische Gültigkeit, theoretische Fundierung) mehrere Aspekte zu bemängeln. Die der Controlling-Konzeption zugrunde gelegte Funktion der entscheidungsorientierten bzw. führungsadäquaten Informationsbeschaffung, -aufbereitung und -versorgung ist ein altbekannter Aufgabengabenkomplex, der u. a. in den Bereichen der Unternehmensrechnung und Informationswirtschaft z. B. im Rahmen des führungsorientierten Rechnungswesens intensiv betrachtet wird. Somit kann diese Funktion kaum eine eigenständige Problemstellung begründen.[144] Abgrenzungsprobleme treten insbesondere gegenüber der Unternehmensrechnung auf, sodass Controlling und führungsorientierte Unternehmensrechnung als Synonyme gesehen werden können. Des Weiteren werden die Ansätze kaum bzw. nicht explizit theoretisch fundiert. Andererseits besteht eine beachtliche Übereinstimmung zu den Controlling-Auffassungen der Unternehmenspraxis und den von Controllern wahrgenommenen Aufgabenfeldern.[145] So werden von der führenden Standesvereinigung für Controller im deutschsprachigen Raum, dem Internationalen Controller Verein, die Controller-Aufgaben vor allem in der Begleitung und Unterstützung der Manager bei Zielfindung, Planung und Steuerung sowie der hierauf gerichteten Methoden- und Informationsversorgung gesehen.[146] Die ebenfalls genannte Moderationsfunktion und Mitverantwortung für die Zielerreichung gehen dabei jedoch über eine reine Führungsunterstützungsfunktion hinaus.

Es bleibt festzuhalten, dass die Wurzeln des Controllings sowohl in praktischer als auch akademischer Hinsicht im betrieblichen Rechnungswesen bzw. in der Unternehmensrechnung liegen, also der wertmäßigen Abbildung des vergangenen oder erwarteten Unternehmensgeschehens.[147] Bis heute beschäftigt sich die Controlling-Forschung und -Lehre sehr stark mit Methoden der Unternehmensrechnung und -steuerung.[148] Eine Betrachtung der später entwickelten Controlling-Konzeptionen zeigt zudem, dass der Informationsorientierung bzw. dem Aufgabenkomplex der ziel- und führungsadäquaten Informationsversorgung durchweg eine wichtige Rolle beigemessen wird.[149]

---

[144] Vgl. *Pietsch, G.* (2003), S. 6-7; *Schaefer, S./Lange, C.* (2004), S. 106-107; *Weber, J.* (2004), S. 24.
[145] Vgl. z. B. *Stoffel, K.* (1995), S. 156-157.
[146] Vgl. *International Group of Controlling* (2002); *Weber, J.* (2004), S. 20-22.
[147] Vgl. z. B. *Lingnau, V.* (1999), S. 77-78; *Weber, J.* (2004), S. 9.
[148] Vgl. *Wall, F.* (2000), S. 302; *Binder, C./Schäffer, U.* (2005b), S. 608-610.
[149] Vgl. *Schaefer, S./Lange, C.* (2004), S. 105. Siehe auch die nachfolgenden Ausführungen zu den betrachteten Controlling-Konzeptionen.

2.4.1.2 Koordinationsorientierte Controlling-Konzeptionen

Der koordinationsorientierte Ansatz wird allgemein auf eine Veröffentlichung von *Horváth*[150] im Jahre 1978 zurückgeführt.[151] Dieser Ansatz definiert Controlling aus systemtheoretisch-funktionaler Perspektive als „...das jenige Subsystem der Führung, das Planung und Kontrolle sowie Informationsversorgung systembildend und systemkoppelnd ergebniszielorientiert koordiniert und so die Adaption und Koordination des Gesamtsystems unterstützt“ [152]. Diese Vorstellung wurde von anderen Autoren aufgegriffen und weiterentwickelt. *Schmidt* kennzeichnet das Controlling als zielerreichungsorientierte Führungskoordination, die gestaltend auf das Führungssystem und steuernd auf den Führungsprozess einwirkt, sowie als informations- und instrumentenbereitstellende Führungsunterstützung.[153] Im Gegensatz zu *Horváths* Ansatz wird das Führungssystem in Wertesystem, Anreizsystem, Personalentwicklungssystem, Zielsystem, Planungssystem, Kontrollsystem, Informationssystem und Organisationssystem sowie in ein diese Führungsteilsysteme überlagerndes Koordinationssystem unterteilt.[154] Zudem erfolgt keine Beschränkung des Controllings auf das Erfolgsziel.[155] Ganz ähnlich ist für *Küpper* die Koordination des gesamten Führungssystems (bestehend aus den Teilsystemen Ziel-, Planungs-, Kontroll-, Informations-, Personalführungssystem sowie Organisation) die grundlegende Zwecksetzung des Controllings, wobei sich die Koordinationsaufgabe sowohl auf die Abstimmung zwischen den Führungsteilsystemen als auch innerhalb der Führungsteilsysteme selbst bezieht.[156] Entsprechend sehen *Küpper*, *Weber* und *Zünd* den Kern der Controlling-Funktion in der Koordination des Führungsgesamtsystems, insbesondere in der Gestaltung und Überwachung des Planungs-, Kontroll- und Informationssystems, aber auch der Koordination von Organisation und Personalführung sowie in einer Beratungs- und Servicefunktion.[157] *Weber* beschränkt in seiner früheren Auffassung das Controlling auf Unternehmen, deren Ausführungssystem hauptsächlich durch Pläne koordiniert wird.[158] Dabei kommt dem Controlling die Funktion der inter- und intrasystemischen, systemgestaltenden und -koppelnden Koordination aller Führungsteilsysteme (Werte-, Planungs-, Kontroll-, Informa-

---

150 Vgl. *Horváth, P.* (1978).

151 Vgl. *Weber, J./Schäffer, U.* (2000), S. 109 und *Lingnau, V.* (2002), S. 115. *Lingnau* weist darauf hin, dass schon *Beyer* im Jahre 1971 die zentrale Funktion des Controllings in der planorientierten Koordination sah. Vgl. *Beyer, H.-T.* (1971).

152 *Horváth, P.* (2003), S. 151.

153 Vgl. *Schmidt, A.* (1986), S. 44.

154 Vgl. *Schmidt, A.* (1986), S. 24-28.

155 Vgl. *Schmidt, A.* (1986), S. 64-66.

156 Vgl. *Küpper, H.-U.* (1987), S. 97-103. Zum aktuellen Stand dieser Controlling-Konzeption vgl. *Küpper, H.-U.* (2005).

157 Vgl. Küpper, H.-U., *et al.* (1990), S. 283-284.

158 Auch bei der aktuellen rationalitätssicherungsorientierten Auffassung wird eine Konzentration bzw. Beschränkung auf planungsdominierte Führungskontexte vorgeschlagen. Vgl. *Weber, J.* (2004), S. 48-49 und S. 96-97.

tions-, Organisations- und Personalführungssystem sowie Controllingsystem)[159] zu, mit der Zielsetzung, die Effizienz und Effektivität sowie die Anpassungsfähigkeit der Führung zu erhöhen.[160] Auch in Österreich wird von *Eschenbach* und *Niedermayr* die Auffassung vertreten, dass die Hauptfunktion des Controllings die Koordination des Führungssystems (bestehend aus Werte-, Planungs-, Kontroll-, Organisations- und Informationssystem) zur Abstimmung und Integration der Führungsteilsysteme im Sinne einer Führungsergänzung und -unterstützung mit dem Ziel der Sicherung der Überlebensfähigkeit von Unternehmen ist.[161]

Hinsichtlich der direkten und indirekten Controlling-Ziele sowie der Funktionstiefe und -breite bzw. des Koordinationsgegenstandes und -umfangs gibt es somit bei den koordinationsorientierten Controlling-Ansätzen unterschiedliche Auffassungen. Bei der Begründung der Notwendigkeit einer koordinationsbezogenen Controlling-Funktion besteht hingegen größere Einigkeit:[162] Unternehmen werden durch eine zunehmende Dynamik, Komplexität und Diskontinuität der Unternehmensumwelt mit einer steigenden Unsicherheit konfrontiert. Die Unternehmen reagieren hierauf und auf wachsende Unternehmensgrößen mit einer zunehmenden organisatorischen Differenzierung zur Reduktion der Umweltkomplexität, wodurch jedoch die Binnenkomplexität des Unternehmenssystems, insbesondere des Führungssystems, ansteigt.[163] Die Ausdifferenzierung und Verselbständigung von (Führungsteil-) Systemen bzw. die Zerlegung von Handlungsfeldern resultiert in einer Zerschneidung von an sich eng zusammenhängenden Tatbeständen.[164] Dies führt zu einem Abstimmungs- bzw. Koordinationsbedarf, der durch geeignete Maßnahmen gedeckt werden muss. Die Koordination gilt allgemein als eine originäre Führungsaufgabe, jedoch bezieht sie sich nach Ansicht der Vertreter koordinationsorientierter Ansätze lediglich auf das Ausführungssystem der Unternehmung (Primärkoordination), nicht aber auf das Führungssystem selbst (Sekundärkoordination).[165] Da die Sekundärkoordination nicht bzw. nicht ausreichend von anderen Führungsfunktionen wahrgenommen wird, wird dem Controlling daher diese eigenständige und von anderen Führungsaufgaben abgrenzbare Funktion zugewiesen.[166] Hauptpfeiler der Begründung ist somit das Vorhandensein eines komplexitätsinduzierten Koordinationsdefizits innerhalb der Unternehmensführung. Als Einflussfaktoren des Koordinationsbedarfs können Art und Umfang der Interdependenzen, der Differenzierungsgrad, das Vertrauensniveau und der Kooperationswille,

159 Vgl. *Weber, J.* (1995), S. 61.
160 Vgl. *Weber, J.* (1995), S. 50.
161 Vgl. *Eschenbach, R./Niedermayr, R.* (1996b).
162 Vgl. *Becker, A.* (2003), S. 10.
163 Vgl. *Horváth, P.* (2003), S. 3-11, S. 109.
164 Vgl. *Küpper, H.-U.* (2005), S. 30 und S. 51-57.
165 Vgl. *Horváth, P.* (2003), S. 113; *Küpper, H.-U.* (2005), S. 28-32.
166 Vgl. *Küpper, H.-U.* (1987), S. 100; Küpper, H.-U., *et al.* (1990), S. 284.

der Grad der Arbeitsteilung sowie die räumliche Distanz der Systemelemente und Systeme gesehen werden.[167]

Die koordinationsorientierten Ansätze sind trotz ihrer langjährigen Dominanz in der Controlling-Forschung nicht unangefochten geblieben. In der Literatur wird eine Reihe von Argumenten vorgebracht, welche die Eignung der koordinationsorientierten Ansätze in Frage stellen, die an Controlling-Konzeptionen gestellten Anforderungen[168] in befriedigender Weise zu erfüllen. Insbesondere wird ihnen die Eignung zur Begründung eines eigenständigen und abgrenzbaren Teilbereichs der Betriebswirtschaftslehre abgesprochen sowie auf eine mangelnde Kompatibilität mit der Controlling-Praxis hingewiesen. Im Folgenden wird in chronologischer Ordnung ein Überblick über die **kritische Auseinandersetzung** mit den koordinationsorientierten Ansätzen gegeben.

Schneider kritisiert vor allem die Beziehung einer koordinationsorientierten Controlling-Auffassung zu ihrer möglichen bzw. implizit erforderlichen **organisatorischen Umsetzung** in Controllerstellen, da diesen durch die Übernahme der führungsinternen Koordination bzw. der Metaführung wichtige Führungsaufgaben zukämen, und deckt somit pointiert die Problematik einer rein funktionalen Betrachtungsweise auf („Selbstbeweihräucherung zum Supermann"). Zudem konstatiert er eine **mangelnde theoretische Fundierung** bzw. einen mangelhaften Einbezug theoretischer Erkenntnisse anderer betriebswirtschaftlicher Forschungsbereiche, insbesondere des Rechnungswesens sowie eine **unbefriedigende Abgrenzung gegen andere Teilgebiete,** da die führungsgesamtsystembezogenen koordinationsorientierten Ansätze viele offene Problemstellungen anderer Teilgebiete, insbesondere der Personalführung und der Organisation mit einbezögen, anstatt sich neuen zu widmen. Daher fehle es auch an eigenständigen Controlling-Instrumenten.[169]

---

[167] Vgl. *Müller, A.* (1996), S. 141.

[168] Diese sind: 1. Eigenständige Problemstellung bzw. Eigenständigkeit der Controlling-Funktion; 2. Theoretische Fundierung bzw. Einordnung in vorliegende Theorieansätze; 3. Bewährung in der Praxis bzw. Vereinbarkeit mit der Entwicklung von Controllership und Controlling in der Unternehmenspraxis. Vgl. *Küpper, H.-U.* (2005), S. 6-7 und *Weber, J.* (2002), S. 48. Siehe auch Abschnitt 2.1.

[169] Vgl. *Schneider, D.* (1991). Da die Kritik sich hauptsächlich gegen Metaführungsansätze richtet, wie sie von *Küpper* und *Weber* vertreten wurden bzw. werden, stimmt *Horváth Schneider* zu – auch wenn dies vor Hintergrunds des eigenen Ansatzes nicht ganz schlüssig erscheint. Vgl. *Horváth, P.* (2003), S. 154. *Weber* merkte zu den Vorwürfen an, dass seine metaführungsorientierte Controlling-Definition rein funktionaler Natur sei und die Eigenständigkeit des Controllings durch neuartige Anwendungsobjekte und nicht neue Problemlösungsmethoden begründet werde. Vgl. *Weber, J.* (1995), S. 50.

Auch *Sjurts* kritisiert die undeutliche Abgrenzung der Controlling-Funktion von anderen Führungsfunktionen sowie den **mangelnden Nachweis des Koordinationsversagens** herkömmlicher Koordinationsinstrumente bzw. Führungsfunktionen.[170]

Ausgehend von der Beobachtung, dass die Koordinationssicht des Controllings weder in der **Praxis** wirklich akzeptiert und verbreitet sei, noch eine einfache Integration in die **internationale betriebswirtschaftliche Diskussion** möglich sei, stellen *Weber* und *Schäffer* die Eignung des koordinationsorientierten Ansatzes zur theoretischen Fundierung des Controllings in Frage.[171] Als wesentliche Elemente der Konzeption identifizieren sie die Verwendung der Systemtheorie als Analyserahmen, die Sekundärkoordination als Controlling-Funktion und deren Begrenzung hinsichtlich der Führungsteilsysteme (Funktionsbreite), des dominanten Koordinationsmechanismus und der betrachteten indirekten Controllingziele. Der Systemansatz erfüllt bei den koordinationsorientierten Controlling-Ansätzen hauptsächlich die Funktion eines ordnenden Bezugsrahmens (Deskription), ohne einen Beitrag zur Erklärung und Prognose zu leisten. Zudem ist die Differenzierung des Führungssystems weitgehend willkürlich. Die betrachteten Führungsteilsysteme bezeichnen Mengen an Handlungen mit funktionaler Ähnlichkeit, ohne unmittelbar weitere Verbundenheit aufzuweisen. Der Versuch, das Controlling unter Bezugnahme auf Optimierungs- und Simulationsmodelle, kontrolltheoretische Ansätze, die Principal-Agent-Theorie und verhaltenswissenschaftliche Ansätze inhaltlich zu füllen und theoretisch zu fundieren, trägt zwar zur Einordnung des Controllings in die Betriebswirtschaftslehre bei, erschwert aber auch die Abgrenzung von anderen Problembereichen. Entsprechend ist die Koordinationsfunktion im Sinne von Sekundärkoordination oder Metaführung kaum von den Aufgabenstellungen der Organisation bzw. der Führung im Allgemeinen zu unterscheiden.

Anknüpfend an die Argumente von *Weber* und *Schäffer* weist *Wall* unter Bezugnahme auf das Planungssystem ebenfalls darauf hin, dass die Koordinationsfunktion nicht ohne weiteres als Anknüpfungspunkt zur funktionalen Abgrenzung des Controllings geeignet ist, da eine als Sekundärkoordination verstandene Controllingfunktion **erhebliche inhaltliche Überschneidungen** mit der wohlbekannten und etablierten **Organisationsfunktion** aufweist, nämlich der institutionalen Dimension der Koordinationsobjekte (Zuordnung von Aufgaben auf Aufgabenträger).[172] Diese Überschneidungen werden zwar von den Vertretern koordinationsorien-

[170] Vgl. *Sjurts, I.* (1995), S. 194 und S. 196.
[171] Vgl. *Weber, J./Schäffer, U.* (2000).
[172] Vgl. *Wall, F.* (2000).

tierter Ansätze erkannt und z. B. von *Küpper* auch analysiert[173], ihr Umfang werde jedoch unterschätzt, während die Abgrenzungsmöglichkeit überschätzt werde. Aufgrund des Umfangs von Führungsaufgaben und der beschränkten Kapazität der Entscheidungsträger erfordert die Unternehmensrealität i. d. R. eine arbeitsteilig-hierarchische, mehrstufige Führungsorganisation, in der Entscheidungsprobleme hierarchisch-sukzessiv und inhaltlich segmentiert werden, wodurch jedoch hierarchische und sachliche Interdependenzen entstehen. Diese müssen durch Koordinationshandlungen, insbesondere durch eine geeignete Abgrenzung der Teilbereiche und die Gestaltung der Kommunikationsbeziehungen der Instanzen berücksichtigt und zielorientiert abgestimmt werden. Somit ist die Sekundärkoordination eine wohlbekannte und mehrstufig-arbeitsteiligen Führungssystemen immanente Führungsfunktion, die schon von der Organisations- und Planungstheorie behandelt wird. Entsprechend ist die systembildende Koordination weniger als Metaführung, sondern viel mehr im Sinne von Strukturbildung und Verteilung von Entscheidungs- bzw. Planungsaufgaben als grundlegendes Organisationsproblem zu verstehen. Dem Controlling kann daher nicht die Festlegung von organisatorischen Differenzierungsmerkmalen des Planungssystems, sondern lediglich die Präzisierung der Planungsgegenstände innerhalb der von der Organisation geschaffenen Strukturen zukommen. Daher plädiert *Wall* dafür, die strukturbildende Koordinationsfunktion des Controllings auf unternehmensrechnerische Sachverhalte zu beschränken. Dabei bietet sich eine Abgrenzung bzw. Präzisierung des Controllings auf der Grundlage der in der Controlling-Forschung betrachteten Koordinationsinstrumente an, die sich von den organisatorischen Koordinationsformen unterscheiden.

Auch *Pietsch* und *Scherm* weisen daraufhin, dass die funktionale Auffassung des Controllings als Koordination des Führungssystems vielfältige **Abgrenzungsschwierigkeiten** gegenüber der **Unternehmensführung** bzw. anderen Führungsfunktionen hervorruft, da Koordination kein abgrenzbarer Handlungstyp ist, der einem eigenen Subsystem zugeordnet werden kann.[174]

Die Kritik *Lingnaus* setzt auf der **Begriffsbestimmungs- bzw. Definitionsebene** an. Da der Zweck wissenschaftlicher Definitionen in der Sprachregelung und Sprachverkürzung gesehen wird, bietet sich eine Überprüfung des Beitrags des koordinationsorientierten Controlling-Begriffes hierzu an.[175] Die Bezeichnung der „Sekundärkoordination" als Controlling erfüllt den Zweck der Sprachverkürzungsfunktion nur bedingt. Auch dem Zweck der Sprachregelung

[173] Vgl. *Küpper, H.-U.* (2005), S. 282-286.
[174] Vgl. *Pietsch, G./Scherm, E.* (2000), S. 398-399.
[175] Vgl. im Folgenden *Lingnau, V.* (2000), S. 57-77 und *Lingnau, V.* (2002), S. 122-131.

dient diese Definition nur eingeschränkt. So ist das Wort „Controlling" je nach Kontext mit unterschiedlichen Bedeutungen belegt: In der angelsächsischen Managementliteratur bezeichnet Controlling bzw. Control neben einem Soll-Ist-Vergleich eine umfassende und komplexe Führungsfunktion im Sinne einer Prozessbeherrschung, -lenkung und -regelung (kybernetische Sicht), aber nicht die Koordination von Führungsteilsystemen. Die Koordination selbst ist eine Führungsaufgabe und beschränkt sich im Gegensatz zur Ansicht von Vertretern koordinationsorientierter Ansätze nicht auf das Ausführungssystem bzw. auf die Primärkoordination. Sowohl in der deutschsprachigen als auch der englischsprachigen Literatur zur Entscheidungs- und Führungslehre wird die führungsinterne Koordination (Sekundärkoordination bzw. Metaführung) als (bedeutende) Managementaufgabe angesehen. Die Koordination im Führungssystem stellt eine Querschnittsfunktion des Managements dar, die funktionsübergreifend von einer Vielzahl von Aktivitäten erfüllt wird. Somit ist die Eigenständigkeit und Abgrenzbarkeit eines funktional als Sekundärkoordination definierten Controllings fraglich. Zudem bleibt weitgehend unklar, welche Elemente die Führungssysteme beinhalten und welche Beziehungen zwischen diesen bestehen, sodass auch die dem Controlling hierbei zuzuordnenden Aufgaben unzureichend konkretisiert werden (Funktionstiefe). Entsprechend ist das Verhältnis einer entsprechend verstandenen Funktion Controlling zu einer Institution Controlling problematisch, da eine Institution als Träger der Controllingfunktion zur Wahrnehmung der Sekundärkoordination Weisungsbefugnisse gegenüber dem Management besitzen müsste. Dies widerspricht aber der praxisorientierten Sichtweise des Controllings als Managementunterstützungsfunktion und der in der Realität zu beobachtenden Kompetenzen von Controlling-Stellen. Das „**Auseinanderklaffen von Funktion und Institution**" beeinträchtigt somit die Sprachregelungsfunktion und stört die Kommunikation zwischen Theorie und Praxis. Zudem wird die eindeutige Bestimmung von Controlling-Instrumenten erschwert, da nicht klar ist, ob es sich hierbei um von Controllingstellen verwendete Instrumente, die meist dem Rechnungswesen zuzurechnen sind, oder um Koordinationsinstrumente handelt, die auch bei anderen Führungsfunktionen wie der Unternehmensplanung Verwendung finden. Insgesamt ist zu konstatieren, dass eine überzeugende Abgrenzung des Controllings von anderen Managementfunktionen, insbesondere der Organisation, Planung und Kontrolle auch auf der Basis des verwendeten Systemansatzes nicht gelingt, da eine weitergehende Explikation des Führungssystems unterbleibt.

Schwarz steht einem auf den Koordinationsbegriff gestützten Controlling als betriebswirtschaftliche Teildisziplin ebenfalls skeptisch gegenüber, da dieser zum einen unscharf bzw.

unzureichend definiert ist und andererseits Koordination eine originäre Managementaufgabe darstellt bzw. Gegenstandsbereich der Organisationsfunktion ist.[176]

Becker setzt in seiner organisationstheoretisch motivierten Kritik an der Controlling-Theorie an deren Begründungsstrategie an:[177] Das postulierte **Koordinationsdefizit**, das durch das Controlling zu decken sei, wird weder logisch schlüssig begründet noch empirisch belegt. Dem koordinationsorientierten Controlling-Ansatz selbst liegt ein klassisch präskriptives, kybernetisch geprägtes Führungsmodell zugrunde, in dem eine zusätzlich erforderliche Koordinationsfunktion kaum zu begründen ist. Dies schlägt sich auch bei der Auswahl der Controlling-Instrumente nieder, die ebenso problemlos der Planung und Kontrolle zugeordnet werden können, sodass der spezifische Beitrag des Controllings zur Koordination nicht erkennbar ist. Das **Begründungsproblem** wird auf den normativen Charakter der Begründungsstrategie und deren unzulängliche organisationstheoretische Basis, dem synoptischen Managementmodell, zurückgeführt. Die organisationale Realität von Unternehmen ist zu komplex, als dass eine synoptische Planung möglich wäre. Zudem ist die Abgrenzung von Führungs- und Ausführungshandlungen nicht unbedingt trennscharf möglich. Somit ist der Bezug auf eine zielorientierte Koordination der Unternehmensführung problematisch. Schließlich werden keine Aussagen über die Konstruktion organisationaler Realität getroffen.

Rösner kritisiert aus einer evolutionär-institutionalistischen Sicht heraus ebenfalls die **systemtheoretischen Grundlagen** der koordinationsorientierten Controlling-Ansätze. Da die Differenzierung des Führungssystems weitgehend willkürlich und unbegründet ist, ist auch die hierauf aufbauende Herleitung der Controlling-Funktion schlecht begründbar und unscharf. Die postulierte Differenzierung des Führungssystems in Subsysteme und der hieraus entstehende Sekundärkoordinationsbedarf muten als „**logischer Zirkel**" an, da die Entstehung spezialisierter Führungssubsysteme nicht schlüssig begründet wird. Somit ist auch der Vorteil eines spezialisierten Führungskoordinationssystems nicht erkennbar. Verschärft wird diese Problematik durch eine mangelnde Konkretisierung des Inhalts der Subsysteme. Die ungenügende Definition der Subsysteme führt zudem zu fragwürdigen Abgrenzungen und somit zu inhaltlichen Überlappungen sowie unklaren Aufgabenzuteilungen. Schließlich stehen die Führungssubsysteme in einem eher unklaren Verhältnis zu Führungshandlungen bzw. zum Füh-

[176] Vgl. *Schwarz, R.* (2002a), S. 54.
[177] Vgl. *Becker, A.* (2003), S. 69-81.

rungsprozess. Mithin steht also die systemorientierte Sicht im Gegensatz zur klassischen **akteursorientierten Sicht** der Wirtschaftswissenschaften.[178]

Die Kritik an den koordinationsorientierten Ansätzen ist grundlegender Art, da insbesondere die Haltbarkeit der zentralen Aussage, dass Controlling Sekundärkoordination sei, bei Einbezug anderer betriebswirtschaftlicher Forschungsbereiche als nicht originär sowie voller Überschneidungen und daher als wenig sinnvoll erachtet wird. Die Begründungstrategie leidet darunter, dass der verwendete systemtheoretisch-kybernetische Bezugsrahmen nur eine unklare und mangelhafte Erläuterung der Systemdifferenzierung und der zugehörigen Handlungsfelder leistet, sowie dass der synoptisch-präskriptive Bezugsrahmen kaum die Notwendigkeit und Eigenständigkeit des Controllings begründen kann. Der Bezug auf die Koordination der Führung erschwert zudem die institutionale und instrumentale Betrachtung des Controllings. Entsprechend treten Kommunikations- und Verständnisprobleme im Dialog mit der Unternehmenspraxis auf, sodass eine gewisse Diskrepanz zu real beobachtbaren Controlling-Stellen und Controlling-Instrumenten besteht. Hierdurch wird auch die empirische Untersuchung von Controlling-Phänomenen behindert. Ebenso wird die Identifikation und Entwicklung von originären Controlling-Instrumenten beeinträchtigt.

2.4.2 Neuere Controlling-Konzeptionen

Aus der Kritik an den bestehenden Controlling-Ansätzen wurde in den letzten Jahren eine Reihe von neuen Controlling-Konzeptionen entwickelt. Im Folgenden werden einige ausgewählte Konzeptionen skizziert und kritisch evaluiert. Die Auswahl richtet sich dabei vornehmlich nach der Resonanz in der aktuellen Controlling-Diskussion.

2.4.2.1 Rationalitätssicherungsorientierte Controlling-Konzeption

Den Weg eines integrativen, kontextbezogenen Ansatzes, der sowohl die bisherigen theoretischen Ansätze erfassen und mit einbeziehen als auch der realen Variabilität der Controllingpraxis gerecht werden soll, schlagen *Weber* und *Schäffer* ein.[179] Aus der Controllingpraxis werden drei Hauptaspekte von Controllingaufgaben abgeleitet:

- Die Kernaufgaben von Controllern beziehen sich auf die Planungs-, Kontroll- und Informationsversorgungsfunktion.

---

[178] Vgl. *Rösner, M.* (2003), S. 105-130.
[179] Vgl. *Weber, J./Schäffer, U.* (1999).

- Die Übertragung von delegierbaren Führungsaufgaben an Controller bedeutet eine Effizienz steigernde und somit ökonomisch sinnvolle Spezialisierung bzw. Entlastung des Managements.
- Zudem trägt die Aufgabenteilung zwischen Controller und Management dazu bei, die Folgen von Führungsdefiziten in Form von Opportunismus und beschränkter Rationalität zu mindern.

Aus theoretischer Perspektive wird daher die Funktion des Controllings in der **Sicherstellung von Führungsrationalität** gesehen. Rationalität wird als Zweckrationalität verstanden, wobei der Zweck möglichst intersubjektiv nachprüfbar sein sollte und entsprechend als *„herrschende Meinung von Fachleuten hinsichtlich einer bestimmten Zweck-Mittel-Situation“*[180] definiert wird.[181] Als übergeordneter Zweck wird aus ökonomischer Perspektive die Nutzenmaximierung in Form von Gewinn- und Wertmaximierung gesehen.[182] Dabei werden in Anlehnung an eine Input/Throughput/Output-Betrachtung die drei Rationalitätsebenen Inputrationalität, Prozessrationalität und Ergebnisrationalität unterschieden.[183] Grundlage des rationalitätssicherungsorientierten Controlling-Konzeptes ist ein dynamisches **akteursbezogenes Führungsmodell**, wobei zwischen einem anweisenden und einem angewiesenen Akteur unterschieden wird. Die Akteure werden jeweils durch ein Eigenschaftenbündel charakterisiert, das ihre Handlungsfähigkeit und Handlungsrichtung beschreibt, und das durch Lernen weiter entwickelt werden kann. Die betrachteten Handlungen werden in Willensbildung, Willensdurchsetzung, Ausführung und Kontrolle unterteilt. Die Willensbildung wird durch das Können (Willensbildungsfähigkeiten: Perzeptions-, Prognose- und Bewertungsfähigkeit) und das Wollen („Nutzenfunktion“) des Akteurs, die Willensdurchsetzung bzw. Ausführung durch die Realisationsfähigkeit (Können) beeinflusst. Somit können Opportunismus (mangelndes Wollen) und beschränkte Rationalität (mangelndes Können) explizit berücksichtigt werden. Je nach Verfügbarkeit geeigneten expliziten Wissens kann die Vorgehensweise bei der Willensbildung in Reflexion und Intuition unterschieden werden. Im verwendeten Führungsmodell können die Führungsfunktionen Planung, Kontrolle, Informationsversorgung, Personalführung und Organisation eingeordnet werden.[184] Das Führungsmodell dient als Bezugspunkt für die Einordnung und Abgrenzung des Controllings: Controlling wird – in Analogie zur Querschnittsfunktion des Qualitätsmanagements – als Rationalitätssicherung der Führung in allen

---

180 *Weber, J.* (2004), S. 51.

181 Eine nähere Betrachtung der Begriffe Zweckrationalität, Effektivität und Effizienz findet sich bei *Dyckhoff, H./Ahn, H.* (2001).

182 Vgl. *Schäffer, U./Weber, J.* (2004), S. 462.

183 Vgl. *Weber, J./Schäffer, U.* (1999), S. 734; *Weber, J.* (2004), S. 53-54.

184 Vgl. *Weber, J./Schäffer, U.* (1999), S. 734; *Weber, J.* (2002), S. 29-48.

Phasen des Führungsprozesses angesehen. Hierbei wird unterstellt, dass die Sicherstellung von Führungsrationalität eine spezifische, von anderen betriebswirtschaftlichen Fragestellungen separierbare und anderweitig nicht hinreichend abgedeckte Problemstellung mit abgrenzbaren Maßnahmen darstellt.[185] Diese Funktion wird definiert als die Menge der Handlungen, welche die Wahrscheinlichkeit rationaler Führungshandlungen erhöhen, und lässt sich konkretisieren als die Sicherstellung der Effizienz und Effektivität der Führung.[186] Art und Umfang der Maßnahmen zur Sicherstellung der Input-, Prozess- und Ergebnisrationalität bei Willensbildung, Willensdurchsetzung, Kontrolle und Informationsversorgung wird von Art und Umfang der **Rationalitätsdefizite** der Führung bestimmt.[187] Die Rationalitätssicherung soll im Zusammenspiel zwischen Managern und verschiedenen Instanzen (z. B. Controllern, Aufsichtsrat oder Wirtschaftsprüfern) wahrgenommen werden. Controllern kommen hierbei delegierbare Führungsaufgaben zu, insbesondere Entlastungs-, Ergänzungs- und Begrenzungsaufgaben, welche Manager aus Kapazitäts-, Effektivitäts- und Effizienzgründen auf Controller übertragen.[188] Controllertätigkeiten sind somit eine spezielle Form der Führungsunterstützung mit starkem Bezug zur reflexiven Führung.[189]

Der Beurteilung des Ansatzes sei vorausgestellt, dass – obwohl der neue Ansatz führungsprozessbezogen und explizit nicht führungssystembezogen ist – dennoch eine gewisse Ähnlichkeiten mit dem alten koordinationsbezogenen Metaführungsansatz *Webers* besteht. So lässt sich eine enge Beziehung zur plandeterminierten Unternehmensführung und zum synoptischen Managementprozess identifizieren. Die Sicherung einer angemessenen Koordination wird zudem als ein Kernelement der Rationalitätssicherung angesehen.[190] Zudem ist grundlegend kritisch zu hinterfragen, ob die Rationalitätssicherung eine eigenständige und abgrenzbare Funktion darstellt. Dies ist – ähnlich wie bei der Koordination – zu bezweifeln, da (Zweck-) Rationalität ein Merkmal ist, das im Zentrum wirtschaftswissenschaftlicher Betrachtungen überhaupt steht. Eine funktionale Abgrenzung des Controllings von anderen Führungsfunktionen anhand der Rationalitätssicherung erscheint daher kaum begründbar. Ebenso wenig erscheint auch eine eindeutige Institutionalisierung der Rationalitätssicherung realisierbar. Der kontextbezogene Ansatz, der die Integration einer großen Bandbreite von Zielsetzungen, Funktionen, Instrumenten und institutionaler Ausgestaltungen des Controllings ermöglichen soll, sieht sich letztlich der Gefahr einer konzeptionellen Beliebigkeit und einer mangelnden

[185] Vgl. *Weber, J./Schäffer, U.* (2000), S. 113.
[186] Vgl. *Schäffer, U./Weber, J.* (2004), S. 461.
[187] Vgl. *Weber, J.* (2002), S. 48-66.
[188] Vgl. *Weber, J.* (2002), S. 66-87.
[189] Vgl. *Weber, J./Schäffer, U.* (1999), S. 743.
[190] Vgl. *Becker, A.* (2003), S. 36-41.

Spezifität gegenüber.[191] Es ist somit festzuhalten, dass die rationalitätssicherungsorientierte Controlling-Konzeption weder eine eigenständige Controlling-Funktion begründen, noch das empirische Phänomen Controlling überzeugend erklären kann.

Eine Präzisierung der rationalitätssicherungsorientierten Controlling-Konzeption streben *Ahn* und *Dykhoff* mit ihrem **effektivitäts- und effizienzorientierten Ansatz** an.[192] Controller wirken hiernach durch rationalitätssichernde Überlegungen und Handlungen auf Entscheidungsfindung und -vollzug anderer Personen ein. Rationalität wird dabei durch Effektivität (Zweckmäßigkeit, -erfüllung und -wirksamkeit) und Effizienz (verschwendungsfreier Einsatz zweckrelevanter Mittel) als Bedingungen des zweckrationalen Handelns konkretisiert. Die Kernfunktion des Controllings wird in der Offenlegung, Güteprüfung und Verbesserung der Entscheidungsfindung gesehen. Es wird postuliert, dass diese Funktion nicht explizit von anderen betriebswirtschaftlichen Disziplinen vereinnahmt werde, und dass sie eine entscheidungstheoretische Fundierung des Controllings begründe. *Ahn* und *Dykhoff* gelingt es aber nicht, den Controlling-Aufgabenkomplex überzeugend von anderen Führungs- und Ausführungshandlungen abzugrenzen. Effektivität und Effizienz sind ebenso wie Rationalität Merkmale aller betriebswirtschaftlichen Funktionen und Grundgegenstand der Wirtschaftswissenschaften (ökonomisches Prinzip). Damit kann deren Sicherstellung schwerlich den Gegenstand einer betriebswirtschaftlichen Disziplin Controlling bilden.[193] Ebenso scheint eine überschneidungsfreie Zuordnung dieses Tätigkeitskomplexes zu Controller-Stellen in der Unternehmenspraxis kaum vorstellbar.

2.4.2.2 Reflexionsorientierte Controlling-Konzeption

Aus der Kritik an der rationalitätssicherungsorientierten Controlling-Konzeption heraus entwickeln *Pietsch* und *Scherm* einen „präzisierenden“ funktionalen Ansatz, der eine exaktere und engere Eingrenzung des Controllings als Führungs- und Führungsunterstützungsfunktion erlauben soll.[194] Der Ansatz greift dabei z. T. die Ergebnisse der informations-, koordinations- und rationalitätssicherungsorientierten Ansätze auf: Die Funktionen Reflexion, Koordination und Informationsversorgung werden als wichtige Aufgaben des Controllings angesehen. Grundlage der Überlegungen ist die Betrachtung der Unternehmung als Handlungsfeld, das nach Unternehmensfunktionen bzw. Handlungs- und Aufgabenkomplexen in die drei Hand-

[191] Vgl. *Pietsch, G./Scherm, E.* (2000), S. 400-402; *Küpper, H.-U.* (2005), S. 18-20.

[192] Vgl. *Dyckhoff, H./Ahn, H.* (2001); *Dyckhoff, H./Ahn, H.* (2002); *Ahn, H.* (2003); *Ahn, H./Dyckhoff, H.* (2004).

[193] Vgl. *Küpper, H.-U.* (2005), S. 20-22.

[194] Vgl. *Pietsch, G./Scherm, E.* (2000), S. 402; *Pietsch, G./Scherm, E.* (2001b), S. 209-210.

lungsebenen Führung, Ausführung und Führungsunterstützung unterteilt wird. Unter **Führung** wird die Entscheidungsfindung, Verantwortungsübernahme, Entscheidungsdurchsetzung und Hinterfragung von Entscheidungen verstanden, wobei Entscheidungen sowohl rational als auch intuitiv getroffen werden können. Die **Führungsunterstützung** bedeutet vor allem Informationsversorgung und beinhaltet die Beschaffung, Aufbereitung und Bereitstellung führungsrelevanter Informationen. Bei der **Ausführung** handelt es sich um reine Umsetzungsaufgaben ohne eigene Gedankenarbeit. Der Unternehmensführung kommen in einem dynamischen und komplexen Umfeld die Grundoperationen Selektion und Reflexion zu. Die **Selektion** dient der Komplexitätsreduktion durch die bewusste und unbewusste Auswahl von Möglichkeiten aus einer Grundgesamtheit (Ziele, Handlungsmöglichkeiten und Umweltzustände, Handlungsergebnisse, Handlungsoptionen) im Rahmen der Entscheidungsfindung. Im Rahmen der Selektion können aufgrund von Komplexität, Dynamik und beschränkter Informationsverarbeitungskapazität aber reale Zustände selten vollständig erfasst werden, weshalb die Komplexitätsreduktion zu Fehlsteuerungen führen kann. Zur Milderung dieser Effekte wird innerhalb der Führung die Reflexion als kontrollierender bzw. regulierender Gegenpart der Selektion benötigt, die eine kritisch distanzierte Gedankenarbeit darstellt. Die Führungshandlungen können des Weiteren in Anlehnung an *Koontz*, *O'Donnell* und *Weihrich*[195] in die fünf Funktionen bzw. Teilkomplexe Planung, Organisation, Personaleinsatz, Personalführung und Controlling unterteilt werden. Gegenstand der ersten vier Funktionen ist die Selektionsoperation, während der Controlling-Funktion die Reflexion zugewiesen wird. Controlling wird hierbei im Sinne der US-amerikanischen Managementliteratur als Grundfunktion der Führung verstanden, deren Aufgabe die Reflexion der im Rahmen anderer Führungsfunktionen (Planung, Organisation, Personaleinsatz, Personalführung) getroffenen Entscheidungen sowie die Reflexion der funktionsübergreifenden und funktionsinternen Abstimmung (Koordination) ist. Controlling als Führungsfunktion bedeutet also die Reflexion von Entscheidungen, die als Aufgabenkomplex von der Selektion und somit den anderen Führungsfunktionen abzugrenzen ist. Eine solchermaßen verstandene Reflexion beinhaltet sowohl die „traditionelle" Kontrollfunktion (Durchführung von Soll-Ist-Vergleichen) im Sinne einer „abweichungsorientierten Reflexion", die ziel- und maßnahmenbezogene Anpassungen zur Reduktion von Abweichungen auslöst und eine kritische Erfolgsbeurteilung von Entscheidungen darstellt, als auch die „perspektivenorientierte Reflexion", deren Aufgabe die Aufdeckung neuer Gestaltungsperspektiven (alternative Selektionsbündel) und die Generierung innovativer Gestaltungsvorschläge ist, und die ein distanziertes Überdenken getroffener Entscheidungen dar-

[195] Vgl. *Koontz, H. et al.* (1984).

stellt. Vor dem Hintergrund der Controllingrealität wird dem Controlling aber nicht nur eine Führungsfunktion, sondern auch eine Führungsunterstützungsfunktion zugewiesen, die sich aus der Führungsaufgabe des Controllings ableitet: Bereitstellung von umfassenden und funktionsübergreifenden Informationen zur Schaffung einer auf die Bedürfnisse der Reflexion abgestimmten informatorischen Gesamtsicht.[196] Die doppelte Funktion des Controllings schlägt sich auch in den Möglichkeiten zur Institutionalisierung nieder: Während bei der Führungsfunktion Reflexion zunächst kaum Spezialisierungsvorteile zu realisieren sind und sie daher weitgehend im Rahmen eines „Selbstcontrollings" von den Entscheidungsträgern wahrgenommen werden sollte, ergeben sich bei der Führungsunterstützungsaufgabe hinsichtlich der Methodenkompetenz und z. T. der Informationsbeschaffung Spezialisierungsvorteile, sodass sich die Bildung spezieller, hiermit betrauter Controlling-Abteilungen anbietet.[197] Controller können jedoch auch im Rahmen eines kritischen Dialogs die Rolle eines hinterfragenden Gegenübers des Managers oder eines betriebswirtschaftlichen Gewissens einnehmen und somit die Funktion der perspektivenorientierten Reflexion mit übernehmen.[198]

Zur **Beuteilung** der reflexionsorientierten Controlling-Konzeption ist grundlegend zu hinterfragen, ob die um eine perspektivenorientierte Reflexion erweiterte Kontrollfunktion eine hinreichende Bedeutung und Eigenständigkeit zur Begründung einer eigenständigen Disziplin Controlling besitzt. Es kann bezweifelt werden, dass die Reflexion ein hinreichendes Unterscheidungsmerkmal gegenüber anderen Führungsfunktionen bietet, da die kritisch distanzierte Gedankenarbeit und die Komplexitätsreduktion auch als Bestandteile der anderen Führungsfunktionen aufgefasst werden können. Zudem wird die dem Controlling zugewiesene Reflexionsaufgabe kaum dem Controlling als real existierendem Phänomen der Unternehmenspraxis gerecht, insbesondere da diese Aufgabe wohl auf viele Stellen verteilt wahrgenommen wird und sich typische Aufgaben der Controlling-Realität wie die Budgetierung oder die Festlegung von Verrechnungspreisen kaum in den postulierten Handlungskomplex einordnen lassen.[199]

2.4.2.3 Management Control-orientierte Controlling-Konzeption

Einen stärkeren Anschluss der deutschsprachigen Controlling-Forschung an das internationale bzw. das US-amerikanische Forschungsprogramm möchte *Schwarz* mit seinem **Management**

[196] Vgl. *Pietsch, G./Scherm, E.* (2000), S. 402-410; *Pietsch, G./Scherm, E.* (2001b), S. 210-212; *Pietsch, G./Scherm, E.* (2001a).
[197] Vgl. *Pietsch, G./Scherm, E.* (2000), S. 402-410.
[198] Vgl. *Pietsch, G./Scherm, E.* (2001a), S. 310-311.
[199] Vgl. *Küpper, H.-U.* (2005), S. 23-25; *Schneider, D.* (2005), S. 68.

Control- bzw. **Management Control Systems**-orientierten Ansatz erreichen. Entsprechend wird Controlling als Wissenschaftsgebiet verstanden, das „Aussagen über die Gestaltung der Steuerungssysteme von Organisationen liefert, für deren Überlebensfähigkeit die Beherrschung der Zusammenhänge zwischen personalen, sozialen, technischen und ökonomischen Faktoren notwendig ist“[200], also als Lehre von der Steuerung und Kommunikation in sozioökonomischen Systemen. Zentral für den Ansatz sind dabei die Grundlagen der System- und Regelungstheorie (Kybernetik), erweitert um Erkenntnisse der Entscheidungstheorie, des Rechnungswesens und der Messtheorie, der Kommunikationswissenschaft und der Informationstheorie sowie der Informations- und Institutionenökonomie. Die Unternehmung wird als ein dynamisches sozioökonomisches System gesehen, in dem menschliche Akteure und deren Verhalten eine wesentliche Rolle spielen. Daher – sowie aufgrund der Varietät und Unsicherheit ökonomischer Systeme – sind wesentliche Eigenschaften des Systems nur unzureichend bekannt, sodass einer mechanistischen und weitgehend quantitativen Regelungssicht Grenzen gesetzt sind.[201] Die Betrachtung erfolgt aus zwei grundlegenden Perspektiven heraus: Zum einen wird die Unternehmung in mikroökonomischer, aggregierter Sichtweise als steuerbares System von – vornehmlich mengen- und wertmäßigen – Größen und deren mathematischen bzw. kausalen Beziehungen angesehen. Zum anderen wird die Unternehmung auch als System von Akteuren und deren Beziehungen begriffen. Das Verhalten der Akteure wirkt sich einerseits auf die Realisation der Größen aus, andererseits kann ihr Verhalten durch die Integration der betrachteten Größen in Motivations- und Anreizsysteme beeinflusst werden, was bei Mess- und Steuerungsaktivitäten beachtet werden muss.[202] Dem Controlling fällt dabei die Gestaltung von Regelungs- bzw. Steuerungssystemen der Unternehmung zu. Gegenstand der Steuerung bzw. Beeinflussung durch das Controllingsystem sind das Leistungssystem, das die Wertschöpfungskette des Unternehmens umfasst, sowie dessen Beziehung zum Unternehmungsumsystem zur Sicherstellung der Zielerreichung und der fortgesetzten Unternehmensexistenz. Die wichtigsten Subsysteme des Controllingsystems sind das Messsystem, das Normensystem, das Entscheidungssystem, das Wissenssystem und das Steuerungssystem, zwischen denen vielfältige Regelungs- und Rückkoppelungsbeziehungen bestehen. Das Steuerungssystem wird in Anlehnung an *Anthony* sowie *Otley* und *Berry*[203] gedanklich in fünf Ebenen gegliedert, die mit unterschiedlichen Steuerungsalternativen und Entscheidungen korrespondieren. Auf der Ebene des operativen Controllings werden die Aktivitäten und Inputs des

[200] *Schwarz, R.* (2002a), S. 3.

[201] Vgl. *Schwarz, R.* (2002a), S. 83-84 sowie S. IX. Zu einer ausführlichen Kritik an der Systemtheorie und Kybernetik vgl. *Rösner, M.* (2003), S. 21-53.

[202] Vgl. *Schwarz, R.* (2002a), S. 87-102.

[203] Vgl. *Anthony, R. N.* (1965); *Otley, D./Berry, A. J.* (1980).

Leistungssystems regel- und normenkonform beeinflusst. Die Anpassung von Zielen, Regeln und Verantwortlichkeiten ist Gegenstand der nächsten Ebene (normatives Controlling). Gegenstand des Wissenscontrollings ist die Verbesserung des Wissensstandes über das Leistungssystem. Auf den beiden Ebenen des strategischen Controllings erfolgen notwendige Korrekturen der Unternehmungskonfiguration, des Wertesystems, der Unternehmenskultur, der Geschäftsfelder und der Produktionstechnologien sowie die Beeinflussung des Umsystems der Unternehmung. Das Controllingsystem ist dabei aber nicht identisch mit dem Managementsystem, sondern hat die Sicherstellung der Rückkoppelung zur Minimierung von Zielabweichungen durch die Abstimmung von Steuerungsalternativen zur Aufgabe.[204] Aus funktionaler Sicht ist Controlling somit eine Managementfunktion, die Aufgabe der gesamten Unternehmensführung ist, während es sich anbietet, die Koordination von betriebswirtschaftlichen Größen, d. h. die Definition, Verknüpfung, Abstimmung, Messung, Überwachung und Integration in Steuerungs- und Anreizsysteme, in einer Controllingabteilung zu institutionalisieren.[205] Der Ansatz von *Schwarz* greift damit Vorstellungen auf, die in der deutschsprachigen Literatur schon zu Beginn der Controllingdiskussion bekannt waren und die den Ansätzen des Controllings als spezielle Form der Führung[206] bzw. dem regelungsorientierten Typus[207] ähneln.

Bei der **Beurteilung** der Management Control-orientierten Konzeption ist die explizite Bezugnahme auf das angloamerikanische betriebswirtschaftliche Forschungsprogramm hervorzuheben. Wird davon ausgegangen, dass dort die Fundierung des Management Control als eigenständige Disziplin zufrieden stellend gelöst sei, könnte dies auch für ein entsprechend verstandenes Controlling beansprucht werden. Der Gegenstand von Management Control bzw. Management Control Systems scheint einen eigenständigen Forschungsbereich zu bilden. Dessen Inhalte sind aber integraler Teil der Unternehmensführungs- bzw. Managementforschung (auch Organisation und Personalführung) und weisen große Schnittstellen zur Unternehmensrechnung, insbesondere hinsichtlich der Verhaltenssteuerungsfunktion[208] auf. *Weber* weist darauf hin, dass der originäre Beitrag eines Management Control-orientierten Controllings allenfalls in der gemeinsamen Betrachtung schon vorhandener Führungsbausteine wie Planung und Kontrolle zu sehen wäre.[209] Somit treten Abgrenzungsprobleme zu diesen Disziplinen auf. Zudem erscheint es fragwürdig, warum für eine Betrachtung entsprechender

204 Vgl. *Schwarz, R.* (2002a), S. 2-12.
205 Vgl. *Schwarz, R.* (2002a), S. 55-56.
206 Vgl. *Weber, J.* (2004), S. 25-27.
207 Vgl. *Zenz, A.* (1999), S. 27.
208 Vgl. *Anthony, R. N./Govindarajan, V.* (2004), S. 93.
209 Vgl. *Weber, J.* (2004), S. 27.

Themenstellungen im deutschsprachigen Raum anstatt der englischen Bezeichnung Management Control die ebenfalls englische Bezeichnung Controlling verwendet werden sollte. Somit liegt die Vermutung nahe, dass lediglich eine unnötige Umetikettierung vorliegt. Die Wahrnehmung des Management Control in der Unternehmenspraxis ist zudem vornehmlich Aufgabe des Managements, da Management Control den Prozess der Beeinflussung von Unternehmensmitgliedern durch Manager bezeichnet.[210] Controlling-Stellen kommt jedoch eine wichtige Rolle bei der Bereitstellung finanzieller Informationen für diesen Zweck bzw. dem Betrieb entsprechender Systeme sowie u. U. eine Rolle bei der Gestaltung von Steuerungssystemen zu. Eine weitgehende Kongruenz zwischen dem Erkenntnisgegenstand der Controlling-Forschung, der postulierten Controlling-Funktion und der Controlling-Praxis lässt sich auch mit dieser Konzeption nicht erreichen.

2.4.2.4 Controlling als reflexive Steuerung von Organisationen

Um eine organisationstheoretische Fundierung des Controllings bemüht sich *Becker* in seinem deskriptiv-empirisch orientierten Ansatz, in dem Controlling aufbauend auf einer strukturationstheoretischen Konzeptualisierung als organisationales Phänomen und soziale Praxis innerhalb des Kontextes, in dem es stattfindet, betrachtet wird. Damit knüpft er an die bisher in der deutschen Controlling-Forschung wenig beachtete angloamerikanische, sozialtheoretisch-orientierte Accounting-Forschung zu Management Accounting als soziale und institutionale Praxis an.[211] Die **Strukturationstheorie** nach *Giddens* geht davon aus, dass formalisierte Regeln innerhalb von Organisationen nur begrenzt verhaltenssteuernd wirken, da sie zunächst der Interpretation durch die organisationalen Akteure bedürfen, sodass die Regeln zu durchaus unintendierten Resultaten führen können. Damit sind Organisationsstrukturen dualistisch, d. h. sowohl Träger als auch Ergebnis sozialer Interaktion, da sich Akteure bei ihren Handlungen auf diese Strukturen beziehen und diese durch ihre Handlungen (re-) produzieren.[212] Im Rahmen der Forschung zu **Management Accounting als soziale und institutionale Praxis** wird die Unternehmensrechnung (bzw. das Controlling) nicht wie in der deutschsprachigen Forschung üblich über eine abstrakte Funktion definiert, sondern als eine charakteristische Menge von Instrumenten und Praktiken, sodass sich ihr Gegenstandsbereich auf die deskriptive Erfassung und Erklärung der Nutzung, Wirkung und Beeinflussung von Techniken der monetären Quantifizierung, die der Steuerung von Organisationen dienen, bezieht. Dabei

---

[210] Vgl. *Anthony, R. N./Govindarajan, V.* (2004), S. 49.

[211] Vgl. *Becker, A.* (2003); *Becker, A.* (2004a); *Becker, A.* (2004b).

[212] Vgl. *Becker, A.* (2003), S. 195-208; *Becker, A.* (2004a), S. 756-761; *Becker, A.* (2004b), S. 101-102. Zur Strukturationstheorie bzw. Theorie der Strukturation vgl. z. B. *Giddens, A.* (1984). Im Kontext der Organisationstheorie vgl. z. B. *Kieser, A./Walgenbach, P.* (2003), 62-64. Die Strukturationstheorie ist als eine Grundlagentheorie innerhalb der Sozialtheorien zu charakterisieren.

wird zwischen Management Accounting Systems als formale Regeln und Management Accounting Practices als tatsächliche Anwendung dieser Regeln unterschieden.[213]

Controlling, pragmatisch als Teilbereich der Unternehmensführung und Überbegriff für das Rechnungswesen abgegrenzt,[214] wird von *Becker* entsprechend als Bündel quantifizierender und ökonomisch-sozialer Praktiken der **reflexiven Steuerung** von Organisationen definiert.[215] Soziale Praktiken bezeichnen dabei angewandte, regelhafte Typen von Handlungen, die eine gewisse Kompetenz erfordern, wie z. B. der Einsatz von Controlling-Instrumenten. Die Strukturen sozialer Systeme umfassen Regeln zur Festlegung erwünschten Handelns (Legitimation) und zur Bedeutungszuweisung (Signifikation) als Basis der institutionalisierten Praktiken sowie autorative und allokative Ressourcen als Machtmittel zur Herrschaftsausübung. Die Reproduktion sozialer Beziehungen und Praktiken wird als Strukturation bezeichnet, wobei die Regeln und Ressourcen den konstituierenden Rahmen für Handlungen bilden und selbst durch das Handeln reproduziert werden, d. h. die Struktur ist sowohl Medium als auch Ergebnis des Handelns (Dualität). Die reflexive Steuerung von Organisationen umfasst die Aspekte der reflexiven Kontrolle der Handlungskonsequenzen und der Handlungsbegründung durch die Akteure.[216] Controlling wird aus dieser Sicht heraus als ein Prozess der sozialen Konstruktion von Realität, d. h. die Beeinflussung von Prozessen „der Interpretation bzw. und Bedeutungszuschreibung, der Legitimation und Sanktionierung von Handeln sowie der Einflussnahme auf das Handeln anderer und auf Ressourcenverteilung in Organisationen“[217], verstanden. Die Akteure in der Unternehmung greifen auf Controllingsysteme zurück, die ihnen als Interpretationsmuster, Normen und Machtmittel im Rahmen der reflexiven Steuerung dienen.[218] Institutionell ist Controlling als Handlungsbündel anzusehen und damit nicht eindeutig abgrenzbar, da der Einsatz von Controllinginstrumenten und die fachlichen Zuständigkeiten in der Organisation verteilt sind.[219]

Beckers Ansatz widersetzt sich somit bewusst den in der deutschsprachigen Controlling-Forschung postulierten normativ-geprägten Anforderungen, dass eine Controlling-Konzeption möglichst durch eine eigenständige Funktion gegenüber anderen Disziplinen abzugrenzen sei und diese auch die Controlling-Praxis hinreichend genau erfassen solle. Forschungsgegen-

---

213 Vgl. *Becker, A.* (2004b), S. 96-97, S. 101 und S. 104.
214 Vgl. *Becker, A.* (2004b), S. 104.
215 Vgl. *Becker, A.* (2003), S. 209-210.
216 Vgl. *Becker, A.* (2003), S. 195-208; *Becker, A.* (2004b), S. 101-102.
217 *Becker, A.* (2003), S. 252.
218 Vgl. *Becker, A.* (2003), S. 253.
219 Vgl. *Becker, A.* (2003), S. 251; *Becker, A.* (2004a), S. 756-764.

stand ist nicht die Erarbeitung und Überprüfung einer klaren Controlling-Konzeption oder eines „Controlling-Kerns“ und hieraus abgeleiteter Handlungsempfehlungen, sondern die Beschreibung und Erklärung der Controlling-Praxis, d. h. der Anwendungsbedingungen und Wirkungen von Controlling-Instrumenten, als erklärungsbedürftiges empirisches Phänomen.[220] Das zu untersuchende Objekt wird also „einfach als gegeben hingenommen“, und dann aus Perspektiven und mittels Methoden betrachtet, die nicht zum eigentlichen Repertoire der betriebswirtschaftlichen Rechnungswesen- bzw. Controlling-Forschung, sondern eher zur Soziologie und Organisationstheorie gehören. Somit wird auch kein Controlling-Konzept im eigentlichen Sinne formuliert. Der Ansatz öffnet die Controlling-Forschung hin zu einem besseren soziologischen Verständnis der Bedeutung von Controlling-Stellen und -Methoden für Unternehmen und Gesellschaft, vernachlässigt aber die ökonomische Dimension des Controllings, die im Zentrum einer wirtschaftswissenschaftlichen Auseinandersetzung mit dem Controlling stehen sollte.

2.4.2.5 Kognitionsorientierte Controlling-Konzeption

Zur Ableitung einer konsistenten Controlling-Konzeption wählt *Lingnau* die kognitiven Beschränkungen realer Entscheidungsträger als Ausgangspunkt zur Erklärung von Funktionen, Institutionen und Instrumente des Controllings. Die Überlegungen bauen auf den Erkenntnissen der US-amerikanischen „managerial and organizational cognition theory“ auf, deren Gegenstand die Erklärung des realen Entscheidungsverhaltens von Managern ist.[221] Der **kognitionsorientierte Controlling-Ansatz** nimmt explizit Bezug auf den Problemlösungsprozess, der Entscheidungssituationen charakterisiert. Der Prozess wird in die Phasen Problemwahrnehmung, Problemrepräsentation (Soll-Ist-Erfassung und Analyse), Alternativensuche, Alternativenbewertung, Umsetzung und Lösungsüberprüfung untergliedert – durch Einbezug einer Lernphase zwischen Lösungsüberprüfung und Problemwahrnehmung ergibt sich ein Regelkreis.[222] Es wird unterstellt, dass Manager in einem bestimmten Bereich über Expertise und überlegene Problemlösungsfähigkeiten (bereichsspezifisches bzw. primäres Wissen) verfügen, in Bezug auf andere Bereiche aber aufgrund kognitiver Beschränkungen einen Mangel an Wissen (bereichsfremdes bzw. sekundäres Wissen) aufweisen. Betriebswirtschaftliche Instrumente stellen Methodenwissen zur Unterstützung bestimmter Problemlösungsphasen bereit. Dabei kann zwischen bereichsspezifischen Instrumenten (primäres Methodenwissen, z. B. Messung der Kundenzufriedenheit) und nicht-bereichsspezifischen Instrumenten (sekundäres

[220] Vgl. *Becker, A.* (2004b), S. 102-104; *Becker, A.* (2004a), S. 770-771.
[221] Vgl. *Lingnau, V.* (2000); *Lingnau, V.* (2004a); *Lingnau, V.* (2004b); Henseler, J., *et al.* (2004), S. 8-12; *Lingnau, V.* (2006).
[222] Vgl. Henseler, J., *et al.* (2004), S. 9-11.

Methodenwissen, z. B. Target Costing) unterschieden werden. Die Versorgung der Entscheidungsträger bestimmter Bereiche mit erforderlichem, bereichsübergreifendem sekundärem Wissen kann die Effizienz des Problemlösungsprozesses erhöhen. Die Aufgabe des Controllings wird somit in der Bereitstellung sekundären Wissens in der Form standardisierter Verfahrensweisen, insbesondere im Aufbau und Betrieb einer Verfahrensbibliothek von Methoden des sekundären Handlungswissens, gesehen. Diese Auffassung der Controlling-Aufgabe erfordert eine ausgeprägt institutionelle Betrachtung des Controllings, da gerade die Spezialisierung bzw. Arbeitsteilung zwischen Personen, die über primäres bzw. sekundäres Wissen verfügen, zu Effizienzsteigerungen führt und somit Controlling-Stellen erforderlich bzw. ökonomisch sinnvoll macht.[223]

Lingnaus Ansatz knüpft explizit an der empirisch beobachtbaren Controlling-Praxis bzw. Handlungsfeldern von Controllern an und stellt somit die Kompatibilität mit dem Controlling als real existierendem Phänomen sicher. Dies führt aber zu einer ausgeprägt institutionellen Sichtweise. Der Controllern zugeschriebene Aufgabenkomplex der Bereitstellung sekundären Wissens macht dabei aber die Abgrenzung zu Stabsstellen schwierig, deren Aufgabe die fachliche und informatorische Unterstützung der Führungskräfte ist.[224] Somit stellt sich die Frage, ob Controlling aus akademischer Sicht entsprechend als die Lehre der Führungsunterstützung (entscheidungsorientierte Informations- und Methodenversorgung) im Allgemeinen anzusehen wäre. Für diese Sichtweise spricht als Indiz die Ausdifferenzierung des Controllings in Bindestrich- bzw. Bereichscontrolling-Themenkomplexe für die unterschiedlichsten Führungsbereiche[225], wie etwa Produktion/Logistik, Personal, Finanzen und Marketing, oder Branchen, wie etwa Industrie, Handel, Banken und Hochschulen, in denen jeweils unterschiedliche Anforderungen an die Führungsunterstützung gestellt werden. Abschließend bleibt festzuhalten, dass der kognitionsorientierte Ansatz zu ähnlichen Resultaten hinsichtlich der Aufgaben des Controllings wie der informationsorientierte Ansatz kommt, aber eine überzeugendere theoretische Fundierung als dieser aufweist.

2.4.3 Zusammenfassender Überblick über die Referenzansätze

Die Betrachtung klassischer und aktueller Controlling-Konzeptionen liefert die Grundlage für die Charakterisierung einer tragfähigen Controlling-Konzeption. Daher ist es sinnvoll, die Kernaussagen der Referenzansätze vergleichend gegenüberzustellen. Für eine geeignete

[223] Vgl. *Lingnau, V.* (2004a), S. 17-20.

[224] Zur Charakterisierung von Stabsstellen vgl. z. B. *Wöhe, G./Döring, U.* (2005), S. 142-144.

[225] Vgl. hierzu z. B. *Schierenbeck, H./Lister, M.* (2002), S. 8; *Küpper, H.-U.* (2005), S. 431-511; *Schäffer, U./Weber, J.* (2005).

Strukturierung der wesentlichen Merkmalsdimensionen und -ausprägungen wird auf die in Abschnitt 2.3.1 identifizierte und als zweckmäßig erachtete Struktur von Controlling-Konzeptionen zurückgegriffen. Im Einzelnen werden die Merkmale theoretische Fundierung, Führungskonzeption, Führungsbezug, Ansatzpunkt zur Begründung der Notwendigkeit des Controllings, Zielbezug, Aufgabenkomplex, Instrumente und Aufgabenträger betrachtet (siehe Tabelle 2). Auf die synoptische Darstellung der Management Control-orientierten Controlling-Konzeption und des Controllings als reflexive Steuerung von Organisationen wird dabei verzichtet. Während erstere mit ihrem regelungsbasierten Verständnis des Controllings eher eine spezielle Form der Führung darstellt, liefert die strukturationstheoretisch geprägte Auffassung keine Controlling-Konzeption im hier betrachteten Sinne.

Die konzeptionsstrukturbasierte Darstellung soll zudem um einen Überblick über die Hauptkritikpunkte bzgl. der jeweiligen Konzeptionen ergänzt werden, um eine Bewertung der Tragfähigkeit bzw. Geschlossenheit der Referenzansätze zu ermöglichen (siehe Tabelle 3). Als Defizite bestehender Controlling-Konzeptionen sieht *Pietsch* – ähnlich den von *Küpper* und *Weber* formulierten Anforderungen an Controlling-Konzeptionen – ein Präzisionsdefizit (hinreichende Abgrenzung des Controllings als eigenständiger betriebswirtschaftlicher Aufgabenbereich) sowie ein Konsistenzdefizit (konsequente Verbindung der funktionalen und institutionellen Betrachtungsebenen), wobei sich diese Ansatzpunkte auch bei kritischen Äußerungen anderer Autoren identifizieren lassen.[226]

Diese Übersicht verdeutlicht, dass auf der Grundlage der in dieser Arbeit postulierten Anforderungen an Controlling-Konzeptionen (Präzision, Konsistenz, empirische Bestätigung und theoretische Fundierung)[227] bei allen betrachteten Konzeptionen Defizite feststellbar sind. Dabei ist jedoch grundlegend zu beachten, dass die Beurteilung der Tauglichkeit bzw. Tragfähigkeit letztlich von den gewählten Kriterien und deren Gewichtung abhängig ist und somit ein normatives Problem darstellt. Dies zeigt sich auch darin, dass sich die einzelnen Autoren und Konzeptionsvertreter in der Einschätzung der Kriterienbedeutung sowie der jeweiligen Ausprägungen unterscheiden.[228] Diese Problematik soll und kann an dieser Stelle nicht gelöst werden. Vielmehr soll im Folgenden eine tragfähige Controlling-Konzeption als Grundlage für die weiteren Ausführungen begründet und nachvollziehbar abgeleitet werden.

---

[226] Vgl. *Weber, J.* (2002), S. 48; *Pietsch, G.* (2003), S. 2 und S. 11-15; *Küpper, H.-U.* (2005), S. 6-7.
[227] Siehe Abschnitt 2.1.
[228] Vgl. z. B. *Horváth, P.* (2003), S. 152-156; *Weber, J.* (2004), S. 20-34; *Küpper, H.-U.* (2005), S. 31-32.

Konzeption	**Informationsorientiert**	**Koordinationsorientiert**	**Rationalitätssicherungsorientiert**	**Reflexionsorientiert**	**Kognitionsorientiert**
Ausgewählte Vertreter	*Reichmann*	*Horváth*; *Küpper*	*Weber*; *Schäffer*	*Pietsch*; *Scherm*	*Lingnau*
Ausrichtung bzw. Akteursmodell	Entscheidungsorientierter Ansatz, tendenziell neoklassisch mit homo oeconomicus	Systemorientierter Ansatz, neoklassisch mit homo oeconomicus, z. T. auch neo-institutional bzw. verhaltensorientiert (*Küpper*)	Verhaltensorientierter Ansatz, Akteursbasiert, neo-institutional	Organisationsorientierter Ansatz, homo organisans	Verhaltensorientierter Ansatz, managerial cognition therory mit homo organisans
Führungsmodell	Weder Führungssystem noch -prozess werden expliziert	Unternehmenssystem: Führungs- und Leistungssystem Führungssubsysteme bzw. Funktionen: Planung, Kontrolle, Informationsversorgung und Koordination sowie auch Personalführung und Organisation	Führungsprozess: Willensbildung, -durchsetzung, (Ausführung), Kontrolle Vorgehensweisen der Willensbildung: Reflexion, Intuition, Improvisation Führungsakteure: potenziell Rationalitätsdefizite bzgl. Können und Wollen	Handlungsebenen: Führung, Führungsunterstützung, Ausführung Führungsfunktion: Komplexitätsbewältigung durch Selektion (Planung, Organisation, Personalführung) sowie Reflexion (Controlling)	Manager benötigen zur Problemlösung Wissen, unterliegen aber kognitiven Beschränkungen, (Bereichsexperten) Problemlösungsprozess: Problemwahrnehmung, Zielbildung, Zustandsbeschreibung, Problem-Analyse, Alternativensuche, -bewertung, Umsetzung, Lösungsüberprüfung
Führungsbezug des Controllings	Controlling übernimmt die Funktion der systematischen, informatorischen (erfolgszielbezogenen) Unterstützung der Unternehmensführung	Controlling ist ein Subsystem der Unternehmensführung und übernimmt die Funktion der Führungsteilsystem internen und übergreifenden Koordination	Controlling ist ein auf die Unternehmensführung bezogenes Funktionsbündel zur Sicherstellung ihrer Rationalität	Controlling übernimmt die Führungsfunktion Reflexion sowie die Führungsunterstützung (Informationsversorgung) der Reflexion	Controlling ist eine institutionalisierte Führungsunterstützung, Controller versorgen die Manager mit für die Problemlösung benötigtem sekundären Wissen
Ansatzpunkt	Mangelhafte Informations- und Methodenversorgung des Managements; Entdeckung, Beschaffung, Aufbereitung und Bereitstellung von Informationen ist keine triviale Aufgabe	Existenz von Abstimmungsbedarfen und Interdependenzen im Führungssystem, die von anderen Führungsfunktionen nicht ausreichend adressiert werden	Bestehen von Rationalitätsmängeln bei Führungskräften sowie Methoden zu deren Entdeckung und Behebung	Reflexion ist eine wichtige Führungsfunktion, die nicht hinreichend von anderen Führungsfunktionen abgedeckt wird	Manager unterliegen kognitiven Beschränkungen, insbesondere beschränktem Wissen in Bezug auf Rechnungswesen-Methoden und -Informationen
Zielbezug	Indirektes Ziel: Erfolgsziel Direktes Ziel: Verbesserung der Entscheidungsqualität	Indirektes Ziel: Ergebnisziel bzw. alle Unternehmensziele Direktes Ziel: Sicherstellung und Erhaltung der Koordinations-, Reaktions- und Adaptionsfähigkeit der Führung	Indirektes Ziel: Nutzenmaximierung konkretisiert durch die Gewinn- bzw. Wertmaximierung Direktes Ziel: Sicherstellung der Rationalität der Unternehmensführung Führungshandlungen	Indirektes Ziel: alle Unternehmensziele Direktes Ziel: Verringerung der Gefahr falscher Selektion	Indirektes Ziel: offen, nicht expliziert Direktes Ziel: kognitive Entlastung des Managements zur Verbesserung des Risikohandling-Prozesses

Konzeption	**Informationsorientiert**	**Koordinationsorientiert**	**Rationalitätssicherungsorientiert**	**Reflexionsorientiert**	**Kognitionsorientiert**
Aufgaben	Aufbau einer hierarchieebenenübergreifenden Berichterstattung sowie Entwicklung und Bereitstellung von Instrumenten zur Unterstützung des Managements bei Entscheidungen	Koordination: systemgestaltend und -koppelnd, führungsteilsystemintern und -übergreifend Umfang und Art der Koordinationsaufgaben sind abhängig vom Modell des Führungsgesamtsystems, besondere Bedeutung haben die Abstimmung der Planung, Kontrolle und Informationsversorgung	Aufdeckung von Rationalitätsengpässen der Unternehmensführung sowie Verhinderung bzw. Verminderung ihres Entstehens, wobei die konkrete Ausgestaltung der Aufgaben vom relevanten Führungskontext bzw. den sich hieraus ergebenden Rationalitätsmängel abhängig ist	Kritische Beurteilung von Entscheidungen durch abweichungsorientierte Reflexion bzw. Kontrolle (Durchführung von Soll/Ist-Vergleichen, Feststellung von Abweichungen, Erfolgsbeurteilung, Anstoßen von Anpassungen) und perspektivenorientierte Reflexion (Aufzeigen neuer Muster der Problemlösung) sowie Informationsversorgung der Reflexion	Unterstützung der Manager bei Problemlösungs- bzw. Informationsverarbeitungsprozessen durch die standardisierte und fallweise Bereitstellung relevanten, sekundären Wissens (Berichtswesens bzw. Informationsversorgung sowie Einführung und Bereitstellung von Standardverfahren bzw. Verfahrensbibliotheken)
Instrumente	Vor allem rechnungswesenbasierte Kennzahlen und Kennzahlensysteme, Unternehmensrechnung	Koordinationsinstrumente Isolierte: Koordinationsinstrumente der einzelnen Führungsteilsysteme bzw. -funktionen von Koordinationsorganen über Anreizsysteme, Planungsmodellen und Abweichungsanalysen bis hin zum Rechnungswesen Übergreifende: zentralistische Führungssysteme, Budgetierungssysteme, Kennzahlen- und Zielsysteme, Verrechnungs- und Lenkungspreissysteme	Instrumente zur Formalisierung, Quantifizierung und Dokumentation des Führungsprozesses, sowie Überprüfungs- und Überwachungsmethoden	Methoden für kritische Soll/Ist-Vergleiche, z. B. Abweichungsanalysen, Target Costing, Mitarbeiter- und Vorgesetztenbeurteilung, Benchmarking, wertorientierte Kennzahlen, dynamische Investitionsrechnungsverfahren	Nicht bereichsspezifische Instrumente (sekundäres Methodenwissen) vor allem aus den Bereichen Unternehmensrechnung und strategisches Management , z. B. Budgetierung, Frühwarnsysteme, Kennzahlensysteme, Target Costing, Deckungsbeitragsrechnung etc.
Aufgabenträger	Controlling-Stellen	Kaum konkrete Aussagen	Verteilte Aufgabenübernahme: Controller, Kapitalmarkt, Aufsichtsrat, Abschlussprüfer, Interne Revision	Manager und Controller, Aufgabenverteilung kontextabhängig, Vorschlag von vier Basistypen	Stabsähnliche Stelle, die alle Aufgaben übernehmen kann

Tabelle 2: Synoptischer Vergleich ausgewählter Controlling-Konzeptionen

Konzeption	Kritik
Informationsorientierte Konzeption	Mangelnder Neuigkeits- bzw. Eigengehalt der Funktion der entscheidungsorientierten Informationsversorgung (schwer von Informationswirtschaft oder Unternehmensrechnung zu trennen, Präzisionsdefizit)
Koordinationsorientierte Konzeption	Mangelnde Abgrenzbarkeit gegenüber der Unternehmensführung (Koordination ist eine immanente Führungsfunktion und kaum gegen andere Führungsfunktionen abgrenzbar, Präzisionsdefizit), Konkretisierung und Abgrenzung von Instrumenten und Institutionen schwierig, mangelnde Übereinstimmung mit beobachtbarer Controller-Realität (Konsistenzdefizit)
Rationalitätssicherungs-orientierte Konzeption	Rationalität ist ein Merkmal, das in den (Wirtschafts-) Wissenschaften allgemein angestrebt wird, Rationalitätssicherung ist keine eigenständige Führungsfunktion, Abgrenzung innerhalb der Betriebswirtschaftslehre schwierig (Präzisionsdefizit), Zuordnung von Instrumenten und Institutionen schwierig (Konsistenzdefizit)
Reflexionsorientierte Konzeption	Begrenzter Neuigkeitsgehalt (Reflexion ist im Grunde eine erweiterte Kontroll-Funktion), Reflexion ist Bestandteil aller Führungshandlungen (Präzisionsdefizit), Controlling findet sich eher in der Führungsunterstützung als in der Führung wieder (Konsistenzdefizit)
Kognitionsorientierte Konzeption	Hauptsächlich institutionelle Sichtweise, Abgrenzung zu Stabsfunktionen schwierig, läuft auf eine entscheidungsorientierte Informations- und Methodenversorgung hinaus (Präzisionsdefizit)

Tabelle 3: Kritik an ausgewählten Controlling-Konzeptionen[229]

2.5 Vorschlag einer tragfähigen Controlling-Konzeption

Eine **tragfähige Controlling-Konzeption** sollte im Idealfall sowohl eine betriebswirtschaftliche Teildisziplin Controlling begründen als auch sinnvolle Handlungsempfehlungen für die Controlling-Praxis generieren helfen. Dazu gehört insbesondere, dass nachvollziehbar aufgezeigt wird, was Gegenstand des Controllings in Forschung und Praxis ist. Dabei sollte eine erkennbare Übereinstimmung zwischen der Ausrichtung der Disziplin Controlling und der betrieblichen Controlling-Realität bestehen, ohne dass aber eine völlige Kongruenz gefordert wird.[230] Eine unwiderlegbare und endgültig richtige Abgrenzung des Erkenntnis- und Handlungsgegenstandes Controlling wird damit nicht beabsichtigt. Hierzu wird folgende, zusammenfassende Betrachtung angestellt:

Controlling hat sich in der Unternehmenspraxis als Führungsinstrument, Funktion und Institution sowie in der Betriebswirtschaftslehre als Teildisziplin etabliert. Im akademischen Bereich ist das Controlling charakterisiert durch einen andauernden Selbstfindungs- und Begründungsdiskurs, da zwar eine Vielzahl von Abgrenzungsversuchen gegenüber anderen Teildisziplinen wie Unternehmensrechnung und Unternehmensführung unternommen wurden, bisher aber noch kein grundlegender Konsens über eine fundierte Legitimation im Sinne einer eigen-

[229] Siehe hierzu die Ausführungen in Abschnitt 2.4.1 und 2.4.2. Vgl. auch *Pietsch, G.* (2003), S. 5-11; *Küpper, H.-U.* (2005), S. 15-25; *Schneider, D.* (2005).

[230] Vgl. hierzu die Einschätzung von *Becker, A.* (2004b), S. 104, der zutreffend anmerkt, dass die Abgrenzung einer wissenschaftlichen Disziplin und die praktischen Probleme der Unternehmensführung i. d. R. nicht unbedingt korrespondieren.

ständigen Teildisziplin besteht. Gleichzeitig sieht sich das Controlling in Praxis und Wissenschaft einem fortlaufenden Anpassungsdruck ausgesetzt.[231] Gerade deswegen wäre ein Konsens über die Grundfragestellung bzw. eine tragfähige Abgrenzung als Orientierungspunkt für Forschung und Praxis wichtig. Als Controlling-Kern werden aus praktischer Perspektive die Führungsunterstützungsfunktion zur transparenzsteigernden Begleitung und Moderation der Unternehmensplanung und -steuerung einschließlich der Bereitstellung betriebswirtschaftlicher Daten und Methoden – vor allem aus dem Bereich der Unternehmensrechnung – angesehen,[232] während aus akademischer Perspektive z. B. die zielgerichtete betriebswirtschaftliche Unterstützung der Unternehmensführung[233], die Sicherstellung der Effizienz und Effektivität bzw. Rationalität der Führung[234] oder Praktiken der Unternehmenssteuerung mittels quantifizierender Techniken[235] vorgeschlagen werden. Diese Vorschläge spiegeln alle wider, dass die Wurzeln des Controllings im betrieblichen Rechnungswesen bzw. in der Unternehmensrechnung liegen, also der wertmäßigen Abbildung des vergangenen oder erwarteten Unternehmensgeschehens zur Entscheidungsunterstützung und Verhaltenssteuerung.[236] Entsprechend beschäftigt sich die Controlling-Forschung und -Lehre bis heute intensiv mit Methoden der Unternehmensrechnung und -steuerung.[237]

Daher kann Controlling auch als die Lehre und Praxis der Gestaltung und Bereitstellung abgestimmter und aufgabenadäquater Methoden der Unternehmensrechnung für die Unternehmensführung sowie der Unterstützung der Unternehmensführung bei der Nutzung dieser Methoden bzw. der Versorgung der Unternehmensführung mit mittels dieser Methoden gewonnener Informationen unter Berücksichtigung realer Einsatzbedingungen wie kognitiven Beschränkungen, Interessensdifferenzen und Organisationsformen verstanden werden.[238] Diese Sicht korrespondiert auch mit der Behandlung von Controlling-Fragestellungen in der angloamerikanischen Unternehmenspraxis und Betriebswirtschaftslehre unter den Schlagworten Controllership, Management Accounting und Management Control Systems.[239]

---

231 Zur historischen Entwicklung und Wandlung des Controllings vgl. z. B. *Lingnau, V.* (1999). Denkbare externe Einflussfaktoren auf die Controlling-Entwicklung sind u. a. rechtliche Anforderungen, die Wettbewerbsintensität und -dynamik, die Unternehmensgröße und -komplexität, Stand und Entwicklung der Technik sowie die geltenden Managementmodelle und Organisationsformen. Zur Bedeutung der Internationalisierung für das Controlling vgl. z. B. *Weber, J./Meyer, M.* (2005a).

232 Vgl. *International Group of Controlling* (2002).

233 Vgl. *Franz, K.-P./Kajüter, P.* (2002), S. 124; *Becker, A.* (2003), S. 8.

234 Vgl. *Dyckhoff, H./Ahn, H.* (2002), S. 116-119.

235 Vgl. *Becker, A.* (2004b), S. 104.

236 Vgl. z. B. *Lingnau, V.* (1999), S. 77-78; *Weber, J.* (2004), S. 9.

237 Vgl. *Wall, F.* (2000), S. 302; *Binder, C./Schäffer, U.* (2005b), S. 608-610.

238 Vgl. auch *Hoitsch, H.-J.* (1993), S. 29-31; *Hoitsch, H.-J./Lingnau, V.* (2004), S. 28.

239 Vgl. Roso, M., *et al.* (2003), S. 56-57; *Hoffjan, A./Wömpener, A.* (2005), S. 50-51.

Nachdem eine als tragfähig erachtete Controlling-Konzeption dergestalt skizziert wurde, werden die ihr zugrunde gelegten Überlegungen expliziert.

Im Sinne *Schneiders* wird die **Betriebswirtschaftslehre** als Mutterdisziplin des Controllings als Wissenschaft begriffen, deren Gegenstand die Untersuchung menschlichen Handelns unter dem Aspekt der Erzielung und Verwendung von Einkommen sowie der Reduktion der dabei auftretenden Unsicherheiten ist. Hierzu greifen Menschen u. a. auf Institutionen zurück, die Einrichtungen in Form von Regeln und durch Regeln geordnete Handlungsabläufe darstellen. Der eigenverantwortliche Einkommenserwerb erfolgt dabei unter Unsicherheit, da das Wissen über künftige Sachverhalte und das Können und Wollen von Menschen sowohl unvollständig als auch ungleich verteilt ist.[240] Einkommensunsicherheit bzw. die Gefahr der Abweichung des realisierten Einkommens vom beabsichtigten bzw. erhofften wird von Menschen als unangenehm empfunden, sodass Mittel und Wege gesucht werden, diese zu vermindern. Hierzu dienen u. a. Institutionen, insbesondere Märkte und Unternehmungen. Entsprechend wird als primäre Unternehmerfunktion die Übernahme von Einkommensunsicherheiten für andere verstanden. Hierzu müssen Gewinne erzielt und das Unternehmen geführt werden. Aufgrund der beschränkten Fähigkeiten und Ressourcen Einzelner herrscht Arbeitsteilung vor.[241]

Unternehmen sind in die **Unternehmensumwelt** eingebettet, die deren (implizierten oder expliziten) Aktions- und Bedingungsrahmen beeinflusst. Hierzu zählen insbesondere das Wirtschaftssystem und die Märkte. Die Umfeldbedingungen werden konform mit der Mehrzahl der Literaturmeinungen zum Controlling als dynamisch und komplex charakterisiert.[242] Aus ökonomischer Perspektive wird das wirtschaftliche Umfeld des Unternehmens als ein Regel- und Handlungssystem begriffen, in dem eine Menge von begrenzt-rationalen, nutzenmaximierenden Akteuren und Institutionen mit beschränkten Ressourcen Transaktionen zur Einkommenserzielung tätigen.

Das **Unternehmen** selbst ist eine Institution (Regel- und Handlungssystem) mit beschränkten Ressourcen, die begrenzt-rationale Akteure mit eigenen Zielsetzungen und kognitiven Beschränkungen in arbeitsteiligen Instanzen, zwischen diesen bestehenden Beziehungen sowie eine Vielzahl an Strukturen, Beständen und Flüssen materieller, finanzieller und informationeller Art umfasst. Unternehmen stellen somit technische, soziale und ökonomische Systeme dar, die auf Beschaffungs- und Absatzmärkten tätig sind und Marktzufuhrhandlungen ausüben.

240 Vgl. *Spremann, K.* (2002), S. 48-50.
241 Vgl. *Schneider, D.* (1995), insbesondere S. 1-116, sowie *Schneider, D.* (1997b) auch im Folgenden.
242 Vgl. *Pietsch, G.* (2003), S. 17.

Die Binnenkomplexität des Unternehmens ist von den Unternehmensakteuren zumindest teilweise gestaltbar. Aufgrund der kognitiven und ressourcenmäßigen Beschränkungen sowie der potenziell stochastischen Natur der realen Welt[243], ist das Handlungsumfeld der Akteure durch Unsicherheit in Form von mangelhaften Kenntnissen über vergangene, bestehende und zukünftige Strukturen, Prozesse und Verhaltensweisen gekennzeichnet.

In arbeitsteiligen Unternehmen gibt es unterschiedliche Aufgabenkomplexe, die vereinfachend in die Handlungsebenen Führung, Führungsunterstützung und Ausführung unterschieden werden können.[244] Die Aufgaben der **Unternehmensführung** sind die Willensbildung, Willensdurchsetzung und Kontrolle bzw. das Treffen, Durchsetzen, Kontrollieren und Verantworten von Entscheidungen zur Einkommensunsicherheitsreduktion, Gewinnerzielung und Durchsetzung von Änderungen. Institutionell werden die Aufgabenträger als Manager bezeichnet. Diese Aufgaben stellen vor allem Gedankenarbeit dar, in deren Rahmen kognitive Prozesse ablaufen. Von Bedeutung ist hierbei insbesondere die Unterscheidung in reflexive und explizierbare Vorgänge bzw. intuitive und implizite Vorgänge. Die Qualität der Aufgabenerfüllung hängt dabei u. a. vom vorhandenen Wissen und Können sowie den Absichten (Wollen) der Aufgabenträger ab.[245] Zur Aufgabenerfüllung werden geeignete Informationen und Problemlösungsmethoden benötigt. Das Regel- und Handlungsfeld der Unternehmensführung kann z. B. funktional (Planung, Kontrolle, Organisation, Personalführung), prozedural (Planung, Steuerung, Kontrolle bzw. Willensbildung und -durchsetzung) oder nach Sachbereichen (Marketing, Produktion, Finanzen etc.) gegliedert werden.

Die Aufgaben der **Führungsunterstützung** bestehen in der Entlastung und Ergänzung der Unternehmensführung im Rahmen ihrer Aufgaben, insbesondere durch die Beschaffung, Bereitstellung und Aufbereitung von Informationen sowie die (Weiter-) Entwicklung und Bereitstellung von Methoden und die Unterstützung bei ihrer Anwendung. Das verbleibende Handlungsfeld der Umsetzung der in den getroffenen Entscheidungen festgelegten Maßnahmen ist schließlich die Aufgabe der **Ausführungsebene**. Akteursbezogen existieren somit anweisende und angewiesene Personen.[246] Die Wahrnehmung der jeweiligen Aufgaben erfordert das Vorhandensein geeigneten Wissens beim Aufgabenträger.[247]

243 Vgl. *Steward, I.* (2001), S. 129-151.
244 Vgl. *Pietsch, G./Scherm, E.* (2000), S. 403-405.
245 Vgl. *Lingnau, V.* (2004a), S. 2-3; *Lingnau, V.* (2004b), S. 732.
246 Vgl. *Weber, J./Schäffer, U.* (1999), S. 735-736; Weber, J. (2002), S. 47.
247 Vgl. *Lingnau, V.* (2004a), S. 2-3; *Lingnau, V.* (2004b), S. 732.

Das **Controlling** ist in diesem Rahmen einzuordnen. Die Verortung im Regel- und Handlungsfeld der Unternehmung ermöglicht auch die Einordnung des Controllings in die Betriebswirtschaftslehre und erlaubt Rückschlüsse auf die Aufgabenzuordnung auf Stellen in Unternehmen. Die Positionierung des Controllings innerhalb der Betriebswirtschaftslehre ist – wie schon deutlich wurde – nicht trivial, auch weil eine tragfähige Aufgliederung des Erkenntnisgebietes in überschneidungsfreie Teilgebiete noch nicht vorliegt. Die Abgrenzung der Gegenstandsbereiche wird stark durch die verwendete Perspektive, die Zweckmäßigkeit und den Fortschritt der Wissenschaft insgesamt bestimmt und ist letztlich von der Abwägung der Vor- und Nachteile einer Spezialisierung gegenüber einer Integration abhängig.[248] Ganz allgemein kann der Aufgabenkomplex des Controllings in Übereinstimmung mit der vorherrschenden Meinung in Wissenschaft und Praxis als führungsbezogen gekennzeichnet werden. Es muss jedoch geklärt werden, inwieweit Controlling eine Führungsfunktion, eine Führungsunterstützungsfunktion oder eine Mischung aus beidem darstellt.

Daher wird an dieser Stelle postuliert, dass Controlling vornehmlich als **Führungsunterstützung** bzw. -hilfe zu begreifen ist und hierdurch einen engen Bezug zur Führungsfunktion aufweist. Die Versuche, dem Controlling eine neue bzw. eine bisher vernachlässigte Führungsfunktion zuzuweisen, blieben alle nicht ohne Kritik und wirken z. T. sogar ein wenig gezwungen, ohne wirklich viel zum Erkenntnisfortschritt beitragen zu können. Auch Ansätze, die unter Controlling eine bestimmte Art der Unternehmensführung verstehen, werden hier abgelehnt. Der Kernbereich des Controllings wird in der Unterstützung bei der Erfüllung der Führungsfunktion mithilfe vornehmlich monetärer Informationen und Bewertungsinstrumente gesehen. Dies beruht auf der grundlegenden Annahme, dass wirtschaftliches Handeln primär von wirtschaftlichen Zielen und Beschränkungen dominiert wird. Daher benötig das Management bei der Erfüllung der Unternehmensführungsaufgaben monetäre Informationen, die mithilfe geeigneter Verfahren gewonnen, aufbereitet und weitergegeben werden müssen. Die monetäre Antizipation, Abbildung und Bewertung des Unternehmensgeschehens stellt somit ein notwendiges Regel- und Handlungsfeld innerhalb von Unternehmen sowie einen validen Erkenntnisgegenstand der Betriebswirtschaftslehre dar. Gegenstand des Controllings ist somit die Untersuchung von Fragestellungen mit Bezug auf mögliche monetäre Zielsetzungen und die Auswahl, Generierung und Übermittlung hierauf bezogener Kennzahlen sowie deren Wirkungen. Konkrete Erkenntnisgebiete sind die Analyse monetärer Zielsetzung, die Entwicklung und Bewertung monetärer Kennzahlen bzw. Rechengrößen, die Entwicklung und Bewer-

[248] Vgl. hierzu z. B. die Ausführungen von *Wöhe, G./Döring, U.* (2005) zu Gegenstand, Methoden und Geschichte der Betriebswirtschaftslehre.

tung von Methoden zur Gewinnung und Übermittlung dieser Kennzahlen sowie die Analyse von Möglichkeiten der Institutionalisierung und Formalisierung dieser Aufgaben in Unternehmen. Da sich die monetären Informationen auf alle Gegenstandsbereiche der Unternehmensführung beziehen können, sind u. U. weitere Spezialisierungen innerhalb des Controllings, z. B. in Form von Branchen, Bereichen, Unternehmensfunktionen oder Zielsetzungen, sinnvoll (Bindestrich- bzw. Bereichscontrolling). Somit ist Controlling eng mit reflexiven und explizierbaren Führungshandlungen und Regelsystemen verbunden. Dieses Controlling-Verständnis hat den Vorzug, dass es einen nachweisbaren Bezug zu real beobachtbaren Controller-Aufgaben und zur internationalen wissenschaftlichen Diskussion (Management Accounting, Management Control Systems)[249] aufweist. Problematisch ist allerdings, dass diese Fragestellungen nicht neu und schon seit langem Gegenstand der Betriebswirtschaftslehre sind, insbesondere der Entscheidungslehre und der Unternehmensrechnung bzw. des internen Rechnungswesens. Mit den Worten *Schneiders* ist Controlling demnach als eine rechnungswesengestützte Planungs-, Kontroll- und Koordinationshilfe zu charakterisieren,[250] womit jedoch für die Disziplin die Abgrenzungsprobleme zur Unternehmensführung und zum Rechnungswesen auch nicht abschließend und befriedigend geklärt werden können.[251]

Aus diesen Ausführungen erschließen sich die Zielsetzung, die Aufgaben, die Instrumente und die Institutionalisierungsmöglichkeiten des Controllings.

Das **mittelbare Ziel** ergibt sich aus den Unternehmenszielen. An dieser Stelle soll nur auf die hohe vermutete Bedeutung der Sicherung der Unternehmensexistenz und des aus Unternehmensaktivitäten resultierenden Zahlungsstroms für die Anspruchsberechtigten bzw. beteiligten Akteure verwiesen werden. Die Erfüllung der Controlling-Aufgaben trägt durch eine Verbesserung der Qualität der Aufgabenerfüllung der Unternehmensführung zur Erreichung dieser Ziele bei, wodurch sich das **unmittelbare Sachziel** ergibt.

Die **Aufgaben** des Controllings wurden schon im vorhergehenden Abschnitt in Form des Gegenstands der Controlling-Forschung umrissen. Entsprechend umfasst das **Aufgabenfeld** des Controllings Folgendes:

- Analyse bzw. Entwicklung geeigneter monetärer Zielgrößen und Kennzahlen.

---

249 Vgl. Roso, M., *et al.* (2003); *Küpper, H.-U.* (2005), S. 6.

250 Vgl. *Schneider, D.* (1997a), S. 458-466; *Schneider, D.* (2005), S. 66.

251 Vgl. *Becker, A.* (2004b), S. 104; *Schneider, D.* (2005), S. 66.

- Analyse bzw. Entwicklung geeigneter Verfahren zur Generierung dieser Kennzahlen und hierzu benötigter Informationen.
- Analyse bzw. Entwicklung geeigneter Verfahren zur Kommunikation und Speicherung der Informationen.
- Anwendung der Verfahren bzw. Unterstützung bei der Anwendung dieser Verfahren.

Dabei sind die Kenntnis der kognitiven Prozesse von Managern sowie der möglichen Verhaltenswirkungen und Manipulationsmöglichkeiten der Kennzahlen und Ermittlungsverfahren von großem Interesse. Das Aufgabenfeld umfasst bekannte Aktivitäten wie Investitionsrechnung, Kostenrechnung, Budgetierung, Performance Measurement, Kennzahlensysteme, Break-Even-Analysen, Verrechnungs- und Lenkungspreise sowie das Berichtswesen. Controlling-Aufgabenträger werden als Controller bezeichnet. Die theoretischen Grundlagen sind in der allgemeinen Unternehmenstheorie, in der Entscheidungstheorie, der Rechnungswesen- bzw. Messtheorie und der Kommunikationstheorie zu sehen. Es interessieren vor allem Aussagen zu Zielsetzungen, Entscheidungsprozessen und Bewertungsproblemen.

Controlling-**Instrumente** sind Verfahren und Methoden, die der Erfüllung der Controlling-Aufgaben dienen. Dies sind vornehmlich Methoden der (internen) Unternehmensrechnung zur Entscheidungsunterstützung und Verhaltenssteuerung sowie des Berichtswesens. Hinzu kommen allgemeine Methoden der Ziel- und Systemanalyse sowie der Bewertung. Hierbei ergibt sich aber die Problemstellung einer Meta-Rechnung (Bewertung bewertender Methoden).

Schließlich sind noch Aussagen zur Aufgabenzuordnung bzw. **Institutionalisierung** des Controllings zu treffen. Allgemeingültige Aussagen zur vorteilhaften Institutionalisierung und Formalisierung von Controlling-Aufgaben sind kaum möglich. Insbesondere sind die Qualität und der erforderliche Umfang von Controlling-Aufgaben kontextabhängig. So kann aus Effizienz und Effektivitätsgesichtspunkten ein „Eigencontrolling", d. h. die Wahrnehmung der Controlling-Aufgaben durch Manager, ebenso sinnvoll sein, wie die Einrichtung spezieller Controlling-Stellen oder die Zuordnung zu anderen Stabsstellen oder Mischformen.[252] Da aber die Bereitstellung monetärer Informationen für Entscheidungsunterstützungs- und Verhaltenssteuerungszwecke i. d. R. spezielles Sach- und Handlungswissen erfordert, scheint tendenziell die Schaffung spezialisierter Stellen sinnvoll. Dabei korrespondiert das hier identifizierte Aufgabenfeld mit den Aufgaben von in der Praxis beobachtbaren Controlling-Stellen.

[252] Vgl. hierzu ausführlich *Pietsch, G.* (2003).

Die Überlegungen zu einer tragfähigen Controlling-Konzeption sind zusammenfassend in Tabelle 4 dargestellt.

Merkmal	Ausprägung
Zugrunde gelegte Sicht der Betriebswirtschaftslehre	Untersuchung menschlichen Handelns unter dem Aspekt der Erzielung und Verwendung von Einkommen sowie der Reduktion der dabei auftretenden Unsicherheiten und hierzu dienender Institutionen (Regel- und Handlungssysteme)
Charakterisierung der Unternehmensumwelt und des Unternehmens	Komplex und dynamisch, beschränkt-rationale und nutzenmaximierende Akteure mit kognitiven Beschränkungen, beschränkte Ressourcen, potenziell stochastische Welt, unvollständiges und ungleich verteiltes Wissen über Sachverhalte und Akteure Handlungsebenen des Unternehmens: Unternehmensführung, Führungsunterstützung, Ausführung
Beziehung des Controllings zur Unternehmensführung und Ansatzpunkt	Führungsunterstützung Manager benötigen aufgrund kognitiver Beschränkungen und ungleich verteilten Wissens Unterstützung bei der Erfüllung der Unternehmerfunktionen Generierung monetärer Bewertungs- und Steuerungsinformationen ist nicht trivial und erfordert spezielles Sach- und Handlungswissen Arbeitsteilung u. U. wirtschaftlicher
Ziele	Indirekt: Beitrag zur Sicherung der Unternehmensexistenz sowie zur Sicherung und Steigerung des aus Unternehmensaktivitäten resultierenden Zahlungsstroms für die Unternehmensbeteiligten Direkt: Bereitstellung monetärer Informationen und zu deren Generierung benötigter Verfahren für die Unternehmensführung zum Zwecke der Entscheidungsunterstützung und Verhaltenssteuerung
Aufgaben	Analyse bzw. Entwicklung geeigneter monetärer Zielgrößen und Kennzahlen, Analyse bzw. Entwicklung geeigneter Verfahren zur Generierung dieser Kennzahlen und hierzu benötigter Informationen, Analyse bzw. Entwicklung geeigneter Verfahren zur Kommunikation und Speicherung der Informationen, Anwendung der Verfahren bzw. Unterstützung bei der Anwendung dieser Verfahren
Instrumente	Interne Unternehmensrechnung, Berichtswesen, allgemeine Methoden der Ziel- und Systemanalyse sowie der Bewertung
Institutionen	Aufgabenzuordnung kontextabhängig, verschiedene Controller-Rollen denkbar, tendenziell Schaffung spezieller Controller-Stellen sinnvoll

Tabelle 4: Steckbrief des Vorschlags für eine tragfähige Controlling-Konzeption

Die vorgeschlagene und als tragfähig bezeichnete Controlling-Konzeption ist abschließend kritisch daraufhin zu überprüfen, ob sie die an sie gestellten Anforderungen erfüllen kann. Dies waren das nachvollziehbare Aufzeigen des Controlling-Gegenstands sowie das Aufzeigen einer erkennbaren Übereinstimmung mit der Controlling-Praxis bzw. Präzision, Konsistenz, empirische Bestätigung und theoretische Fundierung. Die vorgeschlagene Auffassung vom Controlling als Lehre und Praxis der Gestaltung und Bereitstellung abgestimmter und aufgabenadäquater, monetär bewertender Methoden für die Unternehmensführung sowie der Unterstützung der Unternehmensführung bei der Nutzung dieser Methoden bzw. der Versorgung der Unternehmensführung mit mittels dieser Methoden gewonnener Informationen unter Berücksichtigung realer Einsatzbedingungen wie kognitiven Beschränkungen, Interessensdifferenzen und Organisationsformen, kann als hinreichend präzise und nachvollziehbar angesehen werden. Ebenso scheint eine Institutionalisierung des Aufgabenbereiches in der Unternehmenspraxis möglich. Es besteht jedoch das grundlegende Problem des mangelnden Neuigkeitsgehaltes bzw. der Umetikettierung bestehender Aufgabenbereiche. Dieser Vorwurf kann nicht zurückgewiesen werden. Einige Anmerkungen sollen jedoch einer Relativierung dienen. Da die Betriebswirtschaftslehre als wissenschaftliche Disziplin schon seit über 100 Jahren besteht und die Betrachtung einzelner betriebswirtschaftlicher Sachverhalte deutlich weiter zurückreicht, erscheint es schwierig, völlig neue Erkenntnis- bzw. Problembereiche zu generieren. Ein Fortschritt des Erkenntnisstandes kann auch durch die neue Beleuchtung und Kontextualisierung bekannter Problembereiche erreicht werden. Vor dem Hintergrund der zunehmenden Internationalisierung der Betriebswirtschaftslehre und der Unternehmenspraxis ist auch darauf hinzuweisen, dass die dargestellte Sichtweise des Controllings weitgehend konform mit der Behandlung von controllingnahen Fragestellungen vor allem in der angloamerikanischen Literatur ist.

3 Risikomanagement als Bezugsrahmen des Risikocontrollings

Nachdem in Kapitel 2 das Controlling als eine „Elterndisziplin" des Risikocontrollings betrachtet und eine tragfähige Controlling-Konzeption erarbeitet wurde, wendet sich die Betrachtung nun der zweiten „Elterndisziplin" des Risikocontrollings zu. Generell weist Controlling einen engen Bezug zur Unternehmensführung auf, egal ob es selbst als Element der Unternehmensführung bzw. Teilsystem des Führungssystems, integrale Führungsfunktion, Metaführung, Führungsunterstützung oder Kombination dieser Aspekte gesehen wird. Wie gezeigt ist daher die Auseinandersetzung mit der Unternehmensführung grundlegend für die Einordnung und Abgrenzung des Controllings[253] sowie notwendig zur Schaffung des Bezugsrahmens einer Controlling-Konzeption[254]. Gegenstand des dritten Kapitels ist es entsprechend, den spezifischen Führungskontext des Risikomanagements als Bezugsrahmen des Risikocontrollings zu konkretisieren. In Übereinstimmung mit der Vorgehensweise bei der Betrachtung des Controllings ist es das Ziel, ausgehend von einer kritischen Reflexion des Forschungsstandes, das risikomanagementseitige Fundament für das Risikocontrolling in Nicht-Finanzunternehmen in Form einer tragfähigen Risikomanagement-Konzeption zu legen. Wiederum kann es dabei nicht Anspruch sein, eine allgemein gültige und abschließende Konzeption des Risikomanagements zu entwickeln. Vielmehr sollen eine zweckmäßige Struktur und vertretbare Inhalte, die möglichst mit den bzgl. des Controllings gewonnen Erkenntnissen kompatibel sind, für eine Auseinandersetzung mit dem Risikocontrolling abgeleitet werden. Hierzu werden zunächst die konzeptionellen Grundlagen sowie der Stand der Risikomanagement-Forschung dargestellt. Aufgrund der großen Bedeutung für Theorie und Praxis werden hierbei Erklärungsansätze zum ökonomischen Sinn eines unternehmensgetragenen Risikomanagements vertiefend betrachtet. Aufbauend auf bestehenden Ordnungsansätzen zu Risikomanagement-Konzeptionen wird ein Strukturierungsvorschlag für eine tragfähige Risikomanagement-Konzeption abgeleitet. Dabei werden auch Risikomanagement-Standards als Leitlinien für die Beschreibung und Konstruktion von Risikomanagement-Systemen berücksichtigt. Der Strukturierungsvorschlag dient schließlich als Grundlage für die Beschreibung einer tragfähigen Risikomanagement-Konzeption.

---

[253] Vgl. *Niedermayr, R.* (1994), S. 41, die aus systemtheoretischer Perspektive heraus argumentiert.
[254] Vgl. *Zenz, A.* (1999), S. 45.

3.1 Stand der Risikomanagement-Forschung

In diesem Abschnitt wird beleuchtet, welche Fragestellungen im Rahmen der Betrachtung des Risikomanagements in der betriebswirtschaftlichen Literatur behandelt werden, welche Ansätze hierbei zur Anwendung kommen und wie der Stand der wissenschaftlichen Auseinandersetzung zu beurteilen ist.

3.1.1 Entwicklung und Hintergründe der betriebswirtschaftlichen Auseinandersetzung mit dem Risiko

Die Behandlung von **Risiko und Unsicherheit** ist heute ein fester Bestandteil der Wirtschaftswissenschaften, da diese eine große Bedeutung für die Beschreibung wirtschaftlicher Phänomene und die Ableitung hierauf bezogener Gestaltungsvorschläge haben, insbesondere hinsichtlich Entscheidungen, Kontrakte und Institutionen.[255] Dieser Bedeutung wurde in Folge der Veröffentlichung des Werkes „Risk, Uncertainty and Profit" von *Knight* im Jahre 1921 verstärkt Beachtung geschenkt.[256] *Knight* brachte Gewinne, Unternehmertum und die Existenz von Unternehmungen, also Grundfragen der Miroökonomie und Betriebswirtschaftslehre, in einen direkten Zusammenhang mit Unsicherheit und Risiko.[257] Eine formale Integration in ökonomische Theorien fand erst im Anschluss daran durch *von Neumann/Morgenstern* statt.[258] Diese neoklassischen Arbeiten wurden stark durch *Bernouillis* Überlegungen, insbesondere zum Erwartungsnutzen, die er in der ersten Hälfte des 18. Jahrhunderts anstellte, beeinflusst.[259] Der Fokus lag dabei auf Wahlentscheidungen bei Unsicherheit bzw. Informationsdefiziten (choice under uncertainty).[260]

Im deutschsprachigen Raum reicht die Beschäftigung mit dem Risiko bzw. Unsicherheit im Unternehmenskontext bis an die Anfänge der Betriebswirtschaftslehre zu Beginn des 20. Jahrhunderts zurück[261], auch wenn die Publikationen zu dieser Thematik nicht gerade zahlreich waren.[262] Die „ältere Risikolehre" war hauptsächlich beschreibend und systematisierend, mit der Zielsetzung, das Wesen des Risikos in Unternehmungen hinsichtlich Ursachen, Arten

---

255 Vgl. *Spremann, K.* (2002), S. 50.

256 Vgl. *Helten, E.* (1977), S. 9.

257 Vgl. *Knight, F. H.* (1921).

258 Vgl. *von Neumann, J./Morgenstern, O.* (1944).

259 Vgl. *Bernoulli, D.* (1738).

260 Für einen interdisziplinären Überblick über die Bedeutung von Risiko und Unsicherheit bzw. Zufall und Wahrscheinlichkeit für die Natur- und Geisteswissenschaften sowie das tägliche Leben vgl. *Gigerenzer, G. et al.* (1999). Eine populärwissenschaftliche Betrachtung der Geschichte des Risikos findet sich bei *Bernstein, P. L.* (1998).

261 Vgl. *Streitferdt, L.* (1973), S. 1; *Braun, H.* (1984), S. 27; *Brühwiler, B.* (2003), S. 19, sowie die dort angegebene Literatur.

262 Vgl. *Philipp, F.* (1967), S. 5.

und Gestaltungsmaßnahmen zu erfassen.[263] Unter (Unternehmungs-) Risiko wurden dabei „alle unmittelbaren und mittelbaren Vermögensbestandsverluste und Vermögensaufwendungen [verstanden], die einer Unternehmung infolge unvorhergesehener oder unabwendbarer Ereignisse drohen“[264]. Der unternehmerische Umgang mit dem Risiko wurde als **Risikopolitik** bezeichnet. Charakteristisch sind die Betrachtung der Gesamtunternehmung und der Bezug auf monetär erfassbare, ungewisse Verluste. Neben allgemeinen Abhandlungen und Darstellungen wurden auch branchen- und risikoartenspezifische Betrachtungen angestellt.[265] Dabei lag das Hauptaugenmerk zunächst auf der Risikoverminderung und -vermeidung. Später wurden die Aufgaben erweitert, sodass der Risikopolitik die zweckmäßige Auswahl von risikopolitischen Maßnahmen zur Gewährleistung der betrieblichen Sicherheit und die Verbesserung der Rentabilität zugeordnet wurden.[266] Risiko und Unsicherheit sowie deren Handhabung spielten zudem in den Speziellen Betriebswirtschaftslehren der Versicherungs- und Bankbetriebslehre eine wichtige Rolle,[267] in denen verstärkt institutionelle und kontraktbezogene Aspekte der Risikoallokation und -diversifikation betrachtet wurden.

Die Verbreitung der Management Science-Ansätze und des entscheidungsorientierten Ansatzes der Betriebswirtschaftslehre rückte die Auseinandersetzung mit Risiko und Unsicherheit in das Zentrum der betriebswirtschaftlichen Betrachtung. Aufbauend auf der **formalen Entscheidungstheorie** wurde versucht, die Bedeutung von Risiko und Unsicherheit für (individuelle) Entscheidungen formal zu modellieren und Entscheidungsregeln zu entwickeln. Im Rahmen der „Theorie der Unternehmung“ wurden Unsicherheitsaspekte in Entscheidungsmodelle für unterschiedliche betriebswirtschaftliche Sachverhalte integriert und expliziert.[268] Risikopolitik stand dabei für die Gesamtheit der Einzelmaßnahmen, die zu einer Minimierung des Risikos im Sinne der Gefahr einer Fehlentscheidung durch die Vermeidung ihrer Entstehung und die Abmilderung der Folgen führen.[269]

In den USA entwickelte sich nach dem Zweiten Weltkrieg das Arbeitsgebiet **Risk Management** aus dem Versicherungswesen und -management (**Insurance Management**) heraus.[270]

---

263 Vgl. *Brühwiler, B.* (1980), S. 6.
264 *Leitner, F.* (1915), S. 7.
265 Beispiele für allgemeine Abhandlungen zum Thema Risiko und Risikopolitik sind *Leitner, F.* (1915); *Bussmann, K. F.* (1955). Spezielle Abhandlungen stellen z. B. *Ahleff, K.* (1931); *Lehmann, E.* (1933); *Oberparleiter, K.* (1955). Die Thematik fand auch Aufnahme in Lehrbüchern zur Allgemeinen Betriebswirtschaftslehre. Vgl. z. B. *Nicklisch, H.* (1922), S. 248; *Fischer, G.* (1940), S. 263ff.
266 Vgl. *Segelmann, F.* (1959), S. 38-46 und die dort angegebene Literatur.
267 Vgl. hierzu *Mugler, J.* (1979), S. 10.
268 Vgl. *Philipp, F.* (1967), S. 5-6. Vgl. auch *Streitferdt, L.* (1973), S. 4-5 und *Seifert, W. G.* (1980), S. 23.
269 Vgl. *Philipp, F.* (1967), S. 52.
270 Zur Entwicklungsgeschichte des Risk Managements vgl. z. B. *Weishaupt, J.* (1999), S. 31-34.

Gegenstand des Versicherungsmanagements ist der Einkauf von Versicherungen und die Gestaltung des Versicherungsportefeuilles von Unternehmungen, also die Optimierung des Versicherungsschutzes bei gleichzeitiger Minimierung der Versicherungskosten. Der Begriff Risk Management entstand in der Mitte der 50er Jahre des letzten Jahrhunderts und umfasste die Erfassung und Bewältigung versicherbarer Risiken. In den 70er Jahren des 20. Jahrhunderts gelangte der Risk Management-Ansatz über Großbritannien nach Europa und somit auch nach Deutschland.[271] Dort wurde die eingedeutschte Bezeichnung **Risikomanagement** abgeleitet. Charakteristisch für das „traditionelle" Risikomanagement bzw. **Risikomanagement i. e. S.**[272] oder **spezielle Risikomanagement**[273] ist der Bezug bzw. die Beschränkung auf versicherbare Risiken mit der Zielsetzung der Optimierung der Risikofinanzierungskosten, wobei der Handlungsraum des Insurance Managements um eingehende Risikoanalysen, die Entwicklung von Schadensverhütungsmaßnahmen, die Auswahl von Schadensverhütungseinrichtungen und die Entwicklung von Selbstversicherungslösungen erweitert wurde.[274] Dabei bleibt das klassische Risk Management dem „Denken in Alternativen der Sicherung"[275] verhaftet, also der Optimierung der Absicherung und Tragung von (grundsätzlich) versicherbaren Risiken unter Sicherheits- und Kostenaspekten. Die Handhabung bestimmter Risiken wurde aus den einzelnen Handlungsfeldern der Unternehmung bzw. der Unternehmensführung herausgelöst und in einem eigenen Aufgabenbereich zusammengefasst,[276] sodass das Risk Management isoliert neben der Unternehmensführung stand, ohne dass eine Integration der Risikoaspekte in die Unternehmensführung angestrebt wurde. Risikomanagement wird somit als ein recht abgeschlossener Handlungskomplex bzw. als eine spezielle Funktion begriffen, wie z. B. das Marketing.[277]

Dieser aus entscheidungs- und portfoliotheoretischer Sicht unbefriedigende Ansatz führte zur Forderung nach einem **Risikomanagement i. w. S.**[278] bzw. einem **generellen Risikomanagement**[279], „das alle risikobehafteten Entscheidungen in der Unternehmung umfaßt [sic!] und auch als integrierte Aufgabe einer ‚risikobewussten Unternehmensführung'"[280] verstanden wird. Gegenstand dieses Ansatzes sind alle Risiken der Unternehmung, wobei das Risikomanagement je nach Sichtweise eine begleitende Führungsfunktion, die in die normale Füh-

[271] Vgl. *Haller, M.* (1986), S. 9-10; *Young, P. C./Tippins, S. C.* (2001), S. 4-6; *Brühwiler, B.* (2003), S. 20.
[272] Vgl. *Mensch, G.* (1991), S. 11.
[273] Vgl. *Hahn, D.* (1987), S. 138.
[274] Vgl. *Hahn, D.* (1987), S. 139; *Mensch, G.* (1991), S. 11-17.
[275] *Haller, M.* (1986), S. 9.
[276] Vgl. *Mugler, J.* (1979), S. 3.
[277] Vgl. *Blankenburg, J.* (1978), S. 329.
[278] Vgl. *Mensch, G.* (1991), S. 18.
[279] Vgl. *Haller, M.* (1986), S. 9.
[280] *Karten, W.* (1993), Sp. 3826.

rungstätigkeit zu integrieren ist,[281] bzw. einen integralen funktionalen Bestandteil des Führungsprozesses darstellt[282]. Diese von entscheidungs- und systemtheoretischen Vorstellungen geprägte Auffassung bezieht sich dabei auf die gesamtunternehmensbezogene „ältere Risikolehre" der Risikopolitik.

Eine neuere Entwicklung stellt das **finanzwirtschaftliche Risikomanagement** (Financial Risk Management) dar: Seit den 80er Jahren des 20. Jahrhunderts wird, angestoßen durch Finanzmarktinnovationen, die Absicherung bzw. die Gestaltung von Risiken aus Finanzkontrakten wie Währungs-, Zins-, Warenpreis- und Kreditrisiken mit speziellen Finanzinstrumenten thematisiert.[283] Das finanzwirtschaftliche Risikomanagement wird daher stark von Konzepten aus der Finanzwirtschaft, der Kapitalmarkttheorie und der Bankbetriebswirtschaftslehre geprägt und ist konzeptionsbedingt auf einen engen Teilbereich der Unternehmensrisiken von Nicht-Finanzunternehmungen beschränkt.

Ebenso haben **gesetzgeberische** und **Corporate Governance**-Initiativen in letzter Zeit die Beschäftigung mit dem Risikomanagement geprägt und beflügelt. So wurde in Deutschland durch das Inkrafttreten des Gesetzes zur Kontrolle und Transparenz im Unternehmensbereich (**KonTraG**) im Jahre 1998 eine intensive Beschäftigung mit risikomanagementrelevanten Aspekten in der Unternehmenspraxis und der Betriebswirtschaftslehre ausgelöst.[284] Auch in anderen Industrienationen wurden branchenübergreifende, gesetzliche Regelungen erlassen, welche die Ordnungsmäßigkeit der Rechnungslegung und die risikobezogene Überwachung innerhalb von Unternehmen zum Schutze der Kapitalgeber sicherstellen sollen.[285] Neben bzw. anstatt rechtlicher Anforderungen existieren auch Verordnungen von Börsenaufsichtsbehörden, Corporate Governance-Kodizes sowie Standards und Empfehlungen zur Regulierung bzw. Normierung des Risikomanagements in Kapitalgesellschaften. Bei der gesetzlichen bzw. Corporate Governance-geprägten Perspektive wird Risikomanagement vor allem im Zusammenhang mit Frühwarnsystemen und Internen Kontrollsystemen bzw. Internen Überwachungssystemen einer Unternehmung (**Internal Control**) diskutiert.[286] Im COSO-Report aus dem Jahre 1992, der eine Verlautbarung einer gemeinsamen privatwirtschaftlichen Initiative amerikanischer Wirtschaftsprüferinstitute zur betrügerischen Finanzberichterstattung in den

281 Vgl. *Haller, M.* (1986), S. 9.
282 Vgl. *Hahn, D.* (1987), S. 138.
283 Vgl. *Glaum, M.* (2000),S. 9-10; *Young, P. C./Tippins, S. C.* (2001), S. 9; *Oehler, A./Unser, M.* (2002), S. 15-17.
284 Vgl. *Oehler, A./Unser, M.* (2002), S. 1. Dies lässt sich auch unschwer an der rapide gestiegenen Anzahl von Abhandlungen zum Thema Risikomanagement in Folge des Entwurfs und des Erlasses des KonTraG erkennen.
285 Vgl. ausführlich *Kajüter, P.* (2004).
286 Vgl. *Lück, W.* (2001b); *Lück, W.* (2001a)

USA darstellt, wurde erstmals ein Rahmenmodell für ein Internes Kontrollsystem vorgeschlagen, auf das auch nationale und internationale Prüfungsstandards Bezug nehmen. Dabei wird insbesondere auf die Effizienz und Effektivität der Geschäftstätigkeit, die Verlässlichkeit der Berichterstattung und die Einhaltung rechtlicher Bedingungen abgestellt.[287] Bei den einzelnen nationalen Regelungen wird je nach Sichtweise eine Unterordnung des Risikomanagement-Systems unter das Interne Kontrollsystem bzw. vice versa oder eine Gleichordnung der beiden Systeme postuliert.[288]

Land / Regelung	Deutschland	Großbritannien	USA	Australien	Japan
Gesetze	§ 91 Abs. 2 AktG (1998)	-	§§ 302 und 404 Sarbanes-Oxley Act of 2002	-	§ 21-7 Special Exceptions Law zum Handelsgesetz: § 193 Enforcement Regulation zum Handelsgesetz (2003)
Verordnungen von Börsenaufsichtsbehörden	-	-	SEC-Release No. 33-8124 und No. 33-8238	-	-
Corporate Governance Kodizes	Deutscher Corporate Governance Kodex (2002)	The Combined Code on Corporate Governance (revised 2003)	Final NYSE Corporate Governance Rules (2003)	Principles of Good Corporate Governance and Best Practice Recommendations (2003)	Revised Corporate Governance Principles (2001); Principles of Corporate Governance for Listed Companies
Standards und Empfehlungen	-	Turnbull Report: Internal Controll (1999, Überarbeitung geplant)	COSO: Internal Control – Integrated Framework (1992); COSO: Enterprise Risk Management Framework (2004)	AS/NZS 4360:2004 Risk Management (2004); Group of 100 Guide to Compliance with ASX Principle 7 (2003) ASX CG Council: Guidance in relation to the interpretation of Principle 7 (2003)	JIS Q 2001: Guidelines for development and implementation of risk management system (2001); METI Study Group: Guidelines for Internal Control that function together with Risk Management

Tabelle 5: Übersicht über nationale Regelungen zum Risikomanagement[289]

[287] Zu einer kurzen Übersicht zum COSO-Report vgl. *PwC* (1999), S. 43-44. Eine ausführlichere Darstellung findet sich in *Menzies, C.* (2004), S. 74-84. COSO ist das Akronym für Committee of Sponsoring Organizations of the Treadway Commission.

[288] Vgl. *Kajüter, P.* (2004), S. 23.

[289] Quelle: *Kajüter, P.* (2004), S. 22.

Seit Mitte der 90er Jahre des letzten Jahrhunderts wurden auch einige spezielle nationale und übernationale **Standards zum Risikomanagement** entwickelt.[290] Diese Standards machen Aussagen zu Gegenstand, Begriffen, Bestandteilen, Ablauf und Instrumenten des Risikomanagements in Organisationen und versuchen somit eine gewisse Vergleichbarkeit und gemeinsame Sprache zu schaffen. Das Corporate Governance- bzw. Standard-geprägte Risikomanagement ist tendenziell auf Organisationen bzw. Unternehmungen in ihrer Gesamtheit gerichtet und betont die enge Beziehung zwischen „normalen" Management und Risikomanagement. Einen Überblick über entsprechende Regelungen und Anforderungen gibt Tabelle 5.

Risiko und Risikomanagement werden aber nicht nur im unmittelbaren Kontext von Wirtschaftswissenschaften und Unternehmensführung diskutiert. In dem Bereich, der kurz als „**Risiko und Gesellschaft**" umrissen werden kann, werden Fragestellungen der Gefährdungen, die vom wissenschaftlich-technischen Fortschritt für Mensch und Umwelt ausgehen, betrachtet (**Risk Assessment**).[291] Gegenstand dieser multidisziplinären und breit gestreuten Risikoforschung sind die objektive Abschätzung von Risiken, die subjektive Risikowahrnehmung sowie die gesellschaftlichen und politischen Determinanten der Risikoakzeptanz.[292] Auch im technischen und ingenieurwissenschaftlichen Bereich spielen die Verlässlichkeit und die Risikoanalyse eine bedeutende Rolle.[293] Diese Bereiche wirken auch auf die betriebswirtschaftliche Risikoforschung bzw. auf das Unternehmensrisikomanagement ein, insbesondere in Bezug auf die unternehmensexterne Kommunikation von Umwelt- und Gesundheitsrisiken, die durch Unternehmungen und ihre Produkte für die Allgemeinheit ausgehen,[294] und die risikoorientierte bzw. störfallorientierte Gestaltung von Unternehmensprozessen, insbesondere der Produktion.

[290] Spezielle Risikomanagement-Standards sind AS/NZS 4360:2004 bzw. dessen Vorgänger AS/NZS 4360:1995 und AS/NZS 4360:1999 (Australien und Neuseeland), CAN/CSA-Q850-97 (Kanada), JIS Q 2001 (Japan) und ONR 49000 (Österreich) sowie ISO/IEC Guide 73:2002. In Großbritannien wurde 2002 der „Risk Management Standard" von den drei bedeutendsten Risikomanagement-Organisationen des Landes entwickelt und in Folge von der Federation of European Risk Management Assiocations adaptiert. In den USA wurde vom Committee of Sponsoring Organizations of the Treadway Commission (COSO) ein Rahmenwerk für ein unternehmensweites Risikomanagement entwickelt. Risikomanagement-Standards werden im Abschnitt 3.4.2 näher betrachtet.

[291] Zu dieser Richtung der Risikoforschung vgl. z. B. die Herausgeberbände von *Bayerische Rück* (1993) und *Bechmann, G.* (1997b).

[292] Vgl. *Bechmann, G.* (1997a).

[293] Vgl. hierzu z. B. *Henley, E. J./Kumamoto, H.* (1981).

[294] Vgl. z. B. *Becker, U.* (1993) und *Meyer, B./Welzl, C.* (2002), S. 308-309.

3.1.2 Einordnung der Risikoforschung bzw. der Risikomanagement-Forschung in die Betriebswirtschaftslehre

Wie die Ausführungen im vorhergehenden Abschnitt zeigten, ist die Auseinandersetzung mit dem Risikophänomen schon früh Gegenstand der Betriebswirtschaftslehre gewesen. Dabei war es üblich, Risiko im Sinne von (Vermögens-) Verlusten aus der Unternehmerperspektive heraus zu betrachten und somit dem Bereich der **Unternehmenspolitik** bzw. Unternehmensführung zuzuordnen. Damit einher gingen Versuche, das Wesen des Risikos zu ergründen, Risikoarten systematisch zu erfassen und geeignete Abwehrmaßnahmen aufzuzeigen. Das Risikophänomen wurde dabei im engen Verhältnis mit dem Unternehmerwagnis und dem Unternehmensergebnis bzw. dem Gewinn gesehen.[295]

Knight argumentiert, dass die Übernahme von Risiko bzw. Unsicherheit ein **konstitutives Element von Unternehmungen** sei.[296] Der Unternehmer bzw. Manager übt bei mangelhaftem Informationsstand bzw. Ergebnisunsicherheit sein Urteils- bzw. Entscheidungsvermögen als spezialisierte Fertigkeit aus und übernimmt die Verantwortung bzw. Haftung für Fehlentscheidungen. Die anderen Unternehmensmitglieder erhalten die Zusage eines sicheren vertragsmäßigen Einkommens und akzeptieren im Vertrauen auf die Urteilsfähigkeit des Unternehmers bzw. Managers dessen Führung. Dafür erhält dieser den Gewinn als Residualeinkommen.[297] Entsprechend sieht *Schneider* Institutionen zur **Verringerung der Einkommensunsicherheit** als Gegenstand der Betriebswirtschaftslehre, wobei die Einkommensunsicherheit aus unvollkommenem und asymmetrisch verteiltem Wissen resultiert. Manager üben die Unternehmerfunktion aus, die darin besteht, zeitweise die Einkommensunsicherheiten anderer zu übernehmen und diesen die Möglichkeit eines planbaren Einkommenserwerbs zu verschaffen.[298] Der Bezug zur Führungs- und Entscheidungstheorie ist dabei unverkennbar.

Der konstatierte Bezug von Risiko und Vermögensverlusten bzw. Gewinn führte auch zu einer eingehenden Behandlung des Risikos im **betrieblichen Rechnungswesen**. Im Kostenrechnungskontext wird dabei i. d. R. von Wagnissen bzw. Wagniskosten gesprochen. Allgemeine, nicht messbare Wagnisse werden dabei – ganz im Sinne *Knights* – als Gewinnbestandteil verstanden, während messbare Einzelwagnisse ein Kostencharakter zugeschrieben wird,

295 *Nicklisch* betrachtet z. B. beim Unternehmensergebnis die beiden Aspekte Rentabilität und Sicherheit bzw. Risiko. Vgl. *Nicklisch, H.* (1922), S. 221-268.
296 Vgl. *Knight, F. H.* (1921), S. 232.
297 Vgl. *Knight, F. H.* (1921), S. 264-312.
298 Vgl. *Schneider, D.* (1995), S. 1-36. Siehe auch Abschnitt 2.5.

sodass diese als Ist-Wagnisverluste oder als kalkulatorische (Plan-) Wagniskosten erfasst werden bzw. Rückstellungen für diese gebildet werden.[299]

Eine besondere Bedeutung kommt der Risikoproblematik im Rahmen der **Entscheidungstheorie** und der **entscheidungsorientierten Betriebswirtschaftslehre** zu. Die Abbildung realer betrieblicher Entscheidungen erfordert die Berücksichtigung von Unsicherheiten, da dem Entscheider in vielen Fällen die für eine möglichst zielführende Entscheidungsfindung erforderlichen Informationen über Umfeld, Entscheidungsgegenstand und Entscheidungsfolgen nicht zur Verfügung stehen.[300] Daher ist die Berücksichtigung des Risikos eng mit der **Planungsfunktion** der Unternehmungsführung bzw. der Unternehmungsführung überhaupt verbunden. Eine explizite Einbindung in Planungs- und Führungsmodelle, wie z. B. in den synoptischen Führungsprozess, erscheint daher angebracht.[301] Entsprechend wurden in den unterschiedlichsten Bereichen der Betriebswirtschaftslehre stochastische Erklärungs- und Entscheidungsmodelle für die jeweiligen Planungsprobleme entwickelt, um die dominanten, aber wenig realistischen deterministischen Modelle zu ergänzen.[302] So wurden beispielsweise im Bereich der Produktionswirtschaft und der Logistik[303], der Kosten- und Erlösrechnung[304], der Budgetierung[305] und der Finanz- bzw. Liquiditätsplanung, der Programm- und Absatzplanung[306], Investitionsrechnung[307] sowie der Finanzierungs- und Kapitalmarkttheorie[308] Modelle zur Entscheidungsunterstützung bei Unsicherheit für bestimmte Problemstellungen vorgeschlagen. Die Entwicklung stochastischer Entscheidungsmodelle ist dabei insbesondere dem betriebswirtschaftlichen Fachbereich **Operations Research** (Unternehmensforschung) zuzuordnen.[309] Die Berücksichtigung von Unsicherheit erfolgt dabei nicht nur in eher klassisch mikroökonomischen, sondern auch im **neoinstitutionalen** und **spieltheoretischen** Modellen, wobei hier insbesondere auf Unsicherheiten über das Verhalten rationaler „Gegenspielern" eingegangen wird. Ein wirklich durchgreifender, umfassender und konsistenter Einbe-

299 Vgl. *Bussmann, K. F.* (1955), S. 30-33; *Segelmann, F.* (1959), S. 120-125; *Philipp, F.* (1967), S. 39-50; *Rogler, S.* (2002), S. 420-425. Siehe auch Abschnitt 5.2.2.

300 Vgl. *Helten, E.* (1989), S. 435-436.

301 Vgl. *Hahn, D.* (1987); *Mikus, B.* (2001). Siehe Abschnitt 3.4.3.

302 Zu stochastischen Modellen in der Wirtschaftstheorie bzw. Betriebswirtschaftslehre vgl. z. B. *Schwarze, J.* (1967).

303 Für einen Überblick zur Berücksichtigung von Unsicherheit in der Produktions- und Kostentheorie sowie der Produktionsplanung vgl. z. B. *Jahnke, H.* (1995). Ein Beispiel für die Risikoanalyse mithilfe eines produktionstheoretischen Betriebsmodells findet sich bei *Streitferdt, L.* (1973), S. 129-187.

304 Vgl. *Koch, I.* (1994) und *Schweitzer, M./Küpper, H.-U.* (1998), S. 435-440.

305 Vgl. z. B. *Ewert, R./Wagenhofer, A.* (2005) , S. 401-521.

306 Vgl. z. B. *Ewert, R./Wagenhofer, A.* (2005), S. 193-249.

307 Vgl. z. B. *Hertz, D. B.* (1964); *Schindel, V.* (1978).

308 Vgl. z. B. *Albrecht, P./Maurer, R.* (2005).

309 Zum Gegenstand des Operations Research vgl. z. B. *Wöhe, G./Döring, U.* (2005), S. 124-129.

zug von Risikoaspekten in die betriebswirtschaftlichen Modelle und deren problemübergreifende Verknüpfung steht aber noch aus.

Dies liegt auch daran, dass aufgrund der weitgehenden Unkenntnis der stochastischen Struktur praxisrelevanter Problemstellungen die Modelle kaum empirisch relevant sind.[310] Ebenfalls stark mathematisch geprägt sind die Forschungsbemühungen im Bereich der **Risikotheorie** als Teilbereich der Versicherungswissenschaft. Gegenstand der Risikotheorie ist die Entwicklung von mathematischen Modellen und Methoden zur Unterstützung von Problemstellungen des Versicherungswesens. Hierbei wird insbesondere auf Grundlagen der mathematischen Stochastik bzw. der Wahrscheinlichkeitstheorie zurückgegriffen.[311]

Im Gegensatz zu einer integrativen Betrachtungsweise der Unsicherheit wird im Rahmen des traditionellen **Risk Management** mit den (theoretisch) versicherbaren Risiken nur auf einen bestimmten Teilbereich der unternehmensrelevanten Unsicherheiten sowie deren Folgen und Bewältigung abgestellt. Es wird damit als abgrenzbare Funktion und Organisation der Unternehmung begriffen, die sich explizit nicht mit allen Unternehmensrisiken befassen soll.[312]

Entsprechend stellt sich in der Betriebswirtschaftslehre die Frage, ob bzw. inwieweit Risikomanagement eine eigenständige Problemstellung darstellt. Die aus der Spezialisierung auf einen gewissen Teilbereich der Unternehmensrisiken resultierenden Effizienzgewinne sprechen für eine spezifische Betrachtung damit zusammenhängender Problemlösungen und die Zuordnung entsprechender Aufgaben zu speziellen Organisationseinheiten bzw. Institutionen. Entsprechend wird Risikomanagement z. T. als eine abgrenzbare betriebliche Funktion betrachtet.[313] Andererseits ist das Risiko- bzw. Unsicherheitsphänomen so eng mit den grundlegenden Funktionen der Unternehmensführung bzw. wirtschaftlichen Regel- und Handlungssystemen wie Institutionen und Kontrakten verbunden, dass eine Herauslösung der damit zusammenhängenden Problemstellungen unmöglich bzw. unerwünscht erscheint. Aufgrund der Bedeutung des Risikophänomens für Unternehmungen wird weiterhin eine engere Verknüpfung der Risikotheorie bzw. des Risikomanagements mit der Unternehmensführung gefordert.[314] Daher wird Risikomanagement auch als eine alle Funktionsbereiche umfassende Metadisziplin[315] oder aber als Querschnittsfunktion der Unternehmensführung zur Integration der

[310] Vgl. *Helten, E.* (1989), S. 435-436.
[311] Zur Risikotheorie vgl. z. B. *Houston, D. B.* (1960); *Heilmann, W.-R.* (1986); *Heilmann, W.-R.* (1987).
[312] Vgl. *Mehr, R. I./Hedges, B. A.* (1974), S. 1-26; *Mugler, J.* (1979), S. 5 und S. 50-52.
[313] Vgl. *Seifert, W. G.* (1980), S. 14-15.
[314] Vgl. *Meffert, H.* (1998), S. 720-721.
[315] Vgl. *Seifert, W. G.* (1980), S. 7 und *Meinecke, H.* (1997), S. 32, sowie die dort angegebenen Quellen. Vgl. auch *Schneider, D.* (1997b), S. 214.

Risikodimension in alle Führungsaufgaben[316] gesehen. Durch diese Sichtweise entsteht jedoch ein Abgrenzungsproblem in Bezug auf die Aufgabenstellungen der (allgemeinen) Unternehmensführung. Somit ist es fraglich, wie ein umfassendes führungsbezogenes Risikomanagement theoretisch, funktional, instrumental und organisational separat betrachtet werden kann oder ob eine totale Integration erforderlich ist.

In der Tat hat sich das Risikomanagement bzw. die betriebswirtschaftliche Risikoforschung noch nicht richtig als eigenständiges Forschungsgebiet der Betriebswirtschaftslehre, dass z. B. mit dem Rechnungswesen oder dem Marketing vergleichbar wäre, etabliert. Die Spezielle Betriebswirtschaftslehre Risikomanagement wird allenfalls im Verbund mit Versicherungs- und Bankbetriebslehre oder Finanzierung angeboten.[317]

3.2 Forschungskonzeptionen des Risikomanagements

Konzeptionelle Betrachtungen spielen im Rahmen der akademischen Auseinandersetzung mit dem betriebswirtschaftlichen Risikomanagement im Vergleich zur Controlling-Forschung eine geringere Rolle. In Anlehnung an die Struktur des zweiten Kapitels wird an dieser Stelle ein Überblick über die Begriffslehre, die theoretische Fundierung, die Technologien und Philosophien des Risikomanagements gegeben. Diese Ausführungen werden ergänzt um eine Betrachtung des Standes der empirischen sowie der internationalen Risikomanagement-Forschung.[318]

3.2.1 Begriffslehre in der Risikomanagement-Forschung

Die Begriffsbestimmung nimmt im Rahmen der betriebswirtschaftlichen Risiko- bzw. Risikomanagement-Forschung eine wichtige Stellung ein. Da das Wort Risikomanagement aus den beiden Komponenten Risiko und Management besteht, bietet sich zunächst eine Betrachtung dieser beiden Begriffe an.[319] Der Begriff Risiko ist dabei sowohl sprachlicher Bestandteil des Ausdrucks Risikomanagement, als auch Ausgangspunkt für dessen konzeptionelle und theoretische Behandlung.[320] Bei der Betrachtung des Begriffes Risikomanagement ist dieser auch von verwandten Begriffen wie Risk Management und Risikopolitik abzugrenzen.

316 Vgl. *Mensch, G.* (1991), S. 60.

317 Vgl. hierzu die schon ältere Einschätzung von *Helten, E.* (1989), S. 439-440. Eine Betrachtung der Bezeichnung deutschsprachiger Lehrstühlen bestätigt jedoch die Aktualität dieser Einschätzung.

318 Siehe hierzu die Ausführungen zu Forschungskonzeptionen des Controllings in Abschnitt 2.2.

319 Vgl. *Mensch, G.* (1991), S. 2.

320 Vgl. *Weishaupt, J.* (1999), S. 12.

3.2.1.1 Der betriebswirtschaftliche Risikobegriff

Zentral für die Konzeptualisierung des Risikomanagements ist die Klärung des **Risikobegriffs**, da dieser wesentlich zur Abgrenzung und Konkretisierung des Risikomanagement-Gegenstandes beiträgt. Im Laufe der Zeit wurden vielfältige Definitionsversuche unternommen, die zu einer Vielzahl mehr oder weniger unterschiedlicher Risikoauffassungen geführt haben.[321] Dabei werden dem Risiko je nach Fachgebiet, Zusammenhang und Anwendungsgebiet unterschiedliche Inhalte zugeschrieben[322], d. h. die Risikoauffassung ist betrachtungs- bzw. kontextabhängig[323]. Da es aber unmöglich und wenig sinnvoll ist, nach „der einzig wahren und richtigen" Definition zu suchen, sollten die Definitionsversuche je nach Untersuchungsgegenstand jeweils nach einer möglichst zweckmäßigen Abgrenzung bzw. Konzeptualisierung streben.[324] Darin kann jedoch auch eine Ursache für die Heterogenität der Begriffsinhalte gesehen werden. Die „schillernde Vielfalt der Begriffsinhalte" führt zu fachinternen und fachübergreifenden Kommunikationsschwierigkeiten, welche Forschungsbemühungen, Interdisziplinarität und Akzeptanz in der Praxis behindern. Entsprechend sind Klärungsversuche unternommen worden, um wenigstens das Spektrum der Begriffsinhalte aufzudecken und Unterschiede und Gemeinsamkeiten herauszuarbeiten.[325] Insbesondere wurden Klassifizierungs- und Systematisierungsversuche entwickelt, die unterscheidende Kriterien herausarbeiten und zur inhaltlichen Präzisierung beitragen sollen.[326] Im Rahmen der Klärung des Risiko-Begriffs wird ebenfalls versucht, durch eine Abgrenzung gegenüber verwandten Begriffen wie Gefahr, Sicherheit, Unsicherheit, Gewissheit, Ungewissheit, Wagnis und Chance begriffliche Klarheit zu erreichen.[327]

Als Methode der Annäherung an einen wirtschaftswissenschaftlichen bzw. betriebswirtschaftlichen Risikobegriff werden wiederum **etymologische Betrachtungen** des Wortes „Risiko" angestellt. Bei der Klärung der fachsprachigen Bedeutung ist zudem auch auf die allgemeinsprachliche Verwendung des Wortes zu achten, da eine allzu große Abweichung vom Vorverständnis des Risikobegriffes zu Verständigungsproblemen mit der Unternehmenspraxis

[321] Vgl. *Philipp, F.* (1967), S. 34; *Karten, W.* (1972), S. 147; *Braun, H.* (1984), S. 21; *Meinecke, H.* (1997), S. 21; *Weishaupt, J.* (1999), S. 11; *Rogler, S.* (2002), S. 5.

[322] Vgl. *Holzheu, F./Wiedemann, P., M.* (1993), S. 9; *Henking* (1998), S. 6-7; *Pfister, H.-R./Böhm, G.* (2005).

[323] Vgl. *Holzheu, F./Wiedemann, P., M.* (1993), 9-10.

[324] Vgl. *Karten, W.* (1972), S. 148; *Kimmig, J. M.* (2001), S. 48.

[325] Vgl. *Härterich, S.* (1987), S. 4-5. Ein Versuch zur „Bereinigung und Vereinheitlichung des Sprachgebrauchs" unternimmt z. B. *Karten, W.* (1972).

[326] Systematisierungsansätze finden sich in vielen Arbeiten zum Thema Risiko bzw. Risikomanagement. Vgl. z. B. *Bussmann, K. F.* (1955), S. 11-15; *Philipp, F.* (1967), S. 28-38; *Braun, H.* (1984), S. 21-24; *Meinecke, H.* (1997), S. 21-22; *Weishaupt, J.* (1999), S. 21-27; *Rogler, S.* (2002), S. 9-19. Vgl. auch die angegebenen Quellen bei *Härterich, S.* (1987), S. 5, FN 4.

[327] Vgl. zu einer entsprechenden Betrachtung z. B. *Mugler, J.* (1979), S. 22-28.

führen kann.[328] Das deutsche Wort „*Risiko*" (ebenso wie das englische bzw. französische Wort „*risk*" bzw. „*risque*") hat seinen Ursprung im arabischen Wort „*rizq*", das soviel wie „der von Gottes Gnaden oder Geschick abhängige Lebensunterhalt" bedeutet. Über das Italienische („*risicare*" = wagen), insbesondere die italienische Kaufmannssprache („*risico*", bzw. „*risco*") gelangte das Wort mit der Bedeutung „Wagnis, Gefahr, Verlustgefahr" in die deutsche Sprache.[329] Dem Risiko wird eine negative Bedeutung beigemessen und bezeichnet im wirtschaftlichen Zusammenhang vor allem die Möglichkeit eines Verlustes oder Misserfolges.

Entsprechend wurde **Risiko** im betriebswirtschaftlichen Zusammenhang zunächst als Vermögensbestandsverluste und Vermögensaufwendungen, die einer Unternehmung infolge unvorhergesehener oder unabwendbarer Ereignisse drohen, bzw. als Zustände und Verhältnisse, durch die sich Vermögensminderungen ergeben können, verstanden.[330] Das Risiko zeichnet sich dabei durch die Ungewissheit des Eintrittes und durch eine **Schadens-** bzw. **Verlustgefahr** aus.[331] Z. T. wird auch zwischen Risiko und **Wagnis** unterschieden,[332] wobei die Abgrenzung aber nicht einheitlich erfolgt. I. d. R. ist Risiko aber der allgemeinere Begriff, während Wagnis etwa die Inkaufnahme des Risikos in Folge eines „wagenden Ressourceneinsatzes" durch den Unternehmer[333] oder aber messbare bzw. kalkulierbare Schäden bezeichnet.

Eine – insbesondere für die Entscheidungstheorie – einflussreiche Definition und Abgrenzung stammt von *Knight*. Aufbauend auf seiner neoklassischen Theorie über den Zusammenhang zwischen Unsicherheit, Risiko und Gewinn prägte er die Unterscheidung in quantifizierbare, **messbare Unsicherheit** sowie nicht-quantifizierbare, **nicht-messbare Unsicherheit**, die er respektive als Risiko bzw. „reine Unsicherheit" bezeichnete. Da das so verstandene Risiko eine perfekte Planung nicht unmöglich macht, ist nicht das Risiko, sondern die reine Unsicherheit als Erklärung für Gewinne heranzuziehen.[334] Unsicherheit resultiert dabei aus der mangelnden Gewissheit über zukünftige Ereignisse und Zustände, also aus dem mangelndem Wissen über die Zukunft bzw. über relevante Zusammenhänge, die zukünftige Zustände erklären. Im Falle des Risikos sind – logisch oder statistisch ermittelte und nachprüfbare – Wahrscheinlichkeiten für bestimmte zukünftige Ereignisse oder Zustände bekannt, sodass der Wissens- bzw. Informationsstand größer ist als bei reiner Unsicherheit und folglich ein besser

---

[328] Vgl. *Haller, M.* (1986), S. 8.
[329] Vgl. *Osman, N.* (1982), S. 89; *Bernstein, P. L.* (1998), S. 8.
[330] Vgl. *Leitner, F.* (1915), S. 7; *Nicklisch, H.* (1922), S. 237.
[331] Vgl. *Oberparleiter, K.* (1955), S. 99.
[332] Für einen Überblick über die Unterscheidung von Risiko und Wagnis vgl. *Bussmann, K. F.* (1955), S. 11-15 und *Philipp, F.* (1967), S. 34-35.
[333] Vgl. *Oberparleiter, K.* (1955), S. 99.
[334] Vgl. *Knight, F. H.* (1921), S. 19-21.

darauf abgestimmtes Verhalten bzw. Entscheiden möglich ist. Z. B. ist bei einer hinreichend großen Menge an homogenen zukünftigen Ereignissen der Anteil der Eintritte mit recht hoher Genauigkeit bekannt und somit bedeutend weniger ungewiss.[335]

In Anlehnung an *Knight* wird in der normativen bzw. präskriptiven Entscheidungstheorie zwischen Entscheidungen unter Sicherheit und Entscheidungen unter Unsicherheit unterschieden. Diese Differenzierung der Entscheidungssituationen bezieht sich auf den Informationsstand des Entscheiders, d. h. sein Wissen über entscheidungsrelevante Daten. Existieren mehrere mögliche, sich gegenseitig ausschließende Datenausprägungen bzw. Zustände, die zu unterschiedlichen Ergebnissen führen, oder aber sind für bestimmte Maßnahmen mehrere Ergebnisse denkbar, besteht Unsicherheit. Kann der Entscheider den einzelnen Zuständen Wahrscheinlichkeiten zuordnen, besteht eine **Risikosituation** (Sicherheit über die Unsicherheit). Ist ihm dies nicht möglich, besteht **Unsicherheit i. e. S.** bzw. Ungewissheit.[336] Uneinigkeit besteht bei der Abgrenzung des Risikos von der Unsicherheit darin, welche **Wahrscheinlichkeiten** als hinreichend sicher erfassbar angesehen werden. Im mathematischen Sinne bezeichnen Wahrscheinlichkeiten Zahlen, die bestimmten Ereignissen zugeordnet werden und den axiomatischen Grundlagen der **Wahrscheinlichkeitstheorie** entsprechen. Diese dienen der Formalisierung von Unsicherheit.[337] Dabei wird zwischen objektiver und subjektiver Wahrscheinlichkeit unterschieden.[338] Die **objektive Wahrscheinlichkeit** bezeichnet dabei entweder logisch aus bekannten Gesetzmäßigkeiten ableitbare Wahrscheinlichkeiten oder empirisch-messbare, relative Häufigkeiten von Ereignissen. Unter subjektiver Wahrscheinlichkeit wird hingegen der Grad des Vertrauens einer Person in den Eintritt eines Ereignisses, also der Grad einer persönlich empfundenen, nicht intersubjektiv oder gar objektiv nachprüfbaren Gewissheit verstanden.[339] Während zunächst die Existenz objektiver Wahrscheinlichkeiten für die Begründung einer Risikosituation als erforderlich erachtet wurden[340], werden inzwischen subjektive Wahrscheinlichkeiten als ausreichend angesehen, da Entscheidungssituationen, bei denen objektive Wahrscheinlichkeiten vorliegen in der betrieblichen Praxis recht selten und daher von geringer Relevanz sind. Somit ist der Verzicht auf die Berücksichtigung subjektiver Wahrscheinlichkeiten fast gleichbedeutend mit dem Verzicht auf die Berücksichtigung von Wahrscheinlichkeiten überhaupt und bedeutet die Missachtung u. U. wertvoller Informatio-

335 Vgl. *Knight, F. H.* (1921), S. 197-232.
336 Vgl. *Gutenberg, E.* (1979), S. 140-142; *Laux, H.* (2005), S. 22-23.
337 Vgl. *Jungermann, H. et al.* (1998), S. 143; *Laux, H.* (2005), S. 121-123.
338 Vgl. *Philipp, F.* (1967), S. 31; *Streitferdt, L.* (1973), S. 11; *Eisenführ, F./Weber, M.* (2003), S. 154-156; *Laux, H.* (2005), S. 123-129.
339 Vgl. Jungermann, H., *et al.* (1998), S. 146; *Eisenführ, F./Weber, M.* (2003), S. 152; *Laux, H.* (2005), S. 123-129.
340 Vgl. *Philipp, F.* (1967), S. 31; *Gutenberg, E.* (1979), S. 141.

nen.[341] Zudem ist das Konzept der Unsicherheit i. e. S. bei der Berücksichtigung subjektiver Wahrscheinlichkeiten abzulehnen, da es dem Entscheider i. d. R. möglich sein sollte, Ereignissen subjektive Wahrscheinlichkeiten zuzuordnen.[342]

Risiko und Unsicherheit werden neben dem Merkmal der Objektivierbarkeit bzw. Messbarkeit auch nach dem Kriterium des Objekts der Unsicherheit unterschieden.[343] Die unterschiedlichen Betrachtungsweisen werden als ursachenbezogene und wirkungsbezogene bzw. informatorische und wertende Perspektive verstanden.[344] Risiko liegt hiernach nur in den Fällen vor, wo die Erreichung der Ziele eines Subjekts unsicher ist[345] bzw. die Möglichkeit einer Fehlentscheidung[346] bzw. die Möglichkeit des Misslingens von Plänen besteht[347]. Bei der Definition des Risikos als Möglichkeit der Zielverfehlung ist Risiko ein subjektbezogener Begriff bzw. hat Risiko eine subjektive Dimension, da nur Subjekte Ziele festlegen und diese verfolgen.[348] Der Begriff **Chance** wird in diesem Zusammenhang von Risiko dadurch abgegrenzt, dass Risiko die Möglichkeit negativer Zielabweichungen bzw. Zielunterschreitungen und Chance die Möglichkeit positiver Zielabweichungen bzw. Zielüberschreitungen bezeichnen.[349] Die Begriffe Unternehmensrisiko bzw. betriebswirtschaftliches Risiko beziehen sich dabei auf mögliche Abweichungen von Unternehmenszielen bzw. betriebswirtschaftlichen Zielsetzungen.[350]

Unsicherheit / Größen	Messbare Unsicherheit = statistisches Risiko	Nicht messbare Unsicherheit = statistische Unsicherheit	
	Objektive Wahrscheinlichkeiten	Subjektive Wahrscheinlichkeiten	Reine statistische Unsicherheit
Negative Abweichung von einer Bezugsgröße (Ziel)	A	B	C
Positive Abweichung von einer Bezugsgröße (Ziel)	D	E	F
Größen, welche zur Bezugsgröße nicht in Beziehung stehen	G	H	I

Abbildung 3: Begriffsschema Unsicherheit/Risiko und Elemente des Risikobegriffs[351]

[341] Vgl. *Laux, H.* (2005), S. 125.
[342] Vgl. *Eisenführ, F./Weber, M.* (2003), S. 20 und 259-260.
[343] Vgl. *Streitferdt, L.* (1973), S. 6-7.
[344] Vgl. *Braun, H.* (1984), S. 22-27.
[345] Vgl. z. B. *Streitferdt, L.* (1973), S. 7.
[346] Vgl. z. B. *Philipp, F.* (1967), S. 13.
[347] Vgl. z. B. *Wittmann, W.* (1959), S. 36.
[348] Vgl. *Streitferdt, L.* (1973), S. 7-8; *Braun, H.* (1984), S. 25-27.
[349] Vgl. *Streitferdt, L.* (1973), S. 10-11; *Braun, H.* (1984), S. 27.
[350] Vgl. *Leitner, F.* (1915), S. 7 bzw. *Streitferdt, L.* (1973), S. 8.
[351] Quelle: *Mugler, J.* (1979), S. 27. Vgl. auch *Streitferdt, L.* (1973), S. 10.

Die beiden Differenzierungskriterien Objektivierbarkeit und Wirkung (bzw. Informationsstand und Zielbezug) können zur zweidimensionalen Charakterisierung von Risiko und Unsicherheit kombiniert werden (siehe Abbildung 3). Die Menge $\{A, D, G\}$ bzw. $\{A, B, D, E\,G, H\}$ charakterisiert den Risikobegriff der präskriptiven Entscheidungstheorie in der traditionellen (objektiven) bzw. in der erweiterten (subjektiven) Auffassung. Die Merkmalskombinationen $\{A, B, C\}$ definieren den Begriff des **reinen Risikos** im Sinne einer Verlustgefahr, welches die ursprüngliche betriebswirtschaftliche Risikoauffassung darstellt, während $\{D, E, F\}$ das **spekulative Risiko** bzw. **Chance** charakterisieren. Die Unterscheidung von reinem Risiko und Chance wird kritisiert, da sie von einer „grundsätzlich willkürlichen Festsetzung" des Zielerreichungsgrades abhängt und zu einer kaum begründbaren, aus praktischen und theoretischen Erwägungen heraus problematischen Zerschneidung eines eigentlich zusammengehörenden Tatbestandes, nämlich der Zielerreichung bzw. Ergebnisverteilung, führt. Daher wird der Begriff Risiko auch für die Vereinigung $\{A, B, C, D, E, F\}$ der beiden genannten Teilmengen verwendet, wobei die Verwendung des Begriffs Chance genauso gut möglich wäre.[352]

Zusammenfassend kann das Risiko gemäß dieser „dualen Betrachtungsweise", die eine informationsstandsbezogene und eine zielbezogene Betrachtungsweise vereinigt, als Möglichkeit einer Zielverfehlung verstanden werden, deren Ursache in der Unbestimmtheit des zukünftigen Eintretens von Ereignissen liegt, die sich auf die Zielvorstellungen von Wirtschaftssubjekten auswirken, wobei die Ergebnisunsicherheit aus mangelnden Informationen über relevante Sachverhalte und/oder der mangelnden Fähigkeit, diese zu verarbeiten, resultiert.[353]

3.2.1.2 Der betriebswirtschaftliche Risikomanagementbegriff

Eine grundlegende Annäherung an den Begriff **Risikomanagement** erfolgt unter Rückgriff auf die Definitionen der ihn konstituierenden sprachlichen Komponenten. Der somit „abgeleitete" Risikomanagementbegriff ergibt sich dabei aus einer abgestimmten Kombination der Konstituenten.[354] Da zuvor der Risikobegriff betrachtet wurde, verbleibt die Klärung des Begriffes Management.

352 Vgl. *Streitferdt, L.* (1973), S. 11; *Mugler, J.* (1979), S. 57; *Braun, H.* (1984), S. 29-30.

353 Vgl. *Braun, H.* (1984), S. 26-27; *Hoitsch, H.-J./Winter, P.* (2004a), S. 116.

354 Zu abgeleiteten Definitionen in anderen Bereichen der Betriebswirtschaftslehre vgl. z. B. bzgl. des Produktionsmanagements *Zäpfel, G.* (1989), S. 1 und *Hoitsch, H.-J.* (1993), S. 27 oder bzgl. des Qualitätsmanagements *Zenz, A.* (1999), S. 161-162.

Abhängig von der Betrachtungsperspektive kann zwischen funktionalen, institutionalen und prozeduralen **Management**-Definitionsansätzen unterschieden werden. Entsprechend kann Risikomanagement funktional z. B. als zielorientierte Leitung bzw. Gestaltung und Steuerung[355] der Unternehmung hinsichtlich des Risikos, als risikobezogene Selektion und Reflexion[356] oder einfach als risikobezogene Unternehmensführung definiert werden. Prozessorientiert wäre Risikomanagement als Prozess der risikobezogenen Willensbildung und Willensdurchsetzung[357] zu charakterisieren. Institutions- bzw. aufgabenträgerbezogen könnte Risikomanagement schließlich die Gesamtheit der Instanzen einer Unternehmung bezeichnen, die über Kompetenzen zur Festlegung, Steuerung und Koordination risikobezogener Aktivitäten untergeordneter Stellen verfügen[358].

Neben dem Begriff Risikomanagement werden in Forschung und Praxis auch die verwandten Begriffe **Risikopolitik** und **Risk Management** verwendet, wobei jedoch die Begriffsabgrenzung uneinheitlich erfolgt.[359] Während manche Autoren diese drei Begriffe synonym verwenden[360], sehen andere Autoren inhaltliche Unterschiede. I. d. R. wird Risk Management als der Teilbereich der Risikopolitik angesehen, dessen Gegenstand die Gestaltung theoretisch versicherbarer bzw. reiner Risiken ist.[361] Risikopolitik wird u. a. als „das vom Risikobewusstsein vernunftmäßig gebotene betriebswirtschaftliche Verhalten und Handeln“[362] oder als „zukunftsgerichtete Überlegungen und Maßnahmen zur Bewältigung von Betriebsgefahren“[363] verstanden, wobei durch den Begriff „Politik“ tendenziell grundsätzliche und weit reichende Gestaltungs- und Entscheidungsaufgaben impliziert werden[364]. Zwischen den Begriffen Risikomanagement und Risk Management wird seltener unterschieden, i. d. R. steht die Bezeichnung Risk Management aber der traditionellen, auf reine Risiken bezogenen Auffassung des Risikomanagements (Risikomanagement i. e. S.) nahe[365].

Beispiele für aus Risiko- und Managementkonzeptionen „abgeleitete“ Risikomanagement-Definitionen finden sich z. B. bei *Meinecke*, der aufbauend auf dem zielorientierten Risikobegriff nach *Haller*[366] und dem St. Galler Management-Konzept[367] Risikomanagement als in

355 Vgl. *Ulrich, P./Fluri, E.* (1995), S. 13 bzw. *Wild, J.* (1982), S. 32.
356 Vgl. *Pietsch, G./Scherm, E.* (2000), S. 404-406.
357 Vgl. *Hahn, D./Hungenberg, H.* (2001), S. 32; *Weber, J.* (2002), S. 47.
358 Vgl. *Ulrich, P./Fluri, E.* (1995), S. 13.
359 Vgl. *Weishaupt, J.* (1999), S. 40-43 zur Beziehung zwischen Risk Management und Risikopolitik.
360 Vgl. z. B. *Karten, W.* (1978); *Brühwiler, B.* (1980), S. 1; *Rogler, S.* (2002), S. 20-21.
361 Vgl. *Mugler, J.* (1979), S. 5. Siehe auch Abschnitt 3.1.1.
362 *Oberparleiter, K.* (1955), S. 150.
363 *Fischer, G.* (1964), S. 506.
364 Vgl. *Mugler, J.* (1979), S. 37; *Haller, M.* (1986), S. 24-25; *Ulrich, P./Fluri, E.* (1995), S. 17.
365 Dies implizieren z. B. die Ausführungen von *Haller, M.* (1986), S. 9-11.
366 Vgl. *Haller, M.* (1986), S. 18.

die Managementaktivitäten integrierte und koordinierte Berücksichtigung und Gestaltung von Sicherheitsaspekten umreißt[368], bei *Brühwiler*[369], bei *Mensch*, der Risikomanagement als Risikodimension der Führung begreift,[370] sowie bei *Schuy*, der Risikomanagement als risikobezogenen Führungsprozess und notwendige Unterstützung der Führungsaufgabe unter dem bewussten Aspekt des Risikos beschreibt[371].

In der Literatur dominieren jedoch „originäre" Risikomanagement bzw. Risk Management-Definitionen, die auf einem gewissen Vorverständnis beruhen und die nicht explizit und konsequent aus den Begriffsbestandteilen erschlossen werden. So wird Risikomanagement u. a. auch als Mittel zur Erreichung des Sicherheitsziels bzw. Befriedigung des Sicherheitsbedürfnisses[372], als rationaler und systematischer Ansatz zur Risikoidentifikation, -bewertung, und -bewältigung[373], als die Gestaltung der theoretisch versicherbaren Risiken als Bestandteil der Unternehmenspolitik auf der taktischen Ebene[374] oder als die Gesamtheit der systematischen Anstrengungen zur Unterstützung der Unternehmensführung zur möglichst vollständigen Risikoerkennung, -bewertung und -beherrschung als Beitrag zur Sicherung der Unternehmensexistenz[375] verstanden.

Wie dieser kurze Überblick aufzeigt, war und ist der Risikomanagement-Begriff in der Betriebswirtschaftslehre durch eine gewisse terminologische Unschärfe geprägt[376], die auch durch das schubweise Auftreten des Risikomanagements als Modethema und zahlreiche Praktikerbeiträge befördert wurde und wird[377]. Zur Strukturierung der Definitionsvarianten und Reduktion der augenscheinlichen Heterogenität sowie zur Herausarbeitung der wesentlichen Merkmale wurden **Risikomanagement-Profile** bzw. Typisierungen erarbeitet. Als Abgrenzungskriterien bzw. charakterisierende Merkmale werden der zugrunde gelegte Risikobegriff, die Beziehung zur Unternehmensführung, die hauptsächliche Zielsetzung, die betrachteten Handlungsmöglichkeiten und Instrumente, insbesondere die Instrumente zur Risikohandha-

367 Eine Darstellung des St. Galler Management-Konzeptes findet sich z. B. bei *Bleicher, K.* (1992).
368 Vgl. *Meinecke, H.* (1997), S. 33-34.
369 Vgl. *Brühwiler, B.* (1980), S. 69-75.
370 Vgl. *Mensch, G.* (1991), S. 60.
371 Vgl. *Schuy, A.* (1989), S. 31-33.
372 Vgl. *Mehr, R. I./Hedges, B. A.* (1974), Kapitel 1 und 2.
373 Vgl. *Blankenburg, J.* (1978).
374 Vgl. *Mugler, J.* (1979), S. 5
375 Vgl. *Braun, H.* (1984), S. 14.
376 Vgl. *Heilmann, W.-R.* (1989), S. 142.
377 Vgl. *Seifert, W. G.* (1980), S. 14.

bung bzw. -bewältigung, sowie die zugeordneten Aufgabeninhalte und -umfänge verwendet (siehe Abbildung 4).[378]

Härterich identifiziert drei grundlegende Risk Management-Auffassungen: Nach der ersten und engsten Auffassung wird Risk Management im Wesentlichen als Synonym für das Insurance Management, d. h. die Handhabung von versicherbaren Risiken in Unternehmungen, gesehen (Risikomanagement i. e. S.). Bei der zweiten, inhaltlich und umfänglich weiteren Auffassung wird Risk Management als wesentlicher Teil der Unternehmensführung begriffen, der die systematische Analyse und koordinierte Führung aller betrieblichen Risiken zum Gegenstand hat (Risikomanagement i. w. S.). Gemäß der dritten Auffassung wird keine Unterscheidung zwischen Risk Management und Management getroffen, sondern Risikomanagement höchstens als eine grundlegende Perspektive des Management-Themenkomplexes angesehen.[379] Diese Einteilung wird auch in Abbildung 4 aufgegriffen.

<table>
<tr><th>Kriterien</th><th colspan="8">Ausprägungen</th></tr>
<tr><td>Risikobegriff</td><td colspan="4">Versicherbare Risiken bzw. reines Risiko</td><td colspan="4">Spekulatives Risiko (Risiko und Chance)</td></tr>
<tr><td>Bezug zur Unternehmensführung</td><td colspan="2">Stabsstelle</td><td colspan="2">Abgrenzbarer (und delegierbarer) Teil der Unternehmensführung</td><td colspan="3">Integraler Bestandteil der Unternehmensführung</td><td>Synonym für Unternehmensführung</td></tr>
<tr><td>Hauptzielsetzung</td><td>Versicherung von Schäden</td><td colspan="2">Optimierung der Versicherungskosten</td><td colspan="2">Optimierung der Risikofinanzierungskosten</td><td colspan="3">Sicherung der Existenz und der Weiterentwicklung der Unternehmung, Unternehmenswertsteigerung</td></tr>
<tr><td>Betrachtete Handlungsmöglichkeiten</td><td colspan="2">Kauf von Versicherungen</td><td colspan="2">Versicherungen und Versicherungsalternativen, wie technische Sicherungsmaßnahmen und Bildung finanzieller Reserven</td><td colspan="2">Aktive Risikogestaltungsmaßnahmen und passive Risikofolge-Finanzierungsmaßnahmen</td><td colspan="2">Grundsätzlich alle Handlungsmöglichkeiten der Unternehmensführung, insbesondere aktive Beeinflussung des Risikopotenzials durch Gestaltungs- und Umsetzungsentscheidungen</td></tr>
<tr><td>Aufgaben</td><td colspan="2">Einkauf und Verwaltung von Versicherungen</td><td colspan="2">Erkennung und Bewertung von Risiken, Auswahl, Abstimmung, Bereitstellung und Einsatzsteuerung von Risikobewältigungsmaßnahmen</td><td colspan="2">Systematischer und schnittstellenübergreifender Risikomanagementprozess</td><td colspan="2">Bewusstmachung von Risiken und Chancen im Führungs- und Durchführungsprozess, betrifft alle Phasen des Führungsprozesses bzw. alle Führungsaufgaben</td></tr>
<tr><td>Bezeichnung des Risikomanagements</td><td colspan="2">Insurance Buying, Insurance Management</td><td colspan="2">Traditionelles bzw. spezielles Risikomanagement, Risikomanagement i. e. S.</td><td colspan="3">Generelles bzw. strategisches bzw. integriertes Risikomanagement, Risikomanagement i. w. S.</td><td>Unternehmensführung</td></tr>
</table>

Abbildung 4: Mehrdimensionales Profil zur Charakterisierung alternativer Risikomanagement-Definitionsgruppen

[378] Die Kriterien wurden aus den folgenden beispielhaften Ordnungsansätzen abgeleitet: *Seifert, W. G.* (1981), S. 748; *Härterich, S.* (1987), S. 32-34; *Mensch, G.* (1991), S. 8-22; *Sauerwein, E./Thurner, M.* (1998), S. 20-26; *Weishaupt, J.* (1999), S. 36-38.

[379] Vgl. *Härterich, S.* (1987), S. 32-34 sowie *Weishaupt, J.* (1999), S. 36-38, bei dem sich eine Sammlung von Definitionsvarianten findet.

3.2.2 Theoretische Fundierung des Risikomanagements

Bei der Betrachtung der historischen Entwicklung des Risikomanagements und der Einordnung der Risikomanagement-Forschung in die Betriebswirtschaftslehre sowie beim Überblick über die Begriffslehre wurde z. T. schon auf die dem Risikomanagement bzw. den einzelnen Auffassungen zum Risikomanagement zugrunde liegenden Gedankengerüste und Theorien Bezug genommen.

Die grundlegenden Fragestellungen der betriebswirtschaftlichen Risikoforschung können in der Erklärung des Wesens des Risikos sowie dessen Bedeutung für und dessen Wirkung auf betriebswirtschaftliche Betrachtungsobjekte gesehen werden. Zum **Wesen des Risikos** bzw. allgemeiner der Unsicherheit werden i. d. R. recht allgemeine Aussagen getroffen. So wird quasi axiomatisch unterstellt, dass die reale Umwelt von Unternehmungen inhärent unsicher sei.[380] Diese Behauptung wird zudem als empirisch erwiesen und als Folge der „irdischen Unzulänglichkeit" angesehen, die aus Naturerscheinungen, menschlichen Unzulänglichkeiten und stofflichen Mängeln resultiert.[381] Allgemeiner ausgedrückt können als ursächlich für die der menschlichen Erfahrung zugängliche Unsicherheit entweder die stochastische Natur der Welt (nicht deterministische Welt), oder das mangelnde Wissen des Menschen über relevante Zusammenhänge bzw. das Unvermögen, diese zu begreifen (deterministische Welt und menschliche Unzulänglichkeit) oder aber eine Mischung dieser beiden Ursachen angesehen werden.[382] Eine wichtige Quelle von Unsicherheit sind die Absichten und das Verhalten anderer Personen.[383] In der wirtschaftswissenschaftlichen Literatur wird insbesondere von **beschränktem Wissen** des Menschen über relevante Sachverhalte ausgegangen.[384] Grundlegend wird das beschränkte Wissen befördert durch eine sehr große Komplexität der Welt und durch die beschränkte Fähigkeit des Menschen, diese zu verarbeiten bzw. zu begreifen.[385] Das beschränkte Wissen wird dabei häufig auf beschränktes „Zukunftswissen" bezogen, d. h. Wissen über das Eintreten zukünftiger Ereignisse und deren Auswirkungen, wie es für die Planung des Unternehmensgeschehens erforderlich ist. *Spremann* sieht als **Quellen der Unsicherheit**

[380] Vgl. *Segelmann, F.* (1959), S. 5.
[381] Vgl. *Bussmann, K. F.* (1955), S. 8.
[382] Vgl. z. B. *Spremann, K.* (2002). Die Frage nach der Determiniertheit und Vorhersagbarkeit des Universums ist auch Gegenstand der Debatte in den Natur- und Geisteswissenschaften, insbesondere in der Physik und der Philosophie. Während *Laplace* von einem streng deterministischen Universum und *Einstein* von einem Gott, der nicht würfelt, ausgingen, wird in der modernen Physik dem Zufall ein wichtiger Platz eingeräumt. Vgl. *Steward, I.* (2001), S. 129-151. Bei einer sozioökonomischen Betrachtung treten zu den „Naturgesetzen" natürlich noch weitere Unsicherheitsfaktoren, die insbesondere im menschlichen Verhalten begründet liegen.
[383] Vgl. *Bernstein, P. L.* (1998), S. 232; *Picot, A./Schuller, S.* (2001), S. 237.
[384] Somit kann die Frage nach der Determiniertheit des Universums ausgeklammert werden.
[385] Vgl. *Knight, F. H.* (1921), Chapter VII; *Philipp, F.* (1967), S. 12.

zusammenfassend die Datenunsicherheit (ungenaue Kenntnis der Wirklichkeit), den Zufall (stochastische Natur der Welt), unvollständige bzw. asymmetrisch verteilte Information (benötigte Informationen sind zwar grundsätzlich beschaffbar, die Beschaffung ist aber u. U. nicht wirtschaftlich) und die Verhaltensunsicherheit (Unberechenbarkeit des Verhaltens Dritter) an.[386]

Neben Erklärungsansätzen für die Ursachen von Unsicherheit bzw. Risiko sind Aussagen über deren Bedeutung für bzw. Wirkungsweise auf betriebswirtschaftliche Sachverhalte von großem Interesse. Innerhalb der **Theorie der Unternehmung** stellt die Risikoübernahme eine essentielle, konstitutive Funktion von Unternehmern bzw. Unternehmungen dar.[387] Ein enger Zusammenhang wird dabei häufig zwischen Unsicherheit bzw. Risiko und Gewinn postuliert. Ursprünglich wurde Risiko hauptsächlich als unvorhergesehener Aufwand bzw. Vermögensverzehr und somit als gewinnmindernd angesehen. Die Übernahme von Unsicherheit bzw. Risiko gilt einerseits als etwas Unvermeidliches, andererseits als etwas Unangenehmes. Die Übernahme von Unsicherheit, speziell Einkommensunsicherheit, stellt somit eine Leistung dar, die in Form einer „Risikoprämie" vergütet werden muss. Insbesondere auf kapitalmarkttheoretischen Überlegungen fußend wird in Form eines „Kausalkonnex" eine monoton steigende Beziehung zwischen dem übernommenen Kapitalrisiko und der erwarteten Rentabilität unterstellt.[388] Die allgemeine Gültigkeit dieser Aussage erscheint jedoch vor dem Hintergrund empirischer Ergebnisse zweifelhaft. Gemäß dem Risiko-Rendite-Paradoxon erzielen Unternehmen häufig hohe Renditen mit geringem Risiko bzw. umgekehrt. Dies kann u. a. durch von dem in der Kapitalmarkttheorie verwendeten μ-σ-Kriterium abweichende Präferenzen realer Entscheider sowie durch institutionale bzw. organisatorische Aspekte wie Unternehmensgröße, Zentralisierung und Diversifikationsgrad begründet sein.[389]

Im Rahmen der entscheidungsorientierten Betriebswirtschaftslehre kommt der Konzeptualisierung des Entscheidungsprozesses und des Entscheidungsverhaltens eine wichtige Rolle zu. Bei der **präskriptiven Entscheidungstheorie** werden Aussagen darüber formuliert, wie ein Entscheider sich verhalten bzw. welche zur Wahl stehenden Optionen er wählen sollte, wenn bestimmte Grundpostulate bzw. Axiome bzgl. der Eigenschaften und des Verhaltens des Entscheiders erfüllt sind. Zur Unterstützung und Verbesserung realer Entscheidungen werden

---

386 Vgl. *Spremann, K.* (2002). *Schneider, D.* (1995), S. 7-9, betrachtet hinsichtlich des unvollständigen Wissens begrenzte Kenntnisse von Tatsachen, Theorien, Erwartungen über Fremdereignisse und psychische Veranlagungen.

387 Siehe Abschnitt 3.1.2.

388 Vgl. *Leitner, F.* (1915), S. 7-20; *Oberparleiter, K.* (1955), S. 101; *Schierenbeck, H./Lister, M.* (2002), S. 327.

389 Vgl. *Wiemann, V./Mellewigt, T.* (1998); *Schierenbeck, H./Lister, M.* (2002), S. 327-328.

formalisierte Verfahren und Regeln zur Strukturierung und Verarbeitung von Informationen (Entscheidungsmodelle, Entscheidungsregeln) entwickelt. Gegenstand der **deskriptiven Entscheidungstheorie** hingegen ist die Beschreibung des tatsächlichen Entscheidungsverhaltens von Menschen, wobei möglichst empirisch gehaltvolle Hypothesen über das Entscheidungsverhalten zu formulieren sind. Das reale Entscheidungsverhalten weicht aufgrund von Willens- und Könnensdefiziten häufig von dem in der präskriptiven Entscheidungstheorie geforderten Verhalten ab und ist als beschränkt-rational zu bezeichnen.[390] Das Grundmodell der rationalen Entscheidung unter Unsicherheit stellt dabei die Subjektive Erwartungsnutzentheorie dar, bei der gefordert wird, dass der Entscheider den subjektiv erwarteten Nutzen maximieren soll.[391] Je nach Auswirkung der Unsicherheit auf den empfundenen Nutzen wird das Verhalten der Entscheider als risikoavers, risikoneutral oder risikofreudig charakterisiert. Bei risikoaversen Entscheidern lässt sich damit auch der positive Zusammenhang zwischen dem Umfang des übernommenen Risikos zur geforderten Risikoprämie erklären. Diese Annahme hat eine große Bedeutung innerhalb der Finanz- und Kapitalmarkttheorie, z. B. beim Capital Asset Pricing Model (CAPM), bei dem aber anstatt des Bernoulli-Prinzips das μ-σ-Prinzip als Entscheidungsregel verwendet wird.[392] Wird bei der Entscheidungsfindung als Quelle der Unsicherheit anstatt unbeeinflussbarer Umweltzustände das Verhalten anderer, bewusster und potenziell opportunistisch handelnder Entscheider, also Verhaltensunsicherheiten, betrachtet, liefern die **Spieltheorie** und die **Prinzipal-Agenten-Theorie** Erklärungs- und Ermittlungsansätze für das Risikomanagement.[393]

Bedeutsam sind auch Aussagen über **Wirkungsketten** und **Wirkungsverbunde** von einzelnen Unsicherheiten bzw. Risiken. Die **Portfoliotheorie,** zu der auch das CAPM gehört, leistet einen Beitrag zur Bestimmung des „effektiven" Risikos bei Entscheidungen, welche die Kombination mehrerer unsicherer Alternativen betreffen bzw. durch eine Vielzahl von unsicheren Einflüssen gekennzeichnet sind. Eine wichtige risikobezogene Erkenntnis ist, dass die Unsicherheit eines Bündels unsicherer Tatbestände (z. B. Ergebnisse, Schadensereignisse) i. d. R. geringer ist als die Summe der einzelnen Unsicherheiten (Diversifikationseffekt). Dies gilt sowohl für ein Kollektiv ähnlicher bzw. weitgehend homogener Risiken als auch für ein

---

390 Vgl. Jungermann, H., *et al.* (1998), S. 7-8; *Eisenführ, F./Weber, M.* (2003), S. 2-5; *Laux, H.* (2005), S. 13-18.

391 Vgl. Jungermann, H., *et al.* (1998), S. 196; *Eisenführ, F./Weber, M.* (2003), S. 220-221; *Laux, H.* (2005), S. 164-180. Siehe hierzu auch die Ausführungen in Kapitel 5.

392 Zum CAPM vgl. z. B. *Albrecht, P./Maurer, R.* (2005), S. 272-288; *Wöhe, G./Döring, U.* (2005), S. 751-764. Zum μ-σ-Prinzip vgl. z. B. *Laux, H.* (2005), S. 155-163. Es gibt auch Portfoliomodelle, die auf anderen Entscheidungskriterien, wie z. B. Shortfall-Risikomaßen und Erwartungswert, beruhen. Vgl. hierzu z. B. *Albrecht, P./Maurer, R.* (2005), S. 311-317.

393 Vgl. *Spremann, K.* (2002), Sp. 56. Zu einer eher praxisorientierten Betrachtung von Risikomanagement und Spieltheorie vgl. *Bieta, V. et al.* (2002) und *Bieta, V. et al.* (2004).

Portfolio (nicht vollständig positiv korrelierter) heterogener Risiken. Die Idee der Risikostreuung bzw. Diversifikation wird insbesondere in der Kapitalmarkttheorie und der Risikotheorie der Versicherungswissenschaft betrachtet.[394] Zur Bestimmung des gesamten Risikos sind demnach die Risikointerdependenzen bzw. Risikoverbunde, d. h. die stochastischen Abhängigkeiten, die zwischen den einzelnen relevanten Sachverhalten bestehen, zu beachten. Mithilfe der Erkenntnisse der **Stochastik** kann aus einzelnen Wahrscheinlichkeitsverteilungen unter Berücksichtigung stochastischer Abhängigkeiten die Wahrscheinlichkeitsverteilung eines komplexeren Sachverhaltes ermittelt werden (**Risikoanalyse**).[395] Zur Bestimmung der Wirkungsverbunde ist es i. d. R. erforderlich Aussagen über Wirkungsbeziehungen zu formulieren, welche häufig Kausalketten bzw. verkettete Ursache-Wirkungs-Beziehungen darstellen.[396] Als Analyserahmen findet hierbei die **Systemtheorie** Anwendung, durch die eine ganzheitliche Sicht gewährleistet werden soll.[397]

Ein weiterer wichtiger Aspekt sind Theorien zur Erklärung der Notwendigkeit der bewussten Gestaltung des Unternehmensrisikos. Während die Vorteilhaftigkeit eines individuellen Risikomanagements problemlos aus der Subjektiven Erwartungsnutzentheorie abgeleitet werden kann, erscheint die Vorteilhaftigkeit eines Unternehmensrisikomanagements im Kontext von Publikumsgesellschaften vor dem Hintergrund der neoklassischen Kapitalmarkttheorie, insbesondere dem Modigliani-Miller-Theorem (MMT), der Portfoliotheorie und des CAPM jedoch nur unzureichend begründbar. Deswegen wurden positivistische Erklärungsansätze entwickelt, die auf den Grundlagen der **Informationsökonomie** und der **Neuen Institutionenökonomie** aufbauen.[398]

3.2.3 Risikomanagement-Technologie und -Philosophie

Bei Risikomanagement-Technologien steht das pragmatische Wissenschaftsziel im Vordergrund, d. h. die Nutzbarmachung theoretischer Erkenntnisse und die Ableitung von Handlungsempfehlungen für den Entwurf, die Implementierung und die Anwendung des Risikomanagements in Unternehmen. Dabei werden Aussagen über die Ziel-Mittel-Zusammenhänge hinsichtlich des Risikomanagements getroffen, um Entscheidungshilfen und Empfehlungen

394 Vgl. *Doherty, N. A.* (1985), S. 101-102; *Doherty, N. A.* (2000), S. 87-159. Zur Portfoliotheorie im Kapitalmarktkontext vgl. z. B. *Franke, G./Hax, H.* (2004), S. 315-329.

395 Zur Risikoanalyse vgl. z. B. *Hertz, D. B.* (1964); *Schindel, V.* (1978); *Henking* (1998); *Frey, H. C./Nießen, G.* (2001).

396 Zu einer ausführlichen Darstellung des Risikowirkungsprozesses vgl. *Schuy, A.* (1989), S. 67-86.

397 Vgl. *Sauerwein, E./Thurner, M.* (1998), S. 25. Systemtheoretische und kybernetische Ansätze findet sich z. B. bei *Braun, H.* (1984); *Haller, M.* (1986); *Hahn, D.* (1987).

398 Vgl. *Pritsch, G./Hommel, U.* (1997); *Hoitsch, H.-J./Winter, P.* (2004a). Die Diskussion um die ökonomische Begründung eines unternehmensgetragenen Risikomanagements wird aufgrund ihrer Bedeutung für die Gestaltung des Risikomanagements und -controllings in Abschnitt 3.3 vertieft.

für eine möglichst gute Gestaltung von Ziel-Mittel-Strukturen zu geben. Die Ziel-Mittel- bzw. Zweck-Mittel-Betrachtung stellt eine Instrumentalrelation dar, sodass unter Risikomanagement-Technologie Instrumente, Methoden, Techniken, Werkzeuge, Verfahren und Hilfsmittel verstanden werden können, die der Erfüllung von Risikomanagement-Aufgaben dienen. Dabei sind Hinweise auf Art, Ausgestaltung und Zusammenspiel von Aufgaben, Instrumenten und Institutionen des Risikomanagements in Unternehmungen zu geben. Diese Aussagen sind somit ein integraler Bestandteil von Risikomanagement-Konzeptionen.[399] Im Zentrum der akademischen und praktischen Betrachtung von Risikomanagement-Technologien stehen Vorschläge zur prozessorientierten Aufgabenabgrenzung und -beschreibung. Diese Aufgabenstrukturierung wird als Risikomanagement-**Prozess** bezeichnet und dient als Gestaltungshilfe für die auszuübenden Tätigkeiten und deren Verzahnung zur Unterstützung der zielgerichteten Aufgabenerfüllung.[400] Den einzelnen Aufgaben bzw. Prozessphasen werden dabei i. d. R. auch geeignete Methoden bzw. Instrumente zugeordnet. Die Entwicklung von Risikomanagement-**Instrumenten** ist mithin als der Kern der technologischen Betrachtung anzusehen.[401] Weitere z. T. mit dem Risikomanagement-Prozess und den zugeordneten Instrumenten verknüpfte Gestaltungsvorschläge beziehen sich auf die möglichst zweckdienliche organisatorische Umsetzung und **Institutionalisierung** der Risikomanagement-Aufgaben.[402]

Gegenstand der **Risikomanagement-Philosophie** ist der Vorschlag von durch das Risikomanagement zu verfolgenden Zielsetzungen. Die Zielsetzungen bzgl. des Risikomanagements werden dabei von den jeweils herrschenden Wertvorstellungen in Theorie und Praxis beeinflusst. In der Literatur finden sich entsprechend recht unterschiedliche Aussagen über die Zielsetzungen, die im Rahmen der Risikopolitik oder des Risikomanagements verfolgt werden sollten. Ursprünglich wurde normativ gefordert, dass möglichst alles zu tun sei, um Schäden und Verluste bzw. Risiken zu vermeiden, d. h. also die Beschränkung oder die möglichst vollständige Eliminierung des Risikos.[403] Dies entspricht der Priorisierung des **Sicherheitsziels**, insbesondere des Ziels der Sicherstellung der fortgesetzten Unternehmensexistenz und -entwicklung.[404] Andererseits stellt das **Gewinnziel** (Überschusserzielung) für die Gesamtun-

---

399 Siehe auch die Ausführungen zur Controlling-Technologie in Abschnitt 2.2.3.

400 Zum Risikomanagement-Prozess vgl. z. B. *Mugler, J.* (1979), S. 78-84; *Meinecke, H.* (1997), S. 49; *Weishaupt, J.* (1999), S. 50-61; *Burger, A./Buchhart, A.* (2002a), S. 27-62; *Schierenbeck, H./Lister, M.* (2002), S. 328-371; *Diederichs, M.* (2004), S. 93-201.

401 Zu Risikomanagement-Instrumenten vgl. z. B. *Burger, A./Buchhart, A.* (2002a), S. 63-259; *Diederichs, M.* (2004), S. 93-201.

402 Vgl. z. B. *Mugler, J.* (1979), S. 199-276; *Seifert, W. G.* (1980), S. 121-162; *Burger, A./Buchhart, A.* (2002a), S. 261-278; *Schierenbeck, H./Lister, M.* (2002), S. 371-375; *Diederichs, M.* (2004), S. 203-234.

403 Vgl. *Leitner, F.* (1915), S. 21; *Nicklisch, H.* (1922), S. 248.

404 Zu einer ausführlichen Diskussion des Sicherheitsziels in der Unternehmung vgl. *Mugler, J.* (1979), S. 21-36.

ternehmung sowohl aus theoretischer als auch praktischer Sicht eine bedeutende Zielsetzung dar. Aus theoretischer Sicht ist dabei auf die enge Beziehung zwischen Gewinnerzielung und Risikoübernahme zu verweisen. Zum einen wird i. d. R. unterstellt, dass die unternehmerische Tätigkeit bzw. die Unternehmungen als Institution gerade durch die Gewinnerzielungsabsicht und die Risikoübernahme charakterisiert werden. Zum anderen wird ein positiver Zusammenhang zwischen übernommenen Risiken und dem zu erwarteten Ertrag postuliert, sodass ein Zielkonflikt zwischen dem Sicherheitsziel und dem Gewinnziel zu bestehen scheint.[405] Daher stößt das Risikovermeidungs- bzw. Risikoreduktionsimperativ auf Ablehnung.[406] Eine geeignete Zielsetzung des Risikomanagements bzw. der Risikopolitik wird vielmehr in einem Beitrag zur Gewinnerzielung bzw. Erhöhung der Rentabilität bei gleichzeitiger Förderung der Unternehmenssicherheit gesehen[407], wobei diese beiden Risikoziele als Sicherung eines angemessenen Risiko-Chancen-Verhältnisses und Sicherstellung der Risikotragfähigkeit bezeichnet werden können[408]. Eine spezifische Form dieser Zielsetzung ist die Optimierung der Versicherungskosten bzw. Risikokosten bei gleichzeitigem Erreichen eines gewünschten Sicherheitsstandes. Neuere, von der wertorientierten Unternehmensführung geprägte Beiträge sehen die Zielsetzung des Risikomanagements in einem Beitrag zur Unternehmenswertsteigerung,[409] wobei auf die aus der Kapitalmarkttheorie bekannten Beziehungen zwischen erwarteter Rendite und Risiko (im Sinne der Schwankung der Rendite) rekurriert wird. Diese Ansichten lassen sich in der Zielsetzung zusammenfassen, dass das Risikomanagement auf die Erreichung eines unter Beachtung der anderen Unternehmensziele **optimalen Sicherheitsgrades** bzw. Risikoniveaus auszurichten ist.

3.2.4 Empirische Risikomanagement-Forschung

Die meisten Beiträge der betriebswirtschaftlichen Risikomanagement-Forschung sind – ähnlich wie beim Controlling – konstruktivistisch geprägt und als normativ-konzeptionell zu bezeichnen. Jedoch gibt es schon seit einiger Zeit Bemühungen, diese Aussagen zum Risikomanagement auch empirisch zu fundieren bzw. das Risikomanagement in der Unternehmungspraxis zu erfassen und zu beschreiben. Die empirischen Untersuchungen zum Risikomanagement in Nicht-Finanzunternehmen im deutschsprachigen Raum beziehen sich hauptsächlich auf die organisatorische Ausgestaltung von Risikomanagement-Stellen und -Systemen. Erho-

[405] Vgl. *Mugler, J.* (1979), S. 14-18; *Brühwiler, B.* (1980), S. 54-56.

[406] Vgl. z. B. *Kromschröder, B./Lück, W.* (1998), S. 1575; *Hornung, K. et al.* (1999), S. 319; *Burger, A./Buchhart, A.* (2002a), S. 10; *Diederichs, M.* (2004), S. 13.

[407] Vgl. *Segelmann, F.* (1959), S. 38-40; *Braun, H.* (1984), S. 44.

[408] Vgl. *Kremers, M.* (2002), S. 75.

[409] Vgl. *Doherty, N. A.* (1985), S. 16-20; *Pollanz, M.* (1999b), S. 394; *Gleißner, W.* (2000), S. 1625; *Pfennig, M.* (2000), S. 1296-1297; *Schierenbeck, H./Lister, M.* (2002), S. 115.

ben werden dabei vor allem Daten zu den betrachteten Objekten (betrachtete Risiken) und angewandten Instrumenten des Risikomanagements, die zu Risikomanagement-Stellen zugeordneten Aufgaben, die verfügbaren menschlichen und anderen Ressourcen einschließlich der Qualifikation sowie die Positionierung der Risikomanagement-Stellen in der Aufbauorganisation der Unternehmung.[410] Neben den Untersuchungen zum „herkömmlichen" Risikomanagement existiert auch eine Reihe von Untersuchungen, die sich explizit mit dem **finanzwirtschaftlichen Risikomanagement** beschäftigen. Hierbei werden insbesondere Zielsetzung, Organisation und Instrumentenarten beim Einsatz derivativer Finanzinstrumente untersucht.[411] Während die meisten Untersuchungen deskriptiv ausgerichtet sind, gibt es einige, die sich mit der Erklärung der Vorteilhaftigkeit eines finanzwirtschaftlichen Risikomanagements beschäftigen.[412] In jüngster Zeit sind die empirischen Untersuchungen in Deutschland vor allem durch die Diskussion um die risikomanagementrelevanten Bestimmungen des **KonTraG** motiviert. Gegenstand der Studien sind entsprechend die Feststellung des Umsetzungsstandes gesetzlicher Bestimmungen und der hierauf bezogenen Prüfungs- und Rechnungslegungsstandards, die organisatorische und methodenbezogene Umsetzung und Ausgestaltung von Risikomanagement-Systemen sowie der Inhalt und die Güte der externen Risikoberichterstattung. Einen Überblick über die empirischen Untersuchungen in neuerer Zeit einschließlich der untersuchten Fragestellungen und Unternehmen sowie die Form der Untersuchung und die wichtigsten Ergebnisse gibt Tabelle 6.[413]

Wird das Analyseraster von *Shields*[414] zugrunde gelegt, sind die Forschungsbemühungen zusammenfassend wie folgt zu beurteilen: Bei der Themenstellung dominiert die Erhebung des Umsetzungsstandes formalisierter Risikomanagement-Systeme, wobei insbesondere die Erfüllung rechtlicher bzw. daraus abgeleiteter Anforderungen eine wichtige Rolle einnehmen. Aufgrund der Auswahl der betrachteten Studien werden vor allem deutsche Kapitalgesellschaften aus dem Nicht-Finanzbereich betrachtet (Branche). Da die Untersuchungen fast ausschließlich deskriptiv ausgerichtet sind, ist meist keine besondere theoretische Fundierung festzustellen (Theorie und Untersuchungsmethoden). Die Ergebnisse der Untersuchungen beziehen sich zumeist auf den Verbreitungs- und Ausgestaltungsgrad der Risikomanagement-

410 Zu Risikomanagement-Studien vgl. z. B. *Mugler, J.* (1979), S. 245-276; *Braun, H.* (1984), S. 49-57; *Hölscher, R.* (2000), S. 413-455.

411 Vgl. z. B. *Glaum, M.* (2000).

412 Vgl. z. B. die Übersichten bei *Pritsch, G./Hommel, U.* (1997); *Bartram, S. M.* (1999); *Bartram, S. M.* (2000a).

413 Übersichten zu älteren Studien sowie z. T. zu internationalen Studien finden sich z. B. bei *Mugler, J.* (1979), S. 245-276; *Braun, H.* (1984), S. 49-57; *Glaum, M.* (2000), S. 10 und S. 89; *Hölscher, R.* (2000) , S. 413-455.

414 Vgl. *Shields, M. D.* (1997). Siehe Abschnitt 2.2.5.

Systeme, wobei auch auf Mängel des Ist-Zustandes in Bezug auf einen wünschenswerten Soll-Zustand hingewiesen wird.

Autoren, Jahr und Titel	Fragestellung, untersuchte Unternehmen und Untersuchungsform	Ergebnisse
Deutsches Aktieninstitut/KPMG (2000): Einführung und Ausgestaltung von Risikomanagementsystemen	Einblick in den Stand der Umsetzung des §91 Abs. 2 AktG durch Unternehmen ca. 670 börsennotierte Unternehmen, n=203 Fragebogen, deskriptive Darstellung der Ergebnisse nach Umsatzklassen	• 86 % der Unternehmen haben bereits ein RMS eingeführt oder tun dies bis Ende 1999. • Bei 77 % der Unternehmen ist das RM in das Planungs- und Controllingsystem integriert. • Anspruch und Wirklichkeit bezüglich der Ausgestaltung des RM sind noch divergent.
Glaum, M. (2000): Finanzwirtschaftliches Risikomanagement deutscher Industrie- und Handelsunternehmen	Darstellung der Praxis des finanzwirtschaftlichen Risikomanagements in deutschen Unternehmen (Industrie und Handel) 154 große Aktiengesellschaften, ohne Banken und Versicherungen, n=74 Fragebogen, deskriptive Darstellung der Ergebnisse ohne Klassenbildung	• Nur 14 % der Unternehmen besitzen bereits ein KonTraG-konformes RMS. • Sicherung des Fortbestandes und Marktwertsteigerung des Unternehmens sind die wichtigsten RM-Ziele. • Der Aufbau eines RMS bereitet keine großen Probleme.
Institut der Niedersächsischen Wirtschaft/PwC Deutsche Revision (2000): Entwicklungstrends des Risikomanagements von Aktiengesellschaften in Deutschland	Umsetzung und konkrete Ausgestaltung des KonTraG bzw. §91 Abs. 2 AktG in der Unternehmenspraxis Unbekannte Anzahl von börsennotierter und nicht börsennotierter Unternehmen, ohne Banken und Versicherungen, n=85 wahrscheinlich Fragebogen, deskriptive Darstellung der Ergebnisse ohne Klassenbildung	• Die RMS der Unternehmen bedürfen in vielen Punkten noch der Weiterentwicklung. • Nur 6 % der Unternehmen hatten vor 1998 ein vollständig ausgeprägtes RMS. • Bei der Umsetzung schien die Erfüllung der gesetzlichen Anforderungen im Vordergrund gestanden zu haben.
Fröhling, O. (2000), S. 103-119: Externe Risikoberichterstattung in der Praxis	Güte risikobezogener Informationen für private Anleger durch deutsche Topunternehmen DAX 30 Unternehmen, n=30 Inhaltsanalyse öffentlich zugänglicher Unternehmensinformationen, Scoring-Modell	• Stand der Risiko- und Wertberichterstattung in der „prä-KonTraG"-Situation unbefriedigend. • Der Druck des Kapitalmarktes könnte zur Verbesserung und zum Einsatz neuer Reporting-Tools führen.
Wolz, M. (2001): Zum Stand der Umsetzung von Risikomanagementsystemen aus Sicht börsennotierter Aktiengesellschaften und ihrer Prüfer	Stand der Umsetzung von RMS in der Praxis 250 börsennotierte AGs (n=74) sowie 250 Wirtschaftsprüfer (n=39) Fragebogen, deskriptive Darstellung der Ergebnisse ohne Klassenbildung, Gegenüberstellung der Wirtschaftsprüfer- und AG-Antworten	• Im Jahre 2000 war die geforderte Installation eines wirksamen RMS nicht komplett abgeschlossen. • Es bestehen Bewertungsdiskrepanzen zwischen den Wirtschaftsprüfern und AGs bezüglich Ausgestaltung und Leistungsfähigkeit der implementierten Systeme. • AGs bewerten ihr eigenes RMS positiver, besonders bezüglich der Risiko-Reaktionsfähigkeit.
Tritschler, N. (2001): Risikomanagementsysteme – eine empirische Studie zum aktuellen Stand der Integration in deutschen und internationalen Unternehmen	Darstellung des Stands der Integration von RMS, ausgelegt als Mitgliederbefragung des Controller-Vereins e. V. 940 Unternehmen aller Größen und Branchen, (scheinbar) ohne Bankbranche (n= 150), insbesondere Mitglieder des Controller- Vereins e. V. Fragebogen, deskriptive Darstellung der Ergebnisse, teilweise Schlüsselung nach Umsatzklassen und Branchen	• Die Einführung des RM ist mit positiven Erwartungen behaftet. • Bedeutende Instrumente des RM sind Kennzahlensysteme, regelmäßige Workshops und subjektive Risiko-Bewertungen. • Defizite bestehen bei Risiko-Kommunikation, -Dokumentation sowie Risiko-Kultur.

Autoren, Jahr und Titel	Fragestellung, untersuchte Unternehmen und Untersuchungsform	Ergebnisse
Diederichs, M./Reichmann, T. (2003) und *Diederichs, M.* (2004), S. 59-91: Risikomanagement und Risiko-Controlling in der Praxis	Darstellung der Reaktion der Praxis auf die Anforderungen des KonTraG und des IDW PS 340 253 AGs der Indizes DAX 100, SDAX, NEMAX 50 (n=55) Fragebogen, deskriptive Darstellung der Ergebnisse ohne Klassenbildung	• Anfang 2002 waren RMS noch nicht vollständig implementiert. • Es bestehen Mängel z. B. bei der Risiko-Kommunikation, -Dokumentation, -Reporting, -Kultur und dem RM-Instrumentarium.
Henschel, T. (2003a); *Henschel, T.* (2003b): Empirische Untersuchung zum Risikomanagement im Mittelstand, bzw. Risikomanagement im Mittelstand – eine empirische Untersuchung	Darstellung von Stand und Praktiken des Risikomanagements in mittelständischen Unternehmen (KMU) 1692 KMU aus fünf ausgewählten Branchen (n=266) Fragebogen, deskriptive Darstellung der Ergebnisse sowie Berechnung von Korrelationen	• Im Mittelstand ist die Handhabung von Risiken stark auf die Eigentümer konzentriert. • Der Balanced Scorecard wird im Rahmen der Unternehmenssteuerung mit Interesse begegnet, in 6,5 % der untersuchten KMU findet sie Einsatz im RM-Kontext.
Vielmeyer, U. (2004); *Fischer, T. M./Vielmeyer, U.* (2004): Informationsversorgung im Risikocontrolling durch risikoorientierte Unternehmenspublizität – Ergebnisse einer empirischen Studie	Erhebung der Ausgestaltungswünsche von Erstellern und Adressaten sowie des Ausgestaltungsstandes bzgl. der risikoorientierten Unternehmenspublizität 322 Ersteller (AGs) und 249 Adressaten (Fondsmanager, Wirtschaftsprüfer, Analysten), Rücklaufquote 14 % Fragebogen, deskriptive Auswertung der Ergebnisse, zusätzlich Auswertung der Geschäftsberichte der DAX 100-Unternehmen	• Es liegt keine Übereinstimmungslücke zwischen den Adressaten und Erstellern hinsichtlich der gewünschten Inhalte der risikoorientierten Unternehmenspublizität vor. • Die Informationswünsche der Adressaten werden nur ansatzweise in den Geschäftsberichten umgesetzt (Umsetzungslücke, unpräzise nicht verifizierbare Informationen). • Die relative Qualität der risikoorientierten Unternehmenspublizität hat sich im Zeitablauf verbessert. • Die Unternehmensgröße ist der maßgebliche Einflussfaktor für die relative Qualität.
Hoitsch, H.-J. et al. (2005): Risikokultur und risikopolitische Grundsätze: Strukturierungsvorschläge und empirische Ergebnisse	Erhebung des Standes und der Ausgestaltung von Risikokultur und Risikomanagement DAX30-Unternehmen (n=10) strukturiertes Telefoninterview auf der Basis eines Fragebogens	• Der Risikokultur wird eine große Bedeutung für ein effizientes Risikomanagement beigemessen. • Risikopolitische Grundsätze werden als wichtiges Instrument zur Definition und Kommunikation der Grundlagen des Risikomanagements gesehen. • Es bestehen aber Mängel bei der Ausgestaltung der Risikokultur und den risikopolitischen Grundsätzen.
Denk, R./Exner-Merkelt, K. (2005)	Erhebung der Reaktion der österreichischen Unternehmenspraxis auf Corporate Governance-Anforderungen bzw. des Entwicklungsstandes des Risikomanagements („best practice") 10 große österreichische Industrieunternehmen Interviews, keine detaillierten Angaben zur Form der Befragung	• RMS befindet sich noch im Aufbau. • Dominanz gesetzlicher und regulatorischer Anforderungen, Fokus liegt auf dem operativen Risikomanagement. • Existenz zentraler Risikomanagement-Stellen (CFO oder Gesamtvorstand zugeordnet). • Mangelhafte Risikoaggregation

Tabelle 6: Neuere empirische Studien zum Risikomanagement in deutschen Unternehmen

3.2.5 Stand der internationalen Risikomanagement-Forschung

International wurde die Beschäftigung mit dem betriebswirtschaftlichen Risikomanagement durch die US-amerikanischen Entwicklungen des Insurance Management und Risk Management geprägt.[415] Wichtige neuere Impulse lieferten die finanzwirtschaftliche und kapitalmarkttheoretische Perspektive des Risikomanagements sowie die Verbindung zu Corporate Governance-Fragestellungen und die Betrachtung interner Kontroll- und Überwachungssysteme. Auch in anderen Industrienationen wurden ähnlich dem KonTraG branchenübergreifende, gesetzliche Regelungen erlassen, welche die Ordnungsmäßigkeit der Rechnungslegung und die risikobezogene Überwachung innerhalb von Unternehmen zum Schutze der Kapitalgeber sicherstellen sollen. Neben bzw. anstatt rechtlicher Anforderungen existieren auch Verordnungen von Börsenaufsichtsbehörden, Corporate Governance Kodizes sowie Standards und Empfehlungen zur Regulierung bzw. Normierung des Risikomanagements in Kapitalgesellschaften.[416] Bei der gesetzlichen bzw. Corporate Governance-geprägten Perspektive wird Risikomanagement vor allem im Zusammenhang mit Frühwarnsystemen und Internen Kontrollsystemen bzw. Internen Überwachungssystemen einer Unternehmung (**Internal Control**) diskutiert.[417] Bei den einzelnen nationalen Regelungen wird je nach Sichtweise eine Unterordnung des Risikomanagement-Systems unter das Interne Kontrollsystem bzw. vice versa oder eine Gleichordnung der beiden Systeme gesehen.[418] Wichtige Entwicklungen in den USA, die internationale Auswirkungen auf das betriebswirtschaftliche Risikomanagement entfalten, sind der Sarbanes-Oxley Act of 2002 (SOA) und die Empfehlungen des Committee of Sponsoring Organizations of the Treadway Commission (COSO) zu Internen Kontrollsystemen und Enterprise Risk Management-Systemen.[419]

Seit Mitte der 90er Jahre des 20. Jahrhunderts wurden auch einige spezielle nationale und übernationale **Standards zum Risikomanagement** entwickelt.[420] Diese Standards machen Aussagen zu Gegenstand, Begriffen, Bestandteilen, Ablauf und Instrumenten des Risikomanagements in Organisationen und versuchen somit eine gewisse Vergleichbarkeit und gemeinsame Sprache zu schaffen. Das Corporate Governance- bzw. Standard-geprägte Risiko-

---

415 Als Beispiele seinen Schweden und Japan genannt. Vgl. *Sandin, A.* (1981) bzw. *Kamei, T.* (2001).

416 Vgl. ausführlich *Kajüter, P.* (2004). Siehe auch Abschnitt 3.1.1, insbesondere Tabelle 5.

417 Vgl. *Lück, W.* (2001b); *Lück, W.* (2001a)

418 Vgl. *Kajüter, P.* (2004), S. 23.

419 Vgl. *Committee of Sponsoring Organizations of the Treadway Commission (COSO)* (1992) bzw. *Committee of Sponsoring Organizations of the Treadway Commission (COSO)* (2004a). Für eine Betrachtung des Einflusses der amerikanischen Corporate Governance-Bestimmungen auf internationale und japanische Regelungen vgl. *Gotou, K.* (2004).

420 Risikomanagement-Standards werden im Abschnitt 3.4.2 näher betrachtet.

management richtet sich tendenziell auf Organisationen bzw. Unternehmungen in ihrer Gesamtheit und betont die enge Beziehung zwischen „normalen" Management und Risikomanagement. Diese Regelungen und Standards wurden durch betriebswirtschaftliche und gesellschaftlich-technische Risikomanagement-Vorstellungen beeinflusst, üben nun aber auch einen starken Einfluss auf die Wahrnehmung und Behandlung risikobezogener Fragestellungen in der betriebswirtschaftlichen Forschung und Praxis aus. Die finanzwirtschaftliche und Corporate Governance-orientierten Betrachtungen haben dazu beigetragen, dass Risikomanagement nicht mehr primär als Versicherungsmanagement, sondern gesamtunternehmens- bzw. führungsbezogen als Integrated Risk Management[421] oder Enterprise Risk Management[422] thematisiert wird.

Die **empirische Risikomanagement-Forschung** weist analog zur Situation in Deutschland einen Fokus auf deskriptive Bestandsaufnahmen auf[423], wobei aber die theoriegeleitete Untersuchung der Vorteilhaftigkeit eines finanzwirtschaftlichen Risikomanagements[424] oder der Bestimmungsgründe für organisatorische Ausgestaltungen, z. B. der Schaffung von Chief Risk Officer (CRO)-Stellen[425], insbesondere in den USA stärker ausgeprägt sind als in Deutschland. Daneben gibt es auch fallbeispielbasierte Studien.[426] Inzwischen existieren auch länderübergreifende Studien, die jedoch rein deskriptiv ausgerichtet sind und sich vornehmlich auf Finanzinstitutionen beziehen, wobei die Studien zumeist von Unternehmensberatungen durchgeführt wurden.[427]

3.3 Ökonomische Rationalität des Risikomanagements

Im Rahmen der theoretischen Betrachtung des Risikomanagements nehmen Erklärungsansätze zur Begründung der ökonomischen Vorteilhaftigkeit eines unternehmensgetragenen Risikomanagements eine wichtige Stellung ein, da sie in grundlegender Form die Beziehung des Risikos und seiner bewussten Handhabung für die Unternehmensführung aufzeigen und wertvolle Hinweise für die Ausgestaltung des Risikomanagements in Unternehmen hinsichtlich Zielsetzung und Reichweite liefern. Aufgrund ihrer Bedeutung für die Entwicklung einer trag-

421 Vgl. z. B. *Shapiro, A./Titman, S.* (1998); *Doherty, N. A.* (2000).

422 Vgl. z. B. *Dickinson, G.* (2001); *Lam, J.* (2003).

423 Vgl. z. B. *Maegawa, Y.* (2003), S. 161-180 und *JMA* (2004) für Japan.

424 Vgl. hierzu die schon oben genannten Übersichten bei *Pritsch, G./Hommel, U.* (1997); *Bartram, S. M.* (1999); *Bartram, S. M.* (2000a).

425 Vgl. *Liebenberg, A. P./Hoyt, R. E.* (2003).

426 Vgl. *Barton, T. L. et al.* (2002).

427 Zu europäischen bzw. internationalen Studien zum Stand des Enterprise Risk Managements in Unternehmungen, Banken und Versicherungen vgl. z. B. *FERMA et al.* (2005); *Deloitte Touche Tohmatsu* (2005); *Tillinghast-Towers Perrin* (2005).

fähigen Risikomanagement-Konzeption werden die Überlegungen im Folgenden ausführlich dargestellt.[428]

Ausgangspunkt für die Gestaltung des Risikomanagements in Nicht-Finanzunternehmen sollte die Überlegung sein, ob und in welcher Form ein Unternehmensrisikomanagement notwendig und sinnvoll ist. Die Motivation für die Konzeption und den Betrieb eines unternehmensgetragenen Risikomanagements kann zum einen von dem Unternehmen selbst oder von Forderungen Außenstehender ausgehen. Die externen Forderungen weisen unterschiedliche Verbindlichkeitsgrade auf und sind z. B. Gesetze (KonTraG, SOA), Verordnungen (BASEL II), Standards (DRS-5, IDW PS 340) und Wünsche von Stakeholdern wie Kapitalgeber, Manager, Mitarbeiter und Kunden. Ein betriebswirtschaftlicher Anreiz besteht, wenn ein unternehmensgetragenes Risikomanagement zu einer verbesserten Erreichung der Unternehmensziele beiträgt.

3.3.1 Traditionelle Erklärungsansätze

Für die Beurteilung der Vorteilhaftigkeit eines unternehmensgetragenen Risikomanagements sind geeignete Kriterien zu definieren, die vergleichende Aussagen über den Sinn risikogestaltender Maßnahmen ermöglichen. Daher ist zunächst die Frage nach den Zielen von Nicht-Finanzunternehmen zu klären. Abbildung 5 gibt einen Überblick über die in diesem Zusammenhang betrachteten Zielsetzungen und die entsprechenden Erklärungsansätze.

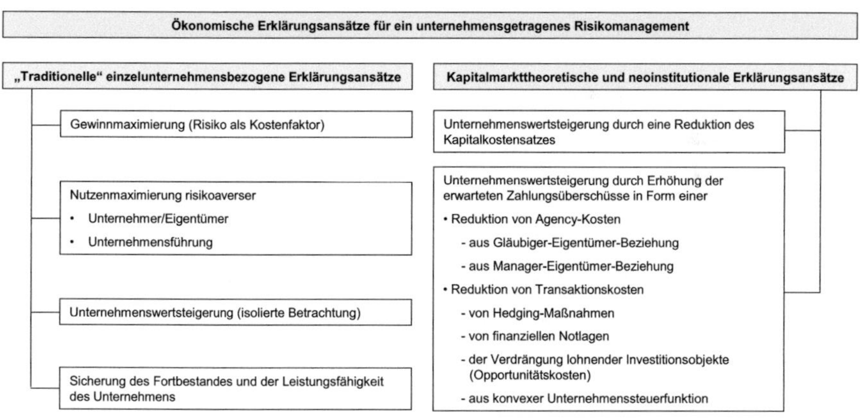

Abbildung 5: Überblick über die betrachteten ökonomischen Erklärungsansätze

[428] Die nachfolgenden Ausführungen beruhen auf *Hoitsch, H.-J./Winter, P.* (2004a).

Ausgangspunkt für die betriebswirtschaftlich begründete Motivation ist die Erkenntnis, dass Unsicherheiten und Risiken einen grundlegenden Bestandteil der unternehmerischen Tätigkeit darstellen und die Risikoübernahme somit ein Wesensmerkmal von Unternehmen ist.[429] Aus der Existenz von Unsicherheit und Risiko kann zunächst auf die Notwendigkeit der Berücksichtigung und Adressierung durch das Unternehmen bzw. die Unternehmensführung in Form von bewussten Gestaltungs- und Entscheidungshandlungen geschlossen werden. Die ältere Literatur zum betriebswirtschaftlichen Risiko und zur Risikopolitik ging von den Interessen des (Eigentümer-) Unternehmers aus.[430] Dabei dominiert die Betrachtung des Gewinnziels[431], das Risiko wurde als ein Kostenfaktor begriffen, der bei der **Gewinnmaximierung** zu berücksichtigen ist.[432] In der deutschsprachigen betriebswirtschaftlichen Literatur wurden unter der Bezeichnung Risikopolitik schon seit den zwanziger Jahren des letzten Jahrhunderts entsprechende Themenstellungen diskutiert.[433] Unter Risikopolitik ist dabei die bewusste, planvolle und zielgerichtete Auseinandersetzung mit dem Phänomen Risiko durch das Unternehmen oder den Unternehmer zu verstehen. Die Notwendigkeit bzw. Vorteilhaftigkeit einer Risikopolitik wird dabei implizit oder explizit unterstellt, betrachtete Zielsetzungen sind Gewinn, Nutzen, Unternehmenswert sowie Fortbestands- und Erfolgspotenzialsicherung.

Eine andere Sichtweise geht von den (Risiko-) Präferenzen der Entscheidungsträger im Unternehmen aus[434] und bezieht sich somit auf das (Top-) Management. Wird die Identität der Unternehmensinteressen mit den Unternehmer- bzw. Entscheidungsträgerinteressen unterstellt und das Unternehmen als eine Entscheidungseinheit aufgefasst, kann die Vorteilhaftigkeit von unsicherheits- bzw. risikobezogenen Aktivitäten auf der Grundlage der präskriptiven Entscheidungstheorie analysiert werden.[435] Als Analyserahmen bietet sich das Grundmodell der präskriptiven Entscheidungstheorie, die Subjektive Erwartungsnutzentheorie, an.[436] Die Präferenzen des Entscheidungsträgers können auch in Form von Risiko-Wert-Modellen ausgedrückt werden.[437] Das betrachtete Unternehmensziel ist somit die **Nutzenmaximierung**. Ein unternehmensgetragenes Risikomanagement wäre bei diesem Modell dann rational, wenn die gezielte Beeinflussung der Ergebnisunsicherheit unter Berücksichtigung der entstehenden

429 Vgl. *Segelmann, F.* (1959), S. 5-7; *Brühwiler, B.* (1980), S. 1; *Schneider, D.* (1995), S. 24-36; *Rogler, S.* (2002), S. 1 und die jeweils angegebenen Quellen.
430 Vgl. *Segelmann, F.* (1959), S. 41; *Philipp, F.* (1967), S. 63-69.
431 Vgl. *Lerchner, H.* (1975), S. 11.
432 Vgl. *Wall, F.* (2001), S. 207.
433 Vgl. *Kamei, T.* (2001), S. 4.
434 Vgl. *Rogler, S.* (2002), S. 21.
435 Vgl. *Karten, W.* (1993), Sp. 3826.
436 Zur subjektiven Erwartungsnutzentheorie vgl. z. B. Jungermann, H., *et al.* (1998), S. 197-214; *Eisenführ, F./Weber, M.* (2003), Kapitel 9.
437 Vgl. *Sarin, R. K./Weber, M.* (1993) zu Risk-Value-Modellen.

Kosten zu einem höheren Nutzen als bei Verzicht auf diese Maßnahmen führen würde. Risikoscheue Wirtschaftssubjekte sind bereit, für eine Reduktion der Ergebnisunsicherheit eine Verringerung der erwarteten Ergebnishöhe hinzunehmen. Dies kann als Bereitschaft zum Erwerb von Versicherungen bzw. zur Verwendung von Ressourcen für Risikomanagementmaßnahmen interpretiert werden. Risikomanagementaktivitäten unterstützen die Strukturierungsphase des Entscheidungsproblems (Risikoidentifikation und -analyse, Alternativengenerierung durch unterschiedliche Risikosteuerungsmaßnahmen) und die Entscheidungsfindung.

Dieser entscheidungstheorieorientierte Analyseansatz dürfte aber im Unternehmenskontext nur von eingeschränktem Wert sein, da er auf individuelle Entscheidungsträger bezogen und somit nicht ohne weiteres auf Unternehmen übertragbar ist. Hier müssen Gruppenentscheidungen und Interessenkonflikte, interdependente Entscheidungen und Kapitalmarktaspekte berücksichtigt werden.[438] Das Unternehmen ist kein autonomes Wirtschaftssubjekt, sondern ein Instrument zur Steigerung des Nutzens natürlicher Personen (Anspruchsberechtigte bzw. Stakeholder) und hat somit derivative Ziele[439], die sich im Laufe des Zielbildungsprozesses aus den unterschiedlichen Vorstellungen der Anspruchsgruppen und nicht alleine aus den Interessen der Eigentümer ergeben.[440] Dabei ist von einem Zielpluralismus auszugehen, wobei z. B. für Industrieunternehmen monetäre Ziele, Zeitziele, Mengenziele, Qualitätsziele, Flexibilitätsziele, soziale Ziele und Umweltziele von Bedeutung sein können.[441] Ergebnisse der empirischen Zielforschung weisen darauf hin, dass monetäre Ziele (z. B. Gewinnziel) nicht die dominanten Ziele darstellen.[442] Als grundlegendes Ziel aller Anspruchsgruppen kann die Erhaltung und Weiterentwicklung des Unternehmens zur Sicherung der unternehmensbezogenen Einnahmen angesehen werden.[443] Das Ziel der **Existenzsicherung** wird hier als das für ein unternehmensgetragenes Risikomanagement relevante Oberziel betrachtet.[444]

Vereinfachend soll an dieser Stelle davon ausgegangen werden, dass das Unternehmen den Anspruchsberechtigten vor allem zur Einkommenserzielung dient. Wird das Interesse der Anspruchsgruppen auf monetäre Konsequenzen beschränkt, kann das oberste Unternehmensziel als die nutzenmaximale Gestaltung der Einkommensströme der Anspruchsberechtigten nach Höhe, zeitlicher Struktur und Unsicherheit der Zahlungen ausgedrückt werden. Üblicherweise wird diese Betrachtung auf den Einkommensstrom der Anteilseigner beschränkt. Auch wenn

---

438 Vgl. *Doherty, N. A.* (1985), S. 40 und 63.
439 Vgl. *Hachmeister, D.* (2000), S. 7.
440 Vgl. *Cyert, R. M./March, J. G.* (1992).
441 Vgl. *Hoitsch, H.-J.* (1993), S. 26.
442 Vgl. *Fritz, W. et al.* (1988).
443 Vgl. *Hahn, D./Hungenberg, H.* (2001), S. 13.
444 Vgl. *Braun, H.* (1984), S. 104; *Mensch, G.* (1991), S. 65; *Mikus, B.* (2001), S. 72-75.

kurzfristig die Interessen der Nichteigentümer-Anspruchsgruppen wie Mitarbeiter, Lieferanten, Kunden und Gläubiger im Gegensatz zur Eigenkapitalwertsteigerung zu stehen scheinen, lässt sich zeigen, dass bei langfristiger Betrachtung kein grundlegender Widerspruch zwischen Stakeholder Value und Shareholder Value besteht und somit die Eigenkapitalwertmaximierung auch bei Berücksichtigung aller Anspruchsgruppen ein geeignetes Ziel ist.[445] Vereinfachend kann somit die Maximierung des **Unternehmenswertes** oder des Marktwertes der Unternehmensanteile als geeignete Zielsetzung von Unternehmen angesehen werden, da ein höherer Wert der Unternehmensanteile den Eigentümern einen höheren Konsum und damit einen höheren Nutzen ermöglicht.[446] Der Unternehmenswert aus Sicht der Anteilseigner ergibt sich aus dem Kapitalwert der Zahlungsüberschüsse, die ihnen aus dem Unternehmen zufließen. Vor dem Hintergrund der Shareholder Value-Orientierung wird in der jüngeren Literatur die potenziell wertschaffende Wirkung eines unternehmensgetragenen Risikomanagements konstatiert.[447, 448] Das Risiko wird dabei als Einflussgröße auf die marktbestimmten **Kapitalkosten** (Diskontierungsfaktor) und somit als „Stellschraube" des Unternehmenswertes aufgefasst. Diese Sichtweise wird im nächsten Abschnitt näher betrachtet.

3.3.2 Kapitalmarkttheoretische und neoinstitutionale Erklärungsansätze

Die Betrachtung der Zielgröße Unternehmenswert erfordert die Berücksichtigung von Kapitalmarktaspekten und somit die Einbindung der Risikomanagement-Betrachtung in einen umfassenderen, unternehmensübergreifenden Kontext. Die in diesem Abschnitt vorgestellten Ansätze haben entsprechend die Erklärung der Vorteilhaftigkeit eines unternehmensgetragenen Risikomanagements auf der Grundlage der Finanzierungs- und Kapitalmarkttheorie (Modigliani-Miller-Theorem, CAPM, neoinstitutionale Finanzierungstheorie) zum Gegenstand. Gemäß der finanzwirtschaftlichen Ausrichtung werden hauptsächlich die monetären Zielsetzungen der Kapitalgeber, die in einem mehr oder weniger vollkommenen Kapitalmarkt agieren, betrachtet. In ihnen wird untersucht, inwiefern ein unternehmensgetragenes Management finanzieller Risiken (finanzwirtschaftliches Risikomanagement) eine wert- oder überschusssteigernde Wirkung besitzt. Als positive Theorien sollen sie erklären, warum ein finanzwirt-

[445] Vgl. *Albach, H.* (2001).

[446] Vgl. *Franke, G./Hax, H.* (2004), S. 157.

[447] Vgl. *Pollanz, M.* (1999a); *Schmidbauer, R.* (2000); *Burger, A./Buchhart, A.* (2002a), S. 11; *Burger, A./Buchhart, A.* (2002b); *Schierenbeck, H./Lister, M.* (2002), S. 311-328.

[448] Einen frühen Ansatz zur Berechnung des Unternehmenswertes mithilfe des Ertragswerts bei Berücksichtigung des Wagnisses (Risiko) entwickelte *Bussmann, K. F.* (1955), S. 70-90. Über den Kapitalisierungsfaktor fließt das betriebsindividuelle Risiko in die Unternehmensbewertung mit ein. Eine Senkung des Risikos würde über einen höheren Kapitalisierungsfaktor (niedrigerer Diskontsatz) zu einem höheren Ertragswert führen. Wenn ein unternehmensgetragenes Risikomanagement dies bewirken könnte, wäre es demnach als vorteilhaft einzuschätzen.

schaftliches Risikomanagement in Unternehmen überhaupt betrieben wird und vorhersagen, in welcher Weise dies erfolgt.[449] Die Interessen anderer Anspruchsgruppen werden bzgl. ihrer Wechselwirkung mit den Interessen der Kapitalgeber bzw. Eigentümer betrachtet. Ein Überblick über die empirische Bestätigung der Erklärungsansätze findet sich bei *Pritsch/Hommel* und *Bartram*.[450]

3.3.2.1 Irrelevanz des unternehmensgetragenen Risikomanagements?

Ausgangspunkt der Betrachtung ist die kapitalmarkttheoretisch motivierte Frage, ob ein finanzwirtschaftliches Risikomanagement sinnvollerweise auf Unternehmens- oder Investorebene erfolgen sollte, also ob ein unternehmensgetragenes Risikomanagement eine wertschaffende Aktivität darstellt. Wie in Abschnitt 3.3.1 begründet, soll als geeignetes monetäres Ziel der Unternehmenswert betrachtet werden. Der Unternehmenswert kann mithilfe des Discounted Cashflow-Ansatzes aus der Summe der diskontierten Einzahlungsüberschüsse ermittelt werden. Eine Steigerung des Unternehmenswertes wäre dann gegeben, wenn das finanzwirtschaftliche Risikomanagement entweder zu einer **Erhöhung der Erwartungswerte der Einzahlungsüberschüsse** oder zu einer **Verringerung des risikoadjustierten Kapitalkostensatzes** führen würde.[451]

Zunächst soll überprüft werden, ob durch ein unternehmensgetragenes Risikomanagement eine **Reduktion der Kapitalkosten** erreicht werden kann. Aufbauend auf dem auf neoklassischen Prämissen beruhenden Modigliani-Miller-Theorem (MMT) [452] und dem CAPM lässt sich ableiten, dass ein finanzwirtschaftliches Risikomanagement nichts Spezifisches zur Steigerung des Unternehmenswertes beitragen kann, da die Investoren jede Finanzierungspolitik des Unternehmens replizieren und durch Kapitalmarkttransaktionen (Portefeuillebildung, Verschuldung, Hedging) die unternehmensbezogene Einkommensunsicherheit nahezu beliebig selbst gestalten können. Das kapitaltheoretische MMT besagt, dass bei Gültigkeit seiner Prämissen Kapitalstrukturentscheidungen keinen Einfluss auf den Unternehmenswert haben und somit irrelevant sind, da die Investoren durch geeignete Transaktionen am Kapitalmarkt für sich selbst jede beliebige Finanzstruktur der Unternehmen replizieren können (Arbitragebetrachtung). Allein die Realisierung von Investitionen mit einem positiven Kapitalwert –

449 Übersichten über diese Erklärungsansätze finden sich z. B. bei *Pritsch, G./Hommel, U.* (1997; *Bühlmann, B.* (1998; *Bartram, S. M.* (1999, S. 28-54).

450 Vgl. *Pritsch, G./Hommel, U.* (1997) sowie *Bartram, S. M.* (1999) und *Bartram, S. M.* (2000a).

451 Vgl. *Pritsch, G./Hommel, U.* (1997), S. 673; *Bartram, S. M.* (1999), S. 30. Siehe auch Abbildung 5.

452 Vollständige, kostenlose und symmetrische Informationen bei homogenen Erwartungen, konstante Investitionspolitik, keine Marktzugangsbeschränkungen und einheitliche Zinssätze, keine Transaktionskosten, keine Insolvenzmöglichkeit oder vernachlässigbare Insolvenzkosten, keine oder neutrale Steuern. Vgl. *Modigliani, F./Miller, M. H.* (1958).

unabhängig von deren Finanzierung – kann den Unternehmenswert steigern.[453] Entsprechend lässt sich in Bezug auf das finanzwirtschaftliche Risikomanagement von Unternehmen zeigen, dass in analoger Weise die Investoren durch geeignete finanzwirtschaftliche Transaktionen die Hedging-Maßnahmen von Unternehmen replizieren können.[454]

Aus dem CAPM lässt sich ableiten, dass für den Unternehmenswert mit den systematischen Risiken nur ein Teil der gesamten Zahlungsstromunsicherheit relevant ist, da die Anteilseigner durch Portefeuille-Bildung bzw. Diversifikation das unsystematische Risiko quasi ohne Einsatz von Ressourcen eliminieren können.[455] Eine Änderung des unsystematischen Risikos des Unternehmens durch ein unternehmensgetragenes Risikomanagement hat somit keinen Einfluss auf die Renditeerwartung der annahmegemäß wohl diversifizierten Investoren bzw. auf die Kapitalkosten des Unternehmens.[456] Der Unternehmenswert wird allenfalls negativ beeinflusst, falls die ergriffenen Maßnahmen zu Auszahlungen führen und somit den Erwartungswert des Zahlungsüberschusses verringern. Die Veränderung des systematischen Risikos mit finanzwirtschaftlichen Maßnahmen (Hedging) entspricht lediglich einer Bewegung entlang der Wertpapiermarktlinie (d. h. Diskontierungsfaktor und Erwartungswert sinken simultan) und ist somit unternehmenswertneutral.[457]

Aus diesen Überlegungen wird abgeleitet, dass ein unternehmensgetragenes finanzwirtschaftliches Risikomanagement in einem neoklassischen Umfeld nichts leisten kann, was die Anteilseigner durch eigene Transaktionen nicht selbst leisten könnten.[458] Somit lässt sich auf seine Irrelevanz schließen.

In der Realität sind jedoch durchaus ressourcenverbrauchende, finanzwirtschaftliche Risikomanagementaktivitäten von Nichtfinanz-Unternehmen festzustellen.[459] Da dies den theore-

---

[453] Vgl. *Copeland, T./Weston, F. J.* (1988), S. 439-444.

[454] Vgl. *Baron, D. P.* (1976), S. 259-261; *MacMinn, R. D.* (1987a).

[455] Das CAPM erklärt auf der Grundlage der Erkenntnisse der Portfoliotheorie, welchen Preis wohl diversifizierte Investoren in einem vollkommenen Kapitalmarkt für die Übernahme von Risiko (gemessen als die Standardabweichung der Rendite von Wertpapieren) in Form von Renditeaufschlägen fordern. Die Höhe des Renditeaufschlages für ein bestimmtes Wertpapier hängt aufgrund der kostenlosen Diversifikationsmöglichkeit, welche das unsystematische Risiko eliminiert, nicht von der Standardabweichung (gesamtes Risiko), sondern nur von der Korrelation der Rendite mit der Rendite des Marktportfolios, dem so genannten Beta (systematisches Risiko), ab.

[456] Für unzureichend diversifizierte Investoren könnte ein unternehmensgetragenes Risikomanagement vorteilhaft sein, falls deren Möglichkeiten zur finanzwirtschaftlichen Risikosteuerung eingeschränkt sind. Vgl. *Mayers, D. et al.* (1982), S. 283 und S. 293; *Mayers, D./Smith, C. W. J.* (1990), S. 22; *Vermeulen, E. M.* (1994), S. 4; *Stulz, R. M.* (1996), S. 13.

[457] Vgl. *Dufey, G./Srinivasulu, S. L.* (1983), S. 56; *Levi, M. D./Sercu, P.* (1991), S. 27; *Smith, C. W. J.* (1995), S. 25.

[458] Vgl. *Mengle, D.* (1997), S. 7; *Shapiro, A./Titman, S.* (1998), S. 251-252; *Bartram, S. M.* (1999), S. 28-29; *Doherty, N. A.* (2000), S. 193-195.

[459] Vgl. *Bartram, S. M.* (2000a); *Glaum, M.* (2000).

tisch fundierten Aussagen widerspricht, ist daraus entweder ein (systematisch) irrationales Verhalten der Unternehmen zu folgern oder die uneingeschränkte Gültigkeit der Theorien zu hinterfragen. Wird im Sinne einer positiven Theorie letzterer Weg beschritten, muss eine Überprüfung der Prämissen der Theorien und somit eine Berücksichtigung von Marktunvollkommenheiten erfolgen. Hierzu bietet sich der Theorierahmen der Neuen Institutionenökonomik an.[460] Es lässt sich zeigen, dass bei Existenz von **Marktunvollkommenheiten**, insbesondere Informationsasymmetrien, Transaktionskosten, Steuern, Marktzugangsbeschränkungen und uneinheitliche Finanzierungskosten, ein Risikomanagement auf Unternehmensebene durch Reduktion von Auszahlungen bzw. Erhöhung von Einzahlungen (**Erhöhung der erwarteten Zahlungsüberschüsse**) eine wertschaffende Wirkung aufweisen kann. Die Marktunvollkommenheiten bewirken, dass die Kosten und Möglichkeiten zur Gestaltung der Unsicherheit finanzieller Überschüsse auf Unternehmens- und Investorebene auseinander fallen, da der Unternehmenswert bzw. die Zahlungen an die Investoren konkave Funktionen der Zahlungsüberschüsse des Unternehmens sind. Eine Reduktion der Zahlungsüberschuss-Volatilität und insbesondere die Einschränkung der Möglichkeit niedriger Zahlungsüberschüsse zeigt eine wertsteigernde Wirkung.[461]

Im Folgenden werden die in der Literatur vorgeschlagenen Erklärungsansätze aufgezeigt. Dabei wird die Wirkung eines unternehmensgetragenen Risikomanagements auf potenziell wohl diversifizierte Investoren, insbesondere Anteilseigner bei der Existenz bestimmter Marktunvollkommenheiten betrachtet. In Anlehnung an *Pritsch* und *Hommel* erfolgt die Darstellung aufbauend auf den Ansätzen der neuen Institutionenökonomik.[462] Die Vorteilhaftigkeit eines Risikomanagements auf Unternehmensebene entsteht vor diesem Hintergrund dadurch, dass es durch eine Verminderung der Unsicherheit der jeweils relevanten monetären Überschüsse zu einer Reduktion von „Friktionen“ wie Agency-Kosten, Transaktionskosten, Steuerzahlungen und Opportunitätskosten beitragen kann.[463]

3.3.2.2 Neue Institutionenökonomik und die Funktion des Risikomanagements

Die Neue Institutionenökonomik befasst sich mit Koordinationsproblemen zwischen Wirtschaftssubjekten, die bei Relaxation der restriktiven Annahmen der neoklassischen Sichtweise auftreten (Marktunvollkommenheiten), und besteht im Wesentlichen aus den Ansätzen der

---

460 Zu einem Überblick zur Neuen Institutionenökonomik vgl. *Cezanne, W./Mayer, A.* (1998). Eine umfassende Darstellung findet sich bei *Richter, R./Furubotn, E.* (1999).

461 Vgl. *Culp, C. L./Miller, M. H.* (1995), S. 122; *Santomero, A. M.* (1995), S. 2; *Pritsch, G./Hommel, U.* (1997), S. 673; *Bartram, S. M.* (1999), S. 32.

462 Vgl. *Pritsch, G./Hommel, U.* (1997).

463 Vgl. *Bühlmann, B.* (1998), S. 66f.

Property-Rights-, der Transaktionskosten- und der Principal-Agent-Theory.[464] Für die Erklärung der Vorteilhaftigkeit eines unternehmensgetragenen Risikomanagements sind insbesondere die Principal-Agent- und die Transaktionskostentheorie von Bedeutung.[465] Vor einem neoinstitutionalen Hintergrund kann ein Unternehmen entsprechend den Überlegungen in Abschnitt 3.3.1 als der Knotenpunkt der Kooperationsbeziehungen zwischen den verschiedenen Anspruchsberechtigten verstanden werden.[466] In der Literatur zur Vorteilhaftigkeit eines unternehmensgetragenen Risikomanagements werden im Rahmen der Principal-Agent-Theorie vor allem Kooperationsbeziehungen zwischen Eigentümer und Gläubiger bzw. Eigentümer und Manager mit den dort auftretenden Hidden Information- und Moral Hazard-Problematiken betrachtet.[467] Die im Zusammenhang mit dem Risikomanagement relevanten Transaktionskosten werden insbesondere durch die Spezifität (Idiosynkratie) von Investitionen der Anspruchsgruppen in die Transaktionsbeziehungen mit dem Unternehmen bestimmt.

3.3.2.2.1 Agency-Kosten und Gläubigerinteressen

Aus den finanziellen Überschüssen des Unternehmens werden die finanziellen Ansprüche der Kapitalgeber (Anteilseigner und Gläubiger) befriedigt, wobei die Aufteilung der Überschüsse von der Vertragsgestaltung abhängig ist. Während den Fremdkapitalgebern ein fest zugesagter Anteil B (Zins und Tilgung) am finanziellen Überschuss $\ddot{U}$ zusteht, erhalten die Eigenkapitalgeber den Residualbetrag $\ddot{U} - B$ (siehe Abbildung 6).[468] Die jeweiligen Ansprüche der Kapitalgebergruppen können im Kontext der Optionspreistheorie als Optionen auf den finanziellen Überschuss bzw. den Unternehmenswert verstanden werden,[469] wobei der Residualanspruch der Anteilseigner einer gekauften Kaufoption (*Call long*) mit dem Ausübungspreis B und die Ansprüche der Kreditgeber einer *risikolosen Anleihe* in Höhe von B (Restlaufzeit t, Zinssatz r) sowie eine verkauften Verkaufsoption (*Put short*) mit Ausübungspreis B entsprechen. Der Wert eines Calls C bzw. eines Puts P bestimmt sich nach dem Optionspreismodell von *Black/Scholes* während der Kreditlaufzeit aus dem aktuellen Preis des Underlying (hier $\ddot{U}$), dem Ausübungspreis (hier B), der Laufzeit (hier t), dem risikolosem Zinssatz r und der Volatilität des Underlying (hier $\sigma_{\ddot{U}}$).

---

464 Vgl. *Cezanne, W./Mayer, A.* (1998), S. 1345.

465 Vgl. *Pritsch, G./Hommel, U.* (1997), S. 674. Eine ausführliche Darstellung der neuen Institutionenökonomik und den einzelnen Ansätzen findet sich z. B. in *Richter, R./Furubotn, E.* (1999). Einen Überblick über die Thematik geben z. B. *Cezanne, W./Mayer, A.* (1998).

466 Vgl. *Jensen, M. C./Meckling, W. H.* (1976), S. 310.

467 Vgl. *Pritsch, G./Hommel, U.* (1997), S. 676.

468 Werden den Kreditgebern werthaltige Sicherheiten in Höhe von S gestellt, können sie ihre Ansprüche zusätzlich aus diesen befriedigen, sodass die Zahlungen an die Kreditgeber dann $Min\{\ddot{U} + S; B\}$ lauten.

469 Vgl. *Mason, S. P./Merton, R. C.* (1985), S. 14-19.

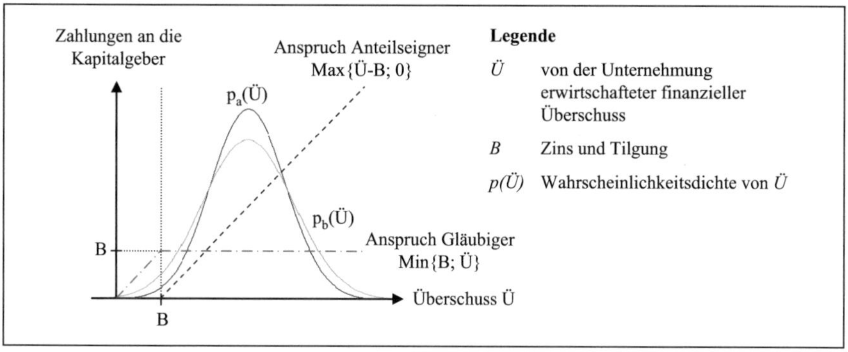

Abbildung 6: Risk Shifting

Diese asymmetrische Erfolgsbeteiligung, gepaart mit Informationsasymmetrien, kann insbesondere bei hohem Verschuldungsgrad zu Interessenskonflikten zwischen Anteilseignern und Kreditgebern führen. Grundsätzlich sind die Kreditgeber an der gesicherten Erfüllung ihrer Ansprüche interessiert, während die Anteilseigner die Maximierung des Eigenkapitalwertes anstreben. Dabei haben die Anteilseigner entweder direkt oder indirekt die Unternehmensführung inne, wodurch es ihnen z. B. durch die geeignete Auswahl von Investitionsprojekten möglich ist, die Volatilität der Überschüsse zu beeinflussen, um somit gezielt den Wert ihres Calls zu erhöhen und den Wert des Puts zu verringern, also Vermögenswerte von den Kreditgebern auf sich selbst zu transferieren (**Risk Shifting** bzw. **Asset Substitution**).[470] Diese Konstellation stellt eine **Moral Hazard**-Situation dar, in der die Anteilseigner (Agenten) einen Handlungs- und Informationsvorsprung vor den Kreditgebern (Prinzipale) haben und letztere befürchten müssen, unfair behandelt zu werden. Dabei ist die Motivation der Anteilseigner, Vermögenswerte durch eine Volatilitätserhöhung von den Kreditgebern auf sich selbst zu transferieren, umso größer, je höher der Verschuldungsgrad ist, da die Verlustgefahr zum größten Teil von den Fremdkapitalgebern getragen wird, höhere Überschüsse aber ausschließlich den Anteilseignern zugute kommen. In Abbildung 6 wird dies durch eine zweite Wahrscheinlichkeitsverteilung $p_b(\ddot{U})$ des finanziellen Überschusses dargestellt, die durch einen *mean-preserving spread* aus der ursprünglichen Verteilung $p_a(\ddot{U})$ gewonnen wird.

Der Erwartungswert der Zahlungen an die Anteilseigner nimmt zu[471], während durch die bewusste Volatilitätserhöhung der Erwartungswert der Zahlungen an die Kreditgeber ab-

470 Zu Asset Substitution und Risikomanagement vgl. *Myers, S. C.* (1977); *MacMinn, R. D.* (1987b), S. 672-675.

471 $E_b^A(\ddot{U}) = \int_B^\infty p_b(\ddot{U}) \cdot \ddot{U} \cdot d\ddot{U} > E_a^A(\ddot{U}) = \int_B^\infty p_a(\ddot{U}) \cdot \ddot{U} \cdot d\ddot{U}$.

nimmt[472]. Die Höhe des erwarteten Endvermögenstransfers beträgt $\int_B^{\infty}(p_b(\ddot{U}) - p_a(\ddot{U})) \cdot \ddot{U} \cdot d\ddot{U}$.

Während der Kreditlaufzeit kann der Vermögenstransfer auf Basis des Black-Scholes-Optionspreismodells durch $\frac{\partial C}{\partial \sigma} \cdot \Delta\sigma$ approximiert werden, wobei $\frac{\partial C}{\partial \sigma} > 0$ gilt.[473]

Rationale Kreditgeber erkennen diesen Anreiz vor der Kapitalbereitstellung und antizipieren das potenziell opportunistische Verhalten der annahmegemäß im Interesse der Anteilseigner handelnden Unternehmensführung. Sie werden *ex ante* Maßnahmen ergreifen, um die Vermögensumverteilung zu verhindern, indem sie den Freiraum für schädliches Verhalten seitens der Anteilseigner einschränken bzw. die negativen Auswirkungen dieses Verhaltens auf sich beschränken.

Mögliche Reaktionen bestehen in höheren Zinsforderungen und Beschränkung der Kreditgewährung sowie der Aufnahme von Schutzklauseln in die Kreditverträge, die den Dispositionsspielraum der Unternehmensführung einschränken sowie die Informationssituation der Kreditgeber verbessern.[474] Diese Maßnahmen führen aber i. d. R. zu Kosten, die von Kreditgebern und Anteilseignern getragen werden müssen und die den Unternehmenswert verringern. Diese Agency-Kosten setzen sich aus den Überwachungskosten des Prinzipals, den Bonding-Kosten des Agenten und dem Residualverlust zusammen.[475] Ein unternehmensgetragenes Risikomanagement kann zu einer Reduktion bzw. Vermeidung der Agency-Kosten und somit zu einem höheren Erwartungswert für beide Seiten beitragen, indem sichergestellt wird, dass die Verteilung des finanziellen Überschusses der weniger riskanten Alternative a entspricht, falls die durch die Anpassung der Verteilung entstehenden Kosten[476] niedriger als die Agency-Kosten sind.[477]

---

472 $E_b^K(\ddot{U}) = \int_0^B p_b(\ddot{U}) \cdot \ddot{U} \cdot d\ddot{U} + B \cdot \int_B^{\infty} p_b(\ddot{U}) \cdot d\ddot{U} < E_a^K = \int_0^B p_a(\ddot{U}) \cdot \ddot{U} \cdot d\ddot{U} + B \cdot \int_B^{\infty} p_a(\ddot{U}) \cdot d\ddot{U}$.

473 Zu Optionen und Optionsbewertung vgl. z. B. *Albrecht, P./Maurer, R.* (2005), S. 563-671.

474 Vgl. *Smith, C. W. J./Warner, J. B.* (1979), S. 125-131.

475 Vgl. *MacMinn, R. D.* (1987b), S. 669.

476 Z. B. Transaktionskosten, die durch die Absicherung mittels Finanzinstrumenten entstehen, siehe Abschnitt 3.3.3.2.3.

477 Vgl. *Campbell, T. S./Kracaw, W. A.* (1990), S. 1684; *Bessembinder, H.* (1991).

Eine weitere Moral Hazard-Situation tritt auf, wenn die Anteilseigner bzw. die Unternehmensführung bewusst auf Investitionen mit positivem Kapitalwert verzichten oder den Umfang dieser Investitionen einschränken. Diese als **Underinvestment** bezeichnete Problematik ist ebenfalls insbesondere bei hoch verschuldeten Unternehmen gegeben und betrifft Projekte, die zwar einen recht sicheren Überschuss generieren, gleichzeitig aber einen eher geringen Kapitalwert aufweisen, sodass der generierte Überschuss ausschließlich bzw. vor allem der Befriedigung der Gläubigeransprüche dient (siehe Abbildung 7).[478]

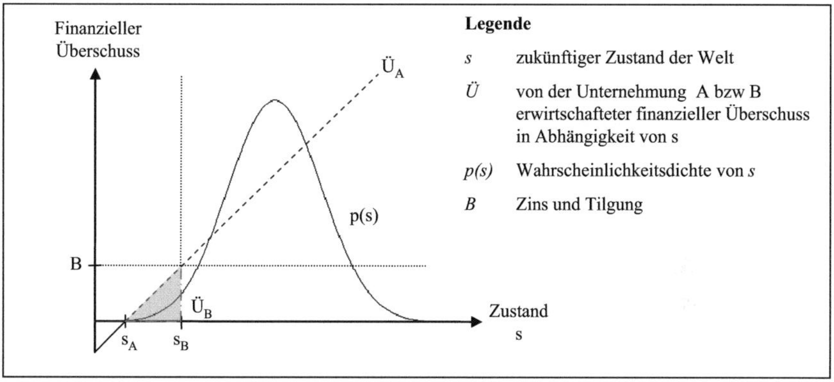

Abbildung 7: Underinvestment

Das Problem soll mithilfe eines einfachen Beispiels illustriert werden: Betrachtet werden zwei Unternehmen, die bis auf ihre Kapitalstruktur identisch sind und die im zukünftigen Zeitpunkt t_1 die Möglichkeit haben, eine Investition zu tätigen, deren Rückfluss vom zukünftigen Zustand der Welt s abhängt. Während Unternehmen A vollständig eigenfinanziert ist, ist Unternehmen B teilweise fremdfinanziert. Für Unternehmen A ist es vorteilhaft, ab Zustand s_A die Investition zu tätigen und den damit verbundenen Überschuss zu vereinnahmen. Für das verschuldete Unternehmen B hingegen ist es aus Anteilseignersicht ratsam, erst ab Zustand s_B die Investition zu tätigen und ansonsten nicht zu investieren, da im Bereich s_A bis s_B die generierten Überschüsse vollständig den Kreditgebern zufallen. Da Unternehmen B im Vergleich zu Unternehmen A zu wenig investiert (angedeutet durch das graue Dreieck in Abbildung 3), ist infolgedessen in t_0 der Erwartungswert der Rückflüsse von B geringer als bei A.

[478] Zur Underinvestment-Problematik vgl. *Myers, S. C.* (1977). *Mayers, D./Smith, C. W. J.* (1987) untersuchen, wie der Abschluss von Versicherungen durch die Unternehmung diese Problematik mildern kann, weisen aber gleichzeitig darauf hin, dass die gewonnenen Erkenntnisse auch im allgemeinen Risikomanagement-Kontext gültig sind. Vgl. auch *MacMinn, R. D.* (1987b, 670-671).

Die Differenz der erwarteten finanziellen Überschüsse der Unternehmen A und B beträgt $\int_{s_A}^{S} p(s) \cdot \ddot{U}(s) \cdot ds - \int_{s_B}^{S} p(s) \cdot \ddot{U}(s) \cdot ds = \int_{s_A}^{s_B} p(s) \cdot \ddot{U}(s) \cdot ds$. Rationale Kreditgeber antizipieren dieses Verhalten jedoch und werden versuchen, sich zu schützen und den zu erwarteten Verlust durch entsprechende Gestaltung des Kreditvertrages (Renditeforderungen, Kreditrationierung) auf die Anteilseigner zu übertragen. Ein unternehmensgetragenes Risikomanagement kann zu einer Milderung der Moral Hazard-Problematik und somit der wohlfahrtsmindernden Agency-Kosten beitragen, indem die Möglichkeit niedriger Zahlungsüberschüsse eingeschränkt und die Wahrscheinlichkeit der Nichtdurchführung der Investition vermindert wird. Falls die Kosten für die Risikomanagementaktivitäten geringer sind als die Agency-Kosten, erweist sich das Risikomanagement als wertsteigernd. Wird unterstellt, dass der generierte Überschuss allein von einem Wechselkurs abhängt und werden die Zustände entsprechend als Wechselkurse interpretiert, so würde ein Währungstermingeschäft, das einen Wechselkurs mindestens in Höhe von s_B sicherstellt, den Interessenskonflikt beseitigen.[479]

Diese Risikomanagement-Bemühungen müssen den Kreditgebern ex ante überzeugend kommuniziert werden, damit diese die verminderte Gefahr opportunistischen Verhaltens und somit den höheren Wert des Fremdkapitals bei ihren Kapitalbereitstellungsentscheidungen berücksichtigen.[480]

Darüber hinaus kann ein funktionierendes Unternehmensrisikomanagement zu einer Ausweitung der Verschuldungskapazität beitragen, wodurch Steuer- und Leverage-Vorteile einer ausgeweiteten Fremdkapitalfinanzierung bei den annahmegemäß nicht perfekten Kapitalmärkten zur Steigerung des Unternehmenswertes beitragen können.

3.3.2.2.2 Agency-Kosten und Managerinteressen

Wenn die Anteilseigner die Unternehmensführung nicht selbst wahrnehmen und diese auf Manager übertragen, entsteht ein Potenzial für Interessenkonflikte zwischen diesen beiden Anspruchsgruppen. Die Eigentümer müssen davon ausgehen, dass Manager im Rahmen der Unternehmensführung die Maximierung ihres eigenen Nutzens verfolgen (*Managerial Wealth Maximization*), da ein beträchtlicher Teil ihres Nutzens von ihren unternehmensbezogenen

[479] Vgl. *Pritsch, G./Hommel, U.* (1997), S. 678.
[480] Vgl. *Bessembinder, H.* (1991); *Smith, C. W. J.* (1995), S. 26.

Ansprüchen abhängt und zwar in Form von monetären und nicht monetären Vergütungen, Dispositionsspielräumen, Arbeitsplatzsicherheit und Reputation.[481]

In Bezug auf die Risikomanagement-Thematik ist zu beachten, dass Manager i. d. R. schlecht diversifiziert sind, da sie ihr Humankapital sowie u. U. einen beträchtlichen Teil ihres Finanzvermögens in die von ihnen geleiteten Unternehmen investiert haben. Risikoscheue Manager haben ein begründetes Interesse, die Schwankungen der monetären Überschüsse und die Insolvenzwahrscheinlichkeit zu vermindern: Ist ihre Vergütung von den finanziellen Überschüssen des Unternehmens abhängig, überträgt sich die Unsicherheit der Überschüsse auf das Manager-Einkommen. Finanzielle Notlagen schränken den Dispositionsspielraum des Managements und Insolvenz die Nutzung des Humankapitals ein. Somit besteht ein Anreiz für die Manager, das unternehmensgetragene Risikomanagement zur Steuerung ihrer eigenen Einkommensunsicherheit einzusetzen. Dabei können Interessenskonflikte mit den Eigentümern auftreten (Überdiversifizierung der Geschäftsfelder, Überinvestition, geringer Verschuldungsgrad).[482] In dieser Situation kann ein unternehmensgetragenes finanzwirtschaftliches Risikomanagement die Interessenskonflikte und resultierenden Opportunitäts- und Überwachungskosten reduzieren: Dem Management wird ermöglicht, eine für die Anteilseigner optimale Investitionstätigkeit zu betreiben und gleichzeitig das eigene Risiko zu reduzieren, ohne den Unternehmenswert zu beeinträchtigen.

Neben der direkten Wirkung der Unsicherheitsreduktion ist es denkbar, dass ein Unternehmensrisikomanagement von Managern eingesetzt wird, um den Kapitalgebern und potenziellen neuen Arbeitgebern ihre Qualität zu signalisieren, da auf diesem Wege zufällige Ergebniseinflüsse reduziert werden und die Managementleistung deutlicher zu erkennen ist.[483]

Da für die Manager ein Anreiz zum opportunistischen Einsatz des Risikomanagements zur Erhöhung ihres eigenen Nutzens besteht, werden die Anteilseigner bemüht sein, durch die geeignete Wahl des Vergütungssystems eine Kongruenz zwischen ihren und den Vorstellungen der Manager bzgl. der Art und des Umfangs des Risikomanagements zu erzeugen, um die bestehende Agency-Problematik zu entschärfen.[484] Eine wichtige Stellgröße ist dabei die

---

481 Vgl. *Bühlmann, B.* (1998), S. 171.

482 Vgl. *Smith, C. W. J./Stulz, R. M.* (1985), S. 399-402; *Stulz, R. M.* (1990); *Tufano, P.* (1998).

483 Vgl. *Bühlmann, B.* (1998), S. 176-182.

484 Vgl. *Tufano, P.* (1998).

Konkavität des Manager-Einkommens bzgl. der finanziellen Überschüsse bzw. des Unternehmenswertes.[485]

3.3.2.2.3 Transaktionskosten finanzwirtschaftlicher Risikomanagementmaßnahmen (Hedging)

Verfügt ein Unternehmen über komparative Kosten- und/oder Informationsvorteile gegenüber den Investoren, ist ein Risikomanagement auf Unternehmensebene effizienter und effektiver als auf Investorenebene.[486] Kostenvorteile bei der Absicherung gegen Zahlungsstromunsicherheiten an Finanz- oder Versicherungsmärkten entstehen durch positive Skaleneffekte bei der Absicherung (volumenabhängige, degressive Transaktionskosten). Die gesamten Transaktionskosten der Absicherung (z. B. Personalkosten, Gebühren, Spesen) sind in diesem Falle auf Unternehmensebene geringer als auf Investorebene. Bestehen Marktzutrittsbarrieren, z. B. in Form von absoluten Größenschranken und strukturellen Schranken, vergrößern sich diese Skaleneffekte.[487]

Ein effektives und effizientes Risikomanagement erfordert die genaue Kenntnis der Ursachen sowie des Umfanges und der Struktur der Zahlungsstromunsicherheit.[488] Es ist davon auszugehen, dass die Unternehmen diesbezüglich einen Informationsvorteil gegenüber den individuellen Investoren besitzen, da aus Wettbewerbsgründen die notwendigen Informationen über die Geschäftstätigkeit und Finanzierungsaktivitäten den Investoren nicht oder nur sehr eingeschränkt zur Verfügung gestellt werden. Aufgrund der resultierenden Informationsasymmetrie ist es den individuellen Investoren nicht möglich, das Risiko angemessen abzuschätzen und durch eigene finanzwirtschaftliche Risikomanagementmaßnahmen effizient abzusichern.[489] Dem Unternehmen selbst entstehen geringe Kosten der zusätzlichen risikobezogenen Informationsgenerierung, während den Investoren signifikante Kosten entstehen, soweit die Informationen überhaupt beschaffbar sind. Den Investoren sollten nach Abschluss der Risikomanagementmaßnahmen des Unternehmens Informationen über das „Netto-Risiko" bereitgestellt werden, sodass diese gemäß ihren Präferenzen ein individuelles Risikomanagement betreiben können. Zu beachten ist weiterhin, dass die Investoren über unterschiedliche Risikopräferen-

[485] Vgl. *Smith, C. W. J./Stulz, R. M.* (1985), S. 402.
[486] Vgl. *Pritsch, G./Hommel, U.* (1997), S. 682; *Bartram, S. M.* (1999), S. 44.
[487] Vgl. *Bühlmann, B.* (1998), S. 159-162.
[488] Vgl. *Fite, D./Pfleiderer, P.* (1995), S. 150; *Bühlmann, B.* (1998), S. 162-164; *Bartram, S. M.* (1999), S. 45.
[489] Vgl. *DeMarzo, P. M./Duffie, D.* (1991), S. 262.

zen verfügen und somit ein optimales Risikomanagement nur auf individueller Ebene möglich ist.[490]

3.3.2.2.4 Transaktionskosten finanzieller Notlagen

Niedrige finanzielle Überschüsse des Unternehmens können zu Folgekosten führen, welche die Überschüsse und somit den Unternehmenswert zusätzlich verringern (Deadweight Costs). Im Gegensatz zum individuellen Risikomanagement der Investoren kann ein Risikomanagement auf Unternehmensebene durch eine Reduktion der Wahrscheinlichkeit von Situationen finanzieller Anspannung (Zahlungsverzug, Illiquidität) die resultierenden Transaktionskosten vermindern und somit den Unternehmenswert steigern. Insolvenzkosten stellen eine Art dieser Transaktionskosten dar, wobei zwischen direkten und indirekten Insolvenzkosten (costs of bankruptcy) unterschieden wird.[491] Direkte Insolvenzkosten (Anwalts-, Gerichts-, Liquidations-, Reorganisations-, Buchhaltungs- und Beratungskosten, Druck- und Anmeldegebühren sowie Kosten der Insolvenzverwaltung) sind Transaktionskosten, die im Zusammenhang mit dem Ausgleich der Interessenkonflikte der Anspruchsberechtigten im Insolvenzfall auftreten.

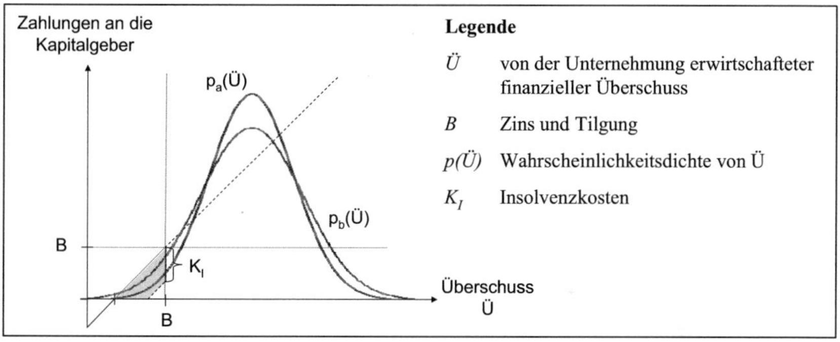

Abbildung 8: Insolvenzkosten

Die Insolvenzkosten K_I verringern bei Eintritt der Insolvenz die Zahlungen an die Kapitalgeber, sodass diese unter Beachtung der Insolvenzwahrscheinlichkeit $p_I = \int_{-\infty}^{B} p(\ddot{U}) \cdot d\ddot{U}$ die erwarteten Insolvenzkosten bei der Einschätzung des Unternehmenswertes berücksichtigen, wodurch der Unternehmenswert um den Betrag $p_I \cdot K_I$ sinkt (siehe Abbildung 8). Ein Unternehmensrisikomanagement kann durch die Senkung der Insolvenzwahrscheinlichkeit p_I die

490 Vgl. *Levi, M. D./Sercu, P.* (1991), S. 29.
491 Vgl. *Warner, J. B.* (1977), S. 338-339; *Stulz, R. M.* (1996), S. 12-13.

erwarteten Insolvenzkosten reduzieren und somit zur Steigerung des Unternehmenswertes in Höhe von $\left(p_I^a - p_I^b\right) \cdot K_I$ beitragen.

Indirekte Insolvenzkosten sind Opportunitätskosten, die aus Wechselwirkungen der Insolvenzsituation mit der Unternehmensführung und der Marktstellung des Unternehmens resultieren. In Bezug auf die Unternehmensführung entstehen Kosten, da die Dispositionsfreiheit des Managements eingeschränkt ist und der Insolvenzverwalter oder Treuhänder seine Entscheidungen eher an den Interessen des zuständigen Gerichtes als an denen der Investoren ausrichtet. Die marktbezogenen Opportunitätskosten sind die Folge entgangener Umsätze und Investitions-/Finanzierungsmöglichkeiten. Die indirekten Insolvenzkosten sind Transaktionskosten, die in Verbindung mit der Gestaltung der Marktbeziehungen bzw. den Beziehung zu den restlichen Anspruchsgruppen (Güter-, Arbeits- und Finanzmärkte) auftreten. Dabei ist zu beachten, dass die drohende Gefahr der Insolvenz und die hieraus resultierende Beeinträchtigung finanz- und leistungswirtschaftlicher Prozesse schon vor deren Eintritt zu Kosten führen. Diese Transaktionskosten entstehen, weil sowohl das Unternehmen als auch seine Transaktionspartner ihr Verhalten an die Folgen einer möglichen Insolvenz anpassen.[492] Da Manager und Anteilseigner ein großes Interesse an der Weiterführung des Unternehmens haben, wird die Unternehmensführung versuchen, Maßnahmen zu ergreifen, welche die Liquiditätssituation verbessern. Dazu zählen auch kurzfristig wirksame, myopische Maßnahmen wie Senkung der F&E-Ausgaben sowie Einsparungen bei der Produktqualität und der Arbeitssicherheit, die jedoch längerfristig negative Auswirkungen auf die erwarteten Erlöse haben.

Die Nachfrage der Kunden wird durch diesen Anreiz zur Vernachlässigung von Innovation und Qualität sowie die Aussicht, dass ein von Insolvenz bedrohtes Unternehmen aus dem Markt ausscheiden könnte und somit die Versorgung mit Reparaturleistungen und Ersatzteilen schwieriger und kostspieliger bzw. unmöglich würde, negativ beeinflusst. Kunden, die auf eine längerfristige, stabile Versorgung mit Produkten und zugehörigen Dienstleistungen angewiesen sind, die nicht ohne weiteres durch Substitute ersetzt werden können, werden diese Produkte ungern von insolvenzgefährdeten Unternehmen beziehen und auf den Kauf verzichten bzw. Preisnachlässe als „Risikoprämie“ fordern. Ähnliche Reaktionen sind auf der Beschaffungsseite zu erwarten, da Zulieferer aufgrund der möglichen Zahlungsunfähigkeit und der begrenzten Dauer der Zusammenarbeit mit dem Unternehmen schlechtere Konditionen in Bezug auf Zahlungskonditionen und Preise anbieten sowie nicht bzw. nur in sehr beschränktem Maße auf Sonderwünsche des Abnehmers eingehen. Dieses Lieferantenverhalten beein-

---

492 Vgl. *Smith, C. W. J.* (1995), S. 25-26; *Shapiro, A./Titman, S.* (1998), S. 253-257.

trächtigt ebenfalls die erzielbaren finanziellen Überschüsse. Zudem fällt es einem insolvenzgefährdeten Unternehmen schwerer, qualifiziertes und motiviertes Personal zu rekrutieren bzw. zu halten. Durch Abwanderung fähiger Mitarbeiter hin zu stabileren Arbeitsverhältnissen findet ein Abfluss von Humankapital statt, während durch mangelnde Motivation sowie höhere Entgeltforderungen zur Kompensation des Beschäftigungsrisikos die Personalkostensituation negativ beeinflusst wird. Im Allgemeinen erhöhen sich die indirekten Kosten der Insolvenzgefahr mit den unternehmensspezifischen Investitionen und mangelnder Diversifikationsmöglichkeit der Transaktionspartner des Unternehmens.[493]

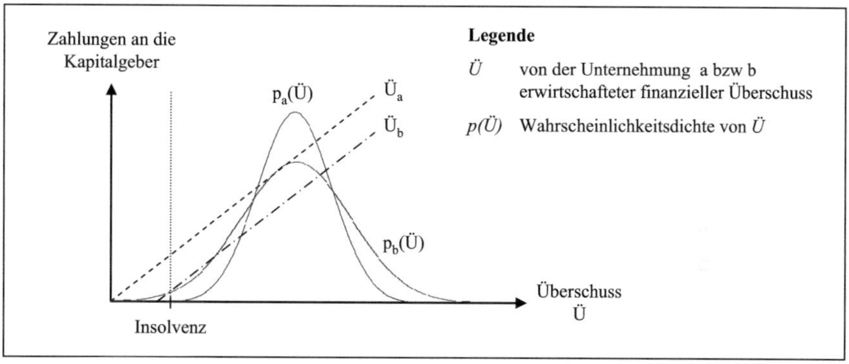

Abbildung 9: Kosten finanzieller Anspannung

Abbildung 9 zeigt den Verlauf der finanziellen Überschüsse (Zahlungen an die Kapitalgeber) für den Fall eines nicht insolvenzgefährdeten Unternehmens a (Insolvenzwahrscheinlichkeit $p_I^b = 0$) und einem ansonsten identischen Unternehmen b mit der Insolvenzwahrscheinlichkeit $p_I^b = \int_{-\infty}^{I} p(Ü) \cdot dÜ > 0$, wobei unterstellt wird, dass die Kosten der finanziellen Anspannung K_A mit der Insolvenzwahrscheinlichkeit ansteigen ($\frac{dK_A(p_I)}{dp_I} > 0$). Wird durch ein Unternehmensrisikomanagement die Insolvenzwahrscheinlichkeit vermindert, sinken die Transaktionskosten und der Unternehmenswert steigt ($\Delta Ü = \Delta K_A$).

3.3.2.2.5 Opportunitätskosten der Verdrängung lohnender Investitionsobjekte

Auf unvollkommenen Kapitalmärkten kann eine geeignete Koordination von Investitions- und Finanzierungsentscheidungen zu einem höheren Unternehmenswert beitragen.[494] Dabei wird

493 Vgl. *Stulz, R. M.* (1996), S. 13.
494 Vgl. *Froot, K. A. et al.* (1993); *Froot, K. A. et al.* (1994).

unterstellt, dass der Unternehmenswert grundlegend auf der Durchführung von Projekten mit positivem Kapitalwert beruht. Die Investitionen bedürfen dabei einer gesicherten Finanzierung. Bei Marktunvollkommenheiten können jedoch Interdependenzen zwischen Finanzierungs- und Investitionsentscheidungen entstehen, da die Finanzierungskosten abhängig von der Art der Finanzierung sind. Aufgrund der Existenz von Insolvenzkosten und Informationsasymmetrien zwischen Unternehmensführung und Kapitalgeber ist Innenfinanzierung günstiger als Außenfinanzierung. Daher werden Unternehmen zur Finanzierung von Investitionsprojekten zunächst auf intern generierte Mittel zurückgreifen, bevor neues Kapital von außen herangeführt wird. Die Kosten der Außenfinanzierung K_{AF} sind dabei annahmegemäß eine steigende Funktion des Umfangs der Außenfinanzierung AF, während die Grenzerträge der Investitionen fallend sind. Unsichere finanzielle Überschüsse des Unternehmens und somit ein unsicheres Innenfinanzierungspotenzial (bei gleichzeitig hiervon mehr oder weniger unabhängigen Investitionsmöglichkeiten) bewirken, dass Finanzierungsbedarf und Finanzierungsmöglichkeiten auseinander fallen und folglich entweder der Umfang der Außenfinanzierung oder aber das Investitionsprogramm angepasst werden müssen. Beide Alternativen führen dazu, dass vom ex ante optimalen Investitionsprogramm abgewichen werden muss und somit der erwartete finanzielle Überschuss geringer ausfällt. Wird ein niedriger finanzieller Überschuss realisiert, kommt es zur Verdrängung bzw. Begrenzung eigentlich lohnender Investitionsprojekte, da durch die steigenden Grenzkosten der Finanzierung und die fallenden Grenzerträge der Investition ein geringeres Investitionsniveau gewählt wird (Crowding Out).

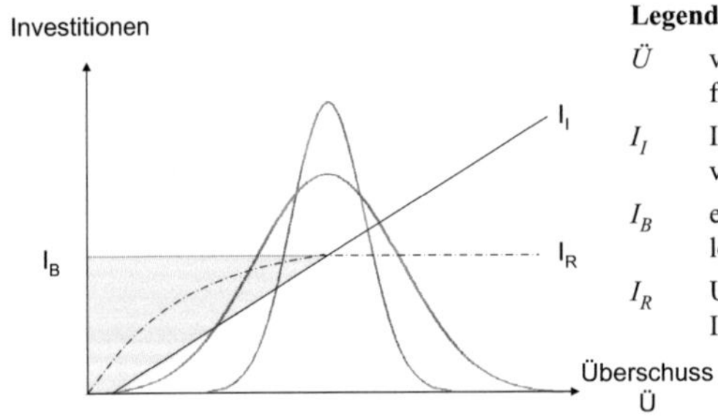

Legende

$\ddot{U}$	von der Unternehmung erwirtschafteter finanzieller Überschuss
I_I	Innenfinanzierungspotenzial (abhängig von $\ddot{U}$)
I_B	ex ante feststehender Kapitalbedarf für lohnende Investitionen
I_R	Umfang tatsächlich durchgeführter Investitionen

Abbildung 10: Crowding Out

In Abbildung 10 wird der Zusammenhang zwischen einem vom finanziellen Überschuss $\ddot{U}$ abhängigen Innenfinanzierungspotenzial I_I und einem hiervon unabhängigen, ex ante festgestellten Kapitalbedarf für lohnende Investitionen I_B dargestellt.

Aufgrund der steigenden Grenzkosten der Außenfinanzierung können bei Realisation eines finanziellen Überschusses, der nicht zur vollständigen Selbstfinanzierung der Investitionen ausreicht, lohnende Investitionen nur in einem geringeren Umfang I_R getätigt werden, die folglich in Zukunft zu einem geringeren finanziellen Überschuss führen werden. Wird durch ein Unternehmensrisikomanagement die Volatilität des Innenfinanzierungspotenzials vermindert und somit das Investitionsprogramm stabilisiert, trägt dies zur Steigerung des Unternehmenswertes bei.

3.3.2.2.6 Unternehmensbesteuerung: Konvexe Steuerfunktion

Die Berücksichtigung von Unternehmenssteuern liefert ebenfalls Argumente für die Vorteilhaftigkeit eines Unternehmensrisikomanagements.[495] Bei einer konvexen Steuerfunktion (d. h. der effektive Grenzsteuersatz für Unternehmen ist eine steigende Funktion der zu versteuernden finanziellen Überschüsse) ist der Nachsteuerüberschuss eine konkave Funktion des Vorsteuerüberschusses. Durch eine Reduktion der Volatilität des Vorsteuerüberschusses werden die erwarteten Steuerzahlungen gemindert und somit der Unternehmenswert erhöht. Der Nachsteuerüberschuss $\ddot{U}_N = \ddot{U}_V - T(\ddot{U}_V)$ ergibt sich nach Abzug der Steuer $T(\ddot{U}_V)$ vom Vorsteuerüberschuss $\ddot{U}_V$, wobei sich der Unternehmenswert aus dem erwarteten Nachsteuerüberschuss ergibt. Gilt $\frac{d^2T(\ddot{U}_V)}{d\ddot{U}_V{}^2} > 0$, ist der Erwartungswert der Steuerzahlungen größer als die Steuerzahlung auf den erwarteten Vorsteuerüberschuss $E[T(\ddot{U}_V)] > T(E[\ddot{U}_V])$. Dies bedeutet, dass ein unsicherer Vorsteuerüberschuss zu einer höheren erwarteten Steuerzahlung führt als ein sicherer Vorsteuerüberschuss in Höhe des Erwartungswertes. Je größer die Vorsteuervolatilität und die Steuerprogression sind, desto stärker werden der erwartete Nachsteuerüberschuss und damit der Unternehmenswert beeinträchtigt.[496] Entsprechend führt Situation a in Abbildung 11 zu einer höheren erwarteten Steuerzahlung als Situation b.

Die Konvexität der Steuerfunktion kann aus direkter Steuerprogression (steigende Grenzsteuersätze) sowie indirekter Steuerprogression (Verlustverrechnungsmöglichkeiten, andere Steuervergünstigungen) resultieren.[497]

---

495 Vgl. *Smith, C. W. J./Stulz, R. M.* (1985), S. 392-395.

496 Die Steuerforderung des Staates gegenüber einem Unternehmen kann als Call auf das Unternehmenseinkommen verstanden werden. Eine Volatilitätsreduktion führt zu einem geringeren Optionswert. Vgl. *Bühlmann, B.* (1998, 137).

497 Vgl. *Pritsch, G./Hommel, U.* (1997), S. 684; *Bühlmann, B.* (1998), S. 141.

Wird durch ein Unternehmensrisikomanagement die Volatilität des Vorsteuerüberschusses vermindert, können die erwarteten Steuerzahlungen gesenkt und folglich der Unternehmenswert gesteigert werden.

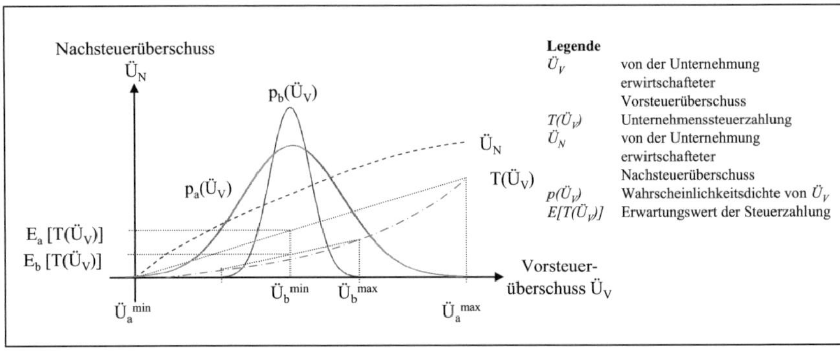

Abbildung 11: Konvexe Unternehmenssteuerfunktion

3.3.3 Schlussfolgerungen für eine tragfähige Risikomanagement-Konzeption

Die vorgestellten Erklärungsansätze zeigen, dass ein unternehmensgetragenes Risikomanagement in unterschiedlichen Konstellationen – bei Betrachtung unterschiedlicher Zielsetzungen und Anspruchsgruppen – ökonomisch vorteilhaft sein kann: Sowohl bei isolierter Betrachtung der Interessen eines Eigentümerunternehmers als auch bei Betrachtung unterschiedlichen Interessen verschiedener Anspruchsgruppen in einem Marktumfeld lässt sich eine nutzen- bzw. wertsteigernde Wirkung begründen.

Eine wichtige Erkenntnis für die Konzeption eines Unternehmensrisikomanagements ist hierbei, dass in allen Fällen die **Gesamtrisikoposition**, d. h. die Unsicherheit des aggregierten monetären Überschusses, relevant ist.[498] Durch die Gestaltung bzw. Verminderung der Überschussunsicherheit übernimmt das Risikomanagement eine wichtige Funktion zur Sicherung der fortgesetzten Unternehmensexistenz und Verminderung von Einkommensunsicherheiten für die Anspruchsgruppen des Unternehmens. Doch dies erfordert gerade für Nicht-Finanzunternehmen die Berücksichtigung einer Reihe weiterer Risiken neben finanzwirtschaftlichen und versicherbaren Risiken, welche im Mittelpunkt der Betrachtung bei den kapitalmarkttheoretischen Erklärungsansätzen stehen. Zur Strukturierung des Phänomens Risiko

[498] Vgl. *Pritsch, G./Hommel, U.* (1997), S. 673.

wurden verschiedene Systematisierungsansätze entwickelt, die versuchen, Teilbereiche nach unterschiedlichen Kriterien wie Branchen, Unternehmensfunktionen, Ursachen, Messbarkeit, Aggregationsgrad, Versicherbarkeit, Beeinflussbarkeit etc. abzugrenzen.[499] Aufbauend auf der Idee der Kernkompetenzen kann argumentiert werden, dass Unternehmen beim Tragen und Bewältigen von Risiken, die im Zusammenhang mit ihren Kernkompetenzen stehen, einen komparativen Vorteil haben.[500] Bei Nicht-Finanzunternehmen liegen diese Kernkompetenzen wohl vor allem im leistungswirtschaftlichen Bereich, für den entsprechend auch leistungswirtschaftliche Risikogestaltungsmaßnahmen in Betracht kommen.

Die integrative Berücksichtigung des gesamten Unternehmensrisikos und nicht nur einzelner Teilbereiche ist das Anliegen des **integriert-holistischen Risikomanagement-Ansatzes**.[501] Integriert-holistisches Risikomanagement bezeichnet dabei das ganzheitliche, in die Unternehmensführung eingebundene Management aller Unternehmensrisiken unter Berücksichtigung sämtlicher Risikointerdependenzen.[502] Eine Integration des Risikomanagements in die Unternehmensführung ist unerlässlich, da Entstehung und Wirkung von Risiken durch Führungshandlungen maßgeblich beeinflusst werden und die Gestaltung des Risikos Führungsaufgabe ist.[503] Die Notwendigkeit zur ganzheitlichen Betrachtung aller Unternehmensrisiken lässt sich aus den Erkenntnissen der Portfoliotheorie ableiten: Ein Nicht-Finanzunternehmen kann als Portfolio risikobehafteter Finanzierungs-, Beschaffungs-, Produktions- und Absatzaktivitäten gesehen werden. Das Gesamtrisiko ergibt sich aus den einzelnen Risiken mit unterschiedlichen Ursache-Wirkungsketten, wobei aufgrund stochastischer Interdependenzen (Risikointerdependenzen) das Gesamtrisiko eines Unternehmens nicht gleich der Summe der Einzelrisiken ist.[504] Die grundsätzliche Wirkung der Risikofaktoren auf den Zahlungsüberschuss ist unabhängig von der Risikoursache.

Die **Gestaltung des Unternehmensrisikos** ist dabei nicht nur mithilfe von Finanzinstrumenten und Versicherungen möglich. Eine große Bedeutung kommt leistungswirtschaftlichen, organisatorischen und vertraglichen Maßnahmen zu. Im Rahmen eines integriert-holistischen Risikomanagements ist dabei auf Primär- und Sekundäraktivitäten der Risikosteuerung hinzuweisen. Während Sekundäraktivitäten die Steuerung des aus den Unternehmensaktivitäten

---

[499] Systematisierungsvorschläge für industrielle Risiken finden sich z. B. bei *Segelmann, F.* (1959), S. 19-34; *Bühler, W.* (1998), S. 208-209; *Kremers, M.* (2002), S. 44-55; *Rogler, S.* (2002).

[500] Vgl. *Pritsch, G./Hommel, U.* (1997), S. 685; *Doherty, N. A.* (2000), S. 223; *Gleißner, W.* (2000).

[501] Ähnliche Begriffe sind integriertes Risikomanagement (vgl. *KPMG* (1998), S. 7; *Doherty, N. A.* (2000), S. 20 und S. 270; *Pfennig, M.* (2000), S. 1307) und unternehmensweites Risikomanagement (vgl. *PwC* (1999); *Dickinson, G.* (2001); *Denk, R./Exner-Merkelt, K.* (2005)).

[502] Vgl. *Albrecht, P.* (1999).

[503] Vgl. *Braun, H.* (1984), S. 15; *Mensch, G.* (1991), S. 18.

[504] Vgl. *Doherty, N. A.* (2000), Kap. 4.

und -strukturen resultierenden Risikos als „gegebene Größe“ zum Gegenstand haben, sind Primäraktivitäten in den zugrunde liegenden Entscheidungen integriert und stellen die planvolle, risikobezogene Modifikation risikobehafteter Aktivitäten und Strukturen dar.[505] Primäraktivitäten sind bei einem integrativen Ansatz von besonderer Bedeutung: Da potenziell jede Unternehmensaktivität das Gesamtrisiko betrifft, sind entsprechend alle Aktivitäten als mögliche Risikosteuerungsmaßnahmen zu sehen.

Eine Orientierung am Unternehmenswert als übergeordnetes Unternehmensziel legt die Verwendung des Zahlungsüberschusses (gesamter Cashflow) als hinsichtlich der Unsicherheit zu steuernde Größe nahe. Die konkrete Aufgabe des Risikomanagements ist in diesem Kontext die zielgerichtete Reduktion der Cashflow-Volatilität bzw. die Verringerung der Wahrscheinlichkeit unerwünschter (niedriger) Zahlungsüberschüsse. Dabei ist jedoch zu beachten, dass sich die einzelnen kapitalmarkttheoretischen Erklärungsansätze jeweils auf unterschiedliche monetäre Unternehmensziele (Unternehmenswert, Cashflow, Vorsteuereinkommen) und Bewertungsansätze (Marktwerte, Buchwerte) beziehen.[506] Da die Steuerung der Volatilität einer Größe (z. B. Unternehmenswert) unerwünschte Auswirkungen auf andere Größen (z. B. Gewinn) haben kann,[507] sollten die Maßnahmen unter Beachtung der Interdependenzen und Zielsetzungen aufeinander abgestimmt werden sowie – soweit sinnvoll und möglich – eine Spitzengröße festgelegt werden.

Die besondere Bedeutung niedriger Überschüsse für die Entstehung und Höhe von Agency-, Transaktions- und Opportunitätskosten legt weiterhin die Verwendung von **Downside-Risikomaßen** für ein unternehmensweites Risikomanagement nahe.[508]

Eine sinnvolle Gestaltung des Risikomanagements in Nicht-Finanzunternehmen sollte jenseits gesetzlicher Bestimmungen und Standards auf grundlegenden Überlegungen zur Vorteilhaftigkeit einer Erfassung und Gestaltung von Risiken durch das Unternehmen erfolgen. Die vorgestellten entscheidungstheoretischen und neoinstitutionalen Erklärungsansätze zeigen, warum bzw. unter welchen Bedingungen ein unternehmensgetragenes Risikomanagement vorteilhaft im Sinne einer Verbesserung der Erreichung der Unternehmensziele sein kann. Zudem lassen sich aus ihnen Hinweise zur Beurteilung des Ausmaßes der Vorteilhaftigkeit ableiten.

---

505 Bezogen auf finanzwirtschaftliche Risiken vgl. *Bitz, M.* (1993), S. 651; *Klingenbeck, M.* (1996), S. 64-67; *Oehler, A./Unser, M.* (2002), S. 36-38.

506 Vgl. *Bartram, S. M.* (2000a), S. 23-24. , S. 217-249.

507 Vgl. *Hu, H. T. C.* (1996), S. 44.

508 Vgl. *Stulz, R. M.* (1996). Risikomaße werden ausführlich in Kapitel 5 behandelt.

Da in der Regel aber weder die **Nutzen-** noch die **Unternehmenswertwirkung** des Risikomanagements hinreichend genau messbar sein werden, muss auf eine qualitative Abwägung über Art und Umfang der Risikomanagementaktivitäten zurückgegriffen werden. Die neoinstitutionalen Erklärungsansätze zeigen Eigenschaften des Unternehmens und seines Umfelds auf, welche die Vorteilhaftigkeit eines Risikomanagements und somit den Umfang der hierauf zu verwendenden Ressourcen beeinflussen. Diese – in Bezug auf ein finanzwirtschaftliches Risikomanagement z. T. auch empirisch bestätigten – Eigenschaften sind z. B. Aktien- bzw. Aktienoptionsbesitz des Managements, Verschuldungsgrad, Verhältnis Marktwert zu Buchwert, Verhältnis F&E-Aufwendungen zu Umsatz, Wachstumspotenzial, Differenz der Kosten für Innen- und Außenfinanzierung, Korrelation Investitionsmöglichkeiten und Innenfinanzierungspotenzial, Skaleneffekte bei der Risikoabsicherung, Insolvenzgefahr, Steuerprogression, Abhängigkeit bzw. Diversifikationsgrad der Kunden und Lieferanten sowie Diversifikationsgrad der Investoren.[509] Die Analyse der Ausprägungen der Unternehmens- und Umfeldeigenschaften erlaubt eine Abschätzung des potenziellen Nutzens eines Risikomanagements und fundiert und erleichtert Entscheidungen über die Allokation von Ressourcen zu Risikomanagement-Potenzialen und -Aktivitäten.

3.4 Struktur und Inhalt von Risikomanagement-Konzeptionen

Die bisherigen Ausführungen dienten der Darstellung des Standes der Risikomanagement-Forschung und der Begründung der Vorteilhaftigkeit eines unternehmensgetragenen Risikomanagements. Dabei konnten schon einige Hinweise auf die Ausgestaltung einer tragfähigen Risikomanagement-Konzeption gewonnen werden. Zugleich wurde deutlich, dass die Auffassungen zum Risikomanagement in Forschung und Praxis recht heterogen sind und die Thematik eine gewisse Dynamik aufweist, da aktuelle Entwicklungen, wie insbesondere gesetzliche und regulatorische Bestimmungen, die Auseinandersetzung mit dem Risikomanagement bzw. die vorherrschende Betrachtungsperspektive stark beeinflussen. Eine nähere Betrachtung existierender Risikomanagement-Konzeptionen erfolgte bisher jedoch noch nicht. Für die Ableitung einer tragfähigen Risikomanagement-Konzeption wird die Beachtung bestehender Ansätze als Grundlage der Integration in die Risikomanagement-Forschung und Ableitung einer konsistenten Konzeptionsstruktur als sinnvoll erachtet. Daher werden nun bestehende Risikomanagement-Konzeptionen vorgestellt und analysiert. Einbezogen werden dabei Vorschläge aus der betriebswirtschaftlichen Risikomanagement-Literatur sowie existierende Risikomanagement-Standards als formalisierte, praxisorientierte Strukturierungs- bzw. Gestaltungs-

[509] Vgl. *Pritsch, G./Hommel, U.* (1997); *Bartram, S. M.* (1999); *Bartram, S. M.* (2000a), S. 25-49.

vorschläge für ein Unternehmensrisikomanagement. Diese dienen als Referenzansätze für die Ableitung einer tragfähigen Risikomanagement-Konzeption, wobei der Schwerpunkt der Betrachtung dabei auf der Ableitung eines Vorschlags für Struktur und Inhalt einer tragfähigen Risikomanagement-Konzeption als Bezugsrahmen einer tragfähigen Risikocontrolling-Konzeption liegt.

3.4.1 Risikomanagement-Konzeptionen in der betriebswirtschaftlichen Literatur

Eine wichtige Quelle für Risikomanagement-Konzeptionen stellt selbstredend die betriebswirtschaftliche Literatur zum Risikomanagement dar. Im Gegensatz zur Controlling-Literatur wird im Bereich des Risikomanagements selten explizit auf Risikomanagement-Konzeptionen und deren Konstituenten Bezug genommen. Entsprechend spielen auch Ordnungsansätze, die bei der akademischen Controlling-Diskussion eine wichtige Stellung einnehmen, eine vergleichsweise geringe Rolle. Am weitesten verbreitet ist – wie schon gesehen – die Einteilung in Insurance-Management, Risikomanagement i. e. S. bzw. spezielles Risikomanagement und Risikomanagement i. w. S. bzw. generelles Risikomanagement. Als Strukturierungsmerkmale können dabei der Risikobegriff, der Bezug zur Unternehmensführung, die Hauptzielsetzung, die betrachteten Handlungsmöglichkeiten und die Aufgaben identifiziert werden.[510] Die identifizierten Strukturierungsmerkmale sollten anhand ausgewählter Vorstellungen zu Gegenstand, Struktur und Inhalt von Risikomanagement-Konzeptionen in der betriebswirtschaftlichen Literatur ergänzt werden. Zielsetzung ist die Ableitung eines Ordnungsschemas für die strukturierte Betrachtung ausgewählter Risikomanagement-Ansätze, das auch als Rahmen für den Vorschlag einer tragfähigen Risikomanagement-Konzeption dienen soll.

Mugler verwendet zur Charakterisierung seines Risikomanagement-Konzepts die folgenden Aspekte: die **Stellung** des Risk Managements **in der Unternehmensführung** sowie die **Objekte**, **Teilziele** und **Teilaufgaben** des Risk Managements. Dies entspricht einer vornehmlich funktionalen Konzeptualisierung. Die Objekte des Risikomanagements beinhalten dabei mit den **Risiken** das **Handlungsobjekt** und mit den **Sicherheitsgütern** die risikogestaltenden Instrumente.[511] Ebenfalls aus funktionaler Perspektive begreift *Braun* den **Risikobegriff** als Basis für die Ableitung des Wirkungsfelds des Risikomanagements sowie die **Ziele** und **Funktionen** des Risikomanagements als Grundlagen eines Risikomanagement-Konzepts. Zudem wird auf **Kontextfaktoren** des Risikomanagements verwiesen, was die Berücksichti-

[510] Siehe Abschnitt 3.2.1.2, insbesondere Abbildung 4.
[511] Vgl. *Mugler, J.* (1979), S. 50-84.

gung der internen und externen Gegebenheiten nahe legt.[512] Zur Entwicklung einer führungsorientierten Risikomanagement-Konzeption betrachtet *Mensch* den **Zweck** bzw. die **Beziehung zum Unternehmensführungskontext**, die **Ziele**, die **Funktion**, **Informationen** und **Instrumente** des Risikomanagements als relevante Bestandteile einer Risikomanagement-Konzeption.[513] In Anlehnung an das St. Galler Management-Konzept unterteilt *Meinecke* das Risikomanagement in die **Ebenen** Risikomanagement-Philosophie, normatives Risikomanagement, strategisches Risikomanagement und operatives Risikomanagement, in denen jeweils die drei **Aspekte** Aktivitäten, Strukturen und Verhalten zu gestalten sind.[514] Als Grundlage für eine Befragung österreichischer Unternehmen zum Stand des Risikomanagements und somit als Strukturrahmen des Risikomanagements als empirisches Phänomen wurden als Dimensionen des Risikomanagements **Ziele**, **Organisation**, **Prozess** sowie die EDV-Unterstützung definiert. Dabei umfasst die Dimension Prozess sowohl Aufgaben als auch Ablauforganisation und Instrumente des Risikomanagements, während die EDV-Unterstützung zu den Instrumenten zu zählen ist.[515]

Als Beispiel für die japanische Risikomanagement-Literatur sei *Kamei* angeführt, der zur Charakterisierung von Risikomanagement-Erscheinungsformen die Kriterien **Zielsetzung**, **betrachtete Risiken**, **Inhalt**, **organisatorische Stellung** und **Problembereiche** verwendet.[516]

Auf der Grundlage der identifizierten bzw. postulierten potenziellen Strukturelemente einer Risikomanagement-Konzeption wird folgendes Ordnungsschema zur strukturierten Betrachtung von Risikomanagement-Ansätzen vorgeschlagen:

- **Betrachtungsobjekt**: Diese Dimension erfasst die Bezeichnung des Ansatzes und gibt Hinweise auf die Einordnung in die Betriebswirtschaftslehre.
- **Generelle Vorgehensweise/Perspektive**: Diese Dimension dient der Einordnung in das Forschungsprogramm der Betriebswirtschaftslehre und versucht, die expliziten und impliziten Grundannahmen aufzuzeigen.
- **Risikobegriff/Gegenstandsbereich**: Dies gibt Aufschluss über die zugrunde gelegte Risikodefinition und den Umfang des Aufgabenbereiches.
- **Ziele**: Bei diesem Merkmal wird erfasst, zu welchen Unternehmenszielen das Risikomanagement beitragen soll bzw. welche unmittelbaren Ziele ihm selbst zugeschrieben

512 Vgl. *Braun, H.* (1984), S. 21-72.
513 Vgl. *Mensch, G.* (1991), S. 60-93.
514 Vgl. *Meinecke, H.* (1997), S. 40-45.
515 Vgl. *Denk, R./Exner-Merkelt, K.* (2005), S. 22-24.
516 Vgl. *Kamei, T.* (2001), S. 21-23.

werden und gibt somit Auskunft über die funktionale Einordnung und Grundausrichtung.

- **Aufgaben und funktionale Elemente**: Erfasst die dem Risikomanagement zugeschriebenen Funktionen und Teilaufgaben.
- **Betrachtete Handlungsarten, Maßnahmen und Instrumente**: Gibt den Aktionsraum des Risikomanagements und die hierbei zu verwendenden Hilfsmittel an.
- **Bezug zur Unternehmensführung**: Unterscheidet nach dem funktionalen bzw. organisationalen Bezug des Risikomanagements bzw. der Risikomanagement-Institution zur Funktion und Institution der Unternehmensführung.

Die strukturierte Betrachtung der einzelnen Ansätze dient vor allem der Gewinnung denkbarer Merkmalsausprägungen und somit des Inhalts von Risikomanagement-Konzeptionen. Die synoptische Darstellung erfordert zusätzlich die Angabe der Deskriptoren **Autor**, **Land** und **Jahr**, sodass regionale und temporale Unterschiede identifiziert werden können.

Um eine möglichst breite Erfassung von Risikomanagement-Vorstellungen und somit eine umfangreiche Abbildung möglicher Merkmalsausprägungen zu gewährleisten, wurde die Auswahl der zu betrachteten Ansätze so gewählt, dass ein möglichst großer Zeitraum und möglichst viele Länder untersucht werden. Der gewählte Zeitraum umfasst ca. 100 Jahre und erfasst somit im Wesentlichen den Zeitraum der Betriebswirtschaftslehre als eigenständige Disziplin im deutschsprachigen Raum. Die betrachteten Länder umfassen Deutschland, Österreich, die Schweiz, die USA, Japan und Schweden, wobei der Fokus eindeutig auf dem deutschen Sprachraum liegt. Dennoch sollte die Auswahl eine ausreichende Identifikation bzw. Berücksichtigung regionaler bzw. nationaler Besonderheiten bei den Risikomanagement-Auffassungen ermöglichen. Die Ergebnisse der strukturierten Erfassung der ausgewählten Ansätze werden in Tabelle 7 wiedergegeben.

Das Ordnungsschema erlaubt eine zufrieden stellende Charakterisierung der betrachteten Risikomanagement-Ansätze und wird daher als tragfähige Ausgangsbasis für die Ableitung einer zweckmäßigen Struktur für Risikomanagement-Konzeptionen angesehen. Da diese im Rahmen dieser Arbeit jedoch als Grundlage für den Vorschlag einer Risikocontrolling-Konzeption dient, ist zusätzlich ein Abgleich mit den Ergebnissen zur Ableitung einer zweckmäßigen Struktur von Controlling-Konzeptionen vorzunehmen.[517] Diese Vorgehensweise wird als zulässig angesehen, da die Stellung des Controllings und des Risikomanage-

[517] Siehe Abschnitt 2.3.1.

ments in der Betriebswirtschaftslehre in ähnlicher Weise als zwischen Führungsfunktion und spezifischer Unterstützungsfunktion liegend gesehen werden. Der Vorschlag für die Struktur einer tragfähigen Risikomanagement-Konzeption sieht daher folgendermaßen aus:

- Aussagen zur theoretischen Fundierung des Risikomanagements und dessen Einordnung in die Betriebswirtschaftslehre (z. B. grundlegende Theorie der Unternehmung, Menschen- bzw. Akteursbild, Ansatzpunkt für die Notwendigkeit des Risikomanagements). Hierbei ist folgendes von besonderem Interesse:
- Konzeptualisierung des Risikos (Risikobegriff).
- Konzeptualisierung des Unternehmens bzw. der Unternehmensführung als Bezugsrahmen des Risikomanagements (Unternehmenssystem, Führungssystem, Führungsprozess) und der Stellung des Risikomanagements in diesem. Eine Konkretisierung sollte durch die folgenden Punkte erfolgen:
- Spezifikation der Art und des Umfangs der Risikomanagement-Ziele (mittel- und unmittelbar) und -Aufgaben (Aufgabenbreite und -tiefe).
- Spezifikation der Instrumente, die der Aufgabenerfüllung dienen.
- Spezifikation der Institutionalisierungsmöglichkeiten bzw. Aufgabenträger.

Damit liegt eine aussagefähige und mit den Erkenntnissen zum Controlling kompatible Konzeptionsstruktur für das Risikomanagement vor.

Autor (Jahr) Land	Betrachtungsobjekt	Generelle Vorgehensweise/ Perspektive	Risikobegriff/ Gegenstandsbereich	Ziele	Aufgaben	Betrachtete Handlungsarten, Maßnahmen und Instrumente	Bezug zur Unternehmensführung
Leitner, F. (1915) Deutschland	Unternehmungsrisiko der Privatwirtschaftslehre	Klassisch-privatwirtschaftlich, Systematisierung von Risikoursachen und Risikoarten sowie der Abwehrmittel	Alle mittelbaren und unmittelbaren Vermögensverluste und Vermögensaufwendungen infolge unvorhergesehener oder unabwendbarer Ereignisse	Mittelbar: Rentabilität bzw. Gewinnerzielung Unmittelbar: Schadensvermeidung	Ergreifung „verwaltungspolitische" Abwehrmaßnahmen zur Risikobeseitigung oder -beschränkung	Risikoüberwälzung, Versicherung, Risikoverteilung, Risikoteilung, Sicherstellung, Beschränkung der Verlustgefahr, vorbeugende Maßnahmen, Rentabilitätssicherung, kollektive Abwehrmaßnahmen	Gegenstand der Unternehmertätigkeit
Knight, F. H. (1921) USA	Risiko, Unsicherheit und Gewinn	Neo-klassisch, wissens- bzw. informationsstandsbezogen, Bedeutung d. Unsicherheit für d. Wirtschaftstheorie	Messbare Unsicherheit	Nutzenmaximierung	Rationale Entscheidung unter Unsicherheit und Voraussicht, Verantwortungsübernahme	Organisationale bzw. institutionale Maßnahmen zur Unsicherheitsreduktion: Gruppierung von Unsicherheiten/Risiken, Spezialisierung, Versicherungen, Verträge (Leasing anstatt Kauf etc.) Quantifizierung/Messbarmachung der Unsicherheit Verbesserung des Informationsstandes	Umgang mit Unsicherheit ist wesentlicher Teil des Managements
Nicklisch, H. (1922) Deutschland	Risikopolitik	Klassisch-privatwirtschaftlich	Mögliche Verluste bzw. Vermögensminderungen	Sicherheit, insbesondere Liquidität und Reserven	Beschränkung des Risikos durch geschäftliche Maßnahmen	Preissicherung, Risikoverteilung, Reservenbildung, Risikoübertragung	Keine explizite Aussage, implizit Teil der Betriebswirtschaft
Oberparleiter, K. (1955) Deutschland	Risikopolitik	Funktionslehre des Warenhandels	Gefahr des Misslingens einer Leistung, insbesondere unterbleibender Wertauftrieb bzw. Vermögensverlust	Gewinnerzielung	Gestaltung der Unternehmungsaktivitäten unter Beachtung des Risikos	Risikountersuchung, Vorbeugung, Schutzmaßnahmen, Abwälzung, Selbstbehalt	Teil des betriebswirtschaftlichen Verhaltens und Handelns
Segelmann, F. (1959) Deutschland	Risikopolitik	funktional	Verlustgefahr, über deren Höhe oder Eintritt Unsicherheit besteht	Rentabilität und Sicherheit	Herausarbeitung der auf allen betrieblichen Bereichen und Teilbreichen gleichen Verhaltensweise gegenüber Risiken des Wirtschaftslebens	Schaffung der Grundlagen der Risikopolitik (Schaffung des Risikobewusstseins, Verringerung der Unsicherheit), Maßnahmen der Risikopolitik (Vorbeugungs- und Schutzmaßnahmen, Risikoübertragung, Kalkulation des Risikos, Reservebildung, Risikoteilung, Risikoverteilung, Vergrößerung der Elastizität, Risikokompensation)	Teilbereich der allgemeinen Betriebspolitik (Verantwortung bei oberster Betriebsleitung, Ausführung bei nach geordneten Stellen)
Philipp, F. (1967) Deutschland	Risikopolitik	Entscheidungstheoretisch (präskriptiv), funktional	Möglichkeit der Fehlentscheidung infolge von Ungewissheit über Eintritt und Ausmaß zukünftiger Ereignisse	Reduktion der Gefahr der Fehlentscheidung unter Berücksichtigung der Auswirkungen auf das gesamte Zielsystem	Planvolles, zielgerichtetes Verhalten gegenüber dem Phänomen Risiko Integration von Unsicherheit in die Entscheidungen, Auswahl und Anwendung von risikopolitischen Einzelmaßnahmen zur Risikoreduktion	Methoden der präskriptiven Entscheidungstheorie zur Darstellung der Entscheidungssituation und Ableitung von Entscheidungen (Entscheidungskriterien) System von risikopolitischen Einzelmaßnahmen: ursachenbezogene Maßnahmen (Verbesserung des Informationsstandes, Verringerung der Gefahr menschlichen Versagens) und wirkungsbezogene Maßnahmen (Verringerung des möglichen Schadens, Sicherung gegen möglichen Schaden)	Risiko ist ein konstitutives Element unternehmerischen Handelns, planvoller und zielbewusster Umgang mit dem Risiko ist eine besondere Teilpolitik im Rahmen der allgemeinen Unternehmenspolitik, Element der Entscheidungsfindung des Unternehmers

Autor (Jahr) Land	Betrachtungsobjekt	Generelle Vorgehensweise/ Perspektive	Risikobegriff/ Gegenstandsbereich	Ziele	Aufgaben	Betrachtete Handlungsarten, Maßnahmen und Instrumente	Bezug zur Unternehmensführung
Streitferdt, L. (1973) Deutschland	Betriebswirtschaftliche Risikotheorie	Entscheidungstheoretisch (entscheidungsanalytisch), funktional	Unsicherheit von Werten (Ausmaß der Zielerreichung) bezogen auf Gesamtergebnis (Gesamtrisiko)	Betriebswirtschaftliche Zielsetzungen, (z. B. Erfolg, Umsatz, Liquidität etc.) Nutzenmaximierung	Zielgerichtetes betriebliches Entscheiden und Handeln, Untersuchung der Wirkung des Risikos auf das System der interdependenten Unternehmensentscheidungen	Maßnahmen zur Gestaltung der Unsicherheit: Informationsbeschaffung und -verarbeitung, direkte Beeinflussung von Wahrscheinlichkeiten Maßnahmen zur Gestaltung der Werte: Risikoübertragung, Gestaltung der betrieblichen Flexibilität, Risikostreuung	Integraler Teil der Entscheidungsfindung und somit der Unternehmensführung
Mehr, R. I./Hedges, B. A. (1974) USA	Risk Management	Funktional-institutional	Verlust-, Schadens-, Verletzungsgefahren, Schadensersatzansprüche Dritter	Mittelbar: Beitrag zu Sach-, Formal- und Sozialzielen sowie persönlichen Zielen der Entscheidungsträger Unmittelbar: Existenzsicherung, Sicherung von Effizienz und Wachstum, Sicherheitsgefühl, Soziale Verantwortung	Risikoanalyse Auswahl von Risikobewältigungsmaßnahmen Umsetzung, Verwaltung und Überwachung von Risikobewältigungsmaßnahmen (Versicherungen, Sozialleistungen bei Unfällen und Verrentung, unversicherte Schadensfälle, Risikofinanzierung, Schadensverhütungsaktivitäten)	Risikoanalyse: Identifikation und Bewertung von Verlustgefahren Risikobewältigungsmaßnahmen: Risikotragung (Risikofinanzierung), Risikoreduktion, Risikoüberwälzung	Abgrenzbarer Aufgabenbereich in Unternehmungen bzw. Organisationen mit Schnittstellen zu anderen Funktionen
Karten, W. (1978) Deutschland	Risikopolitik bzw. Risk Management	Entscheidungstheoretisch (präskriptiv) und praxisorientiert (institutional)	Wahrscheinlichkeitsverteilung von Ereignissen	Nutzenmaximierung, günstige Beeinflussung der betrieblichen Risikosituation	Risikopolitik: systematische Veränderung einer gegebenen Risikosituation Risk Management: Risikoanalyse, Schadensverhütung, Optimierung der Versicherungsnachfrage	Risikoanalyse und -identifikation: systematische Informationsbeschaffung über Risiken Planung risikopolitischer Entscheidungen: Veränderung der Ergebnisverteilung durch Risikomeidung, Schadenverhütung, Risikobegrenzung, Bereitstellen von Sicherheitsmitteln zur Risikotragung (finanzielle Vorsorge)	Risikopolitik ist eine eigene betriebswirtschaftliche Funktion mit Querschnittscharakter, Risk Management ist ein bestimmter Aspekt der Risikopolitik, der einer bestimmten Stelle übertragen wird
Mugler, J. (1979) Deutschland	Risk Management	Funktional-institutional, z. T. empirisch gestützt	Theoretisch versicherbare Risiken (messbare Zielabweichungen, die durch den Risikoträger nicht beeinflussbar sind und die für den Ausgleich im Kollektiv geeignet sind)	Generell: Erhöhung der Sicherheit von Unternehmungen Teilziele: Beitrag zur Erhöhung der Wahrscheinlichkeit des Eintretens gewünschter Ergebnisse, Beitrag zur Erhöhung der Sicherheit von Mitgliedern der Unternehmungsbezugsgruppen, Beitrag zur Erhaltung der Unternehmung	Gestaltung theoretisch versicherbarer Risiken durch den zielgerichteten Einsatz von Sicherheitsgütern Risikoanalyse: Risikoerkennung und Risikobewertung Sicherheitsgüterdisposition: Sicherheitsgüteranalyse, Auswahl von Sicherheitsgüterkombinationen, Bereitstellung und Einsatzsteuerung der Sicherheitsgüter	Methoden der Risikoerkennung Methoden der Risikobewertung (Schadensausmaß und Schadenshäufigkeit) Methoden der Erkennung und der Prüfung der Wirkung von Sicherheitsgütern Entscheidungsregeln zur Auswahl von Sicherheitsgüterkombinationen Methoden der Bereitstellung von Sicherheitsgütern Methoden der Einsatzsteuerung	Risk Management ist Bestandteil der betriebswirtschaftlichen Risikopolitik und somit Bestandteil der Unternehmungspolitik Relativ selbständige Risiko-Teilpolitik auf der taktischen Ebene

Autor (Jahr) Land	Betrachtungsobjekt	Generelle Vorgehensweise/ Perspektive	Risikobegriff/ Gegenstandsbereich	Ziele	Aufgaben	Betrachtete Handlungsarten, Maßnahmen und Instrumente	Bezug zur Unternehmensführung
Farny, D. (1979) Deutschland	Risk Management	Entscheidungstheoretisch (präskriptiv)	Gesamte Wahrscheinlichkeitsverteilung der möglichen Ergebnisse wirtschaftlichen Handelns bzw. Ausschnitt der die Nichterreichung von Planzielen umfasst	Erreichung eines bestimmten Sicherheitsniveaus (Existenzsicherung, Kapital- und Vermögenserhaltung, Vermeidung von Zahlungsunfähigkeit)	Ergreifung von Maßnahmen zur zielgerichteten Gestaltung der Risikolage Entwicklung des Sicherheitsziels (Setzung der akzeptierten Ruinwahrscheinlichkeit) Risikoerkennung und -bewertung: Informationsgewinnung (Ermittlung der Ergebnisverteilungen, insbesondere der Gesamtergebnisverteilung) Aktivitäten zur Gestaltung der Risikolage (Suche und Auswahl von risikopolitischen Instrumenten, Optimierung des Instrumenten-Mix) Durchführung und Kontrolle der Maßnahmen	Schadenverhütung Unternehmensinterner Risikoausgleich Mittelbereitstellung (finanzielle und materielle Reserven)	Entscheidungen über Unternehmenssicherheit sind unternehmerische Grundsatzentscheidungen, RM ist Teil der gesamten Unternehmenspolitik, Delegation bestimmter Aufgaben erforderlich und möglich
Brühwiler, B. (1980) Schweiz	Risk Management (= Risikopolitik)	Funktional-institutional	Gefahr einer negativen Zielabweichung Insbesondere Unfallrisiken	Sicherheit unter Beachtung von Interdependenzen zu anderen Unternehmenszielen, insbesondere dem Gewinnsziel	Beeinflussung von Ursachen und Wirkung von (Unfall-) Risiken Erfassung der effektiven Risikolage (Risikoerkennung und Risikoanalyse) Beurteilung möglicher Sicherheitsziele Entwicklung risikopolitischer Strategien Wahl der Sicherheitsziele und -strategien Überführung der Entscheidungen in praktisches Handeln Erfassung und Bewertung der Resultate	Methoden der Risikoerkennung, empirische und analytische Methoden der Risikoanalyse, Wirtschaftlichkeitsrechnung, Sicherheitsweisungen, Sicherheitshandbuch, Notfallplan	Risk Management als Teilpolitik mit Querschnittscharakter
Seifert, W. G. (1980); *Seifert, W. G.* (1981) Deutschland	Risk Management	Entscheidungs- und organisationstheoretisch, funktional-organisational	Wahrscheinlichkeitsverteilungen von Ereignissen Alle Unternehmensrisiken	Nutzenmaximierung (Bernoulli-Kriterium)	Risikoanalyse Analyse des risikopolitischen Aktionsraums Auswahl des risikopolitischen Programms	Entscheidungstechnik: Entwicklung des Ergebnisraumes und des risikopolitischen Aktionsraumes, Entscheidung über risikopolitisches Maßnahmenprogramm (Entscheidungskriterien) RM-Prozess: Risikoidentifikation, Risikoanalyse (Quantifizierung), Alternativensammlung, Ergebnisbewertung, Entscheidung, Umsetzung	Risk Management ist organisatorisch spezialisierte Risikopolitik, Integration in den gesamtorganisatorischen Bereich
Sandin, A. (1981) Schweden	Risk Management	Entscheidungstheoretisch, kognitionstheoretisch empirisch	Gefahr eines plötzlichen zufälligen Ereignisses, das die Unternehmungsziele bedroht	Insbesondere monetäre Ziele	Risikoidentifikation Risikobewertung Auswahl von Handlungsalternativen Durchführungsbeschluss Durchführung und Kontrolle	Entscheidungsmodelle	Risikohandhabung ist Problembewältigung, Risk Management kann institutionalisiert werden

Autor (Jahr) Land	Betrachtungsobjekt	Generelle Vorgehensweise/ Perspektive	Risikobegriff/ Gegenstandsbereich	Ziele	Aufgaben	Betrachtete Handlungsarten, Maßnahmen und Instrumente	Bezug zur Unternehmensführung
Braun, H. (1984) Deutschland	Risikomanagement	systemtheoretisch, funktional-institutional	Wahrscheinlichkeitsverteilung einer Ergebnisrealisation, umfasst positive und negative Abweichungen von einer subjektiven Zielsetzung Alle betrieblichen Risiken	Mittelbar: betriebliches Zielsystem, insbesondere Sicherung der Existenz und des Potenzials der Unternehmung Unmittelbar: Erreichung eines optimalen Gesamtrisikoniveaus (Reduktion des Informationsdefizits und innerbetrieblicher Risikoausgleich)	Bewältigung der betrieblichen Risiken risikobezogene Erweiterung der Führungskonzeption (RM-Philosophie) Erzeugung eines erhöhten generellen Risikobewusstseins Mittelbare Beiträge zur Risikobewältigung: Informationsversorgung sowie systembildende (chancen- und risikoorientierter Ausbau und Modifikation bestehender Planungs-, Kontroll- und Informationssysteme) und systemkoppelnde (koordinierender Eingriff in oder zwischen den einzelnen Phasen des RM-Prozesses) Koordination Unmittelbare Beiträge zur Risikobewältigung: nur in Ausnahmefällen wenn zentrale Wahrnehmung sinnvoll ist, z. B. Versicherungsabschluss	Risikoerkennung: Entwicklung & Anpassung geeigneter Instrumente/Methoden, Regelung d. Organisation, Motivation zu risikobewusstem Verhalten Risikoanalyse & -bewertung: Erarbeitung sinnvoller Risikomaße sowie geeigneter Methoden/ Instrumente zur Bewertung, Koordination der Risikoanalyse & -bewertung Risikobewältigung: Vorschlag geeigneter Maßnahmen, u. U. zentrale Abwicklung d. Maßnahmen, Koordination d. Maßnahmen Beobachtung & Kontrolle d. Risiken: Entwicklung spezifischer Frühwarnindikatoren/-systeme Schadens- & Verlustbewältigung: Auslösen von Maßnahmen zur Verlustvorsorge sowie zur Verhinderung von Folgeverlusten, Koordination der Erstellung von Kontingenzplänen & der Bildung von Krisenstäben	RM ist unterstützendes Subsystem der Unternehmensführung, Organisatorische Wahrnehmung der Funktion durch die Controlling-Abteilung Risikobewältigung erfolgt durch die Entscheidungsträger
Doherty, N. A. (1985) USA	Corporate Risk Management bzw. Financial Risk Management	finanzwirtschaftlich, entscheidungstheoretisch, kapitalmarkttheoretisch (neoklassisch, CAPM)	Möglichkeit einer Zielabweichung, Unvorhersagbarkeit von Ergebnissen Reine bzw. versicherbare Risiken, systematisches Risiko	Maximierung des Unternehmenswertes, Cashflow	Identifikation reiner Risiken Risikomessung anhand von Einzelkosten Messung der Risikowirkung auf finanzielle Kennzahlen Entwicklung einer RM-Strategie (Investitionsentscheidungen über Verlustverminderungs- und/oder Verlustvermeidungsprojekte, Investitionsentscheidungen über den Ersatz von durch Risikoereignisse zerstörte Ressourcen, Auswahl von Finanzierungsmittel für die gewählten Investitionsentscheidungen)	Risikomessung: Entscheidungsregeln basierend auf der präskriptiven Entscheidungstheorie, Statistische Methoden zur Ermittelung von Schadensverteilungen und Risikoaggregation, Entscheidungsbäume Risikobewältigungsentscheidungen: Investitionsrechnungsverfahren Maßnahmen: Risikofinanzierung (Versicherungen, Rücklagenbildung), Verlustverminderung (physische, prozedurale und erzieherische Maßnahmen)	RM ist eine spezialisierte Anwendung des Finanzmanagements und ein abgrenzbarer Teilbereich, der von Spezialisten wahrgenommen wird (Spezialisierungsvorteile)
Haller, M. (1986) Deutschland	Risiko-Management	systemtheoretisch-kybernetisch (St. Galler Management-Modell)	Summe der Möglichkeiten, dass sich Erwartungen aufgrund von Störprozessen nicht erfüllen	Zielsystem (leistungswirtschaftlich, finanzwirtschaftlich, sozial) Sicherheit, Überleben der Unternehmung	Entwicklungsaufgaben: zielgerichtete Gestaltung und Lenkung der Führungsaufgaben Koordination der Risikoanalyse und der Sicherungsmaßnahmen im Bereich der Aktionsrisiken Bewusstmachung der Existenz von Bedingungsrisiken und deren Einbezug in Planungsprozesse Reflexion der Sicherheitsziele Auslösung des Sicherungsprozesses (Abklärung von Erwartungen, Beurteilung der Risikolage, Wahl und Durchführung von Sicherungsmaßnahmen)	Bewusstmachung von Risiken Identifikation, Analyse und Bewältigung von Störprozessen hinsichtlich der Leistungs- und Geldströme zwischen Unternehmen und Umwelt unter Beachtung technologischer, ökonomischer und sozialer Aspekte Sicherungsmaßnahmen: Risikovermeidung, -verminderung, -überwälzung, -tragung	Begleitende Führungsfunktion, eingegliedert in „normale“ Führungstätigkeit Institutionalisierung kontextabhängig, jedoch zentrale Stelle Risikomanagement zur Koordination sowie weitere zentrale Stellen für Versicherung und Finanzierung sinnvoll

Autor (Jahr) Land	Betrachtungsobjekt	Generelle Vorgehensweise/ Perspektive	Risikobegriff/ Gegenstandsbereich	Ziele	Aufgaben	Betrachtete Handlungsarten, Maßnahmen und Instrumente	Bezug zur Unternehmensführung
Hahn, D. (1987) Deutschland	Risikomanagement (spezielles RM und generelles RM)	Führungsprozessbezogen (synoptisches Führungsmodell), kybernetisch-systemtheoretisch	Gefahren, die zu negativen Zielabweichungen führen können	Spezielles RM: Optimierung der Risikofinanzierungskosten Generelles RM: Unternehmensziele, insbesondere Sicherung der Erhaltung und erfolgreichen Weiterentwicklung der Unternehmung	Spezielles RM: Erstellung von Risikoanalysen, Entwicklung von Schadensverhütungsmaßnahmen und -programmen, Gestaltung und Verwaltung des Versicherungsschutzes, Entwicklung von Selbstversicherungslösungen Generelles RM: Bewusstmachung von Risiken und Chancen im Führungs- und Durchführungsprozess (bei allen Entscheidungen und Handlungen) Problemerkennung/Risikoanalyse, Suche nach Lösungsalternativen, Bewertung von Lösungsalternativen mit Angabe voraussichtlicher Risikominderung, Auswahl der Lösungsalternativen	Unternehmenskultur (Orientierung aller Mitarbeiter im Hinblick auf Risikoaspekte) Unternehmensphilosophie (Ermittlung d. Risikoneigung & d. angestrebten Sicherheitsniveaus) Generelle Zielplanung (Zielsetzung unter bewusster Berücksichtigung des Vorsichtsprinzips) Strategische Planung (Geschäftsfeldplanung, Organisations-, Rechtsform- und Informationssystemplanung, Führungskräfteplanung) Operative Planung (Programmplanung und Funktionsbereichsplanung) Wertmäßige Abbildung der Teilplanungen (Investitions-, Liquiditäts-, Bilanz-, Ergebnisplanung) Steuerung und Kontrolle (Frühwarnsysteme Mit Gewinn- und Liquiditätsrechnung koordinierte Investitionsrechnung mit 3-Punkt-Verfahren und Sensitivitätsanalysen	Spezielles RM: abgrenzbarer und delegierbarer Aufgabenbereich für eine spezielle RM-Abteilung Generelles RM: untrennbar mit dem Führungsprozess verbundene Funktion, Management ist generelles RM, risikobewusste Unternehmensführung
Härterich, S. (1987) Deutschland	Risk-Management	Funktional bzw. prozess- und methodenorientiert	Informationsdefizit über die finale Bestimmtheit und das Erreichen gesteckter Ziele	Beeinflussung der unbestimmten Vorgänge zur verbesserten Zielerreichung	Systematische Analyse und koordinierte Führung aller Risiken Planung des RM-Prozesses: Risikoidentifikation, Risikoanalyse, Maßnahmensuche, Risikobewertung, Maßnahmenwahl Maßnahmenrealisierung Kontrolle von Maßnahmen, Informationsversorgungssystem und Modellen	Gestaltung & genauere Bestimmung der stochastischen Verhältnisse, Zielanpassung Identifikation: Betriebsinspektionen, Checklisten, Befragungen, Prognosemethoden, Frühwarnsysteme Analyse: Statistiken, statistische Analyseverfahren, Fehlerbaumanalysen, statische und dynamische stochastische Modelle Maßnahmensuche: Kreativitätstechniken, Entscheidungsbäume, Checklisten, Befragungen Handhabungsmaßnahmen: Sicherheitstechnik, Reservebildung, Vertragsvereinbarung, Versicherungsschutz, Captives	Wesentlicher Teil der Unternehmensführung
Schuy, A. (1989) Deutschland	Risiko-Management	Funktional, systemtheoretisch-prozessorientiert, kognitiv (marketingbezogen)	Gefahr einer negativen Abweichung von einem Ziel, dynamische bzw. zeitvariante Größe	Sicherung der Unternehmensexistenz	Vermeidung der Entstehung von Gefahren bzw. Unterstützung der Unternehmungsführung bei der Vermeidung negativer Zielabweichungen Kausale Analyse des Risikowirkungsprozesses, Identifikation von Ansatzpunkten zur Beeinflussung der Risikofaktoren, Risikostrukturbeziehungen und Risikopotenziale und der Begrenzung von Folgewirkungen	Risikoerkennung: Definition des Aufgabenobjektes, Aufbau des Risikobewusstseins Risikoanalyse: Aufdeckung potenzieller Risikoquellen, Erfassung risikoauslösender Faktoren (Signalidentifikation und -evaluation) Risikobeurteilung: Wirkungsprognose, Schadensprognose Planung Risikopolitischer Maßnahmen: Suche, Bewertung, Entscheidung Auslösung von Risikobewältigungsmaßnahmen: Zeitliche und sachliche Festlegung, Durchführungsveranlassung Kontrolle der Maßnahmen und Folgewirkungen: Soll-Ist-Vergleich, Auslösung neuer Entscheidungsprozesse	Integrale Funktion der Unternehmungspolitik, im Sinne einer Unterstützungsfunktion, Integration in alle Bereiche

Autor (Jahr) Land	Betrachtungsobjekt	Generelle Vorgehensweise/ Perspektive	Risikobegriff/ Gegenstandsbereich	Ziele	Aufgaben	Betrachtete Handlungsarten, Maßnahmen und Instrumente	Bezug zur Unternehmensführung
Mensch, G. (1991) Deutschland	Risikomanagement	Entscheidungs- und systemtheoretisch	Gefahr der Fehlentscheidung, die auf einem Informationsdefizit beruht, dessen Ursachen in der Informationsbeschaffung, -aufbereitung, -speicherung und -übermittlung liegen	Finanzielle, leistungswirtschaftliche und soziale Ziele Sicherung und Ausbau des Erfolgspotenzials	Einbeziehung des Risikos in jede unternehmerische Entscheidung Entscheidung unter Risiko Schaffung von Risikobewusstsein Festlegung von Mess- und Bewertungsrichtlinien für das Risiko Koordination der Einzelentscheidungen bzgl. des Unternehmensgesamtrisikos Bereitstellung von Instrumenten für die Unsicherheitsberücksichtigung im Entscheidungsprozess zur fachlichen Unterstützung der einzelnen handelnden Einheiten und zur Koordination Schaffung von Systemen zur Bereitstellung und Integration von Informationen Förderung der Unternehmensflexibilität	Spezifikation von Risikopräferenzen für delegierte Entscheidungen, Vorgabe risikopolitischer Grundsätze mit Mess- und Bewertungsrichtlinien Operationale Formulierung von Sicherheitszielen Risikopolitische Koordination von Einzelentscheidungen (Portfoliotheorie) Erhöhung der Flexibilität und Anpassungsfähigkeit durch Reservenbildung Entscheidung unter Risiko: Risikoerkennung, Identifikation von Handlungsmöglichkeiten und deren risikorelevanten Eigenschaften, Bewertung der Alternativen, Steuerung der Durchführung, Kontrolle	Risikodimension der Führung, bezieht sich auf alle Führungsaufgaben
Meinecke, H. (1997) Schweiz	Integriertes Risikomanagement	Systemtheoretisch, St. Galler-Management-Konzept	Summe aller Möglichkeiten, dass sich Erwartungen aufgrund von Störpotenzialen nicht erfüllen (Ereignisgröße, Wahrscheinlichkeit)	Steigerung des Unternehmenswertes, Sicherheit bzw. Erreichung eines angemessenen Risikoniveaus	Koordinierte Integration des Sicherheitsaspektes in alle Managemententscheidungen Vervollständigung des Zielsystems Beurteilung der Risikolage Ausarbeitung von Maßnahmen zur Risikobewältigung Bewertung und Auswahl der Maßnahmen Umsetzung der Maßnahmen	Festlegung der RM-Philosophie (Leitidee) Ziel- und Normensetzung, Festlegung eines Bezugssystems zur Risikobewertung (Ermittlung der Risikoneigung der Führung, Sicherheitsniveau) Beurteilung der Risikolage: Analyse und Prognose der Unternehmung und der Umwelt, Störkettenanalyse, Risikoportfolio, Benchmarking Ausarbeitung von Risikobewältigungsmaßnahmen: Entwicklung von Sicherungsinstrumenten, Erhöhung der Flexibilität Bewertung und Auswahl der Sicherungsmaßnahmen: Risiko-Portfolio, Nutzwertanalyse	Integraler Bestandteil des Managements
Dorfman, M. S. (1998) USA	Risk Management	Versicherungsorientiert	Unerwartete Verluste und Schäden	Vermögensschutz	Logische Entwicklung und Ausführung von Plänen zum Umgang mit unerwarteten Verlusten (Identifikation und Messung von Verlustpotenzialen, Auswahl und Implementierung von Methoden zur Verluststeuerung und -finanzierung	Risikovermeidung, Schadensverhütung, Schadensverminderung, Risikofinanzierung (Versicherungen, Reserven, Hedging)	Risikomanagement-Funktion wird durch Spezialisten wahrgenommen
Rejda, G. E. (1998) USA	Risk Management	Führungsprozessbezogen (synoptisches Führungsmodell)	Reine Verlust- bzw. Schadensgefahr	Wirtschaftlichkeit, Verringerung von Angst, Erfüllung externer Anforderungen, Sicherung der Unternehmensexistenz und -entwicklung, soziale Verantwortung	Systematische Identifikation, Bewertung von Schadensgefahren, Auswahl und Implementierung angemessener Handhabungsmaßnahmen	Risikohandhabungstechniken: Vermeidung, Verlustminderung, Risikotragung, Verlustfinanzierung, Risikoübertragung und Versicherung Erstellung Risikopolitischer Leitlinien und eines RM-Handbuches Periodische Überprüfung der Maßnahmen	Übertragung auf RM-Stelle, die auf Kooperation mit anderen Abteilungen angewiesen ist

Autor (Jahr) Land	Betrachtungsobjekt	Generelle Vorgehensweise/ Perspektive	Risikobegriff/ Gegenstandsbereich	Ziele	Aufgaben	Betrachtete Handlungsarten, Maßnahmen und Instrumente	Bezug zur Unternehmensführung
Albrecht, P. (1999) Deutschland	Holistisches Risikomanagement	Entscheidungs- und portfoliotheoretisch	Negative Planabweichung, insbesondere auf Gesamtunternehmensebene	Erfolg und Sicherheit	Maßnahmen zur Steuerung und Kontrolle von Risiken Management der Risikoposition Management der risikoadjustierten Profitabilität.	Konzeptualisierung und Quantifizierung der Risikotoleranz des Unternehmens Abgleich zwischen Risiko- und Chancenpotenzial Instrumente: Wirkungsbezogene risikopolitische Instrumente zur Beeinflussung des Risiko/Ertrags-Profils der betrieblichen Erfolgs- bzw. Liquiditätsposition (Nichtversicherung, Risikodiversifikation, Risikofinanzierung) Ursachenbezogene risikopolitische Instrumente zur Beeinflussung der Risikoposition	Integriert in die allgemeine Unternehmenspolitik
Pollanz, M. (1999b) Deutschland	Einrichtung und Prüfung eines RMS	KonTraG-orientiert, Systemansatz	Negative Beeinflussung der Zielerreichung	Existenzsicherung, Absicherung des Unternehmenserfolges, Erschließung neuer Risikopotenziale, Vermeidung v. Opportunitätskosten (Chancenerkennung), Senkung d. Risikokosten, Steigerung d. Unternehmenswertes	Überführung von Unternehmensentscheidungen aus dem Bereich der Unsicherheit bzw. des Risikos in einen Bereich größerer Objektivierbarkeit Erfassung, Messung und Steuerung entscheidungsrelevanter Risiken und Risikopotenziale, Überwachung und Analyse des Gesamtunternehmensrisikos und Unternehmensteilrisiken und der damit verbundenen Verlustpotenziale	Bestandteile des RMS: RM-Ordnungsrahmen: Bestimmung risikopolitischer Grundsätze (Unternehmensleitung) Prozessabhängige Risiko-Überwachung und operative Umsetzung: Früherkennungssystem, Controllingsystem, Internes Kontrollsystem Prozessunabhängige Überwachung: interne Revision	Subsystem der Unternehmensführung mit Querschnittsfunktion, eigener Bestandteil eines integrierten Führungssystems
Weber, J. et al. (1999) Deutschland	Chancen- und Risikomanagement	KonTraG-orientiert	Chancen und Risiken (C/R): Gefahren für Vermögens-, Finanz- und Ertragslage sowie Chancen Finanz- und leistungswirtschaftlich	Erfüllung gesetzlicher Vorgaben, Wertsteigerung	„Risk Tracking and Reporting" Formulierung der Chancen/Risiko-Strategie C/R-Identifikation C/R-Bewertung C/R-Berichterstattung C/R-Steuerung und Überwachung Prozessüberwachung	Formulierung der C/R-Strategie: akzeptables C/R-Verhältnis und maximale Risiken, Wesentlichkeitsgrenzen und zugehörige Handlungsspielräume (C/R-Portfolio) C/R-Identifikation: Systematisierung von Veränderungen (Bildung von Beobachtungsbereichen und Einflussfaktoranalyse), Analyse der strukturellen Besonderheiten (Unternehmensanalyse) C/R-Bewertung: Intensität der Unsicherheit, C/R-Quantifizierung (VaR, Szenarioanalysen) C/R-Berichterstattung und -Dokumentation: Risk Tracking Sheet, Balanced Score Card C/R-Steuerungsmaßnahmen: Akzeptanz, Kompensation, Übertragung, Auswirkungsreduktion, Vermeidung	Teil des Wertmanagements
Doherty, N. A. (2000) USA	Integrated Risk Management	Finanz- und versicherungswirtschaftlich, entscheidungstheoretisch, kapitalmarkttheoretisch, informationsökonomisch	Ergebnisunsicherheit Gesamtrisiko	Erwartungsnutzenmaximierung, Unternehmenswertsteigerung (Erwartungswert der Cashflows, Reduktion von Transaktionskosten)	Entwicklungen und Koordination von Strategien zur Risikohandhabung,	Finanz- & Versicherungsmaßnahmen (Derivate) Ursachenbezogene Maßnahmen: Hegding & Versicherung Anpassungsmaßnahmen: Leasing, Kapitalstruktur (Verschuldungsgrad), Risikofinanzierung (Finanzierung im Schadensfalls, Kontingenzfinanzierung), Vertragsgestaltung, Managervergütung, Rechtsform (Haftungsbeschränkung)	RM ist Teilbereich des Finanzmanagements, der von Spezialisten wahrgenommen wird (Spezialisierungsvorteile)

Autor (Jahr) Land	Betrachtungsobjekt	Generelle Vorgehensweise/ Perspektive	Risikobegriff/ Gegenstandsbereich	Ziele	Aufgaben	Betrachtete Handlungsarten, Maßnahmen und Instrumente	Bezug zur Unternehmensführung
Mitsubishi Research Institute (2000) Japan	Risk Management	Praxisbezogen	Ergebnisse, deren Auftreten unbestimmt ist und die bei Eintritt eine negative Auswirkung haben (Verluste) Soziale, technische und wirtschaftliche Risken	Verhinderung des Auftretens von Unfällen und Krisen, sowie Reduktion der monetären Auswirkungen	Erfassung von Risiken, Prüfung und Durchführung von Gegenmaßnahmen, Reaktion auf unvorhergesehene Ereignisse Festlegung der Sicherheits- und Krisenreaktionsrichtlinien Risikoerkennung/-erfassung, Prüfung der Notwendigkeit von Maßnahmen (Risikoanalyse/-bewertung), Prüfung der erforderlichen Maßnahmen, Auswahl von Maßnahmen, Realisierung von Maßnahmen, Überwachung/Kontrolle/Revision der Maßnahmen	Erstellung von RM- und Krisenhandbüchern Vorbeugende Sicherheitsmaßnahmen, Versicherungen, Notfallpläne, Wiederherstellungs-/ Sanierungspläne Risikobewältigungsmaßnahmen: Risikoeliminierung: Aufgabe von Geschäftsbereichen, Verlegung von Anlagen Risikotragung: Reservenbildung Risikoüberwälzung: Versicherungen Risikoverminderung: Anlagensicherheit, Personalschulung, Beschaffung externer Informationen, Public Relations	Manager bestimmen Risikohandhabungsrichtlinien und veranlassen die Durchführung RM-Stelle identifiziert Risiken, prüft und bewertet Maßnahmen (Stabsstelle)
Wall, F. (2001) Deutschland	Risikomanagement	entscheidungstheoretisch und KonTraG-orientiert	Möglichkeit der negativen Abweichung von geplanten Größen	Nutzen bzw. Gewinn und Sicherheit	Formulierung/Überarbeitung der Risikostrategie Risikoidentifikation Risikoanalyse Risikobewertung Risikosteuerung Risikoüberwachung	Methoden der Strukturierung des Entscheidungsprozesses Entscheidungsmodelle und Entscheidungsregeln Soll-Ist-Analysen Prozesskontrollen Verbesserung der Informationslage von Entscheidern Ursachenbezogene Instrumente: Früherkennungssysteme, Sensitivitätsanalyse und Simulation, Instrumente der Risikobewertung: Entscheidungsregeln Wirkungsbezogene Instrumente: Verlustverkürzung, Verlustvorsorge	Integrativer Bestandteil der Unternehmensführung bzw. von Entscheidungsprozessen Prozessüberwachung bzw. Informationsversorgung institutionalisiert durch interne Revision bzw. Risiko-Controlling
Kamei, T. (2001) Japan	Risk Management	Scientific management, Managementtheoretisch	Möglichkeit des Eintritts einer Störung/ negativen Ereignisses Alle Unternehmensrisiken (allgemeine Risiken und Bereichsrisiken)	Existenzsicherung, insbesondere Vermeidung der Insolvenz Verlustminimierung zu den geringst möglichen Kosten	Konsistente, zielorientierte Anwendung aktiver und passiver Maßnahmen aller Art zum Schutze des Unternehmens nach Maßgabe der Wirtschaftlichkeit Planung (Risikoidentifikation, -bewertung, Maßnahmenauswahl, Erstellung des Maßnahmenbudgets, Bestimmung der Maßnahmendurchführung) Organisation, (Zuweisung von Zuständigkeiten und Verantwortung) Personalführung (Kommunikation und Motivation) und Steuerung (Ergebniserfassung, -bewertung, Soll-Ist-Vergleich, Einleitung von Verbesserungen) hinsichtlich der Risikobewältigung	Große Anzahl an möglichen Maßnahmen Risk Control: Verhinderung von Risikorealisierung und Minimierung der Wirkung realisierter Risiken (Risikovermeidung und -minderung) Risk Finance: vorbeugende Planung und Bereitstellung von Kapital bzw. finanziellen Mitteln für den Fall der Realisierung von Risiken (Risikoabwälzung und -tragung) Management spekulativer Risiken: Produktions-, Vertriebs-, Finanz-, Personalmanagementmaßnahmen Optimierung des Versicherungsschutzes	Sicherungsaktivitäten sind eine Unternehmensfunktion (neben Produktion, Vertrieb etc.) Unternehmensführung ist verantwortlich für Entscheidungsfindung und Maßnahmenauswahl, unterstützt wird sie dabei von zentralen und von dezentralen (Bereichs-) RM-Stabsabteilungen

Autor (Jahr) Land	Betrachtungsobjekt	Generelle Vorgehensweise/ Perspektive	Risikobegriff/ Gegenstandsbereich	Ziele	Aufgaben	Betrachtete Handlungsarten, Maßnahmen und Instrumente	Bezug zur Unternehmensführung
Oehler, A./Unser, M. (2002) Deutschland	Finanzwirtschaftliches Risikomanagement	Entscheidungs- und finanztheoretisch (neoklassisch und neoinstitutional)	Wahrscheinlichkeitsverteilung von Ergebnissen Finanzwirtschaftliche Risiken (die aus der Unsicherheit über zukünftige Entwicklungen resultierende Gefahr, dass eine finanzwirtschaftliche Zielgröße von einem Referenzwert negativ abweicht)	Finanzwirtschaftliche Ziele: Zahlungsströme Vermögensgrößen Veränderungsraten von Zahlungsmittel- und Vermögensbeständen	Analyse und Steuerung von Risiken, die aus Finanzkontrakten resultieren Risikoanalyse (Identifikation, Messung, Kontrolle) und Risikopolitik (Bewertung, risikopolitische Maßnahmen im operativen und strategischen Bereich	Finanzkontrakte, insbesondere Derivate Handlungsbereiche bzw. Risikostrategien: Risikoübernahme Sekundäraktivitäten: Abschluss von Finanzkontrakten zur Risikoreduktion (Versicherungen, Termingeschäfte, Ausgleich finanzieller Ansprüche und Verpflichtungen, Schadenverhütung, Rücklagenbildung) Modifikation der Primäraktivitäten (grundlegende Unternehmensaktivitäten): Risikoüberwälzung und Risikomeidung durch Vertragsgestaltung, Risikoreduktion durch Diversifikation Risikomaße, Hedgingstrategien	Abgrenzbare Funktion
Martin, T. A./Bär, T. (2002) Deutschland	Risikomanagement, Krisenmanagement	KonTraG-orientiert, Risikomanagementsystem-bezogen	Bestandsgefährdente Verluste oder Zielabweichungen mit wesentlichem negativem Einfluss auf die Vermögens-, Finanz- und Ertragslage Einzelrisiken und kumulierte Risiken	Hauptziele: Krisenvermeidung, Existenzsicherung, insbesondere Vermeidung der Zahlungsunfähigkeit Unterziele: Sicherstellung eines ausreichenden Gewinns, Erschließung neuer Erfolgspotenziale, Senkung der Risikokosten	Frühzeitige Identifikation und Abwendung existenzgefährdender Risiken Festlegung der Risikofelder Risikoerkennung Risikoanalyse und -bewertung Risikobewältigung Risikokommunikation Zuordnung von Verantwortlichkeiten und Aufgaben Einrichtung eines Überwachungssystems Dokumentation der getroffenen Maßnahmen	Organisatorische Regelungen und Maßnahmen zur Risikoerkennung und zum Umgang mit unternehmerischen Risiken Festlegung der Risikofelder, die zu bestandsgefährdenden Entwicklungen führen können Risikoerkennung: Frühwarnsysteme, Unternehmens- und Umweltanalysen, Befragungen, Checklisten, Prognosetechniken, Analysemodelle, Risk Maps Risikoanalyse und -bewertung: Eintrittswahrscheinlichkeit und Schadenshöhe, Risikoportfolio, Risikowechselwirkungsmatrix Risikobewältigung: Vermeidung, Verminderung, Überwälzung, Kompensation Risikoüberwachung: Limits Risikokommunikation Zuordnung von Verantwortlichkeiten und Aufgaben Einrichtung eines Überwachungssystems Dokumentation der getroffenen Maßnahmen	Laufende, ordentliche Aufgabe der Unternehmensführung

Autor (Jahr) Land	Betrachtungsobjekt	Generelle Vorgehensweise/ Perspektive	Risikobegriff/ Gegenstandsbereich	Ziele	Aufgaben	Betrachtete Handlungsarten, Maßnahmen und Instrumente	Bezug zur Unternehmensführung
Takanashi, T. (2003) Japan	Risk Management	Umweltdynamik- und Komplexitätsbezogene Perspektive (Globalisierung, Wettbewerb etc.)	Möglichkeit des Verlustes bzw. des Nichterzielens eines bestimmten gesellschaftlichen oder wirtschaftlichen Wertes Alle Risikoarten	Existenzsicherung, gesellschaftliche Verantwortung, Umwelt, Rechenschaftslegung	Anwendung von Versicherungen, Sicherungsmaßnahmen und Managementstrategien zur Verhinderung des Auftretens zufälliger oder von Menschen verursachten Schäden, bzw. die Minimierung der Verluste und die Ergreifung von passenden Gegenmaßnahmen im Falle des Schadenseintritts Aufgaben des Risk Managers: Informationssammlung, -analyse und Verwendung sowie Schaffung von Systemen und Mechanismen, welche die Aufstellung von zweckmäßigen und flexiblen Strategien unterstützen, Beratungsfunktion bzgl. Unternehmensleitung, Anleitungsfunktion bzgl. anderen Abteilungen, risikobezogene unternehmensinterne Koordinationsfunktion, Managementfunktion bzgl. bestimmter Risiken (Schadensverhütung, Versicherungen, Schadensbewältigung)	Alle Kernprozesse werden als Risikobereiche angesehen: Personal, Produktions-, Vertriebs- und Wettbewerbsstrategien, Finanz- und Steuerstrategie, IT-Systeme Verbesserung der Managementqualität Umweltdynamikbezogene Ausarbeitung von Geschäft- und Ressourcenstrategien (Betrachtungsobjekte: Menschen, Güter, Geld, Zeit, Informationen, Unternehmenskultur) Lernende Organisation Total Quality Management	Abgrenzbarer Teilbereich mit eigenen Methoden und Institutionen (Stabsabteilung des Vorstandes)
Wolf, K./Runzheimer, B. (2003) Deutschland	Risikomanagement	KonTraG-orientiert	Gefahr der Fehlentscheidung, d. h. der negativen Abweichung von einem entscheidungsbezogenen Referenzwert	Sicherung der Unternehmensexistenz, des künftigen Unternehmenserfolges und Minimierung der Risikokosten	Schaffen von Verständnis der Risiken, Risiken kalkulierbar und kontrollierbar machen	Kommunikation der Unternehmensstrategie: Balanced Score Card Risikoidentifikation: operativ (Risikoklassifikation, Checklisten, Fehlerbaumanalyse, Flow-Chart-Analyse, FMEA), strategisch (Kreativitätstechniken, Szenariotechnik, Delphimethode), Frühwarnsysteme Risikobewertung: Schadenshöhe und Häufigkeit, Korrekturverfahren, Sensitivitätsanalyse, Risikoanalyse Klassifikation der Risiken (Priorisierung): Risikomatrix Risikohandhabung: ursachenbezogene (Risikovermeidung, -verminderung, -begrenzung), wirkungsbezogene (Risikoüberwälzung, -übernahme, Versicherung), Festlegung des Maßnahmenprogramms	Einrichtung des Überwachungssystems ist Aufgabe des Gesamtvorstandes, Risikopolitik ist Aufgabe jeden Mitarbeiters

Autor (Jahr) Land	Betrachtungsobjekt	Generelle Vorgehensweise/ Perspektive	Risikobegriff/ Gegenstandsbereich	Ziele	Aufgaben	Betrachtete Handlungsarten, Maßnahmen und Instrumente	Bezug zur Unternehmensführung
Diederichs, M. (2004) Deutschland	Risikomanagement	KonTraG-orientiert	Gefahr, dass Ereignisse oder Entscheidungen und Handlungen das Unternehmen daran hindern, definierte Ziele zu erreichen bzw. Strategien erfolgreich zu realisieren	Existenzsicherung, Erfolgssicherung, Senkung der Risikokosten, Unternehmenswertsteigerung	Schaffung einer unternehmensweit übergreifenden RM-Kultur, Integration risikopolitischer Grundsätze, systematischer und kontinuierlicher Umgang mit den unternehmerischen Risken (RM-Prozess), Aufbau und Integration einer RM-Organisation, Risikosteuerung und -bewältigung	Festlegung risikopolitischer Grundsätze, RM-Richtlinie Risikoidentifikation: Wertkettenanalyse, Prozesskettenanalyse, Netzwerk-Technik, Frühwarnsysteme Risikobeurteilung: Risk-Map, Scoring-Modelle (BERI), künstliche neuronale Netze zur Bonitätsbeurteilung, Value-at-Risk bzw. Cash-Flow-at-Risk Risikosteuerung: Handlungsweisen (Risikovermeidung, -verminderung, -begrenzung, -überwälzung, -akzeptanz), Risikostrategiematrix zur Ableitung von Handlungsempfehlungen (erweiterte Risk Map), Risikosteuerungsinstrumente (technisch, organisatorisch/ personell, vertraglich, finanziell) Berichterstattung: Risikoerfassungsbogen, dynamische Risikomatrix, Risk-Card, Balanced Chance- & Risk Card	Immanenter Bestandteil der Unternehmensführung, Führungsunterstützung Aufgabenzuordnung zu Management (Risikopolitik, Risikobewusstsein, Risikosteuerung), RM-Ausschuss (Entscheidungs- und Methodenunterstützung, Maßnahmen-Koordination und -Überwachung), Fachbereiche (Risikoidentifikation & -bewertung, Maßnahmenumsetzung, Berichterstattung)
Denk, R./Exner-Merkelt, K. (2005) Österreich	Unternehmensweites Risikomanagement (Corporate Risk Management)	Corporate Governance-orientiert	Gefahr (Chance) einer negativen (positiven) Abweichung von den Unternehmenszielen	Existenzsicherung, Sicherung des zukünftigen Erfolges, Senkung der Risikokosten, Wertsteigerung des Unternehmens	Mitwirkung bei der Etablierung einer Risikokultur Aufbau und Entwicklung des RM-Systems Koordination des RM-Prozesses Durchführung der Risikobewertung und -aggregation sowie der internen Risikoberichterstattung Mitwirkung bei Risikoidentifikation und Risikosteuerung sowie externe Risikoberichterstattung	Kommunikation des RM: Schulung, RM-Richtlinien & Handbuch, Anbindung an Anreizsysteme Risikoidentifikation: Risikoklassifikation (Risikokataloge), Identifikationsmethoden (Brainstorming, standardisierte Befragungen, Workshops, Besichtigungen/Begehungen, Frühwarnsysteme, Checklisten, Fehlerbaumanalysen etc.) Risikobewertung: Schadenserwartungswerte, Value-at-Risk, Scoring-Modelle, Szenarioanalysen, Entscheidungsbäume etc. Risikoaggregation: Risikoinventar, Risk Map, Risikoportfolio, Monte-Carlo-Simulation Risikosteuerung: präventive Maßnahmen (Risikovermeidung, -verminderung, -diversifikation), korrektive Maßnahmen (Risikotransfer und -vorsorge), Risikotragung Risikoüberwachung: Frühwarnindikatoren, Risikolagen und Maßnahmenumsetzungsüberwachung, Dokumentation Risikoberichterstattung: interne und externe Berichte	RM ist Teil des Führungsmodells des Unternehmens: Verankerung des RM in der Unternehmenskultur, Einbezug des RM in den Strategieprozess (strategische Zielbildung, Strategiefindung und -umsetzung) Organisatorisch soll RM entweder in das Controlling integriert oder als eigene Stabsstellen eingerichtet werden (zentral/dezentral)

Tabelle 7: Synoptischer Überblick über ausgewählte Risikomanagement-Ansätze

3.4.2 Risikomanagement-Standards als Leitlinien für Risikomanagement-Systeme

Eine weitere Quelle zur Ableitung von Risikomanagement-Konzeptionselementen stellen Risikomanagement-Standards dar, die in jüngerer Zeit von Standard-Settern, Fachverbänden und Arbeitskreisen entwickelt wurden. Diese sollen Unternehmen beim Aufbau eines formalisierten Risikomanagement-Systems eine strukturierte Hilfestellung bieten bzw. als Referenz dienen und sind somit vornehmlich praxisorientiert. Im Folgenden wird ein Überblick über die Funktion und die Entwicklung von Risikomanagement-Standards sowie über bestehende Standards gegeben. Anschließend werden mögliche Elemente von Risikomanagement-Standards als alternative Struktur für eine Risikomanagement-Konzeption abgeleitet. Schließlich werden die betrachteten Standards noch bewertet sowie die Möglichkeit ihrer Integration in andere normierte Managementsysteme und die Zertifizierbarkeit betrachtet.

3.4.2.1 Funktion von und Anforderungen an Risikomanagement-Standards

Seit den 90er Jahren des letzten Jahrhunderts wurden weltweit in zunehmendem Maße **systemorientierte Regelwerke und Standards zum Risikomanagement** entwickelt, die allgemein anwendbare Prinzipien zur Einrichtung und Anwendung von Risikomanagement-Systemen vorgeben.[518] Trotz der potenziell hohen Bedeutung dieser Rahmenwerke fanden diese aber in der betriebswirtschaftlichen Literatur bisher wenig Beachtung.[519] Für die Unternehmenspraxis können diese Standards aber wertvolle Hinweise für die Ausgestaltung des Risikomanagements liefern,[520] da sie akzeptierte und konkrete Aufbau- und Ablaufelemente vorgeben.

Risikomanagement-Standards können eine Reihe nützlicher Funktionen von Standards in Bezug auf das Risikomanagement erfüllen. Ein **Standard** ist eine Norm im Sinne einer anerkannten, meist in Form von Dokumenten veröffentlichten Regel zur Lösung eines Sachverhaltes.[521] Ein Standard kann somit als eine Kategorie von Dokumenten angesehen werden, deren Funktion in der Steuerung bestimmter Aspekte menschlicher Anstrengungen besteht.[522] Normen bzw. Standards dienen im technischen und wirtschaftlichen Bereich der Verständigung

---

518 Vgl. *Sullivan, L.* (2003); *Kloman, F.* (2005).
519 Ausnahmen sind *Weidemann, M.* (2001); *Kajüter, P.* (2004); *Eckert, S.* (2006).
520 Vgl. *Eckert, S. et al.* (2004), S. 26.
521 Einen Überblick über die Entwicklung von Standards im Allgemeinen findet sich z. B. bei *Sullivan, C. D.* (1983) und *Rothery, B.* (1996).
522 Vgl. *Sullivan, C. D.* (1983), S. 2.

sowie der Vereinheitlichung unterschiedlichster Aktivitäten und Produkte.[523] Der Zweck von Standards wird in ihrer erzieherischen bzw. bildenden, vereinfachenden bzw. komplexitätsreduzierenden und ressourcenschonenden Wirkung sowie in ihrer Eigenschaft als Zertifizierungsbasis, also in einer transparenzerhöhenden und vertrauensbildenenden Wirkung gesehen.[524] Aus ökonomischer Sicht sind die Wirkungen in der Reduktion externer Effekte, der Senkung von Transaktionskosten, der Realisierung von Netzwerkeffekten sowie von Skalenerträgen zu sehen. Gegenstand der Standardisierung können technische Konstruktionsmerkmale physischer Produkte, Daten, Prozesse, Fähigkeiten oder Verhaltensweisen sein.[525] Weiterhin können Standards z. B. nach ihrem zeitlichen Bezug zur Entstehung des Standardisierungsgegenstands als aktive und reaktive, nach ihrer Verbindlichkeit als freiwillige und verbindliche, nach ihrem räumlichen Wirkungsbereich als nationale und internationale sowie nach ihrem Anwendungsbereich als unternehmensspezifische und kollektive Standards klassifiziert werden.[526]

Ein für die Unternehmensführung unmittelbar relevanter Standardisierungsgegenstand sind so genannte **Managementsysteme**. Die bekanntesten Beispiele für normierte Managementsysteme stellen die Normen zu Qualitäts-, Umwelt- und Arbeitsschutzmanagement dar. In ihnen werden für den Gegenstandsbereich als allgemeingültig angesehene Empfehlungen für den Aufbau formalisierter Unternehmensstrukturen und -prozesse sowie deren Definition und Beschreibung gegeben.[527] Sie können als Rahmen zur Schaffung eines definierten Sollzustandes formaler Regelwerke verstanden werden, in dem vor allem Prozesse, Fähigkeiten und Verhaltensweisen geregelt werden. Eine ähnliche Bedeutung wie Standards kommt in diesem Bereich so genannten Frameworks zu, die vor allem von Fachverbänden und Arbeitskreisen entwickelt werden. Beide können als Leitlinien und Benchmarks für Unternehmen dienen.

Derzeit existieren weltweit über 80 Frameworks und Normen zu Risiko bzw. Risikomanagement,[528] wobei der Gegenstandsbereich von Terminologien über Sicherheits-, Gesundheitsschutz - und Umweltschutznormen bis hin zu allgemeinen Risikomanagement-Leitlinien mit Anwendungsbereichen in der Raumfahrttechnik, Medizin, Biotechnik, Petrochemie und Softwaretechnik reicht.[529] An dieser Stelle sind vor allem Frameworks und Normen zu umfassenden betriebswirtschaftlichen Risikomanagement-Systemen für Unternehmungen von Interesse.

523 Vgl. *Schwerdtle, H.* (1999), S. 18.
524 Vgl. *Sullivan, C. D.* (1983), S. ix-x.
525 Vgl. *Glanz, A.* (1993), S. 22.
526 Vgl. z. B. *Sullivan, C. D.* (1983), S. 2 und S. 8-16.
527 Vgl. *Schwerdtle, H.* (1999), S. 18-19.
528 Vgl. *Shortreed, J. H. et al.* (2003), S. 4.
529 Vgl. *o. V.* (2004).

Diese hier als **Risikomanagement-Systemstandards** bezeichneten Normen und Frameworks stellen eine besondere Form normierter Managementsysteme dar, die unabhängig vom Verbindlichkeitsgrad als Hilfsmittel für Unternehmungen bei der Gestaltung formalisierter Risikomanagement-Systeme dienen können. Sie leisten als Orientierungsrahmen einen wertvollen Beitrag zum wirtschaftlichen Aufbau eines an anerkannten Maßstäben und Elementen orientierten Risikomanagements bzw. zum Abgleich eines bestehenden Risikomanagement-Systems mit etablierten Normen. Ebenso signalisiert die veröffentlichte oder gar zertifizierte Anwendung von Risikomanagement-Standards den Anspruchsgruppen der Unternehmungen eine systematische Auseinandersetzung mit der Risikoproblematik und erhöht dadurch die Vergleichbarkeit der Bemühungen zum Aufbau eines Risikomanagement-Systems, da ein öffentlich zugänglicher Bezugspunkt als Beurteilungsmaßstab genannt wird. Durch die Standardisierung der terminologischen Grundlagen des Risikomanagements wird zudem intern und extern die Transparenz erhöht und die Kommunikation verbessert.[530] Derzeit existiert für Deutschland noch keine nationale Risikomanagement-Norm, sodass auch eine Zertifizierung, vergleichbar zu Qualitäts- und Umweltmanagement, bislang nicht möglich ist.

Risikomanagement-Systemstandards im Sinne von Managementstandards sollten Begriffsdefinitionen zur Schaffung eines einheitlichen Begriffsverständnisses beinhalten, wesentliche Systemelemente und deren Beziehungen aufzeigen, Aussagen zum Aufbau und Betrieb eines Risikomanagement-Systems enthalten sowie als Basis für eine transparente Kommunikation der Risikomanagement-Bemühungen an die Stakeholder bzw. als Zertifizierungsgrundlage dienen. Darüber hinaus sollten sie, um der Unternehmenspraxis tatsächlich nützlich zu sein, folgende **Anforderungen** erfüllen:

- **Generische Breite**: Die grundlegenden Regelungen und Prinzipien sollten auf einen möglichst breiten Bereich wie Rechtsformen und Branchen anwendbar sein.
- **Flexibilität**: Die Regelungen sollten im Detail soweit erforderlich an unternehmensspezifische Besonderheiten anpassbar sein.
- **Anwenderfreundlichkeit**: Die Regelungen sollten möglichst eindeutig, nachvollziehbar und verständlich sein.
- **Vollständigkeit**: Die Regelungen sollten möglichst alle Aspekte der Einführung und des Betriebes formalisierter Risikomanagement-Systeme umfassen.
- **Systematik**: Die Regelungen sollten aufzeigen, wie die einzelnen Elemente formaler Risikomanagement-Systeme zusammenhängen und der Risikomanagement-Prozess abläuft.

---

[530] Vgl. *Weidemann, M.* (2001), S. 2613; *Weidemann, M./Wieben, H.-J.* (2001).

- **Integration**: Der Standard sollte aufzeigen, wie das formalisierte Risikomanagement-System mit anderen formalisierten bzw. normierten Managementsystemen zusammenarbeitet.
- **Zertifizierbarkeit**: Der Standard sollte als Grundlage für eine möglichst objektive Beurteilung von Risikomanagement-Systemen durch fachkundige Dritte dienen.

3.4.2.2 Überblick über bestehende Risikomanagement-Systemstandards

Da selbst eine konzise Darstellung der einzelnen bestehenden Risikomanagement-Systemstandards einen beträchtlichen Raum einnähme, wird auf die Betrachtung aller Standards zugunsten eines synoptischen Überblicks verzichtet. Dieser gibt Auskunft über die wichtigsten Merkmale der Standards in Form des grundlegenden Gegenstands bzw. Anwendungsbereichs (Fokus), der jeweiligen Risiko- und Risikomanagement-Definitionen (Terminologie), des Inhalts bzw. Regelungsgegenstands sowie erwähnenswerter Besonderheiten (Anmerkungen). Die Synopse befindet sich in Tabelle 8. Zusätzlich werden zwei ausgewählte Risikomanagement-Standards näher betrachtet: der japanische Risikomanagement-Standard JIS Q 2001:2001 sowie die österreichische Risikomanagement-Standardserie ORN 49000 ff. Beide haben trotz ihres umfassenden Charakters im Gegensatz zum etablierten australisch-neuseeländischen Standard AS/NZS 4360:1999 bzw. 2004 oder zum Corporate Governance-orientierten US-amerikanischen Framework COSO ERM in der deutschsprachigen Literatur bisher kaum Beachtung gefunden.

Standard	Fokus	Terminologie	Inhalte bzw. Regelungsgegenstand	Anmerkungen
CAN/CSA Q850 Risk Management: Guideline for Decision-Makers *(CAN, 1997, 46 Seiten)*	Unterstützung von Entscheidungsträgern beim Umgang mit Risiken aller Art, Integration von Risikowahrnehmung und -kommunikation in den Entscheidungsprozess	**Risiko**: die Möglichkeit einer Verletzung oder eines Verlustes als ein Maß der Wahrscheinlichkeit und Schwere eines nachteiligen Effektes bzgl. Gesundheit, Vermögen, Umwelt oder andere Dinge von Wert **RM**: systematische Anwendung von Managementpolitik, -prozeduren und -praktiken auf die Tätigkeiten der risikobezogenen Analyse, Bewertung, Steuerung und Kommunikation	• RM-Entscheidungsprozess: Initiation der Systemgestaltung (Problem- und Stakeholder-Analyse, Zuweisung von Verantwortung und Ressourcen), vorläufige Risiko- und Maßnahmenanalyse, Risikoeinschätzung, Risikobewertung, Risikosteuerung/-finanzierung, Maßnahmenumsetzung und -überwachung (Entscheidung, Kommunikation und Dokumentation werden als inhärente Bestandteile der Elemente verstanden) • Anmerkungen zu Risikokommunikation, Risikowahrnehmung, Beziehung zu anderen RM-Frameworks	Betont breite Definition bedrohter Werte, ausgeprägte Stakeholder-Orientierung, prozess-orientierte Struktur, Praxisbeispiele aus dem öffentlichen Sektor
AS/NZS 4360:1999 Risk Management *(AUS/NZ, 1999, 44 Seiten)*	Generischer, universell anwendbarer und branchenunabhängiger Leitfaden zur Einführung eines RMS mit der Zielsetzung der Verlustminimierung und Gewinnmaximierung	**Risiko**: Möglichkeit des Eintritts von Ereignissen, welche die Zielerreichung beeinflussen, gemessen in Form von Auswirkung und Wahrscheinlichkeit **RM**: Kultur, Prozess und Struktur zum wirksamen Umgang mit potenziellen Chancen und nachteiligen Wirkungen; integraler Bestandteil von „good management practice“	• Voraussetzungen für das RM bzw. formalisierter Einführungsprozess für ein systematisches RM-Programm mit Hinweisen zu RM-Politik, Planung und Bereitstellung von Mitteln, Umsetzungsprogramm und Begutachtung durch die Organisationsleitung • Einrichtung und Anwendung des RM-Prozesses, umfasst die Herstellung des strategischen, organisatorischen und risikomanagementbezogenen Kontextes, die Risikoidentifikation, die Risikoanalyse, die Risikobewertung, die Risikohandhabung, die Risiko- und RMS-Überwachung, Risikokommunikation und Beratung mit den externen Stakeholdern • Dokumentation des RM-Prozesses • Rein informative Ausführungen zu Anwendungsbereichen des RM, Einführungs- und Umsetzungsschritten, möglichen Stakeholdern, generische Risikoquellen und Auswirkungsbereiche, Risikodefinition und -klassifikation, quantitative Risikoausdrücke, Risikohandhabungsmaßnahmen, RM-Dokumentation	Überarbeitete Ausgabe des ersten Risikomanagementsystemstandards AS/NSZ 4360:1995, umfangreicher Anhang mit Beispielen und Hilfsmitteln, hoher Bekanntheits- bzw. Verbreitungsgrad
BS-6079-3:2000 Project management. Guide to the management of business related project risk *(GB, 2000)*	Hinweise zur Identifikation und Steuerung von Projekt-Risiken in Organisationen aller Art, RM als Bestandteil von „good management practice“	**Risiko**: planinhärente Unsicherheit und Möglichkeit von zielbeeinträchtigenden Ereignissen, messbar mit Eintrittswahrscheinlichkeit und Auswirkung **RM**: systematische Anwendung von Politiken, Prozeduren, Methoden und Praktiken zur Erfüllung Identifikation, Analyse, Bewertung, Behandlung und Überwachung von Risiken (ähnelt CAN/CSA Q850)	• Unternehmensbezogenes Projekt-RM-Modell: Grundlage für RM mit zwei Dimensionen für die Zuordnung von RM-Aufgaben (1. betriebliche Tätigkeiten auf Unternehmens-, Projekt- und Teilprojektebene; 2. RM-Entscheidungen auf strategischer, taktischer und operativer Ebene) • Identifikation der Risiken und des Umfangs des RM: Festelegung von Zielen und Grenzen des RM, RM-Strategie, Zuordnung zu Entscheidungsebenen auf Unternehmens- und Projektebene • Risikoidentifikation und -strategie: Aufstellung eines Risikomodells bzw. Risikoregister über identifizierte Risiken nebst Bewertung und Bewältigungsmaßahmen auf der Basis der Ergebnisse von Risikoanalyse, Risikobewertung, Risikobewältigung und Implementierung • Prozessmanagement: Entwicklung der Risikopolitik, Einrichtung der Infrastruktur, Einrichtung eines RM-Programms, Überwachung und Überprüfung des RM, Organisation des RM	Dritter Teil der Standardreihe „Project Management“, primär für das RM von Projekten gedacht, umfangreiche Liste von RM-Tools

Standard	Fokus	Terminologie	Inhalte bzw. Regelungsgegenstand	Anmerkungen
PD 6668:2000 Managing risk for corporate governance *(GB, 2000, 32 Seiten)*	Topmanagementorientierter Leitfaden zur Implementierung eines Management strategischer Risiken in privatwirtschaftlichen und staatlichen Organisationen weltweit	**Risiko**: Möglichkeit des Eintritts von Ereignissen, welche die Zielerreichung beeinflussen, gemessen in Form von Auswirkung und Wahrscheinlichkeit (analog zu AS/NZS 4360:1999) **RM**: keine Definition	• Einordnung und Motivation der Corporate Governance • Hinweise zur Implementierung effektiver Maßnahmen für das Management von Risiken zur Erreichung der Corporate Governance-Erfordernisse: ❖ Beschreibung eines RMS (Politik, Gefahrenidentifikation, Risikoeinschätzung, Risikohandhabung, Identifikation notwendiger Ressourcen und Verantwortlichkeiten bzw. Rollen, Planung des Managements einzelner Risiken, Interne Kontrolle, Personal- und Ressourcenmanagement, Kommunikation, Überwachung und Messung, Analyse und Handhabung von Fehlern) ❖ Implementierung des RMS: Festlegung einer RM-Strategie, Risikoidentifikationsprozess, Identifikation der Stakeholder-Anforderungen, Festlegung der Verantwortlichkeiten • Hinweise zum Change Management und Verbindung zu anderen Management-Prozessen (ISO 9000, ISO 14000) • Benchmark-Fragebogen zur Feststellung des Standes des RM	Verwendung des Plan-Do-Check-Act-Regelkreises (PDCA) wie bei ISO Managementstandards
JIS Q 2001:2001 Guidelines for development and implementation of a risk management system *(J, 2001, 108 Seiten)*	Grundgerüst für die Etablierung eines RMS für Organisationen aller Art, Schaffung eines gemeinsames Risikoverständnisses bei allen Stakeholdern	In Anlehnung an ISO/IEC Guide 51 bzw. 73 **Risiko**: Kombination von Eintrittswahrscheinlichkeit und Schadensausmaß eines Ereignisses **RM**: koordinierende Aktivitäten zur Leitung und Steuerung einer Organisation hinsichtlich von Risiken	• Festlegung der Verantwortlichkeiten für die Entwicklung und Aufrechterhaltung des RMS • RM-Politik: Handlungsrichtlinien, Basisziele • RM-Planung: Risikoanalyse, Risikobewertung, Maßnahmenplanung • Implementierung des RM: Maßnahmenumsetzung, Notfallplanung, Maßnahmenüberwachung • Bewertung der RM-Leistung und der RMS-Effektivität • Korrektur und Verbesserung des RMS • Implementierung von Verbesserungen, regelmäßige Bewertung des RMS durch die Unternehmensleitung • Mechanismen für die Aufrechterhaltung des RMS: Qualifikation, Aus- und Weiterbildung, Simulation, Kommunikation, RM-Handbuch, Dokumenten-Management, System-Audits • Revision des RMS durch die oberste Leitung	Orientiert am PDCA-Regelkreis (kontinuierliche Verbesserung des Systems) und an den in ISO 9000 und ISO 14000 dargelegten Managementsystemen, Betonung der gesamtgesellschaftlichen Verantwortung, begleitendes Handbuch
„A Risk Management Standard" *(GB/EU, 2002, 17 Seiten)*	Fachverbandsstandard, bezogen auf Aktivitäten aller Art	Basiert auf ISO/IEC Guide 73:2002 **Risiko**: Kombination der Wahrscheinlichkeit eines Ereignisses und seiner Folgen **RM**: zentraler Bestandteil des strategischen Managements, soll als kontinuierlicher Prozess den methodischen Umgang mit Risiken sicherstellen	• RM-Prozess: Bestimmung der strategischen Organisationsziele, Risikoeinschätzung (umfasst Risikoanalyse [bestehend aus Risikoidentifikation, Risikobeschreibung, Risikobeurteilung] und Risikobewertung [Vergleich der Risiken mit den Risikokriterien]), Risikobehandlung (Auswahl und Durchführung von Maßnahmen), Risikoberichterstattung (extern und intern), Überwachung und Revision des RM-Prozesses • Ausführungen zu Struktur und Verwaltung des RM (RM-Politik, Rollen verschiedener Instanzen) • Beispielsliste für Risikoidentifikations- und Analysemethoden	Benchmark-Funktion, recht geringer Umfang des Standards, kostenlos
COSO ERM Enterprise Risk Management - Integrated Framework *(USA, 2004, S. 125 + 105 Seiten)*	Berufsständischer Standard, für Organisationen aller Art	**Risiko**: Möglichkeit des Eintritts eines Ereignisses, das die Zielerreichung beeinträchtigt **RM**: unternehmensweiter, zielerreichungsorientierter Prozess zur Identifikation möglicher Ereignisse und der Steuerung von Risiken, sodass diese dem Risikoappetit entsprechen	• Ausführungen zu den Komponenten des RM (Dreidimensionaler COSO ERM-Würfel): ❖ Acht verbundene Systemkomponenten: internes Umfeld (RM-Philosophie und -Kultur), Zielbildung, Ereignisidentifikation, Risikoeinschätzung (Eintrittswahrscheinlichkeit und Schadensausmaß), Risikoreaktion (Maßnahmenauswahl), Steuerungsaktivitäten (Umsetzungssteuerung der Maßnahmen), Information und Kommunikation, Überwachung ❖ Vier Zielkategorien: Strategie, Geschäftsprozesse, Berichterstattung, Compliance ❖ Organisationseinheiten • Ausführungen zu Rollen und Verantwortlichkeiten • Beschränkungen des RM (Problembereiche)	Angelehnt an COSO Internal Control Framework, umfangreicher Standard, stark Corporate Governance- bzw. revisions- und wirtschaftsprüfungsorientiert, begleitendes Handbuch mit praktischen Hinweisen zur Anwendung des Frameworks

Standard	Fokus	Terminologie	Inhalte bzw. Regelungsgegenstand	Anmerkungen
Enterprise Risk Management: IRMSA code of practice *(ZA, 2004, 100 Seiten)*	Fachverbandsstandard (Risikomanager), Leitfaden für die Einführung eines unternehmensweiten RM-Programms und Benchmark, prinzipiell weltweit anwendbar	**Risiko**: keine Definition **RM**: Umgang mit Risiken nach Maßgabe ihrer Priorität, integraler Bestandteil der strategischen Planung und des Kapitalallokationsprozesses	• Einordnung und Motivation des ERM • 10 Prinzipien für ein unternehmensweites RM (ERM) mit 100 Hinweisen bzw. Handlungsanweisungen : Verantwortung des Vorstandes (u. a. Festlegung der Risikopolitik, Überwachung), Schaffung einer Grundstruktur (Terminologie, Risikostrategie, RM-Prozess, Risikokultur, Überprüfung), Organisationsstruktur (Integration des RM-Prozesses, Einrichtung einer zentralen Koordinationsinstanz, Fixierung des RM-Ablaufs), Risikobeurteilung, Steuerungsumfeld (Flexibilitätsermittlung und Maßnahmenüberprüfung), Risikoüberwachung, Risikoberichterstattung, Einbindung des RM in das organisatorische Umfeld (Entscheidungsfindung und Maßnahmenumsetzung), Sicherungsprozess (RM-Systemprüfung), Verantwortung für Nachhaltigkeit (Umwelt, Ethik, Soziales) • Scorecard zur Beurteilung bzw. zum Benchmarking des RMS	Baut auf COSO und älteren RM-Standards auf, starker Bezug zu Corporate Governance Fragestellungen
ORN 49000 ff. Risikomanagement für Organisationen und Systeme: Begriffe und Grundlagen *(A, 2004, 22 + 12 + 32 + 18 + 6 Seiten)*	Schaffung einer allgemeinen RM-Systemstruktur einschließlich Schnittstellen zu anderen Systemen	analog zu ISO Guide 73 **Risiko**: Kombination von Wahrscheinlichkeit und Auswirkung eines Ereignisses **RM**: koordinierte Tätigkeiten, die ausgeführt werden, um eine Organisation bezüglich Risiken zu steuern und zu kontrollieren	• ORN 49000 Begriffe (z. T. analog zu ISO Guide 73) und Grundlagen (RM-Konzept, RM in einem integrierten Managementsystem, Zielsetzung) • ORN 49001 Elemente des RMS: Systemdokumentation, Verantwortung der Leitung bzgl. des RMS (Integration in das Führungssystem, Etablierung der Risikopolitik, Verantwortlichkeiten, Systembewertung), Management von Ressourcen (Ermittlung und Bereitstellung von Mitteln und qualifizierten Personen), RM-Prozess (Systemdefinition, Risikobeurteilung [Risikoanalyse, Risikobebewertung, Risikoaggregation], Risikobewältigung, Risikoüberwachung, Aufzeichnung des Risikomanagements), Systemüberwachung, Verbesserung • ORN 49002-1 Leitfaden für das RM: Regeln für das RM mit Hinweisen zu Umfeld und Grundlagen, Risikobeurteilung, Risikobewältigung, Umsetzung und Risikoüberwachung, informative Ausführungen zu Gefahrenlisten, Risikokategorien und wertorientiertes RM • ORN 49002-2 Leitfaden für die Einbettung des RM in das Managementsystem: Prozessketten für den RM-Prozess, Integration des RM in Führungsprozesse • ORN 49003 Anforderungen an die Qualifikation des Risikomanagers: Aus- und Weiterbildung, Qualifikation	Mehrgliedrige Normenfamilie, breiter Systembezug, Betonung der Risikoaggregation, offene System- und Personenzertifizierung, Entwicklung unter Mitwirkung von betriebswirtschaftlichen RM-Fachleuten
AS/NZS 4360:2004 *(AUS/NZ, 2004, 28 +116 Seiten)*	Aktuelle Version des AS/NSZ 4360 Änderungen/Neuerungen: Stärkere Beachtung potenzieller Stakeholder, der Einbindung des RM in Organisationskultur und -prozesse sowie der Chancen-Aspekte begleitendes Handbuch mit Beispielen			
ISO/IEC Guide 73:2002 Risk Management –Vocabulary - Guidelines for use in standards *(int., 2002,16 Seiten)*	Terminologie-Standard mit 29 Begriffsdefinitionen (eingeteilt in die Bereiche Grundbegriffe, vom Risiko betroffene Personen/Organisationen, Risikoeinschätzung, Risikohandhabung und Risikosteuerung); soll als terminologische Grundlage für die Erarbeitung und Überarbeitung von Risikomanagement-Standards dienen **Risiko**: Kombination der Eintrittswahrscheinlichkeit eines Ereignisses und dessen Auswirkungen **RM**: koordinierte Aktivitäten zur Leitung und Steuerung einer Organisation hinsichtlich des Risikos			

Tabelle 8: Synoptische Darstellung der Risikomanagement-Systemstandards

3.4.2.2.1 JIS Q 2001:2001

In der japanischen Unternehmenspraxis existieren seit längerem risikobezogene Ansätze, wie z. B. Total Quality Management, Industrial Engineering oder fehlerfreie Produktion.[531] Der Standard JIS Q 2001 der *Japanese Standards Association* (JSA) wurde jedoch erst auf Initiative des japanischen Ministeriums für internationalen Handel und Industrie (MITI) als Reaktion auf die Erfahrungen mit mangelhaftem Krisenmanagement beim Erdbeben von Kobe im Jahre 1995 entwickelt.[532] Im Rahmen einer Studie mit 182 teilnehmenden Organisationen wurde der Bedarf an einem Risikomanagement-Standard ermittelt. Als Abschluss eines iterativen Entwicklungsprozesses unter Einbezug potenzieller Anwender wurde im Jahre 2001 der Standard JIS Q 2001 veröffentlicht.[533] Der Standard ist in japanischer und englischer Sprache erschienen und besteht aus vier Hauptabschnitten sowie einem Anhang mit Erläuterungen und der japanischen Übersetzung des ISO/IEC Guide 73:2002. Die einzelnen Abschnitte beschäftigen sich mit einer Einführung, dem Anwendungsbereich, den Definitionen und den Prinzipien bzw. Elementen eines Risikomanagement-Systems.

In der Einführung wird darauf hingewiesen, dass Organisationen ein Risikomanagement betreiben sollten, um die Auswirkungen von Risken auf Stakeholder und Gesellschaft so gering wie möglich zu halten. Der Standard soll dabei einen Rahmen bzw. ein Grundgerüst zur Entwicklung und Einrichtung eines Risikomanagement-Systems für Organisationen und Risiken aller Art anbieten. Zudem soll er ein gemeinsames Risikoverständnis unter allen Stakeholdern durch die Vereinheitlichung von Terminologie und Risikokonzept schaffen. Erklärtes Ziel des Standards ist der angemessene Umgang mit Risiken in Organisationen und in der Gesellschaft durch die Etablierung und Verbesserung von Risikomanagement-Systemen. Der Standard ist explizit nicht für die Befreiung von gesetzlichen Vorschriften bzw. von gesellschaftlichen Verpflichtungen oder die Anwendung im Rahmen einer Zertifizierung gedacht. Im Definitionsteil werden 22 Begriffe erläutert, wobei sich die Terminologie stark an ISO/IEC Guide 51:1999 und ISO/IEC Guide 73:2002 orientiert. Abweichend vom ISO/IEC Guide 51 wird Risiko als Kombination von Eintrittswahrscheinlichkeit und Schadensausmaß eines Ereignisses verstanden. Risikomanagement wird als die Gesamtheit koordinierter Aktivitäten einer Organisation zur Risikosteuerung definiert. JIS Q 2001:2001 ähnelt bzgl. des Aufbaus und der Strukturierung den normierten Managementsystemen ISO 9000 und ISO 14001.

---

531 Vgl. *Kamei, T.* (1988), S. 267; *Sugino, F.* (2003), S. 169 ff.

532 Vgl. *Honiden, S.* (2001), S. 303; *Inoguchi, K.* (2001), S. 3; *Suzuki, M.* (2001), S. 35.

533 Vgl. *Japanese Standards Association* (2001), S. 4 ff.; *Minakata, T.* (2002), S. 88 ff.

Den Regelungshauptteil stellen die Erläuterungen zu den Prinzipien bzw. Elementen eines Risikomanagement-Systems dar. Der Plan-Do-Check-Act-Logik folgend können diese auch als iterative Schritte eines Systembildungs-, Systemnutzungs- und Systemverbesserungsprozesses gesehen werden (siehe Abbildung 12).

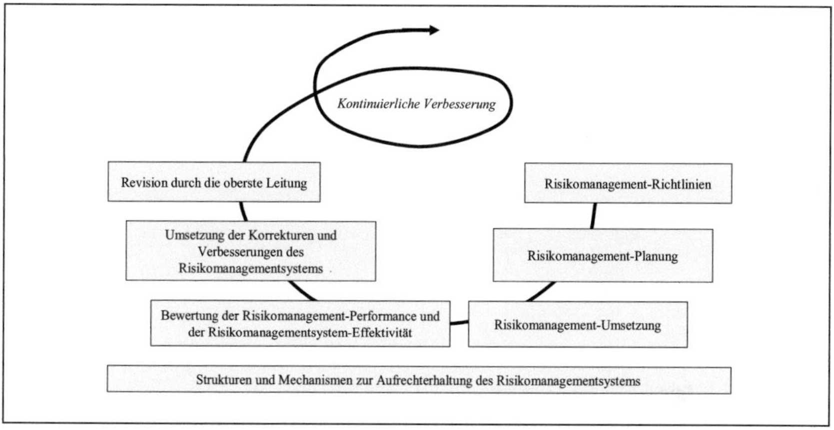

Abbildung 12:Risikomanagement-Konzept und Systemelemente nach JIS Q 2001[534]

Die dem Risikomanagement-System zugrunde liegenden **Prinzipien** sind:

- Aufstellung und Umsetzung von Risikomanagement-Richtlinien (risikopolitische Grundsätze).
- Durchführung einer Risikomanagement-Planung zur Umsetzung der Risikomanagement-Richtlinien.
- Entwicklung von Fähigkeiten und Strukturen zur Erreichung der Risikomanagement-Ziele (Risikomanagement-Umsetzung).
- Ermittlung der Risikomanagement-Performance und Bewertung der Risikomanagement-System-Effektivität.
- Umsetzung von notwendigen Korrekturen und Verbesserungen des Risikomanagement-Systems.
- Kontinuierliches Überdenken des Risikomanagement-Systems durch die oberste Leitung.
- Einrichtung von Strukturen und Mechanismen für die Aufrechterhaltung des Risikomanagement-Systems.

[534] Quelle: *Japanese standards association* (2003), S. 19.

In Anlehnung an diese Prinzipien werden die **Elemente eines Risikomanagement-Systems** definiert:

- **Strukturen zum Aufbau und zur Aufrechterhaltung des Risikomanagement-Systems**: Zuweisung und Dokumentation von Rollen, Berechtigungen und Verantwortlichkeiten (Verantwortung der obersten Leitung, Rolle und Aufgaben des Risikomanagement-Beauftragten).
- **Risikomanagement-Richtlinien**: Dokumentation und Kommunikation von Handlungsrichtlinien und Risikomanagement-Basiszielen.
- **Risikomanagement-Planung**: Risikoanalyse (Risikoidentifikation, -spezifikation, -schätzung), Risikobewertung (Festlegung von Wertgrenzen zur Priorisierung), Festlegung und Dokumentation von Risikomanagement-Zielen, Auswahl von Bewältigungsmaßnahmen, Aufstellen des Risikomanagement-Programms (Aussagen zu Risikobewältigung, Zeitplänen, Ressourceneinsatz und Verantwortlichkeiten; Charakterisierung von Maßnahmen bzgl. Erreichbarkeit, Wirkung und Dringlichkeit; umfasst Präventiv-, Notfall- und Wiederanlaufmaßnahmen).
- **Umsetzung des Risikomanagements:** Umsetzung der Maßnahmen gemäß dem Risikomanagement-Programm; Vorbereitung der Notfallplanung (Beginn und Ende der Notfallmaßnahmen, Prozeduren zur Bildung einer angemessen besetzten Notfallreaktionsgruppe, eine allgemeine Reaktionspolitik als Richtlinie für unvorhersehbare Notfälle), Einführung von Mechanismen zur Initiierung des Wiederanlaufs; Erfassung und Aufzeichnung der Risikomanagement-Maßnahmen; periodische Bewertung und Überprüfung der Implementierungsmaßnahmen.
- **Bewertung der Risikomanagement-Performance und der Effektivität des Risikomanagement-Systems:** Einrichtung von Prozeduren zur Überwachung und Messung des Risikomanagements und zur Bewertung der Risikomanagement-Performance sowie Errichtung von Mechanismen zur Bewertung der Effektivität des Risikomanagement-Systems.
- **Umsetzung von Korrekturen und Verbesserungen:** Ergreifen von Verbesserungsmaßnahmen unter Einbezug aller interessierten Parteien (Verbesserungsmaßnahmen ergeben sich während des kontinuierlichen Verbesserungsprozesses, beim Risikomanagement-Systemaudit, nach Schadenseintritt oder aus der kontinuierlichen Überwachung); Überprüfung der Umsetzung.
- **Mechanismen zur Sicherung des Risikomanagement-Systems:** Qualifikation, Aus- und Weiterbildung der Zuständigen, Durchführung von Simulationen, Risikokommunikation,

Dokumentenmanagement, Überwachung identifizierter Risiken, Sicherstellung der Dokumentation, Überwachung des Risikomanagement-Systems.

- **Revision durch die oberste Leitung:** regelmäßige Überprüfung des Systems auf Angemessenheit und Wirksamkeit durch die Unternehmensleitung.

Die Erläuterungen, die nicht Teil des Standards im engeren Sinne sind, enthalten Informationen zur Entstehung des Standards und nähere Erläuterungen zu den verwendeten Begriffen.

3.4.2.2.2 ONR 49000 ff.

In Österreich gibt es im Gegensatz zu Deutschland keine gesetzliche Verpflichtung zur Einrichtung von Risikomanagement-Systemen in Unternehmen.[535] Neben anderen Faktoren haben die Ausstrahlungswirkungen des Insolvenzrechtsänderungsgesetzes in Österreich und des KonTraG in Deutschland die Entwicklung von Risikomanagement-Systemen in der Unternehmenspraxis erheblich gefördert.[536] Vor diesem Hintergrund entstanden die seit 2004 vom Österreichischen Normungsinstitut (ON) herausgegebenen ON-Regeln ORN 49000-49003 Risikomanagement für Organisationen und Systeme.[537] Die Normenfamilie ist – ähnlich wie die ISO-Managementstandards 9000 ff. bzw. 14000 ff. – modular aufgebaut und besteht aus fünf Teilen (ONR 49000: Begriffe und Grundlagen; ONR 49001: Risikomanagement für Organisationen und Systeme; ONR 49002-1: Teil 1: Leitfaden für das Risikomanagement; ONR 49002-2: Teil 2: Leitfaden für die Einbettung des Risikomanagements in das Managementsystem; ONR 49003: Anforderungen an die Qualifikation des Risikomanagers). ONR 49000 ff. wurde vom Arbeitskreis Risikomanagement des ONR in Zusammenarbeit mit der Fachgruppe Risikomanagement der Swiss Association for Quality erarbeitet. Risikomanagement wird als integraler Bestandteil des Managements verstanden, der als Methode, Führungsinstrument und Managementsystem der Umsetzung von Sicherheitsanforderungen und der Absicherung der Zielerreichung von Organisationen dient. Der Zweck von ONR 49000 ff. wird in der Schaffung einer allgemeinen Risikomanagement-Systemstruktur – einschließlich Schnittstellen zu anderen Systemen und eines einheitlichen Systemverständnisses – gesehen. Zudem spielen Überlegungen zur Umsetzungsunterstützung und Zertifizierung eine Rolle. Das Regelwerk fällt durch seinen breiten Systembezug (d. h. Organisationen und Systeme) und die

---

535 Die Verpflichtung zu einem Risikomanagement lässt sich jedoch aus der allgemeinen Leitungsaufgabe und der Sorgfaltspflicht des Vorstandes von Aktiengesellschaften nach §§ 70 und 84 des österreicherischen AktG ableiten. Vgl. *Denk, R./Exner-Merkelt, K.* (2005), S. 22.

536 Vgl. *Kanzian, R./List, W.* (2002).

537 Vgl. *Österreichisches Normungsinstitut* (2004a); *Österreichisches Normungsinstitut* (2004b); *Österreichisches Normungsinstitut* (2004c); *Österreichisches Normungsinstitut* (2004d); *Österreichisches Normungsinstitut* (2004e).

Betonung der Risikoaggregation auf. Als einziger der behandelten Standards ist er offen für die Zertifizierung von Systemen und Personen.[538]

In ORN 49000 werden der Anwendungsbereich erläutert, Begriffe definiert und die Grundlagen des Risikomanagements (Risikomanagement-Konzept, Anwendung des Risikomanagements, Methoden der Risikobeurteilung) beschrieben, die Ziele des Risikomanagements und der ORN 49000-Normenfamilie dargelegt sowie auf andere Normen und Literaturquellen verwiesen. Die Terminologie mit 13 Begriffen zu Risiko und 25 Begriffen zu Risikomanagement überzeugt durch die klare Darstellung der Zusammenhänge zwischen den Termini. Risiko wird als Kombination von Wahrscheinlichkeit und Auswirkung eines Ereignisses definiert. Risikomanagement entspricht koordinierten Tätigkeiten, die ausgeführt werden, um eine Organisation bezüglich Risiken zu steuern und zu kontrollieren.

In ONR 49001 werden ein Risikomanagement-System dargelegt und dessen Elemente erläutert (siehe Abbildung 13).

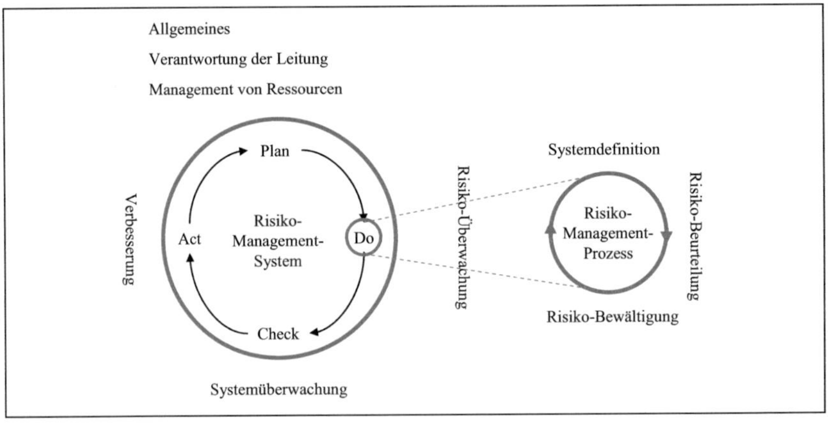

Abbildung 13:Risikomanagement-System mit seinen Elementen nach ONR 49001[539]

Die Elemente werden im Folgenden kurz umrissen:

- **Allgemeines:** Forderung nach Einführung, Aufrechterhaltung, Verbesserung und Dokumentation eines Risikomanagement-Systems (Risikopolitik, Prozessbeschreibungen, Aufzeichnungen der Risikomanagement-Aktivitäten); Dokumentationslenkung.

[538] Vgl. *Österreichisches Normungsinstitut* (2004a).
[539] Quelle: *Österreichisches Normungsinstitut* (2004b), S. 5.

- **Verantwortung der Leitung:** Verpflichtung der Leitung zur Integration des Risikomanagement-Systems in die existierenden Führungssysteme und Ziele; Etablierung der Risikopolitik (relevante Risiken, Risikobewertungskriterien, Risikokapital); Verpflichtung zur Erfüllung der in den Systemelementen festgelegten Anforderungen und zur Überwachung ihrer Angemessenheit; Anpassung des Risikomanagement-Systems; Festlegung von Verantwortung, Befugnis und Kommunikation bzgl. des Risikomanagements (oberste Leitung: operative Systemverantwortung, Koordination des Risikomanagement-Prozesses, Benennung der Risikoverantwortlichen, Sicherstellung der Ressourcenbereitstellung und Risikokommunikation); Managementbewertung des Systems durch die Leitung.
- Das **Management von Ressourcen:** Ermittlung und Bereitstellung von Ressourcen zur Aufrechterhaltung und Verbesserung des Risikomanagements, insbesondere personelle Ressourcen (Ausbildung, Schulung, Fertigkeiten und Erfahrungen).
- **Systemdefinition**: Bestimmung der Ziele und Zwecke der Risikobeurteilung, des inhaltlichen und organisatorischen Umfangs der Risikobeurteilung und der Risikobewertungskriterien.
- **Risiko-Beurteilung**: Risikoanalyse (Risikoidentifizierung und -beschreibung nach Eintrittswahrscheinlichkeit, Wirkung und Interdependenzen); Risikobewertung (Risikopriorisierung durch Vergleich der Risiken mit den Risikotoleranzgrenzen); Risikoaggregation (Zusammenführung der Risiken zu einer Gesamtposition und Bestimmung des Umfangs des benötigten Risikokapitals).
- **Risiko-Bewältigung:** Prüfung proaktiver Maßnahmen zur Reduktion von Eintrittswahrscheinlichkeit und Wirkung von Risiken unter Berücksichtigung von maßnahmeninduzierten Sekundärrisiken; Entscheidung über Risikoakzeptanz und Planung von reaktiven Maßnahmen.
- **Risiko-Überwachung:** Beobachtung von Umsetzungsfortschritt der Maßnahmen, Erreichung der Toleranzgrenzen und Überwachung der Fehlentwicklungen anzeigenden Frühwarnindikatoren; ggf. Einleitung von Maßnahmen zur Verbesserung oder Ergänzung der Wirksamkeit der Bewältigungsmaßnahmen.
- **Aufzeichnung des Risikomanagements**: Dokumentation aller Prozessergebnisse.
- **Systemüberwachung:** Interne Audits (auf Basis eines geplanten Programms, unabhängige Überprüfung der Übereinstimmung von Soll- und Ist-System und Wirksamkeit des Risikomanagement-Systems, ggf. Maßnahmen); Überwachung (Bewertung von Möglichkeiten zur Verbesserung des Risikomanagement-Systems).

- **Verbesserung**: Laufende Anstrengungen zur Verbesserung des Risikomanagement-Systems; organisatorisch verankert durch Risikopolitik, Audit und Managementbewertung; konkretisiert durch Korrektur- und Vorbeugungsmaßnahmen zur Verbesserung der Prozesse und des Systems.

In ORN 49002-1 werden Regeln für das Risikomanagement aufgestellt. Die Ausführungen beziehen sich auf einzelne Aufgabenstellungen bzw. Aktivitäten im Rahmen der Einrichtung, des Betriebes, der Überwachung und der Verbesserung des Risikomanagement-Systems. Entsprechende Ausführungen zum Risikomanagement-Prozess, den Wechselwirkungen mit den übrigen Prozessen der Organisation und die Implementierung des Risikomanagement-Prozesses in das Managementsystem finden sich in ORN 49002-2. ONR 49003 beschäftigt sich schließlich mit der Zertifizierung von Risikomanagern und enthält Anforderungen bzw. Konkretisierungen bzgl. der normenbezogenen Ausbildung, Qualifikation und Weiterbildung.

3.4.2.3 Ableitung der möglichen Elemente eines Risikomanagement-Systemstandards

Die Ergebnisse der Systemanalyse zeigen, dass die einzelnen Standards inhaltlich recht ähnliche Elemente aufweisen (siehe Tabelle 8). Dies ist aufgrund des vergleichbaren Regelungsgegenstands nicht überraschend. Zur Ausschaltung terminologischer Unterschiede und der Ableitung eines Kernregelungsgegenstandes bzw. möglicher Bestandteile normierter Risikomanagement-Systeme ist es daher sinnvoll, inhaltlich teilkongruente Systemelemente verschiedener Standards zu Gliederungspunkten eines generischen Gliederungsrasters zusammenzufassen. Dieses Raster ist so angelegt, dass sich jedes Systemelement zumindest einem Element bzw. inhaltlichen Bestandteil normierter Risikomanagement-Systeme zurechnen lässt. Insgesamt können 21 Elemente identifiziert werden (siehe Abbildung 14). Die Gliederungspunkte sind weitgehend selbsterklärend. Dennoch soll eine knappe Erläuterung erfolgen.

Der Gliederungspunkt **Unternehmensstrategie** (1) ist ein managementsystemübergreifender Aspekt, der u. a. Aspekte der Unternehmensverfassung und der Strategieentwicklung umfasst, und somit grundlegend für die Ausgestaltung des Risikomanagement-Systems ist. Die **Risikopolitik** (2) definiert die Grundsätze für den Umgang mit Risiken, wohingegen das **Programm** (3) eine detaillierte Ausgestaltung der Risikomanagement-Ziele und -Maßnahmen umfasst und in Element 4 eine Zuordnung der Aufgaben und **Verantwortlichkeiten** zu Stellen erfolgt. Die Elemente 5 bis 10 bilden den **Risikomanagement-Prozess** zur Erfassung, Bewertung, Bewältigung und Kontrolle der Risiken. Element 12 hat die abschließende **Bewertung des Risikomanagement-Systems** durch die Unternehmensführung zum Gegenstand und ist daher von den Kontrollaktivitäten der prozessbezogenen **laufenden Überwachung** (10) und systembezogenen **periodischen Überprüfung** (11) abzugrenzen. Die **Informations- und Dokumentationsanforderungen** finden sich in den Elementen 13 bis 15 wieder. **Kommunikationsaspekte** werden differenziert nach den Empfängern als interne (16) und externe (17) erfasst, während beim **Ressourcenmanagement** nach Personalressourcen (18) und sonstigen Ressourcen (19) unterschieden wird. Element 20 erfasst die explizite Berücksichtigung **nachsorgender und schadensbegrenzender Maßnahmen**. Das letzte Element (21) berücksichtigt die Verbindungen zu **anderen Managementsystemen**.

Phase	Nr.	Element
Grundlagen	1	Unternehmensstrategie
	2	Risikopolitik
	3	Programm
	4	Aufbauorganisation / Verantwortlichkeiten
Planung	5	Risikoanalyse
	6	Risikobewertung
	7	Risikoaggregation
	8	Risikobewältigung
Steuerung	9	Implementierung/Steuerung
Kontrolle	10	laufende Überwachung/Kontrolle
	11	periodische Überprüfung
	12	Bewertung durch oberste Leitung
Informationsversorgung & Kommunikation	13	Informationsbeschaffung
	14	Dokumentation / Dokumentationslenkung
	15	Aufzeichnung / Aufzeichnungslenkung
	16	Interne Kommunikation & Mitarbeitereinbindung
	17	externe Kommunikation
Ressourcen-Management	18	Mitarbeiterqualifikation
	19	sonstige Ressourcen
sonstiges	20	Notfall-/ Wiederanlaufmanagement
	21	Schnittstellen zu anderen Managementsystemen

Abbildung 14: Aus den Risikomanagement-Systemstandards induzierte Elemente normierter Risikomanagement-Systeme

Die Abdeckung dieser induktiv ermittelten Elemente stellt einen guten Ausgangspunkt für die Gestaltung möglichst vollständiger, unternehmensindividueller Risikomanagement-Systeme dar. Die Qualität der Abdeckung dieser Systemelemente in quantitativer und qualitativer Hinsicht unterscheidet sich jedoch bei den einzelnen Standards, weshalb anschließend eine zusammenfassende Bewertung erfolgt.

3.4.2.4 Bewertung der Risikomanagement-Systemstandards

Zur Beurteilung der Nützlichkeit der einzelnen Risikomanagement-Systemstandards erfolgt deren Bewertung anhand der in Abschnitt 3.4.2.1 vorgeschlagenen Kriterien. Eine besonders wichtige Rolle spielt dabei die Vollständigkeit der Regelungen, wenn die Standards als brauchbare Hilfestellung zum Aufbau formalisierter Risikomanagement-Systeme in der Unternehmenspraxis dienen sollen.

In Abbildung 15 wird überprüft, inwieweit die aus der Gesamtheit der Standards induzierten Systemelemente bei den einzelnen Standards Berücksichtigung finden.

Die Übersicht ergibt, dass die Elemente 3-6, 8-11, 16 und 19 in allen Standards Aufnahme fanden. Somit sind die Projektdefinition zur Einrichtung eines formalisierten Risikomanagement-Systems, die Organisationsstruktur, der Risikomanagement-Prozess (Risikoanalyse, -bewertung, -bewältigung, -überwachung, -kommunikation) und Aussagen zu allgemeinen Ressourcen als **Regelungskern** anzusehen. Dahingegen wird häufiger auf eine Behandlung der Unternehmensstrategie, der Risikoaggregation, der Dokumentation und Dokumentationslenkung, des Notfall-/Wiederanlaufmanagements und der Schnittstellen zu sonstigen Managementsystemen verzichtet.

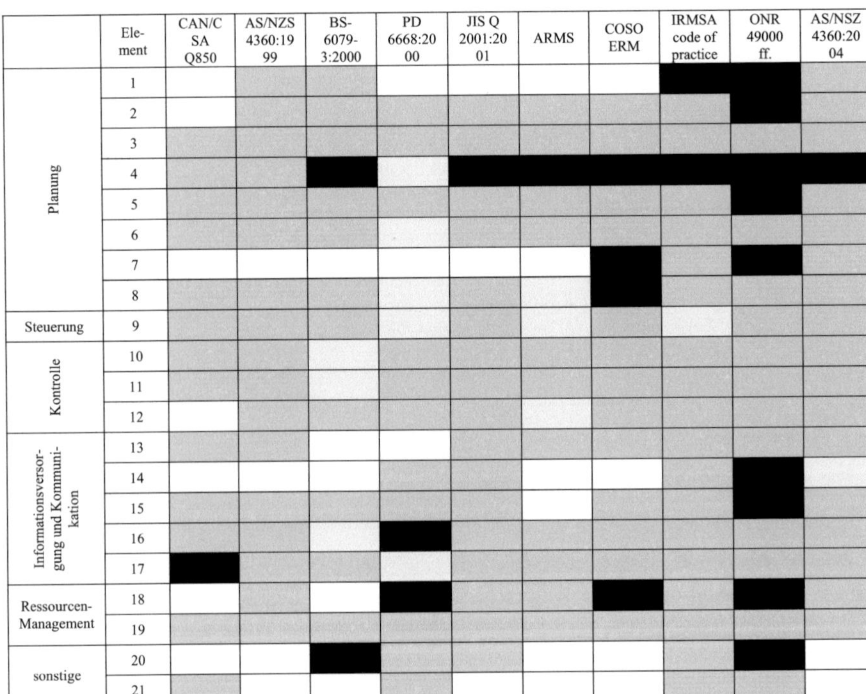

Abbildung 15: Abdeckung der generischen Risikomanagement-Systemelemente durch die jeweiligen Risikomanagement-Systemstandards[540]

[540] Erläuterung: weiß: keine Berücksichtigung; hellgrau: geringe Berücksichtigung; grau: ausreichende Berücksichtigung; schwarz: gute Berücksichtigung.

Während bei der Unternehmensstrategie zu Recht darauf verwiesen werden kann, dass diese gesamtunternehmens- und gesamtmanagementbezogen ist, stellt die Vernachlässigung der Risikoaggregation einen eklatanten Mangel für formalisierte Risikomanagement-Systeme dar, da nur diese Informationen über die Gesamtrisikolage und deren Beziehung zur Risikotragfähigkeit des Unternehmens zu liefern vermag. Auch die Nichtregelung der Dokumentation und Dokumentationslenkung ist vor dem Hintergrund rechtlicher Anforderungen und der Prüfungspflicht des Risikomanagement-Systems als gravierend zu betrachten. Die Vernachlässigung von Krisenbewältigungsmaßnahmen und der Einbettung des Risikomanagements in andere Managementsysteme lässt wichtige Zusammenhänge unberücksichtigt und kann tendenziell zu Effizienzverlusten bei Einführung und Betrieb sowie zu Akzeptanzproblemen bei potenziellen Anwendern führen. Es ist auffällig, dass der Vollständigkeitsgrad der jüngeren Standards tendenziell höher ist. Abschließend sei darauf hingewiesen, dass ONR 49000 ff. insgesamt am besten geeignet erscheint, den Aufbau eines formalisierten Risikomanagements zu unterstützen. Eine qualitative Überprüfung aller Kriterien führt zu dem in Abbildung 16 dargestellten synoptischen Ergebnis.

Standard / Kriterium	CAN/ CSA Q850	AS/NZ S 4360: 1999	BS-6079-3:2000	PD 6668: 2000	JIS Q 2001: 2001	ARMS	COSO ERM	IRMSA code of practice	ONR 49000ff	AS/NS Z 4360: 2004
Generische Breite und Flexibilität	+	+	0	0	+	+	0	-	+	+
Anwender-freundlich-keit	0	0	0	0	+	0	+	0	+	+
Vollständig-keit	-	0	0	-	0	0	0	-	+	0
Systematik	+	+	-	-	+	+	+	-	+	+
Integration	0	0	0	0	+	0	+		+	0
Zertifizier-barkeit	-	-	-	-	-	-	-	-	+	-

Abbildung 16: Qualitativ-synoptische Beurteilung der Risikomanagement-Systemstandards[541]

3.4.2.5 Integration der Risikomanagement-Systemstandards und Zertifizierbarkeit

Die Akzeptanz, Wirtschaftlichkeit und Wirksamkeit von Risikomanagement-Systemen in Unternehmen kann erheblich dadurch beeinflusst werden, wie deren **Integration** in schon

[541] Erläuterung: „-": schlechte Ausprägung; „0": mittlere Ausprägung"; „+": gute Ausprägung.

bestehende Managementteilsysteme erfolgen kann. Aus Managementstandard-Sicht ist an dieser Stelle das Konzept eines **Integrierten Managementsystems** relevant, das die Realisation von Synergiepotenzialen durch einen einheitlichen Systemaufbau, definierte Schnittstellen und Beachtung von Regelungsüberschneidungen ermöglicht.[542]

Zwischen dem Risikomanagement und anderen normierten Managementsystemen wie Qualitätsmanagement, Umweltschutz und Arbeitsschutz bestehen dabei eine Reihe deutlicher Überschneidungen. Als allgemeiner konzeptioneller Rahmen für ein Integriertes Managementsystem kann hierbei das **Plan-DoCheck-Act-Modell** dienen, da dieses auch die Grundlage anderer Managementsystemstandards bildet. Daher soll an dieser Stelle übersichtsartig aufgezeigt werden, wie die identifizierten Elemente formalisierter Risikomanagement-Systeme in dieses Modell eingeordnet werden können (siehe Abbildung 17).

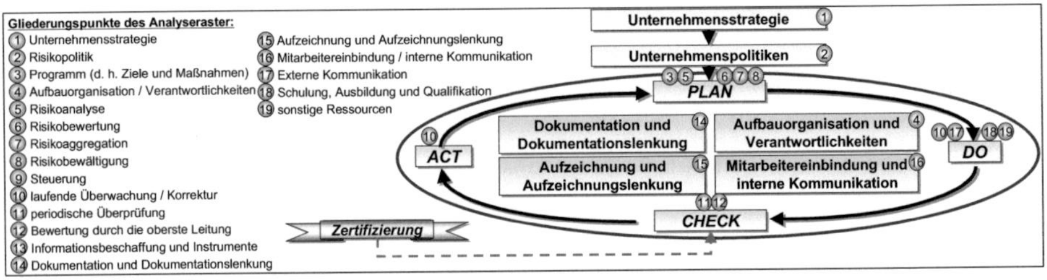

Abbildung 17: Einordnung der Risikomanagement-Systemelemente in das PDCA-Modell

Die Möglichkeit der **Zertifizierung** von Risikomanagement-Systemen stellt ebenfalls einen interessanten Themenkomplex dar. Eine Zertifizierung bezeichnet dabei einen Prozess zur formalen Anerkennung eines Managementsystems durch kompetente und neutrale Dritte.[543] Die Zertifizierung auf der Basis der vorgestellten Risikomanagement-Systemstandards stellt eine über die Feststellung der KonTraG-Konformität hinausgehende Prüfung dar, da der Prüfungsgegenstand viel umfangreicher ist als bei der „Risikofrüherkennungssystem"-bezogenen Prüfung nach IDW PS 340. Ein Risikomanagement-Zertifikat sollte einen viel differenzierteren Rückschluss auf die Qualität eines Risikomanagement-Systems zulassen. Wie schon in Abschnitt 3.4.2.1 angesprochen, könnte ein zertifiziertes Unternehmen seinen Stakeholdern (insbesondere Kapitalgebern und Kunden) bzw. seiner Umwelt verlässlich signalisieren, dass die Unternehmensrisiken systematisch und aktiv gehandhabt werden und somit deren Informationssituation bei gleichzeitiger Senkung der Transaktionskosten verbessern. Zudem könn-

[542] Vgl. *Felix, R. et al.* (1997); *Schwerdtle, H.* (1999), S. 49-94.
[543] Vgl. *DIN* (1997), S. 20.

te die Unternehmensleitung die Erfüllung der allgemeinen Sorgfaltspflicht leichter nachweisen. Voraussetzung für eine Zertifizierung ist aber ein anerkannter Standard, der die wichtigsten Qualitätsmerkmale von Risikomanagement-Systemen zufrieden stellend regelt. Leider ist bei allen vorgestellten Risikomanagement-Systemstandards, mit Ausnahme von ONR 49000ff., bisher keine Zertifizierung möglich. In Deutschland beschäftigen sich zurzeit einige Begutachtungsdienstleister wie die DQS GmbH oder der TÜV-Rheinland mit Begutachtungen von Risikomanagement-Systemen, wobei auch ORN 49000ff. als Referenzsystem verwendet wird. Nach Kenntnis des Verfassers sind aber bisher noch keine Zertifizierungen nach ORN 49000ff. erfolgt. Bei der Nachfrage nach der Zertifizierung von Risikomanagement-Systemen durch Unternehmen spielen der wahrgenommene Nutzen und die Kosten der erstmaligen und nachfolgenden Überprüfungen eine große Rolle. Dabei könnte die Kosten-Nutzen-Relation durch eine kombinierte Zertifizierung eines Systems integrierter Managementsysteme positiv beeinflusst werden.

3.4.2.6 Risikomanagement-Standards und Risikomanagement-Konzeption

Konzeptionen wurden als praktisch-normative Aussagensysteme charakterisiert, die in gestalterischer Absicht theoretische Aussagen aufgreifen und diese mit normativen Postulaten verknüpfen, um diese dann auf die Praxis zu beziehen, also als Aussagensystem zur Formulierung der Grundlinien einer Sachverhaltsgestaltung als Mittel zur Erreichung einer bestimmten Zielsetzung.[544] **Risikomanagement-Standards** bieten Unternehmen Hilfestellung bei Aufbau, Betrieb, Anpassung und Überprüfung formalisierter Risikomanagement-Systeme. Somit wird deutlich, dass Risikomanagement-Konzeptionen und -Standards einen ähnlichen Gegenstand aufweisen. Beide dienen Unternehmen bei der Gestaltung und dem Betrieb von Risikomanagement-Systemen als Referenzansätze. Der Fokus von Konzeptionen und Standards ist aber unterschiedlich. Standards zielen grundsätzlich auf eine Vereinheitlichung ab und sind sehr praxis- bzw. anwendungsorientiert. Konzeptionen weisen dagegen einen stärkeren Bezug zu theoretischen Aussagen auf und sind u. U. weniger detailliert und anwendungsbezogen. Diese Unterschiede werden auch beim Vergleich der vorgeschlagenen Struktur von Risikomanagement-Konzeptionen und der identifizierten Elemente von Risikomanagement-Standards deutlich. Bei Risikomanagement-Konzeptionen stehen die theoriegeleitete Fundierung und Konzeptualisierung von Unternehmen, Unternehmensführung, Risiko und Risikomanagement im Vordergrund. Im Gegensatz hierzu sind bei Risikomanagement-Standards vor allem organisatorische Regelungen zu Aufgabenzuordnung, Aufgabenablauf und Aufgabendokumentation

[544] Siehe Abschnitt 2.1.

von Interesse. Risikomanagement-Standards korrespondieren daher vornehmlich mit der funktionalen, instrumentalen und organisatorischen Spezifikation des Risikomanagements im Rahmen von Risikomanagement-Konzeptionen und können der Konkretisierung der entsprechenden Konzeptionselemente dienen. Andererseits können Standards explizit auf Risikomanagement-Konzeptionen Bezug nehmen, um ihre theoretische Fundierung und ihren betriebswirtschaftlichen Gehalt zu stärken.

3.4.3 Vorschlag einer tragfähigen Risikomanagement-Konzeption

Aufbauend auf dem Vorschlag einer tragfähigen Controlling-Konzeption und den Ausführungen zu der Risikomanagement-Forschung und -Praxis, der ökonomischen Vorteilhaftigkeit eines unternehmensgetragenen Risikomanagements sowie Struktur und Inhalt einer Risikomanagement-Konzeption wird im Folgenden ein Vorschlag für eine tragfähige Risikomanagement-Konzeption unterbreitet.

Eine **tragfähige Risikomanagement-Konzeption** sollte im Idealfall sowohl eine betriebswirtschaftliche Teildisziplin Risikomanagement begründen, als auch sinnvolle Handlungsempfehlungen für die Risikomanagement-Praxis generieren helfen. Dazu gehört insbesondere, dass nachvollziehbar aufgezeigt wird, was der Gegenstand des Risikomanagements in Forschung und Praxis ist. Dabei sollte eine erkennbare Übereinstimmung zwischen der Ausrichtung der Disziplin Risikomanagement und der betrieblichen Risikomanagement-Praxis bestehen, ohne dass aber eine völlige Kongruenz gefordert wird. Eine unwiderlegbare und endgültig richtige Abgrenzung des Erkenntnis- und Handlungsgegenstandes Risikomanagement wird damit nicht beabsichtigt.

Die Frage nach der Einordnung des Risikomanagements in die **Betriebswirtschaftlehre** ist bislang nicht eindeutig zu beantworten, da mögliche Antworten stark von der zugrunde gelegten Risikomanagement- und Unternehmensführungskonzeption abhängig sind. Zudem sind risikomanagementbezogene Fragestellungen, wenn auch mit unterschiedlicher Intensität, schon immer Gegenstand der Betriebswirtschaftslehre gewesen. Die Beschäftigung mit Risiko und dem Umgang mit diesem in Unternehmen erfolgte jedoch unter recht unterschiedlichen Prämissen und aus verschiedenen Perspektiven. In der Tat hat sich Risikomanagement noch nicht als eigenständige Disziplin bzw. als Spezielle Betriebswirtschaftslehre etabliert, sondern wird i. d. R. im Rahmen anderer Disziplinen wie Unternehmensführung, Finanzierung oder Versicherungen behandelt. Da das Risiko und dessen Bewältigung einen engen Bezug zum Unternehmertum und zur Existenz von Unternehmen sowie zu Führungsaufgaben auf allen

Ebenen und in allen Funktionsbereichen aufweisen, ist es fraglich, inwieweit überhaupt eine Abgrenzung zu anderen betriebswirtschaftlichen Disziplinen sinnvoll oder gar möglich ist. In der **Unternehmenspraxis** ist das Risikomanagement als Aufgabenkomplex bzw. Institution schon seit längerem verankert, wobei aber auch hier ein Rollenwandel vom Versicherungsmanagement hin zu Finanzierungsaufgaben und gesamtunternehmensbezogenen Beratungs- und Koordinationsaufgaben feststellbar ist. Auffällig ist neuerdings die große Bedeutung von Corporate Governance-Anforderungen.

Zur Einordnung des Risikomanagements in die Betriebswirtschaftslehre sowie der Charakterisierung der Unternehmensumwelt und des Unternehmens wird auf die Ausführungen in Abschnitt 2.5 rekurriert. In Anlehnung an *Schneider* wird der Gegenstand der Betriebswirtschaftslehre in der Untersuchung menschlichen Handelns unter dem Aspekt der Erzielung und Verwendung von Einkommen sowie der Reduktion der dabei auftretenden Unsicherheiten und hierzu dienender Institutionen gesehen. Hierbei wird der enge Bezug von Betriebswirtschaftslehre bzw. Unternehmensführung und Risikomanagement besonders deutlich.[545] Die Unternehmensumwelt und die Unternehmen selbst werden als komplex und dynamisch beschrieben, wobei beschränkt-rationale und nutzenmaximierende Akteure mit kognitiven Beschränkungen, beschränkte Ressourcen, unvollständiges und ungleich verteiltes Wissen über Sachverhalte und Akteure sowie die potenziell stochastische Natur der Welt zu beachten sind. Auch hier ergibt sich durch unvollständiges Wissen über relevante Sachverhalte und die Möglichkeit stochastischer Prozesse ein direkter Bezug zu Risiko und Risikomanagement. Als Handlungsebenen im Unternehmen werden die Unternehmensführung, die Führungsunterstützung und die Ausführung angesehen. Zu beachten ist, dass potenziell alle Aufgaben- und Handlungskomplexe im Unternehmen, aber besonders die Führungsaufgaben von Unsicherheit, d. h. von mangelndem Wissen über relevante Sachverhalte, geprägt sind. Problemlösungsprozesse können dabei auch immer bis zu einem bestimmten Ausmaß als Unsicherheitsbewältigungsprozesse verstanden werden.

Aus den Überlegungen zur Begründung der Vorteilhaftigkeit eines unternehmensgetragenen Risikomanagements lassen sich einige Hinweise auf die Bedeutung und Rolle des Risikomanagements in Unternehmen und somit auch auf die Beziehung des Risikomanagements zur Unternehmensführung gewinnen.[546] Eine grundlegende Erkenntnis ist die herausragende Bedeutung der Gesamtrisikolage des Unternehmens für das von den jeweiligen Anspruchsgrup-

[545] Vgl. *Schneider, D.* (1997b), S. 214.
[546] Siehe Abschnitt 3.3.3.

pen aus ihrer Beteiligung am Unternehmen erzielbare Einkommen. Hieraus lässt sich ableiten, dass eine – mehr oder weniger willkürliche – Begrenzung des Risikomanagement-Betrachtungsgegenstandes auf bestimmte Unternehmensbereiche oder Risikoarten nicht sinnvoll ist. Dies wiederum impliziert, dass eine Beschränkung der betrachteten Handlungsarten des Risikomanagements auf bestimmte Risikogestaltungsmaßnahmen abzulehnen ist. Des Weiteren legen die Erkenntnisse zur Wirkungsweise des Unternehmensgesamtrisikos und dessen aktive Gestaltung nahe, dass das so genannte Downside- bzw. Shortfall-Risiko, d. h. die Möglichkeit einer negativen Abweichung von einem erwarteten Einkommensniveau, eine besondere Bedeutung für das Risikomanagement hat.

Aufgrund des ubiquitären Charakters von Unsicherheit bzw. Risiko in der gewählten Unternehmenskonzeption wird Risikomanagement als die bewusste Gestaltung und Handhabung des Risikos im Sinne der betroffenen Wirtschaftssubjekte verstanden. Das Risikomanagement wird somit als ein spezieller Aspekt der Unternehmensführung gesehen, der die explizite und systematische Berücksichtigung und Gestaltung des Risikos zur Aufgabe hat und sich auf alle Führungsaufgaben und -bereiche bezieht. Aufgrund von kognitiven Beschränkungen und Wirtschaftlichkeitsgründen kann jedoch eine Zuordnung bestimmter Aufgaben zur Führungsunterstützungsebene sinnvoll bzw. erforderlich sein. Aufbauend auf dieser Sichtweise werden die Ziele, Aufgaben, Instrumente und Institutionen des Risikomanagements näher betrachtet.

Die **Ziele** des Risikomanagements ergeben sich aus den Unternehmens- bzw. Akteurszielen. Als grundlegendes Ziel werden die Sicherung der fortgesetzten Unternehmensexistenz und die Sicherung bzw. Steigerung des aus den Unternehmensaktivitäten resultierenden Einkommens für die Anspruchsberechtigten bzw. beteiligten Akteure postuliert. Durch die bewusste Beeinflussung der Einkommensunsicherheit leistet das Risikomanagement hierzu einen direkten Beitrag. Dabei steht insbesondere die Verringerung der Wahrscheinlichkeit niedriger realisierter Einkommen im Zentrum der Betrachtung.

Der **Aufgabenkomplex** des Risikomanagements ergibt sich aus dessen Charakterisierung als risikobezogene Querschnittsfunktion der Unternehmensführung. Als übergeordnete Aufgabe besteht die Schaffung und Entwicklung eines Risikobewusstseins bei den Unternehmensmitgliedern sowie die Integration von Risikoaspekten in die einzelnen Aufgaben- und Handlungskomplexe. Bei der Problemwahrnehmung und -repräsentation sowie der Alternativensuche, -bewertung und -umsetzung ist sicherzustellen, dass Unsicherheiten wahrgenommen, explizit dargestellt, bewertet und überwacht werden.

Diese Risikomanagement-Auffassung lässt erkennen, dass eine komplette Übertragung der Risikomanagement-Aufgaben auf spezialisierte **Stellen** nicht möglich bzw. sinnvoll ist. Die originäre Risikomanagement-Aufgabe der bewussten Risikoerkenntnis und -gestaltung muss grundsätzlich bei Trägern von Führungsfunktionen im Rahmen ihrer Aufgabenerfüllung verbleiben. Dies gilt insbesondere, wenn für die Entdeckung, Bewertung, Gestaltung und Überwachung von Risiken vornehmlich das bereichsspezifische Sach-, Methoden- und Handlungswissen notwendig und nützlich ist. Es ist jedoch durchaus möglich, dass für die sachgerechte Entdeckung, Bewertung, Gestaltung und Überwachung von Risiken Sach-, Methoden- und Handlungswissen erforderlich ist, das nicht in das bereichsspezifische Wissen der einzelnen Manager fällt. Dies ist besonders bei der Identifikation, Analyse, Steuerung und Überwachung von bereichsübergreifenden Risiken und dem Einsatz bereichsübergreifender Risikogestaltungsmaßnahmen sowie bei Risiken, die im Gegenstandsbereich spezialisierter Funktionen bzw. Stellen liegen, der Fall. Daher ist die Übertragung entsprechender bereichsübergreifender Aufgaben sowie Expertenaufgaben auf spezialisierte Stellen sinnvoll bzw. erforderlich. Solche spezialisierte Stellen können zum einen zentrale Risikomanagement-Abteilungen, die den Aufbau und die Entwicklung des formalisierten Risikomanagement-Systems und die Koordination sowie die methodische Unterstützung der Aufgabenträger zur Aufgabe haben, und zum anderen Versicherungsabteilungen und Finanzabteilungen, die auf bestimmte Risiken und Risikogestaltungsmaßnahmen spezialisiert sind, sein. Die Übertragung delegierbarer, unterstützender und spezialisierter Aufgaben auf eigene Stellen kann daher die Effektivität und Effizienz des Risikomanagements erhöhen.

Aus der bisherigen Beschreibung der vorgeschlagenen Risikomanagement-Konzeption ergibt sich ein breiter Aufgabenbereich, der zudem eng mit den üblichen Aufgabenkomplexen der Unternehmensführung verbunden ist. Dies macht deutlich, dass eine Vielzahl von Methoden als Risikomanagement-**Instrumente** aufgefasst werden können. Alle Methoden, die der Schaffung eines Risikobewusstseins, dem Aufbau eines Risikomanagement-Systems und einer Risikomanagement-Organisation, der Identifikation, Analyse, Bewertung, Gestaltung und Überwachung von Risiken, insbesondere des Unternehmensgesamtrisikos dienen, können daher als Risikomanagement-Instrumente angesehen werden.

Ein solchermaßen charakterisiertes Risikomanagement soll als **integriert-holistisches Risikomanagement** bezeichnet werden.[547] Dieses hat das ganzheitliche Management aller Unternehmensrisiken im Rahmen der Unternehmensführung zum Gegenstand, d. h. die Erfassung

[547] Vgl. *Hoitsch, H.-J./Winter, P.* (2004b), S. 238-239.

und Gestaltung aller Risiken unter Berücksichtigung sämtlicher Risikointerdependenzen. Risikomanagement ist als eine Querschnittsfunktion der Unternehmensführung zu charakterisieren, deren spezielle Aufgabe die systematische und planvolle Berücksichtigung der Risikodimension ist. Das Risikomanagement ist auf die Unternehmensziele zu beziehen und trägt insbesondere durch die systematische und planvolle Berücksichtigung und Handhabung der Unternehmensrisiken zur Sicherung der fortgesetzten Existenz und der Erfolgspotenziale der Unternehmung sowie zur Reduktion der Einkommensunsicherheiten der Anspruchsgruppen bei. Das Sicherheitsstreben ist dabei notwendigerweise konsequent mit den Erfolgspotenzialen der Unternehmung abzustimmen. Dabei müssen auch Wirtschaftlichkeitsaspekte berücksichtigt werden, da durch den Aufbau und die Vorhaltung von Risikomanagement-Potenzialen und das Betreiben von Risikomanagement-Aktivitäten Ressourcen verbraucht werden. Da die positiven Wirkungen des Risikomanagements im Gegensatz zum Ressourcenverbrauch i. d. R. nur schwer quantifizierbar sind, ist eine nutzen- bzw. unternehmenswertorientierte Optimierung des Risikomanagements aber kaum möglich. Dennoch profitiert ein integriert-holistisches Risikomanagement wesentlich von der Verfügbarkeit zielbezogener und verlässlicher **Risikomaße und -messmethoden**, welche die Risikolage des gesamten Unternehmens unter Beachtung der einzelnen Unsicherheitsquellen, -wirkungen und -beziehungen abbilden und somit als Basis einer bewussten Gestaltung des Unternehmensrisikos dienen können. Für die Integration in die Unternehmensführung und die gesamtheitliche Risikoerfassung müssen die verwendeten Risikomaße einen engen Bezug zu den Unternehmenszielen bzw. vereinfacht zur Vermögens-, Finanz- und Ertragslage aufweisen und eine Bewertung der Risikowirkung einzelner Strukturen und Aktivitäten auf das Gesamtrisiko ermöglichen. Das Risiko sollte für alle benötigten Betrachtungsobjekte wie Unternehmensteilbereiche oder Risikoarten gemessen werden können, wobei eine flexible Aggregation des Risikos der betrachteten Objekte gemäß der Objekthierarchie bzw. -struktur bis hinauf zum obersten Betrachtungsobjekt Gesamtunternehmung möglich sein sollte. Hierzu bietet sich eine entsprechend ausgestaltete Risikorechnung als Teilsystem der Unternehmensrechnung an, die in Kapitel 5 näher betrachtet wird. Die Aufgaben und Methoden der unternehmensweiten (monetären) Risikomessung und -aggregation erfordern Sach- und Handlungswissen, das i. d. R. nicht in das Bereichswissen „normaler Manager“ fallen wird, sodass die entsprechenden Aufgaben u. U. auf spezialisierte Stellen übertragen werden sollten. Hieraus ergibt sich ein Ansatzpunkt für das Risikocontrolling.[548] Tabelle 9 skizziert die vorgeschlagene integriert-holistische Risikomanagement-Konzeption.

548 Siehe Abschnitt 4.5.

Merkmal	Ausprägung
Zugrunde gelegte Sicht der Betriebswirtschaftslehre	Untersuchung menschlichen Handelns unter dem Aspekt der Erzielung und Verwendung von Einkommen sowie der Reduktion der dabei auftretenden Unsicherheiten und hierzu dienender Institutionen (Regel- und Handlungssysteme)
Charakterisierung der Unternehmensumwelt und des Unternehmens	Komplex und dynamisch, beschränkt-rationale und nutzenmaximierende Akteure mit kognitiven Beschränkungen, beschränkte Ressourcen, potenziell stochastische Welt, unvollständiges und ungleich verteiltes Wissen über Sachverhalte und Akteure Handlungsebenen des Unternehmens: Unternehmensführung, Führungsunterstützung, Ausführung
Risikobegriff	Möglichkeit einer Zielverfehlung, wobei die Ergebnisunsicherheit aus mangelnden Informationen über relevante Sachverhalte und/oder der mangelnden Fähigkeit, diese zu verarbeiten, resultiert Insbesondere die Möglichkeit des Abweichens eines realisierten Einkommens aus einer Unternehmensbeteiligung von einem angestrebten bzw. erwarteten Einkommen
Beziehung des Risikomanagements zur Unternehmensführung und Ansatzpunkt	Unternehmensführung unter expliziter Berücksichtigung von Unsicherheitsursachen und -wirkungen, Querschnittsfunktion der Unternehmensführung zur bewussten Aufdeckung und Gestaltung von Einkommensunsicherheiten Reduktion der Unsicherheit des unternehmensbezogenen Einkommens der Akteure ist eine nutzenstiftende Tätigkeit, die z. T. nur auf Gesamtunternehmensebene effektiv und effizient erfolgen kann
Ziele	Sicherung der fortgesetzten Unternehmensexistenz und Sicherung bzw. Steigerung des aus den Unternehmensaktivitäten resultierenden Einkommens für die Anspruchsberechtigten bzw. beteiligten Akteure Verringerung der Unsicherheit des aus der Beteiligung am Unternehmen resultierenden Einkommens, insbesondere Reduktion der Wahrscheinlichkeit niedriger Einkommensniveaus bzw. negativer Einkommensabweichungen
Aufgaben	Beachtung von Risikoaspekten auf normativer, strategischer und operativer Ebene bzgl. Strukturen, Aktivitäten und Verhalten: Schaffung einer angemessenen Risikokultur, Bildung risikobezogener Zielvorstellungen, Identifikation und Analyse von Risikoursachen und -wirkungen sowie Risikogestaltungsmaßnahmen, Berücksichtigung von Risiken und Risikogestaltungsmaßnahmen bei der Suche, Bewertung und Auswahl von Handlungsalternativen, Umsetzung, Kontrolle und Kommunikation der gewählten Handlungsalternativen
Instrumente	Allgemeine und spezielle Methoden der Bewusstmachung, Entdeckung, Bewertung, Gestaltung, Überwachung und Kommunikation von Risiken
Institutionen	Integration in Führungsstellen Schaffung spezialisierter Stellen zum Aufbau und zur Pflege eines Risikomanagement-Systems bzw. einer Risikomanagement-Organisation sowie zur Koordination des Risikomanagements u. U. sinnvoll Zuordnung des Managements bestimmter Risiken zu spezialisierten Stellen wie z. B. Versicherungs- oder Finanzabteilung

Tabelle 9: Steckbrief des Vorschlags für eine tragfähige Risikomanagement-Konzeption (integriert-holistisches Risikomanagement)

Die **Umsetzung** des integriert-holistischen Risikomanagements erfordert die Einbindung von Risikoaspekten in die formellen und informellen Managementsysteme bzw. die Integration risikobezogener Methoden und Informationen in bestehende Planungs-, Steuerungs- und Kontroll-Strukturen.[549] Grundlegende Fragestellungen im Rahmen dieser Konzeption sind zum einen, wie Risikoaspekte in die einzelnen Führungsaufgaben einbezogen werden können und

549 Vgl. *Hoitsch, H.-J./Winter, P.* (2004a); *Hoitsch, H.-J./Winter, P.* (2004b).

zum anderen, wie eine einkommensbezogene Gesamtsicht des Unternehmensrisikos gewährleistet werden kann.

Hinsichtlich der **Integration von Risikoaspekten in die Unternehmensführung** soll abstrakt auf Führungsmodelle rekurriert werden. Dabei sei zunächst auf das systemisch-kybernetisch-orientierte St. Galler Management-Modell verwiesen, das eine allgemeine Strukturierung der Unternehmensführung in drei hierarchisch-zeitliche Ebenen (normativ, strategisch, operativ)[550] und drei Handlungsfelder (Strukturen, Aktivitäten, Verhalten) vorschlägt. Abbildung 18 deutet an, wie eine Integration von Risikoaspekten in dieses „Gerüst" der Unternehmensführung erfolgen kann.[551]

Aspekt / Ebene	Strukturen	Aktivitäten	Verhalten
Normativ	Risikomanagement-Philosophie		
	Risikopolitische Leitlinien	Risikopolitik	Risikokultur
Strategisch	Risikomanagement-Organisation Risikomanagement-Systeme	Risikostrategie Risikomanagement-Ziele	Risikobezogenes Verhalten
Operativ	Risikomanagement-Prozess		

Abbildung 18: Integration von Risikoaspekten in das St. Galler Management-Modell

An dieser Stelle soll vornehmlich auf die **normative** und die **strategische Ebene** Bezug genommen werden, da bei der Betrachtung des Risikomanagements häufig die operative Perspektive, die sich mit dem Risikomanagement-Prozess befasst, dominiert.[552] Ein wirkungsvolles Risikomanagement erfordert eine Einbindung in den Führungskontext des Unternehmens. Einerseits müssen sich die zweckmäßige Gestaltung und Nutzung von Risikomanagement-Systemen an den offen kommunizierten Zielen und implizit vorhandenen Werthaltungen der Unternehmensführung bzw. der Unternehmensmitglieder orientieren, um eine angemessene Akzeptanz des Risikomanagements zu erreichen. Diese stellt eine wichtige Voraussetzung für die Realisierung eines Nutzens aus der Systemimplementierung dar. Andererseits ist u. U. die gegebene Risikoeinstellung der Unternehmensmitglieder risikoorientiert zu modifizieren

Die Basis für alle Unternehmensaktivitäten bilden die grundlegenden Werte, Normen und Verhaltensweisen der Unternehmensmitglieder. Diese stellen ihrerseits die Grundlage der Unternehmenskultur dar, die somit als gewachsenes, gelebtes und gestaltbares Denk-, Ent-

550 Vgl. *Ulrich, P./Fluri, E.* (1995), S. 18-22.
551 Vgl. *Meinecke, H.* (1997), S. 40-44.
552 Vgl. im Folgenden Hoitsch, H.-J., *et al.* (2005), S. 126-128.

scheidungs- und Verhaltensmuster der Unternehmensmitglieder verstanden werden kann.[553] Die Unternehmenskultur beeinflusst daher elementar das Unternehmensgeschehen und die Führungsentscheidungen, wie z. B. die Einführung und die Umsetzung des Risikomanagements.[554] Nach *Schein* beruht die Unternehmenskultur auf grundlegenden und oft kaum bewussten Annahmen über die Beziehung zur Umwelt, die physische Realität („Raum und Zeit") und die soziale Realität (Menschenbild, menschliche Handlungen und Beziehungen), welche die vertretenen Werte und bestehenden Normen beeinflussen. Diese prägen schließlich die offen beobachtbaren und erfahrbaren „Artefakte" bzw. „Schöpfungen" des Unternehmens wie Architektur, Technologie, sichtbare oder hörbare Verhaltensweisen und öffentliche Dokumente bzw. Sprachregelungen.[555]

In Anlehnung an dieses Schichtenmodell der Unternehmenskultur können grundlegende risikobezogene Annahmen (Was ist Risiko? Was sind die Ursachen von Risiko? Wie reagieren Menschen auf Risiko?), Werte und Normen (Wie sollte mit Risiko umgegangen werden? Wie viel Risiko ist akzeptabel?) sowie Schöpfungen wie Symbole, Rituale und Dokumente als Elemente der Risikokultur und somit als Bedingungsrahmen für das Risikomanagement verstanden werden. **Risikokultur** bezeichnet hierbei das die risikobezogenen Handlungen und das risikobezogene Verhalten beeinflussende, gemeinsame Werte- und Normengerüst der Unternehmensmitglieder.[556] Sie ist der Teilbereich der Unternehmenskultur, der „das Sicherheitsbestreben eines Unternehmens und dessen Grundhaltung zum Risiko zum Ausdruck bringt"[557]. Die Risikokultur wirkt sich insbesondere auf das Risikobewusstsein und die Art der Kommunikation über risikorelevante Sachverhalte[558] und somit auf die Bereitschaft und Fähigkeit zum risikobewussten Handeln aus[559]. Dabei kann zwischen einer externen und internen Risikokultur unterschieden werden. Die extern orientierten Aspekte umfassen die risikobezogene Außenwirkung bzw. das Image des Unternehmens und bilden die Grundlage für die Risikokommunikation mit den Anspruchsgruppen bzw. der Öffentlichkeit, während die intern orientierten Aspekte die Risikowahrnehmung, das Risikobewusstsein und die Risikoneigung sowie die interne Risikokommunikation betreffen.[560]

---

553 Vgl. *Bleicher, K.* (1997), S. 224; *Hahn, D.* (1997), S. 32).

554 Vgl. dazu mit Bezug auf Controlling *Fischer, T. M.* (2002), S. 268–269.

555 Vgl. *Schein, E. H.* (1984), S. 3-4.

556 Vgl. *KPMG* (1998), S. 8; *Lück, W.* (2001c), S. 212.

557 *Hermann, D. C.* (1996), S. 230.

558 Vgl. *Kromschröder, B./Lück, W.* (1998) 1998, S. 1573; *Lück, W.* (2001c), S. 212-213.

559 Vgl. *KPMG* (1998), S. 9.

560 Vgl. *Weishaupt, J.* (1999), S. 280; *Obermeier, O.-P.* (2002); *Committee of Sponsoring Organizations of the Treadway Commission (COSO)* (2004b), S. 7.

Das Management ist sowohl kulturprägend als auch kulturgeprägt.[561] Da der Risikokultur eine hohe Bedeutung für die Effektivität des Risikomanagements zugesprochen wird,[562] ist eine bewusste und strategiekonforme Gestaltung bzw. Einwirkung auf die Risikokultur eine wichtige Aufgabe des Risikomanagements. Als Risikokultur prägende bzw. entwickelnde Aufgaben des Risikomanagements sind neben der Entwicklung geeigneter, risikokulturfördernder Artefakte (Sprachregelungen, Handlungsprogramme, Vergegenständlichungen) die Konkretisierung und Etablierung der Risikomanagement-Philosophie, die Bestimmung des Risikoverständnisses, die Festlegung der Risikoneigung, die Förderung des Risikobewusstseins und die Beeinflussung der Offenheit der Risikokommunikation anzusehen. Gleichzeitig werden die Denk-, Entscheidungs- und Verhaltensmuster, die den gestaltenden und ausführenden Risikomanagement-Aktivitäten zugrunde liegen, von den bestehenden, historisch gewachsenen Einstellungen und Strukturen geprägt. Eine umfassende Steuerungswirkung kommt der **Risikomanagement-Philosophie** zu, welche die ganzheitliche Interpretation der Funktion und Stellung des Risikos und seines Managements sowie die daraus abgeleiteten Sinnzusammenhänge und Wertbezüge durch die Unternehmensführung darstellt.[563] Die fundamentale Sichtweise des Risikos sowie der Rolle des Risikomanagements hat weit reichende Folgen für den Aufbau und den Betrieb des Risikomanagements, da die Leitideen den Risikobegriff, das Risikobewusstsein und die Risikoneigung prägen und somit Zielsetzung, Aufgaben, Instrumente und Träger des Risikomanagements, also den Umgang mit dem Risiko, entscheidend beeinflussen.[564]

Dabei ist jedoch zu beachten, dass die Grundannahmen und grundlegenden Wertvorstellungen meist nicht vollständig expliziert werden und z. T. auch den Führungskräften selbst nicht gänzlich bewusst sind.[565] Eine Explizierung in schriftlich niedergelegten Leitbildern und Grundsätzen kann daher die Transparenz und Klarheit erhöhen, da verbindliche Aussagen getroffen und latente Konflikte aufgedeckt werden. Hierbei kommt als greifbares Element des normativen Risikomanagements den dokumentierten und kommunizierten **risikopolitischen Grundsätzen** eine besondere Rolle zu.[566] Als bewusst formulierter und sichtbarer äußerer Ausdruck der Werte und Normen sind sie den Artefakten bzw. Schöpfungen zuzurechnen und dienen der Verankerung der Risikoorientierung – im Sinne eines bewussten und zielgerichte-

561 Vgl. *Bleicher, K.* (1997), S. 247.

562 Vgl. *KPMG* (1998), S. 8; *Lück, W.* (2001c), S. 213; *Burger, A./Buchhart, A.* (2002a), S. 11; *Kremers, M.* (2002), S. 72.

563 Vgl. *Ulrich, P./Fluri, E.* (1995), S. 53-54 zur Unternehmensphilosophie im Allgemeinen sowie Abschnitt 3.2.3 zur Risikomanagement-Philosophie.

564 Vgl. *Committee of Sponsoring Organizations of the Treadway Commission (COSO)* (2004b), S. 19.

565 Vgl. *Schein, E. H.* (1984), S. 3.

566 Vgl. *Kremers, M.* (2002), S. 71.

ten Umgangs mit Risiken – im Wertesystem des Unternehmens.[567] Somit sind risikopolitische Grundsätze als wichtiges Instrument für den Aufbau einer Risikokultur und zur Vermittlung der risikobezogenen Einstellungen der Unternehmensführung zu sehen.[568] Unter risikopolitischen Grundsätzen sollen dabei dokumentierte Verhaltensregeln verstanden werden, die an Führungskräfte und Mitarbeiter kommuniziert werden, um eine einheitliche Grundlage bzw. einen Rahmen für den Umgang mit Risiken im Unternehmen zu schaffen. Dabei ist auch eine Begriffssystematik zu entwickeln, die eine zweckmäßige risikobezogene Kommunikation ermöglicht[569] und die Entwicklung einer unternehmensweit konsistenten Risikostrategie fördert[570]. Von besonderer Bedeutung sind Aussagen über die Risikoneigung und die Grundzüge der **Risikopolitik**,[571] wie zu verwendende Entscheidungskriterien und Akzeptanz-Grenzwerte sowohl für Einzelrisiken als auch das Unternehmensgesamtrisiko.[572] Grundsätzlich bietet es sich an, die risikopolitischen Grundsätze sowohl in die Unternehmensgrundsätze als auch in das Risikomanagement-Handbuch einzubinden. Das Letztere enthält weitere Aussagen über die Risikomanagement-Aufbau- und -Ablauforganisation sowie Instrumente und Handlungsregeln. Nach dem von *Pollanz* vorgeschlagenen Grundgerüst des Risikomanagement-Handbuchs wären die risikopolitischen Grundsätze Teil des Risikomanagement-Ordnungsrahmens.[573] Die Erstellung und Pflege des Risikomanagement-Handbuchs stellt dabei i. d. R. eine Aufgabe von Risikocontrolling-Stellen dar.[574] Bisher hat sich in der Unternehmenspraxis bzgl. des Inhalts und der Struktur der risikopolitischen Grundsätze noch kein dominierendes Konzept herausgebildet,[575] es existieren jedoch einige Vorschläge zum Mindestinhalt und zur Struktur zweckmäßiger risikopolitischer Grundsätze.[576]

Auf **strategischer Ebene** sind Risikoaspekte in die Strategiefindung und -umsetzung zu integrieren sowie die strukturellen Rahmenbedingungen für das Risikomanagement in Form eines Risikomanagement-Systems und einer Risikomanagement-Organisation zu schaffen. Im Rahmen des Strategieprozesses sind zunächst die langfristigen sicherheits- bzw. risikobezogenen Ziele, z. B. in Form eines langfristigen Soll-Ratings oder einer maximalen Insolvenz-

567 Vgl. die Ausführungen von *Homburg, C./Krohmer, H.* (2003), S. 1083 zur Marktorientierung der Unternehmenskultur.
568 Vgl. *Zech, J.* (2002), S. 40.
569 Vgl. *KPMG* (1998), S. 10-12.
570 Vgl. *Noy, E./Ellis, S.* (2003), S. 704.
571 Vgl. *Pollanz, M.* (1999b), S. 396.
572 Vgl. *Gleißner, W.* (2000), S. 1628.
573 Vgl. *Pollanz, M.* (1999b), S. 397.
574 Vgl. *Winter, P./Baumann, N.* (2004), S. 19.
575 Zu Unternehmensgrundsätzen vgl. *Gabele, E./Kretschmer, H.* (1985), S. 51-53 bzw. zu risikopolitischen Zielvorgaben vgl. *Weishaupt, J.* (1999), S. 96.
576 Vgl. Hoitsch, H.-J., *et al.* (2005), S. 128-129.

wahrscheinlichkeit zu klären, und mit den anderen Unternehmenszielen, insbesondere den Erfolgszielen, z. B. durch die Spezifikation eines angestrebten Rendite-Risiko-Verhältnisses, abzustimmen. Eine Integration in die Strategiefindung sollte durch die explizite Berücksichtigung von Risikoquellen und Risikowirkungen in die Bewertung, Auswahl und Entwicklung von Normstrategien, Geschäftsfeldern, Kernkompetenzen bzw. Ressourcen und Kooperationsformen sichergestellt werden. Instrumentell kann dies z. B. durch entsprechend modifizierte Portfoliotechniken unterstützt werden. Bei der Strategieumsetzung und -kontrolle bietet sich zur Einbindung von Risikoaspekten die Verwendung risikoorientierter Balanced Scorecards (BSC) und risikoadjustierter Vorteilhaftigkeits- und Leistungsbeurteilungssysteme (Risikoadjustierte Performance Measurement-Systeme) an.[577]

Im Folgenden sollen die Möglichkeiten **risikoorientierter BSC-Konzepte** als Instrumente des integriert-holistischen Risikomanagements näher betrachtet werden.[578] Das ursprüngliche BSC-Konzept ist sowohl als übersichtliches Berichts- und strategieorientiertes Kommunikationsinstrument als auch als Führungsinstrument gedacht, das die Verbindung von strategischen Zielsetzungen mit operativem Handeln ermöglicht und zudem einen Beitrag zum organisationalen Lernen leistet.[579] Es eignet sich für die Integration von Risikoaspekten in das Führungssystem, da es den Rahmen für ein formalisiertes, strategieorientiertes Managementsystem liefert, das bei geeigneter Ausgestaltung und Anwendung die Führungsaktivitäten Information, Willensbildung und -durchsetzung sowie Kontrolle bzgl. strategiekonformer Zielsetzungen umfassend und unternehmensweit unterstützen kann. Für das Risikomanagement ist v. a. von Interesse, dass

- Strategien formuliert und dokumentiert werden, in welche die Risikostrategie integriert werden kann,
- Ziele expliziert werden, wodurch Ansatzpunkte für die Bestimmung von Zielabweichungen und somit die Risikoidentifizierung aufgezeigt werden,
- ausdrücklich Bezug auf die Erfolgspotenziale der Unternehmung genommen wird, was eine Sicherung der Erfolgspotenziale erleichtert,

577 Zum strategischen Risikomanagement vgl. z. B. *Burger, A./Buchhart, A.* (2002a), S. 193-259 und *Denk, R./Exner-Merkelt, K.* (2005), S. 143-205.

578 Vgl. hierzu *Winter, P. et al.* (2006a) und *Winter, P. et al.* (2006b).

579 Vgl. *Kaplan, R. S./Norton, D. P.* (1996), für eine kritische Betrachtung der BSC vgl. *Weber, J./Schäffer, U.* (1998).

- eine betont umfassende und möglichst ausgewogene Erfassung relevanter Indikatoren bzw. Steuerungselemente (quantitativ/qualitativ, strategisch/operativ, intern/extern) erfolgt, was eine umfassende Identifikation und Berücksichtigung von Risiken fördert,
- explizit eine zukunftsorientierte Sichtweise eingefordert wird,
- durch Ursache-Wirkungsketten die Interdependenzen zwischen einzelnen Indikatoren und Stellgrößen modelliert werden und somit Risikointerdependenzen und Risikowirkungsketten aufgezeigt werden,
- Kennzahlen mit entsprechenden Vorgaben zur Operationalisierung der Zielsetzungen und Zielerreichung definiert werden, wodurch ein Ansatzpunkt für eine integrierte Chancen- und Risikobewertung geschaffen wird,
- Maßnahmen zur Zielerreichung erarbeitet und dokumentiert werden, in welche die Risikogestaltungsmaßnahmen integriert werden können,
- der Aufbau flexibel, erweiterbar und somit an die konkreten Erfordernisse von Unternehmen anpassbar ist, was eine risikobezogene Modifikation des Konzeptes erleichtert.[580]

Die BSC beinhaltet in Form vorlaufender Indikatoren Elemente eines Frühwarnsystems und kann somit in seiner klassischen Form zur Unterstützung des Risikomanagements verwendet werden. Zur Stärkung der Frühwarnfunktion ist die Aufnahme von Frühwarnindikatoren bzgl. unternehmensexterner Entwicklungen in die einzelnen Perspektiven oder die Erweiterung der BSC um eine umfeldbezogene Perspektive erforderlich.[581] Eine explizite und geschlossene Unterstützung des Risikomanagements bietet die klassische BSC jedoch nicht,[582] weshalb Vorschläge zur systematischen Berücksichtigung von Risikoaspekten entwickelt wurden.[583] Konzeptionell können risikoorientierte Ergänzungen des klassischen BSC-Konzeptes von speziell entwickelten Scorecard-Konzepten unterschieden werden.[584] Abbildung 19 gibt einen Überblick über die in der Literatur behandelten Vorschläge.[585]

Eine um Risikoaspekte erweiterte BSC dient der Berichterstattung, Ziel- und Maßnahmenkommunikation und Dokumentation für die obere Führungsebene. Durch eine Kopplung der

---

580 Vgl. auch *Broetzmann, F./Oehler, K.* (2002), S. 589; *Pedell, B./Schwihel, A.* (2004), S. 150; *Homburg, C. et al.* (2005), S. 1071-1074.

581 Vgl. *Scheibeler, A. A. W.* (2004), S. 40-44 und S. 78-82.

582 Vgl. *Pollanz, M.* (1999a), S. 1280; *Pedell, B./Schwihel, A.* (2004), S. 149.

583 Zu einem Überblick über die Ansätze vgl. z. B. *Wurl, H. J./Mayer, J. H.* (2001), S. 199-203; *Pedell, B./Schwihel, A.* (2004), S. 150-152.

584 Vgl. *Burger, A./Buchhart, A.* (2002a), S. 208-209.

585 Vgl. *Pollanz, M.* (1999a); Weber, J., *et al.* (1999), S. 31-32; *Meyer, C./Ivan, K.* (2000); *Reichmann, T./Form, S.* (2000); *Wurl, H. J./Mayer, J. H.* (2001); *Broetzmann, F./Oehler, K.* (2002), S. 589-593.

risikoorientierten BSC mit Scorecards untergeordneter Führungsebenen wird ein umfassender, vertikal konsistenter Risikoinformationsfluss ermöglicht. Diese untergeordneten Berichtsinstrumente können um Risikoaspekte erweiterte Scorecards oder spezielle Berichte, wie z. B. Risk Tracking Sheets und Risikoerfassungsbögen, sein.[586] Durch den Integrationsansatz werden bestehende Berichtsstrukturen genutzt und die Qualität der Informationen durch die Schaffung eines strategie- und risikoorientierten Gesamtkontextes erhöht, was dem Wirtschaftlichkeitsgebot entspricht und den kognitiven Ansprüchen des Managements entgegenkommt.

Konzeptname	**Struktur** ***Art der Risikoberücksichtigung***
Risk Adjusted Balanced Scorecard	Ergänzung bzw. kompletter Ersatz der klassischen BSC um/durch eine Risikoperspektive (Einbindung bleibt unklar) *Risikoperspektive wird durch Eigenkapitalkosten (systematisches Risiko) und Transaktionskosten (unsystematisches Risiko) operationalisiert*
Balanced Scorecard [Plus]	Basierend auf der klassischen BSC (vier Zielperspektiven); Verknüpfung mit Risk Tracking Sheets der einzelnen organisatorischen Einheiten *Erweiterung der vier Zieldimensionen um Chancen und Risiken mit deren Einflussfaktoren; Ausweis von Chancen und Risiken bzgl. der kritischen Erfolgsfaktoren, Angabe von risiko- und chancenbezogenen Grenzwerten*
Balanced Scorecard für Banken	Klassische BSC mit zusätzlicher Risikoperspektive *In der Risikoperspektive werden risikobezogene Kennzahlen dargestellt, die direkte Auswirkungen auf die Ziele der Finanzperspektive haben*
Balanced Chance and Risk Card	Unternehmenswert als Oberziel; anstatt vier Zielperspektiven strategische Erfolgsfaktoren (Finanzen, Leistungsverwertung/Kunden, Produkt, Leistungserstellung, Personal sowie Umfeld) als Bestimmungsgrößen des Unternehmenswertes *Getrennte Erfassung der Chancen und Risiken für die einzelnen Einflussfaktoren und Gegenüberstellung; Darstellung der Risiken durch Kennzahlen, die untereinander und mit der Spitzenkennzahl verknüpft sind*
Erfolgsfaktorenbasierte Balanced Scorecard	Eigene BSC für jeden Erfolgsfaktor, bestehend aus nachlaufenden operativen finanziellen bzw. quantitativen Kennzahlen (Spätindikatoren) und diese beeinflussende, vorlaufende strategisch-orientierte Frühindikatoren, die zu Messkriterien gruppiert werden *Zwei Alternativen:* • *RM kann als eigenständiger Erfolgsfaktor interpretiert werden, für den eine BSC erstellt wird* • *Bestimmung von Risiken für die Erfolgsfaktoren und Berücksichtigung über eigene Kennzahlen auf Messkriteriumsebene, Ergänzung um erfolgsfaktorenübergreifende Risk Balanced Scorecard mit aggregierten und ergänzenden Risikoinformationen*
Risk Enhanced Balanced Scorecard	Basierend auf der klassischen BSC mit vier Perspektiven und eine zusätzliche Umfeldperspektive, Erweiterung der Ausweise je Ziel um Risiken, Schwellenwerte und Forecasts *Zuordnung identifizierter Risiken zu den jeweiligen Kennzahlen der vier Perspektiven; Integration von Instrumenten zur Risikoanalyse und -bewertung; Erweitung der Ursache-Wirkungsanalyse um Zusammenhänge zwischen Risiken und Zielen, Ausweis von Wird-Werten in allen Perspektiven und Chancen- und Risikowerten in der Finanzperspektive*

Abbildung 19: Risikoorientierte (Balanced) Scorecard-Konzepte

586 Vgl. z. B. *Diederichs, M.* (2004), S. 245-261.

Eine umfassende Einbindung von risikobezogenen Informationen ist grundsätzlich bei allen vorgeschlagenen Ansätzen in ausreichender Weise möglich.[587] Die Herstellung eines informatorischen Gesamtkontextes wird aber beim Ausweis einer eigenständigen Risikoperspektive erschwert, sodass der in die jeweiligen Zielsetzungen bzw. Erfolgsfaktoren eingebundene Chancen-/Risikoausweis geeigneter erscheint. Andererseits kann eine eigene Risikoperspektive aus Kommunikations- und Aggregationserwägungen heraus wünschenswert sein, da der Stellenwert des Risikos stärker betont und die Gesamtheit der Risiken besser erkennbar wird. Um die Vorteile beider Ansätze zu verbinden, kann der Vorgehensweise der „hybriden Integration" gefolgt werden, sodass ein Ausweis der Risikoaspekte sowohl bei den einzelnen Zielen bzw. Erfolgsfaktoren als auch übergreifend und ggf. um weitere Risiken ergänzt in einem eigenen Bericht erfolgt. Dies würde auch der Forderung nach einem aggregierten Ausweis zur Darstellung der Gesamtrisikolage des Unternehmens entsprechen. Bei der aggregierten, quantitativen Erfassung und Vermittlung des Unternehmensgesamtrisikos unter Beachtung bestehender Risikointerdependenzen bestehen jedoch bei allen bisher vorgeschlagenen Konzepten Defizite. Daher wird in Abschnitt 5.6.3 ein Vorschlag entwickelt, der diese Schwachstelle adressiert.

Eine Integration des Risikomanagements erfordert neben der Einbindung von Risikoaspekten in die Berichtsfunktion der BSC deren Einbezug in das „Managementsystem BSC". Die Risikomanagement-Aufgaben müssen in den Prozess der Strategieentwicklung, Zielableitung, Perspektivenfestlegung, Entwicklung von Ursache-Wirkungsketten, Festlegung von Kenngrößen, Vorgaben und deren Verbindung zu Anreizsystemen sowie in die Maßnahmenauswahl und die Zielerreichungs- und Umsetzungskontrolle integriert werden. Hierfür sind folgende Schritte notwendig:[588]

- Ergänzung der Strategieentwicklung um Risikoaspekte bzw. Erarbeitung der Risikostrategie sowie deren Abstimmung mit anderen Teilstrategien und Einbindung in die Gesamtstrategie.
- Berücksichtigung von Risikoaspekten bei der Ableitung der strategischen Ziele und der Zuweisung von Verantwortlichkeiten, z. B. durch die Festlegung von Schwellenwerten, Risikodeckungspotenzialen und Risikozuständigkeiten (Risk Ownership).

---

587 Für eine Diskussion der Vor- und Nachteile der einzelnen Ansätze vgl. *Wurl, H. J./Mayer, J. H.* (2001), S. 204-207; *Burger, A./Buchhart, A.* (2002a), S. 218-220; *Pedell, B./Schwihel, A.* (2004), S. 150-152; Homburg, C., *et al.* (2005), S. 1075.

588 Vgl. Weber, J., *et al.* (1999), S. 15-31; *Broetzmann, F./Oehler, K.* (2002), S. 590-593; *Pedell, B./Schwihel, A.* (2004), S. 152-156.

- Einbezug der Risikoidentifikation und -analyse in die Erarbeitung der Ursache-Wirkungsketten, insbesondere Ermittlung der notwendigen Risikointerdependenzen für die Risikoaggregation.
- Verzahnung der Risikobewertung und Frühwarnung mit der Auswahl von Kenngrößen. Dabei sind Indikatoren bzw. Kennzahlen so zu wählen, dass sie entweder das Risiko direkt (Risikomaßzahlen wie Cash Flow at Risk) oder indirekt erfassen (Anzahl Reklamationen, Mitarbeiterfluktuation etc.).
- Erweiterung der Vorgabewerte um die Festlegung risikoorientierter Schwellenwerte für die Risikoberichterstattung und die Maßnahmeninitiierung.
- Ergänzung der operativen Maßnahmen zur Zielerreichung um Maßnahmen zur Risikosteuerung bzw. explizite Betrachtung der Risikowirkung der Maßnahmen.
- Erweiterung der Maßnahmenüberwachung um die Prämissen-, Umsetzungs- und Wirkungskontrolle bzgl. der Risikosteuerungsmaßnahmen.

Die obige Analyse zeigt, dass das BSC-Konzept als geeignete Plattform für die Integration von Risikoaspekten in die strategisch-taktische Unternehmensführung dienen kann und einer umfassenden Risikosicht entgegen kommt.

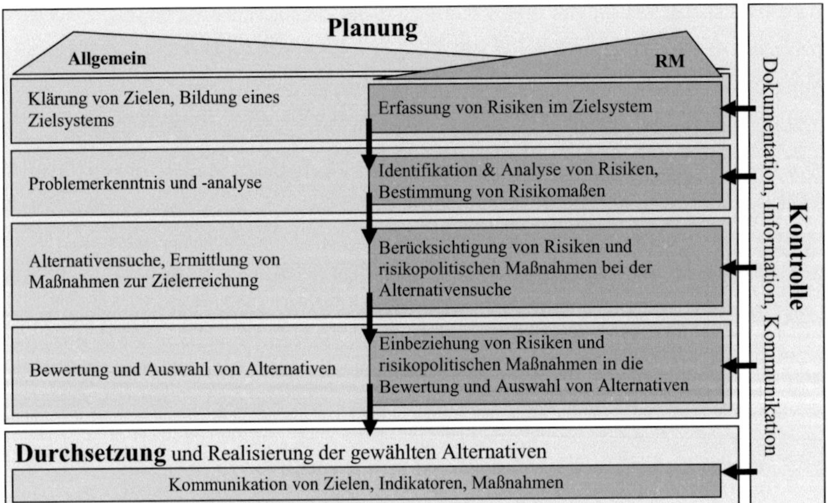

Abbildung 20: Integration von Risikoaspekten in den Führungsprozess[589]

[589] Darstellung in Anlehnung an *Mikus, B.* (2001), S. 71.

Auf **operativer Ebene** bietet sich formal eine Integration des operativen Risikomanagement-Prozesses in den (kybernetischen operativen) Führungsprozess an.[590] Damit wird ein Rahmen für den Einbezug von Risikoaspekten in den Ablauf von Führungshandlungen bzw. in den Willensbildungs- und Durchsetzungsprozess geschaffen.[591] Abbildung 20 stellt die Beziehung von Risikomanagement-Prozess und Führungsprozess bzw. die Integration schematisch dar.

Ein Steuerungsmodell zur Bestimmung, Gestaltung und Anpassung der Gesamtrisikolage wird in Abbildung 21 skizziert, wobei der integriert-holistische Charakter insbesondere durch die explizite Berücksichtigung der Risikoquellen und -wirkungen der „normalen" Unternehmensaktivitäten (Primäraktivitäten) begründet wird. Sekundäraktivitäten bezeichnen hierbei spezielle Risikogestaltungsmaßnahmen, die i. d. R. in den Aufgabenbereich spezialisierter Stellen fallen.[592]

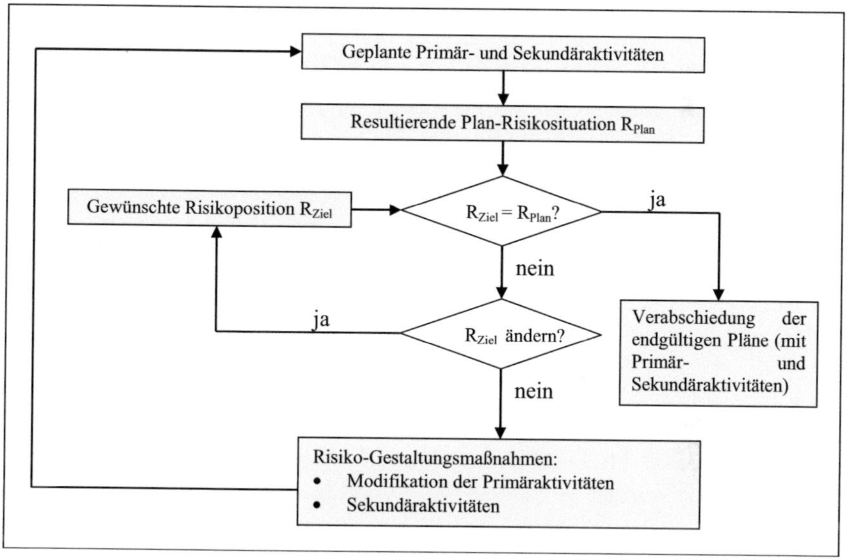

Abbildung 21: Risikomanagement-Steuerungsmodell

Die zweite Grundfrage im Rahmen der integriert-holistischen Risikomanagement-Konzeption, die Sicherstellung einer **einkommensbezogenen Gesamtsicht des Unternehmensrisikos**, d. h. die monetäre Risikomessung und -aggregation, ist mit diesen Integrationsvorschlägen

590 Zur Darstellung Führungsprozesses vgl. insbesondere *Wild, J.* (1982), S. 32-38.
591 Vgl. *Mikus, B.* (2001).
592 Siehe Abschnitt 3.3.3.

aber noch nicht zufrieden stellend beantwortet. Daher wird dieser Fragestellung in Kapitel 5 eingehend nachgegangen.

Die vorgeschlagene integriert-holistische Risikomanagement-Konzeption ist abschließend kritisch daraufhin zu überprüfen, ob sie als tragfähige Konzeption bezeichnet werden kann. Hierzu müsste sie den Gegenstand des Risikomanagements nachvollziehbar aufzeigen sowie Übereinstimmungen mit der Risikomanagement-Praxis erkennen lassen. Die Charakterisierung des Risikomanagements als Querschnittsfunktion zur umfassenden Bewusstmachung und Gestaltung des Unternehmensrisikos mit der Zielsetzung der Verringerung von Einkommensunsicherheiten bzw. der Reduktion der Wahrscheinlichkeit negativer Abweichungen von erwarteten Einkommensniveaus umreißt und begründet zwar den Gegenstand des Risikomanagements, lässt aber kaum eine trennscharfe Abgrenzung des Risikomanagements von der Unternehmensführung im Allgemeinen zu. Vielmehr rückt dieses Konzept eine bestimmte Sichtweise auf Führungsaufgaben und deren Kontext in den Vordergrund. Dennoch stellt die Verringerung von Einkommensunsicherheit einen eigenen Erkenntnisgegenstand innerhalb der Betriebswirtschaftslehre dar, der die Untersuchung von Unsicherheitsursachen und -wirkungen sowie Methoden zu deren Berücksichtigung und Gestaltung erfordert. Dessen Bedeutung wird sowohl durch ökonomische Theorien als auch die Interessen der Unternehmenspraxis gestützt. Die Betrachtung des Risikomanagements als real existierendes Phänomen in Form von Praktiken, Systemen, Methoden und Stellen in Unternehmen zeigt gerade in den letzten Jahren eine zunehmende Formalisierung und Verankerung in den Führungskontext der Unternehmen auf. Hierzu hat sicherlich die Aufnahme von Risikomanagement-Fragestellungen in die aktuelle Corporate Governance-Diskussion erheblich beigetragen. Diese Konstellation hat jedoch auch zur Folge, dass Risikomanagement noch häufig eher als eine nach außen gerichtete Verpflichtung angesehen wird, anstatt eines integralen und bereichsübergreifenden Bestandteils der Unternehmensführung. Dies zeigt sich an einem eher mäßigen Integrationsgrad des Risikomanagement-Prozesses in Planung und Kontrolle sowie Anreizsysteme.[593]

[593] Vgl. *Winter, P./Baumann, N.* (2004), S. 14 und Hoitsch, H.-J., *et al.* (2005), S. 132.

4 Konzeptualisierung des Risikocontrollings

In den vorherigen Kapiteln wurden eine Verortung des Controllings und des Risikomanagements in der Betriebswirtschaftslehre und der Unternehmenspraxis vorgenommen sowie Vorschläge für tragfähige Controlling- und Risikomanagement-Konzeptionen entwickelt. Diese Betrachtungen dienten zur Fundierung der im vorliegenden Kapitel erfolgenden Auseinandersetzung mit dem Risikocontrolling als Gegenstand der Betriebswirtschaftslehre und real existierendem Phänomen. Diese Vorgehensweise ist zum einen erforderlich, da das Risikocontrolling selbst ein junger Gegenstandsbereich der betriebswirtschaftlichen Forschung und Praxis ist, und zum anderen, da bei der Betrachtung des Risikocontrollings i. d. R. auf Controlling und Risikomanagement rekurriert wird. Daher werden Controlling und Risikomanagement als „Elterndisziplinen" bzw. verwandte Handlungskomplexe des Risikocontrollings angesehen, zu denen auch potenziell Abgrenzungsprobleme und Überschneidungen bestehen.

In Anlehnung an die Vorgehensweise in Kapitel 2 und Kapitel 3 wird zunächst ein Überblick über die Entwicklung, die Einordnung und den Stand des Risikocontrollings unter Einbezug empirischer und internationaler Aspekte gegeben. Anschließend werden bestehende Risikocontrolling-Auffassungen eingehend betrachtet und analysiert sowie die Ergebnisse einer empirischen Studie zum Stand des Risikocontrollings in deutschen Kapitalgesellschaften vorgestellt. Aufbauend auf einer Darstellung bestehender und abgeleiteter Risikocontrolling-Konzeptionen wird abschließend ein Vorschlag für eine tragfähige Risikocontrolling-Konzeption unterbreitet.

4.1 Entwicklung, Einordnung und Stand des Risikocontrollings

Die Beschäftigung mit dem Risikocontrolling in der Betriebswirtschaftslehre hat erst in jüngerer Zeit eingesetzt[594] Dies ist – analog zur Beschäftigung mit Risikomanagement-Fragestellungen – zu einem guten Teil auf neue rechtliche und Corporate Governance-orientierte Anforderungen zurückzuführen. Inzwischen hat die Thematik Risikomanagement bzw. Risikocontrolling auch Aufnahme in einschlägige Controlling-Lehrbücher[595], -Lexika

[594] Veröffentlichungen, die sich hauptsächlich oder intensiv mit Risikocontrolling in Nicht-Finanzunternehmen beschäftigen, sind erst seit der „KonTraG-Ära", d. h. ab 1998, von Bedeutung. Beiträge zum Risikocontrolling in Finanzinstitutionen gab es schon einige Jahre zuvor. Siehe Tabelle 10.

[595] Vgl. *Hahn, D./Hungenberg, H.* (2001); *Reichmann, T.* (2001a); *Peemöller, V. H.* (2002); *Weber, J.* (2002); *Ziegenbein, K.* (2002); *Horváth, P.* (2003); *Preißner, A.* (2003).

bzw. -Handbücher[596] und -Zeitschriften[597] sowie die Curricula der universitären Controlling-Ausbildung gefunden[598].

Grundlegend ist bei der Behandlung des Risikocontrollings jedoch eine mangelnde begriffliche Klarheit und unzureichende Abgrenzung zu bestehenden Forschungsgebieten sowie Funktionen und Institutionen in der Praxis zu konstatieren, was die systematische Beschäftigung mit dieser Thematik behindert. Dies liegt sicherlich z. T. auch darin begründet, dass sich die Risikocontrolling-Forschung und -Praxis noch in einem frühen Stadium befinden, sodass entsprechend auch das Forschungsprogramm sowie die beobachtbaren Praktiken und Systeme kaum konsolidiert und gefestigt sind.

4.1.1 Entwicklung, Begriff, Theorie, Technologie und Philosophie des Risikocontrollings

Das Risikocontrolling ist begrifflich und inhaltlich an der Schnittstelle von Risiko bzw. Risikomanagement und Controlling zu verorten. Zwar wurde schon recht früh auf die Beziehung von Risikomanagement und Controlling hingewiesen,[599] eine umfangreiche Auseinandersetzung mit dem Risikocontrolling hat aber erst in jüngerer Zeit eingesetzt. Dies ist auf eine verstärkte Beachtung der Risikothematik innerhalb der Betriebswirtschaftslehre und Unternehmenspraxis insgesamt zurückzuführen, welche ihrerseits vor allem in spektakulären Unternehmenskrisen und als Reaktion auf diese entstandenen Gesetzte wie dem Gesetz zur Kontrolle und Transparenz im Unternehmensbereich (KonTraG) oder dem Sarbanes-Oxley Act (SOA) bzw. Corporate Governance-Regelungen sowie in Entwicklungen im Finanzaufsichtsbereich wie der neuen Basler Eigenkapitalvereinbarung (Basel II) begründet liegt. Dem Controlling als Funktion und Institution wird bei der Unterstützung der Unternehmensführung bei der Bewältigung dieser Herausforderungen bzw. dem Risiko überhaupt eine wichtige Rolle zugesprochen. Dies lässt sich auch an der Entwicklung der Anzahl an Publikationen zu diesem Themenfeld erkennen. Tabelle 10 gibt – gegliedert nach chronologischen und inhaltlichen Aspekten – einen Überblick über entsprechende deutschsprachige Buch- und Zeitschrif-

596 Vgl. z. B. *Krug, H.* (2001); *Piechota, S.* (2001); *Gebhardt, G.* (2002); *Wall, F.* (2003).

597 Vgl. hierzu die rasant gestiegene Anzahl der Publikationen zu diesen Themen in den Zeitschriften *Zeitschrift für Controlling & Management (ZfCM)*, *Controlling* und *Zeitschrift für Planung & Unternehmenssteuerung (ZP)*.

598 U. a. an folgenden Controlling-Lehrstühlen sind Risikomanagement bzw. Risikocontrolling Teil der SBWL Controlling-Veranstaltungen: Seminar für ABWL und Controlling, Universität zu Köln; Dr. Werner Jackstädt-Stiftungslehrstuhl für Betriebswirtschaftslehre – Controlling und Informationsmanagement, Universität Witten/Herdecke; Lehrstuhl für ABWL und Unternehmensrechnung an der Katholischen Universität Eichstätt-Ingolstadt; Lehrstuhls für Unternehmensrechnung und Controlling, Technische Universität Kaiserslautern.

599 Vgl. *Horváth, P.* (1979), S. 143 und S. 186-187.

tenpublikationen. Risikomanagementbezogene Themen stellen bisher jedoch noch keinen eigenständigen Schwerpunkt der controllingbezogenen Zeitschriftenpublikationen dar.[600]

Inhaltlicher Schwerpunkt	Literaturquellen
Ältere controllingzentrische Auffassungen	*Horváth, P.* (1979), S. 143 und S. 161; *Braun, H.* (1984); *Hummel, T. R.* (1995), S. 87-94; *Mensch, G.* (1991)
Financial Risk Management bezogene Auffassungen	*Buschmann, W. F.* (1992); *Walter, R.* (1995); *Jakob, K.* (2002); *Reher, T.* (2000); *Paul, S.* (2003); *Bühler, W.* (1998); *Gebhardt, G./Mansch, H.* (2001); *Kropp, M./Gillenkirch, R. M.* (2004); *Brohm, A.* (2002)
KonTraG-geprägte Auffassungen	*Lück, W.* (1998a); *Lück, W.* (1998b); *Vogler, M./Grundert, M.* (1998); *Baetge, J./Jerschensky, A.* (1999); *Krystek, U.* (1999); *Lück, W./Henke, M.* (1999); *Lück, W.* (2001a); *Lück, W.* (2001b); *Lück, W.* (2001c); *Martin, T. A./Bär, T.* (2002); *Hampel, V. et al.* (2004)
Neuere controlling-zentrische Auffassungen	Hornung, K., *et al.* (1999); *Horváth, P./Gleich, R.* (2000); *Diederichs, M./Richter, H.* (2001); *Freidank, C.-C.* (2001); *Kimmig, J. M.* (2001); *Reichmann, T.* (2001a), S. 621; *Reichmann, T.* (2001b); *Weber, J./Liekweg, A.* (2001); *Burger, A./Buchhart, A.* (2002a); *Grof, E.* (2002); *Lohse, B.* (2002); *Peemöller, V. H.* (2002), S. 57-60; *Schierenbeck, H./Lister, M.* (2002); *Weber, J.* (2002), S. 389-391 und 411-412; *Ziegenbein, K.* (2002), S. 61-62; *Liekweg, A.* (2003); *Wall, F.* (2003); *Horváth, P.* (2003) S. 777-782; *Wolf, K.* (2003b); *Diederichs, M.* (2004); *Jonen, A./Lingnau, V.* (2004) *Metzler, L. v.* (2004); *Pedell, B.* (2004); *Schorcht, H.* (2004); *Troßmann, E./Baumeister, A.* (2004); *Form, S.* (2005); Hoitsch, H.-J., *et al.* (2005); *Hoffjan, A.* (2006) *Hoitsch, H.-J. et al.* (2006); *Hoitsch, H.-J./Winter, P.* (2006); *Winter, P.* (2006)
Praktiker und Beraterauffassungen	*Lischke, T./Kirner, H.* (2000); *Wittmann, E.* (2000); *Elfgen, R.* (2001); *Elfgen, R.* (2002); *Graf, T.* (2002); *Ettmüller, K.* (2003); *Controller Verein eV* (2004); *Wolf, K.* (2004); *Controller Akademie AG* (2005); *Gleißner, W./Romeike, F.* (2005)

Tabelle 10: Chronologische und thematische Übersicht über deutschsprachige Veröffentlichungen zu Controlling und Risikomanagement bzw. Risikocontrolling

Da es über den Gegenstand sowohl des Controllings als auch des Risikomanagements divergierende Auffassungen gibt,[601] ist die Abgrenzung des Themengebietes risikoorientiertes Controlling bzw. Risikocontrolling ebenfalls unscharf, insbesondere gegenüber dem Risikomanagement.[602]

Als **Vorläufer** der Risikocontrolling-Diskussion können Betrachtungen von risiko- bzw. unsicherheitsbezogenen Methoden und Institutionen zur Führungsunterstützung angesehen werden. Neben stochastischen Unternehmensmodellen[603] und präskriptiven Entscheidungsmodellen bei Unsicherheit[604] sind aufgrund der inhaltlichen Nähe des Controllings zum internen

[600] Vgl. *Binder, C./Schäffer, U.* (2005b).
[601] Siehe die Ausführungen in Kapitel 2 und 3.
[602] Vgl. *Jonen, A./Lingnau, V.* (2004), S. 21-23.
[603] Vgl. hierzu *Schwarze, J.* (1967); *Kottas, J. F. et al.* (1978).
[604] Vgl. *Philipp, F.* (1967), S. 53-69.

Rechnungswesen insbesondere auch Methoden der Investitionsrechnung bei Unsicherheit[605] und stochastische Break-Even-Analysen[606] in diesen Kontext einzuordnen.

Der Begriff **Risikocontrolling** wurde zuerst im Zusammenhang mit Handelsabteilungen deutscher Kreditinstitute verwendet. Risikocontrolling wird dabei gemäß der „Verlautbarung über Mindestanforderungen an das Betreiben von Handelsgeschäften der Kreditinstitute“ des Bundesaufsichtsamts für das Kreditwesen (BAKred)[607] aus dem Jahre 1998 als „System zur Messung und Überwachung der Risikopositionen und zur Analyse des mit ihnen verbundenen Verlustpotentials“ verstanden. Im Zuge der erstarkenden Beschäftigung mit dem Themengebiet Risikomanagement wurde der Begriff auch zunehmend in der betriebswirtschaftlichen Literatur und in Nicht-Finanzunternehmen verwendet. Eine ähnliche Bezeichnung ist **„risikoorientiertes Controlling“**, bei der jedoch die Konnotation einer risikobezogenen Modifikation bzw. „Umwidmung“ bestehender Controlling-Instrumente und -Praktiken mitschwingt. Das Kompositum „Risiko-Controlling“ ähnelt morphologisch anderen Begriffen, die eine Verbindung bestimmter Themenstellungen wie Unternehmensfunktionen, Organisationsbereichen, Prozessschritten, Branchen oder Unternehmensformen mit dem Controlling herstellen und als „Bindestrich-Controlling“ bezeichnet werden, wie z. B. Marketing-Controlling, Konzern-Controlling oder Rentabilitäts-Controlling.[608] „Risiko-Controlling“ wäre in diesem Kontext somit als ein auf das Risiko bezogenes Controlling zu verstehen. Problematisch bei dieser Sichtweise ist aber, dass Risiko an sich weder eine abgegrenzte Funktion noch einen abgegrenzten Bereich einer Unternehmung darstellt. Das Risikomanagement kann jedoch u. U. als eine abgrenzbare Funktion oder Institution aufgefasst werden.

Was den Gegenstand des Controllings darstellt, ist – wie in Kapitel 2 dargelegt – von der zugrunde gelegten Controlling-Auffassung abhängig. Da in der Unternehmenspraxis und Betriebswirtschaftslehre eine Reihe von Controlling-Auffassungen existieren, die von der Gestaltung und dem Betrieb eines entscheidungsorientierten Rechnungswesens über die zielgerichtete Steuerung von Unternehmen und der Koordination des Führungssystems bis hin zur Sicherstellung der Rationalität der Unternehmensführung reichen, ergibt sich eine ganze Bandbreite potenzieller Gegenstände eines risikoorientierten Controllings bzw. Risikocontrol-

605 Vgl. z. B. *Hertz, D. B.* (1964); *Schindel, V.* (1978).

606 Vgl. z. B. *Adar, Z. et al.* (1977); *Kottas, J. F./Lau, H.-S.* (1978b).

607 Das BAKred war die Aufsichtsbehörde über die Kreditinstitute in der Bundesrepublik Deutschland und ging zum 1. Mai 2002 in der Bundesanstalt für Finanzdienstleistungsaufsicht (BaFin) auf.

608 Zu einem Überblick über Bindestrich-Controlling-Begriffe vgl. z. B. *Schierenbeck, H./Lister, M.* (2002), S. 8; *Küpper, H.-U.* (2005), S. 431-511; *Schäffer, U./Weber, J.* (2005).

lings.[609] Die Bandbreite der Risikocontrolling-Auffassungen wird in den Abschnitten 4.2, 4.3 und 4.4 auf der Grundlage der in Tabelle 10 genannten Veröffentlichungen und der in der Unternehmenspraxis beobachtbaren Begriffsauffassungen sowie der existierenden Vorschläge zu Risikocontrolling-Konzeptionen betrachtet.

Eine **Einordnung** des Begriffes Risikocontrolling in die Betriebswirtschaftslehre und Unternehmenspraxis kann anhand der Untersuchung der Beziehung von Risikomanagement und Controlling hinsichtlich der **Beteiligung des Controllings** als Institution oder Funktion an der Institution oder Funktion Risikomanagement oder aber durch die Neuschaffung eines Themenkomplexes Risikocontrollings erfolgen. In der einschlägigen Literatur werden entsprechend folgende Betrachtungsperspektiven unterschieden:[610]

1. Das Controlling leistet als Funktion oder Institution allgemein einen Beitrag zum Risikomanagement (Beeinflussung von Risiken durch die Wahrnehmung von Controlling-Aufgaben).[611]
2. Das Controlling als Institution sollte als Träger zumindest eines Teils der Risikomanagementaufgaben auftreten.[612]
3. Eine funktionelle Weiterentwicklung des Controllings in Richtung eines risikoorientierten Controllings wird als notwendig erachtet, wobei das institutionalisierte Controlling unterstützend bzw. als Träger eines Teils der Risikomanagement-Aufgaben auftritt und das Risikocontrolling als Bestandteil des Controllings verstanden wird.[613]
4. Die Einrichtung eines speziellen, funktionalen Risikocontrollings, das aber vom „normalen" Controlling institutionell nicht abgegrenzt sein muss, wird als notwendig erachtet.[614]

Von diesen Auffassungen beeinflusst werden hinsichtlich der **Beziehung von Risikomanagement und Risikocontrolling** folgende Auffassungen vertreten:[615]

1. Es wird keine Unterscheidung zwischen Risikomanagement und Risikocontrolling vorgenommen, die Begriffe werden als synonym erachtet.[616]

[609] Vgl. in Bezug auf das Controlling *Scherm, E./Pietsch, G.* (2004b).
[610] Vgl. Götze, U., *et al.* (2001), S. 97-98.
[611] Vgl. *Horváth, P.* (1979), S. 143 und S. 186-187; *Mensch, G.* (1991), S. 286-291; *Vogler, M. et al.* (2000), S. 204.
[612] Vgl. *Braun, H.* (1984), S. 286-291; *Vogler, M./Grundert, M.* (1998), S. 2378-2379; Hornung, K., *et al.* (1999), S. 322; *Krystek, U.* (1999), S. 146-147; *Lück, W.* (2001b); *Reichmann, T.* (2001a), S. 621-622.
[613] Vgl. *Horváth, P./Gleich, R.* (2000), S. 101-102; *Diederichs, M./Richter, H.* (2001); *Reichmann, T.* (2001a), S. 621; *Peemöller, V. H.* (2002), S. 57-60.
[614] Vgl. *Bühler, W.* (1998), S. 214; *Krystek, U.* (1999), S. 146-147.
[615] Vgl. *Kimmig, J. M.* (2001), S. 7-9 und *Burger, A./Buchhart, A.* (2002a), S. 9-10.

2. Risikocontrolling wird als abgrenzbarer funktionaler und z. T. institutionaler Teilbereich des Risikomanagements bzw. Teilphase des Risikomanagement-Prozesses angesehen.[617]
3. Risikocontrolling wird als unterstützender Bestandteil des Risikomanagements begriffen.[618]

Neben dem Risikocontrolling-Begriff finden sich in der Literatur hauptsächlich Aussagen zu Risikocontrolling-Instrumenten und -Organisation sowie -Zielsetzungen, aber deutlich seltener eine explizite Betrachtung zugrunde gelegter Theorien.[619]

Hinsichtlich der **theoretischen Fundierung** erscheint somit eine Rekurrierung auf das Controlling und das Risikomanagement erforderlich, um die dem Risikocontrolling explizit oder implizit zugewiesenen theoretischen Grundlagen aufzuzeigen. Diese sind vor allem in der Theorie der Unternehmung, der Entscheidungstheorie, der Systemtheorie, der Kapitalmarkttheorie, der Informationsökonomie, der Institutionenökonomik, der Messtheorie und der Verhaltenstheorie zu finden.[620] Von Bedeutung ist hierbei auch die grundlegende Begründung zur Notwendigkeit eines Risikocontrollings, die in Tabelle 14 (Abschnitt 4.4.4) als „Ansatzpunkt“ bezeichnet wird. Ausgangspunkt ist immer ein spezifischer Wissensmangel des Managements in Bezug auf den Umgang mit Risiken, welcher die Zielerreichung beeinträchtigen kann.

Aus **technologischer Sicht** sind vor allem Aussagen zu Risikocontrolling-Instrumenten und zur Risikocontrolling-Organisation zu betrachten. Hinsichtlich der **Instrumente** wird häufig auf als Risikomanagement-Instrumente bezeichnete Methoden und Verfahren zur Unterstützung der Risikomanagement-Aufgaben (z. B. Frühwarnsysteme, Risk Maps, Risikomaße), auf traditionelle Controlling-Instrumente (z. B. Kennzahlen, Kosten- und Erlösrechnung, Finanzplanung) und auf Instrumente des strategischen Managements (SWOT-Analyse, Portfolioanalyse, Szenarioanalyse, Wertorientierte Unternehmensführung) verwiesen. Den Schwerpunkt

616 Vgl. *Homburg, C./Uhrig-Homburg, M.* (2004), S. 311.

617 Vgl. *Elfgen, R.* (2002); *Gebhardt, G.* (2002).

618 Vgl. *Kimmig, J. M.* (2001), S. 38; *Reichmann, T.* (2001a)S. 608-609; *Burger, A./Buchhart, A.* (2002a), S. 12; *Schierenbeck, H./Lister, M.* (2002), S. 8 und 377-378.

619 Ein gutes Beispiel hierfür ist die Arbeit von *Form*, in der unter der Überschrift „Theorieelemente des Controlling von Chancen und Risiken“ vor allem terminologische und phänomenologische Aspekte betrachtet werden. Vgl. *Form, S.* (2005), S. 13-48. Die Darstellung von (Risikomanagement-) Instrumenten nimmt häufig einen breiten Raum ein. Vgl. z. B. *Burger, A./Buchhart, A.* (2002a); *Diederichs, M.* (2004); *Form, S.* (2005).

620 Zu den theoretischen Grundlagen des Controllings vgl. *Schwarz, R.* (2002b); *Scherm, E./Pietsch, G.* (2004b); *Küpper, H.-U.* (2005), S. 50-80; zu denen des Risikomanagements vgl. z. B. *Helten, E.* (1989); *Doherty, N. A.* (2000); *Liekweg, A.* (2003), S. 5-13. Siehe auch Abschnitt 2.2.2 und Abschnitt 3.2.2.

der Risikocontrolling-Methoden stellen aber primär Ansätze der monetären Risiko- und Risikotragfähigkeitsmessung[621] bzw. der Risikorechnung[622], der Risikoaggregation[623] und der Risikoberichterstattung[624] sowie der Integration von Risikoinformationen in bestehende Unternehmenssteuerungskonzepte wie z. B. die Balanced Scorecard[625] dar. Hinsichtlich der Aufgabenzuordnung bzw. **Organisation** werden zum einen die Zuordnung bestimmter Risikomanagement-Aufgaben bzw. Risikomanagement-Prozessphasen zum Handlungskomplex Risikocontrolling sowie zum anderen Möglichkeiten der Institutionalisierung des Aufgabenkomplexes in Form der Schaffung spezialisierter Stellen bzw. Gremien oder der Integration in bestehende Stellen wie Führungspositionen, Risikomanagement-Abteilungen, Controlling-Abteilungen oder interne und externe Überwachungsinstanzen betrachtet.[626]

Zur Risikocontrolling-**Philosophie** finden sich in der Literatur bislang kaum Aussagen. Normative Aussagen zu den durch das Risikocontrolling zu verfolgenden Zielsetzungen leiten sich zumeist aus den korrespondierenden bzw. zugrunde gelegten Risikomanagement- und Controlling-Auffassungen ab.[627]

4.1.2 Empirische Risikocontrolling-Forschung

Die Erhebung beobachtbarer Aufgabenstellungen, verwendeter Instrumente und existierender Stellen in der Unternehmenspraxis, die dem Themenkomplex risikoorientiertes Controlling, Risikocontrolling bzw. „Controlling und Risikomanagement“ in Nicht-Finanzunternehmen zuzurechnen sind, ist noch nicht allzu weit fortgeschritten. Neben „How-I-did-it“-Berichten von Praktikern und Beratern, wurden Erkenntnisse zur Rolle des Controllings bzw. des Risikocontrollings in der Unternehmenspraxis zumeist als „Nebenprodukte“ deskriptiver Untersuchungen zum Stand von Risikomanagement bzw. Risikomanagement-Systemen gewonnen. Tabelle 11 gibt in chronologischer Reihenfolge einen Überblick über veröffentlichte Studien zum Themengebiet Risikomanagement in deutschen Nicht-Finanzunternehmen, bei denen Aussagen zur Rolle des Controllings im Kontext des Risikomanagements bzw. des Risiko-

621 Vgl. hierzu z. B. *Homburg, C./Uhrig-Homburg, M.* (2004); *Homburg, C./Stephan, J.* (2004); *Winter, P.* (2004); *Hoitsch, H.-J./Winter, P.* (2004b); *Diederichs, M.* (2004), S. 139-187.

622 Vgl. hierzu *Hoffjan, A.* (2006) und *Winter, P.* (2006).

623 Vgl. z. B. *Wolf, K.* (2003a); *Gleißner, W.* (2004); *Metzler, L. v.* (2004). Zu Risikomessung, Risikorechnung und Risikoaggregation siehe auch Kapitel 5.

624 Vgl. z. B. *Burger, A./Buchhart, A.* (2002a), S. 175-191; *Diederichs, M.* (2004), S. 235-264.

625 Vgl. z. B. *Pedell, B./Schwihel, A.* (2004); Homburg, C., *et al.* (2005); Winter, P., *et al.* (2006a); Winter, P., *et al.* (2006b). Zu risikoorientierten BSC-Konzepten siehe auch Abschnitt 3.4.3.

626 Vgl. *Burger, A./Buchhart, A.* (2002a), S. 261-278; *Liekweg, A.* (2003), S. 341-348; *Diederichs, M.* (2004), S. 203-234.

627 Vgl. *Burger, A./Buchhart, A.* (2002a), S. 13; *Diederichs, M.* (2004), S. 25. Zu Controlling- und Risikomanagement-Philosophie siehe Abschnitt 2.2.3 bzw. Abschnitt 3.2.3.

controllings getroffen wurden. Dabei werden die Fragestellungen, die Abgrenzung der befragten Unternehmen, das Untersuchungsdesign und die theoretische Fundierung der Befragungen sowie die hier interessierenden Ergebnisse hinsichtlich der Rolle des Controllings in Bezug auf das Risikomanagement bzw. das risikoorientierte Controlling/Risikocontrolling skizziert.

Bei der Ableitung von Aussagen zur Praxis des risikoorientierten Controllings bzw. Risikocontrollings ist die unklare Abgrenzung zwischen Risikomanagement, Controlling und Risikocontrolling hinderlich. Die Ergebnisse zeigen jedoch, dass den Controlling-Institutionen in der Unternehmenspraxis in vielen Fällen eine wichtige Rolle im Rahmen der Gestaltung, Umsetzung und Anwendung von Risikomanagement-Systemen zukommt. Eine genaue Übersicht über Ziele, Aufgaben, Instrumente und Organisation des Risikocontrollings in deutschen Unternehmen konnten diese empirischen Untersuchungen bisher aber nicht liefern. Unstrittig ist jedoch, dass sich das Risikocontrolling als **Institution** bisher vor allem bei Finanzdienstleistungsunternehmen etabliert hat. Dort ist das Risikocontrolling i. d. R. als Stabsstelle organisiert, der die Aufgaben Risikoidentifikation und -messung, (Limit-) Überwachung sowie Risikoberichterstattung zugeordnet werden. Damit soll sichergestellt werden, dass diese Aufgaben organisatorisch und personell von der Aufgabe der Risikosteuerung getrennt sind.[628] Aber auch in Nicht-Finanzunternehmen sind Stellen mit der Bezeichnung Risikocontrolling zunehmend anzutreffen.[629]

Da – wie schon angemerkt – bisher kaum weitergehende empirische Aussagen zur Praxis des Risikocontrollings in deutschen Unternehmen vorlagen, wurde eine Befragung deutscher Kapitalgesellschaften durchgeführt, die einen Einblick in den Stand, die Rolle, die Ausgestaltung und die Wahrnehmung des Risikocontrollings bei Nicht-Finanzunternehmen gewähren sollte. Aufbau und Ergebnisse dieser Studie werden in Abschnitt 4.3 vorgestellt.

[628] Vgl. *Bühler, W.* (1998), S. 214-218; *Gebhardt, G./Mansch, H.* (2001), S. 176; *Gebhardt, G.* (2002).
[629] Vgl. *Winter, P./Baumann, N.* (2004), S. 26; Hoitsch, H.-J., *et al.* (2006), S. 72 und S. 76.

Autor, Jahr, Titel	Fragestellung, untersuchte Unternehmen, Untersuchungsdesign, theoretische Fundierung	Aussagen der Studie zur Thematik Controlling im Kontext des RM bzw. RC
Deutsches Aktieninstitut/KPMG (2000), Einführung und Ausgestaltung von Risikomanagementsystemen	Einblick in den Stand der Umsetzung des §91 Abs. 2 AktG 700 börsennotierte AGs, 203 Teilnehmer (29%) Fragebogen (Fragen zum Implementierungsstand von Systemelementen zur Erfassung, Bewertung, Kommunikation, Konsolidierung und Dokumentation von Risiken sowie zu Verantwortlichkeit und Systemüberwachung), deskriptive Darstellung der Ergebnisse nach Umsatzklassen Keine Explizierung der theoretischen Grundlagen	In 61,6 % der befragten börsennotierten Unternehmen identifiziert das Controlling die Risiken (Mehrfachnennungen waren hierbei möglich).
Glaum, M. (2000), Finanzwirtschaftliches Risikomanagement deutscher Industrie- und Handelsunternehmen	Umfassende Darstellung der Praxis des finanzwirtschaftlichen RM in großen deutschen Industrie- und Handelsunternehmen 154 große AGs, ohne Banken und Versicherungen (DAX-100 und börsennotierte AGs mit einem Umsatz über 300 Mio. DM), 74 Rückläufe (48%), befragt wurden Vorstandsmitglieder oder leitende Mitarbeiter Fragebogen (Fragen zu Zielen, Umsetzungsstand, Organisation und Instrumente des RM, Rechnungslegung), deskriptive Darstellung der Ergebnisse ohne Klassenbildung Keine Explizierung der theoretischen Grundlagen	In 21 % der untersuchten AGs ist der Unternehmensbereich Controlling für das Risiko-Management verantwortlich. Ferner erfolgt in 37 % der Fälle eine Verteilung der Verantwortung auf zahlreiche Stellen, evtl. also auch auf das Controlling.
Institut der Niedersächsischen Wirtschaft/PwC Deutsche Revision (2000), Entwicklungstrends des Risikomanagements von Aktiengesellschaften in Deutschland	Umsetzung und konkrete Ausgestaltung des §91 Abs. 2 AktG in der Unternehmenspraxis Unbekannte Anzahl von börsen- und nicht börsennotierter Unternehmen, ohne Banken und Versicherungen, Rücklauf: 85 Unternehmen aus den Bereichen Industrie, Handel, Dienstleistungen, Energiewirtschaft, Telekommunikation und Medien Wahrscheinlich Fragebogen (Fragen zu Umsetzungsstand und Ausgestaltung des RM), deskriptive Darstellung der Ergebnisse ohne Klassenbildung Keine Explizierung der theoretischen Grundlagen	In 24 % der untersuchten AGs war das Controlling für die Umsetzung des Risiko-Managements zuständig. Ferner identifiziert das Controlling in 29 % der Fälle die Risiken (Mehrfachnennungen waren hierbei jeweils möglich).
Wolz, M. (2001), Zum Stand der Umsetzung von Risikomanagementsystemen aus Sicht börsennotierter Aktiengesellschaften und ihrer Prüfer	Stand der Umsetzung von RMS in der Praxis 250 börsennotierte AGs (DAX 100 sowie 150 weitere große AGs) sowie 250 Wirtschaftsprüfer, Rücklauf: 74 AGs und 39 Wirtschaftsprüfer Fragebogen mit sieben Fragekomplexen (Umsetzungsstand, Problembereiche, Schnittstellen, abgedeckte Risiken, Ausgestaltung, Wirkung bzgl. des RMS), deskriptive Darstellung der Ergebnisse ohne Klassenbildung, Gegenüberstellung der WP-/AG-Antworten Grundlage bildeten gesetzliche bzw. prüfungsorientierte Anforderungen an die Ausgestaltung des RM (KonTraG, IDW PS 340)	Eine organisatorische Einbindung des RMS in das Controlling wird bei 31,8 % der untersuchten AGs vorgenommen. Eine solche Einbindung entspricht der Idealvorstellung der befragten Wirtschaftsprüfer.
Tritschler, N. (2001), Risikomanagementsysteme – eine empirische Studie zum aktuellen Stand der Integration in deutschen und internationalen Unternehmen	Darstellung des Stands der Integration von RMS 940 Unternehmen aller Größen und Branchen, (anscheinend) ohne Bankbranche (Mitgliederbefragung des Controller-Vereins), 150 Teilnehmer, bes. Mitglieder des Controller-Vereins Fragebogen im Internet zur freiwilligen Bearbeitung (Aufbau orientiert sich am RM-Prozess), deskriptive Darstellung der Ergebnisse, teilweise Schlüsselung nach Umsatzklassen und Branchen Keine explizite Darstellung theoretischer Grundlagen	Unter der Annahme, dass die Entwicklung eines Berichtskonzepts zum Aufgabenbereich des RC zähle, stimmten 61,8 % der untersuchten Unternehmen zu, dass ein funktionales Berichtskonzept entworfen und eingeführt wurde. Bei 40,1 % der Unternehmen ist das RMS als Aufgabe dem Controlling zugeordnet.

Autor, Jahr, Titel	Fragestellung, untersuchte Unternehmen, Untersuchungsdesign, theoretische Fundierung	Aussagen der Studie zur Thematik Controlling im Kontext des RM bzw. RC
Diederichs, M./Reichmann, T. (2003), Risikomanagement und Risiko-Controlling in der Praxis; *Diederichs, M.* (2004), Entwicklungsstand und Tendenzen des Risikomanagements und Risikocontrollings	Darstellung der Reaktion der Praxis auf die Anforderungen des KonTraG und des IDW PS 340, allgemeiner Stand der Umsetzung des RM (Aufgabenorganisation, Aufgabenstellung, Instrumente) 253 AGs der Indizes DAX 100, SDAX, NEMAX 50, 55 Rückläufe (22%) Fragebogen (RM-Organisation und -Kommunikation, Risikoerkennung, -bewertung, -steuerung, -überwachung, -berichterstattung, -dokumentation, DV-Unterstützung), Pretest per Email, Kontaktphase (E-mail, Telefon), Zusendung des Fragebogens, deskriptive Darstellung der Ergebnisse ohne Klassenbildung Sehr beschränkte Theoriebildung (Existenz KonTraG-konformer Systeme), rein deskriptive Untersuchung	In 43,6 % der untersuchten AGs ist/war das Controlling in die Implementierung, in 56,4 % der Fälle in die Koordination und Umsetzung des Risiko-Managementsystems eingebunden. Das Controlling ist in nicht einmal 50 % der Fälle für die risikoorientierte Berichterstattung mitverantwortlich.
Henschel, T. (2003a), Empirische Untersuchung zum Risikomanagement im Mittelstand; *Henschel, T.* (2003b), Risikomanagement im Mittelstand - Eine empirische Untersuchung	Darstellung von Stand und Praktiken bzgl. Unternehmensplanung, RM und Balanced Scorecard in mittelständischen Unternehmen (KMU) 1692 deutsche KMU aus den Branchen Bauwirtschaft, Investitionsgüterindustrie, Informationstechnologie, Prüfung/Beratung/Schulung und Handel/Transport mit Jahresumsatz von 1 -100 Mio. DM und bis zu 250 Mitarbeitern (Datenquelle: Hoppenstedt CD-ROM-Datenbank), 266 verwertbare Rückläufe (16%) Per Post versendeter Fragebogen mit Glossar (Fragen zu Unternehmensplanung, RM und Balanced Scorecard), deskriptive Darstellung der Ergebnisse, Berechnung von Korrelationen Keine explizite Darstellung theoretischer Grundlagen	In 36,5 % der untersuchten KMU ist das Controlling für das RM verantwortlich. (Mehrfachnennungen waren hierbei möglich)
Winter, P./Baumann, N. (2004), Empirische Untersuchung zum Stand des Risikocontrollings bei deutschen Kapitalgesellschaften; Hoitsch, H.-J., *et al.* (2006), Stand des Risikocontrollings bei deutschen Kapitalgesellschaften - Ergebnisse einer empirischen Untersuchung	Einblick in den Stand, die Rolle, die Ausgestaltung und die Wahrnehmung des RC bei Nicht-Finanzunternehmen Deutsche Kapitalgesellschaften mit mehr als 500 Mitarbeitern und 50 Millionen Euro Umsatz als Grundgesamtheit, Auswahl von jeweils 250 AGs und GmbHs durch eine geschichtete Zufallsauswahl (Datengrundlage: Amadeus-Datenbank), Pretest, telefonische Kontaktierung von Ansprechpartner, anschließend gezielte Befragung durch standardisierten Fragebogen (Fragen zu Umsetzungsstand, Zielsetzungen, Aufgaben, Instrumente, Organisation, Begriffsauffassungen und subjektive Einschätzung bzgl. RM/RC) Befragung auf der Grundlage der vier klassischen Perspektive der Controlling-Konzepte (Ziel, Aufgaben, Instrumente, Institutionen), Zielsetzung primär deskriptiv, sekundär explorativ	Das Controlling spielt als Träger von RM-Aufgaben eine wichtige Rolle Hauptzielstetzungen: Integration von Risikoaspekten in die Planung, Steuerung und Kontrolle, Informationsversorgung, Unterstützung des RM Hauptaufgaben: Risikoidentifikation, Pflege des Reportingsystems, Anpassung und Erweiterung des RM-Instrumentariums, Entwicklung unternehmenseinheitlicher Standards, Risikobewusstseinsförderung Instrumentenkasten besteht hauptsächlich aus einfachen, eher subjektiv und qualitativ orientierten Instrumenten Institutionalisierung bzw. Formalisierung schwach ausgeprägt

Tabelle 11: Empirische Erkenntnisse zu Risikomanagement und Controlling bzw. Risikocontrolling

4.1.3 Behandlung von Risikocontrolling-Fragestellungen in der angloamerikanischen Literatur

Aufgrund der zunehmenden Internationalisierung im Unternehmens- und Wissenschaftsbereich wäre eine Betrachtung des risikoorientierten Controllings/Risikocontrollings unter Auslassung internationaler Aspekte unvollständig. Daher wird an dieser Stelle versucht, einen kurzen, qualitativen Überblick über die Behandlung verwandter Themenstellungen in der angloamerikanischen Literatur zu geben. Zunächst ist darauf hinzuweisen, dass es sich bei der Bezeichnung Risikocontrolling um einen deutschen Begriff handelt, sodass dieser Themenkomplex außerhalb Deutschlands nicht unter dieser Bezeichnung betrachtet wird. Die engste sprachliche Verwandtschaft zu Risikocontrolling weist der Begriff **Risk Control** auf. Hierunter wird jedoch die Risikosteuerung verstanden, also das risikogestaltende Kernstück des Risikomanagements.

Wie in Abschnitt 2.2.5 dargelegt, werden im **angloamerikanischen** Sprachraum controllingnahe Fragestellungen in den Bereichen Management Accounting, Management Control Systems und Controllership behandelt.[630] Daher ist es nahe liegend, die Behandlung von risikocontrollingnahen Fragestellungen an der Schnittstelle dieser Themengebiete mit dem Risikomanagement zu suchen. Eine Durchsicht einschlägiger Lehrbücher zeigt, dass Risikomanagement-Themen deutlich weniger präsent sind, als in deutschen Controlling-**Lehrbüchern**.[631] Themenstellungen wie Entscheidung unter Unsicherheit, einfache statistische Risikomaße (z. B. Varianz) und Investitionsentscheidungen unter Unsicherheit werden zwar betrachtet, eine umfassende oder übergreifende Darstellung findet sich indes kaum. Eine Behandlung von Risiko und Risikomanagement erfolgt eher in Finanzierungslehrbüchern, wobei der Betrachtungsschwerpunkt entsprechend auf Financial Risk Management (Hedging) und Versicherungen liegt.[632] In Risikomanagement-Lehrbüchern werden ebenfalls vor allem Risikofinanzierungs- und Versicherungsfragestellungen behandelt.[633] Auch in Management-Lehrbüchern[634] findet sich außer zu Entscheidungen unter Unsicherheit i. d. R. wenig zu Risiko und Risikomanagement. In wissenschaftlichen Management Accounting-**Zeitschriften**[635]

630 Vgl. z. B. *Schwarz, R.* (2002a); Roso, M., *et al.* (2003).

631 Vgl. z. B. die bei Roso, M., *et al.* (2003) und *Hoffjan, A./Wömpener, A.* (2005) genannten Lehrbücher.

632 Vgl. z. B. *Ross, S. A. et al.* (1999); *Brealey, R. A./Myers, S. C.* (2000).

633 Vgl. z. B. *Doherty, N. A.* (2000); *Dorfman, M. S.* (2005).

634 Vgl. z. B. *Drucker, P. F.* (1993).

635 Z. B. *Accounting, Organizations and Society*; *Behavioral Research in Accounting*; *Contemporary Accounting Research*; *International Journal of Accounting*; *Journal of Accounting and Economics*; *Journal of Accounting Research*; *Journal of Management Accounting Research*; *Management Accounting Research*.

und Verbandszeitschriften [636] wird das Thema Risikomanagement in Nicht-Finanzunternehmen weniger exponiert behandelt als in deutschsprachigen Controlling-Zeitschriften – hauptsächlich werden rechnungslegungsnahe Themen betrachtet. Vor dem Hintergrund der Veröffentlichung des COSO ERM[637] wies jedoch die berufständische Vereinigung Institute of Management Accountants (IMA) darauf hin, dass alle Management Accountants ein umfassendes Verständnis dieses Risikomanagement-Leitfadens haben sollten, um die Analyse und das Management finanzieller und operativer Unternehmensrisiken unterstützen zu können.[638] In Zeitschriften zu Risk bzw. Insurance Management[639] dominiert die Betrachtung von Financial Risk Management-, Versicherungs- und Umweltrisikofragestellungen. Eine Durchsicht renommierter Zeitschriften angrenzender Themengebiete wie Management, Organisation und Operations Research[640] zeigt, dass zwar Themen wie Risikomessung, Risikoverhalten und Entscheidung unter Risiko durchaus diskutiert werden, Ansätze zur Risikomessung, -aggregation und -berichterstattung in Nicht-Finanzunternehmen aber nicht geschlossen betrachtet werden und eine untergeordnete Rolle spielen. Im Bereich des (Financial) Accounting werden Vorschriften, Möglichkeiten, Verfahren und Auswirkungen des Hedge Accounting, d. h. die Erfassung von Derivaten und der mit ihrer Hilfe abgesicherten Positionen in der Rechnungslegung, behandelt, wobei häufig ein starker Bezug zur Financial Risk Management-Forschung besteht.[641]

Veröffentlichungen, die explizit die Beziehung von Risk Management und Management Accounting bzw. Management Control thematisieren, gibt es nur wenige. Dabei sind Risikomanagement-Aspekte ohne Zweifel von großer Bedeutung gerade für Management Control Systems. Ein Beispiel für die Integration der Identifikation und Bewertung strategischer Risiken sowie die Einrichtung von Internen Kontroll- und Begrenzungssystemen findet sich bei *Simons*.[642] *Berry et al.* betrachten die Steuerung des Risikos durch Organisationen, die Risikowahrnehmung, soziale Risikokonstrukte und das von der Steuerung ausgehende Risiko im Kontext von Management Control.[643] Eine Betrachtung der traditionellen Risk Management-Aufgaben in US-amerikanischen Unternehmen im Rahmen einer praxisnahen Darstellung des

636 Z. B. *Management Accounting*, GB; *Management Accounting Quarterly*, USA; *Strategic Finance*, USA.
637 Siehe Abschnitt 3.4.2.
638 Vgl. *White, L.* (2004), S. 6.
639 Z. B. *Geneva Papers on Risk and Insurance Theory*; *Journal of Risk*; *Journal of Risk and Uncertainty*.
640 Z. B. *Academy of Management Journal*; *Management Science*; *Organization Science*; *Strategic Management Journal*.
641 Vgl. z. B. *Choi, F. D. S. et al.* (1978); *Francis, J.* (1990); *Kanodia, C. et al.* (2000); *Wong, M. H. F.* (2000).
642 Vgl. *Simons, R.* (2000), S. 255-300.
643 Vgl. *Berry, A. J. et al.* (2005).

Controllership findet sich bei *Roehl-Anderson/Bragg*, wobei auf die mögliche Unterstellung der Institution des Risk Manager unter das Controlling hingewiesen wird.[644]

4.2 Darstellung und Analyse bestehender Risikocontrolling-Auffassungen

Die in der betriebswirtschaftlichen Literatur vertretenen Auffassungen zum Risikocontrolling bzw. risikoorientierten Controlling werden im Folgenden näher betrachtet, um das Begriffs- bzw. Verständnisspektrum in Theorie und Praxis aufzuzeigen. Aufbauend hierauf sollen Kernkomponenten von Risikocontrolling-Auffassungen und deren Ausprägungsbreite „induktiv" herausgearbeitet werden. Die Betrachtung ist nach chronologischen und perspektivischen Gesichtspunkten strukturiert, da eine Durchsicht der Literatur dies aufgrund begrifflicher und inhaltlicher Unterschiede nahe legt. Dabei wird zunächst chronologisch nach prä-KonTraG- und post-KonTraG-Auffassungen unterschieden. Perspektivisch werden bei ersteren controllingbezogene Risikomanagement-Betrachtungen und Financial Risk Management-Betrachtungen unterschieden, während bei letzteren eine thematische Untergliederung in Corporate Governance-geprägte Auffassungen, controllingnahe Auffassungen sowie praxis- und beratungsnahe Auffassungen erfolgt. Der Fokus der Betrachtungen liegt dabei entsprechend der Schwerpunktsetzung der Arbeit auf Nicht-Finanzunternehmen.

4.2.1 Ältere controllingzentrische Risikomanagement-Auffassungen

Die erste umfangreiche Auseinandersetzung mit der Beziehung von Risikomanagement und Controlling in der deutschsprachigen Betriebswirtschaftslehre findet sich bei *Braun*.[645] Ganz in Übereinstimmung mit seinem akademischen Lehrer *Horváth*, der schon früh auf die risikovermindernde, da informationsdefizitreduzierende Wirkung der Koordinationsfunktion des Controllings und die praktizierte Zuordnung von Risikomanagement-Aufgaben zu Controlling-Stellen hinwies,[646] sieht *Braun* starke Parallelen zwischen der Controlling- und der Risikomanagement-Funktion[647]. Gründend auf der systemtheoretischen Sichtweise *Horvátscher* Prägung[648] wird die Risikomanagement-Funktion vor allem in der Informationsversorgung sowie der systembildenden und -koppelnden Koordination des Planungs- und Kontrollsystems und des Informationsversorgungssystems, insbesondere in der Gestaltung chancen- und

---

[644] Vgl. *Roehl-Anderson, J. M./Bragg, S. M.* (2004), S. 1117-1126.
[645] Vgl. *Braun, H.* (1984).
[646] Vgl. *Horváth, P.* (1979), S. 143 und 161.
[647] Vgl. *Braun, H.* (1984), S. 290.
[648] Vgl. *Braun, H.* (1984), S. 17.

risikoorientierter Planungs- und Kontrollsysteme und Informationsversorgungssysteme gesehen[649]. Analog zum Controlling wird das Risikomanagement als Subsystem der Unternehmensführung mit Unterstützungs- und Koordinationsfunktion begriffen.[650] Da das Risikomanagement aber nur die ständige Risikobewältigung zur Unterstützung der Erreichung des Sicherheitsziels zum Gegenstand hat, während das Controlling die Unterstützung des gesamten Zielsystems zur Aufgabe hat, wird das Risikomanagement als Teilaspekt bzw. spezifische Aufgabe des Controllings verstanden.[651] Ausgehend von den postulierten funktionalen Übereinstimmungen wird zudem bzgl. der institutionellen bzw. organisatorischen Ausgestaltung unter Verweis auf Effizienzgesichtspunkte die Zuordnung der Risikomanagement-Funktion zu (vorhandenen) Controlling-Stellen empfohlen.[652] Hinsichtlich eines integriert-holistischen Risikomanagements ist diese Risikomanagement-Auffassung zwar als auf das Unternehmensgesamtrisiko bezogen, aber nicht als in die Unternehmensführung integriert zu bewerten.

Diese Auffassung zum Controlling-Risikomanagement-Verhältnis wurde auch von anderen Autoren aufgegriffen. Bei *Hummel* findet sich eine weitgehend unreflektierte Übernahme der Ausführungen *Brauns*,[653] während *Mensch* die mangelnde Integration bzw. die Separation der Risikomanagement-Thematik in Bezug auf die allgemeine Unternehmensführung kritisiert[654]. Auch hier wird die Funktion des Controllings in Bezug auf das Risikomanagement in der Koordination des Planungs- und Kontrollsystems mit dem Informationsversorgungssystem gesehen.[655]

4.2.2 Financial Risk Management-bezogene Auffassungen

Praktische Relevanz und akademische Beachtung kam dem Risikocontrolling als Funktion und Institution zunächst im Rahmen des Financial Risk Management bei Finanzinstitutionen wie Banken und Versicherungen, insbesondere bezogen auf derivative Finanzinstrumente, und den sich hierauf beziehenden Teildisziplinen der Betriebswirtschaftslehre wie Bankbetriebslehre, Versicherungswirtschaft und Finanzwirtschaft zu.[656]

In einem frühen Beitrag mit Bezug auf derivative Finanzinstrumente in Banken wird dem Risikocontrolling im Rahmen des Risikomanagements eine Risiko beurteilende und überwa-

649 Vgl. *Braun, H.* (1984), S. 62.
650 Vgl. *Braun, H.* (1984), S. 15-16.
651 Vgl. *Braun, H.* (1984), S. 16 und 290.
652 Vgl. *Braun, H.* (1984), S. 291.
653 Vgl. *Hummel, T. R.* (1995), S. 87-94.
654 Vgl. *Mensch, G.* (1991), S. 26.
655 Vgl. *Mensch, G.* (1991), S. 204.
656 Vgl. *Kimmig, J. M.* (2001), S. 8-9.

chende Funktion (risk monitoring) zugeschrieben. Das Aufgabenspektrum umfasst die Dokumentation von Geschäftspolitik, Verantwortlichkeiten und identifizierten Risiken, die Barwertberechnung bestehender Geschäfte mithilfe mathematischer Modelle und aus dem Markt ermittelter Eingabeparameter, die Risikoanalyse für die einzelnen Risikoarten mittels Szenarien, die Vergabe von Limits und Verantwortungen, die Vorgabe von Absicherungsquoten sowie das Risiko-Reporting.[657] Hierzu tritt noch ein Steuerungsaspekt, sodass Risikocontrolling als regelungsorientierter, eher operativ ausgerichteter Teilbereich des Risikomanagements charakterisiert wird. Als Schwerpunkt des Risikocontrollings wird insbesondere die Risikoaggregation angesehen.[658]

Neuere Veröffentlichungen berufen sich zumeist auf die in Anschnitt 4.1.1 erwähnte „Verlautbarung über Mindestanforderungen an das Betreiben von Handelsgeschäften der Kreditinstitute“ des BAKred. Der Stelle Risikocontrolling soll demnach die Verantwortung für das Risikomanagement-System und die Aufgabe der Risikoüberwachung, insbesondere der Limitüberwachung nebst Berichtswesen, übertragen werden, um eine organisatorische Trennung von Risiko disponierenden Stellen zu gewährleisten.[659] Es wird jedoch darauf hingewiesen, dass diese Risikocontrolling-Auffassung vom vorherrschenden betriebswirtschaftlichen Controlling-Verständnis abweicht, da die Kontroll- und Überwachungsfunktion in den Vordergrund gestellt wird.[660] Insgesamt wird dem Risikocontrolling als Institution vor allem die Quantifizierung bzw. monetäre Abbildung und Prognose von Risiken, die aus Finanzkontrakten resultieren, und die hierzu gehörende Datenbeschaffung/-verarbeitung und Bewertungsmethodenentwicklung[661] bzw. das „Informationsmanagement über die Risikopositionen“[662] zugeschrieben, während beim Begriff Risikocontrolling zudem eine Steuerungskonnotation mitschwingt.

Dieses Risikocontrolling-Verständnis und dessen Anwendungsbereich (finanzwirtschaftliche und finanzinstrumentbezogene Risiken bzw. Finanzinstitutionen) wurden auch auf Nicht-Finanzunternehmen übertragen. *Bühler* entwickelt einen Vorschlag für das auf (Finanzmarkt-) Preisrisiken bezogene Risikocontrolling in Industrieunternehmen, der auf den in Banken etablierten organisatorischen Regelungen und Messmethoden basiert. In Anlehnung an die Auf-

[657] Vgl. *Buschmann, W. F.* (1992).
[658] Vgl. *Walter, R.* (1995), S. 40-41. Das bankbezogene Controlling scheint dabei generell eher steuerungsorientiert aufgefasst zu werden. Vgl. z. B. den Überblick bei *Walter, R.* (1995), S. 36-38.
[659] Vgl. *Jakob, K.* (2002), S. 338.
[660] Vgl. *Hartmann-Wendels, T. et al.* (2004), S. 749. Vgl. auch die empirischen Ergebnisse von *Nader, G.* (2000).
[661] Vgl. z. B. *Berndt, A.* (1999); *Reher, T.* (2000).
[662] Vgl. *Paul, S.* (2003), S. 671.

fassung des BAKred übernimmt das Risikocontrolling die Funktion der Messung und Überwachung von Risikopositionen und die Analyse der Tragfähigkeit der eingegangenen Risiken hinsichtlich ihrer Ergebniswirkung und ihrer Auswirkung auf die Insolvenzwahrscheinlichkeit. Im Einzelnen sind hierbei folgende Aufgaben denkbar: laufende und umfassende Risikoidentifizierung, Entwicklung von Methoden und Modellen zur unternehmensweit einheitlichen Risikomessung, Informationsbereitstellung zur Risikomessung und -überwachung und Aufbau einer Datenbank, zeitnahe Überwachung der Risikoposition hinsichtlich der Risikorichtlinien, Festlegung von Limitstrukturen, Entwicklung von Führwarnsystemen und Notfallplänen sowie laufende Risikoberichterstattung. Es wird empfohlen, diese Aufgaben auf eine neutrale Stabsstelle oder das Controlling zu übertragen.[663] Eine ähnliche Haltung nehmen *Gebhardt* und *Mansch* ein, die das Risikocontrolling als eine vom Handel mit Finanzinstrumenten unabhängige Stabsstelle sehen, welche die zentrale Verantwortung für Risikoidentifikation, -messung und -limitüberwachung, die Kontrolle von risikobezogenen Vorgaben und die Risikoberichterstattung hat und somit als zentrale Schaltstelle des Prozesses zur Handhabung von Marktpreis- und Liquiditätsrisiken fungiert.[664] Auch bei *Kropp* und *Gillenkirch* umfasst das Controlling finanzwirtschaftlicher Risiken neben der Risikoidentifikation und -messung die Risikoallokation und die fortlaufende Risikomanagement-Überwachung. Insbesondere sind Richtlinien und Regelungen für die zu verfolgenden Risikoziele und deren Operationalisierung, die einzusetzenden Steuerungsmaßnahmen und die Risikomanagement-Organisation zu entwickeln und vorzugeben.[665]

Es gibt aber auch Rückwirkungen auf das finanzwirtschaftliche Risikocontrolling-Verständnis aus dem Nicht-Finanzbereich wie z. B. die Auffassung von *Brohm* zeigt, der Risikocontrolling als das Tätigkeitsbündel definiert, das dem zielorientierten Management der Unternehmensrisikoposition dient und entscheidungsunterstützend durch Informationsversorgung und Methodenbereitstellung wirkt.[666]

4.2.3 KonTraG- bzw. Corporate Governance-geprägte Auffassungen

Vor dem Hintergrund der Bestimmungen des KonTraG (Einrichtung eines Überwachungssystems zur frühzeitigen Entdeckung bestandsgefährdender Risiken und dessen Prüfung) wurde in der betriebswirtschaftlichen Forschung und Praxis verstärkt auf die Beziehung des Controllings (vor allem von Controlling-Stellen) zu den als erforderlich angesehenen Risikomanage-

663 Vgl. *Bühler, W.* (1998).
664 Vgl. *Gebhardt, G./Mansch, H.* (2001), S. 176.
665 Vgl. *Kropp, M./Gillenkirch, R. M.* (2004), S. 86-87.
666 Vgl. *Brohm, A.* (2002), S. 19-32.

ment-Systemen hingewiesen. Sogar der Gesetzgeber wies in der Allgemeinen Begründung zum KonTraG auf die Rolle des Controllings als Bestandteil der unternehmerischen Kontrolle hin.[667] Nachfolgend wird ein Überblick über die Corporate Governance geprägten Risikocontrolling-Auffassungen gegeben.

Lück begreift das Controlling aus einer wirtschaftsprüfungs- und revisionsorientierten Sicht heraus neben dem Internen Überwachungssystem und dem Führwarnsystem als Bestandteil bzw. Instrument eines KonTraG-konformen Risikomanagement-Systems, wobei insbesondere dessen Beitrag zur internen Kontrolle des Unternehmensgeschehens betont wird.[668] Die Stellung und Funktion des Controllings wird in Form des Risikocontrollings als unterstützendes Element des Risikomanagement- und Überwachungssystems konkretisiert. Die Risikocontrolling-Aufgaben, die sich aus der Aufgabenstellung des Controllings im Allgemeinen (zielorientierte Koordination von Planung, Informationsversorgung, Kontrolle und Steuerung) ableiten sollen, werden in der Analyse und Beurteilung der Unternehmensrisiken bzw. der Unterstützung der Unternehmensleitung bei der Planung, Steuerung und Kontrolle der Risiken sowie durch Informationsversorgung über bestehende und drohende Risiken gesehen.[669] Hierbei trägt das Risikocontrolling Mitverantwortung für die Risikoverminderung. Als konkrete Tätigkeitsfelder werden die Zuweisung von Verantwortlichkeiten, die Festsetzung von Risikolimits, die Vorgabe von Absicherungsquoten sowie der Aufbau und Betrieb eines Risikoreportings angeführt.[670] Obwohl das Risikocontrolling als Aufgabenträger eindeutig institutionell angelegt scheint, werden keine Aussagen über die Zuordnung zu schon bestehenden oder speziell zu schaffenden Stellen getroffen. Es ist aber zu vermuten, dass das Risikocontrolling nur als eine spezielle Aufgabengruppe innerhalb des Controlling-Aufgabenfeldes gesehen wird, wie auch der Hinweis, dass es instrumentell zwischen Controlling und Risikocontrolling keine Unterschiede gäbe, zeigt.[671]

Ähnliche Ansichten finden sich auch in anderen KonTraG-orientierten Beiträgen. So sehen *Vogler* und *Grundert* die Aufgabe des Controllings in der laufenden Überwachung des Risikomanagement-Systems durch systemimmanente Kontrollen. Zusammen mit dem Risikomanager ist die Controlling-Stelle zudem für die Durchführung des Risikomanagement-Prozesses und der Berichterstattung über wesentliche Risiken an den Vorstand verantwortlich.

[667] Vgl. *Lück, W.* (2001c), S. 202.
[668] Vgl. *Lück, W.* (1998b); *Lück, W.* (2001b).
[669] Zu einer auf *Lück* aufbauenden Auffassung vgl. auch *Kimmig, J. M.* (2001), S. 62 und S. 104-105.
[670] Vgl. *Lück, W.* (1998a); *Lück, W.* (2001a), S. 67-68; *Lück, W.* (2001c), S. 210-213.
[671] Vgl. *Lück, W./Henke, M.* (1999).

Dabei kann das Controlling (als Institution) aufgrund seiner Planungs- und Kontrollkompetenz auch die Rolle des Risikomanagers übernehmen.[672]

Krystek weist ebenfalls darauf hin, dass das Controlling instrumentell und institutionell das Risikomanagement-System wahrnehmen kann. Dabei wird das Risikomanagement-System, das in Anlehnung an *Lück* zusammen mit dem Internen Überwachungssystem das Interne Kontrollsystem bildet, gedanklich in ein spezielles und ein generelles Risikocontrolling[673] sowie die Frühaufklärung als zentrale Controlling-Aufgabe aufgeteilt. Das generelle Risikocontrolling stellt eine risikoorientierte Weiterentwicklung des bestehenden Controllings dar, welches somit explizit Risikoaspekte bei der informationellen Sicherung von Planung, Steuerung und Kontrolle sowie dem Aufbau von entsprechenden Planungssystemen berücksichtigen soll. Das spezielle Risikocontrolling bezeichnet hingegen den Prozess der Identifikation und Handhabung konkreter (Einzel-) Risiken und ist mithin mit dem Risikomanagement-Prozess identisch.[674] Somit geht das Risikomanagement völlig im Risikocontrolling auf, dessen Träger wiederum die Controlling-Stelle ist.

Baetge und *Jerschensky* stellen dagegen stärker die Unterstützung bzw. Informationsversorgung des Risikomanagements durch Risiko identifizierende und quantifizierende sowie Risikosteuerungsmaßnahmen bewertende Aktivitäten als Aufgabe des Risikocontrollings in den Vordergrund. Instrumentell wird darauf verwiesen, dass das Risikocontrolling die gleichen Instrumente wie das Controlling verwenden kann, insbesondere wird aber die Bedeutung von Frühwarnsystemen hervorgehoben.[675]

Die an der Konkretisierung von Risiken orientierte Unterteilung in ein generelles und spezielles Risikocontrolling übernehmen auch *Martin* und *Bär*. Sie weisen allerdings darauf hin, dass *Krysteks* Gleichsetzung des speziellen Risikocontrollings mit dem (operativen) Risikomanagement wenig zweckmäßig ist. Risikocontrolling wird dabei gemäß *Braun* als Teilfunktion eines umfassenden Controllings verstanden. Die Aufgabe des speziellen Risikocontrollings ist die Koordination des Risikomanagement-Prozesses, d. h. im Einzelnen die Mitwirkung bei der Erstellung der Risikostrategie und der Ermittlung von Schwellenwerten, die Kontrolle der Schwellenwerteinhaltung, die Plausibilitätsprüfung gemeldeter Risiken, die Risikoaggregation, die Risikoberichterstattung an die Geschäftsführung, die Ausarbeitung von Vorschlägen zur

672 Vgl. *Vogler, M./Grundert, M.* (1998), S. 2378-2379.

673 Diese Unterscheidung ähnelt stark dem Vorschlag von *Hahn, D.* (1987), der ein generelles und spezielles Risikomanagement unterscheidet.

674 Vgl. *Krystek, U.* (1999), S. 146-147.

675 Vgl. *Baetge, J./Jerschensky, A.* (1999), S. 173.

Risikobewältigung sowie die Koordination und Kontrolle der Risikobewältigungsmaßnahmen.[676] Die Risikocontrolling-Aufgaben können dabei von einer eigenen Stelle oder von der generellen Controlling-Abteilung wahrgenommen werden, zur Sicherstellung der Erfüllung der Koordinationsaufgabe sollten sie aber auf jeden Fall zentral angesiedelt sein.[677]

Als formalisierenden und strukturierenden Kern des Risikomanagement-Systems bzw. -Prozesses verstehen *Hampel et al.* das Risikocontrolling. Es soll durch die Definition und Überwachung von strukturierenden Risikomanagement-Prozessen und Kommunikationswegen/-formaten, die Gewährleistung einer aktuellen Risikoinventur und Risikoberichterstattung, die Fortschrittskontrolle von Maßnahmenplänen und die Sicherstellung einer Dokumentation des Risikomanagement-Systems die Aufrechterhaltung des Risikomanagement-Systems gewährleisten.[678]

4.2.4 Neuere controllingzentrische Auffassungen

Die von akademischen Controlling-Vertretern vorgetragenen Risikocontrolling-Auffassungen wurzeln zumeist direkt in den von diesen vertretenen Controlling-Konzeptionen.

So sehen *Horváth* und *Gleich* systemorientiert in Übereinstimmung mit *Lück* das Controllingsystem als Subsystem des Risikomanagement-Systems. Dabei wird postuliert, dass ein richtig verstandenes und angewandtes Controlling schon Risikocontrolling sei.[679] Die Rolle des Controllings bzw. der Controlling-Stelle besteht, ganz ihm Sinne der allgemeinen Führungsunterstützungsfunktion, in der Unterstützung des Risikomanagement-Prozesses, insbesondere in der Funktion des Informations- und Planungsmanagers sowie des Koordinators bei der Einführung und Anwendung des Risikomanagement-Systems.[680] M. a. W. soll das Controlling die Unternehmensführung maßgeblich beim Aufbau (systembildend) und bei der Anwendung (systemkoppelnd) des Risikomanagement-Systems unterstützen. Diese risikobezogenen Aufgaben erfordern eine risikoorientierte Weiterentwicklung des bestehenden Controllings, d. h. die Ergänzung der Informationssysteme um Risikoaspekte zur Sicherstellung der phasengerechten Informationsversorgung des Risikomanagements sowie die Erweiterung des Controlling-Instrumentariums um Risikomanagement-Instrumente.[681] Unterstützende Aktivitäten entfaltet das risikoorientierte Controlling bei der Risikoidentifikation, -bewertung,

676 Vgl. *Martin, T. A./Bär, T.* (2002), S. 121-123.
677 Vgl. *Martin, T. A./Bär, T.* (2002), S. 130.
678 Vgl. Hampel, V., *et al.* (2004), S. 110-111.
679 Vgl. *Horváth, P./Gleich, R.* (2000), S. 101-102.
680 Vgl. *Horváth, P./Gleich, R.* (2000), S. 108.
681 Vgl. *Horváth, P./Gleich, R.* (2000), S. 109-110; *Horváth, P.* (2003), S. 777.

-priorisierung und -verdichtung der Risikoposition sowie der Risikoplanung (Erarbeitung einer Risikostrategie, Erstellung von Planbilanzen, Planung von Wagniskosten, Budgetierung) und -kontrolle (risikobezogene Soll-Ist-Vergleiche) nebst -dokumentation (Abweichungen und Reaktionen der Verantwortlichen). Insgesamt tritt die Controlling-Stelle als Betreuer des Risikomanagement-Systems auf.[682]

Reichmann und verbundene Autoren postulieren ebenfalls, dass Risikomanagement ein fester Bestandteil des Controllings und eine stärkere Risikoorientierung des Controllings notwendig seien.[683] Das Risikocontrolling wird gleichzeitig als integraler Bestandteil des Controllings und funktionaler Grundbaustein des Risikomanagements gesehen. Als Risikomanagement-Baustein kommt ihm eine Unterstützungsfunktion bei der Begleitung und methodischen Unterstützung des Risikomanagements mit der Zielsetzung der Erhaltung der risikosituationsbezogenen Reaktions-, Anpassungs- und Koordinationsfähigkeit zu. Der Fokus liegt dabei auf der Schaffung geeigneter Strukturen und Verfahren bzw. der methodischen Unterstützung des Risikomanagements sowie der risikobezogenen Informationsversorgung.[684] Als Controlling-Bestandteil wird das Risikocontrolling als Querschnittsfunktion des Controllings gesehen, die aus den anderen Controllingbereichen (konkretisiert durch das RL-Kennzahlensystem) Risikoaspekte herausgreift, um diese im Sinne einer Entscheidungsunterstützung zu analysieren und zu kommunizieren.[685] *Diederichs* definiert folglich das Risikocontrolling „als zielbezogene Unterstützung des Risikomanagements […], die der systemgestützten Informationsbeschaffung und Informationsverarbeitung zur Planerstellung, Koordination und Kontrolle hinsichtlich unternehmerischer Risikopotentiale dient“[686]. Organisatorisch sollen die Aufgaben des Risikocontrollings dem Controlling bzw. der Controlling-Stelle zugewiesen werden. Der Controlling-Stelle soll als Teilnehmer an interfunktional besetzten Risikomanagement-Gremien, welche Kontroll- Überwachungs- und Steuerungsaufgaben wahrnehmen und als Stabsstellen zu implementieren sind, die Rolle des Risikokoordinators durch verwaltende, organisatorische und koordinierende Aktivitäten wahrnehmen.[687] Dies könnte in der Person eines Risikomanagement-Beauftragten erfolgen, der innerhalb des Gremiums Organisations-, Informations-, Moderations-, Präsentations-, Prüfungs-, Überwachungs-, Dokumentations-

682 Vgl. *Horváth, P./Gleich, R.* (2000), S. 110-123.
683 Vgl. *Reichmann, T.* (2001a), S. V und S. 599.
684 Vgl. *Reichmann, T.* (2001a), S. 621; *Reichmann, T.* (2001b), S. 287-288; *Diederichs, M.* (2004), S. 26. Vgl. auch *Hornung, K.* (1998), S. 280 und *Form, S.* (2005).
685 Vgl. *Diederichs, M./Richter, H.* (2001); *Diederichs, M.* (2004), S. 24.
686 *Diederichs, M.* (2004), S. 26.
687 Vgl. Hornung, K., *et al.* (1999), S. 322; *Reichmann, T.* (2001a), S. 608-609; *Diederichs, M.* (2004), S. 218.

und Vermittlerfunktionen übernimmt.[688] *Form* hingegen stellt explizit auf das Erfolgsziel und die Risikoquantifizierung ab und definiert Risikocontrolling als „die erfolgszielbezogene Unterstützung von Führungsaufgaben, die der systemgestützten Identifikation, Positionierung, und Operationalisierung von Chancen und Risiken sowie ihrer Erfolgswirkung zur Ableitung und Konkretisierung von Handlungs- und Entscheidungsimplikationen auf allen Führungsstufen der Unternehmung dient"[689].

Weber sieht in der Einführung eines Risikomanagements eine führungsübergreifende Koordinationsaufgabe mit erheblichen Auswirkungen auf das bestehende Führungssystem, die somit unmittelbar in den Aufgabenbereich von Controllern fällt.[690] Dem Controller kommt aufgrund seiner Geschäftskenntnis, seines sach- und personenbezogenen Wissens und seiner Planungskompetenz beim Aufbau des Risikomanagement-Systems potenziell die Führungsrolle zu. Bei der Durchführung des Risikomanagements steht er dem Management entlastend, ergänzend und begrenzend zur Seite, indem er die Risikoidentifikation und -bewertung begleitet, die Verantwortlichen bei der Koordination des Risikomanagements mit anderen betrieblichen Führungsaufgaben unterstützt und die Aufgaben der instrumentellen Erarbeitung und laufenden Durchführung des Berichtswesens, die Risikoaggregation und die Überwachung der Risikosteuerung übernimmt. Aufgaben bei der Überwachung der Funktionsfähigkeit des Risikomanagements sind aber weniger für die Wahrnehmung durch den Controller geeignet.[691] Das Risikocontrolling wird zwar terminologisch konsistent als die Sicherstellung der Rationalität der Unternehmensführung im Umgang mit Unsicherheit konkretisiert. Dennoch wird die begriffliche Unterscheidung zum Risikomanagement nicht aufrechterhalten und für die Risikocontrolling-Aufgabenstellung die Bezeichnung Risikomanagement verwendet – trotz des Namensbestandteils „Management" werden Führungsaufgaben nicht betrachtet und die eigentlich konsequente Bezeichnung als Controlling vermieden.[692] Durch Unsicherheit können grundsätzlich Rationalitätsdefizite in allen Bereichen der Willensbildung (Zielbildung und Mittelbestimmung) und der Willensdurchsetzung sowie Kontrolle entstehen.[693] Diesen sollte

---

688 Vgl. *Diederichs, M.* (2004), S. 218-219.

689 *Form, S.* (2005), S. 158 (im Original kursiv).

690 Vgl. *Weber, J.* (2002), S. 389-391 und S. 411-412. Diese Ausführungen haben keine Aufnahme in die nachfolgende Auflage des Lehrbuchs gefunden. Dort wird lediglich auf die risikoorientierte Berichterstattung eingegangen. Vgl. *Weber, J.* (2004), S. 300-304.

691 Vgl. *Weber, J.* (2002), S. 389-391 und 435-440.

692 Vgl. *Weber, J./Liekweg, A.* (2001), S. 475-476; *Liekweg, A.* (2003), S. 14-15.

693 Vgl. *Weber, J./Liekweg, A.* (2001), S. 467-475. Ausführlich dargestellt werden die einzelnen Erscheinungsformen, Ursachen und Potenziale des Auftretens unsicherheitsinduzierter Rationalitätsdefiziten, differenziert nach unterschiedlichen Führungskontexten in *Liekweg, A.* (2003).

durch die stärkere Formalisierung der Führungsprozesse und den Aufbau verbesserter Planungs-, Kontroll- und Informationssysteme begegnet werden.[694]

Freidank vertritt die Auffassung, dass die Einrichtung und Organisation eines Risikomanagement-Systems dem Controlling im Rahmen seiner Funktion als Führungshilfe zufallen. Das Controlling hat dabei (systembildend) die risikoorientierte Abstimmung der Planungs-, Steuerungs- Kontroll-, Informations- und Kommunikationssysteme sowie (systemnutzend) permanent Risikostrategie-konforme Anpassungen vorzunehmen. Dieser Aufgabenbereich kann als Risikocontrolling und -reporting bezeichnet werden, ist aber eng mit anderen Controlling-Bausteinen verknüpft und Teil des gesamten Unternehmenscontrollings.[695]

Burger/Buchhart sehen das Controlling als Stelle, welche die Unternehmensführung bei der Generierung von Überschüssen unterstützt. Dem Risikocontrolling kommen somit als Bestandteil des gesamten Controllings die Funktionen der Entscheidungsunterstützung bei der Sicherung von Überschüssen, der systembildenden und -koppelnden Koordination sowie der Innovation und Anpassung des Risikomanagement-Systems zu. Demnach ist es als ein unterstützender Bestandteil des Risikomanagements zu sehen. Diese Funktionen werden durch die Entwicklung und Bereitstellung von Methoden und Instrumenten sowie die Informationenbereitstellung bzw. durch Planungs-, Kontroll- und Informationsversorgungsaktivitäten wahrgenommen.[696] Prozessual werden dem Risikocontrolling im Rahmen des Risikomanagement-Prozesses die Erhebungs- und Bewertungsphase sowie die Kontroll- und Systemüberwachungsphase zugeordnet.[697]

Peemöller begreift die Controlling-Institution als zentrale Stelle für die Erarbeitung und Weiterentwicklung übergeordneter Konzepte und Methoden für ein unternehmensweites Risikomanagement sowie für die Begleitung der Implementierung entsprechender Maßnahmen im operativen Bereich. Ganz im Sinne des finanzwirtschaftlichen Risikocontrolling-Verständnisses leitet die Controlling-Stelle die Umsetzung der Maßnahmen zur Identifizierung, Analyse, Bewertung und Bewältigung von Risiken, wobei die operativen Bereiche aber die Verantwortung für das Risikomanagement behalten. Des Weiteren wirkt sie bei der Einführung von Kontrollmechanismen unterstützend mit.[698]

---

694 Vgl. *Weber, J./Liekweg, A.* (2001), S. 481-491.
695 Vgl. *Freidank, C.-C.* (2001), S. 623-624.
696 Vgl. *Burger, A./Buchhart, A.* (2002a), S. 12-17.
697 Vgl. *Burger, A./Buchhart, A.* (2002a), S. 56-59
698 Vgl. *Peemöller, V. H.* (2002), S. 57-60.

Gemäß *Ziegenbein* begleitet das Risikocontrolling das Risikomanagement in den verschiedenen Phasen des Führungsprozesses zur Umsetzung der Risikopolitik. Aufgaben des Risikocontrollings sind dabei die koordinierte Überwachung sämtlicher Risiken des Unternehmens und die Überführung ihrer Auswirkungen in das bestehende Planungs- und Kontrollsystem des Unternehmens.[699]

Funktional als die Gesamtheit der Aufgaben zur zielgerichteten Koordination der Risikopositionen eines Unternehmens im Rahmen der Planung, Kontrolle und Informationsversorgung begreift *Wall* das Risikocontrolling. Dabei wird das Risikocontrolling als Teil des Risikomanagements verstanden, aber darauf hingewiesen, dass diese nicht deckungsgleich sind. Während das Risikomanagement vor allem Entscheidungsaufgaben im Rahmen der Planung und Auswahl des risikopolitischen Programms umfasst, liegt der Schwerpunkt des Risikocontrollings in der Unterstützung der Entscheidungsträger bei der Gestaltung des risikopolitischen Programms. Konkret zählen zur Unterstützungsfunktion die Bereitstellung von Methodenkompetenz in Form der Mitwirkung bei der Auswahl und Anwendung von Methoden zur Risikoidentifikation und -beurteilung sowie die Sicherstellung eines abgestimmten Methodeneinsatzes, die Versorgung der Entscheidungsträger mit relevanten Informationen über Risiken und Maßnahmen und die Etablierung eines Risikoberichtswesens zur strukturierten und systematischen Informationsübermittlung und Dokumentation. Hierbei hat das Risikocontrolling betriebswirtschaftliche Strukturen bereitzustellen und die technische Infrastruktur in Form eines IT-gestützten Managementinformationssystems zu schaffen.[700]

Ganz im Sinne seines akademischen Lehrers *Küpper* sieht *Pedell* die Aufgaben des Risikocontrollings in der Koordination von Risikointerdependenzen. Unternehmensintern ist die risikobezogene Koordination einzelentscheidungsbezogen hinsichtlich der Risiken und Ertragschancen, führungssystembezogen innerhalb einzelner Führungssysteme und zwischen allen Führungssystemen sowie geschäftsbereichsbezogen zwischen Geschäftsbreichen und zwischen der Bereichs- und Gesamtunternehmensebene sicherzustellen. Unternehmensübergreifend sind beschaffungs- und absatzseitige sowie Supply Chain-übergreifende Risikointerdependenzen zu analysieren und zu koordinieren. Zur Erfüllung der Risikocontrolling-Aufgaben wird auf ein Instrumentarium verwiesen, das sowohl Instrumente zur Unterstützung

---

699 Vgl. *Ziegenbein, K.* (2002), S. 61-62.
700 Vgl. *Wall, F.* (2003).

bestimmter Phasen des Risikomanagement-Prozesses als auch phasenübergreifende Instrumente enthält.[701] Institutionelle Fragestellungen werden nicht betrachtet.

Auch *Troßmann* und *Baumeister* nehmen auf die Führungskoordination Bezug. Risikocontrolling ist dabei keine vom Controlling separierbare Teilfunktion, sondern stellt eher eine Betonung von Unsicherheitsaspekten dar, die durch die systemdefinierende und systemausfüllende Koordination von Risikoaspekten und -interdependenzen erfolgt. Führungsunterstützend sind zudem die Funktionen der Methoden- und Informationsbereitstellung, der Entscheidungsunterstützung und der Innovation auszufüllen. Ein Aufgabenschwerpunkt liegt in der Risikoprognose und -bewertung bzw. Risikomessung.[702]

Umfangreichere Betrachtungen zum Risikocontrolling finden sich zudem in weiteren finanzierungs- und controllingnahen Arbeiten zu Risikomanagement und -controlling. *Kimmig* versucht eine allgemeine theoretische Grundlage der Risikocontrolling-Funktion auf der Grundlage des *Küpperschen* koordinationsorientierten Controlling-Ansatzes zu erarbeiten.[703] Dem Systemansatz folgend wird Controlling als funktionales Subsystem der Unternehmung begriffen, dem spezielle Koordinationsaufgaben innerhalb des Führungssystems (konkretisiert durch Planungs-, Kontroll-, Informations-, Organisations- und Personalführungssysteme) zukommen. Entsprechend wird das Risikocontrolling seinerseits als Subsystem des Controllingsystems verstanden, das unter der Zielsetzung der Sicherstellung der Überlebensfähigkeit und der Optimierung der Risikoposition die risikoorientierte bzw. die auf Risikokomponenten bezogene Koordination zwischen den Führungsteilsystemen sicherstellt. Die Zuordnung der Risikocontrolling-Funktion zu realen Organisationseinheiten des Unternehmens wird nicht weiter thematisiert, sondern es wird davon ausgegangen, dass die Institutionalisierung grundsätzlich beliebig erfolgen kann.[704] Im Einzelnen sind insbesondere die Berücksichtigung von Risikozielen im Zielsystem, die systembildende risikoorientierte Koordination bzgl. des Planungs- und Kontrollsystems sowie der Organisationsstruktur, die Koordination zwischen Planungs- und Personalführungssystem bzw. Organisations- und Personalführungssystem und die Ausrichtung des Informationssystems auf alle anderen Führungsteilsysteme Gegenstand des Risikocontrollings.

Einen ähnlichen Vorschlag unterbreitet *Grof*. Dem Risikocontrolling werden Koordinations- und Informationsversorgungsaufgaben in Bezug auf das Führungssystem nach *Küpperscher*

[701] Vgl. *Pedell, B.* (2004).
[702] Vgl. *Troßmann, E./Baumeister, A.* (2004), S. 76-77.
[703] Vgl. *Kimmig, J. M.* (2001), S. 4.
[704] Vgl. *Kimmig, J. M.* (2001), S. 27-46.

Auffassung zugeschrieben. Im Einzelnen sind systembildende und systemkoppelnde Koordinationsaufgaben zur Gestaltung und Anpassung risikoorientierter Führungssubsysteme, insbesondere risikoorientierter Planungs- und Kontroll- sowie Informationsversorgungssysteme zu leisten.[705] Der Stelle Risikocontrolling, die in die Stabsabteilung Controlling zu integrieren ist, werden jedoch die Aufgaben der Durchführung der Risikoanalyse und -kontrolle sowie der ziel- und strategiebezogenen Entscheidungsunterstützung zugedacht.[706]

Als funktionales Subsystem des Risikomanagement-Systems mit den Aufgaben der systeminternen Koordination, Planung und Informationsversorgung definiert *Lohse* das risikoorientierte Controlling. Dabei wird vor allem die Bedeutung der Information- und Berichtssysteme hervorgehoben.[707]

Vor dem Hintergrund einer eher steuerungsorientierten Controlling-Auffassung sehen *Schierenbeck* und *Lister* im Rahmen eines wertorientierten Managements das sicherheits- bzw. stabilitätsorientierte Risikocontrolling als notwendiges Gegenstück zum wachstumsorientierten Rentabilitätscontrolling.[708] Das Risikocontrolling selbst erscheint dabei als systematische Risikosteuerung, wobei die Abgrenzung zum Risikomanagement nicht deutlich wird.[709] Die (Risiko-) Controlling-Stelle ist jedoch eindeutig für die monetäre Erfassung, Beschreibung und Aggregation der Risiken, also der finanzwirtschaftlichen Transformation der von den einzelnen Organisationseinheiten identifizierten und analysierten Bereichsrisiken, den Aufbau eines Früherkennungssystems sowie die Vollständigkeits- und Qualitätsprüfung der Risikoerfassung verantwortlich.[710]

Ebenfalls im Kontext der wertorientierten Unternehmensführung begreift *Wolf* das Risikocontrolling als Phase des Risikomanagement-Prozesses, welche die Aktivitäten Risikokontrolle, -reporting und -dokumentation auf strategischer und operativer Ebene umfasst. Institutionell wird darauf verwiesen, dass in der Unternehmenspraxis das Risikocontrolling sowohl eine Stabsstelle, die für die Erarbeitung von Messverfahren und die Bereitstellung eines Risikoberichtssystems zuständig ist, als auch eine Stelle, die für die Durchführung des gesamten Risikomanagement-Prozesses verantwortlich ist, sein kann.[711] Schließlich wird noch das Controlling in Anlehnung an *Lück* als primäres systemkoppelndes Element des Risikomana-

705 Vgl. *Grof, E.* (2002), S. 57-92.
706 Vgl. *Grof, E.* (2002), S. 149.
707 Vgl. *Lohse, B.* (2002), S. 34-35 und S. 97-122.
708 Vgl. *Schierenbeck, H./Lister, M.* (2002), S. 14 und S. 111-117.
709 Vgl. *Schierenbeck, H./Lister, M.* (2002), S. 328-329 und S. 111-117 und S. 371-373.
710 Vgl. *Schierenbeck, H./Lister, M.* (2002), S. 377-378.
711 Vgl. *Wolf, K.* (2003b), S. 51 und S. 63-69.

gement-Systems gesehen, das der Informationsverarbeitung und Führungsunterstützung dient.[712]

In Anlehnung an die Vorstellungen von *Lück* und *Reichmann* formuliert *Schorcht* ihre Auffassung von Risikocontrolling, welchem die Funktion der Unterstützung der Unternehmensführung in allen Fragen des Risikomanagements zukommt. Aufgabenbereiche stellen die risikobezogene Informationsversorgung, die systeminterne Koordination des Risikomanagements und die Risikomanagement-Prozess übergreifende Konzept- und Methodenberatung dar. Konkret sind insbesondere ein Risikomanagement-System nebst Instrumenten zu entwickeln und zu implementieren, ein Risikomanagement-Handbuch zu erarbeiten und einzuführen, ein Risikomanagement-Berichtswesen aufzubauen, die Grundstrukturen einer Risikomanagement-Datenbasis zu schaffen und das Risikomanagement-Instrumentarium kontinuierlich weiterzuentwickeln. Entsprechend ist der Risikocontroller für die instrumentale Ausgestaltung des Risikomanagement-Prozesses, das Risikoberichtswesen und die Implementierung des Risikomanagement-Systems zuständig. Ist eine derartige, spezialisierte Stelle nicht wirtschaftlich vertretbar, fallen die Aufgaben einem Risikomanagement-Verantwortlichen zu, der dann für alle risikomanagementbezogenen Aufgaben zuständig ist.[713]

Als Kernfunktion von Controlling-Stellen hinsichtlich des Risikomanagements sieht *Metzler* die Risikoaggregation an, da diese im Rahmen ihrer Tätigkeiten über weitreichende Informations- und Methodenkompetenz sowie über geeignete Systeme verfügen, Risikoinformationen unternehmensweit zu erfassen und zu bündeln.[714]

4.2.5 Praktiker- und Beraterauffassungen

Auch in der praxis- und beratungsorientierten Literatur hat das Thema Risikocontrolling seinen Niederschlag gefunden. *Lischke* und *Kirner* sehen den Controlling-Bereich neben der Geschäftsführung, den operativen Einheiten und der Internen Revision als Träger des Risikomanagements. Im Rahmen seiner Unterstützungsfunktion für die Geschäftsführung und die Unternehmensbereiche entwickelt das Controlling Methoden, Systeme und Handlungsanweisungen für das Risikomanagement und ist für die Entwicklung und Bereitstellung des risiko-

[712] Vgl. *Wolf, K.* (2003b), S. 51 und S. 70-71.
[713] Vgl. *Schorcht, H.* (2004), S. 46-54.
[714] Vgl. *Metzler, L. v.* (2004), S. 2 und S. 31.

orientierten Berichtswesens, die Risikoaggregation und die zielkonforme Integration von Risikoaspekten in die Mitarbeiterzielvereinbarungen zuständig.[715]

Als Herzstück von Risikomanagement-Systemen und integralen Bestandteil der Unternehmenssteuerung begreift *Elfgen* das Risikocontrolling. Dieses wird vor allem als systematischer Ansatz des Risikomanagement-Prozesses im Sinne eines kontinuierlichen Regel- bzw. Steuerungsprozesses zur Analyse und Steuerung von Risiken auf operativer Ebene verstanden. Das Risikocontrolling hat dabei die Aufgaben der Risikoanalyse (Risikoidentifikation, -bewertung, -aggregation), der Risikosteuerung und des Umsetzungscontrollings (Überwachung von Risikopositionen) wahrzunehmen.[716]

Für eine konsequente Nutzung vorhandener Controlling-Instrumente für das Risikomanagement und die Einbettung dieses Aufgabenbereichs in das Controlling durch eine systematische Erfassung risikobehafteter Planannahmen, Abweichungsanalysen sowie eine bilanzielle und kostenrechnerische Erfassung bekannter Risiken sprechen sich *Gleißner* und *Romeike* aus. Zusätzlich wird eine Erweiterung des etablierten Controlling-Instrumentariums um Szenarioplanung und risikoorientierte Budgetierung bzw. eine Weiterentwicklung der einwertigen Planung zur stochastischen Planung gefordert.[717]

Auch Berichte über die Umsetzung des Risikomanagements bei einzelnen Unternehmen bestätigen, dass Controlling-Abteilungen im Rahmen der Einführung, des Betriebs und der Pflege von Risikomanagement-Systemen wichtige Aufgaben zukommen. Beim Betrieb stehen insbesondere die monetäre Risikobewertung, die Risikoaggregation, die Risikoberichterstattung mit dem Fokus auf die Gesamtunternehmensebene sowie die Überwachung von Risiken und Maßnahmen, die Überprüfung der Einhaltung der Risikomanagement-Richtlinien und der Effizienz der Berichterstattung im Vordergrund.[718]

Schließlich weist auch das Controller Leitbild des *Controller Vereins* auf die Aufgaben von Controllern hinsichtlich der Einrichtung von Frühwarn- und Risikomanagement-Systemen hin.[719] Konkretisiert wird das Rollenbild in der Auffassung der *CA Controller Akademie*, wonach der Controller für die Risikotransparenz, die Sammlung und Kategorisierung der Risiken

[715] Vgl. *Lischke, T./Kirner, H.* (2000), S. 45.
[716] Vgl. *Elfgen, R.* (2001), S. 379-380; *Elfgen, R.* (2002), S. 316-320.
[717] Vgl. *Gleißner, W./Romeike, F.* (2005), S. 87 und S. 114-147.
[718] Vgl. *Wittmann, E.* (2000); *Graf, T.* (2002); *Ettmüller, K.* (2003); *Wolf, K.* (2004). Empirische Ergebnisse zur Rolle des Controllings bzgl. des Risikomanagements in der Unternehmenspraxis werden im Abschnitt 4.3 vorgestellt.
[719] Vgl. *Controller Verein eV* (2004), S. 4.

sowie die Risikoberichterstattung verantwortlich ist und das Initiativrecht besitzt.[720] Den Ergebnissen eines vom *Österreichischen Controller-Institut* mitinitiierten Risikomanagement-Arbeitskreises zufolge, wird in der Implementierung von Risikomanagement-Methoden eine Weiterentwicklung des Controlling-Instrumentariums gesehen. Dem Controlling kommt dabei insbesondere die Berücksichtigung von Unsicherheiten im Rahmen der Planung zu. Um dies ausreichend gewährleisten zu können, ist eine Umorientierung von einer deterministischen hin zu einer mehrwertigen Planung erforderlich. Es wird erwartet, dass ein chancen- und risikoorientiertes Controlling die Funktion eines Risikomanagement-Systems übernehmen kann. Daher wird auch die organisatorische Integration von Risikomanagement-Systemen in das Controlling gefordert.[721]

4.2.6 Analyse der Auffassungen

Die vorgestellten Ansätze sollen abschließend einer strukturierten Analyse unterzogen werden. Zur Strukturierung wird auf die in den Abschnitten 2.3.1 bzw. 3.4.1 identifizierten Strukturelementen von Controlling- und Risikomanagement-Konzeptionen zurückgegriffen. Entsprechend werden die betrachteten Risikocontrolling-Auffassungen hinsichtlich folgender Merkmale verglichen:

- Aussagen zur Beziehung von Risikocontrolling zu Risikomanagement und Controlling,
- Risikocontrolling-Ziele,
- Risikocontrolling-Aufgaben,
- Risikocontrolling-Instrumente,
- Risikocontrolling-Aufgabenträger bzw. Aufgabenzuordnung und Verortung in der Organisation.

Die konzeptionsorientierte Analyse der bestehenden Auffassungen soll sowohl Aufschluss über die Abdeckung dieser Merkmale als auch über die möglichen Ausprägungen geben. Es ist jedoch darauf hinzuweisen, dass nicht alle betrachteten Auffassungen Aussagen zu allen Punkten enthalten, da die meisten nicht explizit als Konzeptionen gedacht sind.

Tabelle 12 gibt eine Übersicht über die den einzelnen Strukturelementen zuordenbaren Ausprägungen und gibt somit Aufschluss über den beobachtbaren Umfang bzw. die Variationsbreite bestehender Risikocontrolling-Auffassungen in der betriebswirtschaftlichen Literatur.

---

[720] Vgl. *Controller Akademie AG* (2005).

[721] Vgl. *Denk, R./Exner-Merkelt, K.* (2005), S. 206-213 und S. 217-218.

Merkmale		Ausprägungen
Beziehung zu RM bzw. Controlling	C	RM ist Teilaspekt bzw. spezifische Aufgabe des Controllings
	F	Formalisierender, steuerungsorientierter Teil des RM
	G	Unterstützendes Element des RMS, Teilbereich des allgemeinen Controllings, formalisierender bzw. strukturierender Kern des RM
	N	Controlling-System als Subsystem des RMS, richtig verstandenes Controlling ist Risikocontrolling / Integraler Bestandteil des Controllings (Querschnittsfunktion) & funktionaler Baustein des RM / Einführung des RMS ist führungssystemübergreifende Koordinationsaufgabe & somit Gegenstand der Controller-Tätigkeit / Teil des gesamten Unternehmenscontrollings, unterstützender Bestandteil des RM / keine vom Controlling separierbare Teilfunktion / Subsystem des Controlling-Systems / Funktionales Subsystem des RMS / Systematische Form der Risikosteuerung / Phase des RM-Prozesses
	P	Herzstück von RMS & integraler Bestandteil der Unternehmenssteuerung / System & Prozess zur Zielfestlegung, Planung & Steuerung des Unternehmens, deckt die Funktionalität des RMS ab
Ziele	C	Unterstützung der Unternehmensführung bei der Risikobewältigung durch Kalkulierbarmachung des Risikos & Realisierung des innerbetrieblichen Risikoausgleichs
	F	Analyse der Tragfähigkeit eingegangener Risiken hinsichtlich Ergebniswirkung & Insolvenzwahrscheinlichkeit
	G	Risikominderung, risikobezogene Unterstützung & Informationsversorgung der Unternehmensleitung, systematischer RM-Prozess
	N	Erhaltung der risikosituationsbezogenen Reaktions-, Anpassungs- & Koordinationsfähigkeit / Sicherstellung der Führungsrationalität bei Unsicherheit / Unterstützung der Unternehmensführung bei der Generierung von Überschüssen / Sicherstellung der Überlebensfähigkeit & Optimierung der Risikoposition / Sicherheits- bzw. Stabilitätsziel
	P	Unterstützung bzw. Ermöglichung des RM
Instrumente	C	Instrumente zur Systemgestaltung & -entwicklung sowie Risikoidentifikation, -bewertung, -kontrolle & -kommunikation
	F	Instrumente zur Risikoidentifikation, -bewertung, -überwachung, Erhebung & Speicherung von Risikodaten sowie Risikokommunikation
	G	Herkömmliches Controlling-Instrumentarium, Frühwarnsysteme
	N	RM-Instrumente zur Risikoidentifikation, -bewertung, -dokumentation, -überwachung sowie RM-Prozess übergreifende Instrumente wie risikoorientierte Budgetierung, Risikobudgets, risikoorientierte Performance-Maße/Kennzahlen/Zielsysteme, risikointegrierte BSC
	P	Risikoidentifikationstechniken, Risiko-GuV, Risikostellenbericht, Risikodatenban / Risikoportfolio, Risikoprotokoll / Vorhandene Controlling-Instrumente erweitert um Abweichungsanalysen, bilanzielle & kostenrechnerische Risikoerfassung, Szenario-Planung, risikoorientierte Budgetierung, stochastische Planung) / Risikozuschläge, risikoadjustierte Kapitalkosten, Stochastische Planungsmethoden/Simulationen
Institutionen	C	Zuordnung der RM-Funktion zu Controlling-Stellen
	F	Spezielle zentrale Stabsstelle oder Controlling-Abteilung
	G	Spezielle Aufgabengruppe für Controlling-Stellen, Zuordnung der Stelle des Risikomanagers zum Controlling, eigene zentrale Risikocontrolling-Stelle
	N	Controlling-Stelle, auch als Teil interfunktional besetzter RM-Gremien, spezielle Stelle eines RM-Beauftragten / Institutionalisierung bzw. Aufgabenzuordnung kann beliebig erfolgen Eigene Risikocontrolling-Stelle bzw. RM-Verantwortlicher
	P	Controlling-Abteilung
Aufgaben	C	Gestaltung chancen- & risikoorientierter Planungs-, Kontroll- & Informationsversorgungssysteme, koordinierende Begleitung des RM-Prozesses
	F	Entwicklung von Methoden & Durchführung der Quantifizierung bzw. monetäre Abbildung & Prognose von Risiken, Risikoaggregation, Entwicklung von Richtlinien, Risikoüberwachung (Limitüberwachung), Berichtswesen

Merkmale		Ausprägungen
	G	Analyse & Beurteilung der Unternehmensrisiken, Unterstützung der Unternehmensleitung bei Planung, Steuerung & Kontrolle der Risiken, Informationsversorgung über Risiken, Zuweisung von Verantwortlichkeiten, Festsetzung von Risikolimits, Vorgabe von Absicherungsquoten, Aufbau & Betrieb des Risikoreportings / Laufende Überwachung des RMS durch systemimmanente Kontrollen, Durchführung des RM-Prozesses (Identifikation & Handhabung konkreter Einzelrisiken) / Informatorische Unterstützung des RM durch Risiko identifizierende & quantifizierende sowie Risikohandhabungsmaßnahmen bewertende Aktivitäten / Gestaltung eines risikoorientierten PuK- & IV-Systems, Koordination des RM-Prozesses, (Mitwirkung bei der Erstellung der RM-Strategie & Schwellenwerte, Plausibilitätsprüfungen, Schwellenwerteinhaltungskontrolle, Risikoaggregation, Risikoberichterstattung, Erarbeitung von Vorschlägen zur Risikobewältigung, Koordination & Kontrolle der Risikobewältigungsaufgaben / Definition, Überwachung & Aufrechterhaltung eines strukturierten RM-Prozesses
	N	Führungsunterstützung durch Informations- & Planungsmanagement, Koordination der Einführung & Anwendung sowie Betreuung des RMS (Ergänzung der Informationssysteme um Risikoaspekte, Erweiterung des RM-Instrumentariums, Unterstützung bei Risikoidentifikation, -bewertung, -priorisierung, -verdichtung sowie Risikoplanung, -kontrolle & -dokumentation Begleitung & methodische Unterstützung des RM durch Schaffung geeigneter Strukturen & Verfahren, risikobezogenen Informationsversorgung & Wahrnehmung von verwaltenden, koordinierenden & überwachenden Tätigkeiten im Rahmen des RM-Prozesses / Führungsrolle beim Aufbau des RMS (stärkere Formalisierung), managemententlastende, -ergänzende & -begrenzende Aktivitäten bei der Durchführung des RM (Begleitung der Risikoidentifikation & -bewertung, Unterstützung der Koordination, Übernahme der instrumentellen Erarbeitung & Durchführung des Berichtswesens, der Risikoaggregation & der Überwachung der Risikosteuerung / Einrichtung, Organisation & permanente Anpassung des RMS (risikoorientierte Abstimmung der Planungs-, Steuerungs-, Kontroll-, Informations- & Kommunikationssysteme) / Entwicklung & Bereitstellung von Methoden & Instrumenten, Informationsbereitstellung, Planungs-, Kontroll- & Informationsversorgungsaktivitäten / Erarbeitung & Weiterentwicklung übergeordneter Konzepte & Methoden für ein unternehmensweites RM sowie Begleitung bzw. Leitung der Implementierung von Maßnahmen zur Identifikation, Analyse, Bewertung & Bewältigung von Risiken, Unterstützung bei der Einführung von Kontrollmechanismen / Koordinierte Überwachung aller Risiken & Überführung der Auswirkungen in das bestehende PuK-System / Unterstützung der Entscheidungsträger bei der Gestaltung des risikopolitischen Programms (Bereitstellung von Methodenkompetenz, Informationsversorgung, Etablierung eines Risikoberichtswesens, Schaffung betriebswirtschaftlicher Strukturen & technischer Infrastrukturen) / Koordination von Risikointerdependenzen (Ertragschancen – Risiko, Führungssystem – Führungsteilsysteme, Gesamtunternehmen – Geschäftsbereiche) / Risikoorientierte Koordination von Führungsteilsystemen (systembildende & systemkoppelnde Aktivitäten) / Monetäre Erfassung, Beschreibung & Aggregation von Risiken, Vollständigkeits- & Qualitätsprüfung der Risikoerfassung, Aufbau eines Früherkennungssystems / Risikokontrolle, -reporting, -dokumentation / Unterstützung der Unternehmensführung in allen Fragen des RM (risikobezogene Informationsversorgung, systeminterne Koordination des RM, RM-Prozess übergreifende Konzept- & Methodenberatung, Entwicklung & Implementierung des RM & der RM-Instrumente, Erarbeitung & Einführung des RM-Handbuchs, Aufbau des RM-Berichtswesens, Schaffung der Grundstrukturen der RM-Datenbasis, kontinuierliche Weiterentwicklung des RM-Instrumentariums) / Risikoaggregation
	P	Führungsunterstützung durch Entwicklung von Methoden, Systemen & Handlungsanweisungen für das RM sowie Entwicklung & Bereitstellung des risikoorientierten Berichtswesens, Risikoaggregation & Integration von Risikoaspekten in die Mitarbeiterzielvereinbarungen Risikoidentifikation, -bewertung, -aggregation, -steuerung & Überwachung von Risikopositionen Einführung, Betrieb (monetäre Risikobewertung, Risikoaggregation, Risikoberichterstattung, Überwachung von Risiken, Maßnahmen & Einhaltung von Richtlinien) & Pflege von RMS Schaffung von Risiko-Transparenz, Sammlung & Kategorisierung von Risiken, Risikoberichterstattung Integration von Risikoinformationen in die Unternehmensplanung & das Berichtswesen, Risikoquantifizierung & -aggregation

Tabelle 12: Strukturierter Überblick über Risikocontrolling-Auffassungen in der betriebswirtschaftlichen Literatur[722]

[722] C: ältere controllingzentrische Risikomanagement-Auffassungen; F: Financial Risk Management-bezogene Auffassungen; G: KonTraG-geprägte Auffassungen; N: neuere controlling-zentrische Auffassungen; P: Praktiker- und Berater-Auffassungen.

Diese synoptische Darstellung verdeutlicht die beträchtliche Variationsbreite der Ausprägungen der betrachteten Charakteristika. Daher erscheint es notwendig, merkmalsdimensionsbezogene **Kernbereiche** zu identifizieren.

Hinsichtlich der **Beziehung des Risikocontrollings zu Risikomanagement und Controlling** wird auf der Grundlage der Analyse postuliert, dass das Risikocontrolling ein Bestandteil der Controlling-Funktion ist und einen wichtigen Beitrag zur Sicherstellung der Risikomanagement-Funktion leistet.

Die **Ziele** betreffend erscheinen das indirekte Ziel der Sicherstellung der fortgesetzten Unternehmensexistenz und das direkte Ziel der Unterstützung der Unternehmensführung beim Umgang mit Unsicherheiten bzw. Risikoaspekten als unstrittig.

Als Kernbereich der **Risikocontrolling-Aufgaben** können zum einen Risikomanagement-System gestaltende und entwickelnde Aufgaben, insbesondere in Bezug auf das Risikoberichtswesen bzw. das Risikomanagement-Informationssystem einschließlich der Dokumentation, das umfassende monetäre Risikobewertungssystem und das Risikokontrollsystem identifiziert werden. Zum anderen sind Aufgaben im laufenden Risikomanagement zu erbringen, insbesondere die Sicherstellung der Risikoberichterstattung bzw. -kommunikation und der Risikopositionsüberwachung, die Unterstützung des Managements bei der Nutzung des Risikomanagement-Systems und die Durchführung der monetären Risikobewertung und die Risikoaggregation einschließlich Plausibilitätsprüfungen. Die Herstellung einer gesamtunternehmensbezogenen Transparenz bzgl. der Risikolage und der Risikotragfähigkeit sollte hierbei eine besondere Rolle spielen.

Bei den **Instrumenten** fällt es schwerer, einen Kernbereich abzuleiten, da es sich bei den genannten Instrumenten zumeist um allgemeine Controlling- oder Risikomanagement-Instrumente handelt. Hinsichtlich der Durchführungsaufgaben sind aber wichtige Instrumente Frühwarnsysteme, mehrwertige Planungsmethoden, Limitsysteme, Risikobewertungsmethoden, Risiko-Datenbanken und Risikoberichte.

Bei der **Institutionalisierung** der Risikocontrolling-Aufgaben wird im Nicht-Finanzbereich die Zuordnung der Risikocontrolling-Aufgaben zu bestehenden Controlling-Stellen, insbesondere auch zur zentralen Controlling-Abteilung favorisiert.

Der Versuch, aus einer strukturierten Analyse der bestehenden Risikocontrolling-Auffassungen in der betriebswirtschaftlichen Literatur einen Kernbereich des Risikocontrollings herauszufiltern, stellt einen „bibliographisch-induktiven" Ansatz zur Konzeptionalisierung des Risikocontrollings dar. Eine „konzeptionell-deduktive" Vorgehensweise wird nach der Betrachtung praxisbezogener Aspekte („empirisch-induktive" Vorgehensweise) im folgenden Abschnitt in Abschnitt 4.4 mit der Betrachtung bestehender Konzeptionalisierungsansätze und der Erarbeitung konzeptionskongruenter Risikocontrolling-Konzeptionen verfolgt.

4.3 Empirische Ergebnisse zum Stand des Risikocontrollings

Da die bisherigen Erkenntnisse zum Risikocontrolling als real existierendem Phänomen der Unternehmenspraxis als unzureichend charakterisiert wurden, erfolgte eine fragebogengestützte Befragung deutscher Kapitalgesellschaften zur Erhebung des Standes der Risikocontrolling-Praxis. Hiermit sollten neben einer empirisch-induktiven Charakterisierung des Risikocontrollings vor allem Erkenntnisse über die Vereinbarkeit von Risikocontrolling-Konzeptionen mit der Unternehmenspraxis gewonnen werden.[723]

4.3.1 Aufbau und Ablauf der Untersuchung

Die Untersuchung reiht sich in das Programm der empirisch-induktiven Controllingforschung ein und ist erstrangig als deskriptiv und zweitrangig als explorativ zu charakterisieren. Die **Hauptzielsetzung** ist die Auswahl von Merkmalen und die Erhebung ihrer Ausprägung, um einen möglichst umfassenden Überblick über den Stand und die Rolle des Risikocontrollings in der Unternehmenspraxis zu erhalten. Zudem sollen einige ausgewählte Hypothesen überprüft werden. Sowohl die Merkmale als auch die Hypothesen wurden auf der Grundlage eines intensiven Literaturstudiums und der Ergebnisse vorheriger Studien erarbeitet. Als Analyseraster zur Beschreibung des Risikocontrollings wurden die vier klassischen Perspektiven einer Controlling-Konzeption (Ziele, Aufgaben, Instrumente, Institutionen) gewählt, um eine Anbindung an die Ergebnisse der deduktiv-konzeptionellen Controlling-Forschung zu ermöglichen. Die Ergebnisse sollten Aussagen zu möglichst vielen Controlling-relevanten Gesichtspunkten erlauben sowie die Überprüfung vermuteter bzw. die Entdeckung potenziell bedeutsamer Zusammenhänge ermöglichen.

Die Untersuchung wurde im Zeitraum August bis Dezember 2003 durchgeführt. Als Erhebungsinstrument wurde ein standardisierter Fragebogen gewählt, um einen möglichst großen Stichprobenumfang erreichen zu können. Der Fragebogen umfasste 120 Einzelfragen, die in fünf Themenbereiche gruppiert wurden. Der erste Teil enthielt zum einen allgemeine Fragen

[723] Vgl. im Folgenden *Winter, P./Baumann, N.* (2004) und Hoitsch, H.-J., *et al.* (2006).

zu Risikomanagement und -controlling sowie Fragen zur Bedeutung ausgewählter Zielsetzungen des Risikomanagements und des Risikocontrollings. Im zweiten Teil wurde erhoben, welche Aufgaben im Rahmen des Risikomanagements dem Risikocontrolling zugeordnet werden. Gegenstand des dritten Teils waren Risikomanagement-Instrumente. Dabei sollte erhoben werden, wie häufig ausgewählte Instrumente im Rahmen des Risikomanagements eingesetzt werden, wie hoch der Beteiligungsgrad des Controllings hierbei ist und wie hoch der Instrumentennutzen allgemein für die Unternehmenspraxis eingeschätzt wird. Im vierten Teil wurden Daten zur organisatorischen Verortung und Begriffsauffassung bzgl. des Risikocontrollings erhoben sowie Fragen zu bestimmten Merkmalen des Risikomanagement-Systems gestellt. Fragen zur Risikoeinstellung des Unternehmens und allgemeinen Unternehmensmerkmalen bildeten den Abschluss des Fragebogens.

Zur Abschätzung der Verständlichkeit wurde der Fragebogen einem beschränkten Pretest unterzogen, an dem Controller eines Industrie- und eines Dienstleistungsunternehmens teilnahmen.

Gegenstand der Studie waren deutsche Kapitalgesellschaften der Rechtsformen AG und GmbH mit mehr als 500 Mitarbeitern und 50 Millionen Euro Umsatz. Die Grundgesamtheit wurde mithilfe der Amadeus-Datenbank ermittelt. Aus dieser wurden jeweils 250 AGs und GmbHs durch eine geschichtete Zufallsauswahl ausgewählt und nachfolgend telefonisch kontaktiert. Durch dieses Vorgehen konnte oftmals ein(e) Ansprechpartner(in) aus den Bereichen Risikomanagement (13,5%) oder Controlling (63,5%) ermittelt werden, was eine gezielte Zusendung und Beantwortung durch Experten ermöglichte. Nach Abzug der stichprobenneutralen Ausfälle richtete sich der Fragebogen an 246 AGs und 219 GmbHs. Es konnten hiervon 72 gültige Antworten (29,3 %) von Unternehmen mit der Rechtsform AG sowie 39 (17,8 %) mit der Rechtsform GmbH, also insgesamt 111 Rückläufe (23,9 %) realisiert werden. Ein „Test of No-Response Bias" ergab keinen signifikanten Unterschied im Antwortverhalten der frühen und späten Rückläufe. Die Auswertung der Studienergebnisse erfolgte mithilfe der Statistiksoftware SPSS.

4.3.2 Untersuchungsergebnisse

In diesem Abschnitt werden ein Überblick über den Stand des Risikomanagements und Risikocontrollings in der Unternehmenspraxis gegeben und auf dieser Grundlage einige Aussagen abgeleitet. Außerdem werden ausgewählte präskriptive Aussagen aus der Risikomanagement- und Risikocontrolling-Literatur anhand der erhobenen Daten einer Stichhaltigkeitsprüfung unterzogen. Da nicht allzu viele fundierte und prüfwürdige Aussagen gefunden werden konnten, werden zudem die Ergebnisse einer explorativen Korrelationsuntersuchung präsentiert.

4.3.2.1 Darstellung der deskriptiven Ergebnisse

Die Ergebnisse werden im Folgenden gemäß der Gliederung des Fragebogens dargestellt:

- **Branchen- und Größenmerkmale** der teilnehmenden Gesellschaften: Branchenbezogen ordneten sich knapp 59% der teilnehmenden Gesellschaften der Industrie-, 26% der Dienstleistungs- und 8% der Handelsbranche zu. Ferner gaben 3,6% der Unternehmen an, mehr als einer Branche anzugehören. Weitere 3,6% machten zur Branchenzugehörigkeit keine Angaben.
- **Anwendungsstand und Einführungsmotive** von Risikomanagement-Systemen: 94,4% der AGs bzw. 76,9% der GmbHs gaben an, über ein formalisiertes RMS zu verfügen, wobei die durchschnittliche Anwendungsdauer jeweils ungefähr drei Jahre beträgt. Die beiden wichtigsten Einführungsmotive waren gesetzliche Anforderungen und Forderungen seitens der Eigner, wobei ersteres bei den AGs eine deutlich stärkere Rolle spielte. Dem Controlling kam bei der Einführung bei 62% der Unternehmen eine hohe oder sehr hohe Bedeutung zu.
- **Direkte und indirekte Ziele** des Risikocontrollings: Als die bedeutendsten unter den zur Auswahl gestellten Zielen des Risikomanagements (indirekte Risikocontrolling-Ziele) wurden recht deutlich die Fortbestands- und Erfolgspotenzialsicherung, die Förderung des Risikobewusstseins und die Erfüllung gesetzlicher Mindestanforderungen angesehen, während die generelle Risikovermeidung weitgehend abgelehnt wurde. Bzgl. der direkten Risikocontrolling-Ziele hingegen sind die Bedeutungsunterschiede weniger stark ausgeprägt. Dies könnte u. U. darin begründet sein, dass die genannten Ziele als weitgehend komplementär angesehen wurden. Tendenziell sind aber die Integration von Risikoaspekten in die Planung, Steuerung und Kontrolle, die Informationsversorgung sowie die Unterstützung des Risikomanagements, die Methoden- und Instrumentenbereitstellung und die Koordination des Risikomanagements hervorzuheben.
- **Aufgaben** des Risikocontrollings: Wie auch bei den direkten Controlling Zielen ist es kaum möglich, dominierende Aufgabenstellungen unter den 29 zur Auswahl gestellten Aufgaben zu identifizieren. Hinsichtlich der **systemgestaltenden und -entwickelnden** bzw. **Risikomanagement-Prozess übergreifenden** Aufgaben scheint aber deutlich zu sein, dass die Aufgaben der Messung der Aufgabenerfüllung durch die Risikoverant-

wortlichen, die Erarbeitung risikoorientierter Performance-Maße und insbesondere die Entwicklung risikoorientierter Anreizsysteme eine untergeordnete Rolle spielen. Von tendenziell hoher Bedeutung sind hingegen die Aufgaben der Steigerung des Mitarbeiter-Risikobewusstseins, die Pflege des Risikoinformations- und Risikoreporting-systems, die Anpassung und Weiterentwicklung der Risikomanagement-Instrumente, die Entwicklung unternehmenseinheitlicher Risikomanagement-Standards, die Risikoberichterstattung und die Informationsversorgung des Managements. Hinsichtlich der **systemnutzenden** bzw. **operativen Risikomanagement-Prozess**-Aufgaben werden fast alle Prozessschritte von der Risikoidentifikation bis zur Überwachung der Risikoposition von der Mehrzahl der Unternehmen mit zumindest mittlerer Priorität dem Risikocontrolling zugeordnet. Von deutlich geringerer Bedeutung ist allenfalls die Auswahl der Risikobewältigungsmaßnahmen.

- Risikomanagement-**Instrumente**: Hinsichtlich der Einsatzhäufigkeit der 29 abgefragten, für das Risikomanagement als sinnvoll angesehenen Instrumente ergibt sich wieder ein deutlicheres Bild. Die bedeutendsten Instrumente scheinen einfache Methoden wie Risikoportfolio, qualitative Risikoklassen, Checklisten, Befragungen bzw. Fragebögen und Risk-Maps bzw. Risikomatrizen zu sein, während aufwändigere und integrierte Methoden wie Value at Risk/Cash Flow at Risk, Bilanzsimulationen, risikoorientierte Balanced Scorecards oder Neuronale Netze bei der Mehrzahl der Unternehmen überhaupt nicht zum Einsatz kommen. Bzgl. des Instrumenten-Mix ist festzustellen, dass die Mehrzahl der Unternehmen fünf bis neun Instrumente häufig bis sehr häufig einsetzen. Die Bewertung des Praxisnutzens und die Einsatzhäufigkeit weisen eine deutliche Korrelation auf (Spearman-R = 0,68). Interessanterweise ergaben sich einige Abweichungen zwischen der Einsatzhäufigkeit und der Nutzeneinschätzung der einzelnen Instrumente. Während der Praxisnutzen bei den häufig angewendeten Instrumenten konsistent mit der Anwendungsintensität war, wurde eher selten angewandten, aufwändigeren Instrumenten, wie Szenarioanalysen oder risikoorientierten Kennzahlensystemen, z. T. ein recht hoher Nutzen zugesprochen. Bei der Beteiligung des Controllings am Instrumenteneinsatz konnte eine starke Korrelation (Spearman-R = 0,75) zwischen dem Beteiligungsgrad des Controllings und der Einsatzhäufigkeit festgestellt werden, was aber u. U. auch auf eine kognitive Verzerrung bei der Bewertung dieser beiden Sachverhalte hinweisen könnte. So sind die Instrumente mit höherem Controlling-Beteiligungsgrad fast identisch mit den am häufigsten eingesetzten

Instrumenten (bis auf Befragungen, bei denen die Controlling-Beteiligung deutlich niedriger ist).

- **Organisation** und **Institutionen** des Risikomanagements und des Risikocontrollings: Bei 39,4% der teilnehmenden Unternehmen gibt es eine Abteilung oder Stelle mit der Bezeichnung Risikocontrolling. Diese ist bei 39% in der zentralen Controlling-Abteilung und bei 17,1% in der zentralen Risikomanagement-Abteilung angesiedelt. In 26,8% der Fälle ist das Risikocontrolling sowohl bei der zentralen Controlling-Abteilung als auch bei den jeweiligen operativen Einheiten angesiedelt (Matrix-Organisation). Als Träger der Risikomanagement-Aufgaben werden bei 14,4% der Antworten ausschließlich die Controlling-Abteilungen (ohne Risikocontrolling-Abteilung), bei 25,2% ausschließlich die jeweils verantwortlichen Manager und bei 17,1% ausschließlich die zentrale Risikomanagement-Abteilung angegeben. Eine Aufgabenteilung findet bei 14,4% zwischen den verantwortlichen Managern und der zentralen Risikomanagement-Abteilung sowie bei 13,5% zwischen den verantwortlichen Managern und der Risikocontrolling-Abteilung statt. Die Aufgaben des Risikocontrollings werden in 34,4% der Fälle ausschließlich von den Controlling-Abteilungen (ohne Risikocontrolling-Abteilung), in 13,3% der Fälle ausschließlich von der zentralen Risikomanagement-Abteilung und nur in 8,6% der Fälle ausschließlich von der Risikocontrolling-Abteilung (20,9% bei den Unternehmen mit einer Risikocontrolling-Abteilung) wahrgenommen. Eine geteilte Trägerschaft zwischen Controlling-Abteilungen (ohne Risikocontrolling-Abteilung) und den Managern wird bei 14,3% der antwortenden Unternehmen praktiziert. Diese Ergebnisse machen deutlich, dass die Institution Risikocontrolling weder bei den Risikomanagement- noch bei den Risikocontrolling-Aufgaben eine dominante Rolle einnimmt. Bestehenden Controlling-Institutionen hingegen kommt bzgl. der Risikocontrolling-Aufgaben eine nicht zu unterschätzende Bedeutung zu. Hinsichtlich der Verantwortungs- und Autoritätsstruktur des Risikocontrollings konnten aufgrund der Ausprägung der Merkmale „finale Prozess- und Systemverantwortung“ sowie „Weisungsbefugnis“ drei dominierende Konstellationen identifiziert werden. Bei einem Drittel der teilnehmenden Unternehmen kann das Risikocontrolling tendenziell als beratende Stabsstelle mit geringer finaler Verantwortung und Weisungsbefugnis charakterisiert werden. Bei einem Fünftel besteht ein „dotted line-Prinzip“[724] mit hoher Verantwortung aber geringer Weisungsbefugnis. Bei 18,1% wird eine Mischung dieser beiden Verantwortungs- und Autori-

[724] Bzgl. des Controllings bedeutet das dotted line-Prinzip, dass eine dezentrale Controllingstelle disziplinarisch dem Bereichsleiter und fachlich dem Zentralcontrolling unterstellt ist. Vgl. *Horváth, P.* (2003), S. 849.

tätsstrukturen praktiziert, bei dem das Risikocontrolling über eine gewisse finale Verantwortung bei gleichzeitig geringer Weisungsbefugnis verfügt.

- **Risikocontrolling-Begriff**: Um einen Einblick in das in der Unternehmenspraxis herrschende Begriffsverständnis bzgl. des Risikocontrollings zu erhalten, sollten die Teilnehmer das Verhältnis zwischen Risikocontrolling und Risikomanagement charakterisieren. 23,6% gaben an, dass das Risikocontrolling dem Risikomanagement untergeordnet sei, während bei 40,5% die beiden gleichwertig nebeneinander stehen. Bei 36% der Unternehmen werden die Bezeichnung Risikomanagement und -controlling synonym verwendet. Eine Unterordnung des Risikomanagements unter das Risikocontrolling wird nur bei einem Unternehmen befürwortet. Zusätzlich wurden den teilnehmenden Unternehmen fünf Aussagen bzgl. des Risikocontrolling-Begriffs vorgelegt, aus denen sie jene auswählen sollten, die dem Sprachgebrauch in den jeweiligen Unternehmen am nächsten kommen. 21,1% der Unternehmen gaben an, dass Risikocontrolling kein klar definierter Begriff sei. 22,9% begreifen Risikocontrolling ausschließlich als einen Teilprozess des Risikomanagement-Prozesses, während 19,3% Risikocontrolling als integrierte Aufgabe aller Manager sehen. 22% begreifen Risikocontrolling sowohl als Risikomanagement-Teilprozess als auch als integrierte Aufgabe aller Manager. Als abgegrenztes Aufgabengebiet wird Risikocontrolling insgesamt in nur 11,9% der Fälle, als Abteilungsbezeichnung sogar nur in 4,5% der Fälle verwendet, und das obwohl 39,4% der Unternehmen angaben, über eine Stelle oder Abteilung mit entsprechenden Namen zu verfügen.
- Aspekte des **formalen Risikomanagement-Systems**: Wie schon erwähnt, gaben 88,3% der Unternehmen an, über ein formalisiertes Risikomanagement-System zu verfügen. Zudem existiert bei 47,2% der antwortenden Teilnehmer die Stelle eines zentralen Risk Managers bzw. eine zentrale Risikomanagement-Abteilung. 72,5% der Unternehmen verfügen über risikopolitische Ziele, die in nahezu allen Fällen auch an die Mitarbeiter kommuniziert werden. Ein Risikomanagement-Handbuch existiert bei 72,7%, bei denen es in 32,6% der Fälle auch ein Risikocontrolling-Handbuch bzw. ein spezielles Risikocontrolling-Kapitel im Risikomanagement-Handbuch gibt. Nur knapp die Hälfte aller Unternehmen ermittelt das Gesamtrisiko des Unternehmens unter Beachtung von Risikointerdependenzen aus den Einzelrisiken. Schwellenwerte für die Risikoberichterstattung bestehen jedoch bei 73,6% der Unternehmen.
- **Integrationsgrad** des Risikomanagements in die Unternehmensführung: Der Integrationsgrad des Risikomanagement-Prozesses in die bestehenden Planungs- und Kon-

trollprozesse wird von den meisten Unternehmen (30,8%) als mittelmäßig eingeschätzt, während 17,8% eine vollständige Integration und 7,5% keine Integration angaben. Eine stärker ausgeprägte Integration scheint es im Berichtswesen zu geben: 33,9% bzw. 22,9% der antwortenden Teilnehmer gaben an, dass eine hohe bzw. eine vollständige Integration des Risk Reportings in das bestehende Berichtswesen bestehe, während nur 11% auf eine Integration verzichteten. Hinsichtlich der Einbeziehung von Chancen in das Risikomanagement-System ist fast eine Gleichverteilung über das Ausprägungsspektrum von keiner bis vollständiger Integration zu konstatieren. Werden die Chancen berücksichtigt, werden diese in Relation zu den Risiken von der überwiegenden Mehrzahl der Unternehmen entweder geringer (44,9%) oder gleich (48,7%) gewichtet.

- **Subjektive Bewertung** des Risikomanagement-Systems: Die Mehrzahl der Befragten (41,3%) schätzt den Beitrag des Risikomanagement-Systems zum Unternehmenserfolg als mäßig ein, während 37,6% nur einen geringen oder gar sehr geringen Beitrag sehen. Der Beitrag des Risikocontrollings zum Risikomanagement wird von der Hälfte der Unternehmen hingegen als hoch oder sehr hoch eingestuft, während 23,8% der Befragten einen geringen oder sehr geringen Beitrag sehen. Die Kosten der Einrichtung und Pflege des Risikomanagement-Systems werden als größtenteils gering oder sehr gering (55,9) bzw. mittelmäßig (33%) eingeschätzt. Eine hohe oder sehr hohe Akzeptanz des Risikomanagement-Systems konstatieren 38,9%, während nur 26,8% von einer niedrigen bzw. sehr niedrigen Akzeptanz ausgehen. Die Qualität des Risikomanagement-Systems wird von den meisten Unternehmen als hoch (41,3%) bzw. mittelmäßig (37,8%) beurteilt, während die des Risikocontrollings häufiger mittelmäßig (44,7%) als gut (33%) bewertet wurde.
- **Unternehmenskultur**: Abschließend wurden die Teilnehmer gebeten, ihr Unternehmen hinsichtlich der Merkmale Risikoneigung, Innovationsneigung, Hierarchiegrad der Strukturen und Führungsstil zu beurteilen. Der überwiegenden Mehrheit der Unternehmen wurden dabei mittlere Werte zugewiesen, nur beim Führungsstil ist eine Tendenz in Richtung kooperativer Führungsstil zu verzeichnen.

Die deskriptiven Ergebnisse zu den einzelnen Fragestellungen finden sich graphisch zusammengefasst in Abbildung 22. Abbildung 23 stellt die wichtigsten Aussagen zur Risikocontrolling-Praxis nach den Merkmalen klassischer Controlling-Konzeptionen geordnet zusammen und liefert somit einen induktiv gewonnenen konzeptionsorientierten Steckbrief des Risikocontrollings.

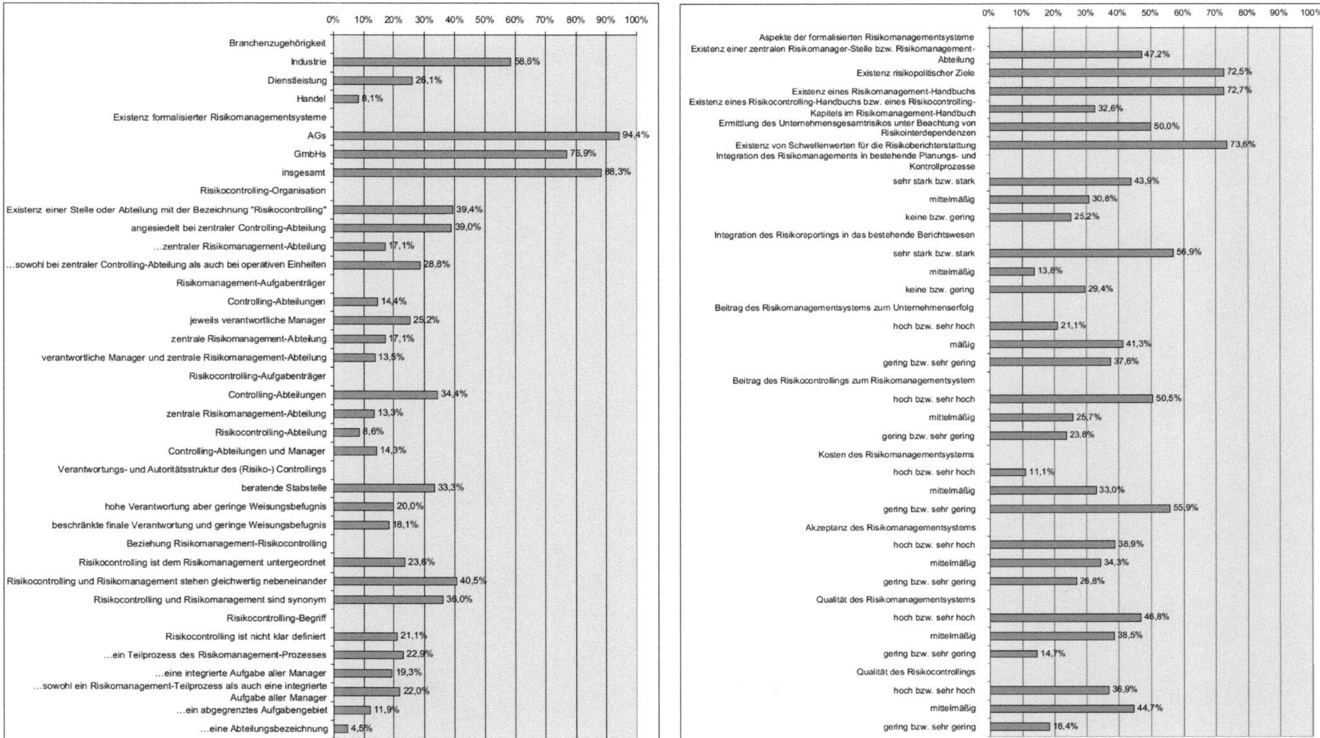

Abbildung 22: Überblick über die deskriptiven Ergebnisse der Befragung zum Stand des Risikomanagements und -controllings in deutschen Kapitalgesellschaften

Merkmale	Empirische Ausprägung
Ziele	**Indirekt:** Erfüllung gesetzlicher Anforderungen, Förderung des Risikobewusstseins, Fortbestands- und Erfolgspotenzialsicherung **Direkt:** Integration von Risikoaspekten
Aufgaben	**System gestaltend/entwickelnd bzw. Risikomanagement-Prozess übergreifend:** Steigerung des Mitarbeiter-Risikobewusstseins, Pflege des Risikoinformations- bzw. Risikoreportingsystems, Anpassung und Weiterentwicklung der Risikomanagement-Instrumente, Entwicklung unternehmenseinheitlicher Risikomanagement-Standards, Risikoberichterstattung & Informationsversorgung des Managements **System nutzend:** alle Risikomanagement-Prozessschritte
Instrumente	**Art:** einfache Methoden wie Risikoportfolio, Riskmaps, kennzahlenbasierte Frühwarnsysteme, Checklisten **Mix:** häufiger Einsatz von fünf bis neun Instrumenten
Institutionen	**Risikocontrolling-Stellen:** einigermaßen verbreitet, beratende Stabsstellen **Aufgabenträger:** eher Controlling-Abteilung bzw. Aufgabenteilung zwischen Controllern und Managern als Risikocontrolling-Stellen

Abbildung 23: Empirisch-induktiv gewonnener, konzeptionsorientierter Risikocontrolling-Steckbrief

4.3.2.2 Zusammenfassende Darstellung und Schlüsse

Aufbauend auf diesen Ergebnissen werden folgende Schlüsse bzgl. des Stands der Praxis des **Risikomanagements** gezogen.

Das wichtigste Motiv der Einführung formalisierter Risikomanagement-Systeme sind gesetzliche Bestimmungen, was sich auch deutlich bei den rechtsformbezogenen Unterschieden im Verbreitungsgrad und der Anwendungsdauer zeigt. Entsprechend ist die Erfüllung gesetzlicher Mindestanforderungen eine wesentliche Zielsetzung des Risikomanagements. Bedeutende Ziele sind zudem die Fortbestands- und Erfolgspotenzialsicherung sowie die Förderung des Risikobewusstseins. Diese Motivation bzw. Zielsetzung kann auch hinsichtlich des Instrumenteneinsatzes bestätigt werden. Die größte Bedeutung gemäß Einsatzintensität und Nutzenbewertung kommt einfachen Bewertungs- und Reporting-Instrumenten wie Risikoportfolios und Riskmaps zu, während aufwändigere Methoden zur Risikoidentifikation (z. B. Früherkennungssysteme der dritten Generation bzw. „Strategisches Radar") oder zur Risikoanalyse und -bewertung (z. B. Value at Risk, Bilanzsimulationen, Fehlerbaumanalysen) kaum zur Anwendung kommen bzw. als wenig nutzenstiftend angesehen werden. Interessanterweise scheint jedoch trotz der Bedeutung von Führwarnsystemen für KonTraG-konforme Risikomanagement-Systeme die Einsatzhäufigkeit von Früherkennungssystemen aller Art eher mäßig bis gering zu sein.[725] In diese Einschätzung passt auch die Betonung der prozessunabhängigen Überwachung des Risikomanagement-Systems durch die Interne Revision und den Wirtschaftsprüfer, sowie die eher mäßige Integration des Risikomanagement-Prozesses in die bestehende Planungs- und Kontrollprozesse. Die Betonung der Erfüllung gesetzlicher Anfor-

[725] Zu Frühaufklärungssystemen im Kontext des KonTraG vgl. *Krystek, U./Müller, M.* (1999).

derungen wirkt sich dabei tendenziell negativ auf die Zufriedenheit der Befragten mit dem Risikomanagement-System aus, insbesondere auf den wahrgenommenen Beitrag zum Unternehmenserfolg.

Als Schwachpunkte des Anwendungsstandes in der Unternehmenspraxis lassen sich aus theoretischer Sicht vor allem folgende Aspekte nennen: die mangelhafte Risikoaggregation, die auch in der seltenen Anwendung hierfür geeigneter Instrumente zum Ausdruck kommt, und die mangelnde Verbreitung von zentralen Stellen wie Risikomanagement- oder Risikocontrolling-Abteilungen, die koordinierend wirken können. Zudem sollte die Integration des Risikomanagements in bestehende Planungs- und Kontroll- sowie Berichtsstrukturen und -prozesse weiter ausgebaut werden.

Hinsichtlich des **Standes und der Auffassung des Risikocontrollings** und der **Beteiligung des Controllings am Risikomanagement** in der Unternehmenspraxis können zusammenfassend folgende Ergebnisse festgehalten werden:

Das Controlling ist bei der Einführung von Risikomanagement-Systemen häufig stark beteiligt. Der Beteiligungsgrad des Controllings beim Einsatz ausgewählter Instrumente im Rahmen des Risikomanagement-Prozesses korreliert stark mit der Einsatzhäufigkeit und nimmt insgesamt eine mittlere Ausprägung ein, was eventuell auf den unterstützenden Charakter der Controlling-Tätigkeiten hinweisen könnte. Eine ausgesprochene Controlling-Domäne konnte daher nicht identifiziert werden. Am ehesten ist das Controlling an Berichts- und Bewertungsinstrumenten beteiligt. Zudem wird dem Controlling in 18,2% der Fälle die Rolle einer prozessunabhängigen Überwachungsinstanz des Risikomanagement-Systems zugesprochen.

Das Risikocontrolling als real existierendes Phänomen lässt sich in der Unternehmenspraxis in Form eines Funktionsbündels und als Institution nachweisen. Die Begriffsauffassung und -verwendung sind dabei jedoch uneinheitlich bzw. z. T. ungeklärt und haben einen eher funktional-prozeduralen, vom Risikomanagement nicht eindeutig zu trennenden Charakter. Dies zeigt sich auch am eher geringen Institutionalisierungs- und Formalisierungsgrad.

Hinsichtlich der Zielsetzung des Risikocontrollings konnten keine dominierenden Ziele verlässlich identifiziert werden. Zielsetzungen aus dem gesamten Spektrum der verschiedenen Controlling-Konzeptionen von der Informationsversorgung und Methodenunterstützung bis hin zur System-Koordination und -Integration[726] haben eine gewisse Bedeutung. Dies zeigt

[726] Siehe Abschnitt 2.4.

sich auch an der Breite der als wichtige Aufgaben des Risikocontrollings erachteten Tätigkeiten. Übergeordnet scheinen methoden- und informationsversorgungsbezogene Aufgaben am bedeutendsten zu sein, während im Rahmen des operativen Risikomanagement-Prozesses fast alle Teilphasen – mit Ausnahme der Auswahl von Risikobewältigungsmaßnahmen – in den Aufgabenbereich des Risikocontrollings fallen.

Die Aufgabenträgerschaft liegt dabei selbst bei Unternehmen mit einer Risikocontrolling-Stelle häufig nicht alleine bei dieser, sondern eher bei den Managern, der zentralen Risikomanagement-Abteilung und den Controllingabteilungen, was den integrativen Charakter der Risikocontrolling-Aufgabenauffassung unterstreicht. Schließlich werden noch der Beitrag des Risikocontrollings zum Risikomanagement-System und dessen Qualität tendenziell positiv bewertet.

Diese Ergebnisse machen deutlich, dass Risikocontrolling zwar in der Praxis bekannt ist, aber keinen eindeutig abgrenzbaren Sachverhalt darzustellen scheint.

4.3.2.3 Ergebnisse der Überprüfung ausgewählter normativer Aussagen

Eine Durchsicht der relevanten Literatur hat nur eine geringe Anzahl überprüfungswürdiger risikocontrolling- bzw. risikomanagementbezogener Aussagen zu Tage gefördert (siehe Tabelle 13). Diese Aussagen wurden anhand der erhobenen Daten überprüft.

Die Überprüfung erfolgte auf der Grundlage sowohl des Rangkorrelationskoeffizienten nach Spearman (Spearman-r, für ordinalskalierte Daten) als auch nach Pearson (Pearson-r, für kardinalskalierte Daten). Unter Verwendung des Spearman-r konnte bei drei Hypothesen (H3, H9, H10) die jeweilige Nullhypothese „es besteht kein linearer Zusammenhang zwischen den Variablen" verworfen und ein signifikanter linearer Zusammenhang vermutet werden. So konnte der wenig überraschende, positive Zusammenhang zwischen der Unternehmensgröße (gemessen an der Mitarbeiterzahl) und der Existenz einer Risikocontrolling-Institution bestätigt werden (H3). Der negative Zusammenhang zwischen Unternehmensgröße und Risikofreude konnte nicht bestätigt werden, vielmehr wurde ein signifikant positiver Zusammenhang entdeckt (H9), d. h. je größer die Unternehmen sind, desto höher ist auch die geäußerte Risikoneigung. Aufgrund der unternehmensgrößenbedingten Eigner- und Managerstrukturunterschiede erscheint dieses Ergebnis auch plausibel.

Schließlich konnte ein positiver Zusammenhang zwischen dem Integrationsgrad des Risikomanagement-Prozesses in die bestehenden Planungs- und Kontrollprozesse und der wahrgenommenen Akzeptanz des Risikomanagement-Systems bestätigt werden. Eine kostenreduzierende Wirkung der Integration konnte jedoch nicht bestätigt werden (H10). Dieser Zusammenhang konnte auch auf der Grundlage des Pearson-r als signifikant bewertet werden. Zusätzlich kann gemäß des Pearson-r ein positiver Zusammenhang zwischen dem Integrationsgrad des Risk Reportings in das bestehende Berichtswesen und der Akzeptanz des Risikomanagement-Systems unterstellt werden (gemäß dem Spearman-r war dieser Zusammenhang knapp nicht signifikant).

Hypothese	Hypotheseninhalt	Signifikant?
H1	Je bedeutender bei der Einführung des RMS die Forderungen seitens der Eigner sind, desto weniger bedeutsam fällt die Rolle des Controllings bei Einführung des RMS aus.	nein
H2	Je bedeutender bei der Einführung des RMS die Forderungen seitens der Fremdkapitalgeber sind, desto weniger bedeutsam fällt die Rolle des Controllings bei Einführung des RMS aus.	nein
H3	Je größer das Unternehmen, desto eher findet eine Institutionalisierung des Risikocontrollings in einer Risikocontrolling-Abteilung statt.	ja
H4	Je größer das Unternehmen, desto mehr Risikocontrolling-Instrumente werden eingesetzt.	nein
H5	Je kooperativer der Führungsstil, desto bedeutender ist die Rolle des Risikocontrollings im RMS.	nein
H6	Je höher die Risikoneigung ist, desto besser ist das Risikomanagement ausgebaut.	nein
H7	Je größer die Unternehmung ist, desto eher ist das Risikomanagement in Form einer zentralen Risikomanagement-Abteilung institutionalisiert.	nein
H8	Je hierarchischer die Organisationsstrukturen der Unternehmung sind, desto höher ist der Ausbaugrad des RMS.	nein
H9	Je kleiner Unternehmen sind, desto höher ist die Risikoneigung. (Je größer Unternehmen sind, desto höher ist die Risikoneigung.)	nein (ja)
H10	Je stärker der Risikomanagement-Prozess in die bestehenden Planungs- und Kontrollprozesse integriert ist, desto geringer sind die Kosten und desto höher ist die Akzeptanz des RMS.	Akzeptanz: ja Kosten: nein
H11	Je stärker das Risikoberichtswesen in das bestehende Berichtswesen integriert ist, desto geringer sind die Kosten und desto höher ist die Akzeptanz des RMS.	Akzeptanz Spearman-r: nein Perason-r: ja

Tabelle 13: Hypothesen zum Risikocontrolling[727]

4.3.2.4 Ergebnisse der explorativen Analyse der Variablenzusammenhänge

Zusätzlich zur deskriptiven Auswertung der Ergebnisse und der Überprüfung ausgewählter Hypothesen wurden die Daten auf auffällige Zusammenhänge zwischen einzelnen Variablen überprüft.

Zunächst konnte ein signifikanter Zusammenhang zwischen dem Vorhandensein eines formalisierten Risikomanagement-Systems sowie des Einführungsmotivs und der Zielsetzung der

[727] Quellen: zu H1 und H2 vgl. *Weber, J.* (2002), S. 453ff.; zu H3 und H4 bzw. H5 vgl. *Niedermayr, R.* (1994), S. 149 bzw. 158; zu H6-H9 vgl. *Horváth, P./Gleich, R.* (2000), S. 107; zu H10 und H11 vgl. Vogler, M., *et al.* (2000), S. 1429ff.

Erfüllung gesetzlicher Mindeststandards mit der Rechtsform AG bestätigt werden. Es konnte auch nachgewiesen werden, dass die Einrichtung der Risikocontrolling-Stellen zeitlich meist mit der Einführung des formalisierten Risikomanagement-Systems zusammen fällt. Die Aufgabenbreite des Risikocontrollings, gemessen als Mittelwert der einzelnen möglichen Aufgaben, korreliert zudem signifikant positiv mit der Beteiligung des Controllings an der Einführung des Risikomanagement-Systems. Der Gesamt-Integrationsgrad des Risikomanagement-Systems (Summe aus Integration des Risikomanagement-Prozesses und der Risikoberichterstattung) weist zudem einen bedeutsamen gleichgerichteten Zusammenhang mit der Rolle des Risikocontrollings (Mittelwert aus Aufgabenbreite, Beteiligung am Instrumenteneinsatz, finale Verantwortung und Weisungsbefugnis) auf. Die Institutionalisierung des Risikocontrollings steht im Zusammenhang mit den Kontextfaktoren Unternehmensgröße (positiv), Unternehmensalter (negativ), und dem Ausbaugrad des Risikomanagement-Systems (positiv), während die Formalisierung des Risikocontrollings mit der Unternehmensgröße (positiv) und Ausbaugrad des Risikomanagement-Systems (positiv) korreliert.

Außerdem wurde der Versuch einer rudimentären Erfolgsfaktorenbestimmung unternommen, bei der interessant erscheinende Variablen auf ihren linearen Zusammenhang mit der subjektiven Bewertung des Risikomanagements und -controllings untersucht wurden. Exakte Aussagen über Kausalitätsbeziehungen sind somit nicht möglich. Zudem muss vorangestellt werden, dass der „Test of Non-Response Bias" signifikante Unterschiede zwischen früh und spät antwortenden Unternehmen aufdeckte. Spät antwortende Teilnehmer schätzten die Güte ihres Risikomanagement-Systems im Durchschnitt höher ein als früh antwortende Unternehmen.

Die Untersuchung der Zusammenhänge zwischen den einzelnen Gütekriterien (Beitrag des Risikomanagement-Systems zum Unternehmenserfolg, Beitrag des Risikocontrollings zum Risikomanagement-System, Kosten des Risikomanagement-Systems, Akzeptanz des Risikomanagement-Systems, Qualität des Risikomanagement-Systems, Qualität des Risikocontrollings) zeigten, dass signifikant positive Korrelationen zwischen dem Beitrag des Risikomanagement-Systems zum Unternehmenserfolg und allen übrigen Kriterien, zwischen dem Beitrag des Risikocontrollings zum Risikomanagement-System und der Risikomanagement-System- bzw. der Risikocontrolling-Qualität, zwischen der Risikomanagement-Systemakzeptanz und der Risikomanagement-System- bzw. der Risikocontrolling-Qualität sowie zwischen der Risikomanagement-Systemqualität und der Risikocontrolling-Qualität bestehen. Interessanterweise besteht kein nachweisbarer Zusammenhang zwischen den Kosten und der Qualität des Risikomanagement-Systems.

Bei der Untersuchung bestimmter Merkmale formalisierter Risikomanagement-Systeme mit der subjektiven Gütebewertung ergab sich, dass sich formal-institutionale Ausprägungen wie die Existenz von zentralen Risikomanagement-Abteilungen, risikopolitische Ziele, Risikomanagement-Handbücher, Risikoaggregation und Schwellenwerte positiv auf die wahrgenommene Risikomanagement-Systemqualität auswirken. Die Merkmale Risikoaggregation und Schwellenwerte wirken sich signifikant positiv auf alle Gütekriterien außer den Kosten aus.

Die Einbeziehung von Chancen wirkt sich ebenfalls positiv auf den wahrgenommenen Beitrag zum Unternehmenserfolg des Risikomanagement-System und der Qualität des Risikocontrollings aus. Hinsichtlich der Motivlage bei der Einführung eines Risikomanagement-Systems ergab sich eine negative bzw. positive Beziehung zwischen dem Compliance-Motiv bzw. dem Motiv der Verbesserung der Wettbewerbsfähigkeit und dem wahrgenommenen Beitrag des Risikomanagement-Systems zum Unternehmenserfolg. Unter den Zielsetzungen weist die Fortbestands- und Erfolgspotenzialsicherung den stärksten Zusammenhang mit dem Erfolgsbeitrag, der Akzeptanz und der Qualität des Risikomanagement-Systems sowie der Risikocontrolling-Qualität auf. Schließlich zeigte sich auch eine wichtige Beziehung zwischen dem Integrationsgrad von Risikomanagement-Prozess und Risikoberichterstattung zum wahrgenommenen Risikomanagement-Systemerfolgsbeitrag, Risikomanagement-Systemakzeptanz, zur Risikomanagement-Systemqualität und Risikocontrolling-Qualität. Hinsichtlich der Häufigkeit des Instrumenteneinsatzes konnte festgestellt werden, dass vor allem Risiko-Workshops, Szenarioanalysen, simulationsbasierte Risikoanalysen und Risikoprofile, Dokumentenanalysen/Schadensstatistiken sowie Früherkennungssysteme der dritten Generation eine positive Auswirkung auf die Risikomanagement-Systemqualität, den Risikomanagement-Systemerfolgsbeitrag und die Risikomanagement-Systemakzeptanz haben.

Die Wertschätzung des Risikocontrollings wurde über die Einschätzungen zum Beitrag des Risikocontrollings zum Risikomanagement-System und die Qualität des Risikocontrollings erhoben. Unter den Risikocontrolling-Zielsetzungen korrelierten die Ziele „Integration von Risikoaspekten in die Planung, Steuerung und Kontrolle“, „Informationsversorgung des Risikomanagements“ und „Unterstützung des Risikomanagements“ mit diesen beiden Gütekriterien. Das Ziel der „Koordination und Pflege des Risikomanagement-Systems“ hingegen wies einen signifikanten Zusammenhang nur mit dem Beitrag des Risikocontrollings zum Risikomanagement auf. Bei den Risikocontrolling-Aufgaben zeigten die folgenden fünf Aufgaben eine bedeutsame positive Beziehung zu den beiden Kriterien „Beitrag zum Risikomanagement-System“ und Qualität: Informationsversorgung des Risikomanagements, Pflege des Risikoinformations- und Risikoreporting-Systems, Risikoaggregation, Überwachung der Risikopositionen und Suche nach Verbesserungspotenzialen im Risikomanagement-System. Aus instrumentaler Sicht herrscht ein positiver Zusammenhang zwischen der Güteeinschätzung des Risikocontrollings und den Instrumenten Risiko-Workshops, risikoorientierte Balanced Scorecard sowie Dokumentenanalyse/Schadensstatistik. Auch die Existenz eines Risikocontrolling-Handbuches korreliert positiv mit der Einschätzung des Risikocontrollings. Schließlich konnte auch ein positiver Zusammenhang zwischen der finalen Verantwortung des Risikocontrollings und der Weisungsbefugnis des Risikocontrollings mit den beiden Gütekriterien festgestellt werden.

4.3.3 Fazit

Die Risikocontrolling-Forschung befindet sich noch in einem frühen Stadium. Als Schnittstellenbereich von Controlling- und Risikomanagement-Forschung „erbt" sie zudem die „Altlasten" dieser beiden Erkenntnisgebiete. Daher bestehen beträchtliche begriffliche und konzeptionelle Unklarheiten, die sich für die effiziente Schaffung von risikocontrollingbezogenen Erkenntnissen als hinderlich erweisen können. Insbesondere für die Untersuchung realer Erscheinungsformen des Risikocontrollings sind belastbare Abgrenzungen zu anderen Themenkomplexen erforderlich. Obwohl einige Konzeptualisierungsversuche unternommen wurden, steht damit eine überzeugende Einordnung in das Forschungsprogramm der Betriebswirtschaftslehre, insbesondere die Klärung der Beziehung zum Controlling und Risikomanagement noch aus. Zur Sicherstellung einer praxisrelevanten Auseinandersetzung mit dem Risikocontrolling im Rahmen der Aufgabe der Betriebswirtschaftslehre, der Unternehmenspraxis Hilfestellung bei der Adressierung bestehender Problemstellungen zu geben, sind neben einer deduktiven Betrachtung auch die Auffassungen und realen Strukturen in den Unternehmen zu berücksichtigen. Hierzu stellt die vorliegende Untersuchung einen ersten Schritt dar. Die Ergebnisse zeigten, dass sich das Risikocontrolling in funktionaler und institutionaler Hinsicht schon in gewissem Umfang in der Unternehmenspraxis etabliert hat. Jedoch sind auch hier eine unklare Begriffsauffassung und uneinheitliche funktionale und institutionale Ausgestaltungen zu konstatieren. Die Entwicklung tragfähiger Risikocontrolling-Konzeptionen als Hilfestellungen zum Aufbau und Betrieb leistungsfähiger Risikomanagement-Systeme kann jedoch von den entdeckten Zusammenhängen profitieren.

4.4 Struktur und Inhalt von Risikocontrolling-Konzeptionen

Nachdem ein breites Spektrum an Literaturmeinungen und die Ergebnisse empirischer Untersuchungen zum Risikocontrolling vorgestellt und analysiert wurden, werden im Folgenden konzeptionelle Aspekte des Risikocontrollings behandelt. Die hierbei zu gewinnenden Erkenntnisse sollen als Grundlage für die Ableitung eines Vorschlages für eine tragfähige Risikocontrolling-Konzeption dienen. Zunächst werden existierende Vorschläge zur Struktur von Risikocontrolling-Konzeptionen betrachtet und unter Rückgriff auf die Ausführungen zum Controlling und Risikomanagement eine hierzu konsistente Struktur für Risikocontrolling-Konzeptionen abgeleitet. Zur Konkretisierung des potenziellen Inhalts einer tragfähigen Risikocontrolling-Konzeption werden anschließend bestehende bzw. aus Controlling-Konzeptionen abgeleitete („synthetische") Risikocontrolling-Konzeptionen untersucht.

4.4.1 Vorschläge zur Struktur von Risikocontrolling-Konzeptionen

Eigenständige Vorschläge zur Konzeptionalisierung des Risikocontrollings bzw. Risikocontrolling-Konzeptionen existieren bislang nur wenige. Häufig wird die konzeptionelle Betrachtung des Risikocontrollings in der Literatur, insbesondere bei der Abgrenzung des Risikocontrollings vom Risikomanagement, auf die Strukturelemente Ziele, Funktionen und Aufgaben beschränkt.[728] Diese rein funktionale Konzeptionalisierung erscheint aber für eine umfassende Charakterisierung des Risikocontrollings als wissenschaftlicher Erkenntnisgegenstand und real existierendes Phänomen nicht ausreichend.[729]

Risikocontrolling-Konzeptionsvorschläge zu finden sich bei *Diederichs* und *Form*. Analog zu der von *Reichmann* postulierten **Controlling-Struktur**[730] werden die Risikocontrolling-Ziele, die Risikocontrolling-Aufgaben, die Risikocontrolling-Konzeption, das Risikocontrolling-System und die Risikocontrolling-Institution als Elemente einer Risikocontrolling-Struktur angesehen.[731] Risikocontrolling-**Ziele** stellen die aus den Unternehmenszielen abgeleiteten Grundlagen und Ursachen für den Aufbau eines Controllingsystems dar. Die Risikocontrolling-**Aufgaben** bzw. die Risikocontrolling-**Funktion** als Aufgabengesamtheit sind die zur Realisierung der Risikocontrollingziele erforderlichen Leistungen und werden folglich aus den Risikocontrolling-Zielen abgeleitet. Die Risikocontrolling-**Konzeption** bildet als methodischer Ansatz für die inhaltliche Spezifikation den Bezugsrahmen für die konkrete Ausge-

---

[728] Vgl. Götze, U., *et al.* (2001); *Burger, A./Buchhart, A.* (2002a); *Schorcht, H.* (2004), S. 51-53.
[729] Zu dieser Einschätzung siehe Abschnitt 2.3.2.
[730] Vgl. *Reichmann, T.* (2001a), S. 3-19.
[731] Vgl. *Diederichs, M.* (2004), S. 24; *Form, S.* (2005), S. 149.

staltung von Risikocontrolling-Systemen. Damit sind insbesondere die Beziehung des Controllings zu Führungsaufgaben bzw. Teilphasen des Entscheidungsprozesses wie Entscheidung und Informationsversorgung gemeint. Eine unternehmens- bzw. branchenspezifische Konkretisierung der Risikocontrolling-Konzeption in Bezug auf Aufgabenstellungen, zu verwendende Instrumente (Risikocontrolling-**Applikationen**) und Rechengrößen wird als Risikocontrolling-**System** bezeichnet. Die Gesamtheit der organisatorischen Einheiten bzw. Stellen, denen Risikocontrolling-Aufgaben zugeordnet werden und die somit die Risikocontrolling-Funktion erfüllen, wird als Risikocontrolling-**Institution** bezeichnet. *Form* identifiziert zudem eine systematische Durchdringung der Wirkungsweise von (Chancen und) Risiken auf die Unternehmensziele, d. h. in diesem Falle den Unternehmenserfolg, als Ausgangspunkt und somit als weiteres Element einer Risikocontrolling-Konzeption.[732]

Ein weiterer Vorschlag zu einer Risikocontrolling-Konzeption findet sich bei *Schierenbeck* und *Lister*, die als Dimensionen bzw. Merkmale die Beziehung bzw. **Einordnung in das (Wert-) Management** mit Risikoverständnis und Zielen, die **Prozessstufen** (Aufgaben, Instrumente, Ablauforganisation) und die (Aufbau-) **Organisation** nennen.[733]

An dieser Stelle soll ein Vorschlag für die Struktur einer Risikocontrolling-Konzeption unterbreitet werden. Dieser Vorschlag nimmt explizit Bezug auf die zuvor erarbeiteten Strukturvorschläge für Controlling- und Risikomanagement-Konzeptionen sowie auf die identifizierten Strukturelemente der betrachteten Risikocontrolling-Auffassungen und ergibt sich aus einer Synthese dieser Strukturvorschläge.[734] Als Elemente einer Risikocontrolling-Konzeption im Sinne dieser Schrift lassen sich somit folgende identifizieren:

- Aussagen zur theoretischen Fundierung des Risikocontrollings und dessen Einordnung in die Betriebswirtschaftslehre (z. B. grundlegende Theorie der Unternehmung, Menschen- bzw. Akteursbild, Ansatzpunkt für die Notwendigkeit des Risikocontrollings). Hierbei ist folgendes von besonderem Interesse:
- Konzeptualisierung des Risikos (Risikobegriff).
- Konzeptualisierung des Unternehmens bzw. der Unternehmensführung als Bezugsrahmen des Risikocontrollings (Unternehmenssystem, Führungssystem, Führungsprozess) und der Stellung des Risikocontrollings in diesem. Eine Konkretisierung sollte durch die folgenden Punkte erfolgen:

---

[732] Vgl. *Form, S.* (2005), S. 152.
[733] Vgl. *Schierenbeck, H./Lister, M.* (2002), S. 311.
[734] Siehe die Abschnitte 2.3.1, 3.4.1 und 4.2.6.

- Spezifikation der Art und des Umfangs der Risikocontrolling-Ziele (mittel- und unmittelbar) und -Aufgaben (Aufgabenbreite und -tiefe).
- Spezifikation der Instrumente, die der Aufgabenerfüllung dienen.
- Spezifikation der Institutionalisierungsmöglichkeiten bzw. Aufgabenträger.

Damit liegt eine aussagefähige und mit den Erkenntnissen zum Controlling und Risikomanagement kompatible Konzeptionsstruktur für das Risikocontrolling vor.

4.4.2 Synthetische Risikocontrolling-Konzeptionen

Neben der Formulierung eigenständiger Risikocontrolling-Konzeptionen mit einem mehr oder weniger starken Bezug zu etablierten Controlling-Konzeptionen wurden in der Betriebswirtschaftslehre Anstrengungen unternommen, Wesen und Gegenstand des Risikocontrollings durch Rückgriff auf die Definitionen bzw. Konzeptionen der beiden konstituierenden Begriffsbestandteile Risiko und Controlling (deduktiv-konstruktivistisch) zu konzeptualisieren. Aufbauend auf existierenden Controlling-Konzeptionen und Risikoabgrenzungen (Welche Risiken sind Gegenstand des Risikomanagements?) wurden somit **mögliche Risikocontrolling-Konzeptionen** „synthetisch erzeugt". Aufbauend auf dem Systematisierungsansatz für funktionale Controlling-Konzeptionen nach *Zenz*[735] entwickeln *Götze et al.* acht denkbare, funktionale Risikocontrolling-Konzeptionen, die sich nach dem Funktionsumfang in drei Gruppen einteilen lassen[736]:

1. Risikocontrolling als Betrieb von Führungssystemen (Risikomanagement-Teilsystemen):
    a. Informationsorientierte Risikocontrolling-Konzeption: (wert-) zielbezogene Bereitstellung einer vollständigen, zuverlässigen und zeitnahen risikobezogenen Informationsbasis (risikoorientierte Informationsbedarfsermittlung, -beschaffung, -aufbereitung, -speicherung, -übermittlung).[737]
    b. Regelungs- und steuerungsorientierte Risikocontrolling-Konzeption: hauptsächlich wertzielbezogene Planung und Kontrolle sowie z. T. Informationsversorgung in Risikomanagement-Prozessen (Betrieb des auf Risikohandhabungsmaßnahmen bezogenen Planungs- und Kontrollsystems).[738]
    c. Risikocontrolling als risikoorientiertes Prinzip der Unternehmensführung.

[735] Vgl. *Zenz, A.* (1998); *Zenz, A.* (1999), S. 16-43. Siehe auch Abschnitt 2.3.2.

[736] Vgl. Götze, U., *et al.* (2001), erweitert um einige auf *Zenz* aufbauende Anmerkungen. Vgl. hierzu *Zenz, A.* (1998); *Zenz, A.* (1999), S. 16-43.

[737] Vgl. zu dieser Auffassung *Reichmann, T.* (2001a), S. 609; *Diederichs, M.* (2004), S. 26; *Form, S.* (2005), S. 158.

[738] Vgl. *Elfgen, R.* (2001), S. 379-380; *Elfgen, R.* (2002), S. 316-320; *Homburg, C./Uhrig-Homburg, M.* (2004).

2. Risikocontrolling als Einwirkung auf Führungssysteme (Risikomanagement-System):
   a. Begrenzt koordinationsorientierte Risikocontrolling-Konzeption: systembildende und systemkoppelnde Koordination eines risikoorientierten Planungs-, Kontroll- und Informationsversorgungssystems.[739]
   b. Umfassende koordinationsorientierte Risikocontrolling-Konzeption: risikoorientierte Systemkoordination und -integration von Planungs-, Kontroll-, Organisations-, Informationsversorgungs- und Personalführungssystemen.[740]
   c. Risikoorientierter Metaführungsansatz: „risikobezogene Führung der Führung".
3. Führungsprozessbezogene Risikocontrolling-Konzeptionen:[741]
   a. Rationalitätssicherungsorientierte Risikocontrolling-Konzeption: Sicherung der Rationalität der Führung bei Existenz von Unsicherheiten, d. h. Aufdeckung und Abmilderung von unsicherheitsinduzierten Rationalitätsengpässen bzw. -defiziten bei der Willensbildung, Willensdurchsetzung und Kontrolle durch geeignete Maßnahmen.[742]
   b. Reflexionsorientierte Risikocontrolling-Konzeption: kritische, risikobezogene Beurteilung von Entscheidungen sowie Führungsunterstützungsfunktion der Informationsbereitstellung, d. h. Schaffung einer risikobezogenen informatorischen Gesamtsicht.[743]
   c. Kognitionsorientierte Risikocontrolling-Konzeption: Versorgung des (Risiko-) Managements mit sekundärem (bereichsfremdem) bzw. tertiärem (bereichsübergreifendem) risikobezogenem Wissen, d. h. Bereitstellung nicht bereichsspezifischer Risikomanagement-Methoden zur Unterstützung des Entscheidungs- bzw. Problemlösungsprozesses.[744]

Als Dimensionen einer Risikocontrolling-Konzeption werden nach *Zenz* somit der Unternehmenszielbezug, die Funktionsbreite und die Funktionstiefe gesehen und somit instrumentale, institutionale und führungsmodellbezogene Aspekte außer Acht gelassen. Neuere Controlling-Konzeptionen sprengen jedoch diesen funktionalorientierten Analyserahmen, da sie z. T. ab-

[739] Vgl. *Braun, H.* (1984); *Hummel, T. R.* (1995), S. 87-94; *Wall, F.* (2003), S. 670.

[740] Vgl. zu dieser Auffassung *Kimmig, J. M.* (2001) und *Pedell, B.* (2004).

[741] Bezeichnung angelehnt an *Küpper, H.-U.* (2005), S. 18.

[742] Zu Rationalitätssicherungsansatz bzw. Rationalitätsengpässen bzgl. des Risikomanagements vgl. *Weber, J./Schäffer, U.* (1999); *Weber, J./Schäffer, U.* (2001) bzw. *Weber, J./Liekweg, A.* (2001); *Liekweg, A.* (2003).

[743] Zum reflexionsorientierten Controllingansatz vgl. *Pietsch, G./Scherm, E.* (2000); *Pietsch, G./Scherm, E.* (2001a); *Pietsch, G./Scherm, E.* (2001b). Eine entsprechende Risikocontrolling-Konzeption existiert derzeit noch nicht.

[744] Zum kognitionsorientierten Ansatz vgl. *Lingnau, V.* (2000); *Lingnau, V.* (2004a); *Lingnau, V.* (2004b). Zum Risikocontrolling in diesem Kontext vgl. *Jonen, A./Lingnau, V.* (2004). Diese Konzeption wurde bei der Übersicht von *Götze et al.* nicht berücksichtigt.

weichende Führungsmodelle zugrunde legen. Weil sie sich stärker mit dem Führungsprozess und dessen Modellierung beschäftigen, werden sie unter dem Gliederungspunkt 3 zusammengefasst. In der risikocontrollingbezogenen Literatur dominieren bisher Auffassungen, die sich am ehesten den Gruppen 1a, 1b, 2a und 2b zurechnen lassen, wobei letztere vor allem von akademischem Interesse sind. Zumeist wird dem Risikocontrolling eine Servicefunktion für das (Risiko-) Management zugewiesen, mit dem Aufgabenkomplex der risikobezogenen Methoden- und Informationsbereitstellung.[745]

Anschließend werden zum einen existierende bzw. etablierte Risikocontrolling-Konzeptionen näher betrachtet sowie zum anderen der Versuch unternommen, auf Basis neuerer Controlling-Konzeptionen, für die noch keine entsprechenden Risikocontrolling-Konzeptionen existieren, solche abzuleiten.

4.4.3 Betrachtung ausgewählter Risikocontrolling-Konzeptionen

Bisher existieren Risikocontrolling-Konzeptionen, die auf informationsorientierten, koordinationsorientierten, rationalitätssicherungsorientierten und kognitionsorientierten Controlling-Konzeptionen beruhen. Für die reflexionsorientierte Controlling-Konzeption wurde bislang keine korrespondierende Risikocontrolling-Konzeption vorgeschlagen. Die Darstellung orientiert sich an der in Abschnitt 4.4.1 vorgeschlagenen Struktur von Risikocontrolling-Konzeptionen, sodass nach einer kurzen Charakterisierung der zugrunde liegenden Controlling-Konzeption[746] die Merkmale theoretischer Ansatzpunkt, Bezug zur Unternehmensführung, Risikobegriff, Ziele, Aufgaben, Instrumente und Aufgabenträger betrachtet werden.

4.4.3.1 Informationsorientierte Risikocontrolling-Konzeption

Informationsorientierte Controlling-Konzeptionen wurzeln in der Forderung nach einer entscheidungsorientierten Unternehmensrechnung (Management Accounting) bzw. in der Versorgung des Managements mit den jeweils erforderlichen Informationen im Sinne einer informationellen Sicherung der ergebnisorientierten Unternehmensführung.[747] Damit rücken sie in die Nähe einer entscheidungsorientiert verstandenen Informationswirtschaft und besitzen somit auch eine hohe Praxisrelevanz. **Ausgangspunkt** der Betrachtung ist die Erkenntnis, dass die Unternehmensführung bzw. das Management eine informationsverarbeitende Tätigkeit ist und die Qualität von Entscheidungen von der Qualität und der Quantität der bereitgestellten Informationen abhängig ist. Dabei wird impliziert, dass die Entdeckung, Beschaffung,

745 Vgl. *Pedell, B.* (2004), S. 4. Siehe Abschnitt 4.2, insbesondere 4.2.6.
746 Für eine ausführlichere Darstellung siehe Abschnitt 2.4.
747 Vgl. *Hahn, D./Hungenberg, H.* (2001), S. 265; *Reichmann, T.* (2001a), S. 7-8.

Aufbereitung und Bereitstellung der jeweils benötigten Informationen keine triviale Aufgabe darstellt und somit spezielle Methoden und Kenntnisse sowie eine Institutionalisierung erfordert. Ergänzend bzw. konkretisierend treten neben die Informationsversorgungsfunktion die Kommunikationsfunktion und die Führungsunterstützungsfunktion in Form der Kommunikation, Erarbeitung, Implementierung und Revision betriebswirtschaftlicher Methoden.[748] Gegenstand eines Risikocontrollings wäre daher die Bereitstellung adäquater Informationen bzgl. relevanter Unsicherheiten und Risiken für die Unternehmensführung im Allgemeinen bzw. das Risikomanagement im Besonderen,[749] wenn dies durch das allgemeine Controlling nicht oder nur unzureichend gewährleistet wäre. In der Unternehmenspraxis scheint die Informationsversorgung der Unternehmensführung mit unsicherheits- bzw. risikobezogenen Informationen wie z. B. mit Eintrittswahrscheinlichkeiten tatsächlich mangelhaft zu sein.[750]

Reichmanns akademische Schüler *Diederichs* und *Form* begreifen das Risikocontrolling als systematische, informatorische (erfolgszielbezogene) Unterstützung des Managements bzw. Risikomanagements[751], wobei Risikomanagement einen immanenten Bestandteil der Unternehmensführung darstellt (**Bezug zur Unternehmensführung**)[752], während Risiko als Gefahr einer Zielverfehlung bzw. einer Erfolgszielabweichung verstanden wird (**Risikobegriff**)[753]. Als das primäre Ziel des Risikomanagements und damit das **indirekte Ziel** des Risikocontrollings wird die Existenzsicherung des Unternehmens, als **direktes Ziel** des Risikocontrollings wird die Unterstützung der Unternehmensführung bei der Erreichung dieser Zielsetzung durch eine auf Risikopotenziale bezogene Informationsbeschaffung und -verarbeitung angesehen.[754] Entsprechend gestaltet sich die Risikocontrolling-**Funktion** wie folgt: Strukturell sind die Aufgaben des Aufbaus einer hierarchieebenenübergreifenden Risikoberichterstattung und der Entwicklung und Bereitstellung von Instrumenten zur Unterstützung des (Risiko-) Managements bei der Identifikation, Beurteilung und Steuerung von Risikopotenzialen zu erfüllen. Laufend sind Aufgaben der Bereitstellung risikobezogener Informationen an unternehmensinterne und -externe Empfänger sowie der Messung, Analyse, Überwachung und Dokumentation von Risiken wahrzunehmen.[755] Geeignete **Instrumente** für den Aufbau des Berichtswe-

[748] Vgl. *Reichmann, T.* (2001a), S. 39-44.
[749] Vgl. Götze, U., *et al.* (2001), S. 103-107.
[750] Vgl. *Schäffer, U./Steiners, D.* (2005), S. 213.
[751] Vgl. *Diederichs, M.* (2004), S. 26 bzw. *Form, S.* (2005), S. 158.
[752] Vgl. *Diederichs, M.* (2004), S. 10-18 bzw. *Form, S.* (2005), S. 109-111.
[753] Vgl. *Diederichs, M.* (2004), S. 10 bzw. *Form, S.* (2005), S. 23.
[754] Vgl. *Diederichs, M.* (2004), S. 14 und S. 25-26. *Form* stellt auf das Erfolgsziel als Oberziel ab, das somit zum indirekten Risikocontrolling-Ziel wird. Als direktes Ziel ist die erfolgszielbezogene Unterstützung der Führungsaufgaben durch risikobezogene Informationsgewinnung und -verarbeitung anzusehen. Vgl. *Form, S.* (2005), S. 22, S. 158 und S. 163.
[755] Vgl. *Diederichs, M.* (2004), S. 26-27.

sens und für die Instrumentenentwicklung werden nicht explizit thematisiert, es werden jedoch allgemeine Prinzipien der zur Erfüllung der einzelnen Risikomanagement-Aufgaben bzw. Risikomanagement-Teilprozesse und eine Auswahl entsprechender Methoden dargestellt. Insbesondere wird vorgeschlagen, das RL-Kennzahlen- und Controllingsystem nach *Reichmann* und *Lachnit*[756] risikoorientiert zu erweitern bzw. zu modifizieren.[757] Zur laufenden informatorischen Unterstützung des (Risiko-) Managements sind aber grundsätzlich alle Instrumente zur Unterstützung der Risikoidentifikation, -beurteilung, -steuerung und -berichterstattung geeignet.[758] Die Risikocontrolling-Aufgabenstellung scheint auch ohne größere Probleme in spezielle Stellen institutionalisierbar zu sein. Als **Aufgabenträger** kommen dabei insbesondere auch bestehende Controlling-Stellen und Risikomanagement-Beauftragte in Frage, da das Risikocontrolling nämlich als integraler, auf das Risikomanagement zugeschnittener Bestandteil des Controllings mit engem Bezug zum strategischen Controlling angesehen wird.[759]

Das Risikocontrolling nach der informationsorientierten Konzeption stellt dem Grunde nach ein risikoorientiertes, institutionalisiertes und formalisiertes Informations- und Führungsunterstützungssystem dar.[760] Die Erhebung und Aufbereitung von Informationen über Unsicherheiten und Risiken zur nachhaltigen Existenzsicherung der Unternehmung sind aber mit Sicherheit keine gänzlich neue Aufgabenstellung für das Informationsversorgungssystem bzw. das Controlling: Das strategische Management benötigt Informationen über Chancen und Risiken,[761] in der Investitionsplanung und der zugehörigen Investitionsrechnung sind unsichere Entwicklungen bzgl. relevanter Einflussgrößen zu beachten,[762] und auch in der Kostenrechnung werden Unsicherheiten bzw. Risiken in Form von Wagniskosten verarbeitet[763]. Ein gewisser Neuigkeitswert ergibt sich jedoch, wenn auf ein umfassendes, abgestimmtes und in die Unternehmensrechnung integriertes, risikoorientiertes Informationssystem abgestellt wird.

4.4.3.2 Koordinationsorientierte Risikocontrolling-Konzeption

Koordinationsorientierte Controlling-Konzeptionen, wie die begrenzt koordinationsorientierte Konzeption nach *Horváth* oder die umfassend koordinationsorientierte Konzeption nach *Küp-*

756 Vgl. *Reichmann, T.* (2001a), S. 65-71.
757 Vgl. *Diederichs, M.* (2004), S. 24-25; *Form, S.* (2005), S. 159.
758 Vgl. *Diederichs, M.* (2004), S. 93-201 und S. 235-264; *Form, S.* (2005), S. 163-377.
759 Vgl. *Diederichs, M.* (2004), S. 93-201, S. 203-234 und S. 24.
760 Vgl. *Kimmig, J. M.* (2001), S. 45-46.
761 Vgl. z. B. *Reichmann, T.* (2001a), S. 539-544; *Horváth, P.* (2003), S. 254; *Ossadnik, W. et al.* (2004), S. 283.
762 Vgl. z. B. *Adam, D.* (2000), S. 334-371; *Perridon, L./Steiner, M.* (2004), S. 120-133.
763 Vgl. z. B. *Hoitsch, H.-J./Lingnau, V.* (2004), S. 166-167.

per, nehmen bislang eine herausragende Rolle in der akademischen Controlling-Wahrnehmung ein. Daher ist es nicht erstaunlich, dass in der Literatur einige koordinationsorientierte Konzeptionalisierungsversuche des Risikocontrollings unternommen wurden. Ein früher Ansatz stammt von *Braun*, jüngere Überlegungen finden sich bei *Kimmig*, *Pedell* und *Wall*.[764] Aufbauend auf diesen Vorschlägen wird im Folgenden der Versuch unternommen, eine geschlossene koordinationsorientierte Risikocontrolling-Konzeption zu entwickeln.[765]

Ausgangspunkt der Betrachtung ist der – bei den koordinationsorientierten Konzeptionen postulierte – Koordinationsbedarf innerhalb der Führung komplexer Unternehmen in einem dynamischen Umfeld, der aus einer aus Effizienz- und Kapazitätsgründen erforderlichen Zerlegung des gesamten unternehmerischen Entscheidungsfelds in Teilbereiche im Rahmen eines differenzierten Führungssystems aufgrund bestehender Sach- und Verhaltensinterdependenzen resultiert. Die Deckung des Koordinationsbedarfes im differenzierten Führungsgesamtsystem ist die spezifische Aufgabe des Controllings, welche durch systembildende und systemkoppelnde Koordinationsaktivitäten innerhalb von und zwischen Führungsteilsystemen wahrgenommen wird.[766]

Gegenstand des Risikocontrollings in diesem Kontext ist die Koordination der Risikobewältigung oder allgemeiner die Koordination von Risikokomponenten im Führungssystem.[767] Konsequenterweise ist der Ansatzpunkt für ein spezielles Risikocontrolling in der Existenz von **Risikointerdependenzen** zu sehen.[768] Diese stellen eine bestimmte Art von Sachinterdependenzen dar und liegen vor, wenn die Zielerreichungen einzelner Entscheidungsbereiche von einander stochastisch abhängig sind.[769] Die spezifische Problemstellung des Risikocontrollings ergibt sich also aus potenziell bestehenden risikobezogenen Abhängigkeiten innerhalb der bzw. zwischen den einzelnen Führungsteilsystemen. Die **risikoorientierte Koordination** als Gegenstand des Risikocontrollings bezieht sich somit zunächst auf die Aufdeckung und die zielgerechte Abstimmung der stochastischen Abhängigkeiten mithilfe geeigneter Instrumente. Aus systemorientierter Sicht sind hierzu zunächst das Führungssystem in seiner Gesamtheit sowie die einzelnen Führungsteilsysteme auf Risikokomponenten hin zu untersuchen und aufeinander abgestimmt in Richtung einer expliziten Berücksichtigung des Risikos aus-

---

764 Vgl. *Braun, H.* (1984); *Kimmig, J. M.* (2001); *Wall, F.* (2003); *Pedell, B.* (2004).

765 Für einen Überblick über die einzelnen Vorstellungen siehe Abschnitt 4.2.1 und Abschnitt 4.2.4.

766 Vgl. *Küpper, H.-U.* (1988).

767 Vgl. *Braun, H.* (1984), S. 16; *Kimmig, J. M.* (2001), S. 3.

768 Hierauf weist *Pedell* folgerichtig hin. Andere Vertreter eines koordinationsorientierten Risikocontrollings thematisieren Risikointerdependenzen jedoch nicht explizit als Gegenstand des Risikocontrollings. Vgl. *Pedell, B.* (2004), S. 4-5.

769 Vgl. *Laux, H.* (2005) , S. 7; *Küpper, H.-U.* (2005), S. 100.

bzw. umzugestalten.[770] Im Rahmen der **systemgestaltenden risikoorientierten Koordination** sind die Führungssysteme so auszugestalten und aufeinander abzustimmen, dass die explizite und koordinierte Berücksichtigung von Risikoaspekten in die Führungsteilsysteme integriert wird, um so die Voraussetzung für eine systematische und zielorientierte Risikobewältigung zu schaffen.[771] Die **systemkoppelnde risikoorientierte Koordination** umfasst Abstimmungsaufgaben im Rahmen der gegebenen Systemstruktur als Antwort auf konkrete bzw. unerwartete Abstimmungsbedarfe bei der Risikoidentifikation, -analyse, -messung, -steuerung und -überwachung sowie zur Aufrechterhaltung und Anpassung der risikobezogenen (Informations-) Verbindungen zwischen den Teilsystemen.[772] Da risikobezogene Abhängigkeiten und somit Abstimmungsbedarfe sowohl innerhalb der einzelnen Führungsteilsysteme als auch zwischen den Führungsteilsystemen bestehen können, kann des Weiteren in eine **führungsteilsysteminterne** und eine **führungsteilsystemübergreifende** risikoorientierte Koordination unterschieden werden.[773] Das Führungssystem eines Unternehmens kann zudem noch nach Marktgesichtspunkten in Geschäftsbereiche differenziert sein, sodass in dieser Hinsicht sowohl eine risikoorientierte Koordination unter den **Geschäftsbereichen** als auch zwischen den Geschäftsbereichen und der Gesamtunternehmensebene erforderlich ist. Wird die Systembetrachtung über das eigentliche Unternehmenssystem, z. B. vor dem Hintergrund einer Supply Chain oder einer Stakeholderbetrachtung, ausgedehnt, ist zusätzlich eine **unternehmensübergreifende risikoorientierte Koordination** zu leisten.[774]

Die Charakterisierung des Inhalts und des Umfangs der unternehmensinternen risikoorientierten Koordination ist abhängig von der verwendeten Führungssystem-Konzeptualisierung. Wird das Führungssystem, das dem begrenzt koordinationsorientierten Ansatz zugrunde liegt, verwendet, sind Risikointerdependenzen und risikobezogene Sachverhalte im Planungs- und Kontrollsystem sowie im Informationsversorgungssystem zu analysieren und zielbezogen aufeinander abzustimmen.[775] Wird hingegen auf das Führungssystem-Modell des umfassenden koordinationsorientierten Ansatzes zurückgegriffen, fallen risikoorientierte Koordinationsaufgaben innerhalb bzw. zwischen den Führungsteilsystemen Planung, Kontrolle, Informationssystem, Organisation und Personalführung an.[776] Dieses Führungssystem kann um ein

---

770 Vgl. *Braun, H.* (1984), S. 63-64; *Kimmig, J. M.* (2001), S. 38-47.

771 Vgl. *Braun, H.* (1984), S. 63.

772 Vgl. *Braun, H.* (1984), S. 64; Götze, U., *et al.* (2001).

773 Vgl. *Küpper, H.-U.* (2005), S. 37.

774 Vgl. *Pedell, B.* (2004), S. 5 zum Supply Chain-Kontext sowie *Vielmeyer, U.* (2004) und *Fischer, T. M./Vielmeyer, U.* (2004) zum Stakeholder-Kontext.

775 Vgl. *Braun, H.* (1984), S. 63-64.

776 Vgl. *Kimmig, J. M.* (2001), S. 40; *Pedell, B.* (2004), S. 6.

Wertesystem und ein Controllingsystem ergänzt werden.[777] Da das umfassende Modell das eingeschränkte Modell mit einschließt, soll bei der folgenden Betrachtung der risikoorientierten Koordination nur noch ersteres betrachtet werden. Abbildung 24 zeigt die unterstellte Struktur der risikoorientierten Koordination des Führungssystems.

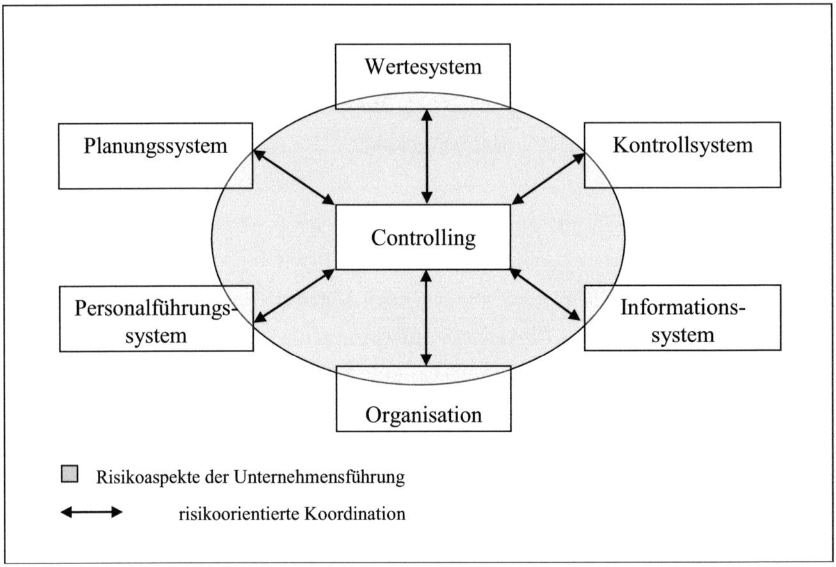

Abbildung 24: Risikoorientierte Koordination im Führungsgesamtsystem[778]

Im Folgenden werden zunächst die Führungsteilsysteme kurz charakterisiert und die risikobezogenen Interdependenzen innerhalb der Führungsteilsysteme als Ansatzpunkte für systembildende und systemkoppelnde **führungsteilsysteminterne risikoorientierte Koordinationsaktivitäten** aufgezeigt.

Das **Wertesystem** stellt die strukturierte Gesamtheit der Wertvorstellungen, Normen und Verhaltensgrundsätze der Unternehmensführung in Bezug auf das Unternehmen, seine Stakeholder und sein Umsystem dar, die in der Unternehmensphilosophie und der Unternehmenskultur zum Ausdruck kommen. Somit bildet es die normative Grundlage allen Führungshandelns, also aller anderen Führungsteilsysteme.[779] Zu diesen grundlegenden Vorstellungen und Grundsätzen gehören auch Risikokultur, Risikobewusstsein, Risikomanagementphilosophie

[777] Vgl. *Weber, J.* (1995), S. 61-62; *Link, J.* (2004), S. 26-32.
[778] In Anlehnung an *Küpper, H.-U.* (2005), S. 30.
[779] Vgl. *Weber, J.* (1995), S. 61-66; *Link, J.* (2004), S. 59.

und risikopolitische Grundsätze, die zur normativen Basis des Risikomanagements werden.[780] Instrument zur Vermittlung der Risikokultur an die Organisationsmitglieder sind die risikopolitischen Grundsätze, die der Entwicklung und Stärkung des Risikobewusstseins dienen, welches wiederum Grundlage des planvollen und systematischen Umgangs mit dem Unternehmensrisiko ist.[781] Ziel ist es, ein Bewusstsein für Unsicherheiten sowie deren Ursachen und Wirkungen zu erzeugen, um somit die integrierte und umfassende Berücksichtigung von Risikoaspekten bei allen Führungshandlungen zu erreichen. Die Risikokultur ist mit den anderen Teilaspekten der Unternehmenskultur, insbesondere mit der Wertorientierung und der Innovationsbereitschaft, zu koordinieren, um zu vermeiden, dass die Risikokultur als „Angstkultur" missverstanden wird.[782] Die Koordinationsaufgabe des Controllings bezieht sich hierbei nicht auf inhaltliche Aspekte, sondern lediglich auf die Sicherstellung der Konsistenz und Eignung des Wertesystems als Grundlage der Unternehmensführung durch die Anregung der Führungskräfte zur Auseinandersetzung mit den verfolgten Normen und Werten,[783] insbesondere um „die Konformität der Unternehmensgrundsätze mit den Umweltveränderungen zu überprüfen"[784]. Die risikopolitischen Grundsätze sind dabei ein wichtiges Instrument zur Koordination der Risikomanagement-Aktivitäten bzw. des risikobezogenen Verhaltens der Unternehmensmitglieder.[785]

Das **Planungssystem** bezeichnet die Gesamtheit aller Elemente und Beziehungen zur Erfüllung der Planungsfunktion. Es umfasst insbesondere alle generellen Regelungen hinsichtlich der Aufgabenverteilung und -erfüllung im Bereich der Planung.[786] Planung bedeutet „ein systematisches, zukunftsbezogenes Durchdenken und Festlegen von Zielen, Maßnahmen, Mitteln und Wegen zur künftigen Zielerreichung"[787] zur Sicherung der Unternehmensexistenz und Steigerung des Unternehmenserfolges bzw. des Unternehmenswertes in der Zukunft.[788] Die Planung ist ein Informationsverarbeitungsprozess, welcher der Effizienzsteigerung, der Risikoerkennung und -steuerung, der Flexibilitätserhöhung und der Komplexitätsreduktion dient.[789]

---

780 Siehe Abschnitt 3.4.3.
781 Vgl. Hoitsch, H.-J., *et al.* (2005).
782 Vgl. *Braun, H.* (1984) , S. 58-59.
783 Vgl. *Weber, J.* (1995), S. 65-66.
784 *Braun, H.* (1984) , S. 101.
785 Vgl. Hoitsch, H.-J., *et al.* (2005), S. 128.
786 Vgl. *Link, J.* (2004), S. 104.
787 *Wild, J.* (1982), S. 13.
788 Vgl. *Kimmig, J. M.* (2001), S. 29.
789 Vgl. *Hahn, D./Hungenberg, H.* (2001), S. 45; *Küpper, H.-U.* (2005), S. 60.

Aus Effizienz- und Komplexitätsgründen wird das Planungssystem in Subsysteme differenziert.[790] Die Differenzierung der Planung kann insbesondere nach betrieblichen Funktionsbereichen, Sparten, dem Zeithorizont sowie nach Hierarchieebenen erfolgen,[791] wobei zwischen den einzelnen Teilplänen bzw. Planungsgegenständen hinsichtlich der Unternehmensziele sachliche, hierarchische und zeitliche Interdependenzen bestehen, die eine umfangreiche Abstimmung innerhalb des Planungssystems erforderlich machen. Die zielorientierte Koordination der Teilpläne kann grundsätzlich durch eine simultane oder eine sukzessive Abstimmung gewährleistet werden.[792] Die simultane Planung gewährleistet die gleichzeitige Beachtung aller Beziehungen und Abhängigkeiten der Teilpläne und stellt ein Höchstmaß an Koordination sicher. Bei der sukzessiven Planung werden aus Komplexitätsgründen Teilpläne für die einzelnen Planungsbereiche i. d. R. ausgehend von einem relevanten Engpassbereich nacheinander erstellt, wobei die Planungsergebnisse der zuerst geplanten Bereiche zu Rahmenbedingungen für die nachfolgenden Bereiche werden. Bestehen zwischen den Planungsbereichen Abhängigkeiten, gehen in die vorgelagerten Planungen zumindest grobe Vorstellungen über die nachfolgend zu planenden Tatbestände ein. Iterative Abstimmungsprozesse mit Vor- und Rückkoppelungen sollen eine möglichst gute Koordination der einzelnen Teilpläne und somit Zielerreichung sicherstellen.[793]

Zwischen Planung und Unsicherheit bzw. Risiko besteht ein enger Zusammenhang, da zukünftige Handlungen und Ergebnisse auf der Basis unvollkommener Informationen ex ante festgelegt werden und somit die Möglichkeit einer negativen Zielabweichung besteht.[794] Andererseits ist die Planung ein Mittel zur Bewältigung der Unsicherheit[795] und zur Risikosteuerung.

Grundlage der risikoorientierten Koordination der Planung ist die Schaffung eines risikoorientierten Planungssystems, in das Risikoaspekte explizit integriert sind[796], wodurch die risikoorientierte, inhaltliche und zeitliche Abstimmung der einzelnen Teilpläne untereinander und mit dem Gesamtplan ermöglicht wird.[797] Gegenstand der risikoorientierten Planung sind insbesondere das Erkennen von Risiken und ihre zieladäquate Gestaltung bzw. Bewältigung.[798] Hierfür ist die Bildung von risikobezogenen Zielvorstellungen, die systematische Identifikati-

[790] Vgl. *Horváth, P.* (2003), S. 183.
[791] Vgl. *Horváth, P.* (2003), S. 187.
[792] Vgl. *Küpper, H.-U.* (2005), S. 100.
[793] Vgl. *Braun, H.* (1984) , S. 84-88; *Mensch, G.* (1991), S. 155-157; *Küpper, H.-U.* (2005), S. 99-104.
[794] Vgl. *Braun, H.* (1984), S. 64.
[795] Vgl. *Horváth, P.* (2003), S. 170.
[796] Vgl. *Mensch, G.* (1991), S. 120.
[797] Vgl. *Kimmig, J. M.* (2001), S. 40.
[798] Vgl. *Mensch, G.* (1991), S. 120.

on und Analyse von Risiken der Planalternativen sowie auf dieser Grundlage deren Berücksichtigung bei der Planauswahl erforderlich. Unsicherheiten sowie deren Wirkungen und Abhängigkeiten müssen explizit in den Prämissen und Ergebnissen aller Planungen berücksichtigt werden, d. h. alle Planalternativen sind nicht einwertig, sondern mehrwertig zu formulieren.[799] Dabei ist die weitgehende Quantifizierung der Unsicherheit der Eingangs- und Zielgrößen bzw. des Risikos in Form von Wahrscheinlichkeitsverteilungen bzw. Risikomaßen anzustreben.[800] Dies erfordert den Einsatz spezieller Planungsinstrumente und -verfahren zur systematischen Risikoerkennung und Entwicklung risikobewältigender Strategien.[801] Besondere Bedeutung im Kontext des Risikomanagements kommt einer erhöhten Flexibilität des Planungssystems zu, welche die Anpassungsfähigkeit an Entwicklungen und Änderungen der Planbedingungen und somit die Reaktionsfähigkeit steigert, was zur Risikobewältigung beiträgt. Instrumente und Maßnahmen hierfür sind z. B. die flexible Planung, Eventualpläne sowie die Berücksichtigung von Planreserven.[802]

Die vielfältigen risikobezogenen, sachlichen und zeitlichen Interdependenzen zwischen den einzelnen Planungsbereichen und Teilplänen erfordern eine gesamtziel- bzw. gesamtrisikobezogene Koordination der Planung.[803] „Die Koordination der Teilpläne beinhaltet neben der Erstellung der Pläne nach einheitlichen Kriterien vor allem die Verdichtung ihrer Ergebnisse zu einem Gesamtplan, die inhaltliche und zeitliche Abstimmung der Teilpläne unter sich und mit dem Gesamtplan sowie die Verknüpfung der Teilpläne untereinander."[804] Voraussetzung hierfür sind die in die Planung integrierte Analyse der Risiko-Ursachen-Wirkungsbeziehungen und der Risikointerdependenzen der Risikofaktoren: Ein bestimmter Risikofaktor kann mehrere Pläne beeinflussen, eine Gestaltungsmaßnahme kann Auswirkungen auf mehrere Risikofaktoren haben und Risikofaktoren können voneinander abhängige Entwicklungen aufweisen. Ziel der risikoorientierten Plankoordination ist – aufbauend auf einer korrekten Ermittlung der Abhängigkeiten und des Gesamtrisikos – die Entwicklung eines abgestimmten, „optimalen" Maßnahmenprogramms für eine integrierte und umfassende Risikobewältigung.[805] Dabei erleichtert eine einheitliche, konsistente und koordinierte Erfassung der risikorelevanten Tatbestände deren Verdichtung[806] sowie eine effiziente und effekti-

[799] Vgl. *Mensch, G.* (1991), S. 121.
[800] Vgl. *Braun, H.* (1984), S. 78.
[801] Vgl. *Braun, H.* (1984), S. 74.
[802] Vgl. *Braun, H.* (1984), S. 89-94; *Mensch, G.* (1991), S. 125-127.
[803] Vgl. *Braun, H.* (1984), S. 152.
[804] *Kimmig, J. M.* (2001), S. 40.
[805] Vgl. *Braun, H.* (1984), S. 152.
[806] Vgl. *Kimmig, J. M.* (2001), S. 40.

ve Risikosteuerung.[807] Bei der risikoorientierten Auswahl der Planalternativen bzw. des Maßnahmenprogramms ist insbesondere auf Risikointerdependenzen, also Diversifikations- und Kompensationseffekte im Sinne der Portefeuille-Theorie zu achten.[808] Der Risikoaggregation kommt hierbei eine zentrale Bedeutung als Instrument zur Erfassung und zielbezogenen Berücksichtigung von Risikointerdependenzen zu.[809] Die Risikogestaltungsmaßnahmen können in grundgeschäftsbeeinflussende Maßnahmen, bei denen die Risikosteuerung in den grundlegenden Plan integriert ist (Primäraktivitäten), und in grundgeschäftsneutrale Maßnahmen, bei denen die Risikosteuerung mit speziellen Instrumenten wie Versicherungen oder Derivaten erfolgt (Sekundäraktivitäten), unterschieden werden.[810]

Dem **Kontrollsystem** liegt die Durchführung der Kontrolle, d. h. der Vergleich eines eingetretenen Ist-Zustands mit einem vorgegebenen oder erwarteten Soll-Zustand[811], zugrunde. Analog zum Planungssystem umfasst es alle generellen Regelungen zur Aufgabenverteilung und -erfüllung hinsichtlich der Kontrollaufgaben.[812] Aufgabe der Kontrolle ist die Beobachtung der Realität, deren Vergleich mit dem Geplanten bzw. Erwarteten und die Ermittlung von Abweichungen.[813] Zwischen Planung und Kontrolle besteht eine enge Beziehung, da eine effiziente und effektive Entscheidungsfindung der Rückmeldung über die Planrealisation bzgl. der in die Planung eingegangenen Prämissen, der Zielwirkung, der Mittelverwendung und des Verhaltens der Beteiligten bedarf.[814] Mithilfe der Kontrolle sollen Erkenntnisse über zukünftige Planvorgaben und eingetretene Zustände gewonnen werden, wodurch sie sowohl der Sicherstellung der Planerreichung als auch der rechtzeitigen Plananpassung dient.[815] Das Kontrollsystem ist hinsichtlich der Kontrollobjekte in sachlicher, hierarchischer und zeitlicher Hinsicht sowie hinsichtlich der Kontrollart in Verhaltens-, Prämissen-, Fortschritts- und Realisationskontrollen differenziert, was entsprechenden Abstimmungsbedarf hervorruft.[816]

807 Vgl. *Braun, H.* (1984), S. 83.
808 Vgl. *Mensch, G.* (1991), S. 124.
809 Vgl. *Pedell, B.* (2004), S. 6.
810 Vgl. *Oehler, A./Unser, M.* (2002), S. 16-17.
811 Vgl. *Weber, J.* (1999), S. 156.
812 Vgl. *Link, J.* (2004), S. 118.
813 Vgl. *Mensch, G.* (1991), S. 127.
814 Vgl. *Horváth, P.* (2003), S. 173.
815 Vgl. *Weber, J.* (1999) , S. 157.
816 Vgl. *Küpper, H.-U.* (2005), S. 38.

Die Existenz von Unsicherheiten ist dabei für die Kontrolle konstitutiv, da ohne die Möglichkeit von Planabweichungen keine Notwendigkeit für die Überwachung und Überprüfung der Planrealisation bestünde.[817]

Die Aufgabe eines risikoorientierten Kontrollsystems besteht in der Überwachung der Entwicklung der tatsächlichen Risikoposition und der Ermittlung von Abweichungen gegenüber der geplanten Risikoposition.[818] Die risikoorientierte Kontrolle bezieht sich insbesondere auf die Entwicklung und Veränderung von Risikofaktoren und Ursachen-Wirkungs-Beziehungen, deren Wirkung auf die Risikoposition von Teilplänen sowie die Gesamtrisikoposition im Zeitablauf, die Wirkung ergriffener Risikosteuerungsmaßnahmen und die Planrealisation. Die laufende Überwachung signalisiert rechtzeitig Anpassungsnotwendigkeiten hinsichtlich der Risikosituation, was bei einer unerwünschten Entwicklung steuernde Eingriffe zur Sicherstellung der Planerreichung (*feed-forward*) bzw. die Anpassung nicht mehr gültiger Prämissen und Vorgaben (*feed-back*) anstößt (Steuerungsfunktion). Durch die Analyse der auftretenden Soll-Ist-Abweichungen kann – wenn auch nur vergangenheitsorientiert – die Informationslage verbessert werden, da das Verständnis von Risikofaktoren, Risiko-Wirkungsmechanismen sowie risikobezogenen Interdependenzen erweitert wird (Lernfunktion). Dabei kommt der Prämissenkontrolle im Rahmen des Risikomanagements eine besondere Rolle zu.[819]

Aufgabe der **Organisation** ist die Bildung von dauerhaften Aufbau- und Ablaufstrukturen. Entsprechend kann unter Organisationssystem die Gesamtheit der generellen Regelungen zur Aufgabenverteilung und Aufgabenerledigung in Unternehmen verstanden werden.[820] Bei der Aufbauorganisation werden abgegrenzte Aufgabenbereiche gebildet und Aufgabenträgern zugeordnet, während bei der Ablauforganisation die Gestaltung der räumlichen und zeitlichen Beziehungen zwischen den Aufgabenträgern zur koordinierten Erfüllung der zugeteilten Aufgaben Betrachtungsgegenstand ist.[821] Die zwischen der Aufbau- und Ablauforganisation bestehenden Beziehungen bedürfen der Abstimmung.[822]

Eine risikoorientierte Gestaltung der Aufbau- und Ablauforganisation trägt zur Verminderung bestimmter Risiken bei, da durch geeignete Maßnahmen die Transparenz und der Informationsfluss verbessert und die Störanfälligkeit vermindert werden. Die organisatorische Trennung von Planungs-, Entscheidungs- und Kontrollaufgaben führt zu einer Transparenzerhö-

[817] Vgl. *Mensch, G.* (1991), S. 117f.
[818] Vgl. *Kimmig, J. M.* (2001), S. 41.
[819] Vgl. *Mensch, G.* (1991), S. 128; *Kimmig, J. M.* (2001), S. 41.
[820] Vgl. *Link, J.* (2004), S. 66.
[821] Vgl. *Weber, J.* (1999) , S. 242; *Kimmig, J. M.* (2001), S. 31; *Küpper, H.-U.* (2005), S. 283-284.
[822] Vgl. *Küpper, H.-U.* (2005), S. 38.

hung in Bereichen, die besonders kritisch in Bezug auf fehlerhafte Aufgabenerfüllung oder absichtliches Fehlverhalten und Betrug sind (Mehraugenprinzip). Die Einrichtung redundanter Systeme verringert die Störanfälligkeit des Gesamtsystems, da die Auswirkungen bei Ausfall eines Systems bzw. Aufgabenträgers begrenzt werden. Durch die organisatorische Trennung zusammengehörender Aufgaben kann jedoch der Informationsfluss und die Zusammenarbeit beeinträchtigt werden, sodass die Ablauforganisation so zu gestalten ist, dass hieraus möglichst keine negativen Effekte erwachsen.

Die Notwendigkeit organisatorischer Maßnahmen wird insbesondere beim finanzwirtschaftlichen Risikomanagement in Bezug auf den Handel mit Derivaten betont, da die mangelnde Trennung planender, ausführender und überwachender Aufgaben opportunistisches Verhalten fördert und die Entdeckung von Fehlern behindert, was für die Unternehmung existenzbedrohende Folgen haben kann.[823]

Das **Personalführungssystem** befasst sich mit allen Aspekten der Einwirkung von Führungshandlungen auf die geführten Menschen bzw. der gezielten Verhaltensbeeinflussung.[824] Zwar besitzen auch die anderen Führungssysteme verhaltensbeeinflussende Wirkungen, die jedoch indirekt sind, während die Personalführung unmittelbar an den zu steuernden Personen ansetzt und eine direkte Verhaltensbeeinflussung anstrebt.[825] *Wild* differenziert das Personalführungssystem in das Motivations-, Anreiz- und Personalentwicklungssystem.[826]

Bei einem risikoorientierten Personalführungssystem kommt dem Motivations- und Anreizsystem[827] die Aufgabe zu, die Planungs- und Entscheidungsträger dazu zu bewegen, die Unsicherheit und ihre Wirkung tatsächlich im Sinne der Unternehmensziele zu gestalten.[828] Wichtig sind hierbei die Förderung der Suche und Weitergabe risikorelevanter Informationen, die Motivation zur umfassenden Berücksichtigung von Risiken bei der Planerstellung und beim Entscheidungsverhalten sowie die Ausrichtung der Eigeninteressen an den Unternehmenszielen. Die risikobezogenen Anreizstrukturen sind so zu gestalten, dass eine Koordination der persönlichen Interessen der Unternehmensmitglieder mit den Unternehmensgesamtinteressen bzw. Stakeholder-Interessen erreicht wird.[829] Eine besondere Rolle kommt dem Entgeltsystem

[823] Vgl. *Bundesaufsichtsamt für das Kreditwesen* (1995), Abschnitt 4: Organisation der Handelstätigkeit.
[824] Vgl. *Weber, J.* (1999), S. 34; *Link, J.* (2004), S. 219.
[825] Vgl. *Kimmig, J. M.* (2001), S. 31-32; *Küpper, H.-U.* (2005), S. 212.
[826] Vgl. *Wild, J.* (1982), S. 32-33.
[827] Vgl. *Küpper, H.-U.* (2005), S. 215-216, zu Motivations- und Anreizsystemen.
[828] Vgl. *Braun, H.* (1984), S. 75-77 zur Erhöhung des Risikobewusstseins von Planungsträgern.
[829] Vgl. Hoitsch, H.-J., *et al.* (2005), S. 129. Zu einem Überblick über verhaltensbasierte Managementsysteme vgl. z. B. *Hammond, M.* (2002).

zu, das durch die Gestaltung materieller Anreize die weitgehende Deckung der risikobezogenen Interessen von Entscheidungsträgern und Eigentümern erreichen soll.[830] Ein Entlohnungssystem, das nicht mit den Risikoaspekten abgestimmt ist, kann bewirken, dass das Management im Zuge der Maximierung des eigenen Nutzens ein Unternehmensrisiko bevorzugt, welches die Erreichung der Unternehmensziele behindert. So ist z. B. ein Entlohnungssystem mit Aktien besser geeignet, die Ziele der Anteilseigner in die Entscheidungen zu integrieren als ein Aktienoptionsprogramm, welches das Management zu einer Erhöhung des Unternehmensrisikos (im Sinne einer höheren Ergebnisvolatilität) verleiten kann.[831]

Die Hauptfunktion eines risikoorientierten Personalentwicklungssystems ist die Vermittlung von Grundlagen- und Methodenwissen, um den Planungsträgern die Fähigkeiten zur Risikoerkennung und -bewältigung zu vermitteln und somit ein ziel- und risikoorientiertes Planungs- und Entscheidungsverhalten zu ermöglichen.[832] Die Planungsträger sollen in die Lage versetzt werden, Risikofaktoren und Wirkungszusammenhänge zu identifizieren und zu analysieren sowie die Risiken tatsächlich unternehmenszielorientiert zu gestalten.

Das Personalführungssystem ist so zu koordinieren, dass die vermittelten Anreize und Entwicklungsmaßnahmen in sich und untereinander konsistent sowie den jeweiligen Anforderungen entsprechend sind.

Die Funktion des **Informationssystems** ist die Versorgung der anderen Führungsteilsysteme mit relevanten Informationen, ohne welche diese ihre respektiven Aufgaben nicht erfüllen können und somit die Zielerreichung nicht gewährleistet ist.[833] Das Informationssystem umfasst alle generellen Regelungen hinsichtlich der Aufgabenerfüllung und -verteilung im Bereich der Informationsbereitstellung.[834] Es hat den Charakter eines Basissystems,[835] in dem die anderen Führungssysteme eingebettet und informatorisch miteinander verknüpft sind. Einzelne Aufgaben des Informationssystems sind die systematische und laufende Informationsbeschaffung, -speicherung, -aufbereitung und -bereitstellung. Das Informationssystem hat dabei nur „bewusstes Führungswissen“[836] zum Gegenstand, das quantitativ, verbal und gra-

830 Vgl. *Doherty, N. A.* (2000), S. 214-221, zur risikoorientierten Verhaltenswirkung von Managerentlohnungssystemen.

831 Vgl. *Stulz, R. M.* (1996), S. 17-20. Zur Eignung von Stockoptions als Anreizsystem vgl. *Kürsten, W.* (2001), S. 249-270.

832 Vgl. *Braun, H.* (1984), S. 76-77.

833 Vgl. *Mensch, G.* (1991), S. 175; *Küpper, H.-U.* (2005), S. 127.

834 Vgl. *Link, J.* (2004), S. 28.

835 Vgl. *Küpper, H.-U.* (2005), S. 127; bezogen auf das Planungs- und Kontrollsystem vgl. *Horváth, P.* (2003) , S. 345.

836 Vgl. *Weber, J.* (1999), S. 175-177.

phisch erfasst, bearbeitet und übermittelt werden kann, und ist auf die formal geregelte Informationsversorgung beschränkt.[837] Aufgrund der umfassenden informatorischen Aufgaben ist das Informationssystem in Teilsysteme nach der Art, dem Zweck, den Empfängern, dem Zeitbezug etc. der Informationen differenziert[838] – gleichzeitig sollte es aber möglichst zweckplural ausgelegt sein.

Zwischen Informationen und Unsicherheit als Ursache des Risikos besteht eine enge Verbindung, da sich Unsicherheit aus unvollständigen, unbestimmten und unsicheren Informationen ergibt. Das Informationssystem dient einerseits der Verringerung des Informationsdefizits und damit der Unsicherheit. Andererseits stellt es Informationen über Unsicherheiten und ihre Wirkungen bereit und ermöglicht somit die integrierte und umfassende Steuerung des Risikos.[839] Das Informationssystem ist so zu gestalten, dass systematisch und gezielt Risikoursachen und -wirkungen erfasst, die Erkenntnisse verknüpft und anderen Informationssubsystemen oder Führungsteilsystemen in adäquater und verständlicher (sowie in möglichst quantitativer) Form bereitgestellt werden. Dies bezieht sich auf alle Risikofaktoren, stochastische Abhängigkeiten und Gestaltungsmaßnahmen. Als Instrumente eines risikoorientierten Informationssystems zur Bestimmung von Unsicherheiten und ihrer Wirkungen werden Analyse- und Simulationsmethoden, Prognosetechniken und Frühwarnsysteme genannt,[840] wobei Wahrscheinlichkeiten anhand logischer, empirischer oder subjektiver Methoden ermittelt werden können.[841]

Die Koordination innerhalb des Informationssystems dient der effizienten Informationsbeschaffung, -verarbeitung und -übermittlung, indem die einzelnen Subsysteme aufeinander abgestimmt und integriert werden.[842] Durch gemeinsame Datenbestände, Verarbeitungsverfahren (insbesondere Berechnungsverfahren) und eine einheitliche Ausrichtung kann eine Mehrfacherhebung und Verarbeitung von Informationen verhindert werden sowie die Konsistenz der Informationen, die in verschiedene Informationssubsysteme bzw. andere Führungssysteme eingehen, sichergestellt werden. Hierdurch können nicht nur Kosten gespart, sondern auch die Entscheidungsqualität gerade im Hinblick auf das Risikomanagement erheblich verbessert werden. Beispielsweise sollten die Informationen über Risikofaktoren des strategischen und des operativen Bereichs konsistent sein sowie Risikofaktoren, die unterschiedliche

[837] Vgl. *Küpper, H.-U.* (2005), S. 127.

[838] Vgl. *Küpper, H.-U.* (2005), S. 128-130, für einen Überblick über Teilsysteme der Unternehmensrechnung als wichtigstes Instrument der Informationserzeugung.

[839] Vgl. *Braun, H.* (1984), S. 186.

[840] Vgl. *Braun, H.* (1984), S. 227-247.

[841] Zur Generierung von Wahrscheinlichkeiten vgl. z. B. *Eisenführ, F./Weber, M.* (2003), S. 151-181.

[842] Vgl. *Küpper, H.-U.* (2005), S. 134.

Unternehmensbereiche betreffen, einheitlich erfasst werden. Vor dem Hintergrund der Bestimmungen des KonTraG und des DRS 5 ist auch auf die Integration der externen Risikoberichterstattung in das risikoorientierte Informationssystem zu achten.[843]

Anschließend an die Betrachtung der führungsteilsysteminternen risikoorientierten Koordinationsaktivitäten werden nun potenziell erforderliche **risikoorientierte Koordinationsaktivitäten zwischen den Führungsteilsystemen** näher betrachtet. Dabei ist zu beachten, dass zwischen die einzelnen Führungssysteme neben Abstimmungserfordernissen auch erhebliche Überschneidungszusammenhänge vorliegen können.[844]

Das **Wertesystem** schafft den normativen bzw. gedanklichen Rahmen für alle Führungsaktivitäten, sodass alle anderen Führungsteilsysteme auf die grundlegenden Werte und Normen hin auszurichten sind. Die Risikokultur ist die Grundlage für eine risikoorientierte Gestaltung der Planungs-, Kontroll- Informations-, Personalführungssysteme und der Organisation sowie die Basis des Risikobewusstseins der Entscheidungsträger, welches das tatsächliche Entscheidungsverhalten beeinflusst.[845] Die aus der Risikokultur abgeleiteten risikopolitischen Grundsätze sollen eine grundlegende Koordination durch ein gleichartiges und konsistentes Verhalten der Entscheidungsträger auf allen Hierarchieebenen sicherstellen.[846] Hierdurch wird der besondere Koordinationsbedarf zwischen Personalführungs- und Wertesystem deutlich.

Das **Planungssystem** und das **Kontrollsystem** weisen entscheidungslogisch eine enge Beziehung und vielfältige Interdependenzen auf,[847] was häufig durch die Vermaschung von Planung und Kontrolle in einem kybernetischen Regelkreis dargestellt wird.[848] Die Planung liefert die Vorgabewerte für die Kontrolle in Form von Prämissen und Planwerten, deren Gültigkeit bzw. Einhaltung überprüft wird. Bei Prämissenkontrollen werden die Gültigkeit der Annahmen über Risikofaktoren, stochastische Abhängigkeiten und Ursachen-Wirkungs-Zusammenhänge überprüft und Hinweise für verbesserte, neue Planungen abgeleitet.[849] So können Rückschlüsse auf die Wahrscheinlichkeitsverteilungen von Risikofaktoren, deren Beziehung zueinander sowie auf Wirkungszusammenhänge gezogen werden.[850] Ebenso liefert die Überwachung der Wirksamkeit von Risikosteuerungsmaßnahmen Informationen, die de-

---

843 Vgl. Hampel, V., *et al.* (2004); *Fischer, T. M./Vielmeyer, U.* (2004); *Vielmeyer, U.* (2004).

844 Vgl. *Link, J.* (2004), S. 29-36.

845 Vgl. *Braun, H.* (1984), S. 102; Hoitsch, H.-J., *et al.* (2005); *Denk, R./Exner-Merkelt, K.* (2005), S. 233-238.

846 Vgl. Hoitsch, H.-J., *et al.* (2005). Allgemein zu Unternehmens- und Führungsgrundsätzen vgl. *Küpper, H.-U.* (2005), S. 316.

847 Vgl. *Mensch, G.* (1991), S. 114.

848 Vgl. *Horváth, P.* (2003), S. 177; *Küpper, H.-U.* (2005), S. 199-203.

849 Vgl. *Pedell, B.* (2004), S. 6.

850 Vgl. *Mensch, G.* (1991), S. 128.

ren künftigen Einsatz verbessern können. Die Entwicklung der tatsächlichen Risikoposition ist laufend zu überwachen und mit der geplanten Risikoposition zu vergleichen (z. B. in Form von Risikobudgets bzw. -limits[851]), damit bei unerwarteten Entwicklungen eine rechtzeitige Reaktion zur Anpassung der tatsächlichen Risikoposition möglich ist. Damit die notwendige Verknüpfung von Planungs- und Kontrollsystem bestmöglich funktioniert, sind diese durch koordinierte risikoorientierte Planungs- und Kontrollinhalte, -bereiche, -ebenen etc. eng aufeinander abzustimmen. Eine Besonderheit des risikoorientierten Planungs- und Kontrollsystems ist, dass während die Plangrößen mehrwertig sind, die Istgrößen notwendigerweise einwertig sind.[852]

Da sowohl Planung als auch Kontrolle das Verhalten der Entscheidungsträger (indirekt) beeinflussen, sind das **Planungssystem** und das **Kontrollsystem** hinsichtlich ihrer Verhaltenswirkungen mit dem **Personalführungssystem** zu koordinieren. Die Planung beeinflusst das Verhalten durch explizite Verhaltensnormen wie die Vorgabe situationsabhängiger Aktionen sowie durch implizite Verhaltensnormen wie die Vorgabe von Zielen, Plangrößen, Nebenbedingungen und Prämissen. Auch die Art des Planungsprozesses und die Beteiligung der Planungsträger[853] sowie die Planungsvorgaben selbst[854] haben eine Verhaltenswirkung.[855] Kontrollen entfalten ebenfalls eine ausgeprägte Verhaltenswirkung, da sie der Überprüfung der Aktionen der Entscheidungsträger und ihrer Ergebnisse dienen und somit diese zur Orientierung an den Vorgabewerten anhalten.[856] Kontrollen können sowohl positive Verhaltenswirkungen wie Aktivierung des Leistungsmotivs, als auch dysfunktionale Verhaltenswirkungen wie Informationsmanipulation hervorrufen.[857]

Durch die Verknüpfung von Planungs- und Kontrollsystem mit dem Motivations- und Anreizsystem kann erreicht werden, dass das tatsächliche Entscheidungsverhalten an das gewünschte, d. h. unternehmenszielkonforme Verhalten angenähert wird. Planung und Kontrolle sind dabei insbesondere bei der Auswahl der geeigneten Bemessungsgrößen mit dem Entgeltsystem zu koordinieren. Die unternehmenszielorientierte Gestaltung der Unsicherheit muss sich dabei nutzensteigernd auf die Entscheidungsträger auswirken.

---

851 Vgl. *Wolf, K./Runzheimer, B.* (2003), S. 100-101 und S. 147-148.
852 Vgl. *Mensch, G.* (1991), S. 128.
853 Vgl. *Küpper, H.-U.* (2005), S. 272-273.
854 Vgl. *Küpper, H.-U.* (2005), S. 269-272.
855 Vgl. *Kimmig, J. M.* (2001), S. 40.
856 Vgl. *Küpper, H.-U.* (2005), S. 189 und S. 243.
857 Vgl. *Küpper, H.-U.* (2005), S. 273-274; *Kimmig, J. M.* (2001), S. 41f.

Grundlage für die Sicherstellung des gewünschten Entscheidungsverhaltens ist die Vermittlung einer angemessenen Risikoeinstellung sowie fundierter Kenntnisse über die risikoorientierten Führungssysteme und die Risiko-Ursachen-Wirkungs-Beziehungen. Daher ist auch das Personalentwicklungssystem mit dem Planungs- und Kontrollsystem abzustimmen.

Die einzelnen Aufgaben der Planung und Kontrolle erfolgen aus praktischer Notwendigkeit heraus arbeitsteilig, wobei es Aufgabe der Organisation ist, Aufgabengruppen zu bilden und den Aufgabenträgern zuzuweisen sowie den Arbeitsablauf in zeitlicher, hierarchischer und institutionaler Hinsicht festzulegen. Somit beeinflussen die Erfordernisse und die Ausgestaltungen des **Planungs- und Kontrollsystems** sowie des **Organisationssystems** sich gegenseitig, was eine umfangreiche Abstimmung der Konfiguration der Planung und Kontrolle mit der Aufbau- und Ablauforganisation erfordert.[858] Insbesondere ist die Aufteilung der Planungs-, Kontroll-, Entscheidungs- und Weisungskompetenzen mit der Differenzierung des Planungs- und Kontrollsystems abzustimmen.[859]

Vor dem Hintergrund eines integriert-holistischen Risikomanagements ist vor allem zu klären, welche globalen Risikosteuerungsmaßnahmen zentral erfolgen und welche spezifischen Maßnahmen von den einzelnen Planungs- und Organisationseinheiten ergriffen werden sollen. So bietet z. B. die zentrale Absicherung gegen Marktpreisrisiken mithilfe von Derivaten Effizienzvorteile. In jedem Fall sind aber eine Koordination der Teilpläne der Organisationseinheiten und der zentralen Risikosteuerungsmaßnahmen sowie deren Kontrolle notwendig.[860] Bei Organisationseinheiten mit eigenen risikomanagementbezogenen Gestaltungsfreiräumen sind diese durch entsprechende Planungs- und Kontrollsysteme wie z. B. Risikobudgets zu koordinieren.[861]

Zwischen dem **Organisationssystem** und dem **Personalführungssystem** bestehen ebenfalls Beziehungen, die zu koordinieren sind. Die Gestaltung der Aufbau- und Ablauforganisation beeinflusst die Ausgestaltung und Wirksamkeit von Anreiz- und Motivations- sowie Personalentwicklungssystemen.[862] Die Organisationsstruktur entfaltet Motivationswirkungen und hat Einfluss darauf, welche Bemessungsgrundlagen bei den Entgeltsystemen verwendet werden können. Diese allgemeinen Aussagen gelten auch im Kontext des Risikomanagements.

---

858 Vgl. *Küpper, H.-U.* (2005), S. 302-324.
859 Vgl. *Kimmig, J. M.* (2001), S. 42; *Küpper, H.-U.* (2005), S. 303.
860 Vgl. *Braun, H.* (1984), S. 83.
861 Vgl. z. B. *Fröhling, O.* (2000), S. 91-96 und *Pearson, N. D.* (2002) zu einer Darstellung zur Risikolimitierung und -budgetierung.
862 Vgl. *Küpper, H.-U.* (2005), S. 324-330.

Das **Informationssystem** bildet die informatorische Basis, ohne welche die Wahrnehmung von Führungsaufgaben in reflexiver und rationaler Weise nicht möglich ist.[863] Die Führungssysteme bedürfen zur Erfüllung ihrer jeweiligen Aufgaben Informationen über die Umwelt, die Unternehmung und die Entscheidungen der anderen Führungsteilsysteme. Die Funktion des Informationssystems ist somit die Sicherstellung der Durchführung von Führungsaufgaben durch die rechtzeitige Bereitstellung relevanter Informationen an die jeweiligen Führungssysteme. Dadurch entsteht ein ebenso grundlegender wie umfassender Koordinationsbedarf zwischen dem Informationssystem und den übrigen Führungsteilsystemen. Eine bedeutende Koordinations- und Abstimmungsaufgabe des Controllings liegt daher in der Ausrichtung des Informationssystems auf die Informationsbedürfnisse der anderen Führungsteilsysteme.[864] Hierfür müssen der Informationsbedarf ermittelt,[865] die Informationen beschafft bzw. generiert und diese schließlich in angemessener Form übermittelt[866] werden.

Im Kontext des Risikomanagements dient die informationelle Koordination sowohl der Verminderung der Unsicherheit durch Verbesserung der Informationslage als auch der zielorientierten Gestaltung des Risikos. Grundlage hierfür ist die Kenntnis der Risikoursachen, der Wirkungszusammenhänge, der stochastischen Abhängigkeiten und der Risikowirkungen. Informationen hierüber müssen erhoben, weitergeleitet und verstanden werden, um eine Identifikation, Analyse und Bewertung zu erlauben, die eine risikoorientierte Gestaltung der Planung, Kontrolle, Organisation und Personalführung sowie die unternehmenszielkonforme Gestaltung der Gesamtrisikolage erst ermöglicht. Dazu werden Instrumente und Methoden zur Identifikation und Analyse sowie zur Quantifizierung und Aggregation von Unsicherheiten wie auch zur Bewertung des Risikos benötigt. Außerdem sind die Wirkungen und die Kosten von Risikosteuerungsmaßnahmen zu bestimmen.

Ebenso wie die informationellen Erfordernisse des Planungs- und Kontrollsystems zur Gewährleistung einer zielorientierten Gestaltung des Unternehmensrisikos sind die vielfältigen Beziehungen des Informationssystems zu den anderen Teilsystemen zu beachten.

Informationen sind ein Mittel zur Beeinflussung des Verhaltens der Entscheidungsträger, sodass unbedingt der Inhalt und die Übermittlung der Informationen so zu gestalten sind, dass ein zielorientiertes Verhalten unterstützt wird. Andererseits ist das Informationssystem auf die

[863] Vgl. *Küpper, H.-U.* (2005), S. 156; *Horváth, P.* (2003), S. 345.
[864] Vgl. *Mensch, G.* (1991), S. 209; *Küpper, H.-U.* (2005), S. 156; *Kimmig, J. M.* (2001), S. 43.
[865] Vgl. *Mensch, G.* (1991), S. 206-222; *Küpper, H.-U.* (2005), S. 156-169; *Horváth, P.* (2003), S. 362-374 zum Informationsbedarf und dessen Ermittlung.
[866] Vgl. *Küpper, H.-U.* (2005), S. 170-187; *Horváth, P.* (2003), S. 607-624 zum Berichtswesens und dessen Gestaltung.

Bereitstellung von zutreffenden Informationen durch die Entscheidungsträger angewiesen, sodass das Personalführungssystem zur Beschaffung und unmanipulierten Weitergabe risikobezogener Informationen motivieren sollte.[867] Grundlage für das Erkennen risikorelevanter Sachverhalte und deren Übermittlung bildet das Wissen um deren Bedeutung und die bestehenden Zusammenhänge, welches durch das Personalentwicklungssystem vermittelt wird.

Die Aufgabenverteilung und die Struktur der Aufgabenprozesse im Führungssystem sind wichtige Bestimmungsgrößen für die Gestaltung des Informationssystems hinsichtlich des Informationsbedarfs, der Möglichkeit der Informationsbeschaffung bzw. -generierung und der Notwendigkeit der Informationsübermittlung.[868] Die Art der Organisation beeinflusst den Umfang und die Intensität der Abstimmungsaufgaben bei der Analyse der Ursachen-Wirkungs-Beziehungen und der Abhängigkeiten sowie bei der Aggregation der Unsicherheiten, ebenso wie die Konfiguration der Informationssysteme.

Die oben stehenden Ausführungen charakterisieren die **Funktion** bzw. das Aufgabenfeld des Risikocontrollings sowie dessen (funktionale) **Beziehung zur Unternehmensführung** aus koordinationsorientierter Perspektive. Vor dem Hintergrund der Koordination von Risikointerdependenzen erscheint als geeigneter **Risikobegriff** die Betrachtung von Unsicherheit im Allgemeinen sinnvoll.[869] Bei den Vertretern koordinationsorientierter Ansätze wird Risiko i. d. R. als Möglichkeit von Zielabweichungen verstanden[870], wobei z. T. das Verständnis auf negative Zielverfehlungen, insbesondere hinsichtlich monetärer Ziele, beschränkt wird[871]. Als **indirektes Ziel** des Risikocontrollings wird die Sicherstellung der fortgesetzten Unternehmensexistenz, gegebenenfalls konkretisiert durch Erfolgs-, Vermögens- und Liquiditätsziele, angesehen.[872] Das **direkte Ziel** ist die Risikobewältigung konkretisiert durch die Risikoquantifizierung und Risikoaggregation.[873] Hinsichtlich des Risikocontrolling-**Instrumentariums** wird häufig auf bekannte Risikomanagement- oder Controlling-Instrumente verwiesen.[874] Zur Erfüllung der risikoorientierten Koordination sind jedoch grundlegend bei systembildenden Aufgaben die Methoden der Systemanalyse und -gestaltung und der Organisationsentwicklung, bei systemkoppelden Aufgaben Methoden der persönlichen Koordination und im All-

---

867 Vgl. *Küpper, H.-U.* (2005), S. 216-232; *Kimmig, J. M.* (2001), S. 43-44.
868 Vgl. *Küpper, H.-U.* (2005), S. 287-288; *Kimmig, J. M.* (2001), S. 43.
869 Dies lässt sich aus der Natur stochastischer Abhängigkeiten folgern.
870 Vgl. *Braun, H.* (1984), S. 25-27.
871 Vgl. *Kimmig, J. M.* (2001), S. 51-53.
872 Vgl. *Braun, H.* (1984), S. 45; *Kimmig, J. M.* (2001), S. 38-39.
873 Vgl. *Braun, H.* (1984), S. 46-49.
874 Vgl. hierzu die umfangreichen Ausführungen zu risikoorientierten Planungs-, Kontroll- und Informationsversorgungssystemen bei *Braun, H.* (1984).

gemeinen Principal Agent-Ansätze erforderlich.[875] Wird der Risikomanagement-Prozess als zu koordinierender Ausschnitt des Führungssystems betrachtet, können die Instrumente nach *Pedell* in phasenspezifische und phasenübergreifende Instrumente unterschieden werden. Erstere stellen eher Methoden zur Unterstützung des Risikomanagements als Koordinationsinstrumente dar, da diese größtenteils bekannte Risikomanagement-Instrumente sind – mit Ausnahme der Instrumente zur Risikoaggregation wie Value at Risk bzw. Cash Flow at Risk. Letztere haben dagegen eindeutig einen Koordinationsbezug und umfassen die risikoorientierte Budgetierung, Risikobudgets, risikoorientierte Performance-Maße und Kennzahlen sowie risikointegrierte Balanced Scorecards.[876] *Kimmig* verweist ebenfalls auf risikoorientierte Budgetierungs- und Kennzahlensysteme als übergreifende Koordinationsinstrumente des Risikocontrollings.[877]

Da das koordinationsorientierte Konzept primär funktional ausgerichtet ist, werden **institutionale Aspekte** eher nachrangig behandelt.[878] Hinsichtlich der Zuordnung der Aufgabe der Koordination der umfassenden Risikobewältigung, weist *Braun* darauf hin, dass die Natur systembildender und -koppelnder, risikobezogener Koordinationsaufgaben die Einrichtung einer Zentralstelle erfordert. Aufgabenspezifisches Fach- und Methodenwissen, das ansonsten in der Unternehmung nicht ausreichend vorhanden ist, legt eine zentrale Institutionalisierung ebenfalls nahe. Die Zentralestelle sollte als Stabsstelle angelegt sein. Zusätzlich werden dezentrale Stellen benötigt, die bereichsspezifische Aufgaben übernehmen und daher über bereichsspezifisches Wissen verfügen müssen. Daher wird eine Matrix-Organisation empfohlen. Effizienzüberlegungen legen die Zuordnung zu vorhandenen Stellen nahe, die ähnliche Funktionen erfüllen, d. h. insbesondere zu Controlling-Stellen.[879] Aus einer ausschließlich funktionalen Perspektive lässt *Kimmig* die Frage nach einer zweckmäßigen Institutionalisierung offen, während *Pedell* gänzlich auf Ausführungen zur Institutionalisierung verzichtet.[880] Während die Ausklammerung institutionaler Aspekte abzulehnen ist, da sie keine vollständige Konzeptualisierung des Risikocontrollings erlaubt, erscheint es andererseits fraglich, ob alle führungssystembezogenen Koordinationsaufgaben auf speziell abgegrenzte Stellen übertragen werden können. Da die systembildenden und -koppelnden, risikobezogenen Koordinationsaufgaben beträchtliches bereichspezifisches sowie gesamtunternehmensbezogenes Wissen und weitreichende Kompetenzen erfordern, erscheint eine Übertragung dieses Aufgabenkom-

875 Vgl. *Horváth, P.* (2003), S. 128-143.
876 Vgl. *Pedell, B.* (2004), S. 9-10.
877 Vgl. *Kimmig, J. M.* (2001), S. 92-98.
878 Vgl. *Küpper, H.-U.* (2005), S. 31.
879 Vgl. *Braun, H.* (1984), S. 275-291.
880 Vgl. *Kimmig, J. M.* (2001), S. 46 und S. 233 bzw. *Pedell, B.* (2004).

plexes auf eine bestimmte Stelle bzw. Stellenstruktur kaum realisierbar. Werden diese Aufgaben auf bestehende Controlling-Stellen übertragen, werden diese die Aufgaben aufgrund kompetenz- und kapazitätsmäßiger Beschränkungen sowie aus Gründen der mangelnden Weisungsbefugnis kaum befriedigend erfüllen können.

4.4.3.3 Rationalitätssicherungsorientierte Risikocontrolling-Konzeption

Der Kern der von *Weber* und *Schäffer* vertretenen rationalitätssicherungsorientierten Controlling-Konzeption bildet die in den Wirtschaftswissenschaften als sehr bedeutend angesehene Eigenschaft von Wirtschaftssubjekten der Rationalität. In der Realität ist jedoch zu beobachten, dass die Rationalität – verstanden als Zweck-Mittel-Rationalität – bei ökonomischen Akteuren nicht immer gewährleistet ist. Ausgehend von der grundlegenden Erwünschtheit rationalen Handelns bzw. der Nutzenmaximierung und dem Postulat, dass mögliche Rationalitätsengpässe und deren Behebung in der Betriebswirtschaftslehre nicht ausreichend von anderen Disziplinen betrachtet werden, wird das Controlling als funktionales Spezialgebiet konzipiert, das die Sicherstellung der Rationalität, insbesondere von korporativen Akteuren und der Unternehmensführung, zum Gegenstand hat. Die Funktion des Controllings wird konkretisiert als ein auf die Willensbildung, Willensdurchsetzung, Ausführung und Kontrolle bezogenes Aktivitätsbündel zur Erhöhung der Wahrscheinlichkeit, dass realisierte Führungshandlungen der antizipierten Zweck-Mittel-Beziehung entsprechen. Controller-Aufgaben lassen sich als Entlastungs-, Ergänzungs- und Begrenzungsaufgaben bzgl. des Managements typisieren.[881]

Ausgangspunkt für ein Risikocontrolling muss in diesem Kontext das Bestehen spezifischer Rationalitätsmängel sowie Methoden zu deren Entdeckung und Behebung beim Umgang der Unternehmensführung mit Risiken oder Unsicherheiten sein. *Liekweg* identifiziert aufbauend auf Modellen der präskriptiven Entscheidungstheorie (Theorie des subjektiven Erwartungsnutzen, Rationalitätskonzeption des Controllings) für die einzelnen Phasen des Führungszyklus – Zielbildung/-konkretisierung, Mittelbestimmung/-konkretisierung, Kontrolle – und unterschiedliche Führungskontexte bzw. Unternehmensformen spezifische Rationalitätsengpässe.[882] Für rationale Entscheidungen unter Unsicherheit wird bzgl. der Zielbildung gefordert, dass widerspruchsfreie Ziele verfolgt werden, und bzgl. der Mittelauswahl, dass die Mittel zur Zielerreichung geeignet sein müssen.

[881] Vgl. *Schäffer, U./Weber, J.* (2004), S. 31-63; *Weber, J.* (2004), S. 38-49.

[882] Vgl. auch im Folgenden *Weber, J./Liekweg, A.* (2001), S. 467-491; *Liekweg, A.* (2003), S. 97-202.

Die identifizierten Rationalitätsengpässe bei der Zielbildung/-konkretisierung sowie die zugehörigen Aufgaben des Risikocontrollings beziehen sich vor allem auf Verhaltensrisiken und lassen sich wie folgt unterscheiden:

- Fehlende explizierte und kommunizierte Risikopräferenzen: Verzicht oder Versäumnis der Angabe operationaler, risikobezogener Zielsetzungen, was die Rationalität der Mittelbestimmung gefährdet. Das Risikocontrolling soll die Existenz, Konsistenz und Wertrationalität solcher Risikopräferenzen überprüfen.
- Risk Shift: Anreiz für Entscheidungsträger aufgrund asymmetrischer Erfolgsbeteiligung zu extrem riskantem Entscheidungsverhalten zu neigen, welches vor allem zu Lasten Dritter geht. Aufgabe des Risikocontrollings ist es, zunächst festzustellen, ob die Voraussetzungen für ein solches Verhalten vorliegen und ob angemessene Mechanismen für dessen Verhinderung existieren.
- Unechter Kompromiss: Mangelnde Anwendung formulierter korporativer Risikopräferenzen durch Eigentümerunternehmer bei einer Eigentümerunternehmermehrzahl aufgrund abweichender persönlicher Präferenzen und mangelnder Beobachtbarkeit der Anwendung. Das Risikocontrolling hat das Potenzial einer mangelnden Anwendung festzustellen und sicherzustellen, dass eine Überprüfung der einzelnen Entscheidungen hinsichtlich der Anwendung der festgelegten Risikopräferenzen erfolgt.
- Moral Hazard: Mangelnde Anwendung formulierter korporativer Risikopräferenzen durch angestellte Entscheidungsträger aufgrund abweichender persönlicher Präferenzen und mangelnder Beobachtbarkeit der Anwendung. Die Aufgabe des Risikocontrollings besteht in der Entwicklung geeigneter Anreizinstrumente, die eine Angleichung der korporativen und individuellen Risikopräferenzen sicherstellen sowie in der Überprüfung der Anwendung der formulierten Risikopräferenzen im Einzelfall.
- Risikoschub: Kollektive Entscheidungssituation mit Nichteigentümerentscheidungsträgern bei mangelnder Beobachtbarkeit und Zuordenbarkeit von Verantwortung erhöht aufgrund mangelnder Sanktionierbarkeit die Risikobereitschaft. Das Risikocontrolling sorgt durch einen Vergleich der angewandten mit den korporativen Risikopräferenzen für eine Reduktion der Informationsasymmetrie und somit für eine Verminderung der Gefahr der Entstehung dieses Rationalitätsengpasses.

Bei der Mittelbestimmung/-konkretisierung, bei der es um die Generierung und monetäre Bewertung der Konsequenzen von Handlungsalternativen geht, werden folgende vier Rationalitätsengpässe und damit korrespondierende Risikocontrolling-Aufgabenstellungen unterschieden:

- Ignorant Action: In Bezug auf eine Entscheidung besteht mangelndes Wissens über relevante Einflussfaktoren und deren Auswirkung auf die monetären Zielsetzungen der Unternehmung bzw. über die bestehenden Chancen und Risken. Das Risikocontrolling hat bei einzelnen Entscheidungen zu überprüfen, ob die Informationsversorgung des Entscheidungsträgers ausreichend ist und ob die Informationen tauglich sind. Des Weiteren sind die Informations- und Befugnisregelungen sowie die Existenz und Nutzung der Kommunikationskanäle zu überprüfen.
- Rash Action: Übersehen bzw. Missachtung von risikobeeinflussenden Maßnahmen bei der Generierung von Handlungsalternativen. Das Risikocontrolling hat entsprechend einzelne Entscheidungen dahingehend zu überprüfen, ob risikosteuerungsrelevante Maßnahmen ausreichend erkannt wurden.
- Illogical Action: Verfügbare Informationen werden in der Informationsauswertung nur mangelhaft zur quantitativen Antizipation des Handlungsraumes verwendet bzw. die Ergebnisse widersprechen den Axiomen der Wahrscheinlichkeitsrechnung oder in der Entscheidungsphase werden Entscheidungsmodelle fehlerhaft angewandt bzw. nicht angemessene Entscheidungsmodelle verwendet. Das Risikocontrolling hat zum einen bei der Informationsauswertung prozedural zu prüfen, ob die verfügbaren Informationen zu einer ausreichend quantitativen und theoretisch zulässigen Prognose führen sowie ob die Prognoseträger über ausreichende Methodenkompetenz verfügen. Andererseits muss bei der Entscheidung die Anwendung angemessener Entscheidungsmodelle sichergestellt werden.
- Blind Action: Prognosen bzw. Entscheidungen basieren auf mangelhaften bzw. sachlich und zeitlich verkürzten Ursache-Wirkungs-Betrachtungen. Das Risikocontrolling hat zur Entlastung dieses Engpasses die Ursache-Wirkungs-Beziehungen einzelner Entscheidungen, die Methodenkompetenz der Entscheidungsträger sowie die organisatorischen Regelungen bzgl. Informationsgenerierung, -weitergabe und -distribution kritisch zu überprüfen.

Bei der ex-ante Kontrolle werden die Rationalitätsdefizite Ignorant Control und Illogical Control, bei der ex-post Kontrolle die unzureichende Ergebnisanalyse mit entsprechendem Handlungsbedarf ausgemacht:

- Ignorant Control: Unzureichende Generierung neuer Informationen über bekannte o-der neu entdeckte relevante Ursache-Wirkungs-Beziehungen bzgl. Entscheidungen in der Durchsetzung und Ausführung. Das Risikocontrolling hat zu hinterfragen, ob fortlaufend relevante Informationen generiert werden und ob geeignete Informations- und Befugnisregelungen existieren, die bei Bedarf die Einleitung erforderlicher Handlungen ermöglichen.
- Illogical Control: Ungenügende Verarbeitung von Informationen zu Wird-Werten und Verwendung ungeeigneter Kontrollinstrumente. Das Risikocontrolling stellt durch kritische Prüfung bzw. durch geeignete Informations- und Befugnisregelungen sicher, dass die Unsicherheit eingeleiteter Entscheidungen untersucht und angemessen bzw. bestmöglich quantifiziert wird.
- Unzureichende Ergebnisanalyse: Mangelhafte Analyse von Ist-Ergebnissen und Ist-Ursache-Wirkungs-Beziehungen und folglich deren mangelhafte Berücksichtigung in neuen Führungszyklen sowie die Förderung zukünftigen opportunistischen Verhaltens. Das Risikocontrolling hat die Informationsregelungen und Kontrollinstrumente kritisch zu hinterfragen und sicherzustellen, dass die Ergebnisanalyse ausreichend erfolgt und die hierbei generierten Informationen aufbereitet, dokumentiert und kommuniziert werden.

Zusammenfassend lassen sich diese Rationalitätsengpässe, die auf mangelndem Können bzw. Wollen beruhen, in folgende Kategorien einteilen:[883]

- Fehlendes Faktenwissen: Daten sind grundsätzlich verfügbar, werden aber in einer konkreten Entscheidungssituation nicht bzw. nicht richtig angewandt.
- Fehlendes Methodenwissen: Methoden sind grundsätzlich verfügbar, werden aber in einer konkreten Entscheidungssituation nicht bzw. nicht richtig angewandt.
- Ungenügend abgestimmte Informations- und Befugnisregelungen: vorhandene Informationen über Ziele, Einflussgrößen und deren Interdependenzen gelangen nicht an jene Akteure, die diese für Entscheidungen benötigen.
- Fehlerhafte Redistributionsregelungen: Fehlerhafte Anreizsysteme fördern opportunistisches Verhalten bei Akteuren, an die Entscheidungen delegiert werden.
- Falsch abgestimmte Informations-, Befugnis- und Redistributionsregelungen: Informationen über Handlungsalternativen oder Einflussfaktoren und ihre möglichen finan-

[883] Vgl. *Liekweg, A.* (2003), S. 181-192.

ziellen Konsequenzen werden entweder bewusst nicht berichtet oder aber bewusst nicht angenommen bzw. bei einer Entscheidung nicht berücksichtigt.

- Fehlerhafte Informations- und Befugnisregelungen: Regeln veranlassen Akteure, nicht Entscheidungssituation adäquate Methoden anzuwenden.

Risiko wird im Rahmen dieser Risikocontrolling-Konzeption als die mögliche Veränderung eines Einflussfaktors verstanden, die sich negativ auf die Höhe einer Position der Vermögens-, Finanz- oder Ertragslage auswirkt (**Risikobegriff**).[884] Risikomanagement stellt ebenso wie die **Unternehmensführung**, auf die es bezogen ist, ein Funktionsbündel ohne bestimmte institutionale Zuordnung dar und ist synonym mit dem Risikocontrolling im Sinne der auf das Risiko bzw. die Unsicherheit bezogenen Controlling-Funktion (Sicherstellung der Rationalität der Unternehmensführung im Umgang mit Unsicherheit).[885] Hieraus ergibt sich auch das **direkte Ziel** des Risikocontrollings bzw. Risikomanagements. Das indirekte Ziel des Risikocontrollings deckt sich mit dem des Controllings[886] (Nutzenmaximierung konkretisiert durch Gewinn- bzw. Wertmaximierung). Die sich hieraus ergebende **Aufgabenstellung**[887] besteht in der Aufdeckung von Rationalitätsengpässen der Unternehmensführung im Umgang mit Chancen und Risiken bzw. der Verhinderung ihres Entstehens,[888] wobei die konkrete Ausgestaltung der Aufgaben vom relevanten Führungskontext bzw. den sich hieraus ergebenden Rationalitätsmängeln abhängig ist[889]. Zur Rationalitätssicherung sind insbesondere die Aufgaben des Vollzugs und der Hinterfragung von kritischen Prüfungen sowie der Initiierung von Regelungen und des Betreibens von Instrumenten zu leisten. In Anlehnung an die allgemeinen Aufgaben von Controllern sind die drei Aufgabengebiete der Entlastung, Ergänzung und Begrenzung der Entscheidungsträger abzudecken. Die Übertragung der Aufgaben auf Aufgabenträger bzw. Stellen sowie die einzusetzenden Instrumente sind ebenfalls von den spezifischen Rationalitätsmängeln abhängig. Als **Aufgabenträger** des Risikocontrollings kommen Controller bzw. Risikomanager, der Kapitalmarkt, der Aufsichtsrat, der Abschlussprüfer und die Interne Revision in Frage, wobei der Vollzug des Risikomanagement-Prozesses vornehmlich bei den Managern liegt. Eine Institutionalisierung der Risikocontrolling-Funktion in einer bestimmten Stelle wird nicht gefordert und erscheint auch kaum möglich, obwohl Controllern bzw. Risikomanagern eine zentrale Rolle zukommt.[890] Geeignete **Instrumente** sind z. B.

[884] Vgl. *Weber, J./Liekweg, A.* (2001), S. 460-463; *Liekweg, A.* (2003), S. 63-67.
[885] Vgl. *Weber, J./Liekweg, A.* (2001), S. 475-476; *Liekweg, A.* (2003), S. 14-15.
[886] Vgl. *Weber, J./Liekweg, A.* (2001), S. 467; *Schäffer, U./Weber, J.* (2004), S. 462.
[887] Vgl. *Liekweg, A.* (2003), S. 203, S. 299-374.
[888] Vgl. *Liekweg, A.* (2003), S. 14.
[889] Vgl. *Weber, J./Liekweg, A.* (2001), S. 481-491; *Liekweg, A.* (2003), S. 14-15.
[890] Vgl. *Liekweg, A.* (2003), S. 344-348.

Chancen/Risiko-Portfolios und Methoden zur Bestimmung der korporativen Risikonutzenfunktion bzw. Wesentlichkeitsgrenzen, Einflussfaktorenidentifikation, Chancen- und Risiken-Erfassungsbögen, Risikoaggregation und Risikoberichte – also Instrumente zur Formalisierung, Quantifizierung und Dokumentation des Risikomanagement-Prozesses – sowie Überprüfungs- und Überwachungsmethoden, die hierauf aufbauen.

4.4.3.4 Kognitionsorientierte Risikocontrolling-Konzeption

Beim kognitionsorientierten Ansatz wird explizit auf real existierende Controlling-Institutionen zur Ableitung einer Controlling-Konzeption Bezug genommen. **Ausgangspunkt** ist die Prämisse, dass bei realen Entscheidungsträgern bzw. Managern kognitive Beschränkungen, d. h. beschränktes Wissen und Können, bestehen. Durch die in größeren Organisationen erforderliche Arbeitsteilung sind Entscheidungsträger nur für einen relativ engen Aufgabenbereich zuständig und verfügen dort über bereichsspezifisches, überlegenes Wissen und Können (primäres Wissen), d. h. sie sind in Bezug auf ihren Aufgabenbereich Experten. In Bezug auf andere Bereiche sind sie jedoch Novizen mit mehr oder weniger ausgeprägtem deklarativem Wissen, das sie aber nur unzureichend anwenden können. Dies gilt insbesondere auch für das Rechnungswesen, worin Controller Experten sind. Zur Problemlösung benötigen Manager jedoch auch Wissen aus anderen Bereichen (sekundäres Wissen), insbesondere auch aus dem Rechnungswesen. Das Controlling bzw. der Controller hat die Aufgabe, Managern bei Problemlösungs- bzw. Informationsverarbeitungsprozessen durch die standardisierte und fallweise Bereitstellung von relevantem sekundärem Wissen zu unterstützen. Dies geschieht zum einen durch die Bereitstellung deklarativen Faktenwissens mittels eines geeigneten Berichtswesens (Informationsversorgung), das die Suche nach relevanten Informationen durch den Entscheidungsträger vereinfacht und ihn somit entlastet. Zum anderen erfolgt eine Unterstützung beim Erwerb problemrelevanten Handlungswissens durch die Einführung und Bereitstellung von Standardverfahren bzw. Verfahrensbibliotheken (organisatorische Programmierung). Hierdurch wird es möglich, dass Entscheidungsträger Handlungswissen anwenden können, über das sie eigentlich nicht in einem ausreichenden Maß verfügen. Zusätzlich ist eine persönliche Beteiligung am Problemlösungsprozess notwendig, falls rein prozedurales Wissen benötigt wird (Beraterfunktion).[891]

Auch hinsichtlich der Konzeption eines Risikocontrollings im kognitionsorientierten Kontext erfolgt die Aufgabenableitung unter Berücksichtigung institutionaler Aspekte, d. h. der überzeugenden Zuordenbarkeit der Risikocontrolling-Funktion zu einer bestimmten Stelle. Der

[891] Vgl. *Lingnau, V.* (2004a); *Lingnau, V.* (2004b); Henseler, J., *et al.* (2004), S. 8-12.

Aufgabenraum der bewussten Risikogestaltung in Unternehmen wird dabei prozedural als Risikohandling-Prozess (risikobezogener Problemlösungsprozess) konzipiert, der größtenteils mit dem üblicherweise betrachteten Risikomanagement-Prozess korrespondiert. Die Aufgaben des Risikohandling-Prozesses sind auf die Aufgabenträger Management, (Risiko-) Controlling und Überwachungsorgane (Interne Revision und Aufsichtsrat) verteilt. Das Risikocontrolling tritt als Stelle mit führungsunterstützender Funktion auf, in deren Rahmen das Risikocontrolling sekundäres Methoden- und Faktenwissen für die Durchführung des Risikohandling-Prozesses bereitstellt. Das Management ist für die Aufgaben bzw. Prozessschritte Festlegung einer Risikonorm und -strategie sowie Risikosteuerung verantwortlich. Das Risikocontrolling übernimmt zusammen mit den Fachabteilungen die eher operativ ausgerichteten Aufgaben bzw. Prozessschritte Risikoanalyse zur Entscheidungsvorbereitung und Risikokontrolle bzw. -überwachung. Die Überwachungsorgane schließlich sind für die Risikoüberprüfung, d. h. eigentlich die Risikomanagement-Systemüberwachung, verantwortlich.

Die Beziehung des **Risikocontrollings** zur Unternehmensführung wird durch die Führungsunterstützungsfunktion charakterisiert. Der **Risikobegriff** wie auch die indirekte Zielsetzung scheinen offen zu sein, während die **direkte Zielsetzung** in der kognitiven Entlastung des Managements zur Verbesserung des Risikohandling-Prozesses zu sehen ist. Dem Risikocontrolling kommt dabei die **Aufgabenstellung** der Bereitstellung von sekundärem Fakten- und Methodenwissen zur Ermöglichung der Durchführung der Risikosteuerung und der Kontrolle ihrer Ergebnisse zu. Dieses Aufgabenbündel wird in einer stabsähnlichen Stelle **institutionalisiert**. Als geeignete **Instrumente** werden bekannte Methoden des strategischen Managements (z. B. Frühwarnsysteme, SWOT-Analyse), des Controllings (monetäre Kennzahlen), der Risikomessung und -aggregation (Risikomatrix, Monte-Carlo-Simulation), Risikoberichte (Risikokategorien, Risikoportfolio), risikoorientierte Balanced Scorecards und klassische sowie risikobezogene Kontrollinstrumente (Abweichungsanalysen) genannt.[892]

Eine Unterstützung des Managements wäre sicherlich auch bei den ausschließlich dem Management zugeordneten Aufgabenfeldern denkbar, wenn nicht sogar dringend erforderlich. Gerade bei der Erarbeitung von risikopolitischen Grundsätze und Risikostrategien erscheint eine Methoden- und Informationsunterstützung durch das Controlling wünschenswert.[893]

[892] Vgl. *Jonen, A./Lingnau, V.* (2003), S. 17-25; *Jonen, A./Lingnau, V.* (2004).
[893] Vgl. Hoitsch, H.-J., *et al.* (2005).

4.4.3.5 Reflexionsorientierte Risikocontrolling-Konzeption

Bisher wurde noch keine Risikocontrolling-Konzeption auf der Grundlage der von *Pietsch* und *Scherm* postulierten reflexionsorientierten Controlling-Konzeption[894] entwickelt. Daher wird an dieser Stelle nur kurz eine mögliche Ausgestaltung skizziert.

Ausgangspunkt der reflexionsorientierten Controlling-Konzeption ist die gedanklich-analytische Untergliederung des Handlungsfeldes Unternehmen in die drei funktionale Ebenen Führung, Führungsunterstützung und Ausführung. Gegenstand der Führung sind vor allem das Treffen, die Durchsetzung, die Hinterfragung und die Verantwortung von Entscheidungen. Hierzu benötigt die Führungsfunktion Informationen, deren Beschaffung und Aufbereitung Gegenstand der Führungsunterstützung ist. Führungshandlungen sind durch den Kontext einer komplexen und dynamischen Umwelt sowie durch kognitive Beschränkungen realer Entscheidungsträger geprägt. Der Komplexitätsbewältigung kommt somit im Rahmen der Führung eine wichtige Rolle zu. Die Unternehmensführung und die Führungsunterstützung verwenden die beiden grundlegenden Operationen Selektion (Auswahl von Handlungsmöglichkeiten) und Reflexion (Überdenken von Selektionsleistungen) zur Komplexitätsbewältigung. Die Controlling-Funktion wird dual gesehen und sowohl auf der Führungsebene in Form der Reflexionsaufgabe als auch auf der Führungsunterstützungsebene in Form der Informationsversorgung der Entscheidungsreflexion verortet. Konstituierend für die konzeptionelle Fundierung des Controllings ist die Annahme, dass die Reflexionsfunktion und deren Informationsversorgung notwendig sind und von anderen Unternehmens- bzw. Führungsfunktionen nicht (ausreichend) abgedeckt werden.

Risikocontrolling wäre entsprechend **funktional** generell als die Reflexion von Selektionshandlungen im Rahmen des Risikomanagements bzw. von unsicherheitsbehafteten Entscheidungen und deren Versorgung mit relevanten Informationen zu sehen. Die Reflexionsaufgabe umfasst eine abweichungsorientierte Reflexion, welche die Durchführung von Soll/Ist-Vergleichen und die Feststellung von Abweichungen zur kritischen Erfolgsbeurteilung und Verminderung zukünftiger Abweichungen zum Gegenstand hat, sowie eine perspektivenorientierte Reflexion, bei der es um das Aufzeigen neuer Muster der Problemlösung bzw. der distanzierten Analyse von Entscheidungen aus unterschiedlichen Blickwinkeln geht. Somit hätte das Risikocontrolling Kontrollaufgaben bzgl. der Ergebnisse bzw. der Effizienz und Effektivität von Risikomanagement-Entscheidungen sowie die Analyse bestehender Risiko-

[894] Vgl. *Pietsch, G./Scherm, E.* (2000); *Pietsch, G./Scherm, E.* (2001a; *Pietsch, G./Scherm, E.* (2001b); *Pietsch, G.* (2003).

gestaltungsmöglichkeiten und die Generierung neuer Risikogestaltungsmöglichkeiten zu übernehmen. Aussagen zum **Risikobegriff** und zu den Risikocontrolling-**Zielen** lassen sich nur bedingt ableiten. Das Ziel der Existenzsicherung und das Verständnis von Risiko als Möglichkeit einer Zielabweichung scheinen jedoch auch im Kontext einer reflexionsorientierten Konzeption sinnvoll. Die Institutionalisierung sollte kontextabhängig unter Beachtung der Komplexität und Dynamik nach den Kriterien der organisatorischen Effektivität und Effizienz erfolgen. Wichtig ist hierbei die Klärung der Frage, wie die Risikocontrolling-Funktion auf Manager und (Risiko-) Controller verteilt ist, insbesondere inwieweit (Risiko-) Controller bei der Führungsaufgabe Reflexion mitwirken (können). (Risiko-) Controller übernehmen die Rolle des kritischen Counterparts und des Informationsversorgers. Risikocontrolling-**Instrumente**, die der abweichungsorientierten risikobezogenen Reflexion dienen, umfassen Risikopotenzial und Risikotragfähigkeit quantifizierende und bewertende Verfahren. Methoden zur perspektivenorientierten risikobezogenen Reflexion sind schwerer zu identifizieren und wohl auch kaum formalisierbar. Die Informationsversorgungsaufgabe erfordert den Einsatz eines risikobezogenen Berichtswesens, das Informationen über risikobezogene Ziel- bzw. Soll-, Ist und Wird-Größen liefert.

4.4.4 Zusammenfassende Darstellung ausgewählter Risikocontrolling-Konzeptionen

Die Betrachtung der ausgewählten Risikocontrolling-Konzeptionen schließt mit einem synoptischen Überblick (siehe Tabelle 14). Als Betrachtungsrahmen wird der in Abschnitt 4.4.1 erarbeitete Vorschlag zur Struktur von Risikocontrolling-Konzeptionen verwendet. Die betrachteten Risikocontrolling-Konzeptionen dienen dabei als Referenzansätze für die sich anschließende Entwicklung einer tragfähigen Risikocontrolling-Konzeption.

Konzeption	Informations-orientiert	Koordinations-orientiert	Rationalitäts-sicherungsorientiert	Kognitionsorientiert
Autoren	*Diederichs, M.* (2004); *Form, S.* (2005)	*Braun, H.* (1984); *Kimmig, J. M.* (2001); *Pedell, B.* (2004)	*Weber, J./Liekweg, A.* (2001); *Liekweg, A.* (2003)	*Jonen, A./Lingnau, V.* (2003); *Jonen, A./Lingnau, V.* (2004)
Führungsbezug	RC ist die systematische, informatorische (erfolgszielbezogene) Unterstützung des Managements bzw. RM, wobei RM ein immanenter Bestandteil der Unternehmensführung ist	RC ist ein Subsystem der Unternehmensführung und dient ihrer risikobezogenen Koordination	RC ist ein auf die Unternehmensführung bezogenes Funktionsbündel zur Sicherstellung ihrer Rationalität	RC ist eine institutionalisierte Führungsunterstützung
Ansatzpunkt	Mangelhafte risikobezogene Methodenversorgung des Managements; Entdeckung, Beschaffung, Aufbereitung und Bereitstellung risikorelevanter Informationen ist keine triviale Aufgabe	Existenz von risikobezogenen Abstimmungsbedarfen und Risikointerdependenzen	Bestehen spezifischer Rationalitätsmängel sowie Methoden zu deren Entdeckung und Behebung beim Umgang der Unternehmensführung mit Risiken oder Unsicherheiten	Manager unterliegen kognitiven Beschränkungen, insbesondere beschränktem Wissen in Bezug auf RM-Methoden und -informationen
Risikobegriff	Risiko ist die Gefahr einer (Erfolgs-) Zielabweichung	Möglichkeit (monetärer) Zielabweichungen	Mögliche Veränderung eines Einflussfaktors, die sich negativ auf die Höhe einer Position der Vermögens-, Finanz- oder Ertragslage auswirkt	Offen, nicht expliziert
Zielbezug	Indirektes Ziel: Existenzsicherung Direktes Ziel: Unterstützung der Unternehmensführung bei der Erreichung dieser Zielsetzung durch eine auf Risikopotenziale bezogene Informationsbeschaffung und -verarbeitung	Indirektes Ziel: Sicherstellung der fortgesetzten Unternehmensexistenz (ggf. konkretisiert durch Erfolgs-, Vermögens- und Liquiditätsziele) Direktes Ziel: Risikobewältigung, konkretisiert durch die Risikoquantifizierung und Risikoaggregation	Indirektes Ziel: Nutzenmaximierung konkretisiert durch die Gewinn- bzw. Wertmaximierung Direktes Ziel: Sicherstellung der Rationalität der Unternehmensführung im Umgang mit Unsicherheit	Indirektes Ziel: offen, nicht expliziert Direktes Ziel: kognitive Entlastung des Managements zur Verbesserung des Risikohandling-Prozesses

Konzeption	Informations-orientiert	Koordinations-orientiert	Rationalitäts-sicherungsorientiert	Kognitionsorientiert
Aufgaben	Aufbau einer hierarchieebenenübergreifenden Risikoberichterstattung und der Entwicklung und Bereitstellung von Instrumenten zur Unterstützung des (Risiko-) Managements bei der Identifikation, Beurteilung und Steuerung von Risikopotenzialen; laufend sind Aufgaben der Bereitstellung risikobezogener Informationen an unternehmensinterne und -externe Empfänger sowie die Messung, Analyse, Überwachung und Dokumentation von Risiken zu leisten	Risikoorientierte Koordination: systemgestaltend und -koppelnd, führungsteilsystemintern und -übergreifend, geschäftsbereichsintern und -übergreifend, unternehmensintern und -übergreifend Umfang und Art der Koordinationsaufgaben sind abhängig vom Modell des Führungsgesamtsystems, besondere Bedeutung haben die risikobezogene Abstimmung der Planung, Kontrolle und Informationsversorgung	Aufdeckung von Rationalitätsengpässen der Unternehmensführung im Umgang mit Chancen und Risiken sowie Verhinderung bzw. Verminderung ihres Entstehens, wobei die konkrete Ausgestaltung der Aufgaben vom relevanten Führungskontext bzw. den sich hieraus ergebenden Rationalitätsmängeln abhängig ist (Vollzug und Hinterfragung kritischer Prüfungen, Initiierung von Regelungen, Anwendung von Instrumenten)	Bereitstellung von sekundärem Fakten- und Methodenwissen zur Ermöglichung der Durchführung der Risikosteuerung und der Kontrolle ihrer Ergebnisse (Aufbau und Betrieb eines Risikoberichtswesens, Einführung und Bereitstellung einer RM-Verfahrensbibliothek, Beratung des Managements beim Risikohandling-Prozess)
Instrumente	Risikoorientiertes RL-Kennzahlensystem, alle Instrumente zur Unterstützung der Risikoidentifikation, -beurteilung, -steuerung und -berichterstattung	Bekannte RM- oder Controlling-Instrumente, risikoorientierte Budgetierungs- und Kennzahlensysteme, Risikobudgets, risikointegrierte Balanced Scorecards	Instrumente zur Formalisierung, Quantifizierung und Dokumentation des RM-Prozesses, sowie Überprüfungs- und Überwachungsmethoden (z. B. Chancen/Risiko-Portfolio und Methoden zur Bestimmung der korporativen Risikonutzenfunktion bzw. Wesentlichkeitsgrenzen, Einflussfaktorenidentifikation, Chancen- und Risikenerfassungsbögen, Risikoaggregation und Risikoberichte)	Bekannte Methoden des strategischen Managements (z. B. Frühwarnsysteme, SWOT-Analyse), des Controllings (monetäre Kennzahlen), der Risikomessung und -aggregation (Risikomatrix, Monte-Carlo-Simulation), Risikoberichte (Risikokategorien, Risikoportfolio), risikoorientierte Balanced Scorecards und klassische sowie risikobezogene Kontrollinstrumente (Abweichungsanalysen)
Aufgabenträger	Bestehende Controlling-Stellen, RM-Beauftragte	Kaum konkrete Aussagen, Zentralstelle zur Koordination der RM-Aktivitäten und Risikoaggregation erscheint sinnvoll	Verteilte Aufgabenübernahme: Controller bzw. Risikomanager, Kapitalmarkt, Aufsichtsrat, Abschlussprüfer, Interne Revision	Stabsähnliche Stelle, die alle Aufgaben übernehmen kann
Anmerkungen	Institutionalisierung gut möglich, Abgrenzung gegenüber anderen Bereichen wie strategisches Controlling und Unternehmensrechnung schwierig	Erfordert weitreichende Kenntnisse und Kompetenzen, Institutionalisierung schwierig, Koordination ist grundlegende Managementaufgabe	Erfordert weitreichende Kenntnisse und Kompetenzen, Institutionalisierung schwierig, Rationalität ist eine allgemeine ökonomische Zielsetzung	Institutionaler Ansatz, erklärt die Existenz von (Risiko-) Controlling-Abteilungen, Unterstützungsfunktion analog auf andere Stabsstellen anwendbar

Tabelle 14: Synoptischer Überblick über ausgewählte Risikocontrolling-Konzeptionen

4.5 Vorschlag einer tragfähigen Risikocontrolling-Konzeption

Aufbauend auf den Vorschlägen zu tragfähigen Controlling- und Risikomanagement-Konzeptionen sowie dem in diesem Kapitel erarbeiteten Stand der Forschung und Praxis des Risikocontrollings wird abschließend eine als tragfähig erachtete Risikocontrolling-Konzeption präsentiert. Der Anspruch ist dabei wiederum, eine nachvollziehbare Einordnung des Risikocontrollings in die Betriebswirtschaftslehre bzw. eine nachvollziehbare Charakterisierung des Gegenstandes des Risikocontrollings zu ermöglichen, die einen möglichst erkennbaren Bezug zum real existierenden Phänomen Risikocontrolling in Form empirisch erfassbarer Praktiken, Stellen und Systeme der Unternehmenspraxis aufweist. Eine unwiderlegbare und endgültig richtige Abgrenzung des Erkenntnis- und Handlungsgegenstandes Risikocontrolling wird wiederum nicht beabsichtigt.

Die nachvollziehbare Einordnung bzw. Charakterisierung des Risikocontrollings erfolgt primär auf der Grundlage der Rekursion auf die vorgestellten, tragfähigen Controlling- und Risikomanagement-Konzeptionen. Die Überprüfung des erkennbaren Bezugs zur Unternehmenspraxis erfolgt anhand eines Abgleichs mit den vorliegenden Ergebnissen empirischer Untersuchungen.

Zusammenfassend kann festgehalten werden, dass das Risikocontrolling für Nicht-Finanzunternehmen im Zuge der verstärkten Beschäftigung mit dem Risikomanagement vor dem Hintergrund von Corporate Governance-Entwicklungen in Forschung und Praxis an Relevanz gewonnen hat. Dabei sind sowohl der Begriff schillernd als auch die Einordnung in die Betriebswirtschaftslehre und Unternehmensorganisation unscharf. Wird das Risikocontrolling als Schnittstellenbereich von Controlling und Risikomanagement begriffen, erbt es die konzeptionellen „Altlasten" dieser beiden Erkenntnisgebiete. Daher bestehen beträchtliche begriffliche und konzeptionelle Unklarheiten sowie Abgrenzungsschwierigkeiten gegenüber den Elterndisziplinen, welche die Erkenntnisgewinnung und die praktische Umsetzung behindern.

Die **Analyse bestehender Risikocontrolling-Auffassungen** in der betriebswirtschaftlichen Literatur ergab folgende Erkenntnisse bzw. tendenzielle Aussagen:[895]

- Das Risikocontrolling wird als Bestandteil der Controlling-Funktion angesehen, die einen wichtigen Beitrag zur Sicherstellung der Risikomanagement-Funktion leistet.

[895] Siehe Abschnitt 4.2.6.

- Die **Zielsetzungen** bestehen in der Sicherstellung der fortgesetzten Unternehmensexistenz und der Unterstützung der Unternehmensführung beim Umgang mit Unsicherheit bzw. Risikoaspekten.
- Die dem Risikocontrolling zugeordneten **Aufgaben** umfassen vor allem Risikomanagement-System gestaltende und entwickelnde Aufgaben (Risikoberichtswesen, monetäre Risikobewertungssysteme, Risikokontrollsystem) sowie laufende Unterstützungsaufgaben im Risikomanagement-Prozess (Sicherstellung von Risikoberichterstattung und Risikopositionsüberwachung, Unterstützung des Managements bei der Nutzung des Risikomanagement-Systems, Durchführung der monetären Risikobewertung und Risikoaggregation einschließlich Plausibilitätsprüfungen). Die Herstellung einer gesamtunternehmensbezogenen Transparenz bzgl. der Risikolage und der Risikotragfähigkeit spielt eine besondere Rolle.
- Als geeignete **Instrumente** werden zumeist allgemeine Controlling- oder Risikomanagement-Instrumente angesehen. Hinsichtlich der Durchführungsaufgaben sind aber vor allem Frühwarnsysteme, mehrwertige Planungsmethoden, Limitsysteme, Risikobewertungsmethoden, Risikodatenbanken und Risikoberichte von Bedeutung.
- Bei der **Institutionalisierung** der Risikocontrolling-Aufgaben wird in Nicht-Finanzunternehmen die Zuordnung der Risikocontrolling-Aufgaben zu bestehenden Controlling-Stellen, insbesondere auch zur zentralen Controlling-Abteilung favorisiert.

Obwohl die bestehenden Unschärfen und Unklarheiten die empirische Erfassung des Risikocontrollings erschweren, legen die **Ergebnisse empirischer Studien** folgende Schlussfolgerungen nahe:[896]

- Dem Controlling kommt als Träger von Risikomanagement-Aufgaben eine wichtige Rolle zu.
- Aus **funktionaler Perspektive** kann vermutet werden, dass die Zielsetzungen des Risikocontrollings vor allem die Integration von Risikoaspekten in die Planung, Steuerung, Kontrolle und Informationsversorgung sowie die Unterstützung des Risikomanagements sind. Die Hauptaufgaben stehen im Zusammenhang mit der Risikoidentifikation, der Pflege des Reportingsystems, der Anpassung und Erweiterung des Risikomanagement-Instrumentariums, der Entwicklung unternehmenseinheitlicher Standards sowie der Risikobewusstseinsförderung.

[896] Siehe Abschnitt 4.1.2 und Abschnitt 4.3.2.2.

- Aus **instrumenteller Perspektive** ist festzustellen, dass der Instrumentenkasten hauptsächlich aus einfachen, eher subjektiv und qualitativ orientierten Instrumenten besteht und die Institutionalisierung bzw. Formalisierung des Risikocontrollings schwach ausgeprägt ist.
- Aus **institutioneller Perspektive** ist zu konstatieren, dass sich das Risikocontrolling als Institution bisher vor allem bei Finanzunternehmen als Stabsstelle mit den Aufgaben Risikoidentifikation, -messung, (Limit-) Überwachung und Risikoberichterstattung etabliert hat. Somit sind diese Aufgaben organisatorisch und personell von der Aufgabe der Risikosteuerung getrennt. Aber auch in Nicht-Finanzunternehmen sind Stellen mit der Bezeichnung Risikocontrolling zunehmend anzutreffen.

Unter Beachtung dieser Erkenntnisse wird im Folgenden eine als tragfähig erachtete Risikocontrolling-Konzeption nach Maßgabe der vorgeschlagenen Struktur und der identifizierten Inhalte tragfähiger Controlling- und Risikomanagement-Konzeptionen entwickelt. Hinsichtlich der Merkmale der theoretischen Fundierung, der Konzeptionalisierung der Unternehmensumwelt und der Unternehmung sowie des Risikobegriffs wird auf die entsprechenden Ausführungen in den Abschnitten 2.5 und 3.4.3 verwiesen. Zusammengefasst wird unterstellt, dass der Gegenstand der Betriebswirtschaftslehre als übergeordnete Disziplin die Untersuchung des menschlichen Handelns unter dem Aspekt der Erzielung und Verwendung von Einkommen sowie der Reduktion der dabei auftretenden Unsicherheiten und hierzu dienender Institutionen (Regel- und Handlungssysteme) ist, dass die Unternehmensumwelt und das Unternehmen als komplex und dynamisch sowie die betrachteten Akteure als beschränkt-rational und nutzenmaximierend mit kognitiven Beschränkungen und beschränkten Ressourcen charakterisiert werden können, und dass die Welt eine potenziell stochastische Natur aufweist und von unvollständigem und ungleich verteiltem Wissen über Sachverhalte und Akteure geprägt ist. Als Handlungsebenen des Unternehmens werden die Unternehmensführung, die Führungsunterstützung und die Ausführung unterschieden. Unter Risiko wird die Möglichkeit einer Zielverfehlung, insbesondere die Möglichkeit des Abweichens eines realisierten Einkommens aus Zahlungsansprüchen an Unternehmen bzw. Unternehmensbeteiligungen von einem angestrebten bzw. erwarteten Einkommen verstanden.

Entsprechend wird Risikocontrolling nicht als eigenständige Disziplin der Betriebswirtschaftslehre, sondern als Teilbereich des Controllings gesehen, bei dem insbesondere Erklärungsansätze und Handlungsvorschläge hinsichtlich des Umgangs mit Risikoaspekten in Unternehmen im Vordergrund stehen. Somit wird auf einen spezifischen Teilbereich der Führung und der Führungsunterstützung fokussiert. Das Risikocontrolling wird als risikobezogene **Führungsunterstützung** bzw. -hilfe verstanden. Als **Ansatzpunkt** des Risikocontrollings wird die Bedeutung verlässlicher Informationen über die gesamtunternehmensbezogene Einkommensunsicherheit für das Risikomanagement angesehen. Die Generierung und Bereitstellung entsprechender Informationen bzw. die monetäre Quantifizierung des Risikos ist keine triviale Aufgabe und erfordert spezielles Sach- und Handlungswissen. Gegenstand des Risikocontrollings ist somit die Unterstützung der Unternehmensführung mithilfe vornehmlich monetärer Informationen und Bewertungsinstrumente bei der Erfassung, Gestaltung und Überwachung des Unternehmensrisikos. Das Risikocontrolling ist demnach als eine rechnungswesengestützte Planungs-, Kontroll- und Koordinationshilfe des Risikomanagements zu charakterisieren.

Das **mittelbare Ziel** des Risikocontrollings ist in einem Beitrag zur Sicherung der fortgesetzten Unternehmensexistenz und zur Sicherung bzw. Steigerung des aus den Unternehmensaktivitäten resultierenden Einkommens für die Anspruchsberechtigten bzw. beteiligten Akteure, insbesondere aber in der Verringerung der Unsicherheit des aus der Beteiligung am Unternehmen resultierenden Einkommens (Reduktion der Wahrscheinlichkeit niedriger Einkommensniveaus bzw. negativer Einkommensabweichungen) zu sehen. Dabei profitiert ein integriert-holistisches Risikomanagement wesentlich von der Verfügbarkeit zielbezogener und verlässlicher monetärer Risikomaße und -messmethoden, welche die Risikolage des gesamten Unternehmens unter Beachtung der einzelnen Unsicherheitsquellen, -wirkungen und -beziehungen abbilden und somit als Basis einer bewussten Gestaltung des Unternehmensrisikos dienen können. Entsprechend besteht das **unmittelbare Sachziel** des Risikocontrollings in der Bereitstellung quantitativer bzw. monetärer risikobezogener Informationen und zu deren Generierung benötigter Verfahren zum Zwecke der Entscheidungsunterstützung und Verhaltenssteuerung im Rahmen des Risikomanagements.

Hierdurch wird auch das **Aufgabenfeld** des Risikocontrollings determiniert, das folgende Aufgaben umfasst:

- Analyse bzw. Entwicklung geeigneter quantitativer bzw. monetärer risikobezogener Zielgrößen und Kennzahlen (**Risikomaße**), insbesondere mit Bezug zur Gesamtrisikolage (Finanz-, Vermögens- und Ertragslage des Unternehmens),
- Analyse bzw. Entwicklung geeigneter Verfahren zur Generierung dieser Kennzahlen und hierzu benötigter risikobezogener Informationen (**Risikomessmethoden**),

- Analyse bzw. Entwicklung geeigneter Verfahren zur Kommunikation und Speicherung der Informationen (**Risikoinformationssystem**),
- Anwendung der Verfahren bzw. Unterstützung bei der Anwendung dieser Verfahren.

Dabei sind die Kenntnis der risikobezogenen, kognitiven Prozesse von Managern sowie der möglichen Verhaltenswirkungen und Manipulationsmöglichkeiten der Risikomaße und Risikomessmethoden von großem Interesse. Das skizzierte Aufgabenfeld wird verkürzt als **Risikorechnung** bezeichnet. Träger dieser Aufgaben werden hier als Risikocontroller bezeichnet.

Risikocontrolling-**Instrumente** sind Verfahren und Methoden, die der Erfüllung der Risikocontrolling-Aufgaben dienen. Gemäß der erfolgten Aufgabenabgrenzung stellt eine geeignet konstruierte Risikorechnung das zentrale Instrument des Risikocontrollings dar. Aufgrund der großen Bedeutung, die der Risikorechnung im Rahmen der vorgeschlagenen Risikocontrolling-Konzeption zugewiesen wird, wird diese in Kapitel 5 ausführlich betrachtet.

Hinsichtlich der Zuordnung der genannten Aufgaben zu **organisatorischen Stellen** sind nur sehr beschränkt allgemeingültige Aussagen möglich. Insbesondere sind die Qualität und der erforderliche Umfang von Risikocontrolling-Aufgaben kontextabhängig. So kann aus Effizienz- und Effektivitätsgesichtspunkten ein „Eigencontrolling", d. h. die Wahrnehmung der Risikocontrolling-Aufgaben durch Manager ebenso sinnvoll sein, wie die Einrichtung spezieller Controlling-Stellen oder die Zuordnung zu anderen Stabsstellen oder Mischformen. Da aber die Bereitstellung monetärer risikobezogener Informationen für Entscheidungsunterstützungs- und Verhaltenssteuerungszwecke i. d. R. spezielles Sach- und Handlungswissen erfordert, scheint die Zuordnung dieser Aufgabe zu spezialisierten Stellen sinnvoll, soweit dem keine Wirtschaftlichkeitsgründe entgegenstehen. Tabelle 15 fasst die vorgeschlagene Risikocontrolling-Konzeption in Form eines Steckbriefes zusammen.

Abschließend sei der Gegenstandsbereich des Risikocontrollings als Lehre und Praxis der Gestaltung und Bereitstellung abgestimmter und aufgabenadäquater, monetär bewertender Methoden für das Risikomanagement sowie der Unterstützung der Unternehmensführung bei der Nutzung dieser Methoden bzw. der Versorgung der Unternehmensführung mit mittels dieser Methoden gewonnener risikobezogener Informationen unter Berücksichtigung realer Einsatzbedingungen, wie kognitiven Beschränkungen, Interessensdifferenzen und Organisationsformen, charakterisiert. Diese Charakterisierung erlaubt eine hinreichend präzise und nachvollziehbare Positionierung des Risikocontrollings innerhalb der Betriebswirtschaftslehre bzw. des Controllings. Zudem ist diese Sichtweise grundlegend mit den empirisch ermittelten

Ergebnissen zur Praxis des Risikocontrollings vereinbar, auch wenn der in der verwendeten Risikocontrolling-Konzeption betrachtete Aufgabenkomplex enger ist, als das Aufgabenfeld, das in der Unternehmenspraxis mit dem Risikocontrolling in Verbindung gebracht wird. Daher soll die vorgestellte Risikocontrolling-Konzeption als tragfähig erachtet werden.

Merkmal	Ausprägung
Zugrunde gelegte Sicht der Betriebswirtschaftslehre	Untersuchung menschlichen Handelns unter dem Aspekt der Erzielung und Verwendung von Einkommen sowie der Reduktion der dabei auftretenden Unsicherheiten und hierzu dienender Institutionen (Regel- und Handlungssysteme)
Charakterisierung der Unternehmensumwelt und des Unternehmens	Komplex und dynamisch, beschränkt-rationale und nutzenmaximierende Akteure mit kognitiven Beschränkungen, beschränkte Ressourcen, potenziell stochastische Welt, unvollständiges und ungleich verteiltes Wissen über Sachverhalte und Akteure Handlungsebenen des Unternehmens: Unternehmensführung, Führungsunterstützung, Ausführung
Risikobegriff	Möglichkeit einer Zielverfehlung, wobei die Ergebnisunsicherheit aus mangelnden Informationen über relevante Sachverhalte und/oder der mangelnden Fähigkeit, diese zu verarbeiten, resultiert Insbesondere die Möglichkeit des Abweichens eines realisierten Einkommens aus einer Unternehmensbeteiligung von einem angestrebten bzw. erwarteten Einkommen
Beziehung des Risikocontrollings zur Unternehmensführung und Ansatzpunkt	Führungsunterstützung Manager benötigen aufgrund kognitiver Beschränkungen und ungleich verteilten Wissens Unterstützung bei der Erfüllung der Risikomanagement-Aufgaben Monetäre Risikoquantifizierung zur Entscheidungsunterstützung und Verhaltenssteuerung ist keine triviale Aufgabe und erfordert spezielles Sach- und Handlungswissen Arbeitsteilung u. U. wirtschaftlicher
Ziele	Indirekt: Beitrag zur Sicherung der Unternehmensexistenz sowie zur Sicherung und Steigerung des aus Unternehmensaktivitäten resultierenden Zahlungsstroms für die Unternehmensbeteiligten Direkt: Bereitstellung monetärer Informationen und zu deren Generierung benötigter Verfahren für das Risikomanagement zum Zwecke der Entscheidungsunterstützung und Verhaltenssteuerung
Aufgaben	Analyse bzw. Entwicklung geeigneter monetärer risikobezogener Zielgrößen und Kennzahlen Analyse bzw. Entwicklung geeigneter Verfahren zur Generierung dieser Kennzahlen und hierzu benötigter risikobezogener Informationen Analyse bzw. Entwicklung geeigneter Verfahren zur Kommunikation und Speicherung der risikobezogenen Informationen Anwendung der Verfahren bzw. Unterstützung bei der Anwendung dieser Verfahren
Instrumente	Quantitative bzw. monetäre Risikobewertungs- und Risikoinformationssysteme sowie Steuerungssysteme (Risikorechnung), allgemeine Methoden der risikobezogenen Ziel- und Systemanalyse sowie der Bewertung
Institutionen	Aufgabenzuordnung kontextabhängig, verschiedene Risikocontroller-Rollen denkbar und sinnvoll I. d. R. Zuordnung zu Controlling-Stellen sinnvoll, u. U. auch Schaffung spezialisierter Stellen zum Aufbau, zur Pflege und zum Betrieb quantitativer bzw. monetärer Risikobewertungs- und Risikoinformationssysteme sowie Steuerungssysteme (Risikorechnung)

Tabelle 15: Steckbrief des Vorschlags für eine tragfähige Risikocontrolling-Konzeption

Der forschungsbezogene Schwerpunkt der vorgeschlagenen Konzeption liegt in der Entwicklung von Aussagen und Gestaltungsempfehlungen bezüglich einer Risikorechnung zur Unterstützung der Unternehmensführung bei ihren Aufgaben hinsichtlich der Gestaltung der Unternehmensrisikolage. Dieser Gegenstand wird im folgenden Kapitel aufgegriffen und vertieft.

5 Die Risikorechnung als Kernbereich des Risikocontrollings

Die gezielte betriebswirtschaftliche Unterstützung der Unternehmensführung bei der Wahrnehmung und Handhabung der Unternehmensrisiken wurde im vorhergehenden Kapitel als zentrale Aufgabenstellung des Risikocontrollings herausgearbeitet. Hierbei handelt es sich vor allem um die Entwicklung, Bereitstellung und Anwendung von Methoden zur Quantifizierung und Bewertung des Unternehmensrisikos und hierauf bezogener Methoden zur Informationsgenerierung, -verarbeitung und -weiterleitung unter Berücksichtigung realer Einsatzbedingungen wie kognitiven Beschränkungen, Interessensdifferenzen und Organisationsformen. Kernbereich einer solchen Aufgabe ist eine im Folgenden näher zu beschreibende Risikorechnung als Teilbereich der Unternehmensrechnung. Damit wird direkt auf die Wurzeln des Controllings im betrieblichen Rechnungswesen bzw. in der Unternehmensrechnung, also der wertmäßigen Abbildung des vergangenen oder erwarteten Unternehmensgeschehens, rekurriert[897] und eine Übertragung auf das Risikocontrolling vorgenommen.

Da, wie zu zeigen ist, bisher kaum geschlossene Ansätze einer Risikorechnung in Literatur und Praxis existieren, wird in diesem Kapitel ein Vorschlag zu deren Gegenstand, Einordnung, Struktur und Teilrechnungen entwickelt. Zunächst wird kurz die Unternehmensrechnung bzw. das betriebliche Rechnungswesen als Rahmen einer Risikorechnung charakterisiert und untersucht, inwieweit eine Erfassung des Unternehmensrisikos sowohl in den bestehenden Teilsystemen der Unternehmensrechnung als auch teilsystemübergreifend erfolgt und sich hieraus der Bedarf einer eigenständigen Risikorechnung ableiten lässt. Der Bedarf kann sich aber nicht alleine aus einer mangelnden formellen Berücksichtigung des Risikos ergeben, sondern er muss viel mehr auch aus einer unzweckmäßigen Nichtberücksichtigung bei einer eigentlich materiell notwendigen Berücksichtigung abzuleiten sein. Daher ist das Bestehen dieser Notwendigkeit zu überprüfen. Im Anschluss hieran wird auf den Gegenstand und die Grundprobleme einer Risikorechnung eingegangen, die bei der Risikorechnungsgestaltung berücksichtigt werden müssen. Dabei wird insbesondere auf die Möglichkeit der zahlenmäßigen Erfassung des Risikos für die Zwecke der Unternehmensrechnung, also die Risikomessung eingegangen. Bevor eine tiefer gehende Auseinandersetzung mit der Risikorechnungsgestaltung erfolgt, werden bestehende Vorschläge zur Risikorechnung betrachtet. Anschließend erfolgt

[897] Vgl. z. B. *Lingnau, V.* (1999), S. 77-78; *Weber, J.* (2004), S. 9.

die Erarbeitung eines Vorschlages zur Risikorechnung, der auf allgemeinen Überlegungen zur Unternehmensrechnungsgestaltung beruht. Hierzu werden zunächst Einflussgrößen und Optionen der Rechnungsgestaltung eruiert und hinsichtlich des Vorschlages eingegrenzt. Abschließend werden mögliche Risikoteilrechnungssysteme vorgestellt.

5.1 Die Unternehmensrechnung als Rahmen der Risikorechnung

Im Folgenden wird die Unternehmensrechnung als übergeordnetes System der Risikorechnung betrachtet. Daher sollen die an dieser Stelle gewonnenen Erkenntnisse als Rahmenbedingungen zur Charakterisierung der Risikorechnung und zur Ableitung von Gestaltungsmöglichkeiten für diese dienen. Die Unternehmensrechnung bzw. das betriebliche Rechnungswesen[898] bezeichnen sämtliche Verfahren zur mengen- und wertmäßigen bzw. zahlenmäßigen Abbildung zukünftiger, gegenwärtiger und vergangener führungsrelevanter Leistungs- und Finanz-Potenziale und -Ströme von Unternehmen.[899] Dabei kann das Rechnungswesen auch als der Nukleus der Betriebswirtschaftslehre angesehen werden.[900] Die zahlenmäßige Erfassung wirtschaftlichen Geschehens ist zudem bis zum Beginn der bekannten schriftlichen Aufzeichnungen der Menschheit in unterschiedlichen Kulturkreisen für verschiedene Organisationen nachweisbar.[901] Die Unternehmensrechnung stellt im Kern ein Informationsinstrument dar,[902] d. h. ein Instrument zur Ermittlung, Aufbereitung, Darstellung, Analyse und Auswertung von Zahlen, welche sich auf die wirtschaftlichen Sachverhalte eines Unternehmens und dessen Beziehungen zu anderen Wirtschaftssubjekten beziehen[903].

Das Rechnungswesen erscheint für die Erfassung wirtschaftlichen Geschehens besonders attraktiv, da die quantitative Darstellung von betriebswirtschaftlich interessanten Sachverhalten eine einheitliche Präsentation, komprimierte Abbildung und intersubjektive Kommunikation derselben erlaubt, wodurch im Idealfall eine möglichst effektive und effiziente Informationsverarbeitung beim Empfänger ermöglicht wird, insbesondere bzgl. des Vergleichs und der Bewertung von Sachverhalten. Das Rechnungswesen umfasst dabei sowohl reale Institutionen und die dort verwendeten Techniken als auch deren wissenschaftliche Betrachtung.[904]

---

898 Die Begriffe Unternehmensrechnung und betriebliches Rechnungswesen werden in dieser Schrift synonym verwendet. Für eine mögliche Differenzierung vgl. *Küpper, H.-U.* (2002), Sp. 2039.

899 Vgl. z. B. *Hoitsch, H.-J.* (1995), S. 2-6 und S. 12-14; *Lehmann, M./Moog, H.* (1996), S. 1-10; *Schneider, D.* (1997a), S. 3; *Weber, J.* (2004), S. 147.

900 Vgl. z. B. *Küpper, H.-U./Mattessich, R.* (2005), S. 346; *Wöhe, G./Döring, U.* (2005), S. 30.

901 Vgl. *Mattessich, R.* (2002); *Schneider, D.* (2002).

902 Vgl. *Küpper, H.-U.* (2002), Sp. 2031.

903 Vgl. *Weber, H. K.* (1988), S. 2.

904 Vgl. *Schneider, D.* (1997a), S. 3-5.

Einigkeit besteht darüber, dass die Unternehmensrechnung als Ressourcen verbrauchende Aktivität bzw. Institution keinen Selbstzweck wirtschaftlicher Tätigkeit darstellt, sondern der Erreichung grundlegender betriebswirtschaftlicher Zwecke dient. Diese sind folgerichtig in den Funktionen von Unternehmen bzw. Unternehmern zu suchen. Die Unternehmensrechnung ist somit ein Mittel zur Ermöglichung bzw. zur verbesserten Erreichung der Unternehmenszwecke bzw. der Unternehmerfunktionen. Nach *Schneider* sind dies die Übernahme von Einkommensunsicherheiten als institutionenbegründende Funktion, die Erzielung von Arbitragegewinnen als nach außen gerichtete institutionenerhaltende Funktion sowie die Durchsetzung von Änderungen als nach innen gerichtete institutionenerhaltende Funktion,[905] zu deren Erfüllung die Unternehmensrechnung einen wichtigen Beitrag leistet.[906]

Aus diesen Zwecken leiten sich die Zwecke der Unternehmensrechnung, also die **Rechnungszwecke**, ab. Da die Unternehmensrechnung grundlegend eine Informationsfunktion erfüllt, stellen die Rechnungszwecke Wissenswünsche anspruchsberechtigter Wirtschaftssubjekte dar.[907] Der älteste nachweisbare und somit u. U. auch originäre Rechnungszweck ist die Rechenschaft bzw. die Kontrolle, die sich aus dem Wunsch eines Auftraggebers im Rahmen arbeitsteiliger wirtschaftlicher Strukturen nach nachprüfbarem Wissen über die Aktivitäten von Beauftragten und deren Auswirkungen ergeben.[908] Die Rechenschaftslegung kann sowohl unternehmensintern als auch unternehmensextern, z. B. gegenüber Kapitalgebern, erfolgen. Eng damit verbunden ist die Bemessung von Ansprüchen und Verpflichtungen der Unternehmensleitung gegenüber Dritten. Ein anderer Zweck, der vor allem bei der entscheidungsorientierten Perspektive der Betriebswirtschaftlehre betont wird, ist die Entscheidungsunterstützung mittels der Vorbereitung von Entscheidungen der Unternehmensleitung durch Bereitstellung von auf Entscheidungsalternativen und deren Konsequenzen bezogenem Wissen. Einen u. U. in der Unternehmenspraxis bedeutsameren Zweck[909] stellt die Beeinflussung des Verhaltens oder der Erwartungen anderer durch die Bereitstellung bzw. Vorgabe von Rechengrößen wie Sollvorgaben und (Verrechnungs-) Preise dar.[910] Durch die Bereitstellung möglichst nachvollziehbar ermittelter Größen und Zahlenwerte trägt die Unternehmensrechnung sowohl zur Erzielung von Arbitragegewinnen als auch zur Durchsetzung von Änderungen

905 Vgl. *Schneider, D.* (1995), S. 1-56.
906 Vgl. *Schneider, D.* (1997a), S. 4 und S. 11-27; *Richter, H. J.* (2002), S. 43-46.
907 Vgl. *Schneider, D.* (1997a), S. 235; *Wielenberg, S.* (2002), Sp. 1669-1700.
908 Vgl. *Schneider, D.* (2002), Sp. 376-377.
909 Bzgl. der Kostenrechnung vgl. hierzu *Pfaff, D./Weber, J.* (1998).
910 Vgl. *Schneider, D.* (1997a), S. 12 und S. 28.

innerhalb der (hierarchisch-arbeitsteilig strukturierten) Unternehmung sowie zur Erfüllung gesetzlicher Anforderungen an die Rechnungslegung bei.[911]

Rechnungsaufgaben stellen Konkretisierungen der Rechnungszwecke dar.[912] Je nach Unternehmenszugehörigkeit lassen sich Aufgaben unterscheiden, die vornehmlich unternehmensexternen bzw. -internen Interessenten dienen. Externorientierte Funktionen sind die Zahlungsbemessungsfunktion zur Festsetzung und Koordination von Zahlungsansprüchen unterschiedlicher Anspruchsgruppen, die Informationsfunktion zur Vermittlung möglichst zutreffender Informationen über die Vermögens-, Finanz- und Ertragslage des Unternehmens (z. B. zur Fundierung von Kreditvergabe- oder Anlageentscheidungen) sowie die Dokumentationsfunktion (z. B. zum Nachweis bei Rechtsstreitigkeiten). Intern- bzw. führungsorientierte Funktionen sind die Entscheidungsunterstützungs- bzw. Entscheidungsfunktion zur Bereitstellung von Informationen zur Fundierung von Entscheidungen ohne Berücksichtigung organisationaler oder verhaltensbezogener Aspekte in arbeitsteiligen Organisationen sowie die Verhaltenssteuerungsfunktion zur Beeinflussung des Verhaltens von Entscheidungsträgern durch Bereitstellung von Kontroll- und Koordinationsinformationen unter Berücksichtigung organisationaler oder verhaltensbezogener Aspekte in arbeitsteiligen Organisationen.[913]

Während der Rechnungszweck also die Wissenswünsche der Empfänger von Rechnungsinformationen darstellt, bezeichnet das **Rechnungsziel** die Maßgröße des zu ermittelnden Rechenergebnisses als beobachtbaren Sachverhalt und somit als Indikator des Wissenswunsches.[914] Der **Rechnungsinhalt** bezeichnet die Abbildungsobjekte und die diesen zuzuordnenden Zahlenwerte.[915] Die Beziehung dieser drei Begriffe wird durch die grundlegende Forderung geregelt, dass der Rechnungszweck über das Rechnungsziel den Rechnungsinhalt bestimmen soll.[916] Demnach bestimmen die aus den Unternehmenszwecken abgeleiteten Rechnungszwecke die Aufgaben, den Gegenstand sowie die Rechenarten der Unternehmensrechnung.

Dieses Postulat hat weit reichende Bedeutung für die Gestaltung und den Aufbau der Unternehmensrechnung, da zwischen den einzelnen Rechnungszielen durchaus konfliktäre Beziehungen bestehen können, d. h. wenn ein Rechensystem primär auf einen Zweck wie z. B. eine

911 Vgl. *Schneider, D.* (1997a), S. 11-27.
912 Vgl. *Richter, H. J.* (2002), S. 147.
913 Vgl. z. B. *Wielenberg, S.* (2002), Sp. 1671-1674; *Wagenhofer, A./Ewert, R.* (2003), S. 4-9; *Ewert, R./Wagenhofer, A.* (2005), S. 4-11.
914 Vgl. *Schneider, D.* (1995), S. 205.
915 Vgl. *Kosiol, E.* (1972), S. 141-144.
916 Vgl. *Schneider, D.* (1997a), S. 45.

möglichst genaue Prognose für die Entscheidungsunterstützung gerichtet ist, können die damit erzeugten Informationen für die Verhaltenssteuerung ungeeignet sein, da hierfür u. U. „manipulierte“ Vorgaben zweckmäßig sein können.[917] Daher erscheinen zunächst unterschiedliche Rechensysteme erforderlich, die der Befriedigung abgegrenzter Wissenswünsche dienen. Deswegen ist es notwendig, die **Rechnungswesenstruktur** zu betrachten, welche die Merkmale umfasst, welche Aufgaben, Bereiche und Inhalte der Unternehmensrechnung erklären. *Schneider* schlägt eine Strukturierung anhand der Rechnungsaufgaben (siehe oben), des Zeitbezugs (vergangenheits- vs. zukunftsbezogenen) und des Empfängerkreises (Zugehörigkeit der Empfänger zur Unternehmensleitung, extern vs. intern) sowie der Rechnungsgrößen (Begriffsinhalte beobachtbarer und wertmäßig darstellbarer Sachverhalte, z. B. Zahlungen, Kosten und Erlöse) und der Regelmäßigkeit der Rechnungserstellung (laufend vs. fallweise) vor. Anhand der ersten drei Merkmale werden folgende Rechnungen unterschieden: Rechnungslegung über Ansprüche und Verpflichtungen gegenüber Dritten, Prospektrechnungen für Angebote, Kontrollrechnungen zur Ist-Erfassung und Entscheidungsbeurteilung sowie Planungsrechnungen für Prognose und Entscheidungen.[918] *Lehmann/Moog* stellen bei ihrer Strukturierung stärker auf Entscheidungstatbestände, insbesondere Entscheidungen über Potenzialfaktor-Bestandsveränderungen und Entscheidungen über Leistungserstellung und -verwertung bei gegebenem Potenzialfaktorbestand sowie die Erfordernis der Rechnungsdurchführung aufgrund veränderter Informationsstände ab (zeitlich-sachliche Struktur).[919] *Kosiol* differenziert das Rechnungswesen nach den Hauptmerkmalen Wiederholungscharakter, Rechnungszeitpunkt bzw. Zeitbezug (Vergangenheit oder Zukunft), Rechnungsziel bzw. Sachaufgabe (Erfassung, Verarbeitung oder Auswertung) und Rechnungsgegenstand (Zurechnungsobjekte, Art der verwendeten Mengen und Preise, Zurechnungsumfang).[920] *Küpper* schlägt eine Gliederung der Unternehmensrechnung nach den Merkmalen Rechnungszweck, Entscheidungszielbezug, Abbildungsgegenstand (Geld, Ansprüche, Realgüter), Basisgrößen (Zahlungen, Kosten etc.), zeitlicher Bezug (Zukunftsbezug) und zeitliche Reichweite (erfasste Perioden) vor.[921]

Üblicherweise werden in Verbindung mit den verwendeten Rechengrößen ohne Nennung anderer überzeugender Abgrenzungskriterien folgende real existierende Rechensysteme bzw. Rechensparten unterschieden: Investitions- und Finanzierungsrechnungen, externes Rech-

---

[917] Vgl. *Ewert, R./Wagenhofer, A.* (2005), S. 7 und S. 10.
[918] Vgl. *Schneider, D.* (1997a), S. 27-33.
[919] Vgl. *Lehmann, M./Moog, H.* (1996), S. 484-490; *Schmitz, H.* (2004), S. 48-49 und S. 492.
[920] Vgl. *Kosiol, E.* (1972), S. 138-147.
[921] Vgl. *Küpper, H.-U.* (2005), S. 130-133

nungswesen (Finanzbuchhaltung und Jahresabschluss), Kosten- und Erlösrechnung sowie z. T. Finanz- und Liquiditätsplanung.[922] Einen umfangreicheren Teilsystem-Katalog, der bestehende Rechnungen nach den Merkmalen Entscheidungsziel- und Zeitbezug gliedert, nennt *Küpper*, wobei auch nicht traditionell dem betrieblichen Rechnungswesen zugeordnete „Rechnungen“ wie Früherkennungssysteme, Sozial- und Umweltbilanzen sowie Humanvermögensrechnungen erfasst werden.[923]

Bei der wissenschaftlichen Auseinandersetzung mit dem Rechnungswesen können – wie zuvor bei den anderen im Rahmen dieser Arbeit behandelten Betrachtungsobjekten (Controlling, Risikomanagement, Risikocontrolling) geschehen – die Betrachtungsperspektiven Begriffslehre, Theorien, Technologien und Philosophien unterschieden werden. Hinsichtlich der **Rechnungstheorie**[924] bzw. Theorie des Rechnungswesens wird häufig allgemein ein Theoriedefizit bzw. eine mangelhafte theoretische Fundierung des Rechnungswesens beklagt[925] bzw. auf eine mangelnde inhaltliche und methodische Kohärenz der vielen existierenden Partialtheorien und somit auf eine fehlende geschlossene Theorie des Rechnungswesens hingewiesen.[926] Auf die Rechnungswesenforschung kann an dieser Stelle nicht detailliert eingegangen werden.[927] Gemäß der Charakterisierung der Unternehmensrechnung als zahlenmäßige Abbildung ökonomischer Sachverhalte in Unternehmen und den damit verfolgten Zwecken, vor allem der Entscheidungsunterstützung und Verhaltenssteuerung, kann die Rechnungstheorie folgendermaßen umrissen werden: Erklärende (explanatorische/positive/deskriptive) Theorien betrachten die Fragestellungen, warum im Rechnungswesen bestimmte Handlungen erfolgen und bestimmte Regelungen bestehen, und dienen der Erklärung und Prognose der empirischen Wirklichkeit des Rechnungswesens. Metrisierende (komputatorische) Theorien bemühen sich um die Übersetzung theoretischer Begriffe in Begriffe beobachtbarer Sachverhalte. Dafür sind quantitativ erfassbare Maßgrößen, Zurechnungsmöglichkeiten und Zurechnungsobjekte zu klären. Gestaltende Theorien schließlich sollen Handlungsempfehlungen bzw. Entscheidungsregeln für die Gestaltung der Unternehmensrechnung generieren, was aber den Rückgriff auf Wertvorstellungen erfordert. Dabei sind die Auswirkungen der Unterneh-

922 Vgl. *Lehmann, M./Moog, H.* (1996), S. 213 und S. 427; *Schweitzer, M./Küpper, H.-U.* (1998), S. 10-12; *Ewert, R./Wagenhofer, A.* (2005), S. 4-11.

923 Vgl. *Küpper, H.-U.* (2002), Sp. 2038; *Küpper, H.-U.* (2005), S. 128-129.

924 Vgl. *Matthes, W.* (1971); *Kosiol, E.* (1972).

925 Vgl. *Lehmann, M./Moog, H.* (1996), S. 1.

926 Vgl. *Richter, H. J.* (2002), S. 129; *Schmitz, H.* (2004), S. 31 m. w. N.

927 Zur Rechnungswesenforschung sei u. a. auf die folgenden Beiträge verweisen: *Richter, H. J.* (2002), S. 129-164; *Schmitz, H.* (2004), S. 4-63; *Küpper, H.-U./Mattessich, R.* (2005).

mensrechnung auf den Grad der Erfüllung der Rechnungszwecke und sonstiger Zielsetzungen des Unternehmens zu untersuchen.[928]

Mit diesen Ausführungen wurde der Rahmen für die Risikorechnung skizziert. Im Folgenden wird untersucht, inwieweit eine eigenständige Risikorechnung im Sinne der zahlenmäßigen Abbildung des Unternehmensrisikos zur Erfüllung der Rechnungszwecke beitragen kann. Zunächst wird überprüft, welche Bedeutung Unsicherheit und Risiko für die Rechnungszwecke haben und inwiefern schon eine Berücksichtigung von Unsicherheit und Risiko in den pragmatisch abgegrenzten Teilrechnungssystemen der Unternehmensrechnung in Literatur und Praxis erfolgt.

5.2 Notwendigkeit der Risikorechnung als Teilrechnungssystem der Unternehmensrechnung

Die Betrachtung der Notwendigkeit der Risikorechnung erfolgt einerseits anhand der Untersuchung der Bedeutung von Unsicherheit bzw. Risiko für die Rechnungszwecke und andererseits anhand der Überprüfung, inwieweit sich Unsicherheit und Risiko in bestehenden Teilrechnungssystemen wieder finden.

5.2.1 Bedeutung von Unsicherheit bzw. Risiko für die Rechnungszwecke

Der Gegenstand der Unternehmensrechnung wurde als die zahlenmäßige Abbildung des Unternehmensgeschehens und dessen Kommunikation an Informationsempfänger für die Erfüllung der Zwecke der Entscheidungsunterstützung, Verhaltenssteuerung und Rechenschaftslegung charakterisiert und es wurden existierende Rechnungsteilsysteme genannt. Unsicherheits- bzw. Risikoaspekte wurden dabei nicht explizit angesprochen. Ein grundlegender Zusammenhang zwischen Unternehmensrechnung und Unsicherheit bzw. Risiko besteht, da die Unternehmensrechnung ein Informationssystem zur Befriedigung von Wissenswünschen ist und Unsicherheit ein Informationsmerkmal bzw. einen Informationsmangel darstellt. Somit trägt die Unternehmensrechnung durch die Bereitstellung von ansonsten nicht verfügbarem Wissen zur Unsicherheitsreduktion bei.[929] Die zahlenmäßige Erfassung des Unternehmensgeschehens erfolgt jedoch i. d. R. einwertig, d. h. einem Sachverhalt wird für einen bestimmten Zweck ein bestimmter Zahlenwert zugeordnet. Unsicherheit bzw. Risiko äußert sich aber formal in mehreren möglichen Zahlenwerten für einen bestimmten Sachverhalt.

---

[928] Vgl. *Kosiol, E.* (1972), S. 133-136; *Schneider, D.* (1995), S. 117-119; *Schmitz, H.* (2004), S. 39-45.
[929] Vgl. *Christensen, J. A./Demski, J. S.* (2003), S. 3.

Zudem lässt sich zeigen, dass das Phänomen Unsicherheit auch zur Begründung der beschriebenen Rechnungszwecke herangezogen werden kann. So ergibt sich der Wunsch nach nachprüfbarem Wissen über die Erfüllung übertragener Aufgaben auch aus der Existenz von Unsicherheiten bzgl. des Könnens und Wollens der Beauftragten (**Kontrolle/Rechenschaft**). Kontrollrechnungen sind deswegen erforderlich, weil Abweichungen zwischen prognostizierten Werten oder Soll-Vorgaben und realisierten Werten erwartet werden. Abweichungsanalysen sollen genauere Auskunft darüber geben, warum es zu Abweichungen kam, um den Wissensstand für die Ableitung zukünftiger Prognosen und Vorgaben zu verbessern, und festzustellen, wer für die Abweichungen verantwortlich ist, um somit Könnens- und Wollensdefizite Verantwortlicher ex post aufzuzeigen bzw. ex ante zu verringern.[930]

Die **Entscheidungsunterstützung** erfordert die Bereitstellung entscheidungsrelevanter Informationen. Im Sinne der normativen bzw. präskriptiven Entscheidungstheorie ist zunächst das Entscheidungsfeld abzubilden, welches Informationen über den Aktionsraum (Kombination der Aktionsparameter), den Zustandsraum (handlungsergebnisbeeinflussende Faktoren außerhalb des Aktionsraums) und den Ergebnisraum (Wirkungen, aktions- und zustandsspezifische Handlungsergebnisse) enthalten soll. Die Ergebnisse werden in der Unternehmensrechnung auf Rechnungsziele eingeschränkt. Zudem ist u. a. auch das Präferenzmodell des Entscheidungsträgers abzubilden, dessen Anwendung die Ableitung einer Rangordnung der Aktionen ermöglicht. Gegenstand der Unternehmensrechnung wäre somit die Generierung von Ergebnismatrizen mithilfe von Ermittlungsmodellen.[931]

Auch die sachliche und persönliche **Koordination** der Aufgabenträger innerhalb des Unternehmens erfordert die Berücksichtigung von Risikoverbünden und Verhaltensunsicherheiten. Die Unternehmensrechnung muss hierfür vor allem geeignete Sollvorgaben z. B. in Form von Budgets sowie eine Verbindung zu Anreizsystemen bereitstellen.[932]

Wird die Risikorechnung als Teil der Unternehmensrechnung begriffen, muss sich ihre Notwendigkeit ebenfalls auf der Grundlage der Überlegungen zur Unternehmensrechnung im Allgemeinen ergeben. Aus den Unternehmerfunktionen ergibt sich die Aufgabe der Ermittlung, Kommunikation und Kontrolle der Einkommensunsicherheit und der sie beeinflussenden Faktoren. Aus der **Übernahme** von **Einkommensunsicherheiten** resultiert für die Unternehmensführung die konkrete Aufgabe der geplanten Verringerung der Unsicherheit des aus

[930] Vgl. *Betz, S.* (2001); *Ewert, R./Wagenhofer, A.* (2005), S. 316-389.
[931] Vgl. *Christensen, J. A./Demski, J. S.* (2003), S. 75-86; *Ewert, R./Wagenhofer, A.* (2005), S. 28-73.
[932] Vgl. *Ewert, R./Wagenhofer, A.* (2005), S. 402-455.

dem Unternehmen resultierenden Einkommens. Dies umfasst insbesondere die Sicherstellung der fortgesetzten Unternehmensexistenz und die Reduktion der Einkommensvolatilität bzw. der Möglichkeit niedriger Einkommen. Grundlegend hierfür ist die erfahrungsgeleitete Erkenntnis, dass Menschen Einkommensunsicherheiten, insbesondere die Gefahr der Verfehlung eines erstrebten bzw. erwarteten Einkommens, nicht besonders schätzen. Der Grad an Gewissheit über das erzielbare Einkommen stellt somit einen handlungsleitenden Aspekt dar. Die gezielte Beeinflussung der Unsicherheit ist daher nutzenstiftend, soweit die entstehenden Kosten nicht den resultierenden Nutzen übersteigen.[933] Die möglichst verlässliche Abbildung der Einkommensunsicherheit und ihrer Einflussfaktoren bzw. der Risikowirkung interessierender Sachverhalte durch die Risikorechnung ist eine wichtige Voraussetzung zur Fundierung und Beeinflussung von Entscheidungen, ganz im Sinne von „you can only manage what you can measure“ und „what gets measured gets managed“.

Unternehmensintern besteht somit die Notwendigkeit, risikobezogene Informationen für die Fundierung, Koordination, Beeinflussung und Kontrolle von Entscheidungen bereitzustellen. **Unternehmensextern** existieren Anforderungen hinsichtlich der Einhaltung rechtlicher Vorschriften und der Rechenschaftslegung über die Risikolage des Unternehmens. Prospektiv benötigen Kapitalgeber zur Fundierung von Entscheidungen zur Kapitalüberlassung (Investitionshöhe) und zur Konditionengestaltung (Risikoprämie) Informationen, die Aufschluss über die Wahrscheinlichkeit der Rückzahlung des eingesetzten Kapitals und der zu erwartenden Kapitalüberlassungsentgelte sowie deren Korrelation mit anderen Investitionsmöglichkeiten geben. Lieferanten, Kunden, Mitarbeiter und der Staat haben ebenfalls ein Interesse an Informationen zur Möglichkeit einer Unternehmensinsolvenz und damit der Gesamtrisikolage.[934]

5.2.2 Die Erfassung von Risiko und Unsicherheit in bestehenden Teilsystemen der Unternehmensrechnung

Das **externe Rechnungswesen** umfasst Rechen- und Berichtssysteme, welche Informationen für unternehmensexterne Adressaten bereitstellen. Von besonderer Bedeutung ist hierbei die Rechnungslegung, die durch Gesetze und andere Normen wie Rechnungslegungsstandards und Grundsätze ordnungsgemäßer Buchführung reguliert ist und sowohl der Bereitstellung entscheidungsnützlicher Informationen als auch der Bemessung von Zahlungsansprüchen an das Unternehmen unter Berücksichtigung divergierender Interessen unterschiedlicher An-

[933] Vgl. *Hoitsch, H.-J./Winter, P.* (2004a).
[934] Vgl. z. B. *Hoitsch, H.-J./Winter, P.* (2004a).

spruchs- bzw. Adressatengruppen dient.[935] Daraus resultiert der Anspruch an die Rechnungen, dass sie möglichst verlässliche und überprüfbare Zahlenwerte für Bilanz- und Erfolgspositionen liefern sollen. Die Ermittlung von Zahlungsansprüchen erfolgt vergangenheitsorientiert und muss einwertig sein, obwohl der Ansatz vieler Bilanzpositionen der Höhe und dem Grunde nach unsicher ist. Die erfassten Werte sind daher durchweg einwertig und geben keinen Hinweis auf mögliche Bandbreiten oder Verteilungen der unsicherheitsbehafteten Größen. Die einwertige Abbildung lässt somit die bestehenden Unsicherheiten nicht erkennen.[936] Unsicherheiten hinsichtlich der Bewertung von Beständen und Strömen an Vermögensgegenständen und Verpflichtungen sowie die Gefahr von Verlusten werden durch eine vorsichtige Bewertung und die Bildung von Rückstellungen berücksichtigt. Zumeist ist nur anhand der Erläuterungen in Anhang oder Lagebericht erkennbar, welche Größen überhaupt bzw. in welchem Ausmaß unsicher sind. Die Abbildung des auf die Vermögens-, Finanz- und Ertragslage des Unternehmens bezogenen Risikos nach dem HGB ist für die Informationsempfänger wenig transparent und beruht auf dem Vorsichts- und dem Einzelbewertungsprinzip (strikt imparitätische Einzelbewertung)[937], sodass es zu einer unzutreffenden Darstellung der Risikolage kommen kann.[938] Das ausgewiesene Eigenkapital gibt jedoch gewisse Hinweise auf die Tragfähigkeit möglicherweise eintretender Verluste.

Neuere Entwicklungen wie Hedge Accounting sowie die Verpflichtung von Kapitalgesellschaften zur Erstellung eines Risikolageberichts mildern diese Schwächen etwas ab. Das **Hedge Accounting**, d. h. die Berücksichtigung von Absicherungsgeschäften mittels Finanzinstrumenten in der Bilanz und GuV, ermöglicht zumindest partiell einen Ausweis von Kompensationseffekten und somit einen aggregierten Risikoausweis.[939] Die risikoorientierte Unternehmenspublizität bzw. **Risikoberichterstattung** gemäß §§ 289 I und 315 I HGB sowie DRS 5 soll den externen Informationsempfängern bzw. Stakeholdern relevante Informationen über die Ist-Risikolage und die Risikomanagement-Aktivitäten, -Strukturen und -Potenziale liefern (Risikokategorien, Risikobeschreibung, Risikoquantifizierung, Risikobewältigungsmaßnahmen, Gesamtrisikoposition). Zur Ausgestaltung existieren aber kaum konkrete Vor-

---

935 Vgl. z. B. *Wagenhofer, A./Ewert, R.* (2003), S. 4-14.

936 Vgl. *Moxter, A.* (2003), S. 33.

937 Zu den Gewinnermittlungsgrundsätzen des HGB vgl. z. B. *Moxter, A.* (2003), S. 19-61.

938 Vgl. *Glaum, M./Förschle, G.* (2000), S. 1527; *Seidl, A.* (2000), S. 297; *Moxter, A.* (2003), S. 33. Die Rechnungslegungen nach IAS/IFRS oder US-GAAP weisen einige risikobezogene Besonderheiten gegenüber dem HGB auf. So gibt es dort kein allgemeines Imparitätsprinzip und anstatt des Vorsichtsprinzip dominiert der „true and fair view". Nach US-GAAP müssen zudem umfangreiche Angaben zu Finanzrisiken gemacht werden. Vgl. *Glaum, M./Förschle, G.* (2000), S. 1527 und S. 1528.

939 Vgl. *Glaum, M./Förschle, G.* (2000), S. 1525; ausführlich *Seidl, A.* (2000).

schriften. Zudem ist sie zumeist deskriptiv bzw. qualitativ ausgerichtet und es werden selten Ergebnisse einer Risikoquantifizierung angegeben.[940]

Auch im Bereich des **internen Rechnungswesens** gibt es Ansätze zur Berücksichtigung von Unsicherheiten und Risiken. Als internes Rechnungswesen wird an dieser Stelle vereinfachend die Gesamtheit von Kosten- und Erlösrechnung, Investitionsrechnung und Finanzrechnung verstanden. Im Rahmen der **Kosten-** und **Erlösrechnung**, die sowohl der Entscheidungsunterstützung als auch der Verhaltenssteuerung durch die Ermittlung von Plan-, Soll-, und Istkosten dienen kann, erfolgt die Berücksichtigung von Unsicherheit bzw. Risiken traditionell durch den Ansatz von Wagniskosten. Diese erfassen unversicherte, betriebsbedingte Risiken der Leistungserstellung und -verwertung, die zu unregelmäßigen Schäden oder Verlusten führen. Hierdurch wird eine Glättung und Selbstversicherung über vereinnahmte Umsatzerlöse erreicht. In einer parallelen Grenzplan- und Vollkostenrechnung erfolgt die Prognose mithilfe von Wagnissätzen, die aus historischen Wagnisverlusten abgeleitet werden und einen langfristigen Ausgleich zwischen tatsächlichem Werteverzehr und verrechneten Wagniskosten bewirken sollen und somit einen Schadens- bzw. Verlusterwartungswert darstellen.[941] Zudem erfolgt u. U. der Ansatz einer Risikoprämie als Bestandteil der Eigenkapitalkosten.[942] Informationen über die Verteilung der möglichen Abweichungen der Wagniskosten innerhalb einer Periode finden sich jedoch ebenso wenig wie der Ausweis der geplanten und der tatsächlichen Risikoposition, sodass diese Art der Risikoabbildung für die Entscheidungsunterstützung wenig geeignet ist.[943] In der Literatur existieren jedoch auch Vorschläge für eine simulative Risikoanalyse für die Kosten- und Erlösrechnung, bei der anstatt einwertiger Größen Wahrscheinlichkeitsverteilungen für die Eingangsgrößen, stochastische Kostenfunktionen und stochastische Abhängigkeiten verwendet werden.[944] Anwendungsfälle stellen z. B. die stochastische Break Even-Analyse oder die Ermittlung von Preisobergrenzen und -untergrenzen dar.[945]

Am weitesten ausgebaut – zumindest in der Literatur – ist die Abbildung von Unsicherheiten und Risiken in der **Investitionsrechnung** bzw. in der Investitions*planungs*rechnung. Die verschiedenen Möglichkeiten reichen vom Ansatz pauschaler Korrekturwerte bei Zahlungsgrößen und Laufzeit, der Bestimmung kritischer Werte und Sensitivitäten für wichtige Einfluss-

---

940 Vgl. *Vielmeyer, U.* (2004). Zur Praxis der Risikoberichterstattung vgl. *Fischer, T. M./Vielmeyer, U.* (2004), S. 121; *Gleißner, W. et al.* (2005).

941 Vgl. *Philipp, F.* (1967), S. 45-49; *Hoitsch, H.-J./Lingnau, V.* (2004), S. 166-167.

942 Vgl. *Hoitsch, H.-J./Lingnau, V.* (2004), S. 154.

943 Vgl. *Schweitzer, M./Küpper, H.-U.* (1998), S. 684.

944 Vgl. *Koch, I.* (1994).

945 Vgl. *Walker, V.* (1997), S. 187-199; *Ewert, R./Wagenhofer, A.* (2005), S. 205-217.

größen, der Berechnung bzw. Schätzung von Erwartungswerten mit Standardabweichungen, dem Ansatz kapitalmarkttheoretisch bestimmter Zinssätze einschließlich Risikoprämien zur Diskontierung der Zahlungen, Entscheidungsbaumverfahren zur Abbildung von Entscheidungsmöglichkeiten im Zeitablauf und Umweltentwicklungen sowie der Bestimmung von Risikoprofilen auf der Grundlage von Verfahren der Risikoanalyse bis hin zu Realoptionsansätzen.[946] Je nach gewähltem Rechenverfahren erfolgt eine pauschale, detaillierte, implizite oder explizite rechnerische Abbildung des Risikos. Methodisch ist also grundlegend eine geeignete Abbildung des Risikos für die Entscheidungsfindung möglich. Die Investitionssteuerung bzw. -kontrolle hingegen erfährt in Forschung und Praxis vergleichsweise geringe Beachtung.[947]

Die **Finanzrechnung** (Finanzierungs-, Liquiditätsrechnung) stellt das finanzwirtschaftliche bzw. liquiditätsorientierte Teilsystem der Unternehmensrechnung dar, welches der Erfassung, Prognose, Vorgabe und Kontrolle von Zahlungsströmen sowie Zahlungsmittelbeständen und somit der Vermeidung einer Insolvenz dient.[948] Die Berücksichtigung von Wahrscheinlichkeitsverteilungen bzw. Bandbreiten von Ein- und Auszahlungen ist denkbar, in der Literatur wird aber i. d. R. eine einwertige Rechnung bevorzugt, bei der unsichere Zahlungen mithilfe von Prognoserechnungen geschätzt[949] und die Unsicherheit durch die Planung und Bereithaltung einer Liquiditätsreserve berücksichtigt wird.[950]

Gesondert sei auf Budgetrechnungen und wertorientierte Rechnungen verwiesen. **Budgetrechnungen** setzen meist auf der Kosten- und Erlösrechnung auf, finden aber auch im Bereich der Investitions- und Finanzrechnung Anwendung und dienen vor allem der Koordination von Einzelaktivitäten durch Vorgaben sowie der Leistungsbeurteilung, also der Verhaltenssteuerung.[951] In der Literatur werden Systeme vorgeschlagen, die insbesondere aus Informationsasymmetrien resultierende Unsicherheiten berücksichtigen. **Unternehmenswertorientierte Rechnungen** wie die Berechnung des Residualgewinns oder des Economic Value Added (EVA) setzen in der Regel auf den Ergebnissen des externen Rechnungswesens und der Finanzrechnung auf und dienen ebenfalls vor allem der Leistungsbeurteilung (Performance Measurement) bzw. der Unternehmensbewertung. Das Risiko wird hier, ähnlich wie

946 Vgl. anstatt vieler *Perridon, L./Steiner, M.* (2004), S. 98-137; *Blohm, H. et al.* (2006), S. 227-263.
947 Vgl. *Weber, J. et al.* (2002), S. 292; *Linder, S.* (2006), S. 86-87.
948 Zur Finanzierungsrechnung vgl. *Buchmann, R./Chmielewicz, K.* (1990).
949 Vgl. *Perridon, L./Steiner, M.* (2004), S. 633-634.
950 Vgl. *Reichmann, T.* (2001a), S. 256-257.
951 Vgl. *Ewert, R./Wagenhofer, A.* (2005), S. 402-423; *Küpper, H.-U.* (2005), S. 336-359.

bei dynamischen Investitionsrechnungen, über einen kapitalmarkttheoretisch bestimmten Zinssatz, der eine Risikoprämie beinhaltet, auf das benötigte Kapital berücksichtigt.[952]

Empirische Untersuchungen zur Verbreitung und Ausgestaltung der Unternehmensrechnungsteilsysteme in der Praxis weisen darauf hin, dass Verfahren zur Risikoabbildung nicht allzu weit verbreitet sind und insbesondere aufwändigere Verfahren, die eine bessere Risikoabbildung ermöglichen, kaum eingesetzt werden. Während kalkulatorische Wagnisse recht häufig angesetzt werden,[953] kommen anspruchvollere Verfahren der Risikoberücksichtigung bei der Investitionsrechnung (Risikoanalyse, Entscheidungsbaumverfahren, Realoptionen) kaum zum Einsatz.[954]

Abgrenzbare Teilrechnungen, die sich speziell mit der Abbildung von Unternehmensrisiken befassen, werden in der Literatur wenig diskutiert. Es gibt jedoch funktions- und branchenspezifische Unterschiede. In der Allgemeinen Betriebswirtschaftslehre sind eigenständige **Risikorechnungen** nicht bekannt. Z. T. werden jedoch unsicherheitsberücksichtigende Investitionsrechnungen als Risikorechnungen bezeichnet.[955]

Die größte Beachtung kommt der Risikorechnung wohl im **Finanzbereich** bzw. der Versicherungs- und Bankenbranche zu, wo auch umfangreiche regulatorische Bestimmungen zur Risikoberechnung und -berichterstattung existieren.[956] In Forschung und Praxis wurden entsprechend Vorschläge für die Abbildung von Finanzrisiken (Kredit-, Wechselkurs-, Wertpapierkurs, Zinssatz- und Rohstoffpreisrisiken) entwickelt. Der Aufgabenkomplex der Risikomessung und -kontrolle, die vornehmlich die quantitative Abbildung und Kommunikation des Risikos zum Gegenstand haben, wird dabei i. d. R. als Risikocontrolling bezeichnet.[957] Eine wichtige Aufgabe ist dabei die Berechnung des Gesamtrisikos und dessen Vergleich mit dem Risikodeckungspotenzial des Unternehmens. Zur Berechnung der Risikoposition und des Risikodeckungspotenzials gibt es einerseits aufsichtsrechtliche Vorschriften,[958] sodass von einer externen Risikorechnung gesprochen werden kann.[959] Andererseits besteht auch für die Unternehmensführung intern die Notwendigkeit, diese Größen für Entscheidungsunterstützungs- und Verhaltenssteuerungszwecke zu bestimmen, sodass auch eine interne Risikorechnung

[952] Vgl. z. B. *Drury, C.* (2005b), S. 845-856; *Ewert, R./Wagenhofer, A.* (2005), S. 539-559.
[953] Vgl. *Währisch, M.* (2000), S. 686-687.
[954] Vgl. *Vollrath, R.* (2001), S. 58.
[955] Vgl. *Schindel, V.* (1978), S. 1 und S. 4.
[956] Vgl. *Schwaiger, W. S. A.* (1998); Hartmann-Wendels, T., *et al.* (2004).
[957] Vgl. *Bühler, W.* (1998), S. 214-218; *Oehler, A./Unser, M.* (2002), S. 16; Hartmann-Wendels, T., *et al.* (2004), S. 438. Siehe auch die Ausführungen in Abschnitt 4.2.2.
[958] Zur Bankenregulierung in Deutschland vgl. z. B. Hartmann-Wendels, T., *et al.* (2004), S. 362-413.
[959] Vgl. *Schwaiger, W. S. A.* (1998), S. 179-181.

existiert.[960] In Literatur und Praxis wird zur Bestimmung der Risikoposition bzw. der benötigten Risikodeckungsmassen sowie zur risikoadjustierten Erfolgsbeurteilung häufig auf die Value at Risk-Methode zurückgegriffen.[961] Im Rahmen der Bankkalkulation werden zudem Unsicherheiten wie Kreditausfallrisiken in der Einzelgeschäftskalkulation berücksichtigt. Dies erfolgt über die Bestimmung von Standardrisikokosten, die erwartete und unerwartete Ausfälle auf längere Sicht abdecken sollen.[962] Zudem gibt es in der Literatur einen Vorschlag für eine an der Struktur der Kostenrechnung orientierte bankinterne Risikorechnung, die aus den Teilbereichen Risikoarten, -stellen und -trägerrechnung besteht.[963]

Im Bereich der **Nicht-Finanzunternehmen** wurden vor allem Vorschläge für Industrieunternehmen mit dem Produktionstyp der Einzel-Auftragsfertigung unterbreitet. Gegenstand sind hier insbesondere Methoden zur Angebotspreis- bzw. Vorkalkulation.[964] Einen umfassenden kosten- und erlösrechnungsorientierten Vorschlag zur Risikorechnung für die Bauindustrie hat jüngst *Hoffjan* vorgestellt.[965]

Dieser kursorische Überblick zeigt, dass in den einzelnen Rechnungssparten eine Abbildung von Unsicherheit und Risiko sowohl methodisch möglich ist als auch z. T. tatsächlich geschieht.[966] Die Art der Risikoabbildung erfolgt aber in den einzelnen Teilrechensystemen recht unterschiedlich. Zudem werden meist nur bestimmte Risiken erfasst. Des Weiteren existiert keine teilsystemübergreifende Zusammenfassung und Abstimmung der erfassten Risiken, sodass mit den vorgestellten Ansätzen keine umfassende, entscheidungsrelevante und verhaltenssteuerungsadäquate Abbildung der Unternehmensrisiken möglich ist.[967] Dieser Mangel kann als Indiz für die Notwendigkeit einer Risikorechnung gewertet werden. Zur fundierten Begründung dieser Notwendigkeit muss jedoch auch betrachtet werden, ob es Besonderheiten bei der zahlenmäßigen Risikoabbildung und Kommunikation gibt, die ein eigenes Teilrechensystem sinnvoll erscheinen lassen.

[960] Vgl. *Schwaiger, W. S. A.* (1998), S. 181-185.
[961] Vgl. z. B. *Schierenbeck, H.* (2001), S. 16-48; Hartmann-Wendels, T., *et al.* (2004), S. 334-357. Zum Value at Risk siehe Abschnitt 5.3.2.2.3.
[962] Vgl. Hartmann-Wendels, T., *et al.* (2004), S. 712-718.
[963] Vgl. *Schwaiger, W. S. A.* (1998); *Eller, R. et al.* (2002), S. VII-VIII. Dieser Vorschlag wird in Abschnitt 5.4.1 genauer betrachtet.
[964] Vgl. z. B. *Schulz, J.* (1980). Für einen Überblick über Ansätze zur Risikoberücksichtigung in der Kosten- und Erlösrechnung von Bauunternehmen bzw. Industrieunternehmen vgl. *Hoffjan, A.* (2006), S. 28-36.
[965] Vgl. *Hoffjan, A.* (2006). Dieser Ansatz wird in Abschnitt 5.4.2 vorgestellt.
[966] Vgl. auch die recht umfangreiche Untersuchung bei *Form, S.* (2005), S. 201-367.
[967] Vgl. auch die Einschätzung von *Hoffjan, A.* (2006), S. 36-38.

5.3 Gegenstand und Grundprobleme der Risikorechnung

In Anlehnung an die **Definition** der Unternehmensrechnung soll die Risikorechnung als Verfahren zur zahlenmäßigen Abbildung vergangener, gegenwärtiger und zukünftiger risikobezogener Sachverhalte, insbesondere der Gesamtrisikolage des Unternehmens und ihrer Einflussfaktoren, verstanden werden. Dabei steht die betriebswirtschaftliche Messung von Unsicherheiten im Sinne einer strukturgleichen oder zumindest strukturähnlichen Abbildung der empirischen Risikostruktur eines Unternehmens in eine numerische Struktur im Vordergrund, mit deren Hilfe die Wissenswünsche unternehmensexterner und -interner Adressaten bzgl. der Risikolage des Unternehmens bzw. einzelner risikobezogener Sachverhalte des Unternehmens durch die Bereitstellung von Risikomaßen befriedigt werden.[968]

Die Grundfrage der Risikorechnungsgestaltung ist somit die Frage nach der **Risikokonzeption**, d. h. der ökonomischen Bedeutung und der Möglichkeit der Operationalisierung des Risikos. Die ökonomische Bedeutung des Risikos wurde im vorhergehenden Abschnitt erörtert. Daher werden die Risikomessung bzw. die in der betriebswirtschaftlichen Literatur diskutierten Risikomaße und deren Integration in die Entscheidungsfindung sowie hierauf bezogene empirische Erkenntnisse zur Beurteilung ihrer Verhaltenswirkung näher betrachtet. Zudem werden die sich ergebenden Implikationen für die Gestaltung der Risikorechnung untersucht.

5.3.1 Rechnungszwecke und Entscheidungsverhalten

Ausgehend von den Rechnungszwecken der Entscheidungsunterstützung und Verhaltenssteuerung, ergibt sich ein enger Bezug der Risikorechnung zu Entscheidungs- bzw. Planungsmodellen unter Berücksichtigung mehrerer Akteure mit divergierenden Interessen. Die Erfüllung der Entscheidungsunterstützungsfunktion erfordert, dass die Risikorechnung durch die Abbildung von Risiken relevante Informationen für die Entscheidungsträger liefert. Die Verhaltenssteuerungsfunktion bedingt die Berücksichtigung der Wirkungen der Vorgabe und Kontrolle risikobezogener Größen auf das Verhalten unterschiedlicher Entscheidungsträger. Die Verwendung von Ergebnissen der Risikomessung im Rahmen der Verhaltenssteuerung hat jedoch zur Folge, dass die Unabhängigkeit von Messung bzw. Messvorgang und Messobjekt potenziell beeinträchtigt wird.

968 In Anlehnung an *Schneider, D.* (1995), S. 204-211; *Schneider, D.* (1997a), S. 3.

Diese skizzierten Beziehungen sind grundlegend bei der zweckmäßigen Gestaltung der Abbildung des Risikos durch die Unternehmensrechnung zu beachten. Ausgangspunkt ist die Klärung der Frage, wie Risiko in Entscheidungen von Menschen im Allgemeinen bzw. von Managern im Speziellen berücksichtigt werden sollte bzw. wird. Antworten hierauf liefert die Entscheidungstheorie. In ihrer präskriptiven bzw. normativen Ausrichtung gibt sie Hinweise, wie „rational" entschieden werden kann. Die deskriptive Ausrichtung beschreibt hingegen, wie Entscheidungen tatsächlich getroffen werden, und hat somit beobachtbares menschliches Entscheidungsverhalten zum Gegenstand, wodurch auch Vorhersagen über das Verhalten bei konkreten Entscheidungen ermöglicht werden sollen.[969] Die Kenntnis des zu erwartenden Entscheidungsverhaltens der Rechnungsadressaten liefert Hinweise auf die zweckmäßigerweise von der Risikorechnung bereitzustellenden risikobezogenen Informationen.

Das Standardmodell der präskriptiven Entscheidungstheorie für Entscheidungen unter Risiko ist die (subjektive) **Erwartungsnutzentheorie** (Bernoulli-Prinzip). Hiernach wählt ein Entscheidungsträger aus einer Menge von Alternativen mit unsicherem Ergebnis diejenige Alternative, welche den maximalen Nutzenerwartungswert liefert. Das Präferenzfunktional bzw. das Entscheidungsprinzip hat dann für eine unsichere Alternative, deren Ergebnisse durch die Zufallszahl X gegeben sind, und die Risikonutzenfunktion u folgende Form:

$$\Phi(X) = E[u(X)].$$

Die Anwendung erfordert die Spezifikation der Nutzenfunktion des Entscheidungsträgers sowie die Kenntnis der (subjektiven) Wahrscheinlichkeitsverteilungen aller relevanten Alternativen (Sicherheit über die Unsicherheit). Das Bernoulli-Prinzip erfüllt eine Reihe einfacher Verhaltenspostulate (Axiome):[970]

- Ordinales Prinzip bzw. vollständige Ordnung: Existenz einer vollständigen und transitiven Präferenzordnung, d. h. beliebige Alternativen können miteinander verglichen werden.
- Stetigkeitsprinzip: Für jede Alternative a kann eine Kombination von zwei weiteren Alternativen b und c gefunden werden, die als genauso gut angesehen wird wie a. D. h.

[969] Vgl. z. B. *Schneeweiß, C.* (1991), S. 83-86; *Eisenführ, F./Weber, M.* (2003), S. 2-14; *Bamberg, G./Coenenberg, A. G.* (2004), S. 3-11; *Laux, H.* (2005), S. 2.

[970] In der Literatur wurden mehrere Axiomensysteme vorgeschlagen. Die Darstellung hier orientiert sich an den Ausführungen von *Schneeweiß, C.* (1991), S. 202-208; Jungermann, H., *et al.* (1998), S. 203-206; *Eisenführ, F./Weber, M.* (2003), S. 212-217; *Bamberg, G./Coenenberg, A. G.* (2004), S. 100-102; *Laux, H.* (2005), S. 171-175.

es besteht auch zwischen einem sicheren Ergebnis und einer geeigneten Lotterie Indifferenz.

- Substitutions- bzw. Unabhängigkeitsprinzip: Wird Alternative *a* gegenüber *b* präferiert, gilt dies auch, wenn beide in gleicher Weise mit einer weiteren Alternative *c* kombiniert werden. Werden z. B. die Ergebnisse zweier Alternativen *a* und *b* durch binomial verteilte Zufallszahlen repräsentiert, die beide mit gleicher Wahrscheinlichkeit den gleichen Wert einnehmen, aber *a* im anderen Zustand einen höheren Wert aufweist, so wird *a* gegenüber *b* präferiert.

Sowie:

- Reduktionsprinzip: Zusammengesetzte Wahrscheinlichkeitsverteilungen können auf eine einfache Wahrscheinlichkeitsverteilung zurückgeführt werden.
- Monotonieprinzip: Von zwei Alternativen mit jeweils nur zwei identischen Ergebnissen wird jene bevorzugt, welche mit höherer Wahrscheinlichkeit zum besseren Ergebnis führt.

Ein Entscheidungsträger, der sich an diese Verhaltensregeln hält, wird als „rational" bezeichnet. Die Subjektive Erwartungsnutzentheorie formalisiert entsprechend ein vernünftiges Verhalten für Akteure, deren Zielsetzung die Maximierung des eigenen (erwarteten) Nutzens ist und die über umfangreiches, entscheidungsproblembezogenes Wissen, rationale und konsistente Präferenzen sowie ausreichende Informationsverarbeitungskapazitäten verfügen. Reale Akteure zeigen aber ein Verhalten, das als „beschränkt rational" zu bezeichnen ist, da sie eher dazu neigen, vereinfachte Suchmethoden und Beurteilungsheuristiken zur Komplexitätsreduktion bei der Problemlösung einzusetzen, als eine aufwändige Problemstrukturierung und Entscheidungsfindung nach der Maßgabe der präskriptiven Entscheidungstheorie durchzuführen, sowie anstatt nach Maximierung eher nach Befriedigung eines Anspruchsniveaus streben. Dieses Verhalten kann anhand der Komplexität der realen Welt und den beschränkten kognitiven Fähigkeiten von Menschen begründet werden. Die verwendeten Heuristiken führen jedoch u. U. zu falschen Einschätzungen und verbesserungswürdigen Entscheidungen.[971] Es ist also festzuhalten, dass das beobachtbare Entscheidungsverhalten bzw. die „intuitive Präferenzen" realer Akteure z. T. erheblich von dem auf der Grundlage der Erwartungsnutzentheorie abzuleitenden Verhalten abweicht.[972]

---

971 Vgl. *Simon, H. A. et al.* (1987); *Kahnemann, D.* (2003).

972 Vgl. *Kühnemann, A.* (1994); Jungermann, H., *et al.* (1998), S. 206; *Eisenführ, F./Weber, M.* (2003), S. 357-372; *Laux, H.* (2005), S. 197-199.

Für die Zwecke der Risikomessung ist zu beachten, dass im Rahmen des Bernoulli-Prinzips keine eigenständige Konzeptualisierung des Risikos erfolgt. Vielmehr werden Chance und Risiko simultan berücksichtigt, um zu umfassenden Präferenzaussagen zu gelangen. Eine separate Risikomessung ist somit nicht erforderlich bzw. möglich. Aussagen über die Risikoeinstellung können jedoch anhand von Sicherheitsäquivalenten bzw. Risikoprämien erfolgen, wobei aber eine Vermischung von Risiko- und Wertaspekten erfolgt.[973] Ohne genaue Kenntnis der Nutzenfunktion sind Präferenzaussagen für alle Entscheider mit monoton wachsenden, konkaven Nutzenfunktionen (risikoaverse Entscheider) auf der Grundlage des Mean-Preserving-Spread bzw. der Stochastischen Dominanz zweiter Ordnung (Rothshild-Stiglitz-Dominanz) möglich, was zumindest eine partielle ordinale Risikomessung ermöglicht.[974] Entsprechend ist für eine **Risikorechnung** im Kontext des Bernoulli-Prinzips zu folgern, dass diese primär die Wahrscheinlichkeitsverteilungen der relevanten Alternativen bzw. Bezugsobjekte sowie u. U. dominante Alternativen zu ermitteln hat. Eine Bestimmung von Risikomaßen oder Risikokennzahlen ist aber weder sinnvoll noch erforderlich.

Eine explizite Konzeptualisierung und Erfassung des Risikos kann aber durchaus wünschenswert sein, insbesondere wenn Risiko als eigenständiges Konstrukt oder Phänomen gesehen wird. So ist es denkbar, dass der Risikogehalt von Betrachtungsobjekten ermittelt werden soll, ohne dass ein direkter Entscheidungsbezug besteht.[975] Des Weiteren kann es sowohl für präskriptive als auch für deskriptive Entscheidungsmodelle sinnvoll sein, Risiko als eigenständigen Faktor zu erfassen, da hierdurch das menschliche Entscheidungsverhalten und die Präferenzen u. U. besser erklärt werden können.[976] Eine eigenständige Risikokonzeptualisierung erfolgt im Rahmen so genannter **Risk-Value-Modelle** (Risiko-Wert-Modelle). Alternativen werden dabei durch eine Wertkomponente und eine Risikokomponente charakterisiert, welche zur Alternativenbewertung zu einem Gesamturteil verknüpft werden. Die Bewertung unsicherer Alternativen erfolgt anhand eines Präferenzfunktionals der folgenden Art:

$$\Phi(X) = H[R(X), V(X), W].$$

---

973 Vgl. *Sarin, R. K./Weber, M.* (1993), S. 139-140; Hartmann-Wendels, T., *et al.* (2004), S. 331-332; *Albrecht, P./Maurer, R.* (2005), S. 190.

974 Vgl. *Pedersen, C. S./Satchell, S. E.* (1998), S. 89-90; *Oehler, A./Unser, M.* (2002), S. 23. Zur Stochastischen Dominanz vgl. *Rothschild, M./Stiglitz, J. E.* (1970) und *Bawa, V. S. et al.* (1985) sowie *Sarin, R. K./Weber, M.* (1993), S. 140-141 und Hartmann-Wendels, T., *et al.* (2004), S. 332. Mean-Preserving-Spreads und Stochastische Dominanz zweiter Ordnung können auch auf Entscheidungsträger angewendet werden, die keine Erwartungsnutzen-Maximierer sind. Vgl. *Sarin, R. K./Weber, M.* (1993), S. 143-144.

975 Als Beispiel kann hier die Bestimmung der erforderlichen Eigenkapitalausstattung von Banken aufgrund aufsichtrechtlicher Vorschriften dienen.

976 Vgl. *Sarin, R. K./Weber, M.* (1993); *Brachinger, H. W./Weber, M.* (1997).

R(X) ist ein Maß für den Risikogehalt einer Alternative, deren Ergebnisse durch die Zufallszahl *X* gegeben sind. *V(X)* stellt ein Maß für den Wert einer Alternative dar. *W* gibt das Wohlstandsniveau (z. B. vorhandenes Vermögen) an, welches durch die Realisation von *X* verändert wird (i. d. R. wird jedoch auf eine explizite Erfassung von *W* verzichtet). Die Funktion *H* repräsentiert die Beziehung bzw. das Austauschverhältnis (Trade-off) von Risiko und Wert bei der Alternativenbewertung.[977] Im Allgemeinen wird davon ausgegangen, dass das Risiko die Beurteilung einer Alternative negativ beeinflusst und dass der Wert die Beurteilung positiv beeinflusst. Je nach Art des Austauschverhältnisses kann zwischen kompensatorischen und nicht kompensatorischen Risiko-Wert-Modellen unterschieden werden. Erstere lassen einen unbegrenzten Risiko-Wert-Austausch zu. Letztere unterstellen, dass der Entscheidungsträger eine absolute Begrenzung des akzeptierten Risikogehalts der betrachteten Alternativen vornimmt (Saftey-First-Prinzip).[978] Risiko-Wert-Modelle erfordern, dass ein Entscheidungsträger den Risikogehalt und den Wert einer Alternative getrennt beurteilen kann und will, d. h. dass er eine Dekomposition der Zufallszahl *X* in entsprechende Komponenten vornimmt.[979] Somit ist die Konstruktion geeigneter Wertmaße, Risikomaße und Risiko-Wert-Beziehungen erforderlich. I. d. R. werden als Wertmaß der Erwartungswert und als Risikomaß entweder Streuungsmaße oder Downside Risiko-Maße betrachtet.[980] Entscheidungen sind dabei abhängig von den gewählten Wert- und Risikomaßen.[981] Das bekannteste Risiko-Wert-Modell in den Wirtschaftswissenschaften ist das Erwartungswert-Varianz-Prinzip der klassischen Kapitalmarkttheorie. Empirische Ergebnisse deuten darauf hin, dass Menschen durchaus in der Lage sind, verlässliche Urteile über den Risikogehalt von Alternativen abzugeben, und dass Risiko ein von der Präferenz unterscheidbares Konzept darzustellen scheint, sodass die Verwendung von Risiko-Wert-Modellen mit eigenständiger Risikokonzeptualisierung zulässig erscheint.[982]

Risiko-Wert-Modelle sind jedoch nicht unbedingt mit der Erwartungsnutzentheorie konsistent. Während sich für nicht-kompensatorische Risiko-Wert-Modelle keine Konsistenz erzeugen lässt, sind kompensatorische Modelle unter bestimmten Präferenzannahmen bzw. für be-

---

977 Vgl. *Sarin, R. K./Weber, M.* (1993), S. 136; *Jia, J./Dyer, J. S.* (1997); *Albrecht, P./Maurer, R.* (2005), S. 191-192; Hartmann-Wendels, T., *et al.* (2004), S. 333.

978 Vgl. *Albrecht, P./Maurer, R.* (2005), S. 193-194.

979 Vgl. *Eisenführ, F./Weber, M.* (2003), S. 245.

980 Wertmaße können auch in Form von Excess-Chancenmaßen formuliert werden. Vgl. *Albrecht, P. et al.* (1998), S. 262-263; *Albrecht, P./Klett, T.* (2004), S. 1-6.

981 Vgl. *Brachinger, H. W.* (2002).

982 Vgl. *Brachinger, H. W./Weber, M.* (1997), S. 246-247.

stimmte Nutzenfunktionen vereinbar mit dem Bernoulli-Prinzip.[983] Dies gilt insbesondere für Risiko-Wert-Modelle, bei denen der Wert mittels des Erwartungswerts *E(X)* und das Risiko anhand eines Shortfall-Risikomaßes $SR_z(x)$, das auf den unteren partiellen Momenten der Ergebnisverteilung beruht, operationalisiert und diese additiv verknüpft werden:[984]

$$\Phi(X) = H[R(X), V(X)] = E(X) - kSR_z(X), k > 0.$$

Für die **Risikorechnung** ergibt sich im Kontext von Adressaten, deren Entscheidungskalkül durch Risiko-Wert-Modelle repräsentiert werden kann, die Aufgabe, jeweils das geeignete Risiko- und Wertmaß zu spezifizieren und für alle relevanten Betrachtungsobjekte zu ermitteln. I. d. R. erfolgt dies auf der Basis der den Betrachtungsobjekten zugehörigen Wahrscheinlichkeitsverteilungen. Die Bedeutung und Zweckmäßigkeit der Risikorechnung ist stark davon abhängig, inwiefern eine eigenständige Erhebung des Risikos für interessierende Betrachtungsobjekte erforderlich bzw. sinnvoll ist. Im Unternehmenskontext lassen sich für die Notwendigkeit einer eigenständigen Risikoerfassung eine Reihe von Indizien finden, wie z. B. die Erfordernis der Bestimmung der Gesamtrisikolage eines Unternehmens, die u. a. von großem Interesse für Kapitalgeber, wie z. B. Banken, ist. Die Erhebung und Steuerung der Gesamtrisikolage erfordert i. d. R. auch die Bestimmung der Risikolage von Teilbereichen des Unternehmens wie einzelnen Geschäfts- und Verantwortungsbereichen. Des Weiteren kann die Risikotragfähigkeit als limitierender Faktor betrachtet werden, der im Sinne einer Engpassoptimierung möglichst gut zur Erzielung von Überschüssen zu nutzen ist.

Neben den beiden dargestellten, präskriptiv orientierten Entscheidungsmodellen wurden in der ökonomischen und psychologischen Literatur weitere, deskriptive bzw. positive Entscheidungsmodelle formuliert, die explizit von der subjektiven Erwartungsnutzentheorie abweichendes Verhalten erklären und prognostizieren sollen bzw. die im Allgemeinen eher im Einklang mit tatsächlich beobachtbaren Entscheidungsverhalten stehen. Diese Modelle beruhen z. T. auf der Erwartungsnutzentheorie und modifizieren deren Annahmen. Auf diese Modelle, wie z. B. die (kumulative) Prospect-Theorie, die rangplatzabhängige Nutzentheorie oder die Disappointment- und Regret-Theorien, kann in dieser Arbeit nicht näher eingegangen werden.[985]

---

983 Vgl. *Sarin, R. K./Weber, M.* (1993), S. 141-143; Albrecht, P., *et al.* (1998), S. 258-261; *Albrecht, P./Maurer, R.* (2005), S. 191 und S. 193.

984 Vgl. Albrecht, P., *et al.* (1998), S. 260-261. Der Parameter *k* gibt das Gewicht an, mit dem das Risiko im Vergleich zum Wert in die Gesamtpräferenz eingeht.

985 Der interessierte Leser sei z. B. auf die Übersichtsdarstellungen in Jungermann, H., *et al.* (1998), S. 214-244 oder *Eisenführ, F./Weber, M.* (2003), S. 374-395 verwiesen.

Die Kenntnis der Eigenschaften **menschlichen Entscheidungsverhaltens** ist für die Risikorechnung durchaus relevant, da gerade für die Verhaltenssteuerungsfunktion Hypothesen oder Vorhersagen über das zu erwartende Entscheidungsverhalten der Entscheidungsträger benötigt werden. Grundlegend ist bei realen Akteuren deren beschränkte mentale bzw. kognitive Kapazität zu beachten. Aus psychologischer Sicht sind zwei Denkmodi zu entscheiden: die Intuition und die Reflexion (Reasoning). Während die Intuition spontane und mühelose Einschätzungen und Urteile ermöglicht, ist die Reflexion mühsam und beansprucht mehr Zeit für die Urteilsbildung. Die meisten Urteile und Wahlakte erfolgen intuitiv, sodass sich Menschen häufig mit plausiblen Urteilen zufrieden geben, die auf mentalen Heuristiken zur Komplexitätsreduktion beruhen. Die Genauigkeit intuitiver Urteile hängt dabei stark vom Kontext, wie der Problemdarstellung (Framing) bzw. der Problemzugänglichkeit sowie der Erfahrung und den Fertigkeiten des Entscheiders ab. Die mentalen Heuristiken können daher zu Verzerrungen (Biases) bzw. Fehleinschätzungen, die auch die Entscheidungsqualität beeinflussen, führen.[986] Hinsichtlich der Risikowahrnehmung und -konzeptualisierung ist Folgendes zu beachten: Menschen können Risikos als eigenständiges Konzept wahrnehmen. Die Risikowahrnehmung ist dabei kontext- und subjektabhängig. Die Möglichkeit unliebsamer oder dem Entscheider unvertrauter Ereignisse wird dabei u. U. verzerrt wahrgenommen. Risiko wird vor allem mit negativen Konsequenzen in Verbindung gebracht (Verlustaversion) und ist somit referenzpunktabhängig. Anstelle von Verteilungen werden meist nur einige wenige Ergebnisse zur Beurteilung von Alternativen herangezogen. Zudem findet auch eine Umgewichtung „mathematischer Wahrscheinlichkeiten“ statt und die durch den gewählten Referenzpunkt getrennte Gewinne und Verluste werden unterschiedlich bewertet. Somit kann der wahrgenommene Risikogehalt einer Alternative nur unzureichend durch die Ergebnisvarianz erklärt werden. Das wahrgenommene Risiko steigt jedoch mit zunehmender Ergebnisstreuung oder dem erwarteten „Verlust“ im Sinne negativer Resultate und nimmt mit der Erhöhung des „sicheren“ Ergebnisanteils ab. Es gibt auch Erkenntnisse, die darauf hinweisen, dass bei der Bildung von Risikourteilen „Gewinn“- und „Verlust“-Komponenten von Alternativen addiert und dass Eintrittswahrscheinlichkeiten und Auswirkungen getrennt von einander berücksichtigt werden. Menschen bevorzugen auch eine ungenauere verbale Risikodarstellung gegenüber einer numerischen Risikodarstellung.[987] Bei der Bildung und Verarbeitung von Wahrscheinlichkeiten verwenden Menschen eine unvollständige oder ungeeignete Datenbasis, neigen dazu, Wahrscheinlichkeitsinformationen unbefriedigend zu verwerten und üben man-

---

986 Vgl. Simon, H. A., *et al.* (1987); Jungermann, H., *et al.* (1998), S. 166-173 und S. 178-192; *Eisenführ, F./Weber, M.* (2003), S. 366-372; *Kahnemann, D.* (2003).

987 Vgl. *March, J. G./Shapira, Z.* (1987), S. 1404-1407; *Brachinger, H. W./Weber, M.* (1997), S. 246-247.

gelnde Kritik an ihren eigenen Urteilen.[988] Als unwahrscheinlich angesehene Ereignisse werden ignoriert und es wird nur eine geringe Anzahl an Alternativen berücksichtigt. Zudem schätzen verschiedene Menschen den Risikogehalt der gleichen Alternative unterschiedlich ein. U. U. ignorieren Menschen auch Risiken oder neigen zu kausalen Erklärungen anstatt zu probabilistischen.[989] Zusammenfassend kann konstatiert werden, dass bei der Beurteilung von Alternativen i. d. R. keine formalen Berechnungen angestellt werden, sondern eher auf intuitive Urteile und mentale Heuristiken zurückgegriffen wird.[990]

Besonders relevant für die Risikorechnung sind Erkenntnisse, die sich direkt auf die risikobezogene Wahrnehmung und Einstellung sowie das risikobezogene Verhalten von Führungskräften bzw. Managern beziehen. Dabei könnte vermutet werden, dass Manager, die als „Information Worker" bzw. Entscheidungsspezialisten charakterisiert werden können,[991] u. U. ein Verhalten zeigen, das eher mit den Prämissen der subjektiven Erwartungsnutzentheorie vereinbar ist. Empirische Untersuchungen bzw. Befragungen führten jedoch zu folgenden Ergebnissen:[992]

- Manager nehmen Risiko sowohl weniger präzise als auch abweichend von den Annahmen der präskriptiven Entscheidungstheorie war. So wird Risiko nur mit negativen Ergebnissen assoziiert. Der Risikogehalt einer Alternative wird vor allem durch die Gefahr eines (sehr) schlechten Ergebnisses determiniert. Dabei spielt die Wahrscheinlichkeit eine geringere Rolle als die erwartete Höhe des „Verlustes".
- Manager zeigen ein nur geringes Bedürfnis, Risiko auf ein einziges, quantifizierbares Konstrukt zu reduzieren. Häufig wird bezweifelt, dass Risiko einfach bzw. eindimensional quantifizierbar ist. Entsprechend wird häufig auf eine Risikoquantifizierung verzichtet.
- Die Risikoneigung von Managern ist individuell verschieden und kontextabhängig. Sie wird stark von sozialen Normen bzw. Erwartungen und betrieblichen Anreizen beeinflusst. So steigt die Risikobereitschaft z. B. mit der Hierarchieebene und dem Alter bzw. der Erfahrung an.
- Manager glauben, dass die Risikobereitschaft ein wichtiges Merkmal der „Rolle Manager" darstellt und dass diese notwendig ist, um als Manager erfolgreich zu sein. Die

[988] Vgl. *Eisenführ, F./Weber, M.* (2003), S. 175-181.
[989] Vgl. *March, J. G./Shapira, Z.* (1987), S. 1404-1407.
[990] Zu den Heuristiken und den jeweils damit verbundenen Verzerrungen vgl. z. B. den Überblick bei Jungermann, H., *et al.* (1998), S. 166-173.
[991] Vgl. *Lingnau, V.* (2000), S. 88 und *Lingnau, V.* (2004b), S. 731 m. w. N.
[992] Vgl. *March, J. G./Shapira, Z.* (1987), S. 1407-1411; Berry, A. J., *et al.* (2005), S. 286-290.

Risikobereitschaft ist bei geschäftlichen Entscheidungen höher als bei privaten. Zudem schätzen Manager ihre Risikobereitschaft und ihre Fähigkeit mit Risiken umzugehen positiver als bei Kollegen ein.

- Die Risikowahrnehmung und -bereitschaft ist situationsabhängig und über verschiedene Kontexte hinweg nur schwach korreliert. Von besonderer Bedeutung sind die Anspruchsniveaus der Manager bzw. die Geschäftslage. Wenn die Erreichung eines Erfolgsziels bzw. Sollwertes wahrscheinlich ist, werden weniger Risiken eingegangen, als wenn die Erreichung gefährdet ist. Manager scheinen die Wahrscheinlichkeit der Erreichung eines Anspruchsniveaus zu maximieren. Wird durch die Risikoübernahme jedoch die Unternehmensexistenz gefährdet, sinkt die Risikobereitschaft wieder ab.[993]
- Manager neigen dazu, Risiken zu vermeiden, indem zukünftige Unsicherheiten nicht beachtet, unsicherheitsabsorbierende Verträge ausgehandelt sowie risikobezogene Entscheidungen verzögert und delegiert werden. Andererseits sind Manager der Meinung, dass sie mithilfe ihrer Fähigkeiten Risken gestalten, steuern und bewältigen können, d. h. Risiko wird nicht als „Glücksspiel" oder unabwendbares Schicksal angesehen. Es wird versucht, Verlustgefahren aktiv zu vermindern, ohne dabei Gewinnchancen aufzugeben.

Zusammenfassend ist vor allem zu beachten, dass die Risikowahrnehmung von Managern insensitiv gegenüber Wahrscheinlichkeiten ist, dass ihre Risikowahrnehmung und -bereitschaft wesentlich dadurch beeinflusst werden, wie ihre Aufmerksamkeit auf Erfolgsziele gelenkt wird (Kontext: Erfolg, Fehlschlag, Existenzgefährdung), sowie dass erfolgreiche Manager Risiko als durch ihre Fähigkeiten beeinflussbar bzw. steuerbar ansehen.[994]

Für die Risikorechnung ergeben sich durch diese Erkenntnisse weit reichende Implikationen. Bei der Erfassung subjektiver Wahrscheinlichkeiten für bestimmte Betrachtungsobjekte sowie bei der Versorgung von Entscheidungsträgern mit entsprechenden Informationen ist das potenzielle „Fehlverhalten" zu antizipieren und durch geeignete Maßnahmen, insbesondere im Rahmen der persönlichen Unterstützung durch Risikocontroller zu vermindern. Bei der Einführung der Risikorechnung muss mit ablehnender Haltung gegenüber einer wahrscheinlichkeitsbasierten Risikoquantifizierung gerechnet werden, der mit entsprechenden Methodenschulungen und Coaching begegnet werden sollte. Schließlich ist die hohe Bedeutung der Vorgabe und Kontrolle von Sicherheits- bzw. Risikoniveaus zu beachten und gerade in Situa-

---

993 Vgl. hierzu auch *Laughhunn, D. J. et al.* (1980).

994 Vgl. *March, J. G./Shapira, Z.* (1987), S. 1411-1414.

tionen, in denen eine Sollvorgabenunterschreitung durch einen Manager wahrscheinlich ist, besonders sorgfältig und zeitnah durchzuführen.

5.3.2 Risikomessung und Risikomaße

Die Risikorechnung als zahlenmäßige Abbildung risikobezogener Sachverhalte erfordert eine geeignete Messung der abzubildenden Risiken bzw. des Unternehmensgesamtrisikos. Das zugrunde gelegte Risikoverständnis bzw. die Risikokonzeption bilden den Rahmen einer zweckmäßigen Risikomessung. In der Betriebswirtschaftslehre existieren jedoch unterschiedliche Risikoauffassungen, die zu divergierenden Risikokonzepten wie z. B. Schadens- oder Verlustgefahr (Schadenserwartungswert), messbare Unsicherheit (Wahrscheinlichkeitsverteilung), Streuung (Varianz) oder Möglichkeit einer Zielverfehlung (Shortfall-Risikomaße) führen.[995] Bei der Konzeptualisierung des Risikos sind auch relevante Aspekte der deskriptiv-empirischen Erkenntnisse zur Risikowahrnehmung von Menschen zu beachten. Dabei ist insbesondere zu berücksichtigen, dass die Risikowahrnehmung sehr subjektiv und kontextabhängig sein kann,[996] was sich auf die Möglichkeiten der Risikomessung auswirkt. Risiko und Unsicherheit sind zweckmäßigerweise als Konstrukte, also als nicht direkt beobachtbare Sachverhalte anzusehen, die sich nur mittels Indikatoren, d. h. Risikomaßen, erfassen und quantifizieren lassen.[997] Unter **Risikomaß** wird allgemein ein numerischer Ausdruck bzw. eine Kennzahl verstanden, welcher bzw. welche das Risiko eines Betrachtungsobjekts quantitativ darstellt und somit vergleichende Aussagen über den Risikograd von Betrachtungsobjekten (z. B. Entscheidungsalternativen) ermöglicht.[998]

Im Folgenden wird zunächst ein Überblick über Grundfragen der Messung von Sachverhalten im Allgemeinen gegeben. Danach wird auf die Besonderheiten der Risikomessung und mögliche Risikomaße sowie deren Eigenschaften eingegangen. Damit werden zentrale Aspekte der zahlenmäßigen Abbildung von Unternehmensrisiken adressiert.

5.3.2.1 Messung, Maße und Messskalen

Messung kann allgemein als die Zuordnung von Zahlen zur Darstellung von Eigenschaften definiert werden. Dabei ist zu beachten, dass eine Messung immer einen schätzenden Charakter hat. Sie erfordert zunächst die Definition eines Messobjektes sowie die Spezifikation von

[995] Vgl. anstatt vieler *Weishaupt, J.* (1999), S. 12-30. Siehe auch Abschnitt 3.2.1.1.

[996] Vgl. *Brachinger, H. W./Weber, M.* (1997), S. 235.

[997] Viele Erfassungsgegenstände der Unternehmensrechnung sind als Konstrukte zu charakterisieren. Während pagatorische Größen direkt und objektiv auf Markttransaktionen abbildbar sind, ist dies bei kalkulatorischen Größen nicht möglich.

[998] Vgl. *Hoitsch, H.-J./Winter, P.* (2004b), S. 239.

Zuordnungsregeln.[999] Messobjekte werden durch die Zuordnung von Messwerten charakterisiert, um quantitative Gesetzmäßigkeiten formulieren zu können. Dabei wird vor allem die Verknüpfung empirischer Phänomene mit theoretischen Konstrukten beabsichtigt.[1000] Dies spiegelt sich auch in folgender Definition wider: „measurement is *the assignment of numerals to represent elements or a property of elements in a specified system on the basis of isomorphism or homomorphism existing between one or more empirical relational systems (ERS) and one or more numerical relational systems (NRS)*".[1001] Entsprechend bedeutet Messung nach *Schneider* die strukturgleiche Abbildung einer geordneten Menge an Begriffen und Aussagen, die über Teilaspekte der Wirklichkeit unterrichten sollen (empirische Struktur), in eine geordnete Menge an Zahlen (numerische Struktur), unter Beachtung bestimmter Axiome.[1002] Die Messung ist dabei i. d. R. eng mit der Absicht verbunden, die erfassten natürlichen oder künstlichen Phänomene zu beherrschen. Messung erfordert den Vergleich der erhobenen Eigenschaften des Messobjektes mit einem Maß bzw. einer standardisierten Einheit.[1003]

Zwischen dem **Rechnungswesen** und dem Messen wird häufig eine enge Beziehung postuliert.[1004] Dabei ist jedoch zu beachten, dass die Charakterisierung von Rechnungswesensystemen als Messinstrumente die Existenz einer objektiven bzw. zumindest intersubjektiv nachprüfbaren wirtschaftlichen Realität erfordert, für die theoretische Konstrukte existieren, welche mit Rechnungswesengrößen (Rechengrößen), d. h. in Geldeinheiten, verlässlich und bedeutungsvoll abgebildet werden können, sowie dass diese Realität durch die Messung nicht nennenswert beeinflusst wird.[1005] Werden Rechnungswesengrößen nicht nur als Messergebnisse verwendet, sondern auch zur Verhaltenssteuerung, ist diese Unabhängigkeit stark zu bezweifeln.

Es gibt verschiedene **Messbarkeitsstufen**, die unterschiedliche Anforderungen an die Möglichkeit der numerischen Abbildung und die Verarbeitung der durch Messung gewonnen Zahlenwerte stellen. Einen Überblick über die gebräuchlichen Messskalen, deren Anforderungen und zulässigen Transformationen sowie Aussagengehalt gibt Tabelle 16.

---

[999] Vgl. *Larson, K. D.* (1969), S. 38-39.
[1000] Vgl. *Steyer, R./Eid, M.* (2001), S. 7.
[1001] *Vickrey, D. W.* (1970), S. 732.
[1002] Vgl. *Schneider, D.* (1997b), S. 167.
[1003] Vgl. *Balzer, W.* (1985), S. 1.
[1004] Vgl. *Schwarz, R.* (2002a), S. 105. Bzgl. der Kostenrechnung vgl. *Weber, J.* (2005), S. 9. Kritisch zur Charakterisierung des Rechnungswesen als „Messdisziplin" äußert sich z. B. *Vickrey, D. W.* (1970).
[1005] Vgl. *Weber, J.* (2005), S. 9.

Diese Überlegungen sind auch bei der Messung von Risiken zu beachten, wobei sich aber aus dem Messobjekt Risiko einige Besonderheiten für die Möglichkeiten und Verfahren der Messung ergeben.

Skalentyp		Gegenstand	Zulässige Operationen	Anforderungen	Zulässige Transformationen
Nominalskala		Klassifikation von Untersuchungsobjekten nach der Maßgabe der Existenz einer definierten Eigenschaft/ Ausprägung	Unterscheidung von Ausprägungen, Zuordnung zu Klassen, Dichotomie bzw. Identitätsaussagen $a = b, c \neq d$ Bestimmung von Auftrittshäufigkeiten	Reflexivität Symmetrie Transitivität	Äquivalenzrelation (Identitätsrelation)
Ordinalskala		Bildung von Rangordnungen über Eigenschaften/ Ausprägungen von Untersuchungsobjekten	Einfache Verhältnisaussagen und Bildung einer Rangordnung $a \lesseqgtr b$ Mittelwertenbildung nicht zulässig	Nichtumkehrbarkeit Konnexivität Transitivität	Monotone Transformation
Kardinalskala	Intervallskala	Darstellung von Merkmalen/Ausprägungen mittels Zahlen	Messung von Rangunterschieden und Angabe des Abstandes, Aussagen über die Gleichheit von Intervallen, Größenvergleiche, Differenzbildung $\|a-b\| \lesseqgtr \|c-d\|$ Mittelwertbildung zulässig	Konnexivität Transitivität Vorzeichen-Umkehr Schwache Monotonie Archimedisches Axiom	Lineare Transformation
Kardinalskala	Verhältnisskala	Darstellung von Merkmalen/ Ausprägungen mittels Zahlen, wobei die Zahlen der Ausprägungsstärke entsprechen Existenz eines absoluten Nullpunkts	Vergleiche auf Identität, Größenvergleiche, Additionen, Subtraktionen, Multiplikationen, Divisionen $a/b \lesseqgtr c/d$	Konnexivität Transitivität Assoziativität Monotonie Archimedisches Axiom	Ähnlichkeitstransformationen
Kardinalskala	Absolutskala	Der genaue Wert einer Merkmalsausprägung ist von Interesse, d. h. Verhältnis erhaltende Transformationen sind unerwünscht	Vergleiche auf Identität, Größenvergleiche, Additionen, Subtraktionen Multiplikationen, Divisionen	Existenz eines absoluten Nullpunkts, Maßeinheit ist natürlich gegeben (z. B. Stück, Geldeinheit)	Identitätstransformationen

Tabelle 16: Skalentypen – Gegenstand, Operationen, Anforderungen und Transformationen[1006]

5.3.2.2 Die Messung von Risiken

Wie die Ausführungen zur Messung gezeigt haben, sind für die Messung von Risiken die Abgrenzung eines Messobjektes und die Spezifikation von Zuordnungsregeln notwendig. Dies erfordert zunächst die Festlegung des Begriffsinhaltes von „Risiko". Unter Risiko wird die Gefahr der Unterschreitung eines Zielwertes (Referenzpunkt, Anspruchsniveau) angesehen, während mit Unsicherheit Situationen bezeichnet werden, die mehrere mögliche Ergebnisse

[1006] Quelle: Vgl. die Ausführungen von *Vickrey, D. W.* (1970), S. 733-734; *Schneider, D.* (1997b), S. 167-170; *Schwarz, R.* (2002a), S. 118-123.

aufweisen.[1007] Diese Risikoabgrenzung ist auch konsistent mit dem Sprachgebrauch und der allgemeinen Begriffsauffassung.[1008] Risiko ist dabei ein Phänomen, das nur bedingt empirisch erfahrbar ist. In der physischen Welt lassen sich zwar unterschiedliche Zustände für Systeme feststellen, die keinen deterministischen Regeln zu folgen scheinen. Risiko erlangt aber vor allem in Bezug auf Menschen an Bedeutung, u. a. auch deswegen, weil Risiko und Unsicherheit letztlich auf einen Mangel an Wissen über interessierende Sachverhalte zurückzuführen sind. Risiko wird daher nicht primär als ein objektives Merkmal realer Sachverhalte gesehen, sondern eher als ein subjektives bzw. soziales Konstrukt.[1009] Vor diesem Hintergrund stellt sich die Frage, ob Risiko überhaupt „objektiv messbar" oder zumindest „verlässlich intersubjektiv bestimmbar" ist. Dies ist im Rahmen einer Unternehmensrechnung, die in einem arbeitsteiligen Unternehmen eingesetzt wird, sowohl für die Entscheidungsunterstützungs- als auch für die Verhaltenssteuerungsfunktion eine wünschenswerte Eigenschaft. Sollte sich Risiko nur im persönlichen Kontext sinnvoll konzeptualisieren und subjektiv erheben lassen, wäre keine Konsistenz und Konstanz bei der Ermittlung des Risikos von Betrachtungsobjekten gegeben, ebenso wie die Reliabilität und die Validität der Messergebnisse für Dritte fragwürdig wären. Schließlich wäre somit kaum eine Akzeptanz der Rechengrößen durch Entscheidungsträger, Steuernde und Gesteuerte gegeben. Daher ist es innerhalb des Rahmens der Risikorechnung erforderlich, nach Wegen zu suchen, das Konstrukt Risiko möglichst durch stochastische Eigenschaften und Zusammenhänge wirtschaftlich bedeutsamer Objekte, Strukturen und Prozesse zu charakterisieren. Auch hier soll die Messung dazu dienen, durch die Quantifizierung eine Handhabung des gemessenen Phänomens, d. h. des Risikos, zu ermöglichen.[1010]

Die Frage nach der „richtigen" Messung des Risikos wird in den unterschiedlichsten Erkenntnisgebieten wie Psychologie, Soziologie, Ingenieurwissenschaften und Wirtschaftswissenschaften thematisiert. Innerhalb der Betriebswirtschaftslehre ist die Risikomessung vor allem Gegenstand der Finanzwirtschaft, des Operations Research und der betriebswirtschaftlichen Entscheidungstheorie.[1011]

[1007] Siehe die Abschnitte 3.2.1.1 und 3.4.3.
[1008] Vgl. hierzu *Fishburn, P. C.* (1984), S. 397; *Brachinger, H. W./Weber, M.* (1997), S. 235.
[1009] Vgl. *Brachinger, H. W./Weber, M.* (1997), S. 235; *Pfister, H.-R./Böhm, G.* (2005), S. 310.
[1010] Vgl. *Kürsten, W./Straßberger, M.* (2004), S. 203.
[1011] Vgl. *Pedersen, C. S./Satchell, S. E.* (1998), S. 89; *Pedersen, C. S./Satchell, S. E.* (2004), S. 1; *Pfister, H.-R./Böhm, G.* (2005), S. 310.

5.3.2.2.1 Risikomaße

Wird vorausgesetzt, dass Risiko ein gehaltvolles Konstrukt wirtschaftlicher Realität darstellt, kann eine Messung erfolgen. Unter **Risikomessung** hier wird die Zuordnung von Zahlenwerten zu wirtschaftlich bedeutsamen Objekten, Strukturen und Prozessen bzw. deren Eigenschaften verstanden, mit der vergleichende Aussagen über deren Risikogehalt ermöglicht werden. Die Zuordnungsvorschrift ist durch eine **Risikomessfunktion** bzw. ein **Risikomaß** gegeben.[1012] Wird von einem subjektiven Charakter des Risikos ausgegangen, bestimmt alleine die persönliche Wahrnehmung bzw. Einstellung, welche Aspekte der wirtschaftlichen Realität im Risikomaß abgebildet werden.[1013] Durch das Risikomaß R wird einer Zufallszahl X eine eindeutige, nicht-negative reelle Zahl zugeordnet:[1014]

$$R: X \rightarrow \mathbb{R}.$$

Sämtliche Informationen über die Unsicherheit des Betrachtungsobjektes sind in der Wahrscheinlichkeitsverteilung der zugeordneten Zufallszahl X enthalten. Das Risikomaß erfasst nur diejenigen Aspekte, die gemäß dem Risikokonzept erforderlich sind. Die Abbildung der Zufallszahl auf eine einwertige Größe stellt eine Informationsverdichtung dar. Dies führt einerseits zu einem Informationsverlust, andererseits erfolgt eine Komplexitätsreduktion, sodass eine klare Aussage über den relativen Risikogehalt möglich ist.[1015] Der Verlust an Detailinformation sollte aber durch die geeignete Wahl des Risikomaßes nicht relevant sein bzw. möglichst klein gehalten werden. Die Darstellung des Risikogehalts in Form einer Kennzahl kommt der Informationsverarbeitung durch Entscheidungsträger, der Darstellung der Gesamtrisikolage des Unternehmens sowie der Vorgabe von Sollwerten sehr entgegen.[1016]

Anhand des Risikomaßes wird ein einfacher Vergleich des Risikogehaltes von Betrachtungsobjekten möglich. Dabei sind zunächst Aussagen über den relativen Risikogehalt zulässig, also die Bildung einer Risikorangordnung über mehrere Betrachtungsobjekte im Sinne einer ordinalen Skala (A ist riskanter als B).[1017] Weitergehende Aussagen und Operationen sind nur unter der Annahme kardinaler Skalen zulässig. So liegt z. B. der Risikomessung in Verbindung mit der Bestimmung und Vorgabe von Risikokapital eine absolute Skala zugrunde, de-

[1012] Vgl. *Brachinger, H. W./Weber, M.* (1997), S. 235.

[1013] Vgl. *Hanisch, J.* (2004), S. 12. Zur Risikowahrnehmung vgl. z. B. auch *Jungermann, H./Slovic, P.* (1993); *Pfister, H.-R./Böhm, G.* (2005).

[1014] Vgl. *Szegö, G.* (2002), S. 1259; *Cheng, S. et al.* (2004), S. 1; *Goovaerts, M. J./Laeven, R. J. A.* (2005), S. 2.

[1015] Vgl. *Scherpereel, P.* (2006), S. 34.

[1016] Vgl. *Kimmig, J. M.* (2001). Zur Funktion von Kennzahlen im Kontext der Unternehmensführung allgemein vgl. z. B. *Reichmann, T.* (2001a) und *Schwarz, R.* (2002a). Zu den Vorbehalten von Managern gegenüber einer eindimensionalen Quantifizierung des Risikos siehe Abschnitt 5.3.1.

[1017] Vgl. *Szegö, G.* (2002), S. 1259; *Hanisch, J.* (2004), S. 12; *Scherpereel, P.* (2006), S. 34.

ren natürliche Maßeinheit eine Geldeinheit ist. Hierdurch steigen die Anforderungen an das Risikomaß bzw. an die Abbildungsbedingungen.[1018] Diese **Anforderungen** bzw. geforderten Eigenschaften von Risikomaßen werden in der Literatur in Form von Axiomensystemen formalisiert.[1019]

In den Wirtschaftswissenschaften wurde Risiko zunächst als Streuung oder negative Abweichung von einem Referenzwert, wie z. B. dem Erwartungswert, konzeptualisiert, ohne dass eine theoretische Fundierung oder Axiomatisierung erfolgte. Die hieraus resultierenden Risikomaße werden daher auch als „naiv" bezeichnet und beruhen direkt auf Eigenschaften bzw. Momente der Verteilungen der den Betrachtungsobjekten zugeordneten Zufallszahlen. Vor allem psychologische bzw. von psychologischen Erkenntnissen beeinflusste ökonomische Arbeiten beschäftigten sich stärker mit der Axiomatisierung und theoretischen Fundierung des (wahrgenommenen) Risikos. Die resultierenden Risikomaße, z. B. Maße für das subjektiv wahrgenommene Risiko (perceived risk), beruhen zwar größtenteils ebenfalls auf stochastischen Merkmalen der betrachteten Verteilungen (Lotterien), diese werden aber kombiniert und/oder transformiert, um zu metrisierenden Aussagen über den Risikogehalt zu gelangen. So werden z. B. die empirischen Erkenntnisse aufgegriffen, dass mögliche positive und negative Ergebnisse unterschiedlich in die Risikobeurteilung einfließen, dass eine Hinzufügung einer positiven Konstante zu allen möglichen Ergebnissen das wahrgenommene Risiko vermindert, dass eine Umgewichtung „mathematischer" Wahrscheinlichkeiten erfolgt oder dass u. U. eine erhöhte Möglichkeit auf größere positive Ergebnisse das wahrgenommene Risiko reduziert.[1020] Da diese Maße gerade eine Erfassung des subjektiv wahrgenommenen Risikos durch geeignete Transformationen der stochastischen Merkmale anstreben, sind die Messergebnisse nicht intersubjektiv nachprüfbar und beim alleinigen Einsatz für die Zwecke der Risikorechnung in arbeitsteiligen Unternehmen wenig geeignet. Für die Unterstützung bestimmter Entscheidungen oder die Formalisierung von Verhaltensannahmen kann sich die Kenntnis dieser Risikomaße aber als durchaus wertvoll erweisen. Da für ihre Ermittlung i. d. R. ebenfalls die Kenntnis stochastischer Eigenschaften erforderlich ist, konzentrieren sich die folgenden Ausführungen auf verteilungsbasierte bzw. **stochastische Risikomaße**[1021].

[1018] Vgl. *Szegö, G.* (2002), S. 1259; *Hanisch, J.* (2004), S. 12-13.
[1019] Diese Axiomensysteme werden in Abschnitt 5.3.2.2.2 näher betrachtet.
[1020] Vgl. *Brachinger, H. W./Weber, M.* (1997); *Pedersen, C. S./Satchell, S. E.* (1998), S. 96-102; *Pedersen, C. S./Satchell, S. E.* (2004), S. 6-12.
[1021] Vgl. *Albrecht, P./Maurer, R.* (2005), S. 112-127.

Stone schlägt eine **Familie von Risikomaßen** vor, die eine Vielzahl von in den Wirtschaftswissenschaften bzw. insbesondere in der Finanzwirtschaft üblichen Risikomaßen umfasst, und die mithilfe dreier Parameter aus den betrachteten Verteilungen gewonnen wird:[1022]

$$R_{Stone}[Y_0,k,A]=\left(\int_{-\infty}^{A}|y-Y_0|^k f(y)dy\right)^{1/k} ;k>0.$$

Dabei sind *f(y)* die Dichtefunktion und *F(y)* die Verteilungsfunktion der Zufallszahl *y*. Hiermit erfasst werden u. a. die Standardabweichung $(Y_0=E[Y],k=2,A=\infty)$, die Semistandardabweichung $(Y_0=E[Y],k=2,A=0)$ und die Mittlere Absolute Abweichung $(Y_0=E[Y],k=1,A=\infty)$.

Pedersen und *Satchell* beschreiben eine erweiterte Familie von Risikomaßen, die mithilfe von fünf Parametern über die Wahrscheinlichkeitsverteilung des Betrachtungsobjektes definiert wird:[1023]

$$R_{P-S}[A,b,\alpha,\theta,W(\cdot)]=\left(\int_{-\infty}^{A}|y-b|^{\alpha} W[F(y)]f(y)dy\right)^{\theta} ;\alpha,\theta>0.$$

Diese umfasst eine Reihe weiterer Risikomaße und Ungleichheitsmaße, wie (Semi-) Varianz, Verlustwahrscheinlichkeit oder Gini-Koeffizient.

Ein allgemeines Risikomaß für die Konzeptualisierung des Risikos als Ausmaß der Gefahr der Unterschreitung einer angestrebten (finanziellen) Zielgröße (**Shortfall-Risiko**) haben *Albrecht*, *Maurer* und *Möller* vorgeschlagen.[1024] Die durch die Zufallsgröße *X* repräsentierte Verteilung eines Betrachtungsobjektes wird mithilfe eines Referenzpunktes *z*, der die Zielgröße (target) charakterisiert, in einen Verlustbereich (shortfall) $X_-(z)=\max(z-X,0)$, einen Gewinnbereich (excess) $X_+(z)=\max(X-z,0)$ und einem Zielbereich *z* zerlegt:

$$X=X_+(z)+z-X_-(z).$$

[1022] Vgl. *Stone, B. K.* (1973) sowie *Pedersen, C. S./Satchell, S. E.* (1998), S. 90-91; *Pedersen, C. S./Satchell, S. E.* (2004), S. 2-3.

[1023] Vgl. *Pedersen, C. S./Satchell, S. E.* (1998), S. 103-106; *Pedersen, C. S./Satchell, S. E.* (2004), S. 12-14.

[1024] Vgl. im Folgenden Albrecht, P., *et al.* (1998), S. 252-257; *Albrecht, P./Maurer, R.* (2005), S. 140-143.

Falls eine Dichtefunktion *f(x)* für *X* existiert, ergeben sich die gemischten Dichtefunktionen $f_-(x)$ bzw. $f_+(x)$ wie folgt:

$$f_-(x)=\begin{cases}0 & , z-x<0\\ 1-F(z) & , z-x=0\\ f(x) & , z-x>0\end{cases} \text{ bzw. } f_+(x)=\begin{cases}0 & , x-z<0\\ F(z) & , x-z=0\\ f(x) & , x-z>0\end{cases}.$$

Diese Dichten sind jeweils im Punkt $x = z$ unstetig, d. h. in diesem Punkt konzentriert sich die Wahrscheinlichkeitsmasse $P(X_-)=P(X>z)=1-F(z)$ bzw. $P(X_+)=P(X\leq z)=F(z)$.

Das Shortfall-Risiko wird mithilfe eines Risikomaßes bestimmt, das den Erwartungswert über die Verlust- bzw. Kostenfunktion $L(X_-(z))$, welche eine Bewertung der Zielgrößen durch den Entscheidungsträger darstellt, ermittelt:

$$SR_z(X)=E[L(X_-(z))]=E[L(\max(z-x,0))].$$

L ist dabei reell-wertig, nicht-negativ, stetig und monoton wachsend. Bei einer stetig verteilten Zufallszahl *X*, $L(0)=0$ und $y=z-x$ folgt:

$$SR_z(X)=\int_{-\infty}^{\infty}L(\max(z-x,0))f(x)dx=\int_{-\infty}^{z}L(z-x)f(x)dx=\int_{-\infty}^{\infty}L(z-x)f_-(x)dx=\int_{0}^{\infty}L(y)f(z-y)dy.$$

Für *L* sind beliebige Transformationen denkbar, die unterschiedliche Bewertungen der Zielgrößenunterschreitungen durch den Entscheidungsträger darstellen. Eine mögliche Klasse von Verlustfunktionen bilden Potenzfunktionen des Typs $L(y)=y^n$, $n\in\mathbb{R}$. Diese haben den „technischen Vorteil", dass sie den unteren partiellen Momenten (**Lower Partial Moments**, LPM) der (stetigen) Verteilung von *X* entsprechen:[1025]

$$SR_z^{pot}(X)=E\left[X_-(z)^n\right]=E\left[\max(z-x,0)^n\right]=LPM_z^n(X)=\int_{-\infty}^{z}(z-x)^n f(x)dx,\ n\geq 0.$$

Für $n > 1$ können die *LPM* auch in der Form $\left(LPM_z^n(X)\right)^{1/n}$ normiert werden.[1026] Von Bedeutung sind hierbei folgende Fälle von *n*, die zu bekannten Shortfall-Risikomaßen führen:

[1025] Vgl. *Oehler, A./Unser, M.* (2002), S. 22; Albrecht, P., *et al.* (1998), S. 255-257.

[1026] Vgl. *Pedersen, C. S./Satchell, S. E.* (1998), S. 94; *Albrecht, P.* (2003c), S. 23.

- $LPM_z^0(X)=\int_{-\infty}^{z} f(x)dx = F(z) = P(X \leq z) = SW_z(X)$: Shortfall-Wahrscheinlichkeit, d. h. die Wahrscheinlichkeit, dass die Realisierung von *X* kleiner oder gleich der Zielgröße z ist. Die Höhe der Unterschreitung spielt hierbei keine Rolle.
- $LPM_z^1(X)=\int_{-\infty}^{z} (z-x)f(x)dx = SE_z(X)$: Shortfall-Erwartungswert, d. h. der mittlere Betrag der Unterschreitung der Zielgröße. Alle negativen Abweichungen werden gleich gewichtet.
- $LPM_z^2(X)=\int_{-\infty}^{z} (z-x)^2 f(x)dx = SV_z(X)$: Shortfall-Varianz, d. h. die mittlere quadrierte Unterschreitung der Zielgröße. Betragsmäßig größere Abweichungen werden somit stärker gewichtet.

Die genannten Risikomaße sind ökonomisch sinnvoll interpretierbar.[1027] Falls $n > 1$ ist und die Zufallsvariable die unsichere Realisation einer monetären Größe wiedergibt, sind die normierten Risikomaße als Geldeinheiten zu verstehen.

Albrecht und *Mauer* unterscheiden zwei **idealtypische Risikokonzeptionen**, die zu zwei Typen von Risikomaßen führen:[1028]

- Typ 1: Risiko als Ausmaß der Abweichung von einer Zielgröße (lageunabhängige, abweichungsorientierte Risikokonzeptualisierung).
- Typ 2: Risiko als notwendiges Kapital zur Unterlegung einer Risikoposition, um eine akzeptable Gesamtrisikoposition zu schaffen (lageabhängige, risikokapitalorientierte Risikokonzeptualisierung).

Diese Unterscheidung und die Beziehung zwischen den beiden Risikokonzeptualisierungen werden im Abschnitt 5.3.2.2.2 näher beleuchtet.

Zunächst wird aber noch kurz auf **Wertmaße** eingegangen. Wertmaße (auch Reward-Maße genannt) stellen im Kontext einer entscheidungsorientierten Risikorechnung, bei der das Risiko als eigenständiges Konzept betrachtet wird, ein erforderliches Pendant zum Risiko dar. So bedürfen z. B. Risiko-Wert-Modelle auch Informationen über Wertmaße, um Aussagen über die relative Erwünschtheit bzw. Vorteilhaftigkeit von Alternativen zu ermöglichen. Wertmaße

[1027] Vgl. *Oehler, A./Unser, M.* (2002), S. 22.
[1028] Vgl. *Albrecht, P.* (2003c), S. 8-9; *Albrecht, P./Maurer, R.* (2005), S. 112-113.

charakterisieren die Höhenpräferenz des Entscheiders. Aus statistischer Perspektive werden Wertmaße i. d. R. als Lagemaße einer Verteilung konzeptualisiert. Häufig bzw. standardmäßig wird dabei der Erwartungswert verwendet.[1029] Dieser kann als durchschnittlicher Wert, der bei einer häufigen Realisation der Alternative zu erwarten ist, interpretiert werden. Hinsichtlich der parallelen Verwendung von Risiko- und Wertmaßen ist kritisch anzumerken, dass in den Erwartungswert auch Informationen einfließen, die bei der Berechnung von (Shortfall-) Risikomaßen verwendet werden. Alternativ wird die Verwendung von Excess- bzw. Chancenmaßen vorgeschlagen, die analog zu den oben vorgestellten Risikomaßen als obere partielle Momente (Upper Partial Moments, UPM) konzipiert sind (z. B. Excess-Wahrscheinlickeit, -Erwartungswert, -Varianz).[1030] *De Giorgio* fordert in einem Risk-Reward-Kontext mit einer abweichungsorientierten Risikokonzeption folgende Eigenschaften eines Wertmaßes:[1031]

- Linearität, d. h. der Wert eines zusammengefassten Betrachtungsobjektes entspricht der Summe der Werte der eingehenden Betrachtungsobjekte bzw. der Wert des Vielfachen eines Betrachtungsobjektes entspricht dem Vielfachen des Wertes des einfachen Betrachtungsobjektes.
- Risikofreie Bedingung, d. h. der Wert eines risikolosen Betrachtungsobjektes entspricht seinem Wertzuwachs.
- Stochastische Dominanz, d. h. wenn ein Betrachtungsobjekt ein anderes gemäß der Stochastischen Dominanz zweiter Ordnung dominiert, so ist der dem präferierten Betrachtungsobjekt zugewiesene Wert mindestens so groß, wie der des dominierten Betrachtungsobjekts.

Diese Bedingungen sind für den Erwartungswert erfüllt. Für den Kontext einer risikokapitalorientierten Konzeptualisierung sind die Bedingungen von *De Giorgio* u. U. entsprechend zu modifizieren.

5.3.2.2.2 Axiomatisierung von Risikomaßen

Die dargestellten Risikomaß-Familien und weitere in der Literatur vorgeschlagene Risikomaße liefern eine recht große Anzahl an denkbaren, konkreten Risikomaßen. Damit ergibt sich das Problem der Auswahl geeigneter Risikomaße, das nur auf normativer Basis gelöst werden kann. Die Auswahl geeigneter Risikomaße sollte dabei auf der Grundlage der Spezifizierung

[1029] Vgl. *Albrecht, P./Maurer, R.* (2005), S. 191.
[1030] Vgl. Albrecht, P., *et al.* (1998), S. 262-263.
[1031] Vgl. *De Giorgio, E.* (2002), S. 10.

sinnvoller Eigenschaften eines Risikomaßes und der anschließenden Überprüfung der Erfüllung der Anforderungen durch konkrete Risikomaße erfolgen.[1032] Hierdurch wird eine deutliche Reduktion der Alternativenmenge auf zulässige Risikomaße beabsichtigt.[1033] Die Anforderungen bzw. wünschenswerte Eigenschaften werden in der Literatur in Form von **Axiomen** formuliert, die als „Benchmarks“ für Risikomaße verwendet werden können.[1034] Diese erlauben es, die Anforderungen an ein Risikomaß mit einer minimalen Anzahl an präzisen Aussagen darzustellen. Dadurch wird auch das Risikokonzept selbst beeinflusst.[1035] Zu beachten ist jedoch, dass, obwohl Axiome vernünftige Anforderungen an Risikomaße formulieren, die resultierenden Maße nicht zwingend vernünftig sein müssen.[1036] Um sinnvoll zu sein, müssen die Axiome die Risikowahrnehmung der betroffenen Akteure in der betrachteten Situation widerspiegeln. Damit ist die ökonomische Relevanz letztlich abhängig von Akteur und Situation.[1037]

In der psychologischen und ökonomischen Literatur werden unterschiedliche **Axiomensysteme** vorgeschlagen. Im Folgenden werden nur die auf finanzwirtschaftliche Risiken (Finanzrisiken) bezogenen Axiomensysteme näher betrachtet.[1038]

Von *Pedersen* und *Satchell* werden auf der Grundlage der Axiome von *Kijima* und *Ohnishi*[1039] vier grundlegende Eigenschaften finanzieller Risikomaßen vorgeschlagen:[1040]

- (PS1) **Nichtnegativität**: $R(X) \geq 0$. Dies impliziert, dass Risiko als Abweichung von einem Wertmaß (Lagemaß) verstanden wird.
- (PS2) **Positive Homogenität**: $R(cX) = cR(X) \, \textit{für} \; c \geq 0$. Dies impliziert, dass der Risikogehalt des Vielfachen einer Risikoposition (d. h. eines Betrachtungsobjekts) gerade dem Vielfachen des Risikomaßes dieser Risikoposition entspricht. Würde z. B. ein Verantwortungsbereich identisch repliziert, wäre das resultierende Gesamtrisiko genau doppelt so groß wie zuvor. Dies spiegelt auch die perfekt positive Korrelation der Verteilungen der Risikoposition wider.

[1032] Vgl. *Goovaerts, M. J./Laeven, R. J. A.* (2005), S. 2.
[1033] Vgl. *Pedersen, C. S./Satchell, S. E.* (2004), S. 1.
[1034] Vgl. *Scherpereel, P.* (2006), S. 35.
[1035] Vgl. *Acerbi, C./Tasche, D.* (2002a), S. 380.
[1036] Vgl. *Albrecht, P.* (2003c), S. 14.
[1037] Vgl. *Goovaerts, M. J./Laeven, R. J. A.* (2005), S. 2.
[1038] Für einen Überblick vgl. *Albrecht, P.* (2003b) und *Albrecht, P.* (2003c).
[1039] Vgl. *Kijima, M./Ohnishi, M.* (1993).
[1040] Vgl. *Pedersen, C. S./Satchell, S. E.* (1998), S. 106-107; *Albrecht, P.* (2003c), S. 11-12.

- (PS3) **Subadditivität**: $R(X_1 + X_2) \leq R(X_1) + R(X_2)$. Diese Eigenschaft besagt, dass der Risikogehalt eines Betrachtungsobjektes, welches der Aggregation zweier Risikopositionen entspricht (Portefeuille), nicht größer sein kann, als die Summe der Risikomaße der erfassten Betrachtungsobjekte. Dadurch wird sichergestellt, dass Diversifikationseffekte bei der Risikomessung berücksichtigt werden und somit auch keine Anreize bestehen, rein formal-organisatorische Maßnahmen ohne echte Risikoreduktionswirkung (wie z. B. die Aufspaltung von Verantwortungsbereichen zu ergreifen), da in diesen Fällen keine Reduktion des Risikogehalts bei der Risikomessung ausgewiesen wird.
- (PS 4) **Shift-Invarianz**: $R(X + c) \leq R(X)\, \textit{für alle}\, c$. Durch das Hinzufügen eines sicheren Ergebnisbeitrages zur Verteilung des Betrachtungsobjektes wird dessen Risikogehalt nicht vermindert. Dies ist konsistent mit der Konzeptualisierung des Risikos als Abweichung von einem Lagemaß (Wertmaß), da durch die Konstante nur das Lagemaß aber nicht die Abweichung verändert wird.

PS2 und PS3 implizieren zusammen, dass sichere Ergebnisse keinen Risikogehalt aufweisen ($R(c) = 0$). Zudem folgt aus PS2 und PS4, dass ein auf diesen Axiomen basierendes Risikomaß konvex ist, d. h., dass Diversifikation als risikoreduzierend erfasst wird und dass zudem die resultierende Ordnung nach dem Risikogehalt konsistent mit der Ordnung nach der Maßgabe der Stochastischen Dominanz Zweiter Ordnung ist.

Das Axiomensystem von *Rockafellar*, *Uryasev* und *Zabarankin* ist fast identisch mit dem eben betrachteten, enthält aber folgende Verschärfungen:[1041]

- PS1-RUZ: $R(X) > 0$.
- PS2-RUZ: $R(cX) = cR(X)$ für $c > 0$.
- PS4-RUZ: $R(X + c) = R(X)$ für alle c.

Aus diesen Verschärfungen folgt, dass ein solchermaßen abweichungsorientiert konzipiertes Risikomaß exakt lageunabhängig ist: $R(X) = R(X - E[X])$. D. h., dass der Risikogehalt von dem gewählten Wertmaß (Erwartungswert) nicht beeinflusst wird.

Das bisher einflussreichste Axiomensystem in der finanzwirtschaftlichen Risikomaß-Forschung wurde von *Artzner*, *Delbaen*, *Eber* und *Heath* entwickelt.[1042] Gegenstand ist die

[1041] Vgl. *Rockafellar, R. T. et al.* (2002); *Albrecht, P.* (2003c), S. 12-13.

Konzeptionalisierung von Finanzrisiken, die Finanzinstitutionen übernehmen, sodass die mit den Axiomen vereinbaren Risikomaße für die Regulierung und Finanzinstitutssteuerung verwendet werden können. Ein Risikomaß wird dabei als das mindestens notwendige, zusätzlich in eine sichere Anlage investierte Kapital verstanden, das benötigt wird, um den Gesamtrisikogehalt aus einer Risikoposition und der sicheren Anlage auf ein akzeptables Niveau zu bringen. Risiko wird also als Bedarf an Risikokapital konzeptualisiert. Das Risikomaß dient somit nicht nur alleine der Ordnung von Alternativen nach ihrem Risikogehalt, sondern hat eine direkte finanzwirtschaftliche Bedeutung. Die Risikomessung ist somit nicht nur ordinal, sondern absolut. Die notwendigen Eigenschaften, die Risikomaße hierfür aufweisen müssen, werden mithilfe von vier Axiomen formuliert:[1043]

- (ADEH1) **Translationsinvarianz**: $R(X+c) = R(X) - c \textit{ für alle } c$. Dies bedeutet, dass das Hinzufügen eines sicheren Betrages zu einer Risikoposition, z. B. in Form einer risikolosen Anlage, den Risikogehalt und somit das benötigte Risikokapital genau um diesen sicheren Betrag verringert. M. a. W. vermindert der Anteil an sicheren Ergebnissen das Risiko. Wird einer Risikoposition der sicher angelegte Betrag in Höhe des für die Position ursprünglich benötigten Risikokapitals hinzugefügt ($c = R(X)$), resultiert eine risikolose Position.
- (ADEH2) **Subadditivität**: $R(X_1 + X_2) \leq R(X_1) + R(X_2)$. Siehe PS3. Das aggregierte Risiko zweier Risikopositionen (Betrachtungsobjekte) ist kleiner oder gleich der Summe des Risikos der beiden Positionen (Diversifikationseffekt). Es folgt auch, dass die Summe der Risikomaße bei der Aggregation von Betrachtungsobjekten die Obergrenze des Risikogehalts liefert und somit einen konservativen Schätzer für den Risikogehalt des Betrachtungsobjekts höherer Stufe darstellt.
- (ADEH3) **Positive Homogenität**: $R(cX) = cR(X) \textit{ für } c \geq 0$. Siehe PS2. Die Vergrößerung des Umfangs der unsicheren Zahlungsüberschüsse führt zu einer proportionalen Vergrößerung des Risikos der Position.
- (ADEH4) **Monotonie**: $X \leq Y \Rightarrow R(Y) \leq R(X)$. Falls ein Betrachtungsobjekt *Y* in jedem Zustand mindestens ein genauso gutes Ergebnis liefert wie ein anderes Betrachtungsobjekt *X*, dann ist der Risikogehalt von *X* mindestens so groß wie jener von *Y*. D. h., dass das Risikomaß in Übereinstimmung mit dem Risikogehalt des Betrachtungsobjektes wächst.

[1042] Vgl. *Artzner, P. et al.* (1997); *Artzner, P. et al.* (1999).

[1043] Vgl. Artzner, P., *et al.* (1999), S. 208-210; *Szegö, G.* (2002), S. 1259-1260; *Albrecht, P.* (2003c), S. 13-14; *Hoitsch, H.-J./Winter, P.* (2004b), S. 244; *Korycior͏z, S.* (2004), S. 40-47; *Scherpereel, P.* (2006), S. 35-37.

Risikomaße, welche diese vier Axiome erfüllen, werden als „kohärent“ bezeichnet.

Aufbauend auf den Axiomen für kohärente Risikomaße postulieren *Rockafellar, Uryasev* und *Zabarankin* neben Axiome für abweichungsbezogene Risikomaße auch Axiome für risikokapitalbezogene Risikomaße.[1044] Die Axiome ADEH1-3 werden dabei übernommen und anstelle der Monotonie zunächst die **Erwartungswertbegrenzung** (expectation-boundedness) des Risikomaßes gefordert: $R(X) > E[-X]$ für alle echten Zufallsvariablen X und $R(c) = E[-c]$ für alle Konstanten c. D. h., dass ein Betrachtungsobjekt mit einem sicheren Ergebnis einen „negativen Risikogehalt“ gerade in Höhe dieses Ergebnisses aufweist. Somit kann der Risikogehalt eines Betrachtungsobjektes nie geringer sein, als der negativierte Erwartungswert. Risikomaße, welche diese vier Eigenschaften aufweisen, werden folglich als „erwartungswertbegrenzt“ bezeichnet. Wird zudem noch die Monotonie-Bedingung erfüllt, kann von „kohärent erwartungswertbegrenzten“ Risikomaßen gesprochen werden.

Diese Eigenschaft ist für die folgende Betrachtung von Bedeutung: Die Axiomensysteme für abweichungsbezogene Risikomaße und risikokapitalbezogene Risikomaße sind nicht miteinander vereinbar, da sich jeweils die Bedingungen der Translationsinvarianz (ADEH1) und der Nichtnegativität (PS1 bzw. PS1-RUZ) gegenseitig ausschließen.[1045] Damit gibt es Risikomaße, die zwar wünschenswerte Eigenschaften nach Maßgabe einer Konzeptualisierung erfüllen, Bedingungen der anderen aber verletzten. Bei Gültigkeit der Erwartungswertbegrenzung lassen sich jedoch die aus den jeweiligen Axiomensystemen resultierenden Risikomaße einfach ineinander überführen: Wird ein lageabhängiges, risikokapitalorientiertes Risikomaß R_{II} nicht auf die Zufallszahl X, sondern auf die zentrierte Zufallszahl $X - E[X]$ angewendet bzw. wird es um den negativierten Erwartungswert korrigiert, resultiert ein lageunabhängiges, abweichungsorientiertes Risikomaß R_I:[1046]

$$R_{II}(X - E[X]) = R_{II}(X) + E[X] = R_I(X).$$

Somit ist es möglich, Risikomaße für unterschiedliche Informationszwecke, die eine jeweils andere Risikokonzeptualisierung benötigen, zu verwenden, die aber leicht ineinander überführbar sind und wünschenswerte Eigenschaften aufweisen.

1044 Vgl. Rockafellar, R. T., *et al.* (2002); *Albrecht, P.* (2003c), S. 15.
1045 Vgl. Rockafellar, R. T., *et al.* (2002), S. 5.
1046 Vgl. *Albrecht, P.* (2003c), S. 8-9; *Albrecht, P./Maurer, R.* (2005), S. 112-113.

Die durch die Axiome geforderten Eigenschaften sind auch im Kontext der **Risikorechnung** sinnvoll. Für die Bestimmung der Gesamtrisikolage des Unternehmens ist insbesondere die Subadditivität von Bedeutung. Beim Einsatz zur Verhaltenssteuerung stellt diese zusammen mit der positiven Homogenität auch sicher, dass keine adversen Risikosteuerungsanreize entstehen, die dazu führen, dass nur das Abbildungsergebnis der Risikorechnung anstatt des „wahren" Risikogehalts gesteuert wird. Die Entscheidung für ein bestimmtes Axiomensystem hängt letztlich von der präferierten Risikokonzeptualisierung ab. In der Praxis von Finanzinstituten hat vor allem die lageabhängige, risikokapitalorientierte Konzeption Verbreitung gefunden, während bei Optimierungsproblemen traditionell häufig Abweichungsmaße präferiert werden. Die Verbindung des Risikogehalts mit erforderlichen Risikodeckungsmassen (Risikokapital) stellt eine anschauliche Verbindung der Risikomessung mit der Zielsetzung der Sicherung der fortgesetzten Unternehmensexistenz her, die auch sehr gut für Planungs-, Kontroll- und Steuerungszwecke verwendet werden kann.

5.3.2.2.3 Eigenschaften ausgewählter Risikomaße

Die Risikomaß-Axiome liefern einen Kriterienkatalog, mit dessen Hilfe konkrete Risikomaße auf das Vorhandensein sinnvoller Eigenschaften für Entscheidungsunterstützungs- und Verhaltenssteuerungszwecke überprüft werden können. Da die Auswahl zu verwendender Risikomaße eine wichtige Gestaltungsfrage der Risikorechnung darstellt, werden im Folgenden einige Risikomaße näher betrachtet, die in Praxis und Literatur größere Beachtung finden.

Quantilbasierte Risikomaße bzw. „at Risk"-Risikomaße

Quantilbasierte bzw. „at Risk"-Risikmaße zählen zu den in jüngerer Zeit in der Praxis am häufigsten angewandten und in der Literatur umfangreich diskutierten Shortfall-Risikomaßen. Am bekanntesten und von größter praktischer Relevanz ist das Risikomaß **Value at Risk** (VaR), das den Standard der Risikomessung in Finanzinstitutionen sowie der Messung von Finanzrisiken darstellt und auch für die Regulierung von Finanzinstitutionen verwendet wird. Der Anwendungsschwerpunkt liegt dabei auf der Ermittlung des Risikogehalts von Betrachtungsobjekten (z. B. Wertpapiere, Portefeuilles) für Zwecke der Risikosteuerung. Der VaR ist als risikokapitalorientiertes Risikomaß konzipiert. Definiert wird der VaR als derjenige Verlust (negative Wertänderung bzw. Vermögensänderung), der innerhalb eines bestimmten (kurzen) Zeitraums mit einer spezifizierten, sehr hohen Wahrscheinlichkeit bzgl. eines Betrachtungsobjektes nicht überschritten wird bzw. anders ausgedrückt, als der Verlust, mit dem in der spezifizierten Anzahl schlimmster Fälle mindestens zu rechnen ist.[1047]

Die inhaltliche Nähe zu Quantilen ist offensichtlich. Quantile beschreiben Punkte der Dichte- oder Verteilungsfunktion. Sie geben jene Ausprägung einer Zufallszahl $Q_\alpha(X)$ an, die mit einer bestimmten Wahrscheinlichkeit α über- bzw. unterschritten werden. Allgemein lässt sich das α-Quantil einer Verteilung wie folgt implizit bestimmen: $P(X \leq Q_\alpha) = \alpha$ bzw. $P(X > Q_\alpha) = 1 - \alpha$. Existiert die Inverse der Verteilungsfunktion F^{-1}, kann das α-Quantil auch direkt bestimmt werden: $Q_\alpha = F^{-1}(X)$.[1048]

Obwohl der VaR den mit hoher Wahrscheinlichkeit nicht zu überschreitenden Vermögensverlust angibt, wird er i. d. R. als positive Zahl ausgedrückt, sodass er dem negativierten α-Quantil der Verteilung entspricht. Zudem ist es üblich, den VaR zum Konfidenzniveau *1-α* anzugeben, d. h. zur Wahrscheinlichkeit, dass der Verlust nicht überschritten wird. Je nachdem, ob der Verlust absolut oder bezogen auf einen zu erreichenden Zielwert bzw. den Erwartungswert betrachtet wird, wird zwischen einem absoluten und einem relativen VaR (aVaR bzw. rVaR) unterschieden.[1049] Bei Existenz einer Dichtefunktion lässt sich der aVaR implizit wie folgt formal darstellen:

$$P(X \leq -aVaR_{1-\alpha}(X)) = \int_{-\infty}^{-aVaR_{1-\alpha}} f(x)dx = \alpha .$$

Dabei wird deutlich, dass der VaR mit dem zuvor dargestellten Risikomaß Shortfall-Wahrscheinlichkeit ($SW_z(X) = P(X \leq z) = \int_{-\infty}^{z} f(x)dx = F(z)$) korrespondiert, wenn die Zielgröße $z = VaR_{1-\alpha}$ gesetzt wird.[1050] Explizit wird der aVaR bei Existenz der Umkehrfunktion der Verteilungsfunktion wie folgt definiert: $aVaR_{1-\alpha}(X) = -F_X^{-1}(\alpha)$.

[1047] Es gibt eine fast unüberschaubare Anzahl wissenschaftlicher und praxisorientierter Quellen, die sich mit dem VaR beschäftigen. Daher sei an dieser Stelle nur auf folgende verwiesen: *J.P.Morgan/Reuters* (1996); *Dowd, K.* (1998); *Jorion, P.* (2001); *Hoitsch, H.-J./Winter, P.* (2004b); *Winter, P.* (2004).

[1048] Vgl. *Albrecht, P.* (2003c), S. 27; *Albrecht, P./Maurer, R.* (2005), S. 119-120.

[1049] Vgl. *Dowd, K.* (1998), S. 40 ; *Jorion, P.* (2001), S. 109; *Lee, A. Y. et al.* (1999), S. 63-67; *Hoitsch, H.-J./Winter, P.* (2004b), S. 240; *Winter, P.* (2004), S. 291-292.

[1050] Vgl. *Oehler, A./Unser, M.* (2002), S. 26-27; *Albrecht, P.* (2003c), S. 27.

Der rVaR lässt sich analog implizit als $P(X-t \leq -rVaR_{1-\alpha}(X)) = \int_{-\infty}^{-rVaR_{1-\alpha}} f(x-t)d(x-t) = \alpha$

bzw. explizit als $rVaR_{1-\alpha}^{t}(X-t) = -F_{X-t}^{-1}(\alpha)$ charakterisieren.

Der rVaR stellt im Gegensatz zum aVaR ein abweichungsorientiertes Risikomaß dar. Wird für $t = E[X]$ gewählt, können aVaR und rVaR problemlos ineinander überführt werden (Erwartungswertbegrenzung).[1051]

Für den Fall, dass keine Umkehrfunktion der Verteilungsfunktion bzw. keine stetige Verteilung existieren, lässt sich der VaR ganz allgemein wie folgt bestimmen:

$$VaR_{1-\alpha}(X) = -\sup\{x \mid P(X \leq x) \leq \alpha\}.$$

Diese Supremum-Darstellung ermittelt den VaR als die kleinste obere Schranke für das *α*-Quantil der Verteilung von *X*, wodurch der Wert Antwort auf die Frage gibt: Was ist der minimale Verlust, der in den $100 \cdot \alpha\%$ schlimmsten Fällen auftritt?[1052]

Die quantilbasierte Risikomessung ist natürlich nicht nur auf risikobehaftete Vermögenspositionen bzw. Vermögensverteilungen beschränkt, sondern auf beliebige Rechnungswesengrößen anwendbar. In der Literatur werden dabei insbesondere Stromgrößen wie Zahlungsüberschüsse und Gewinn bzw. Erfolg sowie Renditegrößen betrachtet, wobei dann jeweils von Cash Flow at Risk (CFaR), Earnings at Risk (EaR)[1053] und Probable Minimum Return (PMR)[1054] gesprochen wird. Diese Risikomaße werden im Folgenden zusammenfassend als „at risk"-Risikomaße (XaR) bezeichnet.

Interessanterweise lässt sich zeigen, dass das weit verbreitete und auch im Rahmen der Bankenregulierung verwendete Risikomaß VaR (bzw. alle XaR) eine wichtige Eigenschaft im Allgemeinen nicht ausweist: die Subadditivität.[1055] Dies führt dazu, dass der gemessene Risikogehalt eines aggregierten Betrachtungsobjektes größer ausfallen kann, als die Summe der gemessenen Risikogehalte der einzelnen eingehenden Betrachtungsobjekte. Aus diesem Messproblem ergibt sich bei der Verwendung des VaR für Verhaltenssteuerungszwecke die

---

1051 Vgl. *Albrecht, P.* (2003c), S. 28.

1052 Vgl. *Acerbi, C./Tasche, D.* (2002a), S. 382.

1053 Vgl. *Hoitsch, H.-J./Winter, P.* (2004b), S. 240; *Winter, P.* (2004), S. 291; Winter, P., *et al.* (2006a), S. 181.

1054 Vgl. *Albrecht, P./Maurer, R.* (2005), S. 124.

1055 Vgl. Artzner, P., *et al.* (1999), S. 215-218. Inzwischen gibt es eine Vielzahl an Quellen, die sich mit den unerwünschten Eigenschaften des VaR beschäftigen. Vgl. z. B. *Acerbi, C./Tasche, D.* (2002a); *Acerbi, C./Tasche, D.* (2002b); *Szegö, G.* (2002); Hartmann-Wendels, T., *et al.* (2004), S. 337-338; *Korycіorz, S.* (2004), S. 47-53; *Scherpereel, P.* (2006), S. 52-58.

Gefahr von Fehlanreizen: Diversifikationsbestrebungen werden u. U. gehemmt und „taktische Maßnahmen“ wie die Aufspaltung von Betrachtungsobjekten, die zu einer Verminderung des ausgewiesenen Risikogehaltes führen, ohne etwas am „realen“ Risikogehalt zu ändern, werden angeregt. Zudem ist es möglich, dass, obwohl die einzelnen Verantwortungsbereiche ein angemessenes Risiko aufweisen, das Gesamtrisiko auf Unternehmensebene als nicht akzeptabel ausgewiesen wird. Die Verletzung der Subadditivität durch den VaR tritt bei allen nicht-elliptischen Verteilungen auf.[1056] Im Falle einer normalverteilten Zufallsvariablen ist die Subadditivität jedoch erfüllt.[1057]

Diese Eigenschaft macht den VaR als Risikomaß u. U. ungeeignet, insbesondere wenn es für Steuerungszwecke und zur Risikolimitierung verwendet wird. Es ist denkbar, dass die Flächendeckende, unkritische Anwendung von VaR, insbesondere im Rahmen der Regulierung von Finanzinstitutionen, zur Destabilisierung ganzer Volkswirtschaften und zur Beförderung von Krisen führen kann.[1058] Ein Risikomanagement, das mit VaR bzw. XaR-Größen arbeitet, kann somit zu einer Risikosituation führen, die riskanter ist, als wenn gar kein Risikomanagement betrieben würde. Weitere unerwünschte Eigenschaften des VaR für beliebige Verteilungen lassen sich wie folgt zusammenfassen:[1059]

- Der VaR gibt nur einen einzigen Punkt der Verteilung an, sodass viele Veränderungen der zugrunde liegenden Verteilung nicht erfasst werden können (insbesondere eine Zunahme hoher Verluste bei geringen Wahrscheinlichkeiten).
- Verluste, die den VaR übersteigen, werden nicht berücksichtigt.
- Eine VaR-basierte Risikoordnung ist instabil und hängt vom gewählten Konfidenzniveau ab.
- Eine Risikomessung anhand des VaR kann zu Entscheidungen führen, die nicht konsistent mit jenen eines risikoaversen rationalen Entscheiders gemäß der Subjektiven Erwartungsnutzentheorie sind. Eine VaR-basierte Risikoordnung kann auch im Widerspruch zur Stochastischen Dominanz zweiter Ordnung stehen.

Ausgehend von der Kritik am VaR bzw. an XaR-Größen wurden in der Literatur Risikomaße vorgeschlagen, welche die in den Axiomensystemen postulierten wünschenswerten Eigen-

[1056] Vgl. *Szegö, G.* (2002), S. 1261.
[1057] Vgl. Artzner, P., *et al.* (1999), S. 217.
[1058] Vgl. *Szegö, G.* (2002), S. 1261.
[1059] Vgl. *Guthoff, A. et al.* (1998), S. 114; *Szegö, G.* (2002), S. 1261; *Oehler, A./Unser, M.* (2002), S. 27-28; *Hanisch, J.* (2004), S. 17-20; Hartmann-Wendels, T., *et al.* (2004), S. 338; *Korycíorz, S.* (2004), S. 53-59; *Scherpereel, P.* (2006), S. 55-58.

schaften besser erfüllen. Dies sind insbesondere der Conditional Value at Risk (CVaR) und der Expected Shortfall (ES).

Conditional Value at Risk (CVaR) und Expected Shortfall (ES)

Der CVaR und der ES beruhen im Gegensatz zum VaR nicht nur auf einem Punkt der Verteilung des Betrachtungsobjektes, sondern erfassen ganze Ergebnisbereiche und beinhalten somit eine größere Menge an Informationen über die Verteilung. Es existieren ähnliche Konzepte unter den Bezeichnungen Mean Excess Loss, Mean Shortfall, Worse Conditional Expectation, Expected Regret, Tail Conditional Expectation und Tail-VaR, die hier nicht weiter betrachtet werden.[1060]

Der CVaR gibt den bedingten Erwartungswert der Verluste bei einer Überschreitung des VaR zum Konfidenzniveau *1-α* an und lässt sich bei der Existenz einer Dichtefunktion wie folgt formalisieren:

$$CVaR_{1-\alpha}(X) = -E[X \mid X \leq -VaR_{1-\alpha}] = -\frac{1}{\alpha} \int_{-\infty}^{-VaR_{1-\alpha}} x f(x) dx .$$

Es ist leicht erkennbar, dass der CVaR immer mindestens so groß wie der korrespondierende VaR ist, da gilt:

$$CVaR_{1-\alpha}(X) = VaR_{1-\alpha}(X) + E[-X + VaR_{1-\alpha} \mid X < -VaR_{1-\alpha}].$$

Somit ist der CVaR gleich der Summe des VaR und seiner mittleren Überschreitung für Verluste, die größer als der VaR sind. Der CVaR ist genau dann kohärent, d. h. erfüllt die Eigenschaften Translationsinvarianz, Subadditivität, positive Homogenität und Monotonie, falls die zugrunde liegende Verteilung stetig ist bzw. eine Dichtefunktion existiert. Bei diskreten Verteilungen ist die Erfüllung der Monotonie aber nicht mehr sichergestellt.[1061]

Daher wird als allgemein kohärentes Risikomaß der ES vorgeschlagen. Bei Existenz einer Dichtefunktion bzw. bei stetig verteilten Zufallsvariablen sind CVaR und ES identisch.[1062] Der ES gibt den durchschnittlichen Verlust in den schlechtesten 100·α% aller möglichen Fälle

[1060] Vgl. *Albrecht, P.* (2003c), S. 32; *Hanisch, J.* (2004), S. 21; *Scherpereel, P.* (2006), S. 59 m. w. N.

[1061] Vgl. Artzner, P., *et al.* (1999), S. 223; *Albrecht, P.* (2003c), S. 32-34; *Scherpereel, P.* (2006), S. 59-61. Eine sehr ausführliche Darstellung des CVaR findet sich bei *Hanisch, J.* (2004). Vgl. auch *Koryciorz, S.* (2004), S. 60-65.

[1062] Vgl. *Acerbi, C./Tasche, D.* (2002b); *Koryciorz, S.* (2004), S. 61.

an. Formal lautet die Bestimmungsgleichung für den ES zum Konfidenzniveau *1-α* wie folgt:[1063]

$$ES_{1-\alpha}(X) = -\frac{1}{\alpha}\left(E\left[X \cdot 1_{\{X \leq -VaR_{1-\alpha}\}}\right] + VaR_{1-\alpha}\left(P\left(X \leq -VaR_{1-\alpha}\right) - \alpha\right)\right).$$

Die Binärvariable $1_{\{X \leq -VaR_{1-\alpha}\}}$ nimmt für alle durch den VaR bestimmte Überschreitungen der Verlustgrenze den Wert 1, ansonsten den Wert 0 an. Der ES ist ebenfalls immer mindestens so groß wie der VaR. Der ES beantwortet im Gegensatz zum VaR nicht die Frage, wie hoch der minimale Verlust in den schlechtesten 100·α% der Fälle für ein bestimmtes Bezugsobjekt ist, sondern wie hoch der erwartete Verlust in den schlechtesten 100·α% der Fälle ist.[1064] Der ES schätzt also den Risikogehalt eines Betrachtungsobjektes konservativer als der VaR.

Es lässt sich zeigen, dass der ES uneingeschränkt kohärent ist, also in jedem Fall die Eigenschaften Translationsinvarianz, Subadditivität, positive Homogenität und Monotonie aufweist.[1065] Somit lassen sich bei Einsatz des ES für die Entscheidungsunterstützung und die Verhaltenssteuerung die Probleme, die beim VaR-Einsatz auftreten, vermeiden. Zudem reagiert der ES aufgrund der Mittelwertbildung weniger sensitiv auf die Konfidenzniveau-Variationen und ist besser mit der Erwartungsnutzenmaximierung vereinbar.

Risikomaße	**Wünschenswerte Eigenschaften von Risikomaßen**					
	Translations-invarianz	Sub-additivität	Positive Homogenität	Monotonie	Nicht-Negativität	Shift-Invarianz
σ	nein	ja	ja	nein	ja	ja
σ^2	nein	nein	nein	nein	ja	ja
aXaR	ja	nein	ja	ja	ja	nein
rXaR	nein	nein	ja	nein	nein	ja
CVaR	ja	ja	ja	nein	ja	nein
ES	ja	ja	ja	ja	ja	nein

Tabelle 17: Erfüllung der Bedingungen der Axiomensysteme nach Pedersen/Satchell *und* Artzner et al. *durch ausgewählte Risikomaße*[1066]

Tabelle 17 fasst die Erfüllung der wünschenswerten Eigenschaften durch die betrachteten Risikomaße sowie für die Standardabweichung und die Varianz als typische abweichungsorientierte Risikomaße zusammen.

1063 Vgl. *Acerbi, C./Tasche, D.* (2002a); *Acerbi, C./Tasche, D.* (2002b); *Scherpereel, P.* (2006), S. 61.
1064 Vgl. *Acerbi, C./Tasche, D.* (2002a), S. 382.
1065 Vgl. *Scherpereel, P.* (2006), S. 63-66.
1066 Quelle: Vgl. *Pedersen, C. S./Satchell, S. E.* (1998), S. 107-109; *Albrecht, P.* (2003c), S. 19-35; *Korycіorz, S.* (2004), S. 47-53 sowie S. 60-63 und S. 276-277; *Scherpereel, P.* (2006), S. 37-67.

5.3.2.3 Messung von Wahrscheinlichkeiten und stochastischen Abhängigkeiten

Im vorhergehenden Abschnitt wurden die Grundfragen der Risikomessung betrachtet sowie konkrete, verbreitete Risikomaße vorgestellt und auf wünschenswerte Eigenschaften hin überprüft. Aus diesen Betrachtungen lassen sich wertvolle Hinweise für die Gestaltung der Risikorechnung gewinnen. Die betrachteten Risikomaße beruhen auf stochastischen Merkmalen der Zufallsgrößen, welche die interessierenden Betrachtungsobjekte charakterisieren, und stellen eine Verdichtung der Verteilungsinformationen dar. Diese Vorgehensweise erlaubt das Anknüpfen an beobachtbare Resultate von Zufallsvariablen und erleichtert somit die interpersonelle Überprüfbarkeit, während Messkonzepte, die auf Nutzenfunktionen beruhen, große Probleme hinsichtlich der Kommunizierbarkeit und Überprüfbarkeit aufwerfen. Für die Risikorechnung ist eine Risikokonzeption, die sich auf die Verteilung monetärer Größen bzw. von Rechengrößen bezieht, erforderlich. Die strukturgleiche Abbildung der Risikolage erfordert ganz im Sinne der präskriptiven Entscheidungstheorie somit die Erfassung aller Zukunftslagen mit den zugehörigen Wahrscheinlichkeiten und Zielausprägungen. Diese Forderung stellt die Risikorechnung aber vor schwerwiegende Probleme, da die Erfassung der genannten Sachverhalte in der empirischen Realität i. d. R. äußerst schwierig oder gar ganz unmöglich ist. Eine Risikomessung im oben umrissenen Sinne erfordert eine objektiv oder zumindest intersubjektiv nachvollziehbare Quantifizierung der Unsicherheit der monetären Zielgrößen. Häufig wird jedoch über die Unsicherheit selbst Unsicherheit bestehen, d. h. über die möglichen Zukunftslagen, deren Wahrscheinlichkeiten und Zielwirkungen existieren allenfalls subjektive Einschätzungen.[1067]

Die Einkommensunsicherheit, die aus Zahlungsansprüchen an das Unternehmen resultiert, wird von der Gesamtrisikolage des Unternehmens bestimmt. Risikobezogene Einschätzungen für Entscheidungen und Soll-Vorgaben müssen sich daher auf Konsequenzen hinsichtlich der **Gesamtrisikolage** beziehen. Das Unternehmensgesamtrisiko ist direkt kaum verlässlich bestimmbar, da es durch eine Vielzahl von Risikofaktoren determiniert wird. Aufgrund der Existenz von Risikointerdependenzen bzw. stochastischen Abhängigkeiten ist die Risikolage nur in Ausnahmefällen einfach, insbesondere durch Addition, aus der Menge der Einzelrisiken erfassbar. Hieraus ergeben sich weit reichende Implikationen für die Gestaltung der Risikorechnung: Zunächst ist die Abbildung des Gesamtrisikos erforderlich. Einigermaßen verlässlich erfassbar sind aber nur Einzelrisiken. Somit ist die Abbildung der Risikointerdependenzen erforderlich. Diese sind aber für eine einfache rechnerische Verknüpfung wie die Ad-

[1067] Zur Messung bzw. Generierung von Wahrscheinlichkeiten vgl. z. B. Jungermann, H., *et al.* (1998), Kapitel 5; *Eisenführ, F./Weber, M.* (2003), Kapitel 7; *Laux, H.* (2005), Kapitel X.

dition nicht geeignet: Einerseits ist für die Bewertung von Handlungsalternativen deren Auswirkung auf die Gesamtrisikolage abzubilden, andererseits stimmt bei der Delegation von Entscheidungsbefugnissen die Summe der einzelnen Soll-Risikopositionen nicht mit der Gesamtrisikoposition überein.

Die Abbildung des Risikos im Rahmen der Unternehmensrechnung erfordert somit die Kenntnis folgender Tatbestände: die Art der Einflussfaktoren auf die monetären Zielgrößen, die Auswirkung der Einflussfaktoren auf die Zielgrößen, die Verteilung der Einflussfaktoren und die stochastischen Abhängigkeiten zwischen den Einflussfaktoren. Nur wenn diese Tatbestände quantifizierbar sind, ist auch das Risiko im Sinne einer Verteilung der monetären Zielgröße bzw. Rechengröße vollständig quantifizierbar.[1068]

Voraussetzung für die Berechnung der verteilungsbasierten Risikomaße und somit für die Risikorechnung ist die Beschaffung von Informationen über die Wahrscheinlichkeitsverteilungen der abzubildenden Betrachtungsobjekte. Da für die Entscheidungsunterstützung und Verhaltenssteuerung in Unternehmen eine Vielzahl von Betrachtungsobjekten auf verschiedenen hierarchischen und sachlichen Ebenen zu berücksichtigen sind, stellt sich zudem die Aufgabe, geeignete Aggregationen über diese Ebenen bis hinauf zur Gesamtunternehmensebene zu ermöglichen. Hierfür sind stochastische Abhängigkeiten zwischen den einzelnen Betrachtungsobjekten bzw. der ihnen zugeordneten Zufallsgrößen zu bestimmen. Diese Aufgabe stellt für die Mehrzahl realer Anwendungsfälle kein triviales Problem dar. In vielen Fällen werden die benötigten Wahrscheinlichkeitsverteilungen und stochastischen Abhängigkeiten konstruiert werden müssen. Daher erscheint eine Auseinandersetzung mit Wahrscheinlichkeiten und stochastischen Abhängigkeiten sowie deren Bestimmung angebracht.

Ganz allgemein ist **Wahrscheinlichkeit** ein Begriff, der sich auf ungewisse Situationen bezieht. Aus einer gegebenen Menge an Ursachen kann in diesem Falle nicht mehr auf ein eindeutiges Ergebnis, sondern nur auf eine Menge möglicher Ergebnisse geschlossen werden (Ätialprinzip). Dies kann zum einen auf einem der Situation inhärenten Indeterminismus, also der Gültigkeit stochastischer Gesetzmäßigkeiten, und/oder zum anderen auf mangelndem Wissen über kausale Zusammenhänge beruhen. I. d. R. ist die Wahrscheinlichkeitsverteilung im Sinne der Beschreibung der Ausmaße an Eintrittsmöglichkeit einzelner Ergebnisse ein Konstrukt, das empirisch nicht bestätigt werden kann.[1069] In Entscheidungssituationen müssen

[1068] In Anlehnung an *Weber, J./Liekweg, A.* (2001), S. 462.
[1069] Vgl. *Schindel, V.* (1978), S. 57-61.

sie häufig aus Entscheidungsträgern eliziert bzw. für die betreffende Entscheidung generiert werden.[1070]

In der Literatur existieren unterschiedliche **Wahrscheinlichkeitsbegriffe.**[1071] Nach der statistischen bzw. frequentistischen Auffassung wird Wahrscheinlichkeit empirisch orientiert als die relative Häufigkeit des Eintritts eines bestimmten Ergebnisses verstanden. So kann die historische Häufigkeitsverteilung bei einer ausreichend großen Stichprobe und zeitstabilen Verteilungen als Approximation für die zugrunde liegende „wahre" Wahrscheinlichkeitsverteilung angesehen werden. Nach klassischer bzw. symmetrieabhängiger Auffassung leiten sich Wahrscheinlichkeiten aus bekannten (physikalischen) Prozessen ab, wie z. B. bei einem fairen Würfel oder einer fairen Münze. In der Unternehmenspraxis werden sich fast keine Betrachtungsobjekte finden lassen, für die bekannte stochastische Prozesse vorliegen. Nach der subjektivistischen Auffassung drückt die Wahrscheinlichkeit den Grad des Vertrauens einer Person in die Realisation eines bestimmten Ergebnisses aus. Sie ist somit keine objektiv feststellbare und empirisch überprüfbare Eigenschaft des Betrachtungsobjektes, sondern hängt vielmehr vom Wissensstand und der Informationsverarbeitung einer bestimmten Person ab. Wahrscheinlichkeitsurteile unterscheiden sich u. U. von Person zu Person und können nicht als „richtig" oder „falsch" bewertet werden. Subjektive Wahrscheinlichkeiten können sich sowohl auf zukünftige Ereignisse als auch auf Tatsachen bzw. schon realisierte Ereignisse beziehen, über die mangelndes Wissen besteht.

Durch diese Übersicht wird deutlich, dass die Bestimmung von Wahrscheinlichkeiten und deren Verwendung in der Risikorechnung potenziell problematisch ist. Historische Häufigkeitsverteilungen liegen i. d. R. für eine Vielzahl wichtiger Betrachtungsobjekte, wie z. B. Investitionsentscheidungen, in nicht ausreichender Anzahl vor und liefern selbst, wenn sie vorhanden sind, bestenfalls eine Approximation der interessierenden Wahrscheinlichkeitsverteilung. Subjektive Wahrscheinlichkeiten sind zwar prinzipiell für beliebige Betrachtungsobjekte ermittelbar, beruhen aber auf persönlicher Erfahrung und Intuition, sodass sie abhängig von der befragten Person und nur schwer intersubjektiv nachvollziehbar sind. Mithin ist eine Objektivierung der „wahren" Wahrscheinlichkeitsverteilung eines Betrachtungsobjektes nicht möglich. Daher ist es notwendig, insbesondere im Mehrpersonenkontext mit verteilten Entscheidungen, Wahrscheinlichkeitsurteile zu begründen, eine angemessene Berücksichtigung intersubjektiv nachprüfbarer Informationen zu gewährleisten und bekannten Problemen bei

[1070] Vgl. *Eisenführ, F./Weber, M.* (2003), S. 151.

[1071] Vgl. *Schindel, V.* (1978), S. 62-74; *Eisenführ, F./Weber, M.* (2003), S. 151-156; *Laux, H.* (2005), S. 123-129.

der Bildung von Wahrscheinlichkeitsurteilen zu begegnen, also insgesamt eine prozedurale Rationalität sicherzustellen.[1072] *Schneider* unterscheidet entsprechend subjektive Wahrscheinlichkeiten und personale Wahrscheinlichkeiten, die eine Teilmenge der ersteren darstellen. Personale Wahrscheinlichkeiten bezeichnen „*vernünftige Einschätzungen des Für-wahr-Haltens von Zukunftslagen*, d. h. der Glaubwürdigkeit ihres Eintretens“[1073]. Für ihre Gewinnung muss u. a. darauf geachtet werden, dass Wahrscheinlichkeitsurteile nicht durch die Erwünschtheit der Ergebnisse beeinflusst wird, dass alles vorhandene Wissen ausgewertet und Erfahrungen berücksichtigt werden, dass die Möglichkeit zusätzliches Wissen zu erwerben geprüft wird, und dass Einschätzungen anderer Personen miteinbezogen werden.[1074] Die rechnerische Abbildung des Risikos erfordert daher zunächst die Gewinnung „vernünftiger subjektiver“ (personaler) Wahrscheinlichkeiten.

Die Ermittlung **subjektiver Wahrscheinlichkeiten** kann auf direktem oder indirektem Wege erfolgen.[1075] Bei der direkten Ermittlung gibt eine Person, i. d. R. der Entscheidungsträger selbst, unmittelbar Wahrscheinlichkeiten für bestimmte Ausprägungen des Betrachtungsobjektes oder aber Ausprägungen für bestimmte Wahrscheinlichkeiten an. Dies stellt hohe Anforderungen an die Kenntnisse und kognitiven Fähigkeiten der befragten Person. Bei indirekter Ermittlung stellt die betreffende Person Vergleiche zu einfachen Referenzsituationen an, aus denen dann die korrespondierenden Wahrscheinlichkeiten einfacher ermittelt werden können. Diese Methode stellt geringere Anforderungen an Kenntnisse und kognitive Fähigkeiten. Die Generierung der Wahrscheinlichkeitsaussagen erfolgt i. d. R. unter Mitwirkung eines Befragers oder Moderators, der Experte im Bereich der Wahrscheinlichkeitsmessung ist.[1076] Dabei ist zu beachten, wie Menschen Unsicherheit ausdrücken: häufig geschieht dies durch verbale und somit unscharfe Ausdrücke wie „unwahrscheinlich“ oder „ziemlich sicher“, deren Wahrscheinlichkeitszuordnung sehr subjektiv und zudem kontextabhängig ist.[1077] Bei der Bildung subjektiver Wahrscheinlichkeitsurteile kann es zudem zu „Verzerrungen“ kommen, die auch von dem Willen und den Kenntnissen der befragten Personen sowie allgemeinen kognitiven Beschränkungen beeinflusst werden.[1078]

[1072] Vgl. *Eisenführ, F./Weber, M.* (2003), S. 154-156; *Laux, H.* (2005), S. 127-129.
[1073] *Schneider, D.* (1997b), S. 163.
[1074] Vgl. *Schneider, D.* (1997b), S. 161-163.
[1075] Für einen Überblick über Modelle, die das Zustandekommen subjektiver Wahrscheinlichkeitsurteile zu erklären versuchen, vgl. *Schindel, V.* (1978), S. 111-115.
[1076] Vgl. *Eisenführ, F./Weber, M.* (2003), S. 159-169; *Laux, H.* (2005), S. 313-336.
[1077] Vgl. Jungermann, H., *et al.* (1998), S. 154-159.
[1078] Vgl. *Schindel, V.* (1978), S. 115-127. Siehe auch Abschnitt 5.3.1.

Eine genaue und formale Beschreibung von Wahrscheinlichkeiten bietet die mathematische **Wahrscheinlichkeitstheorie** und zwar unabhängig von der Interpretation der Bedeutung der Zahlen. Die Wahrscheinlichkeitstheorie regelt, wie mit Wahrscheinlichkeiten zu rechnen ist.[1079] Dabei wird ein Zufallsvorgang betrachtet, dessen mögliche Ergebnisse durch die Ergebnismenge Ω beschrieben werden. Ein bestimmtes Ergebnis wird als Ereignis bezeichnet, das somit eine Teilmenge von Ω bildet. Umfasst das Ereignis genau ein Element ω der Ergebnismenge, wird es Elementarereignis genannt. Alle möglichen Ereignisse bilden den Ereignisraum Σ. Das Wahrscheinlichkeitsmaß *P* stellt eine Abbildung der Ereignismenge auf das Intervall [0; 1] dar. Nach *Kolmogorov* muss das Wahrscheinlichkeitsmaß folgende Axiome erfüllen:[1080]

- Für jedes Ereignis *A* aus Ω ist die Wahrscheinlichkeit *P* eine reelle Zahl zwischen 0 und 1: $0 \leq P(A) \leq 1 \, \text{für alle} \, A \in \Omega$.
- Das sichere Ereignis hat die Wahrscheinlichkeit 1: $P(\Omega) = 1$.
- Die Wahrscheinlichkeit einer Vereinigung inkompatibler Ereignisse (disjunkte Mengen bzw. paarweise unvereinbare Ereignisse A_i, $i = 1,2...$), entspricht der Summe der Wahrscheinlichkeiten der einzelnen Ereignisse: $P(A_1 \cup A_2) = P(A_1) + P(A_2)$.

Bei der Wahrscheinlichkeitsrechnung ist jedoch zu beachten, dass diese nicht ohne weiteres bzw. uneingeschränkt sinnvoll auf alle Problemstellungen der Betriebswirtschaftslehre und Unternehmenspraxis angewendet werden kann. Die mathematische Wahrscheinlichkeitstheorie stellt nämlich hohe Anforderungen an die Bestimmung bzw. Messung (subjektiver) Wahrscheinlichkeiten, die nicht immer als erfüllt angesehen werden können. Vielmehr sind differenziert die einzelnen Messbarkeitsstufen für Glaubwürdigkeitsurteile zu eruieren.[1081] In Anlehnung an die Messtheorie und die Verhaltenspostulate der Bernoulli-Rationalität unterscheidet *Schneider* folgende Messbarkeitsstufen im Sinne von Klassen des Für-wahr-Haltens von Prognosen (siehe Tabelle 18).[1082]

[1079] Vgl. *Schindel, V.* (1978), S. 63; *Schneider, D.* (1997b), S. 163-164; Jungermann, H., *et al.* (1998), S. 143-148.

[1080] Vgl. *Dörfler, W./Peschek, W.* (1988), S. 371; Jungermann, H., *et al.* (1998), S. 145; *Laux, H.* (2005), S. 121-123. Alternative Axiomensysteme haben *Rényi* und *Solomonoff* aufgestellt. Vgl. *Schneider, D.* (1997b), S. 164.

[1081] Vgl. *Schneider, D.* (1997b), S. 163-167.

[1082] Vgl. *Schneider, D.* (1997b), S. 170-178.

Messbarkeitsstufe	Gegenstand	Notwendige Grundannahmen
Nominale Wahrscheinlichkeiten	Auflistung möglicher Zukunftslagen. Strukturgleiche zahlenmäßige Abbildung erfolgt nur durch Klassifikation (d. h. Zuordnung einer Nummer zu einer Zukunftslage) Eine Addition der Zahlen ist unsinnig.	1. Es gibt abgrenzbare, für möglich gehaltene Zukunftslagen, deren Gesamtheit wird als „planbar sicheres Ereignis“ bezeichnet. 2. Jede Zukunftslage ist mindestens so glaubwürdig wie das unmögliche Ereignis, d. h. das Eintreten einer nicht für möglich gehaltenen Zukunftslage 3. Jede Zusammenfassung von Zukunftslagen ist mindestens so glaubwürdig, wie jede einzelne darin enthaltene Zukunftslage. 4. Die Gesamtheit aller Zukunftslagen ist strikt glaubwürdiger als das unmögliche Ereignis.
Ordinale Wahrscheinlichkeiten	Das Ausmaß des persönlichen Für-wahr-Haltens ist in der durchgängigen Rangordnung messbar. Die zahlenmäßige Rangordnung bezeichnet Rangstellen der Glaubwürdigkeit.	5. Es existiert eine vollständige Ordnung über alle Zukunftslagen bzgl. ihrer Glaubwürdigkeit. 6. Diese Ordnung ist transitiv. 7. Das Hinzutreten oder Wegfallen einer Zukunftslage mit gleichem Ergebnisbeitrag und gleicher Glaubwürdigkeit für alle Handlungen darf deren Rangordnung nicht verletzten (Unabhängigkeitsprinzip)
Quantitative Wahrscheinlichkeiten	Der Grad des Für-wahr-Haltens einer Zukunftslage kann durch einen Wert zwischen 0 und 1 ausgedrückt werden. Anwendung der Wahrscheinlichkeitsrechnung möglich.	8. Für die Menge „planbar sicheres Ereignis“ existiert ein Mengenkörper, d. h. zu jeder Teilmenge an Elementen existiert auch ihr Komplement. Es können Rangordnungen für sämtliche Vereinigungen von Teilmengen gebildet werden. 9. Für die Rangordnung der Zukunftslagen, ihrer Teilmengen und Komplemente lassen sich addierbare Wahrscheinlichkeitsmaße finden, die der Rangordnung nicht widersprechen. Verhältnisse aus zwei Wahrscheinlichkeiten sind immer endlich. 10. Für jede Wahrscheinlichkeitsverteilung aus zwei Zukunftslagen existiert ein Sicherheitsäquivalent (Stetigkeitsprinzip). 11. Es besteht vollständige Gewissheit über die Ungewissheit. Nicht erfasste Zukunftslagen werden als empirisch unmögliche Ereignisse angesehen.

Tabelle 18: Messbarkeitsstufen und deren Anforderungen nach Schneider[1083]

Demnach erfordert die Anwendung der Wahrscheinlichkeitsrechnung für betriebswirtschaftliche Sachverhalte insbesondere die Gültigkeit der Prämisse „vollständige Gewissheit über die Ungewissheit“, was in der Praxis kaum haltbar erscheint. I. d. R. sind entweder nicht alle möglichen Zukunftslagen bekannt oder es werden aus Vereinfachungsgründen nicht alle möglichen Zukunftslagen erfasst und betrachtet. Daher ist die Anwendung der Wahrscheinlichkeitsrechnung bei realen Anwendungsfällen eigentlich nicht zulässig. Werden die Anforderungen beachtet, müsste eine Messung der Wahrscheinlichkeiten auf niedrigerer Messbarkeitsstufe, wie z. B. die Auflistung von Unsicherheitsursachen, erfolgen.[1084] Dies hat direkte Konsequenzen für die Risikomessung und somit auch die Risikorechnung, da diese quantita-

[1083] Quelle: Vgl. *Schneider, D.* (1997b), S. 170-178.
[1084] Vgl. *Schneider, D.* (1997b), S. 183-185.

tive Wahrscheinlichkeiten benötigen und somit auf den Grundlagen der Wahrscheinlichkeitsrechnung beruhen.[1085] Bei der Anwendung der Risikorechnung muss den Anwendern deutlich gemacht werden, dass die ausgewiesenen Werte einen nur sehr bedingten „Wahrheitsgehalt" aufweisen. Für die Risikorechnung bedeutet dies, dass eine verlässliche bzw. intersubjektiv nachvollziehbare Risikoquantifizierung durch die mangelnde ex ante und ex post Überprüfbarkeit der angesetzten Werte behindert wird.

Neben der Wahrscheinlichkeitstheorie bzw. -rechnung existieren andere Konzepte zur formalen Abbildung von Unsicherheit. Dieses sind z. B. Gewissheitsfaktoren, die Evidenz-Theorie und die Möglichkeitstheorie (Fuzzy Set-Theorie), die zur Darstellung und Verarbeitung unsicheren Wissens in EDV-Systemen entwickelt wurden und die menschliche Informationsverarbeitungsprozesse approximieren.[1086] Gewissheitsfaktoren beruhen auf Expertenurteilen und werden in regelbasierten Expertensystemen verwendet. Sie geben auf der Basis von Wenn-Dann-Aussagen einen numerischen Wert an, der besagt, wie groß die subjektive Gewissheit ist, dass beim Vorliegen gewisser Evidenzen eine Hypothese zutrifft. Bei der Evidenztheorie wird Unsicherheit durch Plausibilitätsintervalle beschrieben, wobei der Grad des Für-wahr-Haltens eines Sachverhalts auf bestimmten Evidenzen beruht. Die Fuzzy Set-Theorie stellt Methoden zur formalen Repräsentation für Situationen mit einem Mangel an begrifflicher Schärfe zur Verfügung, wie sie bei der Verarbeitung verbaler Aussagen und Einschätzungen auftreten. Damit unterscheiden sich diese Ansätze zum einen in der Unsicherheitskonzeption und zum anderen in der rechentechnischen Verarbeitung der Unsicherheit. Diese Ansätze werden im Weiteren nicht betrachtet.

An dieser Stelle wird davon ausgegangen, dass die Bildung vernünftiger subjektiver (personaler) Wahrscheinlichkeiten für einfachere Sachverhalte „besser" möglich ist, als für komplexere Sachverhalte. Übersetzt in die Risikorechnung bedeutet dies, dass die Schätzung von Wahrscheinlichkeitsurteilen möglichst von Experten auf geringer Aggregationsstufe vorgenommen werden sollte.[1087] Dabei sollte die Anzahl unsicherer Einflussfaktoren, welche die Rechengröße eines Betrachtungsobjekts beeinflussen, möglichst gering gehalten werden. I. d. R. sollte eine unsichere Einflussgröße als eigenes Betrachtungsobjekt erfasst werden. Die Verteilungen komplexerer Bezugsobjekte werden dann risikoanalytisch aus den Verteilungen

[1085] Es existieren auch Ansätze zur Risikomessung bei unvollständiger Wahrscheinlichkeitsinformation, also bei „Ungewissheit über die Ungewissheit". Vgl. *Brachinger, H. W./Weber, M.* (1997), S. 246-248. Für die in dieser Arbeit betrachteten Risikomaße sind aber Kenntnisse über die präzisen Wahrscheinlichkeitsverteilungen der Betrachtungsobjekte erforderlich.

[1086] Vgl. Jungermann, H., *et al.* (1998), S. 143-153; *Mißler-Behr, M.* (2001).

[1087] Vgl. *Perridon, L./Steiner, M.* (2004), S. 122; Blohm, H., *et al.* (2006), S. 245-247.

untergeordneter Betrachtungsobjekte gewonnen. Die Bildung von Wahrscheinlichkeitsurteilen über die Verteilung interessierender Rechengrößen ist zwar prinzipiell auch für Betrachtungsobjekte höherer Stufen möglich. Dies erscheint jedoch zum einen problematischer und zum anderen wird bei unabhängiger Schätzung die Konsistenz zu Wahrscheinlichkeitsurteilen niedrigerer Stufen gefährdet. Da bei der Bildung personaler Wahrscheinlichkeiten möglichst alle verfügbaren Informationen verwendet werden sollten, erscheint die Risikoanalyse als sinnvoller Weg. Zur Überprüfung der risikoanalytisch durch Aggregation ermittelten Wahrscheinlichkeitsverteilungen für komplexere Betrachtungsobjekte, kann es jedoch auch durchaus sinnvoll sein, eine direkte Wahrscheinlichkeitsschätzung als Plausibilitätsprüfung vorzunehmen.

Werden die Wahrscheinlichkeitsverteilungen komplexerer Betrachtungsobjekte wie vorgeschlagen (auch) risikoanalytisch ermittelt, ergibt sich die Notwendigkeit, neben den Wahrscheinlichkeitsverteilungen einfacher Betrachtungsobjekte auch die **stochastischen Abhängigkeiten** zwischen den Betrachtungsobjekten zu bestimmen. Mit anderen Worten ist die Kenntnis der stochastischen Beziehungen zwischen den Verteilungen von Betrachtungsobjekten die Voraussetzung für die Risikoaggregation bzw. Risikodisaggregation über die Bezugsobjekthierarchie. Erst diese Informationen ermöglichen die verteilte Ermittlung des Risikogehalts von Betrachtungsobjekten, deren Zusammenführung und/oder Aufspaltung. Hierbei zeigt sich eine Besonderheit der Risikorechnung im Vergleich zu „traditionellen" Rechnungssparten. Diese beruhen i. d. R. auf der Annahme, dass die Betrachtungsobjekten zugeordneten Rechengrößen innerhalb der gleichen Klasse additiv aggregiert werden können. Bei der Risikorechnung ist dies aufgrund der Eigenart stochastischer Beziehungen nur in Ausnahmefällen, nämlich bei perfekt positiver Korrelation zwischen zwei Zufallsgrößen, zutreffend. Dies bewirkt, dass Aggregations- und Disaggregationsoperationen innerhalb der Risikorechnung deutlich komplizierter und aufwändiger sind, als bei anderen Rechensparten, in denen mit deterministischen Zahlen gearbeitet wird.[1088]

Stochastische Unabhängigkeit bei Zufallsvariablen besteht, wenn für jede der Zufallsvariablen gilt, dass die Eintrittswahrscheinlichkeiten der jeweiligen einzelnen Realisationen unabhängig davon sind, welche Realisationen bei den anderen Zufallsvariablen eintreten. D. h. die Realisation eines Ergebnisses bei einer Zufallsgröße wird nicht von der Realisation bei einer anderen Zufallsgröße beeinflusst. Formal definiert liegt stochastische Unabhängigkeit für zwei Ereignisse A und B vor, wenn gilt: $P(A \cap B) = P(A) \cdot P(B)$. D. h. die Wahrscheinlichkeit,

[1088] Vgl. *Walker, V.* (1997), S. 161; *Kremers, M.* (2002), S. 170-171.

dass die beiden Ereignisse *A* und *B* eintreffen, ist gerade gleich dem Produkt ihrer Einzelwahrscheinlichkeiten. Stochastische Abhängigkeit liegt vor, wenn diese Bedingung nicht erfüllt ist, d. h. die Eintrittswahrscheinlichkeiten der möglichen Ausprägungen einer Zufallsvariablen von der Realisation einer anderen Zufallsvariablen abhängt.[1089] Stochastische Abhängigkeiten können formal z. B. anhand gemeinsamer Verteilungsfunktionen, bedingten Wahrscheinlichkeiten, Kovarianzen bzw. Korrelationskoeffizienten, Copulas, Kreuzmomenten höherer Ordnung (Kreuzschiefe, Kreuzwölbung) oder Regressions- bzw. Abhängigkeitsfunktionen beschrieben werden.[1090]

Bei der Risikomessung werden zur Beschreibung **stochastischer Abhängigkeiten** vor allem die Kovarianz oder der Korrelationskoeffizient (normierte Kovarianz) verwendet. Ein gutes Beispiel hierfür ist die Verwendung der Kovarianz-Matrix bei der Berechnung des VaR nach dem Varianz-Kovarianz-Ansatz. Die Kovarianz hat den großen rechentechnischen Vorteil, dass sich die Varianz einer Summe von Zufallsvariablen mit ihrer Hilfe in additive Komponenten zerlegen lässt. Zudem lässt sie sich mit einem gesicherten Instrumentarium leicht aus Zeitreihen gewinnen. Daher schlagen z. B. *Faisst/Buhl* eine einfach zu handhabende, multidimensionale Risikoaggregation auf der Grundlage der Kovarianz mithilfe von Korrelationskoeffizienten und Standardabweichungen vor.[1091] Die Kovarianz bzw. der Korrelationskoeffizient erfassen aber nur die Stärke des linearen Zusammenhangs zweier Zufallsvariablen. Zwar sind stochastisch unabhängige Zufallsvariablen auch immer unkorreliert, die Umkehrung dieser Aussage gilt aber nicht allgemein, da nicht lineare Zusammenhänge von der Kovarianz bzw. dem Korrelationskoeffizienten nicht erfasst werden.[1092] Soll eine Wahrscheinlichkeitsverteilung eines übergeordneten Betrachtungsobjektes im Rahmen einer Risikoanalyse aus den Wahrscheinlichkeitsverteilungen der sie konstituierenden untergeordneten Betrachtungsobjekte generiert werden, so müssten neben der Kreuzvarianz (Kovarianz) auch Kreuzmomente höherer Ordnung beachtet werden. Die rechentechnische Handhabung höherer Kreuzmomente ist aber bei weitem nicht mehr so einfach und eingängig wie im Falle der Kovarianz.[1093]

Für die Bestimmung der stochastischen Abhängigkeiten im Rahmen der Ermittlung personaler Wahrscheinlichkeiten ist darauf hinzuweisen, dass selbst die Schätzung noch anschauli-

[1089] Vgl. *Laux, H.* (2005), S. 131-132 und S. 136-137; Blohm, H., *et al.* (2006), S. 238-239 und S. 249-251.

[1090] Vgl. *Hull, J. C.* (1977); *Kottas, J. F./Lau, H.-S.* (1978a); *Kremers, M.* (2002), S. 208-210; *Korycíorz, S.* (2004), S. 120-123.

[1091] Vgl. *Faisst, U./Buhl, H. U.* (2005).

[1092] Vgl. *Kottas, J. F./Lau, H.-S.* (1978a); *Korycíorz, S.* (2004), S. 115; *Albrecht, P./Maurer, R.* (2005), S. 103-108.

[1093] Vgl. *Kottas, J. F./Lau, H.-S.* (1978a); Kottas, J. F., *et al.* (1978).

cher Abhängigkeitsmaße wie des Korrelationskoeffizienten sehr hohe Anforderungen an die Schätzer stellen. Eine Schätzung höherer Kreuzmomente erfordert sehr gute Sach- und Verfahrenskenntnisse.[1094] Eine eingängigere Methode stellt die Konstruktion bedingter Wahrscheinlichkeitsfunktionen dar, mit deren Hilfe für bestimmte Werte bzw. Wertebereiche einer als „unabhängig" angesehenen Zufallsvariablen unterschiedliche Verteilungen einer „abhängigen" Zufallsgröße spezifiziert werden. Diese Vorgehensweise erfordert u. U. aber zum einen eine Vielzahl von Schätzungen durch die entsprechenden Fachleute bzw. Manager und führt zum anderen zu einer hohen Abbildungskomplexität.[1095]

Für die Risikorechnung bedeutet dies, dass sowohl die Erfassung der benötigten Eingangsinformationen als auch die Ableitung von Rechenergebnissen aufwändig und komplex ist.

Der Willkür bei der Prognose der zukünftigen Risikolage sowie bei der „Messung" der derzeitigen Risikolage kann allenfalls durch die Sicherstellung einer prozeduralen Rationalität[1096] entgegnet werden. Bei der Überprüfung historischer Risikolagen ist ebenfalls zu beachten, dass beim Nicht-schlagend-Werden von Risiken keinerlei Rückschlüsse auf die Angemessenheit einer Risikoeinschätzung möglich sind, und dass selbst beim Schlagend-Werden nur eine einwertige Ausprägung feststellbar ist, die allenfalls aufzeigt, ob die realisierte Ausprägung sich in der für möglich gehaltenen Bandbreite befand.

5.4 Bisherige Vorschläge zur Risikorechnung

In den vorhergehenden Ausführungen wurde die Risikorechnung als ein potenziell notwendiger Teilbereich der Unternehmensrechnung charakterisiert. Weiterhin wurden grundlegende Fragestellungen der Risikomessung und zu beachtender Verhaltenseffekte sowie hieraus resultierender Implikationen für die Risikorechnung besprochen. Wie schon in Abschnitt 5.2.2 angemerkt, gibt es in der betriebswirtschaftlichen Literatur nur sehr wenige Quellen, die sich explizit mit der Konzeption einer Risikorechnung beschäftigen – dies gilt insbesondere für den Anwendungsbereich der Nicht-Finanzunternehmen. An dieser Stelle werden zwei interessante Ansätze zur Gestaltung der Risikorechnung skizziert. Während der Vorschlag von *Schwaiger* bzw. *Schwaiger*, *Eller* und *Federa* für ein risikobasiertes Erfolgsmanagement in Banken konzipiert wurde,[1097] entwickelte *Hoffjan* ein Konzept für die industrielle Auftrags-

[1094] Vgl. Blohm, H., *et al.* (2006), S. 266.
[1095] Vgl. *Hull, J. C.* (1977); *Kremers, M.* (2002).
[1096] Vgl. *Eisenführ, F./Weber, M.* (2003), S. 5-6.
[1097] Vgl. *Schwaiger, W. S. A.* (1998); Eller, R., *et al.* (2002).

fertigung bzw. die Bauindustrie.[1098] Beide Vorschläge basieren auf den Konzepten der (industriellen) Kostenrechnung, die in der Literatur und der Unternehmenspraxis das am besten ausgebaute interne Rechnungsteilsystem darstellt. Um eine strukturierte Analyse der Konzepte zu ermöglichen, erfolgt die Betrachtung auf der Grundlage der gestaltungsbezogenen Beschreibung von Kostenrechnungssystemen von *Hoitsch* und *Schmitz*, wobei die Merkmale für die Zwecke der Risikorechnung modifiziert werden und wie folgt lauten: Risikobegriff, Rechnungsaufbau, Bezugsobjektart, Zurechnungsprinzip und Risikogliederung.[1099]

5.4.1 Risikorechnung für Banken

Das von *Schwaiger*, *Eller* und *Federa* vorgeschlagene Risikorechnungskonzept ist speziell auf die Anforderungen und Rahmenbedingungen von Banken zugeschnitten und dient der Messung und Steuerung von Verlustpotenzialen.[1100] Dennoch lassen sich auch Empfehlungen für die Gestaltung einer Risikorechnung in Nicht-Finanzunternehmen ableiten. Die bankbezogene Risikorechnung soll sowohl den Anforderungen der Bankenaufsicht zur Risikomessung und Risikovorsorge als auch internen Steuerungsanforderungen des Managements gerecht werden. Daher besteht sie aus zwei Teilrechnungen, der externen und der internen Risikorechnung, die aber beide auf dem gleichen Aufbauprinzip beruhen.

Gemäß dem verwendeten **Risikobegriff** wird Risiko als potenzieller Marktwertverlust (Verlustpotenzial) verstanden und als VaR bzw. „Wert-am-Risiko" (WaR) formalisiert.

Der **Rechnungsaufbau** ist formell analog zur traditionellen dreigliedrigen Kostenrechnung, sodass eine Risikoartenrechnung, eine Risikostellenrechnung und eine Risikoträgerrechnung unterschieden werden. Dabei werden jedoch abgrenzbare Risikokategorien bzw. Risikofaktoren im Sinne von unsicheren Marktwerteinflussgrößen wie Zins- oder Ausfallrisiken als Risikoarten, gebündelte Positionen bzw. Portfolios als Risikostellen und organisatorische Einheiten als Risikoträger bezeichnet. Die Gegenstände der drei Teilrechnungen sind wie folgt:

- Risikoartenrechnung: Identifikation der Risikofaktoren bzw. -arten (unsichere Marktwerteinflussgrößen) sowie deren Interdependenzen (Korrelationen).
- Risikostellenrechnung: Berechnung konkreter Risikokennzahlen für einzelne Risikostellen (bestimmte Geschäftsarten bzw. Schuld- und Vermögenspositionen) durch Zusammenfassung gleichartiger Positionen.

[1098] Vgl. *Hoffjan, A.* (2006).
[1099] Vgl. *Hoitsch, H.-J./Schmitz, H.* (1998). Diese Merkmale werden im Abschnitt 5.5.4 genauer betrachtet.
[1100] Vgl. zu den folgenden Ausführungen *Schwaiger, W. S. A.* (1998); Eller, R., *et al.* (2002), S. 366-409.

- Risikoträgerrechnung: Zuordnung der Risikokennzahlen auf Risikoträger (organisatorische Einheiten) unter Berücksichtigung von Zuständigkeiten, Berechnung individueller und aggregierter Risiken, insbesondere Ermittlung des Gesamtrisikos.

Bei der externen Risikorechnung sind die Risikoarten, -stellen und -träger durch aufsichtsrechtliche Vorschriften fixiert und für Nichtbanken nicht von Belang. Zentraler Bestandteil der internen Risikorechnung ist die marktwertorientierte Cashflow-Bilanz, in der die Cashflows und korrespondierenden Barwerte aller bilanziellen und außerbilanziellen Schuld- und Vermögenspositionen enthalten sind. Die Positionen der Cashflow-Bilanz korrespondieren mit den Risikostellen. Dem Aufbau der Risikoträgerrechnung und somit der Risikoaggregation liegt eine hierarchische Struktur zugrunde, die der jeweiligen Organisationsform entsprechen soll. Zudem werden eine Geschäftsebene, welche die operativen Einheiten umfasst, und eine Steuerungsebene, welche risikoartenspezifische Steuerungskomitees und das Risikocontrolling beinhaltet, unterschieden.

Als **Bezugsobjektarten** lassen sich somit unsichere Einflussgrößen, Cashflow-Bilanzpositionen bzw. Portefeuilles und organisatorische Einheiten identifizieren.

Bei der **Zurechnung** von Risiken zu Risikostellen und Risikoträgern bzw. der sachlichen und hierarchischen Risikoaggregation ist die Subadditivität von Risiken bzw. die Existenz von Risikointerdependenzen zu beachten. Die Zurechnung auf Risikostellen erfolgt nach inhaltlichen Merkmalen durch die Zusammenfassung gleichartiger Risikoarten. Die Zurechnung auf Risikoträger wird nach der Maßgabe der Verantwortlichkeit für die jeweiligen unsicheren Positionen bzw. Risikostellen durchgeführt. Für aufsichtsrechtliche Zwecke erfolgt die „Bottom-up"-Bündelung der Risiken nach dem „Baukastenprinzip", d. h. additiv unter der Annahme, dass alle Risiken perfekt positiv korreliert seien und unter Vernachlässigung von Diversifikationseffekten. Für interne Zwecke wird die Korrelationsmethode bzw. eine Kovarianzmatrix verwendet, sodass lineare stochastische Abhängigkeiten und Diversifikationseffekte berücksichtigt werden können. Aufgrund der Subadditivität der Verlustpotenziale ist das hierarchisch höher angeordneten Risikoträgern zugewiesene Risiko höchstens so groß wie die Summe der Risiken der eingehenden untergeordneten Risikoträger. Es treten also Effekte auf, die mit jenen bei der Zurechnung von Gemeinkosten bzw. Kosten bei Kuppelproduktion in der Kostenrechnung korrespondieren. Bei der Aufteilung des Gesamtrisikos auf untergeordnete Risikoträger treten somit Zuordnungsprobleme auf, da nicht eindeutig zu bestimmen ist, welchem Risikoträger in welchen Umfang ein geringeres „Top-Down"-Risiko zugewiesen werden soll. Daher wird vorgeschlagen, auf der Geschäftsebene Diversifikationseffekte zwischen einzelnen Risikoträgern nicht auszuweisen, sondern diese Verbundeffekte ausschließlich auf der Steuerungsebene zu erfassen. Die Berechnung des Risikos für einzelne organisatorische Einheiten berücksichtigt demnach Diversifikationseffekte innerhalb des Verantwortungsbereiches, während weitere Diversifikationseffekte, die zwischen den Risikopositionen der einzelnen organisatorischen Einheiten bestehen, auf oberster Ebene speziellen Instanzen zugerechnet werden.

Die erfassten Risiken werden nach den Kriterien der zugrunde liegenden Risikofaktoren, der organisatorischen Zugehörigkeit und der eindeutigen Zurechenbarkeit gegliedert (**Risikogliederung**).

Die bankbezogene Risikorechnung ist für eine häufige, sowohl periodische als auch fallweise Anwendung gedacht. Neben der Risikomessung dient sie auch der Risikoüberwachung anhand eines Limitsystems, mit dessen Hilfe den einzelnen Bezugsobjekten ein nicht zu überschreitender Risikowert zugeordnet wird, sowie einer risikobasierten Erfolgssteuerung auf der Grundlage risikoadjustierter Performancemaße. Dabei wird vorgeschlagen, Diversifikationseffekte nicht für die Risikoüberwachung, wohl aber für die Erfolgssteuerung zu beachten.

Das Konzept der bankbezogenen Risikorechnung kann auch als Grundlage für den Aufbau einer Risikorechnung für Nichtbanken dienen. Die Struktur muss jedoch an die Gegebenheiten von Nicht-Finanzunternehmen, insbesondere an die unterschiedliche Bedeutung von Finanzrisiken angepasst werden. So ist die Bezeichnung „Risikostellen" unglücklich, da damit organisatorische Verantwortungsbereiche im Sinne von Kostenstellen assoziiert werden dürften. Die Erfassung von Risikofaktoren und stochastischen Abhängigkeiten sowie die hierarchie- und sachorientierte Zusammenfassung von Risiken, die Vorgabe und Überwachung von Risikolimits sowie eine risikoadjustierte Erfolgsmessung ist aber auch für Nicht-Finanzunternehmen erforderlich. Der Grundproblematik der Risikoaggregation wird einige Aufmerksamkeit geschenkt. Aufgrund der Ausrichtung auf Finanzrisiken wurde die Erfassung und Verarbeitung von stochastischen Abhängigkeiten aber auf die Kovarianz bzw. Korrelationskoeffizienten beschränkt, was jedoch nur bei bestimmten Normalverteilungen sinnvoll ist. Bei der Wahl des Risikomaßes (VaR bzw. WaR) wurden zudem die inhärenten Mess- und Verhaltenssteuerungsprobleme nicht beachtet. Inhaltlich liegt der Schwerpunkt der bankbezogenen Risikorechnung auf der Bestimmung benötigter Risikodeckungsmassen in Form von Kapital bzw. Liquidität und der Überwachung der Einhaltung zugeteilter Risikodeckungsmassen sowie der risikoadjustierten Leistungsbeurteilung von Verantwortungsbereichen. Die (fallweise) Entscheidungsunterstützung spielt nur eine untergeordnete Rolle.

5.4.2 Risikorechnung für Bauunternehmen

Der erste geschlossene und detaillierte Vorschlag für eine Risikorechnung als abgrenzbares Teilsystem der internen Unternehmensrechnung für Nicht-Finanzunternehmen stammt von *Hoffjan*. Das Konzept ist dabei auf die spezifischen Bedingungen und Erfordernisse von Unternehmen der Bauwirtschaft zugeschnitten. Nichtsdestotrotz enthält es auch allgemeingültige Gestaltungshinweise für die Risikorechnung von Nicht-Finanzunternehmen. Als Gestaltungsbasis der Risikorechnung dienen kostenrechnungsbezogene Strukturierungs- und Gestaltungsvorschläge, wobei neben rechentechnisch-konzeptionellen Aspekten auch explizit Verhaltensaspekte betrachtet werden.

Als Hauptzweck der Risikorechnung wird die informatorische Unterstützung der risikobezogenen Planung, Steuerung und Kontrolle der Unternehmensprozesse gesehen. Konkret werden folgende **Zwecke** verfolgt: Im Bereich der Entscheidungsunterstützungsfunktion der Risikorechnung soll anhand der Kalkulation der Risikokosten (Kosten der Risikogestaltung und eingetretene Verluste) Transparenz bzgl. der tatsächlichen Absicherungskosten sowie des Verhältnisses von Plan- und Ist-Risikokosten geschaffen und somit Angebotspreisentscheidungen unterstützt werden. Entscheidungen über zu ergreifende Risikogestaltungsmaßnahmen sollen durch die Bewertung des Risikomaßnahmen-Mix unterstützt werden. Produktionsprogrammentscheidungen schließlich sollen im Rahmen der Selektionsfunktion mittels einer Bestimmung des auftragsspezifischen Risikogehalts fundiert werden. Zur Erfüllung der Verhaltenssteuerungsfunktion sollen zum einen im Rahmen der Sensibilisierungsfunktion ein angemessenes Risikobewusstsein der Mitarbeiter gefördert und eine Objektivierung der individuellen Risikoeinschätzung erreicht werden sowie durch die Motivationsfunktion Anreize für einen tatsächlich wirtschaftlich vernünftigen Umgang mit Risiken geschaffen werden. Zudem soll die Risikorechnung als überpersoneller und formalisierter Wissensspeicher in Form einer risikobezogenen Erfahrungsdatenbank dienen sowie im Rahmen einer Servicefunktion Informationen für andere Rechnungs- und Informationssysteme bereitstellen. Diese Zwecksetzung stellt insgesamt die Erfüllung der Ermittlungs-, Prognose-, Vorgabe- und Kontrollfunktionen der Risikorechnung sicher.[1101]

Hinsichtlich der **Einordnung der Risikorechnung in die Unternehmensrechnung** empfiehlt *Hoffjan*, dass das Risiko als eigenständiges Erkenntnisobjekt in der Risikorechnung behandelt wird, sodass diese einen eigenständigen und gleichwertigen Rechnungskreis bildet. Entsprechend soll die Verbindung zu den anderen Rechnungssystemen durch wechselseitige

[1101] Vgl. *Hoffjan, A.* (2006), S. 51-58.

Informationsüberleitungen gesichert werden, wobei gemeinsame Rechnungsbausteine empfohlen werden.[1102]

Als grundlegender **Rechnungsaufbau** wird in Anlehnung an *Kosiol*[1103] ein dreistufiges Konzept propagiert, sodass die Risikorechnung eine Risikoartenrechnung (Primär- oder Erfassungsrechnung), eine Risikobeziehungsrechnung (Sekundär- oder Verarbeitungsrechnung) und eine Risikoauswertungsrechnung (Tertiärrechnung) umfasst:

- Im Rahmen der **Risikoartenrechnung** werden die verschiedenen Risikoarten strukturiert nach Wertschöpfungsstufen, Projektphasen und Wirkungsebenen erfasst und quantifiziert. Sie dient vor allem als Grundlage für die Weiterverrechnung und Zuordnung von Risiken auf Bezugsobjekte.
- Bei der **Risikobeziehungsrechnung** werden die bewerteten Einzelrisiken unter Berücksichtigung stochastischer Interdependenzen hierarchisch über mehrere Schritte (Verrechnung innerhalb einzelner Risikoarten, Berücksichtigung von Korrelationen zwischen Risikoarten) zusammengeführt.
- In der **Risikoauswertungsrechnung** werden die Rechenergebnisse der beiden vorgelagerten Teilsysteme zur Befriedigung weiterführender Informationsbedürfnisse bzw. zur Entscheidungsunterstützung verknüpft und transformiert. Sie umfasst die Auswertungselemente bzw. Module der
    - Risikoverantwortungsrechnung (Zuordnung von Risikokosten zu Mitarbeitern und organisatorischen Einheiten, Vorgabe von Risikolimits für Aufträge und Verantwortungsbereiche),
    - Risikomaßnahmenrechnung (Ermittlung von Maßnahmenkosten und bewirkten Veränderung der Risikolage zur Maßnahmenprogrammauswahl),
    - Risikoauftragsrechnung (Ermittlung auftragsbezogener Risikokosten zur risikogerechten Preisfestsetzung und Vorteilhaftigkeitskontrolle sowie Vorgabe von Risikolimits)
    - sowie die integrativen Auswertungsbausteine risikobereinigten Erfolgsmessung (Ermittlung risikoadjustierter Performancemaße zur Vorteilhaftigkeitsbeurteilung von Projekten bzw. Leistungsbeurteilung von Verantwortungsbereichen) und Risikokennzahlensystem, bei denen Risikorechnungsinformationen mit Informationen anderer Rechnungssysteme verknüpft werden.

[1102] Vgl. *Hoffjan, A.* (2006), S. 61-67.
[1103] Vgl. *Kosiol, E.* (1972), S. 145.

Die Risikorechnung ist als „Vollrechnung" konzipiert, d. h. es werden alle Einzel- und Verbundrisiken berücksichtigt. Sie ist mehrstufig aufgebaut, d. h. die Risikoarten sind hierarchisch angeordnet und das Risiko kann bestimmten Informationsinteressen folgend stufenweise aggregiert werden. Für jedes Bezugsobjekt soll das jeweils direkt zurechenbare Risiko ausgewiesen werden.[1104] Hinsichtlich des Zeitbezugs bzw. temporaler Aspekte der Risikorechnung ist *Hoffjans* Risikorechnung als ständig zu wiederholende, moderat unperiodische Planungs- und Ist-Rechnung mit begrenztem (operativem) Betrachtungshorizont konzipiert. Daher wird auch auf eine Diskontierung von Risikokosten mit unterschiedlichem zeitlichem Anfall verzichtet.[1105] Ihr Gegenstand ist die monetäre Bewertung der Risiken unter Verwendung kalkulatorischer Größen, d. h. als Rechengrößen werden Kosten- und Erlösgrößen (Mehrkosten und Mindererlöse) betrachtet. Die Darstellung des Risikos erfolgt multideskriptiv anhand der Eintrittswahrscheinlichkeit, des Schadensausmaßes, der Varianz des Verlustpotenzials sowie des Sicherheitsgrads (Einschätzung der Güte der anderen Deskriptoren). Die Risikoabbildung bezieht sich dabei sowohl auf unternehmensinterne Risikokosten als auch auf Risikokosten direkt an der Leistungserstellung beteiligter Partner (Mirkoumwelt).[1106] Zusätzlich sollen auch Erfolgspotenziale (Chancen) gesondert ausgewiesen werden. Für die Risiko- und Chancenbewertung ist kein einheitliches Verfahren vorgesehen, vielmehr soll die Risikorechnung unterschiedliche Quantifizierungsmethoden zulassen können.[1107] Hinsichtlich des Steuerungskontexts muss die Risikorechnung einen bestehenden Eingriffsbedarf signalisieren können, z. B. durch die Verwendung von Schwellenwerten. Die Rechenergebnisse sind empfängerorientiert darzustellen und rollenspezifisch zugänglich zu machen.[1108]

Die **Bezugsobjekte** sind im *Riebelschen* Sinne in eine parallele Bezugsgrößenhierarchie[1109] eingebettet, die sowohl den Erfordernissen der Risikobeziehungsrechnung als auch der Risikoauswertungsrechnung gerecht werden soll.[1110] Die risikobeziehungsorientierte Bezugsgrößenhierarchie ist auf die Abhängigkeitsstruktur der Einzelrisiken und somit an Aggregationsstufen ausgerichtet. Zunächst werden Einzelrisiken gemäß der Stärke ihrer Risikobeziehungen (Korrelation) risikoartenweise zu Risikogruppen zusammengefasst, sodass zwischen den verschiedenen Risikogruppen möglichst geringe Abhängigkeiten bestehen. Auf den nächsten Bezugsgrößenhierarchieebenen werden dann Risikoartengruppen nach ähnlicher

[1104] Vgl. *Hoffjan, A.* (2006), S. 67-81.
[1105] Vgl. *Hoffjan, A.* (2006), S. 81-90.
[1106] Vgl. *Hoffjan, A.* (2006), S. 90-102.
[1107] Vgl. *Hoffjan, A.* (2006), S. 102-107.
[1108] Vgl. *Hoffjan, A.* (2006), S. 108-114.
[1109] Vgl. *Riebel, P.* (1994), S. 156.
[1110] Vgl. *Hoffjan, A.* (2006), S. 197.

Maßgabe aggregiert. Das grundlegende Bezugsobjekt der auswertungsorientierten Bezugsgrößenhierarchie sind die einzelnen Projekte bzw. Projektabschnitte (Aufträge bzw. Auftragsteilschritte), denen Einzelrisiken zugerechnet werden. In Ablehnung an die Absatzsegmentrechnung[1111] sind dann z. B. Sparten, Regionen und Kunden Bezugsobjekte höherer Ebene.[1112] Für die Risikoverantwortungsrechnung ist zudem die Risikozurechnung auf Mitarbeiter bzw. Verantwortungsbereiche erforderlich.[1113]

Die **Zurechnung** der Risiken im Rahmen der Risikobeziehungsrechnung sollte möglichst eindeutig auf die Bezugsobjekte unter Vermeidung der Schlüsselung von Verbundrisiken erfolgen. Für die Zwecke der Risikoauftragsrechnung wird jedoch aus Verhaltenssteuerungsgründen die Schlüsselung von Verbundrisiken auf der Basis risikoartenspezifischer Bezugsgrößen bzw. Risikotreiber empfohlen. Bei der Risikoverantwortungsrechnung soll im Falle pluraler Verantwortung die Belastung aller Verantwortlichen mit der jeweils vollen Höhe der gemeinsam verantworteten Risiken erfolgen, während eine Schlüsselung von Verbundrisiken als nicht sinnvoll angesehen wird. [1114]

Die **Risikogliederung** kann nach unterschiedlichen Gesichtpunkten erfolgen: nach der Risikoart (Wertschöpfungsphase, Projektphase, Wirkungsebene), nach der Zurechenbarkeit zu Bezugsobjekten (Einzel- vs. Verbundrisiken), nach der Erfassung bzw. dem Aggregationsgrad (Einzelrisiken vs. Risikogruppen) und nach der Beziehung zu anderen Risiken (isolierte vs. vernetzte Risiken).[1115]

Unter Risiko wird die Möglichkeit einer Zielabweichung aufgrund unvollkommener Informationen verstanden, sodass auch positive Abweichungen berücksichtigt werden (**Risikobegriff**).[1116] Die Konzeptualisierung erfolgt vornehmlich über Eintrittswahrscheinlichkeit und Ausmaß sowie zusätzlich über die Varianz von Kosten und Erlösen.

Schließlich verweist *Hoffjan* noch auf mögliche Schwierigkeiten, die sich für den risikobezogenen Informationsprozess aufgrund des **Verhaltens der beteiligten Akteure** (Informationsproduzenten, -dienstleister und -empfänger) ergeben. Für die Gestaltung bzw. organisatorische Umsetzung der Risikorechnung muss beachtet werden, dass die Mitarbeiter motiviert werden müssen, über Risiken zeitnah und möglichst objektiv zu berichten und dass Manipula-

[1111] Vgl. z. B. *Homburg, C./Krohmer, H.* (2003), S. 1020-1021.
[1112] Vgl. *Hoffjan, A.* (2006), S. 118-135.
[1113] Vgl. *Hoffjan, A.* (2006), S. 214.
[1114] Vgl. *Hoffjan, A.* (2006), S. 214 und S. 216-218.
[1115] Vgl. *Hoffjan, A.* (2006), S. 193-198, S. 192.
[1116] Vgl. *Hoffjan, A.* (2006), S. 24.

tionsspielräume gering gehalten werden. So sind Kontrollen durchzuführen sowie Schulungen zur Verbesserung der Akzeptanz der Risikorechnung anzubieten und zusätzliche Personalkapazitäten für die Zwecke der Risikoberichterstattung zur Entlastung von Managern bereitzustellen. Bzgl. der Controller als Informationsdienstleister ist auf die Vermeidung eines Overengineerings und die Sicherstellung einer Adressatenorientierung der Risikorechnung zu achten. Dabei wird ein enger Kontakt zwischen Controller sowie Informationslieferanten und -empfänger als sinnvoll erachtet. Dies wirkt auch einem potenziellen Misstrauen der Adressaten gegenüber dem Sinn und der Verlässlichkeit der Risikorechnung entgegen. Bei der Informationsübermittlung sollte auf Verständlichkeit und Aufnahmefähigkeit geachtet werden, z. B. durch die Verwendung grafischer Darstellungen.[1117]

Hoffjans Risikorechnungskonzept stellt einen umfassenden und fundierten Ansatz dar, der jedoch stark auf die Besonderheiten der Leistungserstellung von Bauunternehmen zugeschnitten ist. Er ist eng an moderne Kostenrechnungssystemstrukturen mit Grund- und Auswertungsrechnung angelehnt und berücksichtigt explizit Praktikabilitätsüberlegungen. Aufgrund dieser Ausrichtung könnte die Risikorechnung für Bauunternehmen eigentlich auch als Risiko**kosten**rechnung charakterisiert werden. Eine Verknüpfung mit neueren theoretischen Ansätzen der Risikomessung sowie der Risikodeckungsmassen-Bestimmung und -Zuordnung erfolgt nur sehr eingeschränkt. Dahingegen werden die ökonomischen Konsequenzen von Risikogestaltungsmaßnahmen und die Verbindung zu bestehenden Rechnungssystemen explizit berücksichtigt. Insgesamt bietet das Konzept eine taugliche Basis für eine risikokostenorientierte Risikorechnung in Nicht-Finanzunternehmen.

Tabelle 19 fasst die Ausführungen zu den beiden betrachteten Risikorechnungssystemen zusammen. Dabei werden die modifizierten Merkmale nach *Hoitsch/Schmitz* um die Kriterien Rechnungszwecke und Beziehung zur Unternehmensrechnung erweitert.

[1117] Vgl. *Hoffjan, A.* (2006), S. 283-293.

Merkmal	Bankbezogene Risikorechnung	Bauwirtschaftliche Risikorechnung
Zweck	• Entscheidungsunterstützung: Bestimmung benötigter Risikodeckungsmassen • Verhaltenssteuerung: Überwachung der Einhaltung zugeteilter Risikodeckungsmassen, risikoadjustierte Leistungsbeurteilung	• Entscheidungsunterstützung: Risikokosten-Kalkulation, Risikomaßnahmenmix-Bewertung, Produktionsprogramm-Planung • Verhaltenssteuerung: Förderung des Risikobewusstseins und Objektivierung der individuellen Risikoeinschätzung, Schaffung von Anreizen für einen wirtschaftlich vernünftigen Umgang mit Risiken • Schaffung eines Wissensspeichers, Bereitstellung von Informationen für andere Rechnungs- und Informationssysteme
Bezug zur UR	Eigenständiges Rechensystem, basiert auf Cashflow-Bilanz	Eigenständiges Rechensystem mit wechselseitigen Überleitungen und gemeinsamen Modulen
Risikobegriff	Potenzieller Marktwertverlust (Verlustpotenzial), Formalisierung über VaR bzw. WaR	Möglichkeit einer Zielabweichung (positiv und negativ aufgrund unvollkommener Informationen, Formalisierung durch Eintrittswahrscheinlichkeit, Schadensausmaß, Varianz)
Zurechnungsprinzip	Zurechnung nach inhaltlichen und Verantwortlichkeits-Kriterien, Bottom-up Zurechnung von Verbund- bzw. Diversifikationseffekten nur auf Bezugsobjekte höchster hierarchischer Ebene	Rechnungsteilsystemabhängig: • Risikobeziehungsrechnung: eindeutig ohne Schlüsselung von Verbundrisiken • Risikoauftragsrechnung: Schlüsselung von Verbundrisiken auf der Basis risikoartenspezifischer Bezugsgrößen bzw. Risikotreiber • Risikoverantwortungsrechnung: bei pluraler Verantwortung Belastung aller Verantwortlichen mit der jeweils vollen Höhe der gemeinsam verantworteten Risiken, keine Schlüsselung von Verbundrisiken
Bezugsobjektarten	unsichere Einflussgrößen, Cashflow-Bilanzpositionen bzw. Portefeuilles und organisatorische Einheiten (Geschäftsebene vs. Steuerungsebene)	parallele Bezugsgrößenhierarchie: • risikobeziehungsorientiert: Risikogruppen • auswertungsorientiert: Projekte/ Projektabschnitte, Sparten, Regionen, Kunden, Mitarbeiter, Verantwortungsbereiche
Rechnungsaufbau	**Risikoartenrechnung**: Identifikation der Risikofaktoren bzw. -arten sowie deren Korrelationen **Risikostellenrechnung**: Berechnung konkreter Risikokennzahlen für einzelne Risikostellen (bestimmte Geschäftsarten bzw. Schuld- und Vermögenspositionen) durch Zusammenfassung gleichartiger Positionen **Risikoträgerrechnung**: Zuordnung der Risikokennzahlen auf Risikoträger (organisatorische Einheiten) unter Berücksichtigung von Zuständigkeiten, Berechnung individueller und aggregierter Risiken, insbesondere Ermittlung des Gesamtrisikos	**Risikoartenrechnung**: Erfassung und Strukturierung verschiedener Risikoarten nach Wertschöpfungsstufen, Projektphasen und Wirkungsebenen, Quantifizierung, Grundlage für die Weiterverrechnung und Zuordnung von Risiken auf Bezugsobjekte **Risikobeziehungsrechnung**: hierarchische Zusammenführung der bewerteten Einzelrisiken unter Berücksichtigung stochastischer Interdependenzen über mehrere Schritte (Verrechnung innerhalb einzelner Risikoarten, Berücksichtigung von Korrelationen zwischen Risikoarten) **Risikoauswertungsrechnung**: Verknüpfung und Transformation der Rechenergebnisse der beiden vorgelagerten Teilsysteme zu Entscheidungsunterstützungs- und Steuerungszwecken. Module: Risikoverantwortungsrechnung, Risikomaßnahmenrechnung und Risikoauftragsrechnung sowie risikobereinigte Erfolgsmessung und Risikokennzahlensystem
Risikogliederung	Nach Risikofaktoren, organisatorische Zugehörigkeit und Eindeutigkeit der Zurechenbarkeit	Nach Risikoart, Zurechenbarkeit zu Bezugsobjekten, Erfassung bzw. Aggregationsgrad, Beziehung zu anderen Risiken

Tabelle 19: Vergleichende Darstellung der bankbezogenen und der bauwirtschaftlichen Risikorechnung

5.5 Entwicklung eines Vorschlags zur Risikorechnungsgestaltung

Nachdem in den vorhergehenden Abschnitten Notwendigkeit, Gegenstand, Grundprobleme und bestehende Vorschläge zur Ausgestaltung einer Risikorechnung erörtert wurden, wird im Folgenden hierauf aufbauend ein Vorschlag zur Gestaltung einer Risikorechnung entwickelt. Hierzu wird zunächst der Aufgabenbereich der Unternehmensrechnungsgestaltung im Allgemeinen skizziert. Dabei werden Gestaltungselemente identifiziert, die zur Strukturierung des zu entwickelnden Risikorechnungsvorschlags dienen.

5.5.1 Vorüberlegungen zur Gestaltung der internen Unternehmensrechnung

Die Gestaltung der Unternehmensrechnung ist ein betriebswirtschaftliches Grundproblem, da diese als Informations- und Abbildungsinstrument einen engen Bezug zur Führung im Sinne von Entscheidungsunterstützung, Verhaltenssteuerung und Koordination hat und zudem die Wahrnehmung wirtschaftlicher und betrieblicher Realität durch die Unternehmensmitglieder beeinflusst.[1118] Die Erreichung eines im Verhältnis zum Ressourceneinsatz angemessenen Nutzens und die Vermeidung dysfunktionaler Wirkungen durch ungeeignete Informationen und Steuerungsanreize bedürfen einer sorgfältigen Gestaltung der Unternehmensrechnung in ihrer Gesamtheit und deren Verknüpfung zu den Steuerungssystemen des Unternehmens. Die Aufgabe der Gestaltung der internen Unternehmensrechnung fällt nach der hier vertretenen Auffassung in den Gegenstandsbereich des Controllings bzw. des Management Accounting & Control. Das Controlling als Teilbereich der Betriebswirtschaftslehre hat die Aufgabe, den Erkenntnisbereich Unternehmensrechnung theoretisch zu durchdringen und hierbei Werturteile, erklärende und gestaltende Theorien zu generieren und zu überprüfen sowie Handlungsempfehlungen bzw. Vorschläge für konkrete Technologien zu entwickeln. Dabei sollten die Bedürfnisse und Entwicklungen der Unternehmenspraxis antizipiert und reflektiert werden. Controller in der Unternehmenspraxis sind entsprechend mit der Aufgabe des Entwurfes, der Implementierung, des Betriebes, der Wartung und der Anpassung bzw. der Weiterentwicklung unternehmensindividueller interner Unternehmensrechnungssysteme konfrontiert, wobei diese sowohl eigene Lösungen entwickeln als auch auf Erkenntnisse der Controlling- bzw.

[1118] Vgl. im Folgenden auch die Ausführungen in *Winter, P.* (2006).

Rechnungswesenforschung zurückgreifen.[1119] Diese Aussagen gelten analog für die Risikorechnung als Teilbereich der (internen) Unternehmensrechnung, obwohl deren Entwicklungsstand als eigenständiger Erkenntnisgegenstand noch in einem sehr frühen Stadium ist.

Gestaltungstheorien liefern Erklärungsmodelle zur Beschreibung, wie eine zielbewusste Gestaltung des Rechnungswesens erfolgen sollte bzw. wie die Rechnungswesengestaltung in der Unternehmenspraxis tatsächlich erfolgt. Als Gestaltungstheorieelemente identifiziert *Schmitz* auf der Grundlage der Conditional Normativ Accounting Theory grundlegend Gestaltungsziele, Gestaltungsoptionen und Hypothesen über deren Zusammenhang sowie Gestaltungseinflussgrößen, welche die Beziehung zwischen den verfolgten Zielen und den verfügbaren Optionen beeinflussen. Zur Unterstützung der Gestaltung bzw. Verknüpfung von Zielen, Optionen und Einflussgrößen werden zudem Gestaltungsmethoden oder Vorschläge zur systematischen Durchführung des Gestaltungsprozesses benötigt.[1120]

Zur **Strukturierung der Gestaltungsaufgabe** bzw. des Gestaltungsprozesses hinsichtlich der internen Unternehmensrechnung wurden in der deutschsprachigen[1121] Controlling- bzw. Rechnungswesenliteratur einige Vorschläge unterbreitet, die sich jedoch vornehmlich auf die Kosten- und Erlösrechnung beziehen.[1122] Aus einer organisatorischen Perspektive schlägt *Grochla* einen dreidimensionalen Strukturierungsansatz vor, nach dem als Gestaltungsproblemdimensionen der Objektbereich (strukturelle vs. prozessuale Gestaltungsaufgabe), die Mehrstufigkeit (global-prinzipielle vs. detailliert-spezielle Gestaltungsebene) und die Realisierbarkeit (sachlich-logische vs. politisch-soziale Umsetzungsbarrieren)[1123] angesehen werden.[1124] Über diese allgemeine Problemstrukturierung hinaus ist insbesondere die inhaltliche Abgrenzung einzelner Gestaltungselemente und -aufgaben erforderlich. *Brink* unterscheidet hierbei folgende formale Ansätze, die unterschiedliche Perspektiven des Gestaltungsproblems darstellen:[1125]

[1119] Vgl. *Chmielewicz, K.* (1979); *Schmitz, H.* (2004), S. 5-14.
[1120] Vgl. *Schmitz, H.* (2004), S. 55-63.
[1121] Vgl. *Schmitz, H.* (2004), S. 1, der darauf hinweist, dass Gestaltungsfragen der internen Unternehmensrechnung international relativ wenig Beachtung finden.
[1122] Zu einen Überblick zu Strukturierungsansätzen vgl. z. B. *Goes, S.* (2003), S. 17-20; *Dwornicki, T.* (2006), S. 5-16.
[1123] Zu Implementierungsbarrieren bei Controlling-Instrumenten vgl. *Parvis-Trevisany, N./Schäffer, U.* (2006).
[1124] Vgl. *Grochla, E.* (1980), S. 1832; *Grochla, E.* (1982), S. 8ff. Eine Übertragung auf die Gestaltung der Kosten- und Leistungsrechnung nimmt *Selke, S.* (1997) vor. Vgl. auch *Dwornicki, T.* (2006), S. 5-8.
[1125] Vgl. *Brink, H.-J.* (1985); *Brink, H.-J.* (1992); *Goes, S.* (2003), S. 17-18; *Dwornicki, T.* (2006), S. 9-11.

- Handlungsorientierter Ansatz: Abgrenzung alternativer Gestaltungsmöglichkeiten mithilfe der Konkretisierung verschiedener Gestaltungselemente (Ziele, Wirkungen, Umwelt, Träger, Mittel, Objekt, Verrichtung, Zeit, Ort/Raum) und deren Beziehungen.
- Elementorientierter Ansatz: Verkürzung des handlungsorientierten Ansatzes auf die Analyse der Elemente Gestaltungsziele, gestaltungsrelevante Einflussgrößen bzw. Bedingungen und Gestaltungsinstrumente bzw. -optionen sowie deren Beziehungen.
- Prozessorientierter Ansatz: Analyse und Verknüpfung der Gestaltungsprozessphasen in logischer und zeitlicher Hinsicht. Führungsprozessorientierte Strukturierung des Gestaltungsprozesses in Problemerkennung, -analyse und -beurteilung sowie Gestaltungsalternativensuche und -bewertung, Auswahl der zu implementierenden Systeme, Implementierung, Effizienzkontrolle und Systemverbesserung.
- Entscheidungsorientierter Ansatz: Verknüpfung von elementorientiertem und prozessorientiertem Ansatz.
- Controllingorientierter Ansatz: Analyse der personellen und institutionellen Gestaltungsaspekte.

Aus diesen Überlegungen lassen sich Elemente und Abläufe ableiten, die bei einem Gestaltungsvorschlag berücksichtigt werden sollten. Als **Gestaltungselemente**, zwischen denen interdependente Beziehungen bestehen, werden an dieser Stelle allgemein Gestaltungsziele, Gestaltungsoptionen und Gestaltungseinflussgrößen angesehen. Je konkreter sich Gestaltungsvorschläge auf spezifische Objektbereiche wie z. B. Branchen oder Unternehmen beziehen, desto stärker müssen spezifische Kontextfaktoren bzw. situative Bedingungen berücksichtigt werden,[1126] da die Ziele differieren und die unterschiedlichen Ausprägungen der Einflussgrößen die Menge der verfügbaren bzw. sinnvollen Gestaltungsoptionen beeinflussen, deren Auswahl letztlich die Gestalt des Rechnungssystems determiniert. *Krieger* identifiziert hierbei den Informationsbedarf der Adressanten, den empirischen Abbildungsgegenstand (Urbild) und die Rahmenbedingungen (Technik, Gesetze etc.) als durch vielseitige Wechselbeziehungen verbundene Kontextfaktoren der Kostenrechnungsgestaltung.[1127] Der **Ablauf der Rechnungsgestaltung** kann in Form eines Problemlösungsprozesses strukturiert werden. Ausgehend von der Identifizierung des Gestaltungsbedarfs und den Gestaltungszielen sind zunächst relevante Einflussfaktoren und anschließend verfügbare Gestaltungsoptionen zu identifizieren, zu analysieren und zu bewerten, um zu einem konkreten Gestaltungsvorschlag

[1126] Beispiele für branchenspezifische Gestaltungsvorschläge sind *Goes, S.* (2003) bzgl. Stromnetzbetreiber, *Schmitz, H.* (2004) bzgl. Softwareunternehmen oder *Dwornicki, T.* (2006) bzgl. Universitäten.

[1127] Vgl. *Krieger, R.* (1995), S. 115-118.

zu gelangen. Gestaltungsmethoden unterstützen bei der Verknüpfung von Gestaltungszielen, Einflussgrößen und Gestaltungsoptionen. *Schmitz* identifiziert hierbei drei Ansätze: Zusammenfügung von Komponenten aus einer gegebenen Menge abgegrenzter Gestaltungsoptionen, Anpassung modellhafter Rechnungswesensysteme sowie Anpassung konkreterer Referenzmodelle.[1128] Komponenten sind z. B. Merkmalkataloge, deren jeweilige Ausprägungen alternativ ausgewählt bzw. synthetisch kombiniert werden können.[1129]

Anhand dieser Vorüberlegungen lässt sich der anschließend zu erarbeitende Gestaltungsvorschlag charakterisieren. Gegenstand des Vorschlages ist eine Risikorechnung als Kernstück des Risikocontrollings von Nicht-Finanzunternehmen. Der Objektbereich ist damit recht breit, sodass die Ausführungen auf einer hohen Abstraktionsebene verbleiben. Im Sinne *Grochlas* bezieht sich der Vorschlag vor allem auf die strukturelle Gestaltungsaufgabe auf einer global-prinzipiellen Ebene sowie auf sachlich-logische Aspekte. Zunächst werden allgemeine Aussagen zu den Gestaltungszielen und Einflussgrößen getroffen, da spezifische Kontextfaktoren nicht eingehend betrachtet werden können. Eine detaillierte Betrachtung erfolgt hinsichtlich der Gestaltungsoptionen.

5.5.2 Ziele der Risikorechnungsgestaltung

Die Unternehmensrechnung ist kein Selbstzweck, sondern dient der Erreichung übergeordneter Unternehmensziele. Die Gestaltungsziele lassen sich somit aus den Unternehmenszielen und den Rechnungszwecken ableiten. Im Rahmen des Gestaltungsprozesses stellen Ziele bzw. deren mangelnde Erreichung den Ausgangspunkt der Gestaltungsaktivitäten dar. In Anlehnung an allgemeine Zielkategorien lassen sich Formal- und Sachziele der Unternehmensrechnungsgestaltung unterscheiden.[1130]

Formalziele beziehen sich auf die gewünschten Auswirkungen der Unternehmensrechnung auf die verwendeten (monetären) Erfolgsmaße des Unternehmens und somit auf die Wirtschaftlichkeit der Unternehmensrechnung. Problematisch ist hierbei die Operationalisierung von „Kosten und Nutzen“ der Unternehmensrechnung. **Sachziele** der Gestaltung betreffen hingegen angestrebte Input-, Prozess- und Output-Eigenschaften des Informationsverarbeitungssystems Unternehmensrechnung. Da der grundlegende Rechnungszweck die Bereitstellung von Informationen zur Befriedigung von Wissenswünschen der Rechnungsadressaten ist, sind vor allem die Eignung der generierten bzw. bereitgestellten Informationen sowie der

[1128] Vgl. *Schmitz, H.* (2004), S. 61-62.
[1129] Vgl. *Goes, S.* (2003), S. 21-25.
[1130] Vgl. *Goes, S.* (2003), S. 31-35; *Schmitz, H.* (2004), S. 58-59; *Dwornicki, T.* (2006), S. 23-26.

verwendeten Informationserfassungs-, Informationsverarbeitungs- und Informationsbereitstellungsstrukturen und -prozesse Gegenstand der Betrachtung. Nach *Schmitz* sind hierbei die Qualität der eingesetzten Ressourcen, die Flexibilität und Komplexität der Unternehmensrechnung sowie die Informationseigenschaften wie Relevanz, Abbildungsgenauigkeit, Prognosegenauigkeit und zeitliche Adäquanz als Sachziele anzusehen. Die Interpretation bzw. Umsetzung der Informationen ist jedoch vom Rechnungsadressaten abhängig. Daher sind Ziele hinsichtlich der Informationsnutzung wie die Nutzungshäufigkeit oder die Nutzungsart sowie die individuellen Ziele der Nutzer (Wissen, Nachvollziehbarkeit, Zufriedenheit) zu berücksichtigen. Hierbei ist auch die Sicherstellung der Führungsrationalität als Sachziel zu beachten.[1131] Die Gestaltungsziele lassen sich als Anforderungen an die Unternehmensrechnung bezeichnen. *Hoffjan* unterscheidet hierbei in Anlehnung an *Kosiol* zwischen rechnungstheoretischen (Relevanz, Ergebnisqualität, Vollständigkeit, Adäquanz) und rechnungstechnischen (Kompatibilität, Flexibilität, Koordinations- und Integrationsfähigkeit, Erhebungswirtschaftlichkeit) Anforderungen.[1132]

Zu den **Gestaltungszielen der Risikorechnung** werden folgende, allgemeine Überlegungen angestellt: Es wird unterstellt, dass die betrachteten Unternehmen grundlegend eine Sicherung der fortgesetzten Unternehmensexistenz und der Erfolgspotenziale anstreben.[1133] Als das hierauf gerichtete Ziel der Risikorechnung wird die monetäre Abbildung des Risikogehalts interessierender Betrachtungsobjekte für die Entscheidungsunterstützung und Verhaltenssteuerung verstanden. Die effiziente und effektive Versorgung mit risikobezogenen Informationen der Adressaten durch die Risikorechnung stellt das wichtigste Gestaltungsziel dar. Dabei sind unbedingt auch nutzerorientierte Aspekte zu berücksichtigen.[1134] Spezifische nutzerorientierte Aspekte der Risikorechnung wurden im Abschnitt 5.3.1 angesprochen. Zudem ist die Erfüllung von Rechnungslegungsanforderungen bzw. sonstiger bindender externer Vorgaben zu beachten.

5.5.3 Einflussgrößen der Risikorechnungsgestaltung

Gestaltungseinflussgrößen beeinflussen die Beziehung zwischen den verfolgten Zielen und den Optionen. Somit moderieren sie die Zielwirkungen der Gestaltungsoptionen. Die Einflussgrößen werden auch als Kontextfaktoren bezeichnet, welche den Rahmen determinieren, innerhalb dessen die Unternehmensrechnung aufgebaut bzw. modifiziert und betrieben wird.

1131 Vgl. *Schmitz, H.* (2006).
1132 Vgl. *Hoffjan, A.* (2006), S. 39-50.
1133 Siehe hierzu die Ausführungen in Abschnitt 2.5, 3.4.3 und 4.5.
1134 Vgl. *Goes, S.* (2003), S. 31-35; *Schmitz, H.* (2004), S. 58-59 und S. 126-156; *Weber, J.* (2005), S. 46-57.

Da es eine Vielzahl potenziell relevanter Einflussgrößen gibt, wurden in der Literatur Systematisierungsvorschläge zur Abgrenzung relevanter Faktoren entwickelt.[1135] Formal beschreibend wird nach der Bedeutung für die Ziel-Mittel-Beziehung (bedeutend vs. unbedeutend)[1136], der Verbindlichkeit bzw. Revidierbarkeit (abdingbare vs. unabdingbare) und der Herkunft (unternehmensextern vs. -intern)[1137] der Einflussgrößen unterschieden. Zur Ableitung und Entdeckung gestaltungsrelevanter Einflussgrößen sind jedoch weitere Merkmale zu berücksichtigen. Hierzu bieten sich die Betrachtung modelltheoretischer Zusammenhänge bzw. der Rechnungszwecke an. Neben dem Informationsbedarf der Rechnungsadressaten können somit das Urbild des Rechnungssystems (reales Unternehmen bzw. dessen Wesensmerkmale als Abbildungsgegenstand) und allgemeine Rahmenbedingungen der Rechnungsgestaltung (z. B. technische Realisationsmöglichkeiten, vorhandenes Fachwissen, Stand der Rechnungswesenforschung, rechtliche Rahmenbedingungen) als gestaltungsrelevante Einflussfaktoren abgeleitet werden.[1138] *Weber* sieht Merkmale der abzubildenden Realprozesse, gewünschte Eigenschaften der Messung (Reliabilitäts-, Validitätsgrade), Grundmerkmale der Informationsverwendung (Rechnungszwecke, Nutzereigenschaften) und übergeordnete Bestimmungsgrößen der Informationsverwendung (Erfahrung, Koordinationsmechanismen, Unternehmenstheorie) als Einflussfaktoren auf die (Kosten-) Rechnungsgestaltung an.[1139]

Aufgrund der hohen Abstraktionsebene des hier zu entwickelnden Vorschlags zur Gestaltung der Risikorechnung können zu den zu beachtenden Einflussfaktoren nur allgemeine Aussagen getroffen werden. Als relevante Einflussfaktorkategorien werden der Bezug zur Unternehmenstheorie, der Abbildungsgegenstand, die Rahmenbedingungen sowie die Rechnungszwecke betrachtet.

Die der Rechnungsgestaltung zugrunde gelegte **Unternehmenstheorie** beeinflusst die Wahrnehmung und Wertung aller übrigen Gestaltungselemente.[1140] An dieser Stelle soll auf die Theorie der Unternehmung nach *Schneider* rekurriert werden.[1141] Danach werden als Unternehmerfunktionen die Übernahme von Einkommensunsicherheiten, die Erzielung von Arbitragegewinnen sowie die Durchsetzung von Änderungen gesehen, zu deren Erfüllung die Un-

[1135] Zu einen Überblick über Einfluss- bzw. Kontextfaktoren vgl. *Goes, S.* (2003), S. 35-40; *Dwornicki, T.* (2006), S. 32-38.
[1136] Vgl. *Fassbender, W.* (1964), S. 37.
[1137] Vgl. *Brink, H.-J.* (1992), S. 171-173.
[1138] Vgl. *Krieger, R.* (1995), S. 115-120.
[1139] Vgl. *Weber, J.* (2005).
[1140] Vgl. *Weber, J.* (2005), S. 75-101.
[1141] Siehe Abschnitt 2.5.

ternehmensrechnung einen wichtigen Beitrag leistet.[1142] Aus der Zielsetzung der Verringerung von Einkommensunsicherheiten[1143] ergibt sich eine klare Verbindung zur Risikorechnung als Instrument zur Schaffung risikobezogener Transparenz für die Unternehmensführung. Dabei müssen explizit Entscheidungs-, Informations- und Verhaltensaspekte berücksichtigt werden.

Der **Abbildungsgegenstand** (Urbild, Realprozesse)[1144] erfasst die abzubildenden betrieblichen Prozesse, Potenziale und Strukturen des Unternehmens. Auf der hier gewählten Abstraktionsstufe können hierzu keine konkreten Aussagen getroffen werde, sondern es kann nur darauf verwiesen werden, dass Nicht-Finanzunternehmen mit einer Vielzahl unterschiedlicher Prozesse, Potenziale und Strukturen eine Vielzahl verschiedener Dienstleistungen und Sachgüter erstellen. Der Kenntnisstand über relevante Risikoursachen, -beziehungen und -wirkungen ist jedoch sowohl in der Praxis als auch der Forschung z. B. im Vergleich zu Kosteneinflussgrößen als eher gering anzusehen.

Als externe **Rahmenbedingungen** der Risikorechnung sind neben allgemeinen Umfeldbedingungen und der Marktsituation insbesondere relevante rechtliche bzw. regulatorische Bestimmungen sowie der Entwicklungsstand der Risikorechnungstheorie und -praxis zu berücksichtigen.[1145] Hinsichtlich der rechtlichen Vorschriften sind für Nicht-Finanzunternehmen aus der Rechnungswesenperspektive vor allem das KonTraG und der DRS 5 sowie weitere risikoabbildungsrelevante Rechnungslegungsbestimmungen nach HGB, IAS/IFRS und US-GAAP relevant. Da diese Vorgaben z. T. wenig konkret (KonTraG, DRS 5) oder aber recht spezifisch (Hedge Accounting) sind und keine allzu hohen Anforderungen an die Risikoabbildung stellen, werden sie als leicht zu erfüllende Minimalanforderungen angesehen. Grundlagen der Risikomessung und bestehende Vorschläge zur Risikorechnung wurden in diesem Kapitel bereits vorgestellt. Der theoretische und technologische Erkenntnisstand der Risikomessung und -aggregation sowie die technischen Möglichkeiten zu deren Umsetzung beeinflussen stark die verfügbaren und praktisch realisierbaren Gestaltungsoptionen. Interne Rahmenbedingungen sind z. B. der Wissensstand der Anwender und Adressaten der Unternehmensrechnung sowie die verfügbare informationstechnische Unterstützung. Sowohl der allgemeine als auch der unternehmensindividuelle Wissensstand bzgl. der Risikorechnung in Nicht-

[1142] Vgl. *Schneider, D.* (1995), S. 1-56; *Schneider, D.* (1997a), S. 4 und S. 11-27; *Richter, H. J.* (2002), S. 43-46.
[1143] Vgl. *Schneider, D.* (1997b), S. 47.
[1144] Vgl. *Goes, S.* (2003), S. 38-39; *Weber, J.* (2005), S. 9-26.
[1145] Vgl. *Krieger, R.* (1995), S. 120; *Goes, S.* (2003), S. 43-44; *Schmitz, H.* (2004), S. 249.

Finanzunternehmen sind im Allgemeinen als gering anzusehen, was tendenziell für eine einfache Ausgestaltung der Risikorechnung spricht.

Als besonders bedeutender Einflussfaktor auf die Gestaltung der Risikorechnung sind die **Rechnungszwecke** anzusehen. Dies sind – wie schon dargestellt – die risikobezogene Rechenschaftslegung, Entscheidungsunterstützung und Verhaltenssteuerung. Im Rahmen der internen Unternehmensrechnung wird häufig die herausragende Bedeutung des sich hieraus ergebenden Informationsbedarfs der Rechnungsadressaten betont. Dieser ist wiederum stark von den unternehmensindividuellen Kontextfaktoren wie Branche, Strategie, Organisation, Führungsstil, Nutzereigenschaften etc. abhängig.[1146] Daher soll an dieser Stelle ein generischer, durch die Risikorechnung zu deckender Informationsbedarf skizziert werden.

Hinsichtlich der Risikorechnungsinformationen erscheint es zweckmäßig, zwischen originären Informationen und Anreicherungsinformationen zu unterscheiden. Die **originären Risikorechnungsinformationen** sind Rechnungsweseninformationen, die nur mithilfe der Risikorechnung generiert und verbreitet werden können, und betreffen somit Wissensgegenstände, die von den anderen Teilrechnungen nicht oder nur rudimentär bereitgestellt werden. Das sind insbesondere Informationen zum Risikogehalt von Betrachtungsobjekten, d. h. vor allem Unternehmensprozesse, -potenziale und -strukturen. Der Risikogehalt wird dabei als eigenständiges Wissensobjekt behandelt. Die Risikorechnung muss demnach risikobezogene Informationen zur Prognose der zukünftigen Risikolage, zur Vorgabe von Soll-Risikolagen, zur Überwachung aktueller bzw. Ermittlung historischer Risikolagen und zur Feststellung eingetretener Abweichungen von den prognostizierten bzw. vorgegebenen Werten bereitstellen.[1147] Für die Sicherung der fortgesetzten Unternehmensexistenz sind im Sinne des Risikotragfähigkeitskalküls die Gesamtrisikolage des Unternehmens zu prognostizieren sowie die aktuelle Risikolage zu überwachen und mit geplanten und tatsächlichen Risikodeckungsmassen zu vergleichen. Risikolage und Risikodeckungsmassen lassen sich aus Rechnungswesenperspektive mithilfe der Vermögens-, Finanz- und Ertragslage operationalisieren. Dies korrespondiert auch mit der rechtlichen Perspektive der Insolvenzordnung (InsO), nach der als Insolvenzgründe und somit Sachverhalte, die den Unternehmensfortbestand bedrohen, allgemein die Zahlungsunfähigkeit (§17 InsO), aber auch die drohende Zahlungsunfähigkeit (§ 18 InsO) sowie die Überschuldung (§ 19 InsO) festgelegt sind. Die Abbildung der Risikolage erfolgt im Rahmen der Risikorechnung durch geeignete Risikomaße. Die Erfassung der Risikode-

[1146] Vgl. *Goes, S.* (2003), S. 44-45; *Schmitz, H.* (2004), S. 156-159; *Weber, J.* (2005), S. 39-75.
[1147] Vgl. *Hoffjan, A.* (2006), S. 51-59.

ckungsmassen bezieht sich sowohl auf die Liquidität zur Sicherstellung der Zahlungsfähigkeit als auch auf das Eigenkapital zur Vermeidung der Überschuldung. Diese sind zunächst Gegenstand der Bilanz- und Finanzrechnung, welche aber für die Zwecke der Risikorechnung modifiziert werden müssen.[1148] Damit erscheint die Verwendung risikokapital- bzw. risikodeckungsmassenorientierter Risikomaße sinnvoll.[1149] Diese Überlegung wird auch von den Erkenntnissen zur ökonomischen Wirkung eines unternehmerischen Risikomanagements gestützt.[1150] Bei Kompetenz- und Entscheidungsdelegation auf untergeordnete Hierarchieebenen, insbesondere bei dezentraler Organisationsstruktur, sind auch die Prognose, Vorgabe und Überwachung der Risikolage von Unternehmensteilbereichen sowie die Zuteilung von Risikodeckungsmassen auf diese aus Entscheidungsunterstützungs- und Verhaltenssteuerungsgründen erforderlich. Dazu muss die Risikorechnung Informationen über die Risikolage und die verfügbaren Risikodeckungsmassen der einzelnen Verantwortungsbereiche sowie deren Verhältnis bereitstellen.[1151] Die „Risikobudgetierung“[1152] bzw. Risikokapitalallokation stellt dabei ein wichtiges Koordinationsinstrument zur risikobezogenen Verhaltenssteuerung dar. Durch die Subadditivitätseigenschaft des Risikos entstehen jedoch Zurechnungsprobleme.[1153] Des Weiteren ist grundsätzlich davon auszugehen, dass der Risikogehalt selbst ein bedeutendes Merkmal von Betrachtungsobjekten darstellt.

Zusätzlich generiert und verbreitet die Risikorechnung Informationen, welche die Informationen anderer Rechnungssysteme risikobezogen ergänzen und anreichern (**Anreicherungsinformationen**). Die Risikorechnung stellt somit risikobezogene Informationen zur besseren Abbildung der betrieblichen Realität, zur besseren Fundierung betrieblicher Entscheidungen und zur besseren Kontrolle und Koordination zur Verfügung. Da prinzipiell alle Unternehmensentscheidungen unter Unsicherheit stattfinden und i. d. R. die Risikodimension als relevant zu erachten ist, sollte die Risikorechnung grundsätzlich für alle betrieblichen Entscheidungen Informationen über deren Risikogehalt bereitstellen. Dabei ist in Unternehmen von einer großen Anzahl unterschiedlicher Entscheidungsprobleme mit korrespondierendem Informationsbedarf auszugehen. Eine Komplexitätsreduktion lässt sich durch eine Strukturierung von Entscheidungsproblemen erreichen, die Hinweise auf allgemeine Klassen betrieblicher Entscheidungen gibt. Eine mehrdimensionale Strukturierung kann z. B. anhand der Pha-

[1148] Für eine Übersicht zu Risikokapital bzw. Risikodeckungsmassen vgl. z. B. *Kremers, M.* (2002), S. 244-280 und *Scherpereel, P.* (2006), S. 79-138.
[1149] Vgl. *Hölscher, R.* (2002), S. 21-26; *Kremers, M.* (2002), S. 244-253; *Scherpereel, P.* (2006), S. 128-137.
[1150] Siehe Abschnitt 3.3.
[1151] Vgl. *Homburg, C./Uhrig-Homburg, M.* (2004).
[1152] Vgl. *Pearson, N. D.* (2002), S. 7-10.
[1153] Vgl. *Koryciorz, S.* (2004), S. 175-176; *Scherpereel, P.* (2006), S. 79-90.

sen der Wertschöpfungskette, der Funktionsbereiche, der Geschäftsbereiche, der Entscheidungsträger, des Entscheidungsgegenstandes (Aufbau-/Abbau von Potenzialen vs. Nutzung von Potenzialen), des Zeithorizonts und der Bedeutung der Entscheidungen (operativ, taktisch, strategisch) erfolgen.[1154] Typische operative Entscheidungen industrieller Betriebe, die mit Informationen aus dem internen Rechnungswesen fundiert werden, betreffen die Nutzung von Potenzialen und sind Absatz- bzw. Produktionsprogrammentscheidungen, Preisentscheidungen (Preisober- und Preisuntergrenzen) und Verfahrenswahlentscheidungen.[1155] Die Ausweitung der Fundierung operativer Entscheidungen mithilfe von Risikorechnungsinformationen erfolgt durch den expliziten Einbezug der Unsicherheit bzgl. der Eingangs- und Ergebnisgrößen der Rechnungen, z. B. in Form einer stochastischen Break-Even-Analyse, Programmplanung oder Preisplanung bzw. Angebotspreiskalkulation.[1156] Entsprechend sind typische strategische Entscheidungen Festlegungen hinsichtlich der Sicherung und Erschließung von Erfolgspotenzialen wie Geschäftsfeldentscheidungen (strategische Erfolgsbewertung) oder zu verfolgender Strategien. Taktische Entscheidungen betreffen vor allem Entscheidungen über den Aufbau bzw. Abbau von Potenzialen (Personal, Betriebsmittel) bzw. Investitionsentscheidungen, die Struktur des Produkt- und Absatzprogramms und die Wertschöpfungstiefe.[1157] Die Risikorechnung stellt hierbei z. B. Informationen für risikoadjustierte Portfoliotechniken, die risikoanalytische Fundierung von Investitionen[1158] oder die Berücksichtigung von Risiken in einer Balanced Scorecard zur Verfügung[1159]. Auch können rentabilitäts- bzw. wertorientierte Vorteilhaftigkeitskalküle im Rahmen einer wertorientierten Unternehmensführung durch Risikoinformationen zu risikoadjustierten Vorteilhaftigkeitsmaßen erweitert werden. Hierdurch wird der beschränkten Risikotragfähigkeit eines Unternehmens als limitierenden Faktor für Unternehmensaktivitäten, insbesondere Investitionen oder anderen Kapitalallokationen, und somit dem Ziel eines angemessenen Risiko-Chancen-Verhältnisses Rechnung getragen, das die bestmögliche wirtschaftliche Nutzung der begrenzten Risikotragfähigkeit sicherstellen soll.[1160] Dies erfolgt i. d. R. durch die Modifikation von erwartungswertbasierten Rendite- und Unternehmenswertgrößen wie Return on Investment mittels abweichungs- oder risikodeckungsmassenorientierter Risikomaße zu risikoadjustierten Performancemaßen (RAPM). Neben dieser ex ante Perspektive kommen RAPM auch in einer ex post Betrachtung

---

[1154] Vgl. *Riebel, P.* (1994), S. 19; *Lehmann, M./Moog, H.* (1996), S. 42; *Goes, S.* (2003), S. 144-146; *Hoitsch, H.-J./Lingnau, V.* (2004), S. 69-101; *Ewert, R./Wagenhofer, A.* (2005), S. 57-63.

[1155] Vgl. *Hoitsch, H.-J./Lingnau, V.* (2004), S. 80-101; *Ewert, R./Wagenhofer, A.* (2005), S. 61.

[1156] Vgl. *Schulz, J.* (1980); *Walker, V.* (1997), S. 187-199; *Ewert, R./Wagenhofer, A.* (2005), S. 193-244.

[1157] Vgl. z. B. *Wöhe, G./Döring, U.* (2005), S. 99-102.

[1158] Vgl. *Schindel, V.* (1978).

[1159] Vgl. Winter, P., *et al.* (2006a). Siehe auch Abschnitt 5.6.3.

[1160] Vgl. *Kremers, M.* (2002), S. 75-76 und S. 289; *Korycíorz, S.* (2004), S. 177-181. Siehe auch Abschnitt 5.6.2.

zur Leistungsbeurteilung von Verantwortungsbereichen im Rahmen der Verhaltenssteuerung zum Einsatz.[1161] Insgesamt kommt der risikoorientierten Vorteilhaftigkeits- und Leistungsbeurteilung eine wichtige Informationsversorgungsrolle für eine wertorientierte Unternehmensführung sowohl für Entscheidungsunterstützungs- als auch Koordinations-, Anreiz- und Kontrollzwecke zu. Schließlich hat die Risikorechnung in Zusammenarbeit mit anderen nachrechnungsorientierten Rechnungsteilsystemen Informationen über die Realisation von Risiken und deren Auswirkungen bereitzustellen.[1162]

Rechnungszweck/ Informationsbedarf	**Originäre Risikorechnungsinformationen**		**Anreicherungsinformationen**
Entscheidungs-unterstützung	Prognostizierte Risikolage	Prognostizierte Risikodeckungsmassen	Mit Rechnungswesen-informationen unterstützte Entscheidungen aller Art (z. B. Investitionen, Beschaffungs-, Produktions-, Absatzentscheidungen), Risikoadjustierte Vorteilhaftigkeitsbeurteilung, Finanzierungs- und Kapitalstrukturentscheidungen
Verhaltens-steuerung	Soll- und Ist-Risikolage, Risikolimits/-budgets bzw. Risikokapitalallokation Überwachung der Limiteinhaltung	Soll- und Ist-Risikodeckungsmassen	Risikoadjustierte Leistungsbeurteilung
Rechenschafts-legung	realisierte Risiken		
	Ist-Risikolage	Ist-Risikodeckungsmassen	

Tabelle 20: Übersicht über Rechnungszwecke und generische originäre bzw. unterstützende Informationen der Risikorechnung

Tabelle 20 gibt einen Überblick über die oben identifizierten Rechnungszwecke der Risikorechnung. Da Informationen für unterschiedliche Zwecke bereitgestellt werden sollten, ist es u. U. erforderlich, mehrere jeweils rechnungszweckadäquate Teilrechnungen bereitzustellen.[1163]

5.5.4 Gestaltungsoptionen der Risikorechnung

Rechnungssysteme lassen sich anhand geeigneter Merkmale beschreiben und differenzieren. Ein konkretes Rechnungssystem wird durch die Kombination seiner Merkmalsausprägungen spezifiziert. Gestaltungsorientiert sind die durch Gestaltung beeinflussbaren Merkmale als

[1161] Vgl. *Kremers, M.* (2002), S. 289-291; *Schierenbeck, H./Lister, M.* (2002), S. 200-201; *Scherpereel, P.* (2006), S. 67-74.

[1162] Vgl. *Schwaiger, W. S. A.* (1998), S. 184; *Hoffjan, A.* (2006), S. 82.

[1163] Vgl. *Kosiol, E.* (1972), S. 137; *Schneider, D.* (1997a), S. 45.

Aktionsparameter bzw. Gestaltungsoptionen zu sehen.[1164] Merkmale stellen z. B. globale Eigenschaften wie Komplexität und Flexibilität, Charakteristika der generierten Informationen, Art der Informationsverwendung, verwendete Instrumente bzw. Methoden etc. dar, wobei einige dieser Merkmale nur zur Beschreibung aber nicht als Gestaltungsoptionen geeignet sind.[1165] Es ist von einer großen Anzahl potenziell relevanter Merkmale mit einer Vielzahl an möglichen Ausprägungen auszugehen, deren Kombinationsmöglichkeit die Menge an Gestaltungsoptionen bestimmt. Daher ist wiederum auf komplexitätsreduzierende Strukturierungsansätze zur Ableitung relevanter Merkmale zurückzugreifen. In Bezug auf die Kostenrechnung schlagen *Hoitsch* und *Schmitz* die gestaltungsbezogenen Merkmale Kostenbegriff, Zurechnungsprinzip, Bezugsobjektart, Kostengliederung und Rechnungsaufbau vor,[1166] die schon mehrfach als Gestaltungsvariablen für die Gestaltung branchenspezifischer Kostenrechnungssysteme bzw. -referenzmodelle genutzt wurden.[1167] Dabei wird auf der Grundlage des Einflusses auf die zulässige Interpretation der gewonnenen Informationen durch die Adressaten zwischen systemdifferenzierenden (Kostenbegriff, Zurechnungsprinzip) und systemneutralen Merkmalen (Bezugsobjektart, Kostengliederung, Rechnungsaufbau) unterschieden. Hierbei ist zu beachten, dass zwischen den Merkmalen interdependente Beziehungen bestehen. Andere Teilsysteme der internen Unternehmensrechnung, wie z. B. die Investitionsrechnung, werden in der Literatur weit weniger fundiert und systematisch im Lichte von Gestaltungsentscheidungen betrachtet.[1168] Dennoch wird der Strukturierungsansatz von *Hoitsch* und *Schmitz* der Betrachtung risikorechnungsbezogener Gestaltungsoptionen zugrunde gelegt. Es wird davon ausgegangen, dass diese fünf Merkmale ausreichend generisch zur Beschreibung der Unternehmensrechnungsgestaltungsoptionen im Allgemeinen sind. Dies wird im Folgenden exemplarisch belegt.

[1164] Vgl. *Goes, S.* (2003), S. 21; *Schmitz, H.* (2004), S. 70.

[1165] Vgl. *Schmitz, H.* (2004), S. 75-79.

[1166] Vgl. *Hoitsch, H.-J./Schmitz, H.* (1998), S. 179-181.

[1167] Vgl. *Goes, S.* (2003); *Dwornicki, T.* (2006). Eine ähnliche Strukturierung verwendet in Bezug auf Erlösrechnungssysteme auch *Schreckling, E.* (1998), S. 263.

[1168] Vgl. *Goes, S.* (2003), S. 29-30.

In Bezug auf die Risikorechnung schlägt *Hoffjan* in Anlehnung an das Merkmalsystem von *Kosiol*[1169] die sechs Hauptgestaltungsmerkmale Einordnung der Risikorechnung ins betriebliche Rechnungswesen, Aufbau des Rechnungssystems, zeitliche Dimension der Risikorechnung, Rechnungsgegenstand, informationsbezogener Umfang und Methodenverständnis sowie das Zusatzmerkmal Steuerungsaspekte vor, die jeweils in mehrere Teilmerkmale differenziert werden.[1170] Auch zwischen diesen Gestaltungsmerkmalen bestehen Interdependenzen, die bei der Wahl der einzelnen Merkmalsausprägungen berücksichtigt werden müssen. Diese Merkmale lassen sich bis auf die Einordnung in das Rechnungswesen und die Steuerungsaspekte größtenteils ohne Schwierigkeiten den oben beschriebenen Gestaltungsmerkmalen Kostenbegriff, Zurechnungsprinzip, Bezugsobjektart, Kostengliederung und Rechnungsaufbau zuordnen (siehe Abbildung 25).

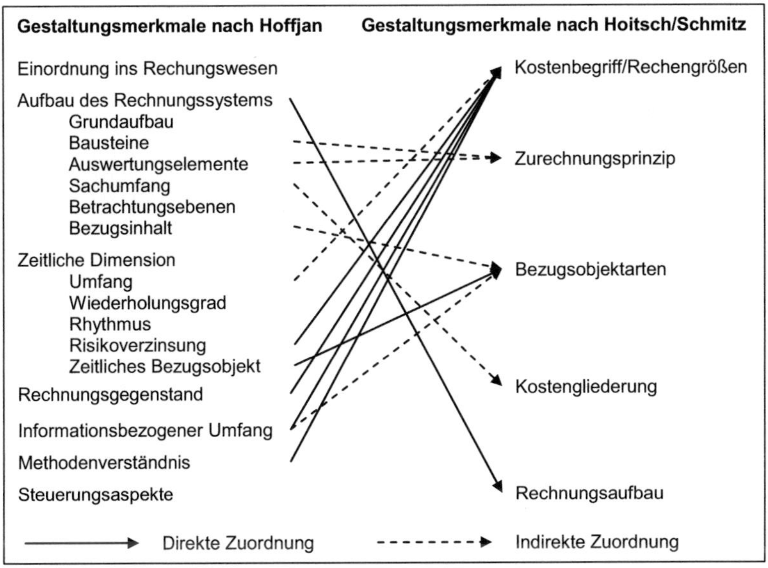

Abbildung 25: Zuordnung der Gestaltungsmerkmale nach Hoitsch/Schmitz und Hoffjan

Entsprechend werden die gestaltungsbezogenen Merkmale Risikokonzeption, Rechengrößen, Bezugsobjektart, Zurechnungsprinzip, Risikogliederung und Rechnungsaufbau zur Verwendung für eine gestaltungsorientierte Beschreibung von Risikorechnungen vorgeschlagen. Da die Risikorechnung als ergänzende Teilrechnung zur etablierten Unternehmensrechnung gesehen wird, ist zusätzlich die Betrachtung der Beziehung zu anderen Teilrechnungssystemen

[1169] Vgl. *Kosiol, E.* (1972).
[1170] Vgl. *Hoffjan, A.* (2006), S. 59-61.

erforderlich. Diese wird jedoch vor allem durch die Wahl der Rechengrößen, des Rechnungsaufbaus und der Bezugsobjektarten beeinflusst. Wird neben dem Rechnungszweck der Entscheidungsunterstützung auch die Verhaltenssteuerung betrachtet, sind zusätzlich Steuerungsaspekte bei den jeweiligen Merkmalen zu berücksichtigen.

Im Folgenden werden die einzelnen Gestaltungsmerkmale und deren möglichen Ausprägungen näher betrachtet sowie – soweit auf der gewählten Abstraktionsebene möglich – Aussagen über deren Eignung getroffen. Auf bestehende Interdependenzen zwischen Merkmalsausprägungen wird an geeigneter Stelle eingegangen.

5.5.4.1 Risikokonzeption und Rechengrößen

Grundfragen der **Risikokonzeption** wurden in Abschnitt 5.3.2 betrachtet.[1171] Für die Risikorechnung muss das zu verwendende Risikomaß bzw. Risikomaßsystem als Rechenziel festgelegt werden. Dadurch werden der notwendige Input an Vorinformationen und z. T. an Rechenmethoden sowie der resultierende Output an risikobezogenen Informationen determiniert.

Die Risikokonzeption im Kontext der Risikorechnung bezieht sich auf monetäre Größen der Unternehmensrechnung (Rechengrößen). **Rechengrößen** (Rechenelemente, Basisgrößen der Unternehmensrechnung) sind die Informationsbausteine der Unternehmensrechnung und somit Gegenstand und Ergebnis der Unternehmensrechnung.[1172] In der Unternehmensrechnung werden für die unterschiedlichen Wissenswünsche verschiedene Rechengrößen verwendet, da der ökonomische Begriffsinhalt der verwendeten Rechengrößen fundamental für die Befriedigung von Wissenswünschen ist. Die Rechnungszwecke der Risikorechnung wurden in Abschnitt 5.5.3 erörtert. Diese beziehen sich auf die Abbildungsgegenstände der Unternehmensrechnung, insbesondere geld- und güterwirtschaftliche Unternehmensvorgänge, wobei Strom- und Bestandsgrößen unterschieden werden. Bezogen auf die Liquidität werden Zahlungsströme und -bestände (Ein-/Auszahlungen, Einnahmen/Ausgaben), bezogen auf den Erfolg einer Teilperiode Aufwendungen und Erträge bzw. Kosten und Erlöse sowie bezogen auf das Erfolgspotenzial bzw. den Totalerfolg der Unternehmenswert bzw. abgezinste Zahlungsströme erfasst.[1173] Werden die Rechengrößen bzgl. unterschiedlicher Perioden bzw. Zeiträume (zeitliche Bezugsobjekte) erhoben, ergibt sich für bestimmte Fragestellungen die Notwendigkeit, die Rechengrößen hinsichtlich eines Zeitpunkts vergleichbar zumachen, d. h. es sind Diskontierungsaspekte zu klären. Neben dem Bezug zu Entscheidungstatbeständen sind aus

[1171] Siehe auch Abschnitt 3.2.1.1.
[1172] Vgl. *Lehmann, M./Moog, H.* (1996), S. 213-216; *Schmitz, H.* (2004), S. 185.
[1173] Vgl. *Weber, H. K.* (2002); *Hoitsch, H.-J./Lingnau, V.* (2004), S. 5-27.

der Messperspektive die Reliabilität und Validität, aus praktischer Perspektive die Erhebbarkeit und die Verständlichkeit, aus der Effizienzperspektive die Erhebungswirtschaftlichkeit und aus der Verhaltenssteuerungsperspektive Aspekte wie die Manipulationsfreiheit bei der Konzeption der Rechengrößen zu beachten. Die Risikomaße im Rahmen der Unternehmensrechnung werden grundlegend für Verteilungen der Rechengrößen ermittelt.

Für die originär aus der Risikorechnung zu befriedigenden Wissenswünsche sind alle genannten Rechengrößen relevant, da alle einen Bezug zur Risikotragfähigkeit des Unternehmens aufweisen und diese aus unterschiedlichen Perspektiven beleuchten. Die Risikotragfähigkeit wird durch die Gefahr der Zahlungsunfähigkeit und der Überschuldung konkretisiert, die beide zum Untergang des Unternehmens mit entsprechenden Konsequenzen für die Zahlungen an die Anspruchsberechtigten führen.[1174] Mögliche auf die jeweiligen Rechengrößen bezogene Risikomaße sind die unterschiedlichen „at Risk" (XaR)-Kennzahlen, also Cash-Flow-at-Risk (Zahlungen, Liquidität), Earning-at-Risks (Erfolg, Überschuldung), Value-at-Risk (Reinvermögen, Überschuldung)[1175] und Discounted-Risk-Value (DRV, Unternehmenswert)[1176] bzw. die jeweils korrespondierenden „Conditional at Risk" (CXaR)- oder Expected Shortfall (EXS)-Maße. Auch bzgl. der Risikomaße sind im Rahmen der Risikorechnung zeitliche Aspekte zu berücksichtigen, falls eine temporale Aggregation erfolgt. So wird z. B. vorgeschlagen, XaR unterschiedlicher Zeitpunkte bzw. Zeiträume für eine mehrperiodige Betrachtung mithilfe geeigneter Zinssätze, wie z. B. dem Weighted Average Cost of Capital (WACC) abzuzinsen und somit auf einen gemeinsamen Betrachtungszeitpunkt zu normieren.[1177] Alternativ sind die Risikomaße auf zeitlich aggregierte Rechengrößen (z. B. Barwert, Endwert) zu beziehen. Zu beachten ist dabei allerdings, dass Auf- und Abzinsungen mit dem risikolosen Zinssatz erfolgen müssen, da durch die Anwendung eines risikoadjustierten Zinssatzes unsichere Rechengrößen in Sicherheitsäquivalente und somit einwertige Größen transformiert werden.[1178]

Gemäß der Verwendung für Entscheidungsunterstützungs-, Verhaltenssteuerungs- und Rechenschaftslegungszwecke sind die Risikomaße als Ist-, Soll- und Prognosewerte auszuweisen sowie um Informationen über tatsächliche, einwertige Rechengrößen-Realisationen zu ergänzen. Die Definition der Risikomaße auf vorhandene Rechengrößen erleichtert die Er-

[1174] Vgl. *Kremers, M.* (2002), S. 244-246.
[1175] Zu XaR-Maßen vgl. z. B. *Hoitsch, H.-J./Winter, P.* (2004b) und *Winter, P.* (2004) m. w. N.
[1176] Vgl. *Schmidbauer, R.* (2000), S. 162; *Burger, A./Buchhart, A.* (2002a), S. 235-242; *Homburg, C./Stephan, J.* (2004), S. 318-319.
[1177] Vgl. *Homburg, C./Stephan, J.* (2004), S. 318.
[1178] Vgl. *Brealey, R. A./Myers, S. C.* (2000), S. 275; *Vose, D.* (2000), S. 403-404.

mittlung der Risikomaße, ermöglicht die Anbindung an andere Rechensysteme der Unternehmensrechnung und erhöht die Akzeptanz bei den Anwendern. Ebenfalls relevant als Rechengrößen der Risikorechnung sind die unterschiedlichen Risikodeckungsmassen in Form von Bestandsgrößen an Liquidität und Risikokapital. Für die Anreicherungsinformationen sind jene Risikomaße relevant, die sich auf die für die jeweiligen Zwecksetzungen der Unternehmensrechnung verwendeten Rechengrößen beziehen, sodass eine weitgehende Übereinstimmung mit den originären Informationen besteht.

In der betriebswirtschaftlichen Literatur wird eine Vielzahl an Risikomaßen nebst grafischer Darstellung mit unterschiedlichen Input- und Outputmerkmalen zur Verwendung für das Risikomanagement bzw. -controlling diskutiert.[1179] Für die Risikorechnung wird aber die Verwendung risikomesstheoretisch fundierter Risikomaße favorisiert. Aus theoretischer Perspektive sind somit Risikomaße zu wählen, welche die Anforderungen der relevanten Axiomensysteme erfüllen. Aufgrund der in dieser Arbeit unterstellten, originär aus der Risikorechnung zu befriedigenden Wissenswünsche, wird die Verwendung von risikodeckungsmassenorientierten Risikomaßen wie CVaR, CCFaR oder CEaR (allgemein CXaR) im Falle stetiger Rechengrößenverteilungen bzw. ES (bzgl. Zahlungs-, Erfolgs- und Vermögensgrößen: ECFS, EES, EVS bzw. EXS) im Allgemeinen empfohlen. Der Einsatz dieser Risikomaße in der Risikorechnung erfordert die Spezifikation geeigneter Parameterausprägungen (Konfidenzniveau, Zeithorizont) sowie der Ermittlungsmethoden. Während die Wahl des Konfidenzniveaus von der Risikoeinstellung der Unternehmensleitung bzw. der Stakeholder und/oder des angestrebten Unternehmensratings abhängig ist, wird der Zeithorizont von den verwendeten Rechengrößen und den Vorgaben der allgemeinen Unternehmensplanung beeinflusst.

Neben risikomesstheoretischen Aspekten müssen auch Rechnungswesenaspekte und praktische Anforderungen beachtet werden. Wenn diese sich widersprechen, müssen die einzelnen Anforderungen gegeneinander abgewogen werden. Diese Anforderungen lassen sich wie folgt formulieren: Die Risikorechnung sollte Risiken aller Art abbilden und die Gesamtrisikolage des Unternehmens ermitteln können. Für die Informationsversorgung erscheint es aufgrund der begrenzten kognitiven Kapazität der Rechnungsadressaten aus Gründen der Transparenzerhöhung und Komplexitätsreduktion sinnvoll, das Risiko in Form eines einzigen, vergleichbaren, quantitativen Ausdrucks zu messen.[1180] Zu beachten ist hierbei aber, dass durch die Informationskomprimierung eventuell relevante Informationen verloren gehen, was bei der

---

[1179] Diese sollen hier nicht näher betrachtet werden. Vgl. z. B. *Burger, A./Buchhart, A.* (2002a), S. 101-174.

[1180] Vgl. *Braun, H.* (1984), S. 240.

Konstruktion der Risikomaßzahl berücksichtigt werden sollte. U. U. ist auch die simultane Verwendung mehrerer Kennzahlen sinnvoll.[1181] Eine grundlegende Anforderung an ein Risikomaß stellt seine Relevanz für die Wissenswünsche der Adressaten dar, d. h. für die benötigten originären Informationen und Anreicherungsinformationen der Risikorechnung. Dies erfordert, dass Risikomaße für möglichst viele Betrachtungsobjekte ermittelbar und auszuweisen sind. Dabei sollte das Risikomaß für die Adressaten leicht nachvollziehbar und gut interpretierbar sein. Die Verwendung einheitlicher Risikomaße und Methoden zu deren Generierung kommt diesen Forderungen entgegen. Soll die Risikorechnung auch als Grundlage der externen Risikoberichterstattung dienen, stellt die Erfüllung rechtlicher Anforderungen ebenfalls eine wichtige Eigenschaft dar. Bei Nicht-Finanzunternehmen muss daher ein Bezug zur Existenzgefährdung, d. h. zu bedrohlichen Vermögens-, Finanz- und Ertragslagen bestehen. Schließlich sollte die Risikomessung unter realen Bedingungen, also in der Unternehmenspraxis, durchführbar sein.[1182]

Anforderungen	XaR	CXaR bzw. EXS
Axiomatische Anforderungen	im Allgemeinen nicht kohärent	kohärent
Bezug zu Wissenswünschen	Einsetzbar für Entscheidungsunterstützung, Verhaltenssteuerung und Rechenschaftslegung, direkter Bezug zu Risikodeckungsmassen u. U. Fehlsteuerungsanreize (mangelnde Subadditivität)	Einsetzbar für Entscheidungsunterstützung, Verhaltenssteuerung und Rechenschaftslegung
Reliabilität, Validität und Objektivität	Abhängig von Eingangsdaten, personalen Wahrscheinlichkeiten Schätzungen sind subjektiv und kontextabhängig, daher wenig reliabel und leicht manipulierbar, Validität hängt von der Gültigkeit/Akzeptanz der Risikokonzeptualisierung ab, Gefahr der Scheingenauigkeit	
Ermittelbarkeit für unterschiedliche Betrachtungsobjekte und Aggregierbarkeit	Grundsätzlich ja Aggregation muss stochastische Abhängigkeiten berücksichtigen Analytische Aggregation u. U. nicht möglich, sodass Neuberechnungen auf unterschiedlichen Aggregationsebenen erforderlich sind	
Nachvollziehbarkeit, Interpretierbarkeit und Akzeptanz	Weitgehend erfüllt, entspricht intuitivem Risikobegriff (Verlustgefahr), praktisch erprobt im Finanzbereich, hohe Akzeptanz und gute Kommunizierbarkeit wird konstatiert	Weniger intuitiv und schwerer interpretierbar, daher Akzeptanzprobleme zu erwarten
Einheitlichkeit, Anwendbarkeit auf Risiken aller Art	Grundsätzlich ja, abhängig von Datenverfügbarkeit (Verteilungen und stochastische Abhängigkeiten)	
Erfüllung rechtlicher Anforderungen	Standardrisikomaß der Bankenregulierung, erfüllt Anforderungen des KonTraG	KonTraG-Anforderungen erfüllt
Praktische Ermittelbarkeit	Stark abhängig von der Verfügbarkeit von Wahrscheinlichkeitsverteilungen und stochastischer Abhängigkeiten, hoher Ermittlungsaufwand zu erwarten	

Tabelle 21: Überblick über Anforderungen an ein Risikomaß und deren Erfüllung durch at Risk (XaR) und Conditional at Risk (CXaR) bzw. Expect Shortfall (EXS)-Maße

[1181] Vgl. *Kimmig, J. M.* (2001), S. 98-99.

[1182] Vgl. auch *Kremers, M.* (2002), S. 117-118 sowie *Hoitsch, H.-J./Winter, P.* (2004b), S. 243 in Bezug auf den CFaR und *Scherpereel, P.* (2006), S. 55-58 in Bezug auf den VaR bzw. S. 64-66 in Bezug auf den ES.

Tabelle 21 fasst die Anforderungen an Risikomaße[1183] sowie die Erfüllung dieser Anforderungen durch ausgewählte Risikomaße zusammen.

5.5.4.2 Bezugsobjektarten

Bezugsobjekte sind allgemein formuliert Betrachtungsobjekte, denen Rechengrößen zugerechnet werden. Dieses sind i. d. R. interessierende Teilbereiche des Unternehmens bzw. der Unternehmensabläufe (einzelner Sachverhalt oder Handlung bzw. Tatbestände, Vorgänge und Maßnahmen), auf die sich spezifische Wissenswünsche der Rechnungsadressaten richten. Dabei können z. B. sachlich und zeitlich abgegrenzte, reale Dispositions-, Kalkulations- oder Untersuchungsobjekte bzw. Klassifikations-, Beobachtungs-, Entscheidungs- und Planungsobjekte spezifiziert werden.[1184] Die Wissenswünsche aus den Bereichen der Entscheidungsunterstützung, Verhaltenssteuerung und Rechenschaftslegung erfordern dabei mitunter eine recht große Anzahl an Bezugsobjekten, die sich zudem je nach Rechnungszweck unterscheiden können. Die Wissenswünsche können sich je nach Rechnungszweck wie Prognose oder Kontrolle auf das Gesamtunternehmen, organisatorische Einheiten bzw. Verantwortungsbereiche, Leistungen, Prozesse, Ressourcen, Marktpartner, Perioden, Projekte u. v. m. beziehen.[1185] Diese Dimensionen bzw. Merkmale dienen auch der Strukturierung bzw. Klassifikation der Rechengrößen. Die Unternehmensrechnungsinformationen ergeben sich aus der Verknüpfung von Rechengrößen und Bezugsobjekten.[1186] Die Zurechnung der Rechengrößen erfolgt nach der Maßgabe der verwendeten Zurechnungsprinzipien.[1187]

Zwischen den Bezugsobjekten können intradimensionale und interdimensionale Beziehungen bestehen. I. d. R. werden hierarchische Beziehungen zusammengehöriger Bezugsobjekte in Form von Bezugsobjekthierarchien betrachtet. Nach *Riebel* werden die sechs Hierarchiearten Entscheidungshierarchien (Verknüpfung zusammengehöriger Entscheidungsobjekte, abgeleitet aus Entscheidungsketten), Merkmalshierarchien (Leistungen, Ressourcen, Marktpartner, Regionen, Verantwortungsbereiche), Periodenhierarchien (abgeleitet aus zeitlichen Beziehungen), Aggregations-/Verdichtungshierarchien (bottom-up Zurechnung), Zurechnungshierarchien (Bildung nach den Erfordernissen der Zurechnungsprinzipien) und Abdeckungshierarchien (Zuordnung von Vorgaben übergeordneter Bezugsobjekte auf untergeordnete Bezugsobjekte, Aufspaltung globaler Zielvorgaben) unterschieden. Die Verdichtung der zugerechne-

[1183] Zu den Anforderungen an Steuerungskennzahlen vgl. auch *Bielefeld, F./Maifarth, M.* (2005), S. 148-149.
[1184] Vgl. *Riebel, P.* (1994), S. 445 bzw. S. 759 sowie *Goes, S.* (2003), S. 241-243; *Schmitz, H.* (2004), S. 171.
[1185] Vgl. *Schmitz, H./Blattmann, A.* (2001), S. 14; *Goes, S.* (2003), S. 241-242; *Schmitz, H.* (2004), S. 174-176; *Dwornicki, T.* (2006), S. 163.
[1186] Vgl. *Schmitz, H.* (2004), S. 173.
[1187] Vgl. *Riebel, P.* (1994), S. 759.

ten Rechengrößen erfolgt dabei entweder im Rahmen natürlich bzw. organisatorisch vorgegebener oder problemspezifischer Hierarchien.[1188] Die Befriedigung von Wissenswünschen erfordert u. U. die dimensionsübergreifende Kombination von Bezugsobjektmerkmalen.

Auch hinsichtlich des Risikos ist eine möglichst flexible Aggregation bzw. Zurechnung für Auswertungszwecke nach unterschiedlichen Dimensionen zur Befriedigung bestehender Wissenswünsche erforderlich.[1189] Als Aggregationsdimensionen werden in der Risikomanagement- und Risikocontrolling-Literatur i. d. R. Risikoarten und Unternehmens- bzw. Verantwortungsbereiche sowie z. T. auch Perioden betrachtet.[1190] Im Kontext der Risikorechnung soll bzgl. der Bezugsobjektarten zunächst nach den originären Informationen und den Anreicherungsinformationen unterschieden werden. Im Falle der Anreicherungsinformationen liegt die Verwendung der Bezugsobjektarten nahe, die in den anderen Teilrechnungssystemen Verwendung finden. Die Risikoaggregation erfolgt in diesem Falle nach Maßgabe der Aggregation von Finanzinformationen.[1191] Entscheidungsunterstützungsbezogen sind hinsichtlich der Leistungserstellung und -verwertung die Leistungen, die Ressourcen, die Marktpartner und die Prozesse des Unternehmens als die zentralen Bezugsobjektarten zu sehen. Für die Verhaltenssteuerung und Rechenschaftslegung nehmen Verantwortungsbereiche als Bezugsobjekte eine herausragende Rolle ein. Allgemeine beschreibungs- und strukturierungsbezogene Bezugsobjektarten sind Zeitpunkte/-räume sowie geografische Bereiche.[1192] Es ist jedoch zu prüfen, ob hinsichtlich dieser Bezugsobjektarten eine sinnvolle Zurechnung bzw. ein aussagekräftiger Ausweis von Risikomaßen möglich ist. Bei der Zurechnung von Risiken auf Bezugsobjekte und deren anschließende Zusammenfassung oder Aufspaltung sind Risikointerdependenzen zu beachten, welche die Aggregation und Disaggregation erheblich erschweren können. Der subadditive Charakter von Risikomaßen lässt eine spezifische risikobezogene Aggregations-/Verdichtungs- bzw. Zurechnungshierarchie sinnvoll erscheinen.[1193] *Hoffjan* schlägt vor, dass sich diese an den Merkmalen der Risikobeziehungen zwischen den einzelnen Risiken oder Risikogruppen orientieren soll. Zunächst sind die Risiken bzw. Risikoarten daraufhin zu untersuchen, welche Korrelationseffekte (allgemeiner: stochastische Abhängigkeiten) zwischen diesen bestehen. Risiken zwischen denen starke Abhängigkeiten bestehen und die gleichzeitig kaum Beziehungen zu anderen Risiken aufweisen, sollen zunächst zu Risiko-

[1188] Vgl. *Riebel, P.* (1994), S. 759 und S. 468-469; *Schmitz, H.* (2004), S. 176-182.

[1189] Vgl. *Hoitsch, H.-J./Winter, P.* (2004b), S. 239; *Metzler, L. v.* (2004), S. 55.

[1190] Vgl. z. B. *Gebhardt, G./Mansch, H.* (2001), S. 38-55; *Schierenbeck, H.* (2001), S. 9; *Kremers, M.* (2002), S. 52-55; *Schierenbeck, H./Lister, M.* (2002), S. 366; *Diederichs, M.* (2004), S. 140; *Metzler, L. v.* (2004), S. 55 und S. 138-145.

[1191] Vgl. *Metzler, L. v.* (2004), S. 46-60.

[1192] Vgl. *Schmitz, H./Blattmann, A.* (2001), S. 14; *Goes, S.* (2003), S. 241-242; *Schmitz, H.* (2004), S. 174-176.

[1193] Vgl. *Hoffjan, A.* (2006), S. 193-195.

gruppen zusammengefasst und unter Berücksichtigung der Binnenkorrelationen und Vernachlässigung der Außenkorrelationen aggregiert werden. Für die gebildeten Risikogruppen der ersten Stufe sind dann die stochastischen Abhängigkeiten bzgl. der anderen Risikogruppen zu ermitteln und die Aggregation in gleicher Weise für die weiteren Stufen durchzuführen.[1194]

Die originären Informationen der Risikorechnung (Risikogehalt, Risikodeckungsmassen) erfordern die Zurechnung des Risikos auf Verantwortungsbereiche. Auf jeden Fall ist das Gesamtunternehmen als Träger des Gesamtrisikos und Besitzer der Gesamtrisikodeckungsmassen auszuweisen. Bei Entscheidungsdelegation sind entsprechend auch die Risikopotenziale und Risikodeckungspotenziale der Verantwortungsbereiche auszuweisen. Zudem ist es sinnvoll, zumindest für einen Teil der Entscheidungstatbestände Risikomaße zu ermitteln. Von besonderer Bedeutung dürften hierbei Investitionsvorhaben[1195] bzw. größere Projekte wie Outsourcing-Entscheidungen sein, die eine hohe Bedeutung und eine große Unsicherheit aufweisen. Die Aufgabe der Risiko- und Risikodeckungsmassenzurechnung ähnelt dabei der Gemeinkostenverteilungsproblematik.[1196]

An dieser Stelle ist auch auf die Implikationen der Verwendung mehrerer zeitlicher Bezugsobjekte, d. h. mehrerer Betrachtungsperioden, und die zeitliche Aggregation hinzuweisen. Da Risikodeckungsmassen i. d. R. Bestandsgrößen darstellen, erfordert die Zurechnung von Risikodeckungsmassen zu Verantwortungsbereichen für verschiedene Zeithorizonte deren Aufteilung auf die einzelnen Perioden bzw. Zeitpunkte. So erscheint es plausibel, dass bei einem Betrachtungshorizont von einem Monat die maximal zu verteilenden Risikodeckungsmassen geringer sind, als bei einem Betrachtungshorizont von einem Jahr. Es ist also eine temporale Disaggregation der Risikodeckungsmassen sowie eine Regelung bzgl. der intratemporal auftretenden Änderungen, z. B. durch schlagend gewordene Risiken, notwendig.[1197] Auch hinsichtlich des Risikos sind die Auswirkungen des Zeithorizonts auf die Wahrscheinlichkeitsverteilungen der betrachteten Rechnungsgrößen bzw. der diesen zugrunde liegenden Risikofaktoren zu beachten. I. d. R. wird es vernünftig sein, davon auszugehen, dass die Bandbreite möglicher Realisationen mit der Länge des Betrachtungshorizontes zunimmt. Zusätzlich zu „sachlichen“ Risikointerdependenzen sind auch intertemporale Interdependenzen zu beachten, wenn zu erwarten ist, dass Realisationen im Zeitablauf nicht unabhängig voneinander sind,

---

[1194] Vgl. *Hoffjan, A.* (2006), S. 196-198. Diese stufenweise Berücksichtigung von Abhängigkeiten erinnert an die Näherungsverfahren zur Berücksichtigung von Interdependenzen bei der innerbetrieblichen Leistungsverrechnung im Rahmen der Kostenrechnung. Vgl. hierzu z. B. *Hoitsch, H.-J./Lingnau, V.* (2004), S. 177.

[1195] Vgl. hierzu *Kremers, M.* (2002).

[1196] Vgl. *Homburg, C./Scherpereel, P.* (2005).

[1197] Vgl. *Scherpereel, P.* (2006), S. 94-95.

sondern „Pfade" bilden.[1198] U. U. kann zur Beschreibung der Entwicklung der Wahrscheinlichkeitsverteilungen im Zeitablauf auf bekannte stochastische Prozesse, wie z. B. Random Walk bei Finanzmarktpreisen, zurückgegriffen werden.[1199]

5.5.4.3 Zurechnungsprinzipien

Die verwendeten Zurechnungsprinzipien bestimmen, welche Rechengrößen bzw. welche Rechenteilgrößen bestimmten Bezugsobjekten zugeordnet werden,[1200] und somit, welchen Informationsgehalt bzw. Entscheidungs-, Verhaltenssteuerungs- und Rechenschaftslegungsbezug die zugerechneten Größen haben. Eine grundlegende Zuordnung von Zahlenwerten zu auf empirischen Sachverhalten beruhenden Konstrukten stellt die Messung dar. Zurechnungsprobleme treten insbesondere auf, wenn die für ein Betrachtungsobjekt erhobenen Werte (Messwerte) auf andere Betrachtungsobjekte übertragen werden sollen (Verdichtungsproblematik), oder wenn die Messwerte von Faktoren beeinflusst werden, die auch andere Messobjekte betreffen (Verbundproblematik). Dabei stehen Zurechnungsfragen in enger Beziehung zur geeigneten Abgrenzung von Bezugsobjekten.[1201] Die Zurechnung im Sinne einer Verknüpfung von Rechengrößen mit Bezugsobjekten ist der Gegenstand von Messtheorien der Unternehmensrechnung.[1202] Unterschiedliche Wissenswünsche erfordern u. U. unterschiedliche Zurechnungsprinzipien. Während bei der Entscheidungsunterstützung primär die direkte Zuordenbarkeit der Wirkungen von Entscheidungen im Vordergrund steht, spielen bei der Verhaltenssteuerung andere Kriterien wie z. B. Motivation/Anreize, Fairness[1203], Verantwortlichkeit, Risikoteilung etc. eine große Rolle.[1204] Bei der Rechenschaftslegung wiederum sind Manipulationsfreiheit und Objektivität bzw. intersubjektive Nachprüfbarkeit von elementarer Bedeutung.

Die Zurechnung ist weitgehend problemlos, wenn sie auf inhaltlich-sachlicher Grundlage erfolgt und die Rechengrößen als Merkmale der betrachteten Bezugsobjekte angesehen werden können. Eine direkte Zurechnung von Rechengrößen ist im Falle von Zahlungen bei Markttransaktionen auf der Basis von Beobachtungen möglich, wobei die Ein- und Auszahlungen dem Merkmal „Preis" eines Bezugsobjektes entsprechen. Wenn kein Bezug zu Markttransaktionen besteht und kalkulatorische Rechengrößen verwendet werden, sind für die Bestimmung

[1198] Vgl. *Gebhardt, G./Mansch, H.* (2001), S. 54-55; *Metzler, L. v.* (2004), S. 144-145.
[1199] Vgl. *Hager, P.* (2004), S. 87-102.
[1200] Vgl. *Hoitsch, H.-J./Lingnau, V.* (2004), S. 414, zu Kostenzurechnungsprinzipien.
[1201] Vgl. *Schmitz, H.* (2004), S. 43-44.
[1202] Vgl. *Schmitz, H.* (2004), S. 194.
[1203] Vgl. *Scherpereel, P.* (2006), S. 142.
[1204] In Bezug auf die Mess-, Entscheidungs- und Verhaltensperspektive der Kostenrechnung vgl. z. B. *Weber, J.* (2005), S. 78-107.

des Zurechnungsprinzips inhaltliche Abhängigkeiten und erwartete Verhaltenswirkungen zu untersuchen. Verbundbeziehungen zwischen den gewählten Bezugsobjekten – z. B. in Form von Verbundenheiten innerhalb und zwischen Beschaffungs-, Produktions- und Absatzbereich (Prozessverbunde), Verbundbeziehungen innerhalb der Potenzialfaktoren (Ressourcenverbunde) sowie in Bezug auf erstellte Leistungen (Prozess-Ressourcen-Verbunde) – erschweren die Zurechnung auf inhaltlicher Basis. Gegenstand von Zurechnungsprinzipien ist insbesondere die Zuordnung von Rechengrößen, die für eine Gesamtheit von Bezugsobjekten anfallen bzw. für diese gemessen werden können, auf die einzelnen Elemente dieser Menge.[1205] Eine eindeutige und allgemeingültige Zurechnung von Rechenteilgrößen ist in diesem Falle meist nicht ableitbar.

Im Rahmen der Risikorechnung sind neben den angesprochenen Verbundenheiten insbesondere **Risikoverbunde** zu berücksichtigen, die aufgrund bestehender stochastischer Abhängigkeiten entstehen. Bei der Aggregation bzw. Disaggregation ist zu beachten, dass wegen der Subadditivitätseigenschaft bzw. der Diversifikationseffekte die Summe der den einzelnen Bezugsobjekten zugewiesenen Risiken i. d. R. größer ist, als das dem Bezugsobjekt höherer Ordnung zuzuweisende Risiko.[1206] Die Aggregation innerhalb der Risikorechnung kann daher nur in Ausnahmefällen durch lineare Transformationen erfolgen und erfordert im Vergleich zu anderen Unternehmensrechnungssystemen aufwändigere rechentechnische Verfahren. Hieraus folgt, dass ein enger Zusammenhang zwischen der Zurechnung und der Ebene der Risikomessung besteht. Bei einer reinen **Top-down**-Vorgehensweise wird das Risiko zunächst auf der obersten Hierarchieebene der jeweiligen Bezugsgrößenhierarchie, d. h. auf Unternehmensebene, gemessen. Eine Zurechnung erfolgt dann in Form einer Aufschlüsselung bzw. Verteilung des Gesamtrisikos auf untergeordnete Bezugsobjekte. Dabei kann zum einen das Gesamtrisiko, das alle Diversifikationseffekte enthält, aufgespaltet werden, sodass die Summe des verteilten Risikos gerade der Summe des Gesamtrisikos entspricht. Würde dabei dem Verursachungsprinzip entsprochen, wäre jedem Bezugsobjekt gerade sein Beitrag zum Gesamtrisiko (Komponenten- bzw. inkrementelles Risiko)[1207] zuzuordnen. Dieser ist jedoch u. U. nicht ohne weiteres eindeutig zu bestimmen.[1208] Zum anderen kann eine Anpassung des zugeteilten Gesamtrisikos dergestalt erfolgen, dass das Einzelrisiko (Stand-alone-Risiko) der Betrachtungsobjekte ausgewiesen wird, was i. d. R. durch eine Herausrechnung der Diversifi-

1205 Vgl. *Schmitz, H.* (2004), S. 194-200.

1206 Vgl. *Korycior̈z, S.* (2004), S. 185-189; *Scherpereel, P.* (2006), S. 89-90.

1207 Zum Komponentenrisiko, inkrementellen Risiko und marginalen Risiko im Rahmen des VaR-Konzeptes der Risikomessung vgl. z. B. *Dowd, K.* (1998), S. 48; *Diggelmann, P. B.* (1999), S. 184; *Hallerbach, W.* (1999); *Bielefeld, F./Maifarth, M.* (2005), S. 160.

1208 Siehe Abschnitt 5.5.4.4.

kationseffekte zu einer Erhöhung des ausgewiesenen Risikos führt. Bei einer reinen **Bottom-up**-Vorgehensweise wird zunächst den Bezugsobjekten auf den jeweils niedrigsten Hierarchiestufen ihr Einzelrisiko zugewiesen. Die Zurechnung auf Bezugsobjekte höherer Ebenen erfolgt dann unter Beachtung von Diversifikationseffekten (stochastische Abhängigkeiten). Die Top-down- und Bottom-up-Vorgehensweisen lassen sich auch kombinieren, sodass sowohl das Einzelrisiko als auch das Komponenten- bzw. inkrementelle Risiko ausgewiesen werden. Die beiden grundsätzlichen Vorgehensweisen unterscheiden sich u. U. im Detaillierungsgrad und der Anzahl der berücksichtigten Risikofaktoren. Wie im Abschnitt 5.3.2.3 ausgeführt, erscheint die Generierung verlässlicher Wahrscheinlichkeitsverteilungen als Grundlage der Risikomessung für weniger komplexe Betrachtungsobjekte, d. h. für Bezugsobjekte niedriger Ebenen, weniger problematisch, als für komplexe Betrachtungsobjekte, d. h. für Bezugsobjekte hoher Ebenen. Das Problem der Erfassung und rechentechnischen Verarbeitung stochastischer Abhängigkeiten tritt jedoch sowohl für Aggregations- als auch für Disaggregationstransformationen auf.

Neben diesen Risikoverbundeffekten existieren so genannte **Verbundrisiken**, d. h. Risiken, die aufgrund inhaltlicher Beziehungen zweifelsfrei eigentlich nur der Unternehmensebene zugerechnet werden können. Ein Beispiel hierfür ist z. B. das allgemeine Unternehmerwagnis.[1209] Zurechnungs- bzw. Abgrenzungsprobleme treten auch bei der Existenz komplexer Wirkungszusammenhänge zwischen einzelnen Risikofaktoren oder Risikogesamtheiten (**Risikowirkungsprozesse**) auf.[1210]

Die Zurechnungsproblematik aufgrund von Risikoverbundeffekten wird in der Literatur vor allem im Zusammenhang mit der Allokation von Risikodeckungsmassen (Risikokapital) diskutiert. Dies geschieht insbesondere im Kontext der Verhaltenssteuerung (Leistungsbeurteilung). Ausgehend von der Risikotragfähigkeit und der Risikoeinstellung des Unternehmens werden einzelnen Verantwortungsbereichen Risikolimits bzw. Soll- oder Maximal-Risikolagen vorgegeben sowie eine Leistungsbeurteilung anhand der in Anspruch genommenen Deckungsmassen und der erwirtschafteten Überschüsse (risikoadjustierte Performancemessung) vorgenommen. Der Risikodeckungsmassenallokation kommt dabei eine wichtige Rolle bei der Koordination innerhalb dezentraler Organisationen zu, da für die dezentral getroffenen Entscheidungen sichergestellt werden soll, dass zum einen nicht die Risikotragfähigkeit des Gesamtunternehmens überschritten und somit der Unternehmensfortbestand ge-

[1209] Vgl. *Hoffjan, A.* (2006), S. 126.
[1210] Vgl. *Schuy, A.* (1989) und *Hoffjan, A.* (2006), S. 203-204.

fährdet wird, und dass zum anderen eine möglichst optimale Nutzung der knappen Ressource Risikodeckungsmasse erfolgt.[1211] In der Finanzbranche hat die Risikokapitalallokation als Steuerungs- und Performance Measurement-Instrument auch eine empirisch nachweisbare, hohe praktische Bedeutung.[1212] Aus der Verhaltenssteuerungsperspektive sind grundlegend folgende Anforderungen an den Verteilungsalgorithmus bzw. das Zurechnungsprinzip zu stellen:

- Fairness: Der Verteilungsmechanismus sollte von den Betroffenen (d. h. den Leitern der Verantwortungsbereiche) als fair empfunden und somit akzeptiert werden.
- Ziel-/Anreizkompatibilität: Der Verteilungsmechanismus soll ein möglichst gesamtunternehmenszielkonformes Verhalten bei den Verantwortlichen induzieren.

Konkrete Anforderungen werden formal in Form von risiko- und spieltheoretisch fundierten Axiomensystemen dargestellt. Dabei werden i. d. R. die vollständige Verteilung der Risikodeckungsmassen, die Beschränkung der zugewiesenen Risikodeckungsmassen auf maximal die Höhe des Einzelrisikos des Bezugsobjektes (was also die Zurechnung der Diversifikationseffekte auf die untergeordneten Verantwortungsbereiche impliziert), die Gleichbehandlung von Bezugsobjekten mit identischem Risikogehalt (d. h. die Allokation ist allein vom Risikogehalt abhängig) sowie die risikolose Allokation (d. h. einem sicheren Verlust ist eine Risikodeckungsmasse in gleicher Höhe zuzuweisen) gefordert. Zusätzlich werden z. T. noch Fairnesseigenschaften, Qualitätsmaße der Risikosteuerung und die Berücksichtigung der Form der stochastischen Abhängigkeiten als Anforderungen formuliert.[1213] Innerhalb eines Unternehmens erfolgt die Zuweisung von Risikodeckungsmassen dabei rein kalkulatorisch bzw. virtuell, d. h. die Deckungsmassen müssen den Verantwortungsbereichen nicht tatsächlich in Form von Kapital oder Liquidität zugeführt werden.[1214] Da bei Industrieunternehmen Sachvermögen aber eine größere Rolle spielt und in einem direkteren Zusammenhang zur Leistungserstellung steht, wäre auch eine Zuordnung von Risikodeckungsmassen auf der Basis des Vermögens grundsätzlich denkbar. Es ist aber zu prüfen, ob ein sinnvoller Zusammenhang zwischen investiertem Kapital, Leistungserstellung und Risikoübernahme besteht.

[1211] Vgl. z. B. *Bühler, W./Birn, M.* (2002); *Homburg, C./Uhrig-Homburg, M.* (2004); *Koryciorz, S.* (2004), S. 175-176; *Scherpereel, P.* (2006), S. 91.

[1212] Vgl. *Scherpereel, P.* (2006), S. 110-113 und S. 182-192.

[1213] Vgl. *Denault, M.* (1999), S. 5-7; *Denault, M.* (2001), S. 4-5; *Schradin, H. R./Zons, M.* (2003); *Kinder, C. et al.* (2001); *Albrecht, P./Koryciorz, S.* (2004), S. 138-141; *Koryciorz, S.* (2004), S. 189-197; *Scherpereel, P.* (2006), S. 152-154. Siehe auch die Ausführungen zu den Axiomen der Risikomessung in Abschnitt 5.3.2.2.2.

[1214] Vgl. *Albrecht, P.* (2003a), S. 2; *Albrecht, P./Koryciorz, S.* (2004), S. 124; *Koryciorz, S.* (2004), S. 182.

Für die Aufteilung des Risikoverbund- bzw. Diversifikationseffekts auf untergeordnete Verantwortungsbereiche existieren unterschiedliche Zurechnungs- bzw. Allokationsverfahren. Das einfachste Verfahren stellt das Durchschnittsprinzip bzw. das Gleichverteilungsverfahren dar, demzufolge der Diversifikationseffekt gleichmäßig auf alle untergeordneten Bezugsobjekte einer Hierarchieebene verteilt wird. Eine andere Möglichkeit ist eine einzelrisikoproportionale Verteilung, nach der die auf Unternehmensebene benötigten bzw. zur Verfügung stehenden Risikodeckungsmassen proportional zu der bei isolierter Betrachtung auf Bezugsobjektebene notwendigen Risikodeckung aufgeteilt werden. Im Rahmen des inkrementellen Verfahrens werden die Risikodeckungsmassen proportional zum inkrementellen Risiko (Beitrag zum Gesamtrisiko) des Bezugsobjektes zugeteilt. Da die Höhe des Risikobeitrags eines Verantwortungsbereiches u. U. von der Reihenfolge der Berechnung der Risikobeiträge aller Betrachtungsobjekte abhängig ist, kann dieser so modifiziert werden, dass alle möglichen Reihenfolgen gewichtet berücksichtigt werden (Shapley-Verfahren). Die Verteilung kann auch auf Basis der Kovarianz der betrachteten Rechengrößen zwischen den Verantwortungsbereichen und dem Gesamtunternehmen erfolgen. Anspruchsvollere Verfahren sind z. B. das Kostenlückenverfahren, das Nucleolus-Verfahren und das bedingte Erwartungswert-Prinzip.[1215] Die einzelnen Verfahren erfüllen die Anforderungen in unterschiedlichem Ausmaß. Für den Fall der Bestimmung des benötigten Risikokapitals mithilfe des VaR und normalverteilten Risikopositionen konstatiert *Scherpereel*, dass das Kostenlücken- und das Nucleolus-Verfahren hinsichtlich der Fairness und den Steuerungseigenschaften den Anforderungen am besten entsprechen.[1216] *Pfaff* und *Kühn* stellen jedoch fest, dass der Umgang mit Diversifikationseffekten ein noch ungelöstes Problem darstellt.[1217]

Im Rahmen des Gestaltungsvorschlages werden die Erfassung von Risiken auf möglichst niedriger Ebene und die anschließende Verdichtung auf Bezugsobjekte höherer Ebene favorisiert. Zur Plausibilitätsprüfung wird zusätzlich die direkte Ermittlung des Risikos für ausgewählte übergeordnete Bezugsobjekte, insbesondere des Unternehmens insgesamt empfohlen. Bei dieser Vorgehensweise sollten soweit möglich sowohl die Einzelrisiken als auch die Beiträge zum Gesamtrisiko der einzelnen Bezugsobjekte ausgewiesen werden. Dabei sollten für die Bezugsobjekte möglichst Einzelrisiken ausgewiesen werden und eine Verteilung von Ver-

[1215] Vgl. *Albrecht, P./Koryciorz, S.* (2004), S. 141-152; *Koryciorz, S.* (2004), S. 194-268; *Homburg, C./Scherpereel, P.* (2005), S. 10-18; *Pfaff, D./Kühn, J.* (2005), S. 204-208; *Scherpereel, P.* (2006), S. 154-168.

[1216] Vgl. *Scherpereel, P.* (2006), S. 178-180.

[1217] Vgl. *Pfaff, D./Kühn, J.* (2005), S. 208.

bundrisiken fallweise nach Maßgabe der konkreten Wissenswünsche und unter Beachtung der Vor- und Nachteile der einzelnen Zurechnungsprinzipien erfolgen.

5.5.4.4 Risikogliederung

Die Risikogliederung bezieht sich auf die Systematisierung des Unternehmensrisikos und die Bildung von Risikokategorien nach bestimmten Merkmalen. Die Bildung von Risikokategorien kann ein- oder multidimensional erfolgen. In der Risikomanagement- und Risikocontrolling-Literatur wird die Risikogliederung meist unter dem Begriff Risikoarten im Zusammenhang mit der Risikoidentifikation behandelt. Dabei wird eine große Anzahl unterschiedlicher Klassifikationsmerkmale betrachtet.[1218] Nach bestimmten Klassifikationsmerkmalen gebildete Risikoarten stellen Untermengen und/oder spezifische Perspektiven des Gesamtkomplexes Risiko dar (und somit eine Art nominaler Risikomessung). Die Bildung von Risikokategorien kann dabei auch als Verdichtungsvorgang hinsichtlich unterschiedlicher Risiken verstanden werden.[1219] Im Kontext der Risikorechnung sind die Klassifikationsmerkmale im Hinblick auf ihre Eignung, die Erfüllung bestimmter Wissenswünsche zu unterstützen, zu bewerten und auszuwählen.

Die Kategorisierung dient zunächst der Transparenzerhöhung. Für die Risikoerfassung bietet sich eine Unterscheidung nach den Risikoquellen bzw. den Risikofaktoren an, d. h. den unsicheren Einflussgrößen, welche zu der Gefahr einer Zielabweichung führen (kausale Risikodimension). Dies kann jedoch zu einer hohen Anzahl an Risikoarten führen, sodass eine Verdichtung zu Risikogruppen sinnvoll ist. Häufig wird auch eine Gruppierung nach Unternehmensfunktionen oder Phasen des Wertschöpfungsprozesses vorgeschlagen. Die Gliederung nach Risikofaktoren kommt auch der Risikosteuerung bzw. Maßnahmenauswahl zugute, da unterschiedliche Risikoquellen i. d. R. unterschiedlicher Maßnahmen bedürfen und verschiedenen Verantwortungsbereichen obliegen. Für den Risikoausweis bei den einzelnen Bezugsobjekten bietet sich die Unterscheidung nach den betroffenen Rechengrößen bzw. den Auswirkungen auf die Vermögens-, Finanz- und Ertragslage an (finale Risikodimension).[1220] Sinnvoll ist die Verknüpfung der Risikoquellen mit den betroffenen Rechengrößen, wobei eine Risikoquelle auch mehrere Rechengrößen und Bezugsobjekte betreffen kann. Eine Darstellung kann, wie z. B. bei Bezugsobjekthierarchien, in Form eines Beziehungsbaums erfol-

[1218] Zur Unterscheidung von Risikoarten bzw. -kategorien vgl. z. B. *Albrecht, P.* (1999); *Kremers, M.* (2002), S. 44-55; *Rogler, S.* (2002); *Schierenbeck, H./Lister, M.* (2002), S. 331-332; *Diederichs, M.* (2004), S. 100-106; *Hoffjan, A.* (2006), S. 121-129.

[1219] In Bezug auf Kostenkategorien vgl. *Riebel, P.* (1994), S. 150-154.

[1220] Vgl. *Albrecht, P.* (1999); *Schierenbeck, H.* (2001), S. 4-5; *Koryciorz, S.* (2004), S. 9-21; *Scherpereel, P.* (2006), S. 11-13.

gen.[1221] Diese Erfassung liefert auch die benötigten Informationen für die Bestimmung der erforderlichen Risikodeckungsmassen (Liquidität, Kapital). Weitere Merkmale, die benötigte Informationen für die Gestaltung der Risikolage liefern, sind z. B. die Versicherbarkeit bzw. vertragliche Überwälzbarkeit auf Dritte, die Beeinflussbarkeit der zugrunde liegenden Wahrscheinlichkeitsverteilung durch das Unternehmen etc. Hinsichtlich des Zeithorizonts können beispielsweise lang-, mittel- und kurzfristig bestehende Risiken, bzgl. der Bedeutung z. B. operative und strategische Risiken abgegrenzt werden. Diese Abgrenzungen sollten sich daher bei den betroffenen Rechengrößen und Bezugsperioden wieder finden. Ein wichtiges allgemeines Merkmal ist der Grad an Vertrauen in die Zuverlässigkeit der Wahrscheinlichkeitsschätzung bzw. der Sicherheitsgrad der Information (hierbei besteht ein enger Bezug zur Messbarkeit und Messqualität).[1222]

Nach der Zurechenbarkeit zu einzelnen Bezugsobjekten bzw. Verantwortungsbereichen erfolgt eine Unterscheidung in Einzel- und Verbundrisiken. Zusätzlich sind das Einzelrisiko einer bestimmten Aggregationsebene und das Komponenten- bzw. inkrementelle Risiko bzgl. bestimmter höherer Aggregationsebenen von Interesse. Das Komponentenrisiko $R_i(B)$ gibt den Risikobeitrag eines Bezugsobjektes $i \in B$ zum aggregierten Risiko eines Bezugsobjekts höherer Ordnung $R(B)$ wieder. Der Risikobeitrag wird i. d. R. als ein Anteil des Gesamtrisikos ausgedrückt, d. h. es wird von einer additiven Beziehung zwischen dem Gesamtrisiko und dem Komponentenrisiko ausgegangen: $R(B) = \sum_{i \in B} R_i(B)$. Der Komponentenrisiko-Anteil kann bei Normalverteilung und Verwendung einer XaR-Größe durch den Betafaktor operationalisiert werden, also dem Verhältnis zwischen der Kovarianz der Rechengröße M_i des betrachteten Bezugsobjektes *i* zur Rechengröße *M* auf Gesamtunternehmensebene und der Varianz von *M*: $\beta_i^M = \frac{Cov(M_i, M)}{Var(M)}$.[1223] Das marginale Risiko $R_i^{'}(B)$ beschreibt die Veränderung des Gesamtrisikos bei einer infinitesimal kleinen Änderung im Aktivitätsniveau A_i des betrachteten Bezugsobjekts *i*: $R_i^{'}(B) = \frac{\partial R(B)}{\partial A_i}$. Im Finanzanlagenbereich entspricht das Aktivitätsniveau dem investierten Geldbetrag, im Leistungserstellungskontext könnte z. B. die produzierte Menge verwendet werden. Das inkrementelle Risiko $\Delta R_i(B)$ misst, wie sich die Ge-

1221 Vgl. *Kremers, M.* (2002), S. 53.

1222 Vgl. *Hoffjan, A.* (2006), S. 99-100. Zu Faktoren, welche die Genauigkeit der Risikomessung beeinflussen und zu Möglichkeiten der Messung der Genauigkeit vgl. *Schindel, V.* (1978), S. 55-153.

1223 Vgl. *Pearson, N. D.* (2002), S. 190. Ein ähnlicher Ansatz findet sich unter der Bezeichnung VaR Contribution z. B. bei *Marrison, C.* (2002), S. 136-144.

samtrisikolage verändert, wenn das Bezugsobjekt i hinzugefügt wird. Es kann als die Differenz zwischen dem Gesamtrisiko $R(B)$ einschließlich i und dem Gesamtrisiko ohne i $R(B_i^{'})$ ermittelt werden[1224]: $\Delta R_i(B) = R(B) - R(B_i^{'})$. U. U. sind das Komponentenrisiko und das inkrementelle Risiko identisch.[1225] Das marginale bzw. inkrementelle Risiko liefern Informationen für die Unterstützung von Entscheidungen, welche den Risikogehalt eines Bezugsobjektes verändern bzw. zur Schaffung neuer Bezugsobjekte führen, wie z. B. Investitionen.[1226]

Die Ausführungen zeigen, dass die Risikogliederung an den Wissenswünschen bzw. Rechnungszwecken auszurichten ist und somit unterschiedliche Kategorisierungen erforderlich sind. Zudem ist zu beachten, dass u. U. eine eindeutige und überschneidungsfreie Risikogliederung nicht möglich ist. Eine eindeutige Zuordnung von Risiken zu einer Kategorie erfordert die Verwendung eines einzigen Klassifikationsmerkmals.[1227] *Hoffjan* schlägt – an das Vorgehen in der Kosten- und Erlösrechnung angelehnt – die Verwendung eines wertschöpfungsstufenorientierten Risikoartenplans zur Abgrenzung und eindeutigen Klassifizierung von Risiken vor.[1228] Zudem ist ersichtlich, dass die Risikogliederung auf Informationen des Risikomanagement-Systems, insbesondere der Risikoidentifikation, zurückgreift und daher mit diesem abzustimmen ist.

5.5.4.5 Rechnungsaufbau bzw. Systemarchitektur

Das Gestaltungsmerkmal **Rechnungsaufbau** bzw. **Systemarchitektur** ist für die Rechnungsgestaltung von zentraler Bedeutung, da durch die Spezifizierung der zu verwendeten Systemelemente und der zwischen diesen bestehenden Beziehungen die Grundfragen der Aufbau- und Ablauforganisation des Rechensystems geregelt werden.[1229] Die Merkmalsausprägung beeinflusst, welche Verknüpfungsmöglichkeiten zwischen den anderen Merkmalen wie Rechengrößen bzw. gegliederte Rechenteilgrößen und Bezugsobjekten bestehen und somit, welche Wissenswünsche wie befriedigt werden können.[1230] Der Rechnungsaufbau ist daher auf die gewählten Ausprägungen der anderen Gestaltungsoptionen auszurichten bzw. als limitierender Faktor bei ihrer Auswahl zu berücksichtigen. Hinsichtlich des Aufbaus ist festzulegen, welche Teilkomponenten und Teilrechnungssysteme die Rechnung umfasst, wie diese mitein-

[1224] In Bezug auf den inkrementellen VaR vgl. *Dowd, K.* (1998), S. 48; *Diggelmann, P. B.* (1999), S. 184; *Bielefeld, F./Maifarth, M.* (2005), S. 160.
[1225] Vgl. *Hallerbach, W.* (1999) bzgl. des marginalen, inkrementellen und Komponenten-VaR.
[1226] Vgl. *Scherpereel, P.* (2006), S. 122.
[1227] Vgl. *Hoitsch, H.-J./Lingnau, V.* (2004), S. 412 in Bezug auf Kostenkategorien.
[1228] Vgl. *Hoffjan, A.* (2006), S. 134-135.
[1229] Vgl. *Hoitsch, H.-J./Schmitz, H.* (1998), S. 179; *Goes, S.* (2003), S. 23.
[1230] Vgl. *Dwornicki, T.* (2006), S. 29.

ander verknüpft sind und wie die Anbindung an andere Rechensysteme der Unternehmensrechnung erfolgt. Die Aufbaustruktur ist zudem auf eine sinnvolle, d. h. rechentechnisch erforderliche und wirtschaftliche Abfolge der benötigten Rechenschritte, also den Rechenprozess abzustimmen.

In der Rechnungswesenliteratur werden (vor allem in Bezug auf die Kosten- und Erlösrechnung) zwei ähnliche, generische Systemarchitekturen diskutiert. Eine zweiteilige Systemarchitektur, die auf Überlegungen von *Goetz*[1231] und *Schmalenbach*[1232] beruht, wurde von *Riebel* vorgeschlagen. Die Rechnung ist hiernach zweistufig und besteht aus einer Grundrechnung und Auswertungsrechnungen.[1233] Allgemein formuliert stellt die **Grundrechnung** eine Zusammenstellung möglichst originär erfassbarer Rechengrößen bzw. Rechengrößenkomponenten (d. h. mit hoher Abbildungstreue) dar, die mit allen relevanten Deskriptoren bzw. mehrdimensionalen Bezügen (Rechengrößenkategorien, Bezugsobjekte etc.) versehen werden. Sie bildet einen Datenspeicher, dessen Informationselemente in möglichst vielfältiger Weise sinnvoll kombiniert werden sollen, um hierdurch unterschiedliche Wissenswünsche befriedigen zu können. Diese Kombinationen erfolgen im Rahmen von Sonderrechnungen bzw. **Auswertungsrechnungen**. Da die Auswertungsrechnungen zur Befriedigung standardisierter bzw. fallweise auftretender, konkreter Wissenswünsche durchgeführt werden, werden diese als zweckbezogen bezeichnet, während die diesen Auswertungstransformationen als Datenspeicher zugrunde liegende Grundrechnung als zweckplural charakterisiert wird.[1234] *Kosiol* schlägt einen dreiteiligen bzw. dreistufigen Rechnungsaufbau vor, der eine Ermittlungsrechnung, die aus einer Erfassungs- und Verarbeitungsrechnung besteht, sowie eine Auswertungsrechnung umfasst.[1235] Die Ermittlungsrechnung ist auf die Ermittlung aussagefähiger Rechengrößen ausgerichtet und erfordert zunächst die primäre **Erfassung** bzw. Identifikation der Rechengrößen sowie im Anschluss die sekundäre **Verarbeitung** der erfassten Rechengrößen durch notwendige Aufbereitungs-, Akkumulations-, Verteilungs- und Zuordnungstransformationen. Die tertiäre **Auswertung** hat die rechnerische Weiterverwendung, insbesondere hinsichtlich von Beurteilungen und Vergleichen zum Gegenstand. Die Grundrechnung entspricht dabei der Erfassungsrechnung zuzüglich bestimmter Elemente der Verarbeitungsrechnung

[1231] Vgl. *Goetz, B. E.* (1949).

[1232] Vgl. *Schmalenbach, E./Bauer, R.* (1963).

[1233] Vgl. *Riebel, P.* (1994), S. 149-157, S. 440 und S. 764.

[1234] Vgl. auch *Hoitsch, H.-J./Lingnau, V.* (2004), S. 387.

[1235] Vgl. *Kosiol, E.* (1972), S. 141. Im Falle der Kosten- und Erlösrechnung entspräche dies der Kostenarten-, Kostenstellen- und Kostenträgerrechnung sowie der Verwendung der Kosten- und Erlösrechnung für bestimmte Entscheidungsprobleme und sonstige Informationsbedarfe.

(insbesondere Aufbereitung, Akkumulation und Zuordnung, aber nicht Verteilung), während die beiden Auswertungsrechnungskonzepte weitgehend identisch sind.

Die Anforderungen an die Erfassung der möglichst originären Größen in der Grund- bzw. Erfassungsrechnung ergeben sich aus den beabsichtigten Auswertungen bzw. Auswertungskombinationen in den Auswertungsrechnungen. Sind alle Auswertungszwecke bzw. die hierzu notwendigen Informationen und erforderlichen Transformationen, z. B. bzgl. Bezugsobjekten, Rechengrößen und Zurechnungsprinzipien, bekannt, lassen sich die erforderlichen Deskriptoren der zu erfassenden primären Rechengrößen und die Struktur der Grundrechnung ableiten. Je näher die erfassten Größen an den abzubildenden Strukturen und je größer die Anzahl der erfassten zugehörigen Merkmale bzw. Deskriptoren sind, desto größer sind die Möglichkeiten und die Flexibilität der Auswertung.[1236]

Bestehende Vorschläge zur Risikorechnung schlagen einen dreistufigen Aufbau entweder in Form einer Risikoarten-, Risikostellen- und Risikoträgerrechnung bzw. einer Risikoarten-, Risikobeziehungs- und Risikoauswertungsrechnung vor.[1237] Diese Vorschläge sollen unter Bezugnahme auf die identifizierten Rechnungszwecke und die hieraus abgeleiteten rechnungszweckadäquaten Teilrechnungen modifiziert werden. Grundlegend wird für die Risikorechnung eine Aufbau- und Ablaufgliederung in eine Risikogrundrechnung und in spezifische Risikoauswertungsrechnungen vorgeschlagen. Diese Architektur erlaubt eine umfassende, konsistente und flexible Abbildung, Zurechnung und Auswertung von Risikogrößen bzgl. interessierender Sachverhalte.[1238] An dieser Stelle sei nochmals darauf hingewiesen, dass die Rechnungsgestaltung bzw. der Rechnungsaufbau im Besonderen durch die Wissenswünsche bzw. den Rechnungszweck bestimmt wird, und dass ein Zweckpluralismus grundsätzlich mehrere (Auswertungs-) Rechnungen erforderlich macht.[1239]

Die **Risikogrundrechnung** erfasst alle risikobezogenen Abbildungsgrößen und deren auswertungsrelevanten Merkmale, insbesondere deren Beziehung zu Bezugsobjekten einschließlich des Zeitbezugs, in möglichst originärer Form, d. h. ohne Schlüsselung. Im Sinne *Riebels* sind Abbildungsgrößen messbare bzw. empirisch beobachtbare Größen, also vor allem ex post erfassbare Zahlungen, Zahlungsmittelbestände, (vertraglich fixierte) Zahlungsforderungen und -verpflichtungen, Mengen und Zeiten.[1240] Dieser Anspruch ist grundsätzlich für die Risi-

1236 Vgl. *Dwornicki, T.* (2006), S. 179-182; *Weber, J./Weißenberger, B. E.* (2006), S. 501.
1237 Siehe Abschnitt 5.4.
1238 Vgl. *Hoitsch, H.-J./Winter, P.* (2004b), S. 239.
1239 Vgl. *Kosiol, E.* (1972), S. 137 und *Schneider, D.* (1997a), S. 45.
1240 Vgl. *Riebel, P.* (1994), S. 628, S. 757, S. 763, S. 764, S. 765.

korechnung nicht erfüllbar, da Risiko ein Konstrukt darstellt, das sich i. d. R. nicht gänzlich intersubjektiv nachprüfbar operationalisieren bzw. im herkömmlichen Sinne messen lässt. So erfordert die Abbildung des Risikos in vielen Fällen eine stark subjektiv geprägte Schätzung von Wahrscheinlichkeitsverteilungen und stochastischen Abhängigkeiten, deren Güte sich nur schwer bestimmen lässt. Empirisch erfassbar sind nur die realisierten Ergebnisse in Form einwertiger Zahlungen, Mengen, Zeiten etc. Daher ist es notwendig, für die Risikorechnung die Anforderungen an die in der Grundrechnung erfassten (prognostizierten und vorzugebenden) Größen zu modifizieren und auch Konstrukte zuzulassen.

Um der Forderung nach einer möglichst wirklichkeitsgetreuen und originären primären Abbildung entgegenzukommen, erscheint als grundlegender Baustein der Risikogrundrechnung eine **Risikofaktor-Erfassungsrechnung** geboten, in der auf möglichst niedriger Aggregationsebene die Risikofaktoren bzw. originären Risikoquellen im Sinne nicht weiter aufteilbarer, unsicherer Eingangsgrößen auf die Bestimmung der Rechengrößen erfasst werden. Erfassungsinhalt bzw. zu erhebende Deskriptoren sind die Wahrscheinlichkeitsverteilung der Risikofaktoren sowie die bestehenden stochastischen Abhängigkeiten nebst dem zugrunde gelegten Zeithorizont, die Angabe der betroffenen Rechengrößen bzw. Rechengrößenkomponenten und der betroffenen Bezugsobjekte, bekannter Risikowirkungsketten sowie weitere risikogliederungs- und zurechnungsrelevante Angaben. Im Sinne *Schneiders* entspricht diese Rechnung einer nominalen Risikomessung durch Unsicherheitsaufzählung. Es ist jedoch darauf hinzuweisen, dass eine vollständige und überschneidungsfreie Erfassung aller denkbaren und relevanten Risikofaktoren in der Unternehmenspraxis i. d. R. nicht möglich bzw. nicht wirtschaftlich sein wird. Die Risikofaktor-Erfassungsrechnung korrespondiert mit der Risikoidentifikation im Rahmen des Risikomanagement-Prozesses und ist mit dieser abzustimmen. Die Entdeckung relevanter Risikofaktoren sollte mithilfe geeigneter Instrumente und Methoden erfolgen,[1241] da eine Risikofaktor-Erfassungsrechnung die Grundlage für die anderen, auf sie aufbauenden Teilrechnungen bzw. Rechnungsbausteine darstellt und ihre Qualität für die Gesamtqualität der Risikorechnung von hoher Bedeutung ist.[1242] Im Kontext der Unternehmensrechnung bietet es sich beispielsweise an, die betrachteten Rechengrößen in Komponenten zu zerlegen und zu untersuchen, durch welche Risikofaktoren diese beeinflusst werden.

Neben der Risikofaktor-Erfassungsrechnung wird auch eine **Risikogestaltungsmaßnahmen-Erfassungsrechnung** zur Unterstützung der Planung, Steuerung und Kontrolle von Risiko-

[1241] Zu einem Überblick über entsprechende Methoden, Verfahren und Instrumente vgl. z. B. *Burger, A./Buchhart, A.* (2002a), S. 67-99; *Diederichs, M.* (2004), S. 94-139.

[1242] Vgl. *Hoffjan, A.* (2006), S. 116.

gestaltungsentscheidungen benötigt. In dieser erfolgt die primäre Erfassung bekannter und möglicher Risikogestaltungsmaßnahmen bzw. -instrumente mit allen relevanten Deskriptoren bzw. Merkmalen, wie gestaltbare Risikofaktoren bzw. Risikoarten, Wirkung auf die Wahrscheinlichkeitsverteilung der betroffenen Risikofaktoren bzw. Risikoarten, Maßnahmenkosten, Zeithorizont (Wirkungsbeginn und Wirkungsdauer), Zuständigkeiten und Verantwortlichkeiten sowie betroffene Bezugsobjekte.[1243] Die Identifikation der Maßnahmen ist sinnvollerweise mit der Risikosteuerung des Risikomanagement-Prozesses abzustimmen und greift auf die dort verwendeten Verfahren bzw. Instrumente zurück.[1244]

Zur Beurteilung und Steuerung der Risikosituation des Unternehmens ist zudem eine **Risikodeckungsmassen-Erfassungsrechnung** erforderlich. Diese kann in originärer Form nur auf der Ebene des Gesamtunternehmens bzw. auf der Ebene rechtlich selbständiger Einheiten erfolgen.[1245] Risikodeckungsmassen sind dabei Zahlungsbestands- oder Kapitalpuffer bzw. -reserven, die mit einem gewissen Sicherheitsgrad die (drohende) Zahlungsunfähigkeit und Überschuldung in einem bestimmten Zeitraum vermeiden helfen sollen. Sie sollen möglicherweise auftretende Verluste und Auszahlungs- bzw. Zahlungsverbindlichkeitsüberschüsse kompensieren. In der Literatur wird in diesem Zusammenhang von ökonomischem Kapital, Risikokapital, risikoadjustiertem Kapital und Sicherheitskapital gesprochen.[1246] Es besteht ein direkter Bezug zwischen den Risikodeckungsmassen und risikodeckungsmassenorientierten Risikomaßen wie XaR, CXaR oder EXS.[1247] Die Ermittlung liquiditäts- und erfolgsorientierter Risikodeckungsmassen basiert auf anderen Unternehmensrechnungssystemen. Die Ermittlung liquiditätsorientierter Risikodeckungsmassen erfordert die Bestimmung verfügbarer bzw. mobilisierbarer Zahlungsmittelbestände und baut auf der Finanzrechnung auf. Dabei sind neben den Zahlungsmittelbeständen des Unternehmens wie Bankguthaben auch nicht ausgeschöpfte Kreditlinien und mögliche Neukredite sowie liquidierbare Vermögensgegenstände und Kapitalerhöhungsmöglichkeiten zu erfassen. Hierbei sollte eine Anordnung in Liquiditätsklassen bzw. Klassen finanzieller Mobilität nach den Kriterien der Höhe, der Konditionen (Kosten und Bedingungen), der Wahrscheinlichkeit der Verfügbarkeit, der Vorlaufzeit und der Publizitätswirkung erfolgen.[1248] Die Ermittlung erfolgsorientierter Risikodeckungsmassen beruht auf der Bestimmung des Reinvermögens bzw. des Eigenkapitals im Sinne seiner Ver-

[1243] Zu möglichen Deskriptoren bzw. Merkmalen vgl. *Hoffjan, A.* (2006), S. 224-231.
[1244] Zur Risikosteuerung vgl. z. B. *Diederichs, M.* (2004), S. 188-201.
[1245] Vgl. *Albrecht, P./Korycior z, S.* (2004), S. 124.
[1246] Zu einem Überblick über den Risikokapitalbegriff vgl. *Scherpereel, P.* (2006), S. 84-87 m. w. N. Vgl. z. B. auch *Bielefeld, F./Maifarth, M.* (2005), S. 165; *Pfaff, D./Kühn, J.* (2005), S. 191.
[1247] Vgl. *Albrecht, P./Korycior z, S.* (2004), S. 129.
[1248] Vgl. *Donaldson, G.* (1986), S. 280; *Scherpereel, P.* (2006), S. 135-136.

lustausgleichsfunktion. Da es jedoch unterschiedliche Eigenkapitalperspektiven bzw. -definitionen gibt, stehen auch unterschiedliche Rechnungen zu deren Bestimmung zur Verfügung. Zunächst gibt es das rechnungslegungsorientierte bzw. bilanzielle Eigenkapital, das nach Maßgabe der geltenden Rechnungslegungsbestimmungen ermittelt wird. Der Substanzwert des Eigenkapitals ergibt sich als Differenz des Zeitwerts der bilanziellen Vermögensgegenstände und der Schulden. Der Marktwert des Eigenkapitals wird hingegen auf der Grundlage des Barwerts der durch das Unternehmen generierten, künftigen Zahlungen an die Eigenkapitalgeber bzw. der Differenz des Marktwertes des Unternehmens und des Marktwertes des Fremdkapitals ermittelt.[1249] Je nach Rechnungszweck – externe Risikoberichterstattung oder Entscheidungsunterstützung und Verhaltenssteuerung – ist die Verwendung unterschiedlicher Risikodeckungsmassen möglich bzw. erforderlich. Aufgrund der Außenwirkung, des Insolvenzrechtes und den Refinanzierungserfordernissen erscheint es jedoch sinnvoll, sich bei der Ermittlung der erfolgsorientierten Risikodeckungsmassen am bilanziellen Eigenkapital oder am Substanzwert zu orientierten.[1250] Vor dem Hintergrund der Rechnungslegung nach IAS/IFRS (Fair Value-Prinzip) sind die resultierenden Unterschiede zwischen den unterschiedlichen Eigenkapitaldefinitionen im Gegensatz zur handelsrechtlichen Rechnungslegung geringer.[1251]

Einen Vorschlag zur Abstufung der Risikodeckungsmassen unterbreitet z. B. *Kremers* (siehe Tabelle 22). Ein alternativer, bankbezogener Vorschlag findet sich z. B. bei *Schierenbeck*.[1252]

Stufe der Risikodeckung	Zahlungsmittelkomponenten	Eigenkapitalkomponenten
Risikodeckungsmassen erster Klasse	Überschüssige Cashflows	Übergewinn
Risikodeckungsmassen zweiter Klasse	Nicht ausgeschöpfte Kreditlinien, Neukreditaufnahme, leicht liquidierbare Finanzanlagen, veräußerbare Forderungen	Mindestgewinn, stille Reserven
Risikodeckungsmassen dritter Klasse	Sonstige liquidierbare Vermögensgegenstände, Liquiditätszufluss durch Contingent Capital oder Kapitalerhöhung	Offene Rücklagen, Grundkapital (inklusive Contingent Capital)

Tabelle 22: Abgrenzung liquiditäts- und erfolgsorientierter Risikodeckungsmassen nach Kremers[1253]

Neben diesen Erfassungsrechnungen sind **Zuordnungsrechnungen** erforderlich. Da hierbei auch Risikointerdependenzen bzw. Diversifikationseffekte beachtet werden, sind diese als

1249 Vgl. *Schierenbeck, H.* (2001), S. 24; *Kremers, M.* (2002), S. 271-273; Hartmann-Wendels, T., *et al.* (2004), S. 353-356; *Wöhe, G./Döring, U.* (2005), S. 644, S. 910 und S. 1025.

1250 Vgl. *Kremers, M.* (2002), S. 272-275; *Scherpereel, P.* (2006), S. 130.

1251 Vgl. *Wöhe, G./Döring, U.* (2005), S. 1003.

1252 Vgl. *Schierenbeck, H.* (2001), S. 24ff.

1253 Quelle: *Kremers, M.* (2002), S. 259 und S. 273. Vgl. auch *Schierenbeck, H./Lister, M.* (2002), S. 364-365.

eine Art sekundärer Grundrechnung zu charakterisieren, da eine Zurechnung nicht originär-eindeutiger Größen zu Bezugsobjekten erfolgt.[1254] Im Rahmen der **Risikozuordnungsrechnung** werden aggregierte Wahrscheinlichkeitsverteilungen und Risikomaße auf Bezugsobjekte zugerechnet. Dies erfolgt durch die Aggregation von Risikofaktoren, die auf die jeweils betrachteten Bezugsobjekte abgebildeten Rechengrößen bzw. Rechengrößenkomponenten wirken, zu einer bezugsobjektbezogenen Rechengrößenverteilung und die hierauf beruhende Berechnung der gewählten Risikomaße. Dabei wird standardmäßig eine Bottom-up Vorgehensweise unterstellt, d. h. innerhalb einer Bezugsobjekthierarchie werden die Rechengrößenverteilungen eines bestimmten Bezugsobjekts aus der Aggregation der Rechengrößenverteilungen der direkt untergeordneten Bezugsobjekte gemäß den bestehenden rechentechnischen und stochastischen Beziehungen ermittelt. Dies entspricht der Vorgehensweise der Risikoanalyse.[1255] Im Rahmen der Risikozuordnungsrechnung sind folgende Punkte zu klären:

- Spezifikation der für das jeweilige Bezugsobjekt zu erhebenden Rechengrößen.
- Spezifikation der rechnerischen Beziehung zwischen den Rechengrößen bzw. Rechengrößenkomponenten des Bezugsobjektes und den Rechengrößen bzw. Rechengrößen untergeordneter Bezugsobjekte und/oder Risikofaktoren.
- Ermittlung der Rechengrößen- bzw. Rechengrößenkomponentenverteilungen des betrachteten Bezugsobjektes aus den Rechengrößen- bzw. Rechengrößenkomponentenverteilungen untergeordneter Bezugsobjekte und/oder Risikofaktoren unter Beachtung der rechnerischen Beziehung und stochastischen Abhängigkeiten.

Zur Ableitung der Rechengrößenverteilung eines Bezugsobjektes aus den Rechengrößenverteilungen untergeordneter Bezugsobjekte bzw. Risikofaktoren gibt es prinzipiell zwei Methoden: die rechnerische Ableitung der aggregierten Verteilung aus den eingehenden Verteilungen (analytische Aggregation und Vollenumeration) sowie die experimentelle Bestimmung einer Häufigkeitsverteilung (simulative Aggregation).[1256]

- Die **analytische Aggregation** bzw. Risikoanalyse wird auch als parametrische Methode bezeichnet, da sie die Verwendung gut handhabbarer Verteilungstypen für die

[1254] Zur sekundären Grundrechnung vgl. *Riebel, P.* (1994), S. 465 und S. 768.

[1255] Zu einem Überblick über die Risikoanalyse im Rahmen der Investitionsrechnung vgl. z. B. *Schindel, V.* (1978), S. 30-48; *Vose, D.* (2000); *Perridon, L./Steiner, M.* (2004), S. 121-128; Blohm, H., *et al.* (2006), S. 238-263. Bzgl. der Risikoanalyse im Rahmen der Kostenrechnung vgl. z. B. *Koch, I.* (1994); *Walker, V.* (1997). Bzgl. der Risikoanalyse im Rahmen der XaR-Ermittlung vgl. z. B. *Dowd, K.* (1998), S. 63-120; *Diggelmann, P. B.* (1999), S. 117-161; *Jorion, P.* (2001), S. 205-230; *Kremers, M.* (2002), S. 135-163.

[1256] Vergleichende Übersichten zu diesen Verfahren im Rahmen der VaR-Ermittlung finden sich z. B. bei *Diggelmann, P. B.* (1999), S. 214-215; *Kremers, M.* (2002), S. 167-168; *Diederichs, M.* (2004), S. 174; *Scherpereel, P.* (2006), S. 51.

eingehenden Verteilungen erfordert. Auf der Grundlage bekannter stochastischer Gesetzmäßigkeiten kann die aggregierte Verteilung mittels Rechenregeln direkt aus den eingehenden Verteilungen bzw. deren Momenten bestimmt werden. Aufgrund der guten rechentechnischen Handhabbarkeit werden i. d. R. normalverteilte Eingangsgrößen unterstellt, aus deren Erwartungswerten, Standardabweichungen und Kovarianzen sich für Linearkombinationen ohne weiteres die ebenfalls normalverteilte Zielgröße ableiten lässt. Bei der Bestimmung des VaR wird hierzu der so genannte Varianz-Kovarianz-Ansatz verwendet.[1257] Ähnliche Gesetzmäßigkeiten bestehen z. B. auch für die Lognormalverteilung.[1258] In der Literatur werden zudem Verfahren vorgeschlagen, mittels derer auf der Basis von Momenten beliebiger Eingangsverteilungen und Verteilungsklassen (Kurvensysteme) bzw. Transformationen der Normalverteilung die Momente und die Verteilung der aggregierten Zufallsgröße bestimmt werden können. *Kottas/Lau/Lau* schlagen einen Ansatz vor, bei dem auf der Grundlage der ersten vier Momente der eingehenden Zufallsgrößen arithmetisch die ersten vier Momente der resultierenden Zufallsgröße bestimmbar sind, welche wiederum mithilfe parametrischer Verteilungsklassen in eine approximierte Verteilung überführt werden können. Das Verfahren ist für additive, subtraktive und multiplikative Verknüpfungen geeignet, ist jedoch nur bei stochastisch unabhängigen Zufallsgrößen anwendbar.[1259] Die Einsatzmöglichkeiten der analytischen Aggregation sind durch die Existenz arithmetischer Regeln für das Rechnen mit Zufallszahlen auf bestimmte Verteilungstypen beschränkt, die nicht unbedingt den ermittelten personalen Wahrscheinlichkeiten entsprechen müssen. Der große Vorzug liegt jedoch in der eleganten und rechentechnisch gut handhabbaren (und somit wirtschaftlichen) Risikoaggregation.

- Eine weitere Möglichkeit bei diskreten Eingangsverteilungen stellt die **Vollenumeration** dar, bei der alle möglichen Eingangsdatenkonstellationen kombiniert und somit die vollständige Ergebnisverteilung ermittelt werden. Zur Berücksichtigung stochastischer Abhängigkeiten bietet sich hierbei insbesondere die Verwendung bedingter Verteilungen an. Die Ermittlung ist recht aufwändig bzw. komplex, da schon bei einer geringen Anzahl an Eingangsgrößen mit wenigen Ausprägungen große Datenmengen

1257 Zum Varianz-Kovarianz-Ansatz vgl. z. B. *J.P.Morgan/Reuters* (1996); *Dowd, K.* (1998); *Diggelmann, P. B.* (1999), S. 117-147; *Jorion, P.* (2001); *Kremers, M.* (2002), S. 135-150; *Homburg, C./Stephan, J.* (2004), S. 316-317.

1258 Vgl. *Walker, V.* (1997), S. 161.

1259 Vgl. Kottas, J. F., *et al.* (1978); *Walker, V.* (1997), S. 172-178.

entstehen. Zudem ist der Anwendungsbereich auf diskrete Zufallsgrößen beschränkt.[1260]

- Diese Problematik wird bei der **stochastischen Aggregation** vermieden bzw. kontrolliert. Im Rahmen der VaR-Ermittlung wird zwischen der historischen Simulation und der Monte-Carlo-Simulation unterschieden.[1261] Bei der **historischen Simulation** wird auf der Grundlage einer ausreichend großen Anzahl empirisch ermittelter, historischer Realisationen von Risikofaktoren bzw. Rechengrößen zu jeweils unterschiedlichen Zeitpunkten eine hierauf nach Maßgabe der rechnerischen Beziehungen resultierende Häufigkeitsverteilung der betrachteten Rechengröße ermittelt. Annahmen über Verteilungen und stochastische Abhängigkeiten sind somit nicht notwendig.[1262] Das Verfahren ist nur sinnvoll anwendbar, wenn eine ausreichend große Zahl historischer Realisationen für alle benötigten Risikofaktoren verfügbar ist und zudem von einer zeitlichen Konstanz der Verteilungen und stochastischen Abhängigkeiten ausgegangen werden kann. Für viele interessierende Risikofaktoren wird es im Falle von Nicht-Finanzunternehmen aber keine ausreichende Datengrundlage geben. Der Einsatz der historischen Simulation ist auf Fälle beschränkt, bei denen für alle betrachteten Risikofaktoren eine ausreichende sowie hinsichtlich Länge und zeitlicher Abstände vergleichbare Datenbasis in Form von Zeitreihen verfügbar ist. Eine Anwendung wäre somit für finanzielle Marktpreisrisiken oder Frequenzschäden wie Maschinenausfälle durchaus denkbar. Werden aber Faktoren betrachtet, für die aufgrund ihres tendenziell einmaligen Charakters, wie der Erfolg von F&E-Projekten, und/oder mangelnder Erfassbarkeit (oder versäumter Erfassung) keine ausreichenden Zeitreihen zur Verfügung stehen, ist die Anwendung nicht möglich.[1263]

- Eine kontrollierte Auswahl von Risikofaktorrealisationen (Stichprobenziehung) erfolgt im Rahmen der **Monte-Carlo-Simulation.**[1264] Mithilfe eines Zufallszahlengenerators wird aus den Verteilungen aller eingehenden Rechengrößen bzw. Risikofaktoren unter Berücksichtigung stochastischer Abhängigkeiten für diese jeweils eine Realisation generiert. Diese werden aufgrund der spezifizierten rechnerischen Beziehungen zu einer Realisation der betrachteten Rechengröße zusammengefasst. Eine ausreichend häufige

[1260] Vgl. *Schindel, V.* (1978), S. 37-41; *Kremers, M.* (2002), S. 218; *Perridon, L./Steiner, M.* (2004), S. 122.
[1261] Vgl. z. B. *Linsmeier, T. J./Pearson, N. D.* (1996); *Jorion, P.* (2001), S. 291.
[1262] Zur historischen Simulation vgl. z. B. *Diggelmann, P. B.* (1999), S. 149-153; *Kremers, M.* (2002), S. 151-157.
[1263] Vgl. *Hoitsch, H.-J./Winter, P.* (2004b), S. 241.
[1264] Zur Monte-Carlo-Simulation vgl. z. B. *Schneeweiß, C.* (1969); *Frey, H. C./Nießen, G.* (2001).

Durchführung[1265] dieser „Zufallsexperimente" liefert eine Häufigkeitsverteilung zur Approximation der aggregierten Zielgrößenverteilung. Die Monte-Carlo-Simulation weist das größte Anwendungspotenzial auf, da grundsätzlich alle Arten von Verteilungen und rechnerischen Verknüpfungen betrachtet werden können. Zudem stehen einfache und preiswerte MS Excel™-basierte Tools wie Crystal Ball™ oder @Risk™ für die computergestützte Durchführung der simulativen Aggregation zur Verfügung, die eine flexible Abbildung bestehender Beziehungen zwischen den Rechengrößen bzw. Risikofaktoren erlauben.[1266] Stochastische Abhängigkeiten können im Falle der Software Crystal Ball™ z. B. über den Korrelationskoeffizienten oder über verkettete, bedingte Wahrscheinlichkeitsverteilungen modelliert werden.[1267]

Für die Risikozuordnungsrechnung erscheint für die meisten Fälle die durchgängige Verwendung der Monte-Carlo-Simulation sinnvoll. Sind die Verteilungen der Rechengrößen des betrachteten Bezugsobjekts mithilfe eines geeigneten Verfahrens bestimmt, können die gewählten Risikomaße wie z. B. XaR-, CXaR- oder EXS-Größen ermittelt werden. Für jedes Bezugsobjekt sollte sowohl das Eigenrisiko (Stand-alone-Risiko), d. h. Risiko ohne Berücksichtigung der bei der Aggregation zu Bezugsobjekten höherer Ordnung auftretender Diversifikationseffekte, als auch das Risiko unter Beachtung von Diversifikationseffekten, d. h. mit Zurechnung der Diversifikationseffekte auf Bezugsobjekte unterhalb der Gesamtunternehmensebene, ausgewiesen werden. Die Verteilung auf die Bezugsobjekte erfolgt je nach Wissenswunsch anhand eines oder mehrerer Zurechnungsprinzipien. Werden parallel mehrere Zurechnungsprinzipien verwendet, sind mehrere (diversifizierte) Risikogrößen unter Angabe des Zurechnungsprinzips bzw. Rechnungszwecks auszuweisen. Hinsichtlich der Unterstützung von Entscheidungen sind zudem marginale, inkrementelle und Komponentenrisiken von Interesse.

Neben der Risikozuordnungsrechnung, die zunächst das so genannte Bruttorisiko ohne Berücksichtigung von Risikogestaltungsmaßnahmen ermittelt, ist eine **Risikogestaltungsmaßnahmen-Zuordnungsrechnung** notwendig. Hierbei werden die Wirkungen der Risikogestaltungsmaßnahmen auf die Verteilungen und die Risikomaße der einzelnen Bezugsobjekte und Risikofaktoren abgebildet. Das Nettorisiko der Bezugsobjekte ergibt sich aus der Kombination der Risiko- und Risikogestaltungsmaßnahmen-Zuordnungsrechnung.

[1265] Bzgl. der erforderlichen Szenarioanzahl vgl. z. B. *Dowd, K.* (1998), S. 114. Häufig wird ein Wert von mindestens 10.000 Simulationsläufen genannt.

[1266] Für eine kurze Diskussion von Software für die Monte-Carlo-Simulation vgl. *Frey, H. C./Nießen, G.* (2001), S. 103-107.

[1267] Vgl. *Decisioneering Inc.* (o. J.), S. 35-40 und S. 325-326.

Schließlich wird für Zwecke der Koordination bzw. Verhaltenssteuerung und Leistungsmessung noch eine **Risikodeckungsmassen-Zuordnungsrechnung** (Risikobudgetierung) benötigt. Diese entspricht der Risikokapitalallokation im Finanzbereich und dient ex ante der Vorgabe von Soll-Risikolagen bzw. Soll-Risikomaßen (Risikobegrenzung) und Soll-Rendite-Risiko-Verhältnissen sowie ex post der risikoadjustierten Performancemessung für dezentrale Verantwortungsbereiche.[1268] Die Ermittlung der relevanten Risikodeckungsmassen auf Gesamtunternehmensebene erfolgt im Rahmen der Risikodeckungsmassen-Ermittlungsrechnung. Die Vorgabe kann nach Maßgabe der Berücksichtigung von Diversifikationseffekten anhand von Stand-alone-Risikodeckungsmassen bzw. undiversifizierten Risikodeckungsmassen, die mit dem Stand-alone- bzw. Einzelrisiko der Verantwortungsbereiche korrespondieren, oder anhand von diversifizierten Risikodeckungsmassen, die eine Zurechnung der Diversifikationseffekte erfordern, erfolgen. Beide Vorgehensweisen erfordern die Lösung des Zurechnungsproblems, da bei der Vorgabe undiversifizierter Risikodeckungsmassen eine Ableitung aus den verfügbaren Risikodeckungsmassen auf Gesamtunternehmensebene, die der Deckung des diversifizierten Gesamtrisikos dienen, erforderlich ist. Bei der Verwendung von risikodeckungsmassenorientierten Risikomaßen entsprechen die allozierten bzw. budgetierten Risikodeckungsmassen der Soll-Risikoposition der Verantwortungsbereiche. Die Vorgabe und Einhaltung der Risikodeckungsmassen für die Verantwortungsbereiche soll sicherstellen, dass bei delegierten Verantwortlichkeiten die Risikotragfähigkeit auf Gesamtunternehmensebene nicht überschritten wird. Im Rahmen der Rendite-Risiko-Steuerung werden den Verantwortungsbereichen risikoadjustierte Rendite- oder Erfolgsgrößen vorgegeben. Sie dienen z. B. als Entscheidungsgrundlage in Form von Hurdle Rates (geforderte Mindestrendite) bei der Beurteilung von Investitionen oder Aufträgen. Im Rahmen der ex post Betrachtung dient das allozierte Risikokapital dem Leistungsvergleich von Verantwortungsbreichen, der Entlohnung der Bereichsverantwortlichen und der Zurechnung von Kapitalkosten. Je nach Wissenswunsch bzw. Rechnungszweck können dabei unterschiedliche Zurechnungsprinzipien sinnvoll sein.[1269]

Den letzten Teilkomplex der Risikorechnung bilden **Risikoauswertungsrechnungen**. Diese umfassen sowohl periodisch wiederkehrende und standardisierte als auch fallweise Auswertungen, die auf die Risikogrundrechnung zurückgreifen und u. U. um weitere Informationen, z. T. aus anderen Teilsystemen der Unternehmensrechnung, ergänzt werden.

[1268] Vgl. *Scherpereel, P.* (2006), S. 91-92.

[1269] Vgl. *Albrecht, P./Koryciorz, S.* (2004); *Bielefeld, F./Maifarth, M.* (2005); *Pfaff, D./Kühn, J.* (2005); *Scherpereel, P.* (2006), S. 87-125.

Standardmäßig und eigentlich laufend erforderlich ist die Kenntnis des Verhältnisses des Gesamtrisikos zu den Gesamtrisikodeckungsmassen. Dies ist Gegenstand der **Risikotragfähigkeitsrechnung**. In deren Rahmen wird die liquiditäts- und erfolgsorientierte Risikolage mit den entsprechenden Risikodeckungsmassen sowohl auf Prognose- als auch auf Ist-Basis verglichen. Hierzu greift die Risikotragfähigkeitsrechnung auf die Ergebnisse der Risiko-, Risikogestaltungsmaßnahmen- und Risikodeckungsmassen-Zuordnungsrechnungen zurück. Für alle Risikodeckungsmassen und Zeithorizonte muss gelten, dass die festgestellte Netto-Risikolage, ausgedrückt durch risikodeckungsmassenorientierte Risikomaße, nicht die verfügbaren Risikodeckungsmassen übersteigt. Die Ergebnisse der Überprüfung dieser Bedingung sollten gegebenenfalls Handlungen bei den Verantwortlichen anstoßen. Eine laufende Risikotragfähigkeitsrechnung ist nur möglich bzw. sinnvoll, wenn auch die zugrunde liegenden Grundrechnungen laufend aktualisiert werden. Dies wird in den meisten praktischen Fällen bei Nicht-Finanzunternehmen nicht erforderlich bzw. wirtschaftlich sein, sodass eine periodische Auswertung erfolgen sollte. Es sollte jedoch die Möglichkeit der unterperiodigen Anpassung bei wesentlichen Veränderungen der Risikolage oder Risikodeckungsmassen mit entsprechender Handlungsauslösung gegeben sein. Neben der Risikotragfähigkeitsrechnung auf Gesamtunternehmensebene sind für die Überwachung der Soll-Risikovorgaben auch Auswertungen auf Verantwortungsbereichsebene erforderlich. Im Rahmen der Risikotragfähigkeitsrechnung ist zudem eine Fortschritts- und Wirkungskontrolle bzgl. der Risikogestaltungsmaßnahmen vorzunehmen.

Ebenfalls standardmäßig und periodisch wiederkehrend sind die **risikoadjustierte Performancemessung** sowie die **externe Risikoberichterstattung** durchzuführen. Aus den Grundrechnungen können die benötigten Informationen z. B. über Risikoarten, Risikogestaltungsmaßnahmen, Risikomaße und Risikolage entnommen und an die Erfordernisse der externen Risikoberichterstattung angepasst werden.

Fallweise Auswertungsrechnungen sind vor allem im Rahmen der Entscheidungsunterstützung erforderlich. Beispiele sind die Untersuchung der Risiko- und risikoadjustierten Performance-Wirkungen bei Entscheidungen über die Annahme und Preisgestaltung von Aufträgen oder die Beurteilung von Investitionen nach Risikotragfähigkeits- und Rendite-Risiko-Aspekten. U. U. sind die hierfür erforderlichen Informationen nicht in der Risikogrundrechnung erhalten und müssen zusätzlich erhoben werden, da z. B. neue Bezugsobjekte geschaffen oder neue Risikofaktoren relevant werden.

Mithilfe dieser Bausteine sollte es möglich sein, die Wissenswünsche externer und interner Entscheidungsträger bzw. Anspruchsberechtigter zu erfüllen und die Prognose, Vorgabe und Kontrolle des Risikos sowie die risikobezogene Koordination von Entscheidungsträgern zu ermöglichen. Eine eigenständige Ausgestaltung der Bausteine erhöht tendenziell die Effektivität der Aufgabenerfüllung und die Flexibilität des Rechensystems, während eine Kombination der Bausteine zu teilintegrierten Rechensystemen mit Mehrfachzwecksetzung tendenziell die Effizienz bzw. Wirtschaftlichkeit steigert.

Abbildung 26 stellt den Aufbau und den Ablauf der Risikorechnung schematisch dar.

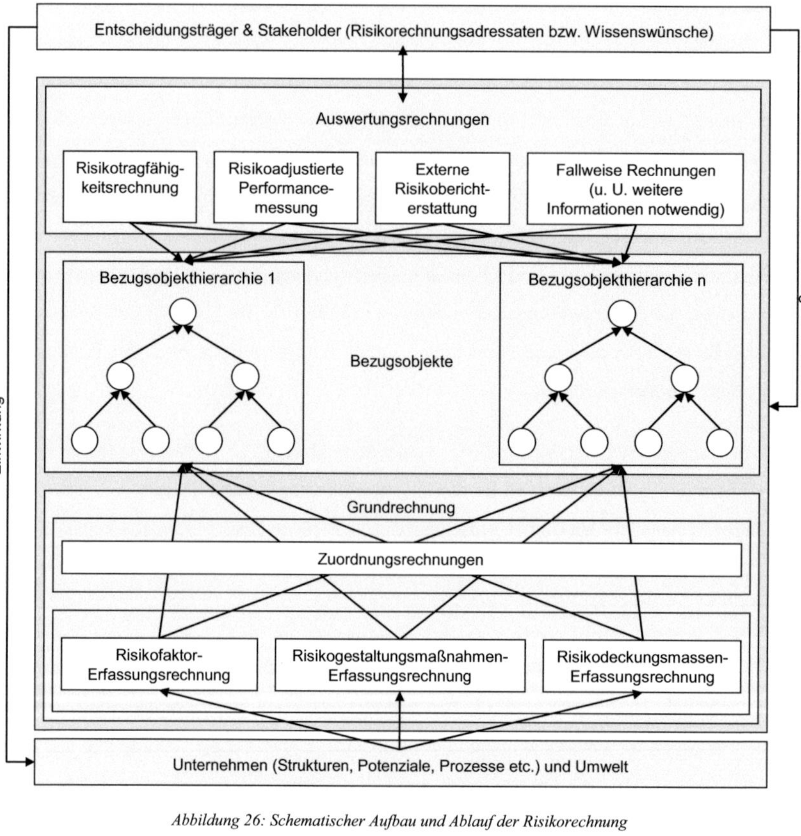

Abbildung 26: Schematischer Aufbau und Ablauf der Risikorechnung

5.5.5 Charakterisierung des Gestaltungsvorschlags

Der hier vorgestellte Gestaltungsvorschlag für eine Risikorechnung stellt einen Versuch dar, die Risikorechnung als einen Teilbereich der Unternehmensrechnung aufbauend auf allgemeinen Überlegungen der Unternehmensrechnungsgestaltung zu konzipieren. Im Bereich der Unternehmensrechnung wurden vor allem hinsichtlich der Kosten- und Erlösrechnung Gestaltungsfragen untersucht. Für die Zwecke dieser Arbeit wird die Gestaltungsmerkmalsstrukturierung nach *Hoitsch* und *Schmitz* als fruchtbar erachtet, da dieser Vorschlag schon erfolgreich auf mehrere Kontexte angewandt wurde. Die Gliederung der Gestaltungsmerkmale in Rechengrößen, Bezugsobjektarten, Zurechnungsprinzipien und Systemarchitektur wird als ausreichend generisch erachtet, um nach angemessener Modifikation auch über die Gestaltung der Kosten- und Erlösrechnung hinaus als Strukturrahmen zu dienen. Der Gestaltungsvorschlag beruht zudem auf Überlegungen zur generischen Strukturierung von Unternehmensrechnungssystemen in möglichst zweckplurale Grundrechnungen zur allgemeinen Erfassung und grundlegenden Verarbeitung der realen Unternehmung und ihrer Umwelt in Rechnungswesengrößen sowie in wissenszweckspezifische Auswertungsrechnungen.

Damit wird sichergestellt, dass sich der Entwurf möglichst problemlos in den Erkenntnisbereich der Unternehmensrechnungsgestaltung einordnen lässt und mit bestehenden Erkenntnissen vergleichbar ist. Im Vergleich zu den bestehenden Risikorechnungsansätzen werden somit zum einen ein stärkerer Bezug zum Erkenntnisbereich der Unternehmensrechnungsgestaltung sowie zum anderen eine Verallgemeinerung hinsichtlich des Anwendungsbereiches (Nicht-Finanzunternehmen) und bezüglich der Gestaltungsmerkmale angestrebt. Tabelle 23 gibt einen zusammenfassenden Überblick über die betrachteten Gestaltungsoptionen und den jeweils vorgeschlagenen Ausprägungen des hier erarbeiteten Vorschlags zur Risikorechnungsgestaltung.[1270]

[1270] Für einen Überblick zu den bestehenden Risikorechnungsgestaltungsvorschlägen siehe Tabelle 19.

Gestaltungsoption	Ausprägung
Rechengrößen	Risikomaße und Risikodeckungsmassen bauen auf verwendeten Rechengrößen auf: • Risikomaße: CFaR, EaR, VaR / CCFaR, CEaR, CVaR / ECFS, EES, EVS Konfidenzniveau: abhängig von Zielrating; Zeithorizont: abhängig von Vorgaben der Unternehmensplanung und verwendeten Rechengrößen bzw. Risikodeckungsmassen (z. B. für Liquidität kürzer als für Erfolg/Vermögen) • Risikodeckungsmassen: Liquidität (finanzielle Mobilität), Risikokapital (Eigenkapital)
Bezugsobjektarten	• Grundsätzlich Bezugsobjektarten und -hierarchien der anderen Teilrechnungssysteme (Leistungen, Ressourcen, Marktpartner, Perioden, Regionen, Verantwortungsbereiche) • Spezielle Zurechnungshierarchien (Risikoarten etc.)
Zurechnungsprinzipien	Fallweise auszuwählen, parallele Verwendung mehrerer Zurechnungsprinzipien
Risikogliederung	Multidimensional zur Transparenzerhöhung und Deckung der Wissenswünsche: • Risikofaktoren/-quellen, Risikoarten • Betroffene Rechengrößen bzw. Risikodeckungsmassen • Risikogestaltungsrelevante Eigenschaften: Versicherbarkeit, vertragliche Überwälzbarkeit auf Dritte, Beeinflussbarkeit der zugrunde liegenden Wahrscheinlichkeitsverteilung durch das Unternehmen etc. • Zeithorizont (kurz-, mittel-, langfristig) bzw. Bedeutung (strategisch, taktisch, operativ) • Grad an Vertrauen in die Zuverlässigkeit der Wahrscheinlichkeitsschätzung • Verbund- und Diversifikationsberücksichtigung (Gesamtrisiko, Komponentenrisiko, marginales Risiko) • Netto- vs. Bruttorisiken
Rechnungsaufbau	Primäre Grundrechnung bzw. Erfassungsrechnung • Risikofaktor-Ermittlungsrechnung • Risikogestaltungsmaßnahmen-Ermittlungsrechnung • Risikodeckungsmassen-Ermittlungsrechnung Sekundäre Grundrechnung bzw. Zuordnungsrechnung • Risikozuordnungsrechnung • Risikogestaltungsmaßnahmen-Zuordnungsrechnung • Risikodeckungsmassen-Zuordnungsrechnung
	Auswertungsrechnungen • Risikotragfähigkeitsrechnung • Risikoadjustierte Performancemessung • Externe Risikoberichterstattung • Fallweise Auswertungsrechnungen

Tabelle 23: Überblick über die Ausprägungen der Gestaltungsoptionen des Gestaltungsvorschlages

5.6 Mögliche Realisationsformen bzw. Risikorechnungsteilsysteme

Nach der generischen gestaltungsbezogenen Betrachtung der Risikorechnung sollen abschließend noch exemplarisch einige ausgewählte Realisations- und Integrationsformen der Risikorechnung betrachtet werden. Dabei werden auch einige schon in allgemeiner Form dargestellte Optionen detailliert. Zunächst wird eine Risikorechnung auf der Grundlage eines Business Risk Model betrachtet, in dessen Rahmen eine Bestimmung der Gesamtrisikolage anhand von XaR-Risikomaßen sowie eine Ermittlung liquiditäts- und erfolgsorientierter Risikodeckungsmassen erfolgen. Anschließend wird die risikoorientierte Performancemessung näher betrachtet. Schließlich wird noch die Möglichkeit der Integration der Risikorechnung in den strategischen Kontext anhand eines auf einer risikoorientierten Balanced Scorecard beruhenden Strategic Business Risk Model untersucht.

5.6.1 Business Risk Model-basierte Risikorechnung

Als erste Realisationsform wird eine Business Risk Model-basierte Risikorechnung betrachtet. Diese ist primär auf die Ermittlung der Gesamtrisikolage und somit auf das Risikotragfähigkeitsprinzip ausgerichtet. Die betrachteten Rechengrößen sind der Cashflow, der Jahresüberschuss sowie der Unternehmenswert. Entsprechend werden als Risikomaße CFaR, EaR und DRV sowie die korrespondierenden liquiditäts- und erfolgsorientierten Risikodeckungsmassen benötigt. Ausgehend von einer kombinierten, retrograden und progressiven Risikoidentifikation werden die relevanten Risikofaktoren identifiziert und mit Wahrscheinlichkeitsverteilungen versehen sowie deren stochastischen Beziehungen in Form von Korrelationen analysiert. Dabei wird auch ermittelt, auf welche Rechengrößen bzw. Rechengrößenkomponenten sich die Risikofaktoren auswirken. Ausgehend von den Wissenswünschen der Unternehmensleitung werden die benötigten Bezugsobjektarten und Bezugsobjekthierarchien sowie die Aggregationsstufen identifiziert und konkretisiert. Damit kann die Beziehung von Risikofaktoren und Rechengrößen formal modelliert werden.

Zur Konkretisierung soll ein einfaches Beispiel betrachtet werden: Ein Unternehmen stellt in Auftragsfertigung mit zwei operativen Unternehmensbereichen *UB* und einem Zentralbereich (i = 1, 2, 3) drei Produkte (j = 1, 2, 3) her, wobei Unternehmensbereich UB_1 (UB_2)für die Produkte P_1 und P_2 (P_3) zuständig ist. Die Beschaffungs-, Produktions- und Vertriebsfunktionen sind in den Bereichen angesiedelt, auf Gesamtunternehmensebene befindet sich die allgemeine Verwaltung (UB_3). Der Planungshorizont beträgt fünf Jahre, wobei die Periodenlänge ein Jahr (t = 1, 2, 3, 4, 5) beträgt. Als Bezugsobjekthierarchien *BOH* (k = 1, 2, 3) werden Unternehmens- bzw. Verantwortungsbereiche (räumlich-organisatorische Bezugsobjekthierarchie, k = 1), Produkte (leistungsbezogene Bezugsobjekthierarchie, k = 2) und Perioden (zeitliche Bezugsobjekthierarchie, k = 3) unterschieden. Die Identifikation der Risikofaktoren erfolgt vereinfachend über ein Business Risk Model bzw. über die Dekomposition der verwendeten Rechengrößen.[1271] Dabei werden zunächst die Rechengrößen Cashflow *CF* und Jahresüberschuss *JÜ* betrachtet, die durch die selektive Berücksichtigung nicht zahlungswirk-

[1271] Zu Business Risk Models vgl. *MeVay, J./Turner, C.* (1995); *Chapey, F. J.* (1996); *Turner, C.* (1996); *Bartram, S. M.* (2000b), S. 1283; *Pfennig, M.* (2000), S. 1301. Vgl. auch *Diggelmann, P. B.* (1999), S. 222-234.

samer Aufwendungen und Erträge sowie nicht erfolgswirksamer Zahlungen ineinander überführbar sind. Es wird unterstellt, dass die Ermittlung der Aufwendungen und Erträge auf den entsprechend modifizierten Ergebnissen einer Kosten- und Erlösrechnung basieren. Die einzelnen Erlös- und Kostenbestandteile werden vereinfachend als Risikofaktoren aufgefasst und mit periodenspezifischen Wahrscheinlichkeitsverteilungen hinterlegt. Dies bedeutet also grundlegend, dass alle Preis- und Mengenkomponenten als Zufallsgrößen aufgefasst werden. Eine genauere Vorgehensweise erfordert, dass geprüft wird, ob die Preis- und Mengengrößen durch grundlegendere Faktoren beeinflusst werden, die gleichzeitig auch mehrere Preis- und Mengengrößen betreffen (z. B. Wechselkurse). Die Preis- und Mengengrößen sind dann als Funktionen der grundlegenden Risikofaktoren zu modellieren. Für dieses einfache Beispiel soll jedoch unterstellt werden, dass eine kostenarten- und erlösteilgrößenbezogene Differenzierung ausreichend ist.[1272] Es werden folgende Risikofaktoren RF (r = 1,…, 5) betrachtet:

- Materialkosten: je Produktart werden eine Fertigungsmaterialart und eine Gemeinkostenmaterialart betrachtet. Risikofaktoren sind somit jeweils die Materialpreise und die Verbrauchskoeffizienten, da sich die erwartete Materialmenge nach den Absatzmengen richtet ($P_1: r = 1, \ldots, 4; P_2: r = 5, \ldots, 8; P_3: r = 8, \ldots, 12$).
- Personal- und Sozialkosten: je Unternehmensbereich werden drei Entlohnungsgruppen betrachtet ($UB_1: r = 13, \ldots, 15; UB_2: r = 16, \ldots, 18; UB_3: \mathrm{r} = 19, \ldots, 21$).
- Betriebsmittelkosten: je Unternehmensbereich werden Energiekosten (jeweils Preise und Verbräuche) sowie Abschreibungskosten betrachtet ($UB_1: r = 22, \ldots, 24$; $UB_2: r = 25, \ldots 27$; $UB_3: r = 28, \ldots, 30$).
- Sonstige Kosten: vereinfachend wird noch ein Block sonstiger Kosten betrachtet, der dem Zentralbereich zugeordnet ist ($UB_3: r = 31$).
- Erlöse: als Erlösteilgrößen werden nur die Verkaufsmengen und -preise je Produktart betrachtet ($P_1: r = 32, 33; P_2: r = 34, 35; P_3: r = 36, 37$).

Es wird unterstellt, dass alle Kostenarten und Erlösbestandteile in der Betrachtungsperiode zahlungswirksam sind. RF_{BO} bezeichne die Menge der einem Bezugsobjekt zuordenbaren Risikofaktoren, also z. B. $RF_{UB3}: r \in \{19, 20, 21, 28, 29, 30, 31\}$. Die Erfassung der stochastischen Abhängigkeiten zwischen den Risikofaktoren erfolgt über eine Kovarianz- bzw. Korrelationsmatrix.

[1272] Zu Kostenarten bzw. Erlösteilgrößen vgl. z. B. *Hoitsch, H.-J./Lingnau, V.* (2004), S. 24, S. 106-109 und S. 285-292.

Der direkt zurechenbare Cashflow für die einzelnen Bezugsobjekte in einer Periode wird wie folgt ermittelt:

- Produktarten: $CF_{P1} = r_{32} \cdot r_{33} - [r_{32} \cdot (r_1 \cdot r_2 + r_3 \cdot r_4)]$, analog für P_2 und P_3.
- Unternehmensbereiche: $CF_{UB1} = CF_{P1} + CF_{P2} - \sum_{n \in RF_{UB1*}} r_n$, wobei $RF_{UB1*} = RF_{UB1} \setminus r_{24}$.

  Analoges gilt für die anderen beiden Unternehmensbereiche. Der Cashflow des Gesamtunternehmens CF ergibt sich als Summe der Cashflows der Unternehmensbereiche.
- Perioden: Der Barwert über die Cashflows der einzelnen Perioden t auf Gesamtunternehmensebene DCF wird durch Summierung der mit dem risikolosen Zinssatz z diskontierten Perioden-Cashflows CF_t gewonnen: $DCF = \sum_{t=1}^{5} CF_t \cdot (1+z)^{-t}$. Hierbei ist noch eine Anpassung für die Anschaffungsauszahlungen (Bestandswerte) für Betriebsmittel vorzunehmen.

Die Bestimmung des Jahresüberschusses für die einzelnen Perioden erfolgt, indem die Abschreibungen von den Cashflows subtrahiert werden.

Die Cashflow-, Jahresüberschuss- und Barwert-Verteilungen werden mithilfe einer Monte-Carlo-Simulation auf der Grundlage der definierten Verteilungen und Rechengrößen-Risikofaktor-Beziehungen ermittelt. Aus den sich ergebenden Häufigkeitsverteilungen werden die Risikomaße CFaR, EaR und DRV zu den gewünschten Konfidenzniveaus ermittelt. Dabei bietet es sich u. U. an, multiple Konfidenzniveaus zu betrachten, die mit unterschiedlichen Risikodeckungsmassenstufen und Gefährdungsgraden korrespondieren.[1273] Hinsichtlich der Unterstützung bei Entscheidungen zur strategischen Ausrichtung können für die einzelnen Produktarten oder Unternehmensbereiche auch die inkrementellen Risikomaße erhoben werden. Hierzu sind die Monte-Carlo-Simulationen einmal mit und einmal ohne den betrachteten Unternehmensbereich bzw. das betrachtete Produkt durchzuführen und die Differenz zwischen den sich ergebenden Risikomaßen zu ermitteln.

5.6.2 Risikoadjustierte Leistungs- und Vorteilhaftigkeitsbeurteilung

Die Risikorechnung kann nicht nur Informationen über die Risikolage bzw. die Risikotragfähigkeit des Unternehmens liefern, sondern auch zur Ableitung von Aussagen über das Erfolg-

[1273] Vgl. *Pfennig, M.* (2000), S. 1304-1306; *Burger, A./Buchhart, A.* (2002a), S. 150; *Kremers, M.* (2002), S. 256-265.

Risiko-Verhältnis, also das erwartete oder realisierte Verhältnis von erwirtschafteten Überschüssen und eingegangenem Risiko, verwendet werden. Durch diese Betrachtung ist eine Erweiterung traditioneller Rendite-Kennzahlen, die als Grundlage der Unternehmenssteuerung dienen, um Risikoaspekte möglich. Dabei wird als Effizienzmaßstab der erwirtschaftete Überschuss je „Risikoeinheit" verwendet, wodurch die möglichst gewinnbringende bzw. wertsteigernde Ausnutzung der begrenzten Risikotragfähigkeit des Unternehmens in den Mittelpunkt der Betrachtung gerückt wird.

Vor allem im Kontext der Gesamtbanksteuerung wurden Konzepte für die risikoadjustierte Performancemessung entwickelt. Die dort vorgeschlagenen risikoorientierten Performancemaße (RAPM) ähneln dabei traditionellen Renditekennziffern oder wertorientierten Kennzahlen, je nachdem ob das Ergebnis und/oder das Kapital risikoadjustiert sind.[1274] Sie werden sowohl zur ex ante Beurteilung von Investitionsprojekten bzw. Vorgabe risikoadjustierter Soll-Überschüsse (Renditen) als auch zur ex post Beurteilung der Leistung von Verantwortungsbereichen bzw. Verantwortlichen verwendet.[1275] Hinsichtlich der Entscheidungsunterstützung können RAPM auch als eine Approximation des Risiko-Wert-Trade-off von Risiko-Wert-Modellen betrachtet werden.[1276]

Eine Risikoadjustierung des Kapitals erfolgt bei dem RAPM Return on Risk Adjusted Capital (RORAC), indem der erwartete oder realisierte Überschuss ins Verhältnis zum benötigten oder allozierten Risikokapital gesetzt wird:

$$RORAC = \frac{Überschuss}{Risikokapital}.$$

Als Maßgröße des notwendigen, verfügbaren oder beanspruchten Risikokapitals werden i. d. R. risikodeckungsmassenorientierte Risikomaße, insbesondere VaR verwendet. Mithilfe des RORAC können relative Vorteilhaftigkeitsaussagen bzw. Leistungsbeurteilungen bzgl. Verantwortungsbereichen und Projekten hinsichtlich der Effizienz der Risikokapitalnutzung getroffen werden, wobei jedoch implizit ein linearer Zusammenhang zwischen Risikokapital und erwarteten bzw. erwirtschafteten Überschuss unterstellt wird. Für eine Beurteilung der absoluten Vorteilhaftigkeit von Projekten bzw. der Leistung von Verantwortungsbereichen ist ein Vergleich des RORAC mit Vorgabewerten, so genannten Hurdle Rates erforderlich. Eine

1274 Vgl. *Fröhling, O.* (2000), S. 74-77; Hartmann-Wendels, T., *et al.* (2004), S. 347-352; *Homburg, C./Stephan, J.* (2004), S. 317-318; *Bielefeld, F./Maifarth, M.* (2005); *Pfaff, D./Kühn, J.* (2005).
1275 Vgl. *Scherpereel, P.* (2006), S. 69.
1276 Vgl. *Albrecht, P./Klett, T.* (2004), S. 1.

solche absolute Betrachtung erlaubt die Verwendung des Risk Adjusted Return on Risk Adjusted Capital (RARORAC), der häufig einfach als Risk Adjusted Return on Capital (RAROC) bezeichnet wird. Beim RARORAC/RAROC werden sowohl der Überschuss als auch das Kapital risikoadjustiert. Die Adjustierung des Überschusses erfolgt durch die Subtraktion einer Risikoprämie, die i. d. R. als die Verzinsung des Risikokapitals mit dem Soll-RORAC bestimmt wird:

$$RARORAC\ bzw.\ RAROC = \frac{\ddot{U}berschuss - RORAC^{Soll} \cdot Risikokapital}{Risikokapital} = RORAC - RORAC^{Soll}.$$

Ein positiver Wert zeigt die Vorteilhaftigkeit eines Projektes bzw. die gute Leistung eines Verantwortungsbereiches an. Der RARORAC/RAROC ist damit strukturell der wertorientierten Kennzahl Economic Value Added (EVA) sehr ähnlich.[1277] Die ex ante Anwendung der RAPM im Kontext dezentral organisierter Unternehmen soll zum einen eine wertorientierte Unternehmenssteuerung ermöglichen und zum anderen die Einhaltung der Risikodeckungsmassenrestriktion sicherstellen. Die beiden Aspekte der allozierten Risikodeckungsmassen und der Hurdle Rate müssen dabei u. U. iterativ abgestimmt werden, bis sich eine zufrieden stellende und zulässige Lösung ergibt.[1278]

Zur ex post Leistungsbeurteilung ist die Frage zu klären, welche Risikodeckungsmassen der Performancemessung zugrunde gelegt werden sollen. Zunächst ist festzulegen, ob die in der betrachteten Periode tatsächlich genutzten oder im Rahmen der Planung zugeteilten Risikodeckungsmassen zu verwenden sind. Werden die Planwerte herangezogen, impliziert dies einen Anreiz zu deren Vollausnutzung durch die Verantwortlichen, da ihnen auch nicht genutzte Deckungsmassen angerechnet werden. Dies kann zu nicht erwünschten Handlungsweisen und – aufgrund der eingeschränkten Einflussmöglichkeiten – zur Demotivierung der Verantwortlichen führen. Eine Zurechnung der tatsächlich erzeugten Risikolage steht zwar im engeren Bezug zur Verantwortlichkeit, motiviert aber nicht zur Ausschöpfung der Risikodeckungsmassen, sodass u. U. weniger Überschuss als möglich generiert wird.[1279] Zusätzlich muss bestimmt werden, ob die Risikodeckungsmassen mit oder ohne Berücksichtigung von Diversifikationseffekten auf die Verantwortungsbereiche bzw. Projekte zugerechnet werden. Für die Verwendung des undiversifizierten Risikokapitals sprechen vor allem Gründe der Verantwort-

---

1277 Vgl. *Fröhling, O.* (2000), S. 89; Hartmann-Wendels, T., *et al.* (2004), S. 348-352; *Homburg, C./Stephan, J.* (2004), S. 317-318; *Bielefeld, F./Maifarth, M.* (2005), S. 164-167 und S. 173-176; *Scherpereel, P.* (2006), S. 69-74.

1278 Vgl. *Pfaff, D./Kühn, J.* (2005), S. 202.

1279 Vgl. *Bielefeld, F./Maifarth, M.* (2005), S. 172-173; *Pfaff, D./Kühn, J.* (2005), S. 202-204; *Scherpereel, P.* (2006), S. 69-74.

lichkeit, da einzelnen Verantwortlichen kaum Einfluss auf die Höhe der Diversifikation haben bzw. diese durch Handlungen anderer oder allgemeine Entwicklungen beeinflusst wird. Im Rahmen der Risikobudgetierung müssen jedoch auch hier Diversifikationseffekte beachtet werden, da die Stand-alone Risikodeckungsmassen aus den insgesamt verfügbaren Risikodeckungsmassen abgeleitet werden. Daher spricht für die Verwendung diversifizierter Risikodeckungsmassen, dass diese die Gesamthöhe der benötigten Risikodeckungsmassen direkt abbilden. Zudem ist zu beachten, dass in Abhängigkeit der zugrunde gelegten Risikodeckungsmassen unterschiedliche Hurdle Rates verwendet werden müssen, da die undiversifizierten Deckungsmassen i. d. R. höher ausfallen als die diversifizierten.[1280] Werden diversifizierte Risikodeckungsmassen zur Leistungsbeurteilung verwendet, ist schließlich noch das zu verwendende Zurechnungs- bzw. Verteilungsprinzip festzulegen.

Im Kontext der Risikorechnung sind die Vorteilhaftigkeits- und Leistungsbeurteilungen als Auswertungsrechnungen zu werten. Die Risikogrundrechnung stellt für diese Zwecke insbesondere Informationen über Risikodeckungsmassen und Risikolagen zur Verfügung.

5.6.3 Risikorechnung im strategischen Kontext (Strategic Business Risk Model)

Die Unternehmensrechnung – traditionell überwiegend im operativen und taktischen Kontext verwendet – wird vermehrt auf strategische Aufgaben bezogen. Bisher existiert noch kein breiter Kosens über Inhalt oder Ausgestaltung der strategischen Unternehmensrechnung (strategic management accounting). Grundlegend sollte diese aber Informationen für die Formulierung von Strategien (Entscheidungsuntersützung) sowie die Steuerung und Überwachung ihrer Umsetzung (u. a. Verhaltenssteuerung) bereitstellen. Neben Konzepten und Instrumenten wie z. B. strategische Finanzrechnung, Erfahrungskurve, Lebenszyklus-Kostenrechnung, Zielkostenrechnung oder Wertkettenkostenrechnung wird hierbei auch die Balanced Scorecard (BSC) diskutiert. [1281] Das BSC-Konzept stellt sowohl ein Managementsystem zur Formulierung, Operationalisierung und Kommunikation von Strategien und zur Überwachung ihrer Umsetzung (Durchsetzung), als auch ein hierauf bezogenes Kennzahlensystem dar. Die Verbindung zur Unternehmensrechnung ergibt sich vor allem aus ihrer Funktion eines Performance Measurement-Systems zur Erweiterung

[1280] Vgl. *Scherpereel, P.* (2006), S. 122-124.

[1281] Zur Unternehmensrechnung im strategischen Kontext vgl. z. B. *Hoitsch, H.-J./Lingnau, V.* (2004), S. 349-372; *Drury, C.* (2005a), S. 461-484; *Drury, C.* (2005b), S. 991-1020. Zur Behandlung der BSC im Kontext der Unternehmensrechnung bzw. des Management Accounting vgl. z. B. auch *Atkinson, A. A. et al.* (2004), S. 353-392; *Zimmerman, J. L.* (2006), S. 734-741.

traditioneller finanzieller Kennzahlen- und Performance Measurement-Systeme. Diese können als eine bestimmte Form von Auswertungsrechnungen gesehen werden. Die Erweiterung besteht darin, dass neben finanziellen Kennzahlen, die der Formulierung übergeordneter monetärer Ziele und als nachlaufende Maße der Ergebnisüberprüfung dienen, auch nicht-finanzielle Kennzahlen erhoben werden, die einen möglichst umfassenden und ausgewogenen, vorlaufenden Überblick über das Unternehmen bzw. seine strategischen Ziele, Maßnahmen zu ihrer Erreichung und Ergebnisse liefern sollen. Das Konzept ist sowohl als übersichtliches, transparentes Berichts- und strategieorientiertes Kommunikationsinstrument als auch als Führungsinstrument gedacht, das die Verbindung von strategischen Zielsetzungen mit operativem Handeln ermöglicht und zudem einen Beitrag zum organisationalen Lernen leistet. Daher wird das BSC-Konzept auch im Kontext des Risikomanagements als Möglichkeit zu dessen Integration in die Unternehmensführung bzw. als Trägermedium des Risikomanagements diskutiert.[1282] Hieraus ergeben sich die Ansatzpunkte für die Kombination einer Risikorechnung mit einer risikoorientierten BSC, um eine strategieorientierte Risikorechnung zu konzipieren bzw. eine Risikorechnung strategisch auszurichten. Eine Verbindung von Risikorechnung und BSC ist grundlegend auf unterschiedlichen Wegen realisierbar. Ein allgemeines Bespiel findet sich in Abbildung 27.

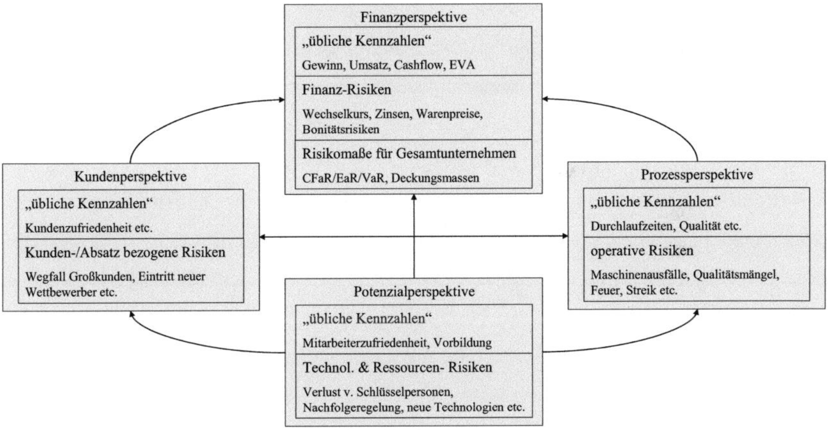

Abbildung 27: Beispiel für eine risikoorientierte BSC mit XaR-Kennzahlen

Im einfachsten Falle können die aus der Risikorechnung gewonnenen Risikomaße und korrespondierenden Risikodeckungsmassen sowie RAPM direkt in die **Finanzperspektive** der BSC aufgenommen werden. Hierbei besteht jedoch die Gefahr, dass der Zeitbezug und der

[1282] Vgl. Winter, P., *et al.* (2006a) und Winter, P., *et al.* (2006b) m. w. N. Siehe Abschnitt 3.4.3.

Inhalt von Risikorechnung und BSC nur ungenügend aufeinander abgestimmt sind. Daher ist es erforderlich, die Elemente der BSC durch korrespondierende Elemente in der Risikorechnung abzubilden. Ausgehend von den verfolgten Strategien und Zielen sind über Ursache-Wirkungs-Beziehungen (Strategy Map) strategierelevante Risikofaktoren und Risikofaktorbeziehungen, Risikogestaltungsmaßnahmen und Risikodeckungsmassen zu identifizieren. Sind diese nicht in der Risikogrundrechnung erfasst bzw. können diese nicht aus den in der Risikogrundrechnung erfassten Elementen abgeleitet werden, ist diese entsprechend zu erweitern. Zusätzlich sind strategiebezogene Bezugsobjekte für die BSC-konforme Zurechnungen zu definieren. Im Rahmen einer traditionellen BSC wären z. B. Perspektiven, Ziele, Leistungstreiber (Key Performance Indicators bzw. Measures) und Maßnahmen denkbar. Dieser Ansatz erfordert somit die explizite Quantifizierung der Risikowirkungsbeziehungen der in der BSC erfassten Elemente.

Diese Überlegungen sollen im Folgenden anhand eines einfachen Beispiels illustriert werden.[1283] Ausgangspunkt ist die Verwendung des BSC-Modells eines Unternehmens als Grundlage für ein „Strategic Business Risk Model". Hierbei ergeben sich die Verantwortlichkeiten sowie die Risikofaktoren und deren Interdependenzen aus der Konstruktion einer risikoorientierten BSC (Risikoidentifikation). In einem weiteren Schritt ist deren quantitative Abbildung erforderlich (Risikoanalyse). Da dieser Schritt mit erheblichen Unsicherheiten behaftet sein dürfte, erscheint es ratsam, zumindest zunächst auf eine Reihe vereinfachender Annahmen zurückzugreifen. Die Annahme direkter linearer Zusammenhänge zwischen den risikobehafteten BSC-Elementen (Ziele, Maßnahmen etc.) und den betrachteten finanziellen Zielgrößen (z. B. Reinvermögen, Liquidität, Gewinn) erscheint dabei am einfachsten. Zunächst sind je Kenngröße oder Risiko die betroffenen Komponenten der betrachteten Zielgrößen zu hinterlegen (z. B. im Falle des Cashflows die Auswirkungen einer gesunkenen Kundenzufriedenheit auf die Umsatzerlöse). Hierbei ist u. U. die Berücksichtigung der zeitlichen Beziehungen zwischen den Risikofaktoren und deren Auswirkung auf die Zielgrößen erforderlich. Um die Einflussstärke der Faktoren auf die Ergebnisgrößen-Komponenten abzuschätzen, können bei quantifizierbaren Faktoren und ausreichender Datengrundlage Regressionsanalysen durchgeführt werden (z. B. Auswirkungen von Wechselkursen auf Umsatz, Qualitätsmängeln auf Herstellkosten, Forderungsausfällen auf Umsatz).[1284] Bei schwer quantifizierbaren Faktoren oder mangelnder Datengrundlage ist es notwendig, die Höhe der Auswirkungen auf die betroffenen Zielkomponenten und die Wirkungsrichtung mithilfe einer quali-

[1283] Vgl. im Folgenden Winter, P., *et al.* (2006b).
[1284] Vgl. *Bartram, S. M.* (2000b).

tativen Beurteilung (z. B. ---, --, -, 0, +, ++, +++ oder -10 bis +10)[1285] abzuschätzen. Dabei erscheint es zweckmäßig, dass zunächst erfahrene Mitarbeiter der betroffenen Bereiche die Wirkungsstärken abschätzen und entsprechende quantifizierende **Wirkkoeffizienten** zuordnen, und dass diese Ergebnisse in einem zweiten Schritt unternehmensübergreifend von der Unternehmensleitung oder dem (Risiko-) Controlling überprüft werden. Die verifizierten Ergebnisse können dann in einer Risikowirkungsmatrix zusammengefasst werden.

Zudem müssen für die Ausprägungen der Risikofaktoren stetige (Wechselkurs) oder diskrete (Eintritt neuer Wettbewerber) **Verteilungen** hinterlegt werden.[1286] Die Bestimmung geeigneter Wahrscheinlichkeitsverteilungen wird für viele Risikofaktoren nicht unproblematisch sein, insbesondere wenn keine Erfahrungswerte und Zeitreihen zur Verfügung stehen. Als Approximation können aber einfach zu handhabende Gleich- oder Dreiecksverteilungen verwendet werden, für deren Bestimmung lediglich der maximale und minimale bzw. noch der wahrscheinlichste Wert benötigt werden. Diese Werte sollten zweckmäßigerweise analog zu den Wirkkoeffizienten durch erfahrene Mitarbeiter geschätzt und zentral auf ihre Plausibilität überprüft werden. Die Festlegung von **Korrelationen** kann in ähnlicher Weise wie bei der Bestimmung der Wirkkoeffizienten zunächst qualitativ erfolgen, wobei den Korrelationsklassen anschließend adäquate Werte aus dem Bereich [-1; 1] zugewiesen werden müssen. Abschließend erfolgt aufbauend auf diesen Annahmen die formale Definition des Strategic Business Risk Model und die Berechnung der Verteilung der Zielgrößen mit **Bestimmung der XaR-Größen**.

Zur Konkretisierung wird als Beispielunternehmen ein mittelständischer, aluminiumverarbeitender Betrieb betrachtet. Hinsichtlich der strategischen Ausrichtung wird unterstellt, dass eine Differenzierungs-Nischen-Strategie verfolgt wird. In dem Betrieb ist schon eine klassische BSC im Einsatz (siehe Abbildung 27). Diese soll um die Kennzahl CFaR erweitert werden, da die Liquiditätssituation für die fortgesetzte Unternehmensexistenz und die Möglichkeiten der Unternehmensfinanzierung eine wichtige Kenngröße darstellt (für die Berechnung des erwarteten Cashflows siehe Abbildung 28). Im Rahmen der kombinierten Ursache/Wirkungs- und Risikowirkungsanalyse wurden die in Abbildung 29 dargestellten Risikofaktoren nebst betroffenen Cashflow-Komponenten identifiziert. Zudem wurde festgelegt, wie die Wirkkoeffizienten gemessen werden und deren Quantifizierung erfolgt (siehe Abbildung

[1285] Vgl. *Broetzmann, F./Oehler, K.* (2002), S. 594.

[1286] Bsp.: Würde der Risikofaktor „Eintritt neuer Wettbewerber“ modelliert, könnte unterstellt werden, dass folgende diskrete Verteilung für deren Anzahl [0,3 = 0; 0,3= 1; 0,2 = 2; 0,2 = 3] bzw. der Wirkungskoeffizient 100.000 € bzgl. des Umsatzes angemessen sind.

30). Die Ergebnisse der Schätzung der Verteilungen und Interdependenzen der Risikofaktoren finden sich in Abbildung 31 bzw. Abbildung 32.

Damit stehen alle Informationen bereit, um das „Strategic Risk Model“ in MS Excel™ zu formulieren und anschließend mithilfe von Crystal Ball™ in einer Monte-Carlo-Simulation den CFaR zu bestimmen. Die resultierende kumulative Häufigkeitsverteilung des Cashflows eines Simulationslaufes mit 10.000 Durchläufen zeigt Abbildung 33. Aus Crystal Ball können neben einer Vielzahl statistischer Information wie Spannweite, Mittelwert und Standardabweichung auch die Perzentile der Cashflow-Verteilung entnommen und somit der CFaR zum interessierenden Konfidenzniveau ermittelt werden. Auf Basis der vorliegenden Analyse kann geschlossen werden, dass der Cashflow mit 95% (90%) Wahrscheinlichkeit nicht kleiner als -109.687 € (741.088 €) ist. Ohne größere Mühe kann auch der Jahresüberschuss bzw. der EaR bestimmt werden.

Die Unternehmensleitung müsste nun durch einen Vergleich mit den Risikodeckungsmassen wie der Liquiditätsreserve und der Eigenkapitalausstattung bestimmen, ob die ermittelte Risikosituation als tragbar angesehen wird oder ob weitere Risikosteuerungsmaßnahmen erforderlich sind. Sollten sich Anpassungen als erforderlich erweisen, müsste deren Wirkung auf die Risikosituation im „Strategic Business Risk Model“ berücksichtigt werden. Anschließend wäre eine Neuberechnung der Häufigkeitsverteilung des Cashflows bzw. des CFaR erforderlich. Wenn auch dann die Risikosituation als nicht annehmbar erachtet würde, wäre u. U. die strategische Ausrichtung zu überdenken.

Cashflow-Komponente	Anteil	Betrag
Umsatz	100,0%	30.000.000 €
Materialaufwand	52,6%	15.780.000 €
Personalaufwand	24,6%	7.380.000 €
Zinsaufwand	1,3%	390.000 €
sonstiger Aufwand	9,7%	2.910.000 €
Steuern	1,3%	390.000 €
Cashflow	***10,5%***	***3.150.000 €***
Abschreibungen	4,5%	1.350.000,0 €
Jahresüberschuss	***6,0%***	***1.800.000,0 €***

Abbildung 28: Berechnung des erwarteten Cashflows des Beispielsunternehmens

Perspektive	Risikofaktor	Betroffene Cashflow-Komponente	Messung des Wirkkoeffizienten über
Finanzen	$-Wechselkurs (RF1)	Umsatz	Preiselastizität
	Zinsänderung (RF2)	Zinsaufwand	Anteil Kredite ohne Zinsbindung
	Aluminiumpreis (RF3)	Materialaufwand	Aluquote
	Kundenbonität (RF4)	Umsatz	Anteil Forderungsausfälle
Kunden	Wegfall Großkunden (RF5)	Umsatz	Umsatzanteil
	Eintritt neuer Wettbewerber (RF6)	Umsatz	Umsatzeinbruch
Prozesse	Arbeitsunterbrechung (RF7)	Personalaufwand	€/h
	Qualitätsmängel (RF8)	Materialaufwand, Personalaufwand	Ausschuss-/Fehlerquote
Potenziale	Personalabwanderung (RF9)	Sonstige Aufwendungen	€

Abbildung 29: Ergebnisse der Risikoidentifikation und Risikofaktor-Zielgrößen-Komponenten-Beziehung

Risikofaktoren / Cashflow-Komponenten	RF1	RF2	RF3	RF4	RF5	RF6	RF7	RF8	RF9
Umsatzerlöse	-0,01			+1	-0,1	-0,1			
Materialaufwand			+0,5					+1	
Personalaufwand							+30	+0,2	
Zinsaufwand		+0,2							
Sonstige Aufwendungen									+30T

Abbildung 30: Risikowirkungsmatrix

Risikofaktor	Dimension (bezogen auf 1 Jahr)	Verteilung
$-Wechselkurs (RF1)	Mittlere prozentuale Abweichung vom Erwartungswert	Normalverteilung (μ=0% / σ=5%)
Zinsänderung (RF2)	Mittlere prozentuale Abweichung vom Erwartungswert	Normalverteilung (μ=0% / σ=1%)
Aluminiumpreis (RF3)	Mittlere prozentuale Abweichung vom Erwartungswert	Normalverteilung (μ=0% / σ=6%)
Kundenbonität (RF4)	Prozentualer Anteil Forderungsausfälle am Umsatz	Dreiecksverteilung Min: 0% / Mid: 1% / Max: 5%
Wegfall Großkunden (RF5)	Anzahl der wegfallenden Großkunden	Diskrete Verteilung 0: 0,9 / 1: 0,08 / 2: 0,02
Eintritt neuer Wettbewerber (RF6)	Anzahl neuer Wettbewerber	Diskrete Verteilung 0: 0,6 / 1: 0,3 / 2: 0,1
Arbeitsunterbrechung (RF7)	Ausfall in Stunden	Dreiecksverteilung Min: 0h / Mid: 150h / Max: 1000h
Qualitätsmängel (RF8)	Ausschuss-/Fehlerquote	Dreiecksverteilung Min: 0% / Mid: 1% / Max: 5%
Personalabwanderung (RF9)	Eintritt	Diskrete Verteilung 0: 0,9 / 1: 0,1

Abbildung 31: Ergebnisse der Schätzung der Verteilung der Risikofaktoren

ρ	RF1	RF2	RF3	RF4	RF5	RF6	RF7	RF8	RF9
RF1	+1		+0,6						
RF2		+1							
RF3			+1						
RF4				+1					
RF5					+1	+0,6	+0,1	+0,2	
RF6						+1			
RF7							+1	+0,2	
RF8								+1	
RF9									+1

Abbildung 32: Korrelationsmatrix der Risikofaktoren

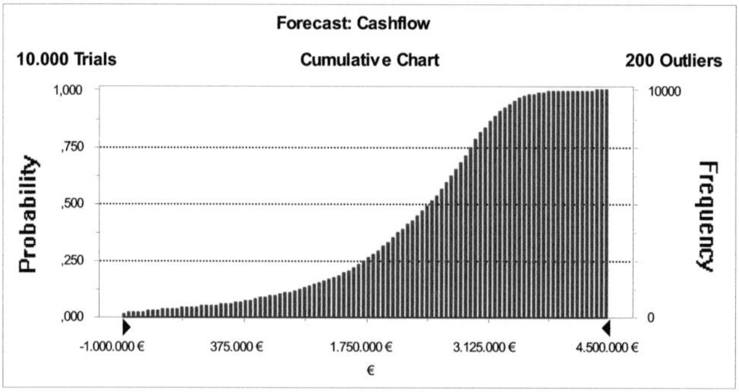

Abbildung 33: Häufigkeitsverteilung des Cashflows

6 Schlussbetrachtung

Gegenstand der vorliegenden Arbeit war die konzeptionell fundierte Betrachtung des Risikocontrollings als Teilbereich der Betriebswirtschaftslehre und real existierendes Phänomen der Unternehmenspraxis. Damit wurde eine aktuelle Entwicklung des Unternehmensbereiches aufgegriffen, welche die Controlling-Forschung und -Praxis vor vermeintlich neue Herausforderungen stellt. Im Zuge der erstarkten Corporate Governance-Diskussion wurden in den letzten Jahren eine Reihe von Gesetzen und Bestimmungen erlassen, welche die Einrichtung und den Betrieb formalisierter Risikomanagement-Systeme in Unternehmen fordern. Bei der Erfüllung dieser Anforderungen bzw. der Entwicklung und Implementierung der Risikomanagement-Systeme richteten sich im deutschsprachigen Raum die Erwartungen insbesondere auf das Controlling. Entsprechend ist das Risikocontrolling ein neuer Betrachtungsgegenstand der Betriebswirtschaftslehre, für den bisher noch keine zufrieden stellenden und ausreichend fundierten Konzeptionen entwickelt wurden, welche eine Abgrenzung des Forschungsgegenstandes erlauben und der Unternehmenspraxis nützliche Gestaltungsempfehlungen liefern könnten. Dies liegt sicherlich auch darin begründet, dass sowohl die Controlling- als auch Risikomanagement-Forschung in ihrer Rolle als Grundlagendisziplinen und Bedingungsrahmen des Risikocontrollings selbst noch keine tragfähigen bzw. stabilen und weithin anerkannten Konzeptionen hervorbringen konnten.

Vor diesem Hintergrund war es die Zielsetzung dieser Arbeit, eine tragfähige Risikocontrolling-Konzeption für Nicht-Finanzunternehmen zu entwickeln, die auf den Grundlagen der Controlling- und Risikomanagement-Forschung beruht, einen nachvollziehbaren und abgrenzbaren Gegenstand aufweist sowie einen erkennbaren Zusammenhang zum real existierenden Phänomen Risikocontrolling erkennen lässt. Zur Sicherstellung der konzeptuellen Konsistenz sowie aufgrund der angesprochenen konzeptuellen Defizite der „Elterndisziplinen“ Controlling und Risikomanagement erschien es notwendig, zunächst tragfähige Controlling- und Risikomanagement-Konzeptionen zu formulieren. Zur Konkretisierung der vorgeschlagenen Risikocontrolling-Konzeption wurde zudem ein gestaltungsorientierter Vorschlag für eine Risikorechnung als Kernbereich des Risikocontrollings entwickelt.

Im Folgenden werden die verfolgte Vorgehensweise und die wichtigsten Resultate zusammenfassend dargestellt.

Merkmale	Controlling-Konzeption	Risikomanagement-Konzeption	Risikocontrolling-Konzeption
Zugrunde gelegte Sicht der BWL	Untersuchung menschlichen Handelns unter dem Aspekt der Erzielung und Verwendung von Einkommen sowie der Reduktion der dabei auftretenden Unsicherheiten und hierzu dienender Institutionen (Regel- und Handlungssysteme)		
Charakterisierung der Unternehmensumwelt und des Unternehmens	Komplex und dynamisch, beschränkt-rationale und nutzenmaximierende Akteure mit kognitiven Beschränkungen, beschränkte Ressourcen, potenziell stochastische Welt, unvollständiges und ungleich verteiltes Wissen über Sachverhalte und Akteure Handlungsebenen des Unternehmens: Unternehmensführung, Führungsunterstützung, Ausführung		
Risikobegriff	Nicht erforderlich	Möglichkeit einer Zielverfehlung, wobei die Ergebnisunsicherheit aus mangelnden Informationen über relevante Sachverhalte und/oder der mangelnden Fähigkeit, diese zu verarbeiten, resultiert Insbesondere die Möglichkeit des Abweichens eines realisierten Einkommens aus einer Unternehmensbeteiligung von einem angestrebten bzw. erwarteten Einkommen	
Beziehung zur Unternehmensführung und Ansatzpunkt	Führungsunterstützung Manager benötigen aufgrund kognitiver Beschränkungen und ungleich verteilten Wissens Unterstützung bei der Erfüllung der Unternehmerfunktionen Generierung monetärer Bewertungs- und Steuerungsinformationen ist nicht trivial und erfordert spezielles Sach- und Handlungswissen Arbeitsteilung u. U. wirtschaftlicher	Unternehmensführung unter expliziter Berücksichtigung von Unsicherheitsursachen und -wirkungen, Querschnittsfunktion der Unternehmensführung zur bewussten Aufdeckung und Gestaltung von Einkommensunsicherheiten Reduktion der Unsicherheit des unternehmensbezogenen Einkommens der Akteure ist eine nutzenstiftende Tätigkeit, die z. T. nur auf Gesamtunternehmensebene effektiv und effizient erfolgen kann	Führungsunterstützung Manager benötigen aufgrund kognitiver Beschränkungen und ungleich verteilten Wissens Unterstützung bei der Erfüllung der Risikomanagement-Aufgaben Monetäre Risikoquantifizierung zur Entscheidungsunterstützung und Verhaltenssteuerung ist keine triviale Aufgabe und erfordert spezielles Sach- und Handlungswissen Arbeitsteilung u. U. wirtschaftlicher
Ziele	Indirekt: Beitrag zur Sicherung der Unternehmensexistenz sowie zur Sicherung und Steigerung des aus Unternehmensaktivitäten resultierenden Zahlungsstroms für die Unternehmensbeteiligten Direkt: Bereitstellung monetärer Informationen und zu deren Generierung benötigter Verfahren für die Unternehmensführung zum Zwecke der Entscheidungsunterstützung und Verhaltenssteuerung	Sicherung der fortgesetzten Unternehmensexistenz und Sicherung bzw. Steigerung des aus den Unternehmensaktivitäten resultierenden Einkommens für die Anspruchsberechtigten bzw. beteiligten Akteure Verringerung der Unsicherheit des aus der Beteiligung am Unternehmen resultierenden Einkommens, insbesondere Reduktion der Wahrscheinlichkeit niedriger Einkommensniveaus bzw. negativer Einkommensabweichungen	Indirekt: Beitrag zur Sicherung der Unternehmensexistenz sowie zur Sicherung und Steigerung des aus Unternehmensaktivitäten resultierenden Zahlungsstroms für die Unternehmensbeteiligten Direkt: Bereitstellung monetärer Informationen und zu deren Generierung benötigter Verfahren für das Risikomanagement zum Zwecke der Entscheidungsunterstützung und Verhaltenssteuerung

Merkmale	Controlling-Konzeption	Risikomanagement-Konzeption	Risikocontrolling-Konzeption
Aufgaben	Analyse bzw. Entwicklung geeigneter monetärer Zielgrößen und Kennzahlen, Analyse bzw. Entwicklung geeigneter Verfahren zur Generierung dieser Kennzahlen und hierzu benötigter Informationen, Analyse bzw. Entwicklung geeigneter Verfahren zur Kommunikation und Speicherung der Informationen, Anwendung der Verfahren bzw. Unterstützung bei der Anwendung dieser Verfahren	Beachtung von Risikoaspekten auf normativer, strategischer und operativer Ebene bzgl. Strukturen, Aktivitäten und Verhalten: Schaffung einer angemessenen Risikokultur, Bildung risikobezogener Zielvorstellungen, Identifikation und Analyse von Risikoursachen und -wirkungen sowie Risikogestaltungsmaßnahmen, Berücksichtigung von Risiken und Risikogestaltungsmaßnahmen bei der Suche, Bewertung und Auswahl von Handlungsalternativen, Umsetzung, Kontrolle und Kommunikation der gewählten Handlungsalternativen	Analyse bzw. Entwicklung geeigneter monetärer risikobezogener Zielgrößen und Kennzahlen Analyse bzw. Entwicklung geeigneter Verfahren zur Generierung dieser Kennzahlen und hierzu benötigter risikobezogener Informationen Analyse bzw. Entwicklung geeigneter Verfahren zur Kommunikation und Speicherung der risikobezogenen Informationen Anwendung der Verfahren bzw. Unterstützung bei der Anwendung dieser Verfahren
Instrumente	Interne Unternehmensrechnung, Berichtswesen, allgemeine Methoden der Ziel- und Systemanalyse sowie der Bewertung	Allgemeine und spezielle Methoden der Bewusstmachung, Entdeckung, Bewertung, Gestaltung, Überwachung und Kommunikation von Risiken	Quantitative bzw. monetäre Risikobewertungs- und Risikoinformationssysteme sowie Steuerungssysteme (Risikorechnung), allgemeine Methoden der risikobezogenen Ziel- und Systemanalyse sowie der Bewertung
Institutionen	Aufgabenzuordnung kontextabhängig, verschiedene Controller-Rollen denkbar Tendenziell Schaffung spezieller Controller-Stellen sinnvoll	Integration in Führungsstellen Schaffung spezialisierter Stellen zum Aufbau und zur Pflege eines Risikomanagement-Systems bzw. einer Risikomanagement-Organisation sowie zur Koordination des Risikomanagements u. U. sinnvoll Zuordnung des Managements bestimmter Risiken zu spezialisierten Stellen wie z. B. Versicherungs- oder Finanzabteilung	Aufgabenzuordnung kontextabhängig, verschiedene Risikocontroller-Rollen denkbar und sinnvoll I. d. R. Zuordnung zu Controlling-Stellen sinnvoll, u. U. auch Schaffung spezialisierter Stellen zum Aufbau, zur Pflege und zum Betrieb quantitativer bzw. monetärer Risikobewertungs- und Risikoinformationssysteme sowie Steuerungssysteme (Risikorechnung)

Abbildung 34: Zusammenfassender Überblick über die vorgeschlagenen tragfähigen Controlling-, Risikomanagement- und Risikocontrolling-Konzeptionen

Anschließend an die oben skizzierte Darstellung der Problemstellung und des Aufbaus der Untersuchung im ersten Kapitel, wurden im zweiten und dritten Kapitel die controlling- und risikomanagementseitigen Grundlagen des Risikocontrollings betrachtet. Zunächst wurden im **zweiten Kapitel** die Bedeutung und der Inhalt von sowie die Anforderungen an Controlling-Konzeptionen erörtert. Controlling-Konzeptionen stellen einen bedeutenden Gegenstand der Controlling-Forschung dar und weisen einen starken Bezug zur Ableitung von Gestaltungs- und Handlungsempfehlungen für die Unternehmenspraxis auf, da mit ihrer Hilfe theoretische Aussagen aufgegriffen und in gestalterischer Absicht mit normativen Postulaten verknüpft werden, um diese dann auf die Praxis zu beziehen. Hierdurch erschließt sich auch die akademische und praktische Relevanz von Controlling-Konzeptionen und die Notwendigkeit ihrer Betrachtung im Rahmen dieser Arbeit. Als Anforderungen an Controlling-Konzeptionen wurden die Eigenschaften Präzision, Konsistenz, empirische Gültigkeit und theoretische Fundierung identifiziert. Eine fundierte Auseinandersetzung mit Controlling-Konzeptionen erfordert eine kritische Bestandsaufnahme des Stands der Controlling-Forschung im Allgemeinen. Zur Strukturierung der Betrachtung wurde dabei vor allem auf die von *Chmielewicz* postulierten Elemente bzw. Konzeptionen der betriebswirtschaftlichen Forschung (Begriff, Theorie, Technologie, Philosophie) Bezug genommen. Zusätzlich wurden explizit empirische und internationale Aspekte betrachtet. Zusammenfassend ist hinsichtlich des Standes der Controlling-Forschung Folgendes festzuhalten:

- Die Begriffsbildung ist noch nicht abgeschlossen.
- Es wird hauptsächlich auf Theorien anderer ökonomischer bzw. betriebswirtschaftlicher Teildisziplinen zurückgegriffen und es existieren kaum eigenständige Controlling-Theorien.
- Im Rahmen der Controlling-Technologien werden vor allem Instrumente der Unternehmensrechnung und -steuerung betrachtet.
- Die Controlling-Philosophie wird stark von der Wirtschaftsphilosophie im Allgemeinen beeinflusst.
- Der Stand der empirischen Controlling-Forschung ist im Vergleich zu anderen betriebswirtschaftlichen Teildisziplinen bzw. zum Stand der internationalen Forschung noch als unzureichend zu charakterisieren.
- Das Programm der deutschsprachigen Controlling-Forschung weicht z. T. merklich vom internationalen bzw. angloamerikanischen Programm ab.

Die Betrachtung des Forschungsstandes diente auch dazu, die Heterogenität des Controlling-Verständnisses aufzuzeigen, welche sich auch und gerade auf die Konzeptualisierung des Controllings auswirkt. Daher wurde die Entwicklung eines Vorschlags für eine tragfähige Controlling-Konzeption als notwendig erachtet, die eine nachvollziehbare Charakterisierung des Aufgabenbereiches und Handlungsfeldes Controlling als Grundlage einer Risikocontrolling-Konzeption erlaubt. Dafür war jedoch zunächst die Explikation einer sinnvollen Konzeptionsstruktur erforderlich, die sowohl eine zweckmäßige und möglichst vollständige Charakterisierung einer Controlling-Auffassung als auch einen aussagefähigen Vergleich mit bestehenden Controlling-Vorstellungen erlaubt. Ausgehend von einer Analyse in der Literatur vorgeschlagener Ordnungsansätze für Controlling-Auffassungen, wurde folgende Struktur abgeleitet:

- Aussagen zur theoretischen Fundierung des Controllings und dessen Einordnung in die Betriebswirtschaftslehre,
- Konzeptualisierung des Unternehmens bzw. der Unternehmensführung als Bezugsrahmen des Controllings,
- Spezifikation der Art und des Umfangs der Controlling-Ziele und -Aufgaben,
- Spezifikation der Instrumente sowie
- Spezifikation der Institutionalisierungsmöglichkeiten bzw. Aufgabenträger.

Als Vergleich und zur Demonstration der Leistungsfähigkeit des entwickelten Strukturrahmens wurde zusätzlich der funktionale Ordnungsansatz von *Zenz* vorgestellt. Da die Charakterisierung eines tragfähigen Controlling-Ansatzes neben der Identifikation von Strukturmerkmalen eine inhaltliche Konkretisierung möglicher Merkmalsausprägungen erfordert, wurden anschließend klassische und neuere Controlling-Konzeptionen als Referenzansätze betrachtet und kritisch auf ihre Eignung hin untersucht, als Grundlage für eine tragfähige Risikocontrolling-Konzeption dienen zu können. Dabei zeigte sich, dass alle bisher entwickelten Controlling-Konzeptionen sowohl die selbst gestellten als auch die in dieser Arbeit formulierten Anforderungen nicht ausreichend erfüllen konnten. Die Konzeptionen wurden schließlich anhand des vorgeschlagenen Strukturrahmens vergleichend charakterisiert.

Aufbauend auf den Ergebnissen zu Struktur und möglichen Inhalten von Controlling-Konzeptionen wurde schließlich eine als tragfähig erachtete Konzeption präsentiert. An die Tragfähigkeit wurden dabei folgende Anforderungen gestellt: nachvollziehbares Aufzeigen des Gegenstandes der Controlling-Forschung und -Praxis sowie einer erkennbaren Übereinstimmung zwischen der Ausrichtung der Disziplin Controlling und der betrieblichen Controllingrealität. Eine solche Konzeption sollte im Idealfall sowohl eine betriebswirtschaftliche Teildisziplin Controlling begründen als auch sinnvolle Handlungsempfehlungen für die Controlling-Praxis generieren helfen. Eine zusammenfassende Charakterisierung der Controlling-Konzeption findet sich in Abbildung 34.

Der spezifische Bezugsrahmen bzw. Führungskontext des Risikocontrollings als Teilbereich des Controllings stellt das Risikomanagement dar. Somit erfordert die Ableitung einer tragfähigen Risikocontrolling-Konzeption auch eine fundierte und konzeptionell orientierte Betrachtung des Risikomanagements, welche Gegenstand des **dritten Kapitels** war. Ausgangspunkt war wiederum ein Überblick über die Entwicklung und den Stand der Risikomanagement-Forschung und -Praxis. Es wurde zunächst ein Abriss der Entwicklung und der Hintergründe der betriebswirtschaftlichen Auseinandersetzung mit dem Risiko gegeben sowie eine Einordnung der Risiko- bzw. Risikomanagement-Forschung in die Betriebswirtschaftslehre vorgenommen. Dabei wurde deutlich, dass sich Risikofragestellungen zwar zeitlich und thematisch durch die Betriebswirtschaftslehre ziehen, sich aber bisher das Risikomanagement bzw. die betriebswirtschaftliche Risikoforschung nicht als eigenständige Teildisziplin der Betriebswirtschaftslehre etablieren konnten. Zur konzeptuellen Fundierung des Risikomanagements wurde der Stand der Risikomanagement-Forschung anhand der Perspektiven Begriffslehre, Theorie, Technologie und Philosophie sowie Empirie und internationale Aspekte näher beleuchtet. Zentrale Erkenntnisse lassen sich wie folgt zusammenfassen:

- Sowohl hinsichtlich des Risikos als auch des Risikomanagements ist die Begriffsbildung noch nicht abgeschlossen.
- Die theoretische Fundierung des Risikomanagements steht in enger Beziehung zu grundlegenden ökonomischen Theorien wie der Unternehmens-, der Entscheidungs-, Finanz- und Informationstheorie.
- Im Zentrum der technologisch-geprägten Betrachtung steht der Risikomanagement-Prozess.
- Die Risikomanagement-Philosophie kann nicht getrennt von der Wirtschaftsphilosophie im Allgemeinen betrachtet werden.
- Die empirische Forschung im deutschsprachigen Raum bezieht sich vor allem auf die deskriptive Erfassung des Standes der Praxis vor dem Hintergrund des KonTraG.

- Auch die internationale Risikomanagement-Forschung ist zurzeit stark von Corporate Governance bzw. Internal Control-Aspekten und Financial Risk-Fragestellungen geprägt.

Im Rahmen der theoretischen Fundierung und Konzeptualisierung des Risikomanagements und damit auch des Risikocontrollings spielen Erklärungsansätze zur Begründung der Notwendigkeit bzw. Vorteilhaftigkeit eines ressourcenverbrauchenden, unternehmensgetragenen Risikomanagements eine große Rolle. Aus den Begründungsansätzen lassen sich u. a. wertvolle Hinweise auf die zweckmäßige Ausgestaltung des Risikomanagements und somit Handlungsempfehlungen für die Unternehmenspraxis ableiten. Da sich aufbauend auf der neoklassischen Kapitalmarkttheorie keine Notwendigkeit bzw. kein besonderer Nutzen eines unternehmensgetragenen Risikomanagements ableiten lässt, fußen die Erklärungsansätze vor allem auf der neuen Institutionenökonomik. Auf ihrer Grundlage lässt sich zeigen, dass insbesondere die Erfassung und Gestaltung der Gesamtrisikoposition des Unternehmens im Sinne der Möglichkeit negativer Überschussrealisationen Gegenstand des unternehmensgetragenen Risikomanagements sein sollten und somit ein integriert-holistischer Ansatz zum ganzheitlichen, in die Unternehmensführung eingebundenen Management aller Unternehmensrisiken unter Berücksichtigung sämtlicher Risikointerdependenzen als sinnvoll erscheint. Hierfür sind jedoch verlässliche Methoden der aggregierten Risikoabbildung notwendig.

Für die Ableitung eines konkreten Vorschlags zu einer tragfähigen Risikomanagement-Konzeption waren wiederum die Identifikation einer zweckmäßigen Konzeptionsstruktur sowie die Betrachtung möglicher Konzeptionsinhalte erforderlich. Aufbauend auf einer umfassenden Untersuchung betriebswirtschaftlicher Risikomanagement-Ansätze aus einem möglichst langen Zeitraum und aus unterschiedlichen Ländern sowie in Abstimmung mit dem in Kapitel 2 gewonnenen Strukturrahmen wurde folgende Struktur als zweckmäßig erachtet:

- Aussagen zur theoretischen Fundierung des Risikomanagements und dessen Einordnung in die Betriebswirtschaftslehre,
- Konzeptualisierung des Risikos,
- Konzeptualisierung des Unternehmens bzw. der Unternehmensführung als Bezugsrahmen des Risikomanagements und der Stellung des Risikomanagements in diesem,
- Spezifikation der Art und des Umfangs der Risikomanagement-Ziele und -Aufgaben,
- Spezifikation der Instrumente sowie
- Spezifikation der Institutionalisierungsmöglichkeiten bzw. Aufgabenträger.

Anschließend wurden noch Risikomanagement-Standards, die Unternehmen beim Aufbau eines formalisierten Risikomanagement-Systems eine strukturierte Hilfestellung bieten sollen und somit vornehmlich praxisorientiert sind, als weitere denkbare Quelle zur Ableitung von Elementen und Inhalten von Risikomanagement-Konzeptionen betrachtet.

Basierend auf dem Strukturrahmen und den Referenzansätzen erfolgte abschließend die Beschreibung des integriert-holistischen Risikomanagements als tragfähige Risikomanagement-Konzeption, die zusammenfassend in Abbildung 34 charakterisiert ist. Die Konzeption wurde zudem konkretisiert, indem aufbauend auf dem St. Galler Management-Modell und dem Führungsprozess-Modell nach *Wild* aufgezeigt wurde, wie das Risikomanagement in die normative, strategische und operative Unternehmensführung – z. B. mit Hilfe einer entsprechend gestalteten Risikokultur und risikoorientierter Balanced Scorecard-Ansätze – integriert werden kann.

Die Entwicklung einer tragfähigen Risikocontrolling-Konzeption wurde im **vierten Kapitel** abgeschlossen. Zusätzlich zu den Ergebnissen aus den vorhergehenden Kapiteln zu Controlling- und Risikomanagement-Konzeptionen wurden hierzu noch Erkenntnisse zu bestehenden Risikocontrolling-Auffassungen in der betriebswirtschaftlichen Forschung und Praxis benötigt. Entsprechend wurde ein ausführlicher Überblick über die Entwicklung, die Einordnung und den Stand des Risikocontrollings innerhalb der Betriebswirtschaftslehre gegeben sowie – aufbauend auf einem umfangreichen Literaturstudium – bestehende Risikocontrolling-Ansätze dargestellt und analysiert. Dabei konnten ältere und neuere controllingzentrische, Financial Risk-bezogene, KonTraG-geprägte sowie praxisbezogene Auffassungen identifiziert werden. Zudem wurde versucht, einen Kernbereich des Risikocontrollings abzuleiten. Dieser wurde zum einen in Risikomanagement-System gestaltenden und entwickelnden Aufgaben hinsichtlich des Risikoberichtswesens, des Risikobewertungssystems und des Risikokontrollsystems, sowie zum anderen in Aufgaben beim laufenden Risikomanagement hinsichtlich der Sicherstellung der Risikoberichterstattung bzw. -kommunikation und der Risikopositionsüberwachung, der Unterstützung des Managements bei der Nutzung des Risikomanagement-Systems und der Durchführung der monetären Risikobewertung bzw. Risikoaggregation, einschließlich Plausibilitätsprüfungen, gesehen. Da zudem die bisherigen Erkenntnisse zum Risikocontrolling als real existierendem Phänomen der Unternehmenspraxis als unzureichend angesehen wurden, wurden die Ergebnisse einer eigens durchgeführten empirischen Studie zum Stand der Risikocontrolling-Praxis präsentiert. Diese sollte auch Erkenntnisse über die Vereinbarkeit von Risikocontrolling-Konzeptionen mit der Unternehmenspraxis liefern. Dabei konnte festgestellt werden, dass sich das Risikocontrolling in funktionaler und institutionaler Hinsicht schon in gewissem Umfang in der Unternehmenspraxis etabliert hat. Jedoch sind auch hier eine unklare Begriffsauffassung sowie eine uneinheitliche funktionale, institutionale und instrumentale Ausgestaltung zu konstatieren.

Bevor der Vorschlag zu einer tragfähigen Risikocontrolling-Konzeption präsentiert werden konnte, waren noch die Ableitung einer zweckmäßigen Konzeptionsstruktur sowie die Betrachtung möglicher Konzeptionsinhalte in Form von Referenzansätzen erforderlich. Der Strukturrahmen wurde aufbauend auf den Ergebnissen zu zweckmäßigen Controlling- und Risikomanagement-Konzeptionen sowie auf einer Betrachtung der wenigen bestehenden Vorschläge zu Risikocontrolling-Konzeptionen abgeleitet. Dabei wurden folgende Elemente identifiziert:

- Aussagen zur theoretischen Fundierung des Risikocontrollings und dessen Einordnung in die Betriebswirtschaftslehre,
- Konzeptualisierung des Risikos,
- Konzeptualisierung des Unternehmens bzw. der Unternehmensführung als Bezugsrahmen des Risikocontrollings und der Stellung des Risikocontrollings in diesem,
- Spezifikation der Art und des Umfangs der Risikocontrolling-Ziele und -Aufgaben,
- Spezifikation der Instrumente sowie
- Spezifikation der Institutionalisierungsmöglichkeiten bzw. Aufgabenträger.

Anschließend wurden denkbare Risikocontrolling-Konzeptionen, die aus bestehenden Controlling-Konzeptionen abgeleitet wurden, sowie existierende Risikocontrolling-Konzeptionen als Referenzansätze betrachtet. Letztere wurden anhand des vorgeschlagenen Strukturrahmens gegenübergestellt und charakterisiert.

Abschließend wurde aufbauend auf den gewonnenen Erkenntnissen über Controlling, Risikomanagement und Risikocontrolling ein Vorschlag zu einer theoretisch fundierten und mit den empirischen Ergebnissen abgestimmten, tragfähigen Risikocontrolling-Konzeption unterbreitet, der sich ebenfalls in Abbildung 34 zusammengefasst wieder findet.

Da als forschungsbezogener Schwerpunkt der vorgeschlagenen Risikocontrolling-Konzeption die Entwicklung von Aussagen und Gestaltungsempfehlungen bezüglich einer Risikorechnung zur Unterstützung der Unternehmensführung bei ihren Aufgaben hinsichtlich der Gestaltung der Unternehmensrisikolage identifiziert wurde, wurde dieser Gegenstand im **fünften**

Kapitel aufgegriffen und vertieft. Dazu wurde zunächst die Unternehmensrechnung als Rahmen der Risikorechnung skizziert, indem u. a. Rechnungsziele, Rechnungsinhalte und Rechnungsstrukturen betrachtet wurden. Anschließend wurde die Notwendigkeit der Risikorechnung als eigenständiges Teilrechnungssystem ausgehend von der Bedeutung des Risikos für die Rechnungszwecke und der Erfassung des Risikos in bestehenden Teilsystemen der Unternehmensrechnung erörtert. Es wurde festgestellt, dass der monetären Abbildung von Unsicherheit eine wichtige Rolle im Rahmen der Zwecksetzung der Unternehmensrechnung zukommt, diese aber bisher nur unzureichend und nicht umfassend erfolgt. Danach wurden der Gegenstand und die Grundprobleme einer somit legitimierten Risikorechnung betrachtet. Der Gegenstand wurde in der zahlenmäßigen Abbildung vergangener, gegenwärtiger und zukünftiger risikobezogener Sachverhalte, insbesondere der Gesamtrisikolage des Unternehmens und ihrer Einflussfaktoren, gesehen. Als Grundproblem wurde vor allem die Messung bzw. quantitative Abbildung des Unternehmensrisikos betrachtet. Hierbei wurde ausgehend von den Zwecken der Entscheidungsunterstützung und Verhaltenssteuerung auf Erkenntnisse der präskriptiven und deskriptiven Entscheidungstheorie zur Risikokonzeptualisierung rekurriert und deren Implikationen für die Risikorechnung herausgearbeitet. Zusammenfassend wurde eine eigenständige Risikokonzeptualisierung, wie sie z. B. im Rahmen von Risiko-Wert-Modellen erfolgt, unter Beachtung von Erkenntnissen zur Risikowahrnehmung realer Akteure als sinnvoll erachtet. Zentral hierfür ist die Ableitung geeigneter, d. h. theoretisch fundierter und praktikabler Risikomaße und Risikomessmethoden, welche sowohl für die Entscheidungsunterstützung als auch die Verhaltenssteuerung einsetzbar sind. Bevor bestehende Vorschläge zur Risikomessung betrachtet wurden, erfolgte eine Auseinandersetzung mit den Grundlagen der Messtheorie zur Fundierung der Ausführungen zur Risikomessung. Zur Ableitung zweckmäßiger Risikomaße als zentrales Element einer Risikorechnung wurden Klassen finanzieller bzw. monetärer Risikomaße betrachtet und auf der Grundlage spezieller Axiomensysteme, welche wünschenswerte Eigenschaften von Risikomaßen formalisieren, bewertet. Als geeignete Risikomaße wurden dabei vor allem der Conditional Value at Risk und der Expected Shortfall identifiziert. Da die Ermittlung dieser Risikomaße auf der Verfügbarkeit von Informationen über Wahrscheinlichkeitsverteilungen und stochastische Abhängigkeiten beruht, wurden anschließend die Möglichkeiten und Grenzen ihrer Messung bzw. Ermittlung betrachtet.

Bevor nach Klärung dieser grundlegenden Aspekte der rechentechnisch und betriebswirtschaftlich fundierten Risikoabbildung ein Vorschlag zur Risikorechnung erarbeitet werden konnte, wurden bestehende Vorschläge zur Risikorechnung vorgestellt und analysiert. Dabei wurden ein Ansatz zur Risikorechnung in Banken und ein Ansatz zur Risikorechnung in Bauunternehmen betrachtet. Die Entwicklung des Vorschlags zur Risikorechnung in Nicht-Finanzunternehmen fußte zusätzlich zu den obigen Erkenntnissen auch auf den Erkenntnissen zur Gestaltung der Unternehmensrechnung im Allgemeinen, die im Anschluss skizziert wurden. Da der gewählte Objektbereich recht breit war, mussten die Ausführungen auf einer hohen Abstraktionsebene verbleiben. Hinsichtlich der Risikorechnung wurden allgemeine Aussagen zu den Gestaltungszielen und Einflussgrößen getroffen, da spezifische Kontextfaktoren nicht eingehend betrachtet werden konnten. Eine detaillierte Betrachtung erfolgte hinsichtlich der Gestaltungsoptionen. Als Gestaltungsziel wurde die monetäre Abbildung des Risikogehalts interessierender Betrachtungsobjekte für die Entscheidungsunterstützung und Verhaltenssteuerung zur effizienten und effektiven Versorgung der Rechnungsadressaten mit risikobezogenen Informationen gesehen. Als Einflussgrößen wurden die Unternehmenstheorie, der Abbildungsgegenstand, die Rahmenbedingungen und vor allem die Rechnungszwecke betrachtet. Hinsichtlich der Rechnungszwecke wurde in originäre Informationen und Anreicherungsinformationen für die Entscheidungsunterstützung und Verhaltenssteuerung unterschieden. Die Strukturierung der Gestaltungsoptionen erfolgte aufbauend auf dem Vorschlag von *Hoitsch* und *Schmitz* zu gestaltungsbezogenen Merkmalen der Kosten- und Erlösrechnung, der zweckadäquat modifiziert wurde. Der Risikorechnungsvorschlag wird zusammenfassend in Abbildung 35 dargestellt.

Abschießend wurde der Gestaltungsvorschlag, der sich auf einem hohen Abstraktionsniveau bewegte, durch Betrachtungen zu möglichen Risikoteilrechnungssystemen konkretisiert. Im Einzelnen wurden eine Business Risk Model-basierte Risikorechnung zur Ermittlung der Gesamtrisikolage, eine risikoadjustierte Leistungs- und Vorteilhaftigkeitsbeurteilungsrechnung sowie eine Risikorechnung im strategischen Kontext auf der Grundlage eines BSC-basierten Strategic Business Risk Model betrachtet.

Mit dieser Arbeit liegt ein fundierter und geschlossener Konzeptualisierungsversuch zum Risikocontrolling in Nicht-Finanzunternehmen vor, der sich sowohl in die Controlling- als auch Risikomanagement-Forschung eingefügt und empirische Ergebnisse berücksichtigt. Die Konzeption soll zum einen einen nachvollziehbaren Gegenstand der Risikocontrolling-Forschung aufzeigen, und zum anderen auch erste Gestaltungshinweise und Handlungsempfehlungen für die Unternehmenspraxis geben. Letztere Zielsetzung wurde vor allem durch den gestaltungsorientierten Vorschlag einer Risikorechnung mit beispielhaft aufgezeigten Teilrechensystemen verfolgt.

Die vorgeschlagenen und als tragfähig erachteten Controlling-, Risikomanagement- und Risikocontrolling-Konzeptionen erheben nicht den Anspruch, unangreifbare und abschließende Definitionen der jeweiligen Betrachtungsgegenstände zu sein. Vielmehr greifen sie Elemente bestehender Konzeptionen auf und kombinieren diese mit der Zielsetzung, eine möglichst nachvollziehbare und praxisadäquate Charakterisierung der jeweiligen Aufgabenfelder zu ermöglichen. Die vorgeschlagene Risikorechnung ist in ihrem jetzigen Stadium vornehmlich ein Denkmodell, das in der skizzierten Form in der Praxis von Nicht-Finanzunternehmen wohl kaum Anwendung finden kann. Eine Betrachtung der Entwicklung und Diffusion der Kosten- und Erlösrechnung als das am besten erforschte und in der Praxis am weitesten verbreitete Teilsystem der internen Unternehmensrechnung legt den Schluss nahe, dass rechentechnisch aufwändige Verfahren mit hohen Informationsanforderungen in der Praxis auf geringe Resonanz und Akzeptanz stoßen. Zudem ist darauf hinzuweisen, dass grundlegende Fragen der Risikorechnung, insbesondere der Beschaffung der benötigten Eingangsinformationen, die Lösung der Zurechnungsproblematik und die Eignung der einzelnen Risikomaße bzw. deren Einbezug in Entscheidungskalküle noch nicht zufrieden stellend geklärt sind. Damit ist ersichtlich, dass es im Bereich des Risikocontrollings und der Risikorechnung in Zukunft weiteren Forschungsbedarf sowohl hinsichtlich der Grundlagen als auch der praxisorientierten Ausgestaltung geben wird. Dabei dürfte die Beschäftigung mit dem Risikocontrolling stark vom Erkenntnisfortschritt im Controlling und Risikomanagement beeinflusst werden.

Gestaltungsoption	Ausprägung
Rechengrößen	Risikomaße und Risikodeckungsmassen bauen auf verwendeten Rechengrößen auf: • Risikomaße: CFaR, EaR, VaR / CCFaR, CEaR, CVaR / ECFS, EES, EVS Konfidenzniveau: abhängig von Zielrating, Zeithorizont: abhängig von Vorgaben der Unternehmensplanung und verwendeten Rechengrößen bzw. Risikodeckungsmassen (z. B. für Liquidität kürzer als für Erfolg/Vermögen) • Risikodeckungsmassen: Liquidität (finanzielle Mobilität), Risikokapital (Eigenkapital)
Bezugsobjektarten	• Grundsätzlich Bezugsobjektarten und -hierarchien der anderen Teilrechnungssysteme (Leistungen, Ressourcen, Marktpartner, Perioden, Regionen, Verantwortungsbereiche) • Spezielle Zurechnungshierarchien (Risikoarten etc.)
Zurechnungsprinzipien	Fallweise auszuwählen, parallele Verwendung mehrerer Zurechnungsprinzipien
Risikogliederung	Multidimensional zur Transparenzerhöhung und Deckung der Wissenswünsche: • Risikofaktoren/-quellen, Risikoarten • Betroffene Rechengrößen bzw. Risikodeckungsmassen • Risikogestaltungsrelevante Eigenschaften: Versicherbarkeit, vertragliche Überwälzbarkeit auf Dritte, Beeinflussbarkeit der zugrunde liegenden Wahrscheinlichkeitsverteilung durch das Unternehmen etc. • Zeithorizont (kurz-, mittel-, langfristig) bzw. Bedeutung (strategisch, operativ) • Grad an Vertrauen in die Zuverlässigkeit der Wahrscheinlichkeitsschätzung • Verbund- und Diversifikationsberücksichtigung (Gesamtrisiko, Komponentenrisiko, marginales Risiko) • Netto- vs. Bruttorisiken
Rechnungsaufbau	Primäre Grundrechnung bzw. Erfassungsrechnung • Risikofaktor-Ermittlungsrechnung • Risikogestaltungsmaßnahmen-Ermittlungsrechnung • Risikodeckungsmassen-Ermittlungsrechnung Sekundäre Grundrechnung bzw. Zuordnungsrechnung • Risikozuordnungsrechnung • Risikogestaltungsmaßnahmen-Zuordnungsrechnung • Risikodeckungsmassen-Zuordnungsrechnung
	Auswertungsrechnungen • Risikotragfähigkeitsrechnung • Risikoadjustierte Performancemessung • Externe Risikoberichterstattung • Fallweise Auswertungsrechnungen

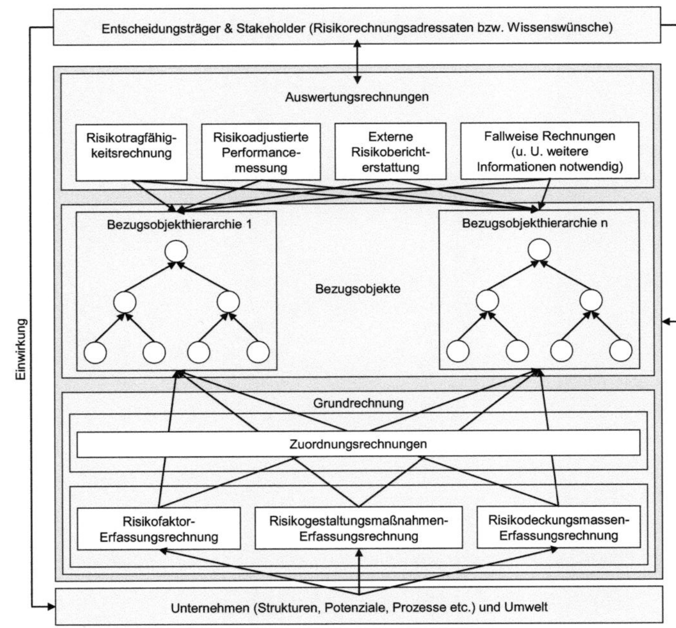

Abbildung 35: Zusammenfassender Überblick über den Gestaltungsvorschlag zur Risikorechnung in Nicht-Finanzunternehmen

Literaturverzeichnis

Acerbi, C./Tasche, D. (2002a): Expected Shortfall: a natural coherent alternative to Value at Risk. In: Economic Notes, 31 (2002a), 2, S. 379-388.

Acerbi, C./Tasche, D. (2002b): On the coherence of expected shortfall. In: Journal of Banking & Finance, 26 (2002b), 7, S. 1487-1503.

Adam, D. (2000): Investitionscontrolling, München et al. 2000.

Adar, Z., et al. (1977): A Comprehensive Cost-Volume-Profit Analysis Under Uncertainty. In: Accounting Review, 52 (1977), 1, S. 137-149.

Ahleff, K. (1931): Das Risiko in der Möbelindustrie: eine betriebswirtschaftliche Untersuchung, Köln 1931.

Ahn, H. (1999a): Ansehen und Verständnis des Controlling in der Betriebswirtschaftslehre - Grundlegende Ergebnisse einer empirischen Studie. In: Controlling 11 (1999a), 3, S. 109-114.

Ahn, H. (1999b): Controlling aus der Perspektive spezieller Betriebswirtschaftslehren - Prägt der fachliche Hintergrund die Einstellung zum Controlling? In: Controlling 11 (1999b), 10, S. 449-454.

Ahn, H. (2003): Effektivitäts- und Effizienzsicherung - Controlling-Konzept und Balanced Scorecard, Frankfurt a. M. et al. 2003.

Ahn, H./Dyckhoff, H. (2004): Zum Kern des Controllings: Von der Rationalitätssicherung zur Effektivitäts- und Effizienzsicherung. In: *Scherm, E./Pietsch, G.* (Hrsg.): Controlling: Theorien und Konzeptionen, München 2004, S. 501-525.

Albach, H. (2001): Shareholder Value und Unternehmenswert - Theoretische Anmerkungen zu einem aktuellen Thema. In: Zeitschrift für Betriebswirtschaft (ZfB), 71 (2001), 6, S. 643-674.

Albrecht, P. (1999): Auf dem Weg zu einem holistischen Risikomanagement? In: Versicherungswirtschaft, 54 (1999), 19, S. 1404 -1409.

Albrecht, P. (2003a): Risk Based Capital Allocation, SFB 504 discussion paper 03-02, Mannheim 2003a.

Albrecht, P. (2003b): Risk Measures, Sonderforschungsbereich 501, Working Paper No. 03-01, Universität Mannheim, Mannheim 2003b.

Albrecht, P. (2003c): Zur Messung von Finanzrisiken, Mannheim 2003c.

Albrecht, P./Klett, T. (2004): Referenzpunktbezogene risikoadjustierte Performancemaße: Theoretische Grundlagen, Mannheim 2004.

Albrecht, P./Koryciorz, S. (2004): Methoden der risikobasierten Kapitalallokation im Versicherungs- und Finanzwesen. In: Zeitschrift für die gesamte Versicherungswissenschaft, 93 (2004), 2, S. 123-159.

Albrecht, P./Maurer, R. (2005): Investment- und Risikomanagement: Modelle, Methoden, Anwendungen, Stuttgart 2005.

Albrecht, P., et al. (1998): Shortfall-Risiko/Excess-Chance-Entscheidungskalküle. In: Zeitschrift für Wirtschafts- und Sozialwissenschaften (ZWS), 118 (1998), 2, S. 249-274.

Amshoff, B. (1993): Controlling in deutschen Unternehmungen: Realtypen, Kontext und Effizienz, 2. Aufl., Wiesbaden 1993.

Anthony, R. N. (1965): Planning and Control Systems, Boston 1965.

Anthony, R. N./Govindarajan, V. (2004): Management control systems, 11. ed., Boston et al. 2004.

Artzner, P., et al. (1997): Thinking coherently. In: Risk, 10 (1997), November, S. 68-71.

Artzner, P., et al. (1999): Coherent Measures of Risk. In: Mathematical Finance, 9 (1999), 3, S. 203-228.

Atkinson, A. A., et al. (2004): Management accounting, 4th ed., Upper Saddle River/NJ 2004.

Baetge, J./Jerschensky, A. (1999): Frühwarnsysteme als Instrumente eines effizienten Risikomanagement und -Controlling. In: Controlling, (1999), 4/5, S. 171-176.

Balzer, W. (1985): Theorie und Messung, Berlin et al. 1985.

Bamberg, G./Coenenberg, A. G. (2004): Betriebswirtschaftliche Entscheidungslehre, 12. Aufl., München 2004.

Baron, D. P. (1976): Flexible Exchange Rates, Forward Markets, and the Level of Trade. In: American Economic Review, 66 (1976), 3, S. 253-266.

Barton, T. L., et al. (2002): Making Enterprise Risk Management Pay Off, Upper Saddle River, NJ 2002.

Bartram, S. M. (1999): Corporate risk management: eine empirische Analyse der finanzwirtschaftlichen Exposures deutscher Industrie- und Handelsunternehmen, Bad Soden/Ts. 1999.

Bartram, S. M. (2000a): Corporate Risk Management as a Lever for Shareholder Value Creation. In: Financial Markets, Institutions & Instruments, 9 (2000a), 5, S. 279-324.

Bartram, S. M. (2000b): Verfahren zur Schätzung finanzwirtschaftlicher Exposures von Nichtbanken. In: *Johanning, L./Rudolph, B.* (Hrsg.): Handbuch Risikomanagement, Bd. 2 Risikomanagement in Banken, Asset-Management-Gesellschaften, Versicherungs- und Industrieunternehmen, Bad Soden, Ts. 2000b, S. 1267-1293.

Baumgartner, B. (1980): Die Controller-Konzeption: theoretische Darstellung und praktische Anwendung, Bern 1980.

Bawa, V. S., et al. (1985): On Determination of Stochastic Dominance Optimal Sets. In: Journal of Finance, 40 (1985), 2, S. 417-431.

Bayerische Rück (1993): Risiko ist ein Konstrukt - Wahrnehmungen zur Risikowahrnehmung, München 1993.

Bechmann, G. (1997a): Einleitung: Risiko - ein neues Forschungsfeld? In: *Bechmann, G.* (Hrsg.): Risiko und Gesellschaft: Grundlagen und Ergebnisse interdisziplinärer Risikoforschung, 2. Aufl., Opladen 1997a, S. VII-XXIX.

Bechmann, G. (1997b): Risiko und Gesellschaft - Grundlagen und Ergebnisse interdisziplinärer Risikoforschung, Opladen 1997b.

Becker, A. (2003): Controlling als reflexive Steuerung von Organisationen, Stuttgart 2003.

Becker, A. (2004a): Controlling als Praxis: eine strukturationstheoretische Perspektive auf Controlling. In: *Scherm, E./Pietsch, G.* (Hrsg.): Controlling: Theorien und Konzeptionen, München 2004a, S. 753-777.

Becker, A. (2004b): Jenseits des Kerns des Controlling: Management Accounting as Social and Institutional Practice. In: Controlling & Management (ZfCM), 48 (2004b), 2, S. 95-107

Becker, U. (1993): Risikowahrnehmung in der Öffentlichkeit und neue Konzepte unternehmerischer Risikokommunikation. In: *Bayerische Rück* (Hrsg.): Risiko ist ein Konstrukt - Wahrnehmungen zur Risikowahrnehmung, München 1993, S. 343-363.

Beckmann, D./Hirsch, B. (2002): Controllingverständnis - dogmatisch oder pragmatisch? Zum paradigmatischen Kern des Controlling. In: *Weber, J./Hirsch, B.* (Hrsg.): Controlling als akademische Disziplin. Eine Bestandsaufnahme, Wiesbaden 2002, S. 145-160.

Berger, M. M. (2004): Controlling und Wahrnehmung: Ansätze zu einem erweiterten Controlling-Begriff, Wiesbaden 2004.

Berndt, A. (1999): Derivate: Einsatz und Risikocontrolling in deutschen Versicherungen. In: Versicherungswirtschaft, 54 (1999), 11, S. 760.

Bernoulli, D. (1738): Specimen Theoriae Novae de Mensara Sortis, St. Petersburg 1738.

Bernstein, P. L. (1998): Against the Gods: The Remarkable Story of Risk, Chichester 1998.

Berry, A. J., et al. (2005): Risk and Control. In: *Berry, A. J., et al.* (Hrsg.): Management control: theories, issues, and performance, 2. ed., Houndmills, Basingstoke 2005, S. 279-299.

Bessembinder, H. (1991): Forward Contracts and Firm Value: Investment Incentive and Contracting Effects. In: Journal of Financial and Quantitative Analysis, 26 (1991), 4, S. 519-532.

Betz, S. (2001): Abweichungsanalysen als Instrumente des Risikomanagements. In: *Götze, U., et al.* (Hrsg.): Risikomanagement, Heidelberg 2001, S. 475-492.

Beyer, H.-T. (1971): Die finanzwirtschaftliche Organisation der Unternehmung. In: *Hahn, O.* (Hrsg.): Handbuch der Unternehmensfinanzierung, München 1971, S.

Bielefeld, F./Maifarth, M. (2005): Traditionelle und moderne Kennzahlen der Gesamtbanksteuerung. In: *Neupel, J., et al.* (Hrsg.): Aktuelle Entwicklungen im Bankcontrolling: Rating, Gesamtbanksteuerung und Basel II: im Auftrag des Arbeitskreises "Strategieentwicklung und Controlling in Banken" der Schmalenbach-Gesellschaft für Betriebswirtschaft e.V., ZfbF Sonderheft 52, Frankfurt a. M. 2005, S. 145-181.

Bieta, V., et al. (2004): Szenarienplanung im Risikomanagement: mit der Spieltheorie die Risiken der Zukunft erfolgreich steuern, Weinheim 2004.

Bieta, V., et al. (2002): Risikomanagement und Spieltheorie: wie Global Player mit Risiken umgehen müssen, Bonn 2002.

Binder, C./Schäffer, U. (2005a): Controllinglehrstühle und ihre Inhaber - Ein Überblick. In: *Weber, J./Meyer, M.* (Hrsg.): Internationalisierung des Controllings: Standortbestimmung und Optionen, Wiesbaden 2005a, S. 11-27.

Binder, C./Schäffer, U. (2005b): Die Entwicklung des Controllings von 1970 bis 2003 im Spiegel von Publikationen in deutschsprachigen Zeitschriften. In: Die Betriebswirtschaft, 65 (2005b), 6, S. 603-626.

Bitz, M. (1993): Grundlagen des finanzwirtschaftlich orientierten Risikomanagements. In: *Gebhardt, G. G., W./Steiner, M.* (Hrsg.): Handbuch des Finanzmanagements – Instrumente und Märkte der Unternehmensfinanzierung, München 1993, S. 641-668.

Blankenburg, J. (1978): Risikomanagement als Betriebswirtschaftliche Aufgabe. In: Zeitschrift für Betriebswirtschaft (ZfB), 48 (1978), 4, S. 329-332.

Bleicher, K. (1992): Das Konzept Integriertes Management, 2. Aufl., Frankfurt et al. 1992.

Bleicher, K. (1997): Unternehmenskultur und strategische Unternehmensführung. In: *Hahn, D./Taylor, B.* (Hrsg.): Strategische Unternehmungsplanung - Strategische Unternehmungsführung - Stand und Entwicklungstendenzen, 7. Aufl., Heidelberg 1997, S. 223- 265.

Blohm, H., et al. (2006): Investition: Schwachstellenanalyse des Investitionsbereichs und Investitionsrechnung, 9. Aufl., München 2006.

Brachinger, H. W. (2002): Measurement of Risk. In: *Derigs, U.* (Hrsg.): Optimization and Operations Research, 2002, S. 1119-1137.

Brachinger, H. W./Weber, M. (1997): Risk as a primitive: a survey of measures of perceived risk. In: Operations Research-Spektrum, 19 (1997), 4, S. 235-250.

Braun, H. (1984): Risikomanagement: eine spezifische Controllingaufgabe, Darmstadt 1984.

Brealey, R. A./Myers, S. C. (2000): Principles of corporate finance, 6. ed., Boston 2000.

Brink, H.-J. (1985): Die Kosten- und Leistungsrechnung (KLR) als Element des betrieblichen Planungs- und Kontrollsystems in deutschen Unternehmen. In: *Dams, T./Mizuno, M.* (Hrsg.): Entscheidungsprozesse auf mikro- und makroökonomischer Ebene: dargestellt an ausgewählten Beispielen in Japan und in der Bundesrepublik Deutschland, Berlin 1985, S. 275 - 295.

Brink, H.-J. (1992): Einflussfaktoren auf die Gestaltung der Kostenrechnungssysteme. In: *Männel, W.* (Hrsg.): Handbuch Kostenrechnung, Wiesbaden 1992, S. 167-181.

Brockhoff, K. (2003): Aufgaben für die Controlling-Forschung: Versuch einer Außensicht. In: Controlling & Management (ZfCM), 47 (2003), 1, S. 33-40.

Broetzmann, F./Oehler, K. (2002): Risk Enhanced Balanced Scorecard (REBS). In: Controller Magazin, o. Jg. (2002), 6, S. 588-594.

Brohm, A. (2002): Holistische Unternehmensmodelle in der Schaden- und Unfallversicherung : Konstruktion, Analyse, Bewertung und Einsatz im operativen Risiko-Controlling und Risiko-Management, Karlsruhe 2002.

Brühwiler, B. (1980): Risk management, eine Aufgabe der Unternehmungsführung, Bern et al. 1980.

Brühwiler, B. (2003): Risk Management als Führungsaufgabe - Methoden und Prozesse der Risikobewältigung in Unternehmen, Organisationen, Produkten und Projekten, Bern et al. 2003.

Buchmann, R./Chmielewicz, K. (1990): Finanzierungsrechnung: Empfehlungen des Arbeitskreises "Finanzierungsrechnung" der Schmalenbach-Gesellschaft - Deutsche Gesellschaft für Betriebswirtschaft e. V., ZfbF Sonderheft 26, Düsseldorf 1990.

Bühler, W. (1998): Risikocontrolling in Industrieunternehmungen. In: *Börsig, C./Coenenberg, A. G.* (Hrsg.): Controlling und Rechnungswesen im internationalen Wettbewerb, Stuttgart 1998, S. 205-233.

Bühler, W./Birn, M. (2002): Steuerung von Preis- und Kreditrisiken bei dezentraler Organisation. In: *Lingnau, V./Schmitz, H.* (Hrsg.): Aktuelle Aspekte des Controlling: Festschrift für Hans-Jörg Hoitsch, Heidelberg et al. 2002, S. 23-47.

Bühlmann, B. (1998): Corporate hedging: über die Wertsteigerungsmöglichkeiten durch finanzwirtschaftliches Risikomanagement, Zürich 1998.

Bundesaufsichtsamt für das Kreditwesen (1995): Verlautbarung über Mindestanforderungen an das Betreiben von Handelsgeschäften der Kreditinstitute, Berlin 1995.

Burger, A./Buchhart, A. (2002a): Risiko-Controlling, München 2002a.

Burger, A./Buchhart, A. (2002b): Zur Berücksichtigung von Risiko in der strategischen Unternehmensführung. In: Der Betrieb, 55 (2002b), 12, S. 593-599.

Buschmann, W. F. (1992): Risiko-Controlling: Anforderungen an die Steuerung von derivativen Finanzinstrumenten. In: Die Wirtschaftsprüfung, (1992), 23, S. 720-729.

Bussmann, K. F. (1955): Das Betriebswirtschaftliche Risiko, Meisenheim am Glan 1955.

Campbell, T. S./Kracaw, W. A. (1990): Corporate Risk Management and Incentive Effects of Debt. In: Journal of Finance, 45 (1990), 5, S. 1673-1686.

Cezanne, W./Mayer, A. (1998): Neue Institutionenökonomik - Ein Überblick. In: Das Wirtschaftsstudium (WISU), (1998), 11, S. 1345-1353.

Chapey, F. J. (1996): VAR: A New Tool for Corporate Treasury. In: TMA Journal, 2 (1996), 2, S. 22-28.

Cheng, S., et al. (2004): Progress in Risk Measurement. In: AMO - Advanced Modelling and Optimization, 6 (2004), 1, S. 1-20.

Chmielewicz, K. (1979): Forschungskonzeptionen der Wirtschaftswissenschaft, 2. Aufl., Stuttgart 1979.

Choi, F. D. S., et al. (1978): Accountors, Accountants, and Standard No. 8. In: Journal of International Business Studies, 9 (1978), 2, S. 81-87.

Christensen, J. A./Demski, J. S. (2003): Accounting theory: an information content perspective, Boston et al. 2003.

Committee of Sponsoring Organizations of the Treadway Commission (COSO) (1992): Internal Control - Integrated Framework, Montvale, NJ 1992.

Committee of Sponsoring Organizations of the Treadway Commission (COSO) (2004a): Enterprise Risk Management Enterprise: Integrated Framework - Application techniques, Jersey City, NJ 2004a.

Committee of Sponsoring Organizations of the Treadway Commission (COSO) (2004b): Enterprise risk management: Integrated framework Jersey City, NJ 2004b.

Controller Akademie AG (2005): Risikomanagement (Arbeitspapiere der Controller Akademie AG), Gauting 2005.

Controller Verein eV (2004): Controller-Statements - Philosophie - Leitbild Controller, Gauting 2004.

Copeland, T./Weston, F. J. (1988): Financial Theory and Corporate Policy, 3. Aufl., Reading, MA 1988.

Culp, C. L./Miller, M. H. (1995): Hedging in the Theory of Corporate Finance: a Reply to our Critics. In: Journal of Applied Corporate Finance, 8 (1995), 1, S. 121-127.

Cyert, R. M./March, J. G. (1992): Behavioral Theory of the Firm, Cambridge, Mass 1992.

De Giorgio, E. (2002): Reward-Risk Portfolio Selection and Stochastic Dominance, Working Paper, Institute for Empirical Research, Universität Zürich, Zürich 2002.

Decisioneering Inc. (o. J.): Crystal Ball® 7.2 User Manual, Denver o. J.

Deloitte Touche Tohmatsu (2005): 2004 Global Risk Management Survey, o. O. 2005.

DeMarzo, P. M./Duffie, D. (1991): Corporate Financial Hedging with Proprietary Information. In: Journal of Economic Theory, 53 (1991), 2, S. 261-286.

Denault, M. (1999): Coherent Allocation of Risk Capital, Working Paper, Risk Lab, Swiss Federal Institute of Technology, Zürich 1999.

Denault, M. (2001): Coherent Allocation of Risk Capital. In: The Journal of Risk, 4 (2001), 1, S. 1-34.

Denk, R./Exner-Merkelt, K. (2005): Corporate Risk Management: Unternehmensweites Risikomanagement als Führungsaufgabe, Wien 2005.

Deutsches Aktieninstitut/KPMG (2000): Einführung und Ausgestaltung von Risikomanagementsystemen - Eine empirische Untersuchung, Deutsches Aktieninstitut, Frankfurt a. M. 2000.

Dickinson, G. (2001): Enterprise Risk Management: Its Origins and Conceptual Foundation. In: The Geneva Papers on Risk and Insurance, 26 (2001), 3, S. 360-366.

Diederichs, M. (2004): Risikomanagement und Risikocontrolling, München 2004.

Diederichs, M./Reichmann, T. (2003): Risikomanagement und Risiko-Controlling in der Praxis, Ergebnisse einer empirischen Untersuchung. In: Controlling, 15 (2003), 5, S. 229-234.

Diederichs, M./Richter, H. (2001): Risikomanagement und Risikocontrolling - Transparenz durch risikoadjustiertes Berichtswesen. In: Bilanz & Buchhaltung, (2001), 4, S. 135-142.

Diggelmann, P. B. (1999): Value at Risk: kritische Betrachtung des Konzepts; Möglichkeiten der Übertragung auf den Nichtfinanzbereich, Zürich 1999.

DIN (1997): DIN EN ISO 9000ff./ÖNORM EN ISO 9000ff./SN EN ISO 9000ff. für kleine und mittelständische Unternehmen (KMU), Berlin et al. 1997.

Doherty, N. A. (1985): Corporate risk management: a financial exposition, New York 1985.

Doherty, N. A. (2000): Integrated risk management: techniques and strategies for managing corporate risk, New York 2000.

Donaldson, G. (1986): Strategy for financial mobility, Boston 1986.

Dörfler, W./Peschek, W. (1988): Einführung in die Mathematik für Informatiker, München 1988

Dorfman, M. S. (1998): Introduction to risk management and insurance, 6th ed., Upper Saddle River, NJ 1998.

Dorfman, M. S. (2005): Introduction to Risk Management and Insurance, 8. Aufl., Upper Saddle River, NJ 2005.

Dowd, K. (1998): Beyond value at risk: the new science of risk management, Chichester New York 1998.

Drucker, P. F. (1993): Management: Tasks, Responsibilities, Practices, New York 1993.

Drury, C. (2005a): Management accounting for business, 3rd ed., London et al. 2005a.

Drury, C. (2005b): Management and cost accounting, 6th ed. reprint, London 2005b.

Dufey, G./Srinivasulu, S. L. (1983): The Case for Corporate Management of Foreign Exchange Risk. In: Financial Management, 12 (1983), 4, S. 54-62.

Dwornicki, T. (2006): Universitäre Kostenrechnungen, Lohmar/Köln 2006.

Dyckhoff, H./Ahn, H. (2001): Sicherstellung der Effektivität und Effizienz der Führung als Kernfunktion des Controlling. In: Kostenrechnungspraxis (krp), 45 (2001), 2, S. 111-121.

Dyckhoff, H./Ahn, H. (2002): Kernaufgaben des Controlling: grundlegende Anmerkungen im Hinblick auf die Sicherstellung der Effektivität und Effizienz. In: *Weber, J./Hirsch, B.* (Hrsg.): Controlling als akademische Disziplin, Wiesbaden 2002, S. 113-122.

Eckert, S. (2006): Controlling-Lexikon: COSO Enterprise Risk Management Framework. In: Controlling, 18 (2006), 3, S. 161-163

Eckert, S., et al. (2004): Konzept und Umsetzung eines Risikomanagementsystems bei der DÜRR AG. In: *Hachmeister, D.* (Hrsg.): Risikomanagement und Risikocontrolling: Reichweite und Gestaltung, Controlling & Management (ZfCM) Sonderheft 3-2004, Wiesbaden 2004, S. 26 - 36.

Eisenführ, F./Weber, M. (2003): Rationales Entscheiden, 4. Aufl., Berlin et al. 2003.

Elfgen, R. (2001): Risikomanagement als Beratungsleistung. Der Aufbau von Risikomanagement-Systemen in Industrieunternehmen. In: *Lange, K. W./Wall, F.* (Hrsg.): Risikomanagement nach dem KonTraG - Aufgaben und Chancen aus betriebswirtschaftlicher und juristischer Sicht, München 2001, S. 375-397.

Elfgen, R. (2002): Implementierung von Risikocontrolling-Systemen. In: *Hölscher, R./Elfgen, R.* (Hrsg.): Herausforderung Risikomanagement: Identifikation, Bewertung und Steuerung industrieller Risiken, Wiesbaden 2002, S. 315-330.

Eller, R., et al. (2002): Bankbezogene Risiko- und Erfolgsrechnung: modernes Risk-Return-Management in Banken und Sparkassen, Stuttgart 2002.

Eschenbach, R./Niedermayr, R. (1996a): Controlling in der Literatur. In: *Eschenbach, R.* (Hrsg.): Controlling, 2. Aufl., Stuttgart 1996a, S. 49-64.

Eschenbach, R./Niedermayr, R. (1996b): Die Konzeption des Controlling. In: *Eschenbach, R.* (Hrsg.): Controlling, 2. Aufl., Stuttgart 1996b, S. 65-93.

Ettmüller, K. (2003): Risikomanagement in der BASF-Gruppe: Rechtliche Grundlagen, praktische Ausgestaltung und Prüfung. In: Controlling, 12 (2003), 15, S. 689-697.

Ewert, R./Wagenhofer, A. (2005): Interne Unternehmensrechnung, 6. überarb. Aufl., Berlin et al. 2005.

Faisst, U./Buhl, H. U. (2005): Integrated Enterprise Balancing mit integrierten Ertrags- und Risikodatenbanken. In: Wirtschaftsinformatik, 47 (2005), 6, S. 403-412.

Farny, D. (1979): Grundfragen des Risk Management. In: (Hrsg.): Risk Management - Strategien zur Risikobeherrschung: Bericht von der 5. Kölner BFuP-Tagung am 5. u. 6. Okt. 1978 in Leverkusen, Köln 1979, S. 11-37.

Fassbender, W. (1964): Betriebsindividuelle Kostenerfassung und Kostenauswertung, Frankfurt a. M. 1964.

Felix, R., et al. (1997): Integrierte Managementsysteme: Ansätze zur Integration von Qualitäts-, Umwelt- und Arbeitssicherheitsmanagementsystemen, St. Gallen 1997.

FERMA, et al. (2005): A survey of European risk management practices 2004, o. O. 2005.

Fischer, G. (1940): Einführung in die Betriebswirtschaftslehre, Leipzig 1940.

Fischer, G. (1964): Allgemeine Betriebswirtschaftslehre, Heidelberg 1964.

Fischer, T. M. (2002): Controlling und Unternehmenskultur. In: *Weber, J./Hirsch, B.* (Hrsg.): Controlling als akademische Disziplin. Eine Bestandsaufnahme, Wiesbaden 2002, S. 267-281.

Fischer, T. M./Vielmeyer, U. (2004): Informationsversorgung im Risikocontrolling durch risikoorientierte Unternehmenspublizität - Ergebnisse einer empirischen Studie. In: *Hachmeister, D.* (Hrsg.): Risikomanagement und Risikocontrolling: Reichweite und Gestaltung, Sonderheft 3-2004 Controlling & Management (ZfCM), Wiesbaden 2004, S. 120-132.

Fishburn, P. C. (1984): Foundations of Risk Measurement. I. Risk as Probable Loss. In: Management Science, 30 (1984), 4, S. 396-406.

Fite, D./Pfleiderer, P. (1995): Should Firms Use Derivatives to Manage Risk? In: *Beaver, W./Parker, G.* (Hrsg.): Risk Management: Problems and Solutions, New York 1995, S. 139-169.

Form, S. (2005): Chancen- und Risiko-Controlling: Erklärungsansatz zur Wirkungsweise von Chancen und Risiken im Controlling sowie dem unternehmensspezifischen Aufbau seiner Instrumente, Frankfurt a. M. et al. 2005.

Francis, J. (1990): Accounting for Futures Contracts and the Effect on Earnings Variability. In: The Accounting Review, 65 (1990), 4, S. 891-910.

Franke, G./Hax, H. (2004): Finanzwirtschaft des Unternehmens und Kapitalmarkt, 5. Aufl., Berlin et al. 2004.

Franz, K.-P./Kajüter, P. (2002): Zum Kern des Controlling. In: *Weber, J./Hirsch, B.* (Hrsg.): Controlling als akademische Disziplin. Eine Bestandsaufnahme, Wiesbaden 2002, S. 123-130.

Freidank, C.-C. (2001): Risikomanagement und Risikocontrolling in Industrieunternehmen. In: *Freidank, C.-C./Mayer, E.* (Hrsg.): Controlling-Konzepte: neue Strategien und

Werkzeuge für die Unternehmenspraxis, 5., vollst. überarb. u. erw. Aufl., Wiesbaden 2001, S. 595-631.

Freidank, C.-C. (2004): Corporate Governance und Controlling, Heidelberg 2004.

Frey, H. C./Nießen, G. (2001): Monte Carlo Simulation - quantitative Risikoanalyse für die Versicherungsindustrie, München 2001.

Fritz, W., et al. (1988): Unternehmensziele und strategische Unternehmensführung. In: Die Betriebswirtschaft (DBW), 48 (1988), 5, S. 567-586.

Fröhling, O. (2000): KonTraG und Controlling: Eckpfeiler eines entscheidungsrelevanten und transparenten Segmentcontrolling und -reporting, München 2000.

Froot, K. A., et al. (1993): Risk Management: Coordinating Corporate Investment and Financing Policies. In: The Journal of Finance, 48 (1993), 5, S. 1629-1658.

Froot, K. A., et al. (1994): A framework for risk management. In: Harvard Business Review, 72 (1994), 6, S. 91-102.

Fülbier, R. U. (2004): Wissenschaftstheorie und Betriebswirtschaftslehre. In: wirtschaftswissenschaftliches Studium (WiSt), 33 (2004), 5, S. 266-271.

Gabele, E./Kretschmer, H. (1985): Unternehmensgrundsätze: empirische Erhebungen und praktische Erfahrungsberichte zur Konzeption, Einrichtung und Wirkungsweise eines modernen Führungsinstrumentes, Frankfurt am Main 1985.

Gebhardt, G. (2002): Risikocontrolling. In: *Küpper, H.-U./Wagenhofer, A.* (Hrsg.): Handwörterbuch Unternehmensrechnung und Controlling, Enzyklopädie der Betriebswirtschaftslehre Bd. III, Stuttgart 2002, S. 1713-1726.

Gebhardt, G./Mansch, H. (2001): Risikomanagement und Risikocontrolling in Industrie- und Handelsunternehmen: Empfehlungen des Arbeitskreises "Finanzierungsrechnung" der Schmalenbach-Gesellschaft für Betriebswirtschaft e. V., ZfbF-Sonderheft 46, Düsseldorf et al. 2001.

Giddens, A. (1984): The Constitution of Society, Berkeley et al. 1984.

Gigerenzer, G., et al. (1999): Das Reich des Zufalls: Wissen zwischen Wahrscheinlichkeiten, Häufigkeiten und Unschärfen, Heidelberg et al. 1999.

Glanz, A. (1993): Ökonomie von Standards: Wettbewerbsaspekte von Kompatibilitäts-Standards dargestellt am Beispiel der Computerindustrie, Frankfurt am Main et al. 1993.

Glaum, M. (2000): Finanzwirtschaftliches Risikomanagement deutscher Industrie- und Handelsunternehmen, Frankfurt 2000.

Glaum, M./Förschle, G. (2000): Rechnungslegung für Finanzinstrumente und Risikomanagement: Ergebnisse einer empirischen Untersuchung. In: Der Betrieb, 53 (2000), 31, S. 1525-1534

Gleich, R./Oehler, K. (2006): Corporate Governance umsetzen - Erfolgsfaktoren Controlling und Informationssysteme, Stuttgart 2006.

Gleißner, W. (2000): Risikopolitik und Strategische Unternehmensführung. In: Der Betrieb, 53 (2000), 33, S. 1625-1629.

Gleißner, W. (2004): Die Aggregation von Risiken im Kontext der Unternehmensplanung. In: Controlling & Management (ZfCM), 48 (2004), 5, S. 350-359.

Gleißner, W., et al. (2005): Risikoberichterstattung und Risikoprofile von HDAX-Unternehmen 2000 bis 2003. In: Finanz Betrieb, o. Jg. (2005), 5, S. 343-353.

Gleißner, W./Romeike, F. (2005): Risikomanagement: Umsetzung, Werkzeuge, Risikobewertung, Freiburg et al. 2005.

Goes, S. (2003): Management Accounting von Stromnetzbetreibern: im Spannungsfeld von Erfolgsziel und Preisregulierung, Wiesbaden 2003.

Goetz, B. E. (1949): Management planning and control: a managerial approach to industrial accounting, New York et al. 1949.

Goovaerts, M. J./Laeven, R. J. A. (2005): Decision Principles Derived from Risk Measures, Working Paper, Catholic University of Leuven, Dept. of Applied Economics, Leuven 2005.

Gotou, K. (2004): Kouporeeto gavanansu to risukumanejimento - COSO, OECD, Keizaisangyoushou oyobi Saabensu Okusuree hou no gaiyou to risukumanejimento (Corporate Governance und Risikomanagement - COSO, OECD, Ministerium für Wirtschaft, Handel und Industrie sowie Sarbanes-Oxley Act und Risikomanagement). In: Songaihoken Kenkyuu (Schadensversicherungsforschung), 66 (2004), 2, S. 1-43.

Götze, U., et al. (2001): Risikocontrolling aus funktionaler Perspektive - Konzeptionsspezifische Darstellung des Aufgabenspektrums. In: *Götze, U., et al.* (Hrsg.): Risikomanagement, Heidelberg 2001, S. 95-126.

Graf, T. (2002): Risikomanagement in einem internationalen Maschinen- und Anlagenbaukonzern. In: *Hölscher, R.* (Hrsg.): Herausforderung Risikomanagement: Identifikation, Bewertung und Steuerung industrieller Risiken, Wiesbaden 2002, S.

Grochla, E. (1980): Organisatorische Gestaltung, theoretische Grundlagen der. In: *Grochla, E.* (Hrsg.): Handwörterbuch der Organisation, 2. Aufl., Stuttgart 1980, S. 1831-1844.

Grochla, E. (1982): Grundlagen der organisatorischen Gestaltung, Stuttgart 1982.

Grof, E. (2002): Risikocontrolling und Kreditwürdigkeitsprüfung: risikoorientiertes Bankencontrolling unter Berücksichtigung neuerer Bonitätsprüfungsverfahren, Wien 2002.

Gutenberg, E. (1979): Grundlagen der Betriebswirtschaftslehre, Band I: Die Produktion, Berlin et al. 1979.

Guthoff, A., et al. (1998): Der Einfluß einer Begrenzung des Value at Risk oder des Lower Partial Moment One auf die Risikoübernahme. In: *Oehler, A.* (Hrsg.): Credit Risk und Value-at-Risk Alternativen, Stuttgart 1998, S. 111-153.

Hachmeister, D. (2000): Der Discounted Cash-Flow als Maß der Unternehmenswertsteigerung, 4. Aufl., Frankfurt am Main et al. 2000.

Hager, P. (2004): Corporate risk management: Cash Flow at Risk und Value at Risk, Frankfurt a. M. 2004.

Hahn, D. (1987): Risiko-Management - Stand und Entwicklungstendenzen. In: Zeitschrift Führung + Organisation (ZfO), 56 (1987), 3, S. 137-150.

Hahn, D. (1997): Strategische Unternehmensführung - Grundkonzept. In: *Hahn, D./Taylor, B.* (Hrsg.): Strategische Unternehmungsplanung - Strategische Unternehmungsführung: Stand und Entwicklungstendenzen, 7. Aufl., Heidelberg 1997, S. 28-50.

Hahn, D./Hungenberg, H. (2001): PuK: Planung und Kontrolle, Planungs- und Kontrollsysteme, Planungs- und Kontrollrechnung; wertorientierte Controllingkonzepte; Unternehmungsbeispiele von DaimlerChrysler AG, Stuttgart, Siemens AG, München, Franz Haniel & Cie. GmbH, Duisburg, 6. Aufl., Wiesbaden 2001.

Haller, M. (1986): Risk-Management - Eckpunkte eines integrierten Konzepts. In: *Jacob, H.* (Hrsg.): Risiko-Management, Wiesbaden 1986, S. 7-43.

Hallerbach, W. (1999): Decomposing Portfolio Value-at-Risk: A General Analysis, Working Paper, Tinbergen Institute, Erasmus University Rotterdam, Rotterdam 1999.

Hammond, M. (2002): Behaviour-based risk management systems - reducing cost by changing attitudes. In: Balance Sheet, 10 (2002), 4, S. 26-28.

Hampel, V., et al. (2004): Risikocontrolling aus der Sicht des Abschlussprüfers. In: *Hachmeister, D.* (Hrsg.): Risikomanagement und Risikocontrolling: Reichweite und Gestaltung, Controlling & Management (ZfCM) Sonderheft 3 -2004, Wiesbaden 2004, S. 108-119.

Hanisch, J. (2004): Risikomessung mit dem Conditional Value-at-Risk: Entscheidungstheoretische Grundlagen und Implikationen für das Risikomanagement, Dissertation Universität Jena, Jena 2004.

Harbert, L. (1982): Controlling-Begriffe und Controlling-Konzeptionen: eine kritische Betrachtung des Entwicklungsstandes des Controlling und Möglichkeiten seiner Fortentwicklung, Bochum 1982.

Härterich, S. (1987): Risk Management von industriellen Produktions- und Produktrisiken, Karlsruhe 1987.

Hartmann-Wendels, T., et al. (2004): Bankbetriebslehre, 3. Aufl., Berlin et al. 2004.

Heilmann, W.-R. (1986): Risikotheorie - ein Elfenbeinturm der Versicherungswirtschaft? In: Versicherungswirtschaft, 41 (1986), 14, S. 878 - 881.

Heilmann, W.-R. (1987): Grundbegriffe der Risikotheorie, Karlsruhe 1987.

Heilmann, W.-R. (1989): Versicherungsmathematische Methoden des Risk Management. In: Blätter der Dt. Gesellschaft für Versicherungsmathematik, (1989), S. 141-159.

Helten, E. (1977): Risk Management und Versicherung, Karlsruhe 1977.

Helten, E. (1989): Betriebswirtschaftliche Risikoforschung und Allgemeine Betriebswirtschaftslehre. In: *Kirsch, W./Picot, A.* (Hrsg.): Die Betriebswirtschaftslehre im Spannungsfeld zwischen Generalisierung und Spezialisierung; Edmund Heinen zum 70. Geburtstag, Wiesbaden 1989, S. 433-441.

Henking (1998): Risikoanalyse unter Berücksichtigung stochastischer Abhängigkeiten, München 1998.

Henley, E. J./Kumamoto, H. (1981): Reliability Engineering and Risk Assessment, Englewood Cliffs, N. J. 1981.

Henschel, T. (2003a): Empirische Untersuchung zum Risikomanagement im Mittelstand. In: Betrieb und Rechnungswesen (BBK), 10 (2003a), S. 463-470.

Henschel, T. (2003b): Risikomanagement im Mittelstand - Eine empirische Untersuchung. In: Controlling & Management (ZfCM), 47 (2003b), 5, S. 331-337.

Henseler, J., et al. (2004): Die Rolle des Controllings bei der Ein- und Weiterführung der Balanced Scorecard - eine empirische Untersuchung, Lehrstuhl für Unternehmensrechnung und Controlling TU Kaiserslautern, Kaiserslautern 2004.

Hermann, D. C. (1996): Strategisches Risikomanagement kleiner und mittlerer Unternehmen, Berlin 1996.

Hertz, D. B. (1964): Risk Analysis in Capital Investment. In: Harvard Business Review, 42 (1964), 1, S. 95-106.

Hoffjan, A. (2006): Risikorechnung bei industrieller Auftragsfertigung - Theoretische Konzeption und Anwendung für die Bauwirtschaft, Frankfurt a. M. et al. 2006.

Hoffjan, A./Wömpener, A. (2005): Comparative management accounting - similarities and differences in German and English language management accounting textbooks. In:

Weber, J. (Hrsg.): Internationalisierung des Controllings, Wiesbaden 2005, S. 49-65.

Hoitsch, H.-J. (1993): Produktionswirtschaft, 2. Aufl., München 1993.

Hoitsch, H.-J. (1995): Kosten- und Erlösrechnung: eine controllingorientierte Einführung, 1. Aufl., Berlin et al. 1995.

Hoitsch, H.-J./Baumann, F. (1991): Gestaltung dezentraler Controllingorganisationen. In: Controlling, 3 (1991), 5, S. 236-243.

Hoitsch, H.-J./Lingnau, V. (2004): Kosten- und Erlösrechnung: Eine controllingorientierte Einführung, 5. Aufl., Berlin et al. 2004.

Hoitsch, H.-J./Schmitz, H. (1998): Betriebswirtschaftlich fundierte und praxisgerechte Kostenrechnungsgestaltung. In: Journal für Betriebswirtschaft (JfB), 48 (1998), 4, S. 176-188.

Hoitsch, H.-J./Winter, P. (2004a): Ansätze zur ökonomischen Begründung der Vorteilhaftigkeit eines unternehmensgetragenen Risikomanagements und integriert-holistisches Risikomanagement in Industrieunternehmen. In: Zeitschrift für Planung (ZP), 15 (2004a), 2, S. 115-139.

Hoitsch, H.-J./Winter, P. (2004b): Die Cash Flow at Risk-Methode als Instrument eines integriert-holistischen Risikomanagements. In: Controlling & Management (ZfCM), 48 (2004b), 4, S. 235-246.

Hoitsch, H.-J./Winter, P. (2006): Stichwortbeitrag: Risikocontrolling. In: Performance Excellence - Zeitschrift für Controlling und Innovationsmanagement (ZfCI), 1 (2006), 2, S. 54-57.

Hoitsch, H.-J., et al. (2005): Risikokultur und risikopolitische Grundsätze: Strukturierungsvorschläge und empirische Ergebnisse. In: Controlling & Management (ZfCM), 49 (2005), 2, S. 125-133.

Hoitsch, H.-J., et al. (2006): Stand des Risikocontrollings bei deutschen Kapitalgesellschaften - Ergebnisse einer empirischen Untersuchung. In: Controlling, 18 (2006), 2, S. 69-78.

Hölscher, R. (2000): Die Praxis des Risiko- und Versicherungsmanagements in der deutschen Industrie. In: *Schierenbeck, H.* (Hrsg.): Risk-Controlling in der Praxis: rechtliche Rahmenbedingungen und geschäftspolitische Konzeptionen in Banken, Versicherungen und Industrie, Stuttgart 2000, S. 413-455.

Hölscher, R. (2002): Von der Versicherung zur integrativen Risikobewältigung: Die Konzeption eines modernen Risikomanagements. In: *Hölscher, R./Elfgen, R.* (Hrsg.): Herausforderung Risikomanagement - Identifikation, Bewertung und Steuerung industrieller Risiken, Wiesbaden 2002, S. 3-31.

Holzheu, F./Wiedemann, P., M. (1993): Perspektiven der Risikowahrnehmung. In: *Bayerische Rück* (Hrsg.): Risiko ist ein Konstrukt, München 1993, S. 9-19.

Homburg, C. (2001): Der Selbstfindungsprozess des Controlling. In: Die Unternehmung, 55 (2001), 6, S. 425-431.

Homburg, C./Klarmann, M. (2003): Empirische Controllingforschung - Anmerkungen aus der Perspektive des Marketing. In: *Weber, J./Hirsch, B.* (Hrsg.): Zur Zukunft der Controllingforschung, Wiesbaden 2003, S. 65-88.

Homburg, C./Krohmer, H. (2003): Marketingmanagement: Strategie - Instrumente - Umsetzung - Unternehmensführung, Wiesbaden 2003.

Homburg, C./Scherpereel, P. (2005): How should the cost of joint risk capital be allocated for performance measurement?, Arbeitspapier, Seminar für ABWL und Controlling, Universität Köln, Köln 2005.

Homburg, C./Stephan, J. (2004): Kennzahlenbasiertes Risikocontrolling in Industrie und Handelsunternehmen. In: Controlling & Management (ZfCM), 48 (2004), 5, S. 313-325.

Homburg, C., et al. (2005): Risikomanagement unter Nutzung der Balanced Scorecard. In: Der Betrieb, 58 (2005), 20, S. 1069-1075.

Homburg, C./Uhrig-Homburg, M. (2004): Zentrales und dezentrales Risikocontrolling in Industrieunternehmen. In: Zeitschrift für betriebswirtschaftliche Forschung (ZfbF), 56 (2004), 6, S. 311-332.

Honiden, S. (2001): Risukumanejimento no JIS kikakuka no keii to igi (The History and Meaning of Standardization of Risk Management in JIS). In: Anzenkôgaku (Security Engineering), 40 (2001), 5, S. 300-305.

Hornung, K. (1998): Risk Management auf der Basis von Risk-Reward-Ratios. In: *Lachnit, L., et al.* (Hrsg.): Zukunftsfähiges Controlling: Konzeption, Umsetzungen, Praxiserfahrungen, München 1998, S. 275-293.

Hornung, K., et al. (1999): Risikomanagement - Teil I: Konzeptionelle Ansätze zur pragmatischen Realisierung gesetzlicher Anforderungen. In: Controlling, 11 (1999), 7, S. 317-325.

Horváth, P. (1978): Entwicklung und Stand einer Konzeption zur Lösung der Adaptions- und Koordinationsprobleme der Führung. In: Zeitschrift für Betriebswirtschaft (ZfB), 48 (1978), 3, S. 194-208.

Horváth, P. (1979): Controlling, München 1979.

Horváth, P. (2003): Controlling, 9. Aufl., München 2003.

Horváth, P./Gleich, R. (2000): Controlling als Teil des Risikomanagements. In: *Dörner, D., et al.* (Hrsg.): Praxis des Risikomanagements: Grundlagen, Kategorien, branchenspezifische und strukturelle Aspekte, Stuttgart 2000, S. 99-126.

Houston, D. B. (1960): Risk Theory. In: The Journal of Insurance, 27 (1960), 1, S. 77-82.

Hu, H. T. C. (1996): Behind the Corporate Hedge: Information and the Limits of "Shareholder Wealth Maximization". In: Journal of Applied Corporate Finance, 9 (1996), 3, S. 39-51.

Hull, J. C. (1977): Dealing with Dependence in Risk Simulations. In: Operational Research Quarterly, 28 (1977), 1, S. 201-213.

Hummel, T. R. (1995): Controlling: Grundlagen und Instrumente, Heidelberg 1995.

Inoguchi, K. (2001): JIS Q 2001 risukumanejimento shisutemu kôchiku no tameno hôshin seiteisareru (JIS Q 2001 Guidelines for development and implication of risk management system established). In: Hyôjunka janaru (Journal of Standardization), 31 (2001), 6, S. 3-6.

Institut der Niedersächsischen Wirtschaft/PwC Deutsche Revision (2000): Entwicklungstrends des Risikomanagements von Aktiengesellschaften in Deutschland, empirische Studie, Hannover 2000.

International Group of Controlling (2002): Controller-Leitbild, 2002.

J.P.Morgan/Reuters (1996): RiskMetrics™ - Technical Document, 4th ed., New York 1996.

Jahnke, H. (1995): Produktion bei Unsicherheit - Elemente einer betriebswirtschaftlichen Produktionslehre bei Unsicherheit, Heidelberg 1995.

Jakob, K. (2002): Aufsichtsrechtliche Anforderungen an eine moderne Zins- und Adressrisiko-Steuerung. In: *Eller, R., et al.* (Hrsg.): Risikomanagement und Risikocontrolling im modernen Treasury-Management, Stuttgart 2002, S. 329-352.

Japanese Standards Association (2001): JIS Q 2001 risukumanejimento shisutemu kôchiku no tameno hôshin sakusei no keii (Guidelines for construction of risk management system - A development of JIS Q 2001). In: Hyôjunka to hinshitsukanri (Standardization and Quality Management), 54 (2001), 8, S. 4-7.

Japanese standards association (2003): JIS Q 2001:2001 : risukumanejimentoshisutemu koujiku no tame no shishin - Guidelines for development and implementation of risk management system, Tokyo 2003.

Jensen, M. C./Meckling, W. H. (1976): Theory of the Firm: Managerial Behavior, Agency Costs and Ownership Structure. In: The Journal Of Financial Economics, 3 (1976), 4, S. 305-360.

Jia, J./Dyer, J. S. (1997): Risk-Value Theory, in: Risk-Value Study Series, Working Paper No. 3, Graduate School of Business, University of Texas at Austin, Austin 1997.

JMA (2004): "Kikyousenryaku to totaru risukumanejimento keiei" ni kansuru jittaichousa no happyou (Bekanntgabe der Ergebnisse der Untersuchung zu „Unternehmensstrategie und Total Risk Management“), 2002-02-16, 2004.

Jonen, A./Lingnau, V. (2003): Basel II und die Folgen für das Controlling von kreditnehmenden Unternehmen, Lehrstuhl für Unternehmensrechnung und Controlling, Technische Universität Kaiserslautern, Kaiserslautern 2003.

Jonen, A./Lingnau, V. (2004): Risikohandling - Zuordnung der Funktion und Institution bei der Behandlung von Risiken. In: BIT - Banking and Information Technology, o. Jg. (2004), 3, S. 23-33.

Jorion, P. (2001): Value at risk: the new benchmark for controlling market risk, 2, New York 2001.

Jungermann, H., et al. (1998): Die Psychologie der Entscheidung: eine Einführung, Heidelberg et al. 1998.

Jungermann, H./Slovic, P. (1993): Charakteristika individueller Risikowahrnehmung. In: *Bayerische Rückversicherung* (Hrsg.): Risiko ist ein Konstrukt: Wahrnehmungen zur Risikowahrnehmung, München 1993, S. 89-107.

Kahnemann, D. (2003): Maps of Bounded Rationality: Psychology for Behavioral Economics. In: The American Economic Review, 93 (2003), 5, S. 1449-1475.

Kajüter, P. (2004): Die Regulierung des Risikomanagements im internationalen Vergleich. In: *Hachmeister, D.* (Hrsg.): Risikomanagement und Risikocontrolling: Reichweite und Gestaltung, Controlling & Management (ZfCM) Sonderheft 3-2004, Wiesbaden 2004, S. 40-53.

Kamei, T. (1988): Nihonteki risuku manejimento no naiyô (Der Inhalt des japanischen Risk Managements). In: *Kamei, T.* (Hrsg.): Gendai risukumanejimento jiten (Lexikon des modernen Risikomanagements), Tokyo 1988, S. 267-269.

Kamei, T. (2001): Kikikanri to Risukumanejimento (Krisenmanagement und Risikomanagement), 2. Aufl., Tokio 2001.

Kanodia, C., et al. (2000): Hedge Disclosures, Future Prices, and Production Distortions. In: Journal of Accounting Research, 38 (2000), Supplement: Studies on Accounting Information and the Economics of the Firm, S. 53-82.

Kanzian, R./List, W. (2002): Integrierte Managementsysteme: auf der Basis von Umweltmanagementsystemen zum Unternehmenserfolg, Wien 2002.

Kaplan, R. S./Norton, D. P. (1996): The Balanced Scorecard - Translating Strategy into Action, Boston, Mass. 1996.

Kappler, E. (2002): Controlling enthält keinen Kern - aber eine Theorie. In: *Weber, J./Hirsch, B.* (Hrsg.): Controlling als akademische Disziplin. Eine Bestandsaufnahme, Wiesbaden 2002, S. 161-189.

Karten, W. (1972): Die Unsicherheit des Risikobegriffs - zur Terminologie der Versicherungsbetriebslehre. In: *Braess, P., et al.* (Hrsg.): Praxis und Theorie der Versicherungsbetriebslehre, Festgabe für H. L. Müller-Lutz zum 60. Geburtstag, Karlsruhe 1972, S. 147-169.

Karten, W. (1978): Aspekte des Risikomanagements. In: BFuP, (1978), 4, S. 308-323.

Karten, W. (1993): Risk Management. In: *Wittman, W.* (Hrsg.): Handwörterbuch der Betriebswirtschaft, Teilband 3 - R-Z, 5. Aufl., Stuttgart 1993, S. 3825-3836.

Kieser, A. (2003): Ein kleiner Reisebericht aus einem benachbarten, aber doch fremden Gebiet. In: *Weber, J./Hirsch, B.* (Hrsg.): Zur Zukunft der Controllingforschung: Empirie, Schnittstellen und Umsetzung in der Lehre, Wiesbaden 2003, S. 11-26.

Kieser, A./Walgenbach, P. (2003): Organisation, Stuttgart 2003.

Kijima, M./Ohnishi, M. (1993): Mean-risk analysis of risk aversion and wealth effects on optimal portfolios with multiple investment opportunities. In: Annals of Operations Research, 45 (1993), Special Issue: Financial Engineering, S. 147 -163.

Kimmig, J. M. (2001): Risiko-Controlling in der Unternehmung: Unsicherheit im Warentermingeschäft, Wiesbaden 2001.

Kinder, C., et al. (2001): Kapitalallokation und Verrechnung von Risikokapitalkosten in Kreditinstituten. Ein spieltheoretischer Lösungsansatz. In: Zeitschrift für Betriebswirtschaft (ZfB), 71 (2001), 3, S. 281-300

Klingenbeck, M. (1996): Management makroökonomischer Risiken in Industrieunternehmen, Wiesbaden 1996.

Kloman, F. (2005): Risk Management Standards, 2005.

Knight, F. H. (1921): Risk, uncertainty and profit, Boston 1921.

Koch, I. (1994): Kostenrechnung unter Unsicherheit, Stuttgart 1994.

Koontz, H., et al. (1984): Management, 8th ed., New York 1984.

Koryciorz, S. (2004): Sicherheitskapitalbestimmung und -allokation in der Schadenversicherung: eine risikotheoretische Analyse auf der Basis des Value-at-Risk und des Conditional-Value-at-Risk, Karlsruhe 2004.

Kosiol, E. (1972): Zur Theorie und Systematik des Rechnungswesens. In: *Lechner, K.* (Hrsg.): Analysen zur Unternehmenstheorie: Festgabe für Leopold L. Illetschko zum 70. Geburtstag, Berlin 1972, S. 133-147.

Kottas, J. F., et al. (1978): A General Approach to Stochastic Management Planning Models: An Overview. In: The Accounting Review, 53 (1978), 2, S. 389-401.

Kottas, J. F./Lau, H.-S. (1978a): On Handling Dependent Random Variables in Risk Analysis In: The Journal of the Operational Research Society, 29 (1978a), 12, S. 1209-1217.

Kottas, J. F./Lau, H.-S. (1978b): Stochastic Breakeven Analysis In: The Journal of the Operational Research Society, 29 (1978b), 3, S. 251-257

KPMG (1998): Integriertes Risikomanagement, Berlin 1998.

Kremers, M. (2002): Risikoübernahme in Industrieunternehmen: der Value-at-Risk als Steuerungsgröße für das industrielle Risikomanagement dargestellt am Beispiel des Investitionsrisikos, Sternenfels 2002.

Krieger, R. (1995): Betriebsindividuelle Gestaltung der Kostenrechnung, Berlin 1995.

Kromschröder, B./Lück, W. (1998): Grundsätze risikoorientierter Unternehmensüberwachung. In: Der Betrieb, 51 (1998), 32, S. 1573-1576.

Kropp, M./Gillenkirch, R. M. (2004): Controlling von Finanzrisiken in Industrieunternehmen. In: *Hachmeister, D.* (Hrsg.): Risikomanagement und Risikocontrolling: Reichweite und Gestaltung, Controlling & Management (ZfCM) Sonderheft 3-2004, Wiesbaden 2004, S. 86-96.

Krug, H. (2001): Risikocontrolling. In: *Brecht, U.* (Hrsg.): Praxis-Lexikon Controlling, Landsberg/Lech 2001, S.

Krystek, U. (1999): Neue Controlling-Aufgaben durch neue Gesetze. In: Kostenrechnungspraxis (krp), 43 (1999), 3, S. 145-151.

Krystek, U./Müller, M. (1999): Frühaufklärungssysteme - Spezielle Informationssysteme zur Erfüllung der Risikokontrollpflicht nach KonTraG. In: Controlling, 11 (1999), 4/5, S. 177-183.

Kühnemann, A. (1994): Risiko und Unsicherheit: Zum Nutzen des Subjective Expected Utility-Modells. In: Psychologische Rundschau, 45 (1994), 1, S. 3-23.

Kunz, J. (2003): Einführung. In: *Weber, J./Kunz, J.* (Hrsg.): Empirische Controllingforschung: Begründung - Beispiele - Ergebnisse, Wiesbaden 2003, S. 3-11.

Küpper, H.-U. (1987): Konzeptionen des Controlling aus betriebswirtschaftlicher Sicht. In: *Scheer, A.-W.* (Hrsg.): Rechnungswesen und EDV: 8. Saarbrücker Arbeitstagung 1987 - Controlling, Anwenderberichte, neue Konzepte, Controlling-Systeme, Systemerfahrungen, Heidelberg 1987, S. 82-116.

Küpper, H.-U. (1988): Koordination und Interdependenz als Bausteine einer konzeptionellen und theoretischen Fundierung des Controlling. In: *Lücke, W.* (Hrsg.): Betriebswirtschaftliche Steuerungs- und Kontrollprobleme, Wiesbaden 1988, S. 163-183.

Küpper, H.-U. (2002): Unternehmensrechnung, Struktur und Teilsysteme. In: *Küpper, H.-U./Wagenhofer, A.* (Hrsg.): Handwörterbuch Unternehmensrechnung und Controlling - Enzyklopädie der Betriebswirtschaftslehre Bd. 3, 4. Aufl., Stuttgart 2002, S. 2030-2043.

Küpper, H.-U. (2004): Notwendigkeit der theoretischen Fundierung des Controlling. In: *Scherm, E./Pietsch, G.* (Hrsg.): Controlling - Theorien und Konzeptionen, München 2004, S. 23-40.

Küpper, H.-U. (2005): Controlling - Konzeptionen, Aufgaben, Instrumente, 4. Aufl., Stuttgart 2005.

Küpper, H.-U./Mattessich, R. (2005): Twentieth Century Accounting Research in the German Language Area. In: Accounting, Business & Financial History, 15 (2005), 3, S. 345-410.

Küpper, H.-U., et al. (1990): Zum Verständnis und Selbstverständnis des Controlling - Thesen zur Konsensbildung. In: Zeitschrift für Betriebswirtschaft (ZfB), 60 (1990), 3, S. 281-293.

Kürsten, W. (2001): Stock Options, Managerentscheidungen und (eigentliches) Aktionärsinteresse. Korrekturbedarfe einer fehlgeleiteten Diskussion um "anreizkompatible" Vergütungsdesigns. In: Zeitschrift für Betriebswirtschaft (ZfB), 71 (2001), 3, S. 249-270.

Kürsten, W./Straßberger, M. (2004): Risikomessung, Risikomaße und Value-at-Risk. In: Das Wirtschaftsstudium (WISU), o. Jg. (2004), 2, S. 202-207.

Lachnit, L. (1994): Controllingkonzeption für Unternehmen mit Projektleistungstätigkeit: Modell zur systemgestützten Unternehmensführung bei auftragsgebundener Einzelfertigung, Großanlagenbau und Dienstleistungsgroßaufträgen, München 1994.

Lam, J. (2003): Enterprise risk management: from incentives to controls, Hoboken, NJ 2003.

Lang, H. A. (2001): Controlling in japanischen Unternehmen: die Gestaltung des Controllings im westlichen Sinne und seine Ausprägung in der japanischen Controllingpraxis, Berlin 2001.

Langguth, H. (1994): Strategisches Controlling, Ludwigsburg, Berlin 1994.

Larson, K. D. (1969): Implications of Measurement Theory on Accounting Concept Formulation. In: The Accounting Review, 44 (1969), 1, S. 38-47.

Laughhunn, D. J., et al. (1980): Managerial risk preferences for below-target returns. In: Management Science, 26 (1980), 12, S. 1238-1249.

Laux, H. (2005): Entscheidungstheorie, 6. Aufl., Heidelberg et al. 2005.

Lee, A. Y., et al. (1999): CorporateMetrics™ Technical Document, 1999.

Lehmann, E. (1933): Das Risiko in der Seidenstoffindustrie, Köln 1933.

Lehmann, F.-O. (1992): Zur Entwicklung eines koordinationsorientierten Controlling-Paradigmas. In: Zeitschrift für betriebswirtschaftliche Forschung (ZfbF), 44 (1992), 1, S. 45-61.

Lehmann, M./Moog, H. (1996): Betriebswirtschaftliches Rechnungswesen, Band 1: Real-, wert- und rechenökonomische Grundlagen, Berlin et al. 1996.

Leitner, F. (1915): Die Unternehmensrisiken, Berlin 1915.

Lerchner, H. (1975): Zielforschung in Unternehmungen, Wiesbaden 1975.

Levi, M. D./Sercu, P. (1991): Erroneous and Valid Reasons for Hedging Foreign Exchange Rate Exposure. In: Journal of Multinational Financial Management, 1 (1991), 2, S. 25-37.

Liebenberg, A. P./Hoyt, R. E. (2003): The Determinants of Enterprise Risk Management: Evidence From the Appointment of Chief Risk Officers. In: Risk Management & Insurance Review, 6 (2003), 1, S. 37-52.

Liekweg, A. (2003): Risikomanagement und Rationalität: Präskriptive Theorie und praktische Ausgestaltung von Riskomanagement, Wiesbaden 2003.

Linder, S. (2006): Investitionskontrollen - Nutzenbeurteilung in Theorie versus Praxis. In: Controlling, 18 (2006), 2, S. 85-90.

Lingnau, V. (1999): Geschichte des Controllings. In: *Lingenfelder, M.* (Hrsg.): 100 Jahre Betriebswirtschaftslehre in Deutschland, München 1999, S. 73-91.

Lingnau, V. (2000): Funktion und Aufgaben des Controllings: Ein kognitiv-entscheidungsorientierter Ansatz, unveröffentlichte Habilitationsschrift, Fakultät für Betriebswirtschaftslehre, Universität Mannheim, Mannheim 2000.

Lingnau, V. (2002): Zum Weiterentwicklungsbedarf des koordinationsorientierten Controllingansatzes. In: *Lingnau, V./Schmitz, H.* (Hrsg.): Aktuelle Aspekte des Controllings: Festschrift für Hans-Jörg Hoitsch, Heidelberg 2002, S.

Lingnau, V. (2004a): Controlling - ein kognitionsorientierter Ansatz, Kaiserslautern 2004a.

Lingnau, V. (2004b): Kognitionsorientiertes Controlling. In: *Scherm, E./Pietsch, G.* (Hrsg.): Controlling - Theorien und Konzeptionen, München 2004b, S. 729-749.

Lingnau, V. (2006): Produktionscontrolling - eine kognitionsorientierte Perspektive. In: *Winter, P., et al.* (Hrsg.): Controlling im Wandel der Zeit - Festschrift anlässlich der Emeritierung von Prof. Dr. Hans-Jörg Hoitsch, Lohmar/Köln 2006, S. 229-244.

Link, J. (2004): Führungssysteme - Strategische Herausforderung für Organisation, Controlling und Personalwesen, 2. Aufl., München 2004.

Linsmeier, T. J./Pearson, N. D. (1996): Risk Measurement: An Introduction to Value at Risk, Urbana Champaign 1996.

Lischke, T./Kirner, H. (2000): Einführung und Organisation eines Risikomanagementsystems. In: Controller Magazin, (2000), 1, S. 44-49.

Lohse, B. (2002): Risikomanagement in Dienstleistungsunternehmen: ein integratives Modell unter Berücksichtigung des KonTraG, Karlsruhe 2002.

Lorenzen, P. (1974): Konstruktive Wissenschaftstheorie, Frankfurt a. M. 1974.

Lück, W. (1998a): Der Umgang mit unternehmerischen Risiken durch ein Risikomanagementsystem und durch ein Überwachungssystem - Anforderungen durch das KonTraG und Umsetzung in der betrieblichen Praxis. In: Der Betrieb, 51 (1998a), 39, S. 1925-1930.

Lück, W. (1998b): Elemente eines Risiko-Managementsystems: die Notwendigkeit eines Risiko-Managementsystems durch den Entwurf eines Gesetzes zur Kontrolle und Transparenz im Unternehmensbereich (KonTraG). In: Der Betrieb, 51 (1998b), 1/2, S. 8-14.

Lück, W. (2001a): Der Umgang mit unternehmerischen Risiken durch ein Risikomanagementsystem und durch ein Überwachungssystem - Anforderungen durch das KonTraG und Umsetzung in der betrieblichen Praxis. In: (Hrsg.): Risikomanagementsystem und Überwachungssystem - KonTraG: Anforderungen und Umsetzungen in der betrieblichen Praxis, 2.überwarbeitete und erweiterte Auflage, München 2001a, S. 51-76.

Lück, W. (2001b): Elemente eines Risikomanagementsystems. In: *Lück, W.* (Hrsg.): Risikomanagementsystem und Überwachungssystem - KonTraG: Anforderungen und

Umsetzungen in der betrieblichen Praxis, 2. bearbeitete und erweiterte Auflage, München 2001b, S. 19-50.

Lück, W. (2001c): Risikomanagementsystem und Controlling. In: *Lück, W.* (Hrsg.): Risikomanagementsystem und Überwachungssystem - KonTraG: Anforderungen und Umsetzungen in der betrieblichen Praxis, 2. Aufl., München 2001c, S. 201-215.

Lück, W./Henke, M. (1999): Lagebericht: Risiken der künftigen Entwicklung der Kapitalgesellschaft. In: Die Steuerberatung, o. Jg. (1999), 11, S. 524-529.

Luft, J./Shields, M. D. (2002): Zimmerman's contentious conjectures: Describing the present and prescribing the future of empirical management accounting research. In: The European Accounting Review, 11 (2002), 4, S. 795-803.

MacMinn, R. D. (1987a): Forward Markets, Stock Markets, and the Theory of the Firm. In: Journal of Finance, 42 (1987a), 5, S. 1167-1185.

MacMinn, R. D. (1987b): Insurance and Corporate Risk Management. In: Journal of Risk and Insurance, 54 (1987b), 4, S. 658-677.

Maegawa, Y. (2003): Risukumanejimento (Risikomanagement), Tokyo 2003.

March, J. G./Shapira, Z. (1987): Managerial Perspectives in Risk and Risk Taking. In: Management Science, 33 (1987), 11, S. 1404-1418.

Marrison, C. (2002): The Fundamentals of Risk Measurement, Boston 2002.

Martin, T. A./Bär, T. (2002): Grundzüge des Risikomanagements nach KonTraG: das Risikomanagementsystem zur Krisenfrüherkennung nach § 91 Abs. 2 AktG, München 2002.

Mason, S. P./Merton, R. C. (1985): The Role of Contingent Claims Analysis in Corporate Finance. In: *Altman, E. I./Subrahmanyam, M. G.* (Hrsg.): Recent Advances in Corporate Finance, Homewood, IL 1985, S. 7-54.

Mattessich, R. (2002): Rechnungswesen, Frühgeschichte. In: *Küpper, H.-U./Wagenhofer, A.* (Hrsg.): Handwörterbuch Unternehmensrechnung und Controlling - Enzyklopädie der Betriebswirtschaftslehre Bd. 3, Stuttgart 2002, S. 1661-1669.

Matthes, W. (1971): Anmerkungen zur betriebswirtschaftlichen Rechnungstheorie: ein Beitrag zum Wissenschaftsprogramm betriebswirtschaftlicher Rechnungswissenschaft Berlin 1971.

Mayers, D., et al. (1982): On the Corporate Demand for Insurance. In: The Journal of Business, 55 (1982), 2, S. 281-296.

Mayers, D./Smith, C. W. J. (1987): Corporate Insurance and the Underinvestment Problem. In: Journal of Risk and Insurance, 54 (1987), 1, S. 45.

Mayers, D./Smith, C. W. J. (1990): On the Corporate Demand for Insurance: Evidence from the Reinsurance Market. In: Journal of Business, 63 (1990), 1, S. 19-40.

Mayntz, R. (1997): Forschung als Dienstleistung? – Zur gesellschaftlichen Einbettung der Wissenschaft. In: *Berlin-Brandenburgische Akademie der Wissenschaften* (Hrsg.): Berichte und Abhandlungen, Berlin 1997, S. 135–154.

Meffert, H. (1998): Herausforderungen an die Betriebswirtschaftslehre - Die Perspektive der Wissenschaft. In: Die Betriebswirtschaft (DBW), 58 (1998), 6, S. 709-730.

Mehr, R. I./Hedges, B. A. (1974): Risk Management: Concepts and Applications, Homewood, Ill. 1974.

Meinecke, H. (1997): Integriertes Risiko-Management für Unternehmens-Eigentümer, Dissertation Universität St. Gallen, Hochschulschriftennummer 2001, St. Gallen 1997.

Mengle, D. (1997): The J. P. Morgan, Arthur Andersen guide to corporate risk management, London 1997.

Mensch, G. (1991): Risiko und Unternehmensführung: eine systemorientierte Konzeption zum Risikomanagement, Frankfurt am Main et al. 1991.

Menzies, C. (2004): Sarbanes-Oxley Act - Professionelles Management interner Kontrollen, Stuttgart 2004.

Metzler, L. v. (2004): Risikoaggregation im industriellen Controlling, Lohmar 2004.

MeVay, J./Turner, C. (1995): Could companies use value-at-risk? In: Euromoney, o. Jg. (1995), 318, S. 84-86.

Meyer, B./Welzl, C. (2002): Instrumente des Umweltmanagements im aktiven Risikomanagement. In: *Hölscher, R./Elfgen, R.* (Hrsg.): Herausforderung Risikomanagement - Identifikation, Bewertung und Steuerung industrieller Risiken, Wiesbaden 2002, S. 295-310.

Meyer, C./Ivan, K. (2000): Balanced Scorecard - ein Führungsinstrument für Banken? In: Der Schweizer Treuhänder, 71 (2000), 1/2, S. 7-18.

Mikus, B. (2001): Zur Integration des Risikomanagements in den Führungsprozess. In: *Götze, U., et al.* (Hrsg.): Risikomanagement, Heidelberg 2001, S. 67-94.

Minakata, T. (2002): Risuku manejimento ni kansuru JIS kikaku (JIS Q 2001) ni tsuite (Über die risikomanagementbezogenen JIS Standard (JIS Q 2001). In: Kiken to kanri (Risk and Management), o. Jg. (2002), 33, S. 79-102.

Mißler-Behr, M. (2001): Fuzzybasierte Controllinginstrumente: Entwicklung von unscharfen Ansätzen, Wiesbaden 2001.

Mitsubishi Research Institute (2000): risuku manejimento gaido (Risikomanagement-Leitfaden), Tokyo 2000.

Modigliani, F./Miller, M. H. (1958): The cost of capital, corporate finance and the theory of investment. In: American Economic Review, 48 (1958), 3, S. 261-297.

Moxter, A. (2003): Grundsätze ordnungsgemäßer Rechnungslegung, Düsseldorf 2003.

Mugler, J. (1979): Risk Management in der Unternehmung, Wien 1979.

Müller, A. (1996): Kann die koordinationsbezogene Konzeption eine theoretische Fundierung des Controlling hervorbringen? In: Kostenrechnungspraxis (krp), 40 (1996), 3, S. 139-147.

Myers, S. C. (1977): Determinants of Corporate Borrowing. In: Journal of Financial Economics, 5 (1977), 2, S. 147-175.

Nader, G. (2000): Evaluation des Entwicklungsstandes von Controlling-Systemen österreichischer Kreditinstitute. In: Österreichisches Bank-Archiv, o. Jg. (2000), 1, S. 66-74.

Nicklisch, H. (1922): Wirtschaftliche Betriebslehre, 6., Stuttgart 1922.

Niedermayr, R. (1994): Entwicklungsstand des Controlling: System, Kontext und Effizienz, Wiesbaden 1994.

Noy, E./Ellis, S. (2003): Risk: a neglected component of strategy formulation. In: Journal of Managerial Psychology, 18 (2003), 7, S. 691-707.

o. V. (2004): Normen zum Risiko, 2004.

Obermeier, O.-P. (2002): Möglichkeiten und Grenzen einer adäquaten Risikokommunikation. In: *Hölscher, R./Elfgen, R.* (Hrsg.): Herausforderung Risikomanagement - Identifikation, Bewertung und Steuerung industrieller Risiken, Wiesbaden 2002, S. 343-355.

Oberparleiter, K. (1955): Funktionen und Risiken des Warenhandels, 2., neubearb. u. erw. Aufl., Wien 1955.

Oehler, A./Unser, M. (2002): Finanzwirtschaftliches Risikomanagement, 2. Aufl., Berlin et al. 2002.

Ortmann, G. (2003): Organisation und Welterschließung: Dekonstruktionen, Wiesbaden 2003.

Osman, N. (1982): Kleines Lexikon deutscher Wörter arabischer Herkunft, München 1982.

Ossadnik, W., et al. (2004): Controlling im Mittelstand - Ergebnisse einer empirischen Untersuchung. In: Controlling, 16 (2004), 11, S. 621-630.

Österreichisches Normungsinstitut (2004a): ONR 49000 - Risikomanagement für Organisationen und Systeme: Begriffe und Grundlagen, Wien 2004a.

Österreichisches Normungsinstitut (2004b): ONR 49001 - Risikomanagement für Organisationen und Systeme: Elemente des Risikomanagement-Systems, Wien 2004b.

Österreichisches Normungsinstitut (2004c): ONR 49002-1 - Risikomanagement für Organisationen und Systeme: Teil 1: Leitfaden für das Risikomanagement, Wien 2004c.

Österreichisches Normungsinstitut (2004d): ONR 49002-2 - Risikomanagement für Organisationen und Systeme: Teil 2: Leitfaden für die Einbettung des Risikomanagements in das Managementsystem, Wien 2004d.

Österreichisches Normungsinstitut (2004e): ONR 49003 - Risikomanagement für Organisationen und Systeme: Anforderungen an die Qualifikation des Risikomanagers, Wien 2004e.

Otley, D./Berry, A. J. (1980): Control, Organisation and Accounting. In: Accounting, Organizations & Society, 5 (1980), 2, S. 231-244.

Otto, S.-S. (2000): Controllership in Japan: eine ländervergleichende Analyse von Controllership-Konzeptionen und Controllership-Praxis unter Einbeziehung Japans, München 2000.

Parvis-Trevisany, N./Schäffer, U. (2006): Barrieren im Prozess der Implementierung von Controllinginstrumenten. In: Performance Excellence - Zeitschrift für Controlling und Innovationsmanagement (ZfCI), 1 (2006), 2, S. 69-78.

Paul, S. (2003): Risikocontrolling in Banken. In: *Horváth, P./Reichmann, T.* (Hrsg.): Vahlens großes Controllinglexikon, München 2003, S. 671-673.

Pearson, N. D. (2002): Risk budgeting: portfolio problem solving with value-at-risk, New York et al. 2002.

Pedell, B. (2004): Risikointerdependenzen als Ansatzpunkt für Aufgaben und Instrumente des Risikocontrolling. In: *Hachmeister, D.* (Hrsg.): Risikomanagement und Risikocontrolling: Reichweite und Gestaltung, Controlling & Management (ZfCM) Sonderheft 3-2004, Wiesbaden 2004, S. 4-11.

Pedell, B./Schwihel, A. (2004): Integriertes Strategie- und Risikomanagement mit der Balanced Scorecard - Dargestellt am Beispiel eines Energieversorgungsunternehmens. In: Controlling, 16 (2004), 3, S. 149-156.

Pedersen, C. S./Satchell, S. E. (1998): An Extended Family of Financial-Risk Measures. In: The Geneva Papers on Risk and Insurance Theory, 23 (1998), 2, S. 89-117.

Pedersen, C. S./Satchell, S. E. (2004): Choosing the Right Measure of Risk: A survey, Working Paper, Trinity College, Cambridge 2004.

Peemöller, V. H. (2002): Controlling: Grundlagen und Einsatzgebiete, 4. Aufl., Herne, Berlin 2002.

Perridon, L./Steiner, M. (2004): Finanzwirtschaft der Unternehmung, 13. Aufl., München 2004.

Pfaff, D./Kühn, J. (2005): Gesamtbanksteuerung und Performancemessung: ausgewählte Probleme einer kennzahlenbasierten Banksteuerung. In: *Neupel, J., et al.* (Hrsg.): Aktuelle Entwicklungen im Bankcontrolling: Rating, Gesamtbanksteuerung und Basel II: im Auftrag des Arbeitskreises "Strategieentwicklung und Controlling in Banken" der Schmalenbach-Gesellschaft für Betriebswirtschaft e.V., ZfbF Sonderheft 52, Frankfurt a. M. 2005, S. 183-212.

Pfaff, D./Weber, J. (1998): Zweck der Kostenrechnung? Eine neue Sicht auf ein altes Problem. In: Die Betriebswirtschaft, 58 (1998), 2, S. 151-165.

Pfennig, M. (2000): Shareholder Value durch unternehmensweites Risikomanagement. In: *Johanning, L./Rudolph, B.* (Hrsg.): Handbuch Risikomanagement Bd. 2, Bad Soden/Taunus 2000, S. 1296-1332.

Pfister, H.-R./Böhm, G. (2005): Risikowahrnehmung. In: *Frey, D., et al.* (Hrsg.): Wirtschaftspsychologie, Weinheim et al. 2005, S. 310-315.

Philipp, F. (1967): Risiko und Risikopolitik, Stuttgart 1967.

Picot, A./Schuller, S. (2001): Vertragstheoretische Interpretation des Risk-Managements. In: *Lange, W./Wall, F.* (Hrsg.): Risikomanagement nach dem KonTraG - Aufgaben und Chancen aus betriebswirtschaftlicher und juristischer Sicht, München 2001, S. 236-258.

Piechota, S. (2001): Risk-Controlling und KonTraG. In: *Brecht, U.* (Hrsg.): Praxis-Lexikon Controlling, Landsberg/Lech 2001, S.

Pietsch, G. (2003): Reflexionsorientiertes Controlling: Konzeption und Gestaltung, Wiesbaden 2003.

Pietsch, G./Scherm, E. (2000): Die Präzisierung des Controlling als Führungs- und Führungsunterstützungsfunktion. In: Die Unternehmung, 54 (2000), 5, S. 395-411.

Pietsch, G./Scherm, E. (2001a): Die Reflexionsaufgabe im Zentrum des Controlling. In: Kostenrechnungspraxis (krp), 45 (2001a), 5, S. 307-313.

Pietsch, G./Scherm, E. (2001b): Neue Controlling-Konzeptionen. In: Das Wirtschaftsstudium (WISU), (2001b), 2, S. 206-213.

Pietsch, G./Scherm, E. (2002): Gemeinsamkeiten und Forschungsperspektiven in der konzeptionell orientierten Controllingforschung - acht Thesen. In: *Weber, J./Hirsch, B.* (Hrsg.): Controlling als akademische Disziplin. Eine Bestandsaufnahme, Wiesbaden 2002, S. 192-204.

Pollanz, M. (1999a): Ganzheitliches Risikomanagement im Kontext wertorientierter Unternehmensführung (Risk Adjusted Balanced Scorecarding). In: Der Betrieb, 52 (1999a), 25, S. 1277-1281.

Pollanz, M. (1999b): Konzeptionelle Überlegungen zur Einrichtung und Prüfung eines Risikomanagementsystems - Droht eine Mega-Erwartungslücke? In: Der Betrieb, 52 (1999b), 8, S. 393-399.

Preißner, A. (2003): Praxiswissen Controlling: Grundlagen - Werkzeuge - Anwendungen, 3. erw. Aufl., München et al. 2003.

Pritsch, G./Hommel, U. (1997): Hedging im Sinne des Aktionärs: Ökonomische Erklärungsansätze für das unternehmerische Risikomanagement. In: Die Betriebswirtschaft (DBW), 57 (1997), 5, S. 672-693.

PwC (1999): Unternehmensweites Risikomanagement, 2. Aufl., Frankfurt a.M. 1999.

Raffée, H. (1995): Grundprobleme der Betriebswirtschaftslehre, 9. Nachdruck der 1. Aufl., Göttingen 1995.

Reher, T. (2000): Risikocontrolling bei Geldinstituten wird zunehmend zum Wettbewerbsfaktor. In: geldinstitute, o. Jg. (2000), 3-4, S. 58-59.

Reichmann, T. (2001a): Controlling mit Kennzahlen und Managementberichten: Grundlagen einer systemgestützten Controlling-Konzeption, 6, München 2001a.

Reichmann, T. (2001b): Die Balanced Chance- and Risk-Card. Eine Erweiterung der Balanced Scorecard. In: *Lange, W./Wall, F.* (Hrsg.): Risikomanagement nach dem KonTraG - Aufgaben und Chancen aus betriebswirtschaftlicher und juristischer Sicht, München 2001b, S. 282-303.

Reichmann, T. (2004): Kennzahlengestützte Controlling-Konzeption. In: *Scherm, E./Pietsch, G.* (Hrsg.): Controlling: Theorien und Konzeptionen, München 2004, S. 83-141.

Reichmann, T./Form, S. (2000): Balanced Chance- and Risk-Management. In: Controlling, 12 (2000), 4/5, S. 189-198.

Rejda, G. E. (1998): Principles of risk management and insurance, 6th ed., Reading et al. 1998.

Richter, H. J. (2002): Controlling integrierendes Rechnungswesen: Zwecke, theoretische Grundlagen, Systemstruktur und DV-Umsetzungskonzept, Stuttgart 2002.

Richter, R./Furubotn, E. (1999): Neue Institutionenökonomik: eine Einführung und kritische Würdigung, 2. Aufl., Tübingen 1999.

Riebel, P. (1994): Einzelkosten- und Deckungsbeitragsrechnung - Grundfragen einer markt- und entscheidungsorientierten Unternehmensrechnung, Wiesbaden 1994.

Rockafellar, R. T., et al. (2002): Deviation measures in risk analysis and optimization, Research Report 2002-7, ISE Dept., University of Florida, Gainesville 2002.

Roehl-Anderson, J. M./Bragg, S. M. (2004): Controllership: the work of the managerial accountant, 7th ed., Hoboken, NJ 2004.

Rogler, S. (2002): Risikomanagement im Industriebetrieb: Analyse von Beschaffungs-, Produktions- und Absatzrisiken, Wiesbaden 2002.

Rösner, M. (2003): Grundgedanken einer evolutionär-institutionalistischen Controllingkonzeption, Chemnitz 2003.

Roso, M., et al. (2003): Controlling-nahe Begriffe in Deutschland und USA - eine vergleichende Lehrbuchanalyse. In: Controlling & Management (ZfCM), 47 (2003), 1, S. 56-61.

Ross, S. A., et al. (1999): Corporate finance, 5. ed., Boston, Mass. 1999.

Rothery, B. (1996): Standards and Certification in Europe, Brookfield 1996.

Rothschild, M./Stiglitz, J. E. (1970): Increasing Risk: I. A Definition. In: Journal of Economic Theory, 2 (1970), 3, S. 225-243.

Sandin, A. (1981): Risk management och riskinformation: empirisk studie - förslag till riskbalans, Göteborg 1981.

Santomero, A. M. (1995): Financial Risk Management: The Whys and Hows. In: Financial Markets, Institutions & Instruments, 4 (1995), 5, S. 1-14.

Sarin, R. K./Weber, M. (1993): Risk-value models. In: European Journal of Operational Research, 70 (1993), 2, S. 135-149.

Sauerwein, E./Thurner, M. (1998): Der Risiko-Management-Prozeß im Überblick. In: *Hinterhuber, H., et al.* (Hrsg.): Betriebliches Risikomanagement, Wien 1998, S. 19-39.

Schaefer, S./Lange, C. (2004): Informationsorientierte Controlling-Konzeptionen - Ein Überblick und Ansatzpunkte der Weiterentwicklung. In: *Scherm, E./Pietsch, G.* (Hrsg.): Controlling: Theorien und Konzeptionen, München 2004, S. 103-123.

Schäffer, U./Steiners, D. (2005): Controllinginformationen für das Top-Management deutscher Industrieunternehmen – Angebot und Nutzung im Spiegel einer empirischen Erhebung. In: Controlling & Management (ZfCM), 49 (2005), 3, S. 209-214.

Schäffer, U./Weber, J. (2004): Thesen zum Controlling. In: *Scherm, E./Pietsch, G.* (Hrsg.): Controlling - Theorien und Konzeptionen, München 2004, S. 459-466.

Schäffer, U./Weber, J. (2005): Bereichscontrolling: funktionsspezifische Anwendungsfelder, Methoden und Instrumente, Stuttgart 2005.

Schäffer, U., et al. (2003): Mit Loyalität und Vertrauen besser planen - Ergebnisse einer empirischen Erhebung. In: Controlling & Management (ZfCM), 47 (2003), 1, S. 42-51.

Scheibeler, A. A. W. (2004): Balanced Scorecard für KMU - Kennzahlenermittlung mit ISO 9001: 2000 leicht gemacht, 3. Aufl., Berlin 2004.

Schein, E. H. (1984): Coming to a New Awareness of Organizational Culture. In: Sloan Management Review, 25 (1984), 2, S. 3-16.

Scherm, E./Pietsch, G. (2004a): Controlling: Theorien und Konzeptionen, München 2004a.

Scherm, E./Pietsch, G. (2004b): Theorie und Konzeptionen in der Controllingforschung. In: *Scherm, E./Pietsch, G.* (Hrsg.): Controlling - Theorien und Konzeptionen, München 2004b, S. 3-19.

Scherpereel, P. (2006): Risikokapitalallokation in dezentral organisierten Unternehmen, Wiesbaden 2006.

Schierenbeck, H. (2001): Ertragsorientiertes Bankmanagement, Band 2: Risiko-Controlling und integrierte Rendite-/Risikosteuerung, Wiesbaden 2001.

Schierenbeck, H./Lister, M. (2002): Value Controlling: Grundlagen wertorientierter Unternehmensführung, 2. Aufl., München et al. 2002.

Schindel, V. (1978): Risikoanalyse: Darstellung und Bewertung von Risikorechnungen am Beispiel von Investitionsentscheidungen, 2. Aufl., München 1978.

Schmalenbach, E./Bauer, R. (1963): Kostenrechnung und Preispolitik, 8. Aufl., Köln, Opladen 1963.

Schmidbauer, R. (2000): Risikomanagement im Kontext wertorientierter Unternehmensführung: zugleich Erwiderung zu Pollanz. In: Der Betrieb, 53 (2000), 4, S. 153-162.

Schmidt, A. (1986): Das Controlling als Instrument zur Koordination der Unternehmungsführung: eine Analyse der Koordinationsfunktion des Controlling unter entscheidungsorientierten Gesichtspunkten, Frankfurt a. M. 1986.

Schmidt, R. (1991): Controlling-Grundauffassungen. In: Kostenrechnungspraxis (krp), 35 (1991), 2, S. 108-109.

Schmidt, R. (1995): Grundfunktionen des Controlling: eine Analyse der betriebswirtschaftlichen Literatur zum Stand der aufgabenorientierten Controlling-Diskussion, Frankfurt am Main 1995.

Schmitz, H. (2004): Die zielbewusste Gestaltung des internen Rechnungswesens - Entwicklung eines Referenzansatzes und exemplarische Anwendung für Softwareunternehmungen, unveröffentlichte Habilitationsschrift, Fakultät für Betriebswirtschaftslehre, Universität Mannheim, Mannheim 2004.

Schmitz, H. (2006): Zwischen Gewinnmaximierung und Fehlervermeidung - Gestaltungsziele des internen Rechnungswesens. In: *Winter, P., et al.* (Hrsg.): Controlling im Wandel der Zeit - Festschrift anlässlich der Emeritierung von Prof. Dr. Hans-Jörg Hoitsch, Lohmar/Köln 2006, S. 245-272.

Schmitz, H./Blattmann, A. (2001): Multidimensionale Auswertungen im Controlling. In: Kostenrechnungspraxis (krp), 25 (2001), 1, S. 13-21.

Schneeweiß, C. (1969): Monte-Carlo-Methoden. In: *Menges, G.* (Hrsg.): Beiträge zur Unternehmensforschung: gegenwärtiger Stand und Entwicklungstendenzen, Würzburg/Wien 1969, S. 129-152.

Schneeweiß, C. (1991): Planung 1 - Systemanalytische und entscheidungstheoretische Grundlagen, Heidelberg et al. 1991.

Schneider, D. (1991): Versagen des Controlling durch eine überholte Kostenrechnung - Zugleich ein Beitrag zur innerbetrieblichen Verrechnung von Dienstleistungen. In: Der Betrieb, 44 (1991), 15, S. 765 - 772.

Schneider, D. (1995): Betriebswirtschaftslehre - Band 1: Grundlagen, 2. Aufl., München 1995.

Schneider, D. (1997a): Betriebswirtschaftslehre, Band 2: Rechnungswesen, 2. Aufl., München 1997a.

Schneider, D. (1997b): Betriebswirtschaftslehre, Band 3: Theorie der Unternehmung, München 1997b.

Schneider, D. (2002): Entwicklung der Unternehmensrechnung. In: *Küpper, H.-U./Wagenhofer, A.* (Hrsg.): Handwörterbuch Unternehmensrechnung und Controlling - Enzyklopädie der Betriebswirtschaftslehre Bd. 3, Stuttgart 2002, S. 374-383.

Schneider, D. (2005): Controlling als postmodernes Potpourri. In: Controlling, 17 (2005), 1, S. 65-69.

Schneider, M. (1993): Entwicklung des Controlling, Gießen 1993.

Schönbohm, A. (2005): Reflexives Controlling: Rationalität und Revolution unternehmerischer Wirklichkeit in der Postmoderne, Lohmar/Köln 2005.

Schorcht, H. (2004): Risikomanagement und Risikocontrolling junger Unternehmen in Wachstumsbranchen: Konzeption eines theoriegeleiteten Handlungsrahmens für die praxisinduzierte Unternehmenssteuerung, Berlin 2004.

Schradin, H. R./Zons, M. (2003): Determination and allocation of risk-adequate equity capitalization for performance measurement, Mitteilung 2/2003 des Instituts für Versicherungswissenschaft an der Universität zu Köln, Köln 2003.

Schreckling, E. (1998): Erlösrechnung im industriellen Produktgeschäft: ein Beitrag zum Marketingcontrolling, Wiesbaden 1998.

Schulz, J. (1980): Risikorechnung bei der Preiskalkulation: ein Weg zur Ermittlung der maximalen Überschreitung von Kostenvoranschlägen, Wiesbaden et al. 1980.

Schuy, A. (1989): Risiko-Management: eine theoretische Analyse zum Risiko und Risikowirkungsprozess als Grundlage für ein risikoorientiertes Management unter besonderer Berücksichtigung des Marketing, Frankfurt am Main et al. 1989.

Schwaiger, W. S. A. (1998): Externe BWG- versus Bank-interne Risikorechnung zum Bankmanagement. In: BankArchiv, 46 (1998), 3, S. 179-186

Schwarz, R. (2002a): Controlling-Systeme, Wiesbaden 2002a.

Schwarz, R. (2002b): Entwicklungslinien der Controllingforschung. In: *Weber, J./Hirsch, B.* (Hrsg.): Controlling als akademische Disziplin. Eine Bestandsaufnahme, Wiesbaden 2002b, S. 3-19.

Schwarze, J. (1967): Stochastische Modelle in der Theorie der Unternehmung, Meisenheim am Glan 1967.

Schweitzer, M./Friedl, B. (1992): Beitrag zu einer umfassenden Controlling-Konzeption. In: *Spremann, K./Zur, E.* (Hrsg.): Controlling: Grundlagen - Informationssysteme - Anwendungen, Wiesbaden 1992, S. 141-167.

Schweitzer, M./Küpper, H.-U. (1998): Systeme der Kosten- und Erlösrechnung, 7. Aufl., München 1998.

Schwerdtle, H. (1999): Prozeßintegriertes Management - PIM: Ein Modell für effizientes Qualitäts-, Umwelt- und Arbeitsschutzmanagement, Berlin et al. 1999.

Segelmann, F. (1959): Industrielle Risikopolitik, Dissertation Technische Universität Berlin, Berlin 1959.

Seidl, A. (2000): Hedge-accounting und Risikomanagement: Operationalisierung von Anforderungs- und Bewertungskriterien, Wiesbaden 2000.

Seifert, W. G. (1980): RISK Management im Lichte einiger Ansätze der Entscheidungs- und Organisationstheorie, Frankfurt a. M. 1980.

Seifert, W. G. (1981): Risk Management: Die Zukunft hat noch kaum begonnen. In: Versicherungswirtschaft, 36 (1981), 11, S. 746-759.

Selke, S. (1997): Die Gestaltung der Kosten- und Leistungsrechnung unter besonderer Berücksichtigung formaler Organisationsstrukturen, Frankfurt a. M. 1997.

Shapiro, A./Titman, S. (1998): An Integrated Approach to Corporate Risk Management. In: *Stern, J. M./Chew, D. H. J.* (Hrsg.): The revolution in corporate finance, 3rd ed., Malden, Mass 1998, S. 251-265.

Shields, M. D. (1997): Research in Management Accounting by North Americans in the 1990s. In: Journal of Management Accounting Research, 9 (1997), o. N., S. 3-61.

Shortreed, J. H., et al. (2003): Basic Frameworks for Risk Management, Network for Environmental Risk Management, 2003.

Simon, H. A., et al. (1987): Decision Making and Problem Solving. In: Interfaces, 17 (1987), 5, S. 11-31.

Simons, R. (2000): Performance Measurement & Control Systems for Implementing Strategy, Upper Saddle River, NJ 2000.

Sjurts, I. (1995): Kontrolle, Controlling und Unternehmensführung: theoretische Grundlagen und Problemlösungen für das operative und strategische Management, Wiesbaden 1995.

Smith, C. W. J. (1995): Corporate Risk Management: Theory and Practice. In: The Journal of Derivatives, 2 (1995), 4, S. 21-30.

Smith, C. W. J./Stulz, R. M. (1985): The Determinants of Firms' Hedging Policies. In: The Journal of Financial and Quantitative Analysis, 20 (1985), 4, S. 391-405.

Smith, C. W. J./Warner, J. B. (1979): On Financial Contracting: An Analysis of Bond Contracting. In: Journal of Financial Economics, 7 (1979), 2, S. 117-161.

Spremann, K. (2002): Analyse der Unsicherheit. In: *Küpper, H.-U./Wagenhofer, A.* (Hrsg.): Handwörterbuch Unternehmensrechnung und Controlling - Enzyklopädie der Betriebswirtschaftslehre Bd. 3, Stuttgart 2002, S. 48-58.

Steward, I. (2001): Die Zahlen der Natur - Mathematik als Fenster zur Welt, Heidelberg et al. 2001.

Steyer, R./Eid, M. (2001): Messen und Testen, 2. Aufl., Berlin et al. 2001.

Stoffel, K. (1995): Controllership im internationalen Vergleich, Wiesbaden 1995.

Stokes, D. E. (1997): Pasteur’s Quadrant: Basic Science and Technological Innovation, Brookings Institute Paper, Washington, D.C. 1997.

Stone, B. K. (1973): A general class of three-parameter risk measures. In: Journal of Finance, 28 (1973), 3, S. 675-685.

Streitferdt, L. (1973): Grundlagen und Probleme der betriebswirtschaftlichen Risikotheorie, Wiesbaden 1973.

Stulz, R. M. (1990): Managerial Discretion and Optimal Financing Policies. In: Journal of Financial Economics, 26 (1990), 1, S. 3-27.

Stulz, R. M. (1996): Rethinking Risk Management. In: Journal of Applied Corporate Finance, 9 (1996), 3, S. 8-24.

Sugino, F. (2003): Gendaiteki risukumanejimento no kanôsei ni kansuru kôsatsu (A Study on ERM and TQ control by Japanese Corporations). In: Hokengakuzasshi (Journal of Insurance Science), o. Jg. (2003), 9, S. 152 - 172.

Sullivan, C. D. (1983): Standards and standardiziation, New York 1983.

Sullivan, L. (2003): Defining ERM. In: Risk Management & Insurance Review, 50 (2003), 9, S. 4.

Suzuki, M. (2001): Risukumanejimento shisutemu kikaku to wa nani ka - JIS Q2001 seitei no nerai to gainen (Was ist ein Risikomanagementsystem-Standard? Zielsetzung des JIS Q 2001 und Übersicht). In: JMA Manejimento rebyû (JMA Management Review), 7 (2001), 5, S. 34-41.

Szegö, G. (2002): Measures of Risk. In: Journal of Banking & Finance, 26 (2002), 7, S. 1253-1272.

Takanashi, T. (2003): risuku manejimento nyuumon (Einführung in das Risikomanagement), Tokyo 2003.

Tillinghast-Towers Perrin (2005): Enterprise Risk Management in the Insurance Industry - 2002 Benchmarking Survey Report, 2005.

Tritschler, N. (2001): Risikomanagementsysteme – eine empirische Studie zum aktuellen Stand der Integration in deutschen und internationalen Unternehmen, Diplomarbeit, FH Pforzheim, Kornwestheim 2001.

Troßmann, E./Baumeister, A. (2004): Risikocontrolling in kleinen und mittleren Unternehmungen mit Auftragsfertigung. In: *Hachmeister, D.* (Hrsg.): Risikomanagement und Risikocontrolling: Reichweite und Gestaltung, Controlling & Management (ZfCM) Sonderheft 3-2004, Wiesbaden 2004, S. 74-85.

Truxius, D. (2006): Controlling am Beginn des IFRS-Zeitalters. In: *Winter, P., et al.* (Hrsg.): Controlling im Wandel der Zeit, Köln/Lohmar 2006, S. 389-411.

Tufano, P. (1998): Agency Costs of Corporate Risk Management. In: Financial Management, 27 (1998), 1, S. 67-77.

Turner, C. (1996): VaR as an Industrial Tool. In: Risk, 9 (1996), 3, S. 38-40.

Ulrich, P./Fluri, E. (1995): Management: eine konzentrierte Einführung, 7. Aufl., Bern 1995.

Vermeulen, E. M. (1994): Corporate Risk Management: A multi-factor approach, Amsterdam 1994.

Vickrey, D. W. (1970): Is Accounting a Measurement Discipline? In: The Accounting Review, 45 (1970), 4, S. 731-742.

Vielmeyer, U. (2004): Risikoorientierte Unternehmenspublizität: Theorie und Empirie, Frankfurt a. M. 2004.

Vogler, M., et al. (2000): Risikomanagementsysteme - Stand der Umsetzung - Ergebnisse einer empirischen Untersuchung. In: Der Betrieb, 53 (2000), 29, S. 1425-1431.

Vogler, M./Grundert, M. (1998): Einführung von Risikomanagementsystemen. In: Der Betrieb, 51 (1998), 48, S. 2377-2383.

Vollrath, R. (2001): Die Berücksichtigung von Handlungsflexibilität bei Investitionsentscheidungen. In: *Hommel, U., et al.* (Hrsg.): Realoptionen in der Unternehmenspraxis - Wert schaffen durch Flexibilität., Berlin et al. 2001, S. 45-77.

von Neumann, J./Morgenstern, O. (1944): Theory of Games and Economic Behavior, New York 1944.

Vose, D. (2000): Risk analysis: a quantitative guide, Chichester et al. 2000.

Wagenhofer, A. (2006): Controlling und IFRS-Rechnungslegung: Konzepte, Schnittstellen, Umsetzung, Berlin 2006.

Wagenhofer, A./Ewert, R. (2003): Externe Unternehmensrechnung, Berlin 2003.

Währisch, M. (1998): Kostenrechnungspraxis in der deutschen Industrie: eine empirische Studie, Wiesbaden 1998.

Währisch, M. (2000): Der Ansatz kalkulatorischer Kostenarten in der industriellen Praxis. In: Zeitschrift für betriebswirtschaftliche Forschung (ZfbF), 52 (2000), 7, S. 678-694.

Walker, V. (1997): Bankkostenrechnung & Risiko: Ansätze kostenbasierter Entscheidungsrechnungen für ein risikoorientiertes Bankcontrolling, Zürich 1997.

Wall, F. (2000): Koordinationsfunktion des Controlling und Organisation - Überlegungen zur Eigenständigkeit eines Koordinationsorientierten Controlling. In: Kostenrechnungspraxis (krp), 44 (2000), 5, S. 295-304.

Wall, F. (2001): Betriebswirtschaftliches Risikomanagement im Lichte des KonTraG. In: *Lange, W./Wall, F.* (Hrsg.): Risikomanagement nach dem KonTraG - Aufgaben und Chancen aus betriebswirtschaftlicher und juristischer Sicht, München 2001, S. 207-235.

Wall, F. (2002): Das Instrumentarium zur Koordination als Abgrenzungsmerkmal des Controlling? In: *Weber, J./Hirsch, B.* (Hrsg.): Controlling als akademische Disziplin. Eine Bestandsaufnahme, Wiesbaden 2002, S. 68-90.

Wall, F. (2003): Risikocontrolling. In: *Horváth, P./Reichmann, T.* (Hrsg.): Vahlens großes Controllinglexikon, 2. Aufl., München 2003, S. 670-671.

Walter, R. (1995): Portfolio-Bewertung im Risikocontrolling und im Jahresabschluß: die Abbildung derivativer Zinsinstrumente des Handelsbestandes, Wiesbaden 1995.

Warner, J. B. (1977): Bankruptcy Costs: Some Evidence. In: Journal of Finance, 32 (1977), 2, S. 337-347.

Weber, H. K. (1988): Betriebswirtschaftliches Rechnungswesen, Band 1: Bilanz und Erfolgsrechnung, 3. neubearb. Aufl., München 1988.

Weber, H. K. (2002): Basisgrößen der Unternehmensrechnung. In: *Küpper, H.-U./Wagenhofer, A.* (Hrsg.): Handwörterbuch Unternehmensrechnung und Controlling, Enzyklopädie der Betriebswirtschaftslehre, Band 3, 4. völlig neu gestaltete Aufl., Stuttgart 2002, S. 117-125.

Weber, J. (1995): Einführung in das Controlling, 6. Aufl., Stuttgart 1995.

Weber, J. (1998): Einführung in das Controlling, 7. Aufl., Stuttgart 1998.

Weber, J. (1999): Einführung in das Controlling, 8. Aufl., Stuttgart 1999.

Weber, J. (2002): Einführung in das Controlling, 9. Aufl., Stuttgart 2002.

Weber, J. (2003): Vorwort. In: *Weber, J./Kunz, J.* (Hrsg.): Empirische Controllingforschung: Begründung - Beispiele - Ergebnisse, Wiesbaden 2003, S. V-VII.

Weber, J. (2004): Einführung in das Controlling, 10. Aufl., Stuttgart 2004.

Weber, J. (2005): Gestaltung der Kostenrechnung - Notwendigkeit, Optionen und Konsequenzen, Wiesbaden 2005.

Weber, J./Liekweg, A. (2001): Zur Rationalität des Risikomanagements. In: *Lange, W./Wall, F.* (Hrsg.): Risikomanagement nach dem KonTraG - Aufgaben und Chancen aus betriebswirtschaftlicher und juristischer Sicht, München 2001, S. 457-503.

Weber, J., et al. (2002): Stand der Planung und Kontrolle betrieblicher Investitionen. In: Kostenrechnungspraxis (krp), 46 (2002), 5, S. 291-298.

Weber, J./Meyer, M. (2005a): Controlling im Spannungsfeld der Internationalisierung. In: *Weber, J./Meyer, M.* (Hrsg.): Internationalisierung des Controllings - Standortbestimmung und Optionen, Wiesbaden 2005a, S. 3-8.

Weber, J./Meyer, M. (2005b): Internationalisierung des Controllings: Standortbestimmung und Optionen, Wiesbaden 2005b.

Weber, J./Schäffer, U. (1998): Balanced Scorecard - Gedanken zur Einordnung des Konzepts in das bisherige Controlling-Instrumentarium. In: Zeitschrift für Planung (ZP), 9 (1998), o. N., S. 341-365.

Weber, J./Schäffer, U. (1999): Sicherstellung der Rationalität von Führung als Aufgabe des Controlling? In: Die Betriebswirtschaft (DBW), 59 (1999), 6, S. 731-747.

Weber, J./Schäffer, U. (2000): Controlling als Koordinationsfunktion? In: Kostenrechnungspraxis (krp), 44 (2000), 2, S. 109-117.

Weber, J./Schäffer, U. (2001): Controlling als Rationalitätssicherung der Führung. In: Die Unternehmung, 55 (2001), 1, S. 75-79.

Weber, J./Weißenberger, B. E. (2006): Einführung in das Rechnungswesen: Bilanzierung und Kostenrechnung, Stuttgart 2006.

Weber, J., et al. (1999): Risk Tracking and Reporting - Unternehmerisches Chancen- und Risikomanagement nach KonTraG, Advanced Controlling, Bd. 11, Vallendar 1999.

Weidemann, M. (2001): Der australisch-neuseeländische Standard AS/NZS 4360:1999 zum Risikomanagement. In: Der Betrieb, 54 (2001), 50, S. 2613-2618.

Weidemann, M./Wieben, H.-J. (2001): Zur Zertifizierbarkeit von Risikomanagement-Systemen. In: Der Betrieb, 54 (2001), 34, S. 1789-1795.

Weishaupt, J. (1999): Risk Management – Realisierungskonzepte für die unternehmerische Praxis, Laupheim 1999.

Welge, M. K. (1988): Unternehmungsführung, Band 3: Controlling, Stuttgart 1988.

White, L. (2004): Management Accountants and Enterprise Risk Management. In: Strategic Finance, 86 (2004), 5, S. 6-7.

Wielenberg, S. (2002): Rechnungszwecke. In: *Küpper, H.-U./Wagenhofer, A.* (Hrsg.): Handwörterbuch Unternehmensrechnung und Controlling - Enzyklopädie der Betriebswirtschaftslehre Bd. 3, Stuttgart 2002, S. 1669-1677.

Wiemann, V./Mellewigt, T. (1998): Das Risiko-Rendite Paradoxon - Stand der Forschung und Ergebnisse einer empirischen Untersuchung. In: Zeitschrift für betriebswirtschaftliche Forschung (ZfbF), 50 (1998), 6, S. 551-572.

Wild, J. (1974): Grundlagen der Unternehmungsplanung, Reinbek b. Hamburg 1974.

Wild, J. (1982): Grundlagen der Unternehmensplanung, 4. Aufl., Opladen 1982.

Winter, P. (2004): Cashflow at Risk als Instrument des industriellen Risikomanagements. In: Wirtschaftswissenschaftliches Studium (WiSt), 33 (2004), 5, S. 289-294.

Winter, P. (2006): Überlegungen zur Risikorechnung als Instrument des Risikocontrollings in Nicht-Finanzunternehmen. In: *Winter, P., et al.* (Hrsg.): Controlling im Wandel der Zeit - Festschrift anlässlich der Emeritierung von Prof. Dr. Hans-Jörg Hoitsch, Lohmar/Köln 2006, S. 319-344.

Winter, P./Baumann, N. (2004): Risikocontrolling-Studie: Empirische Untersuchung zum Stand des Risikocontrollings bei deutschen Kapitalgesellschaften, Mannheim 2004.

Winter, P., et al. (2006a): Risikoorientierte Balanced Scorecard-Konzepte für KMU. In: *Lingnau, V.* (Hrsg.): Einsatz von Controllinginstrumenten im Mittelstand, Lohmar-Köln 2006a, S. 170-194.

Winter, P., et al. (2006b): Risikoorientierte Balanced Scorecard im „at-Risk"-Konzept als Instrument des integriert holistischen Risikomanagements. In: Performance Excellence - Zeitschrift für Controlling und Innovationsmanagement (ZfCI), 1 (2006b), 4, S. 69-76.

Wittmann, E. (2000): Organisation des Risikomanagements im Siemens Konzern. In: *Schierenbeck, H.* (Hrsg.): Risk-Controlling in der Praxis: rechtliche Rahmenbedingungen und geschäftspolitische Konzeptionen in Banken, Versicherungen und Industrie, Stuttgart 2000, S. 457-482.

Wittmann, W. (1959): Unternehmung und unvollkommene Information, Köln et al. 1959.

Wöhe, G./Döring, U. (2005): Einführung in die allgemeine Betriebswirtschaftslehre, 22. Aufl., München 2005.

Wolf, K. (2003a): Risikoaggregation anhand der Monte-Carlo-Simulation. In: Controlling, 15 (2003a), 10, S. 565-572.

Wolf, K. (2003b): Risikomanagement im Kontext der wertorientierten Unternehmensführung, Wiesbaden 2003b.

Wolf, K. (2004): Risikomanagement gemäß den Anforderungen des KonTraG bei DaimlerChrysler. In: Controlling, 4/5 (2004), 16, S. 211-216.

Wolf, K./Runzheimer, B. (2003): Risikomanagement und KonTraG: Konzeption und Implementierung, Wiesbaden 2003.

Wolz, M. (2001): Zum Stand der Umsetzung von Risikomanagementsystemen aus der Sicht börsennotierter Aktiengesellschaften und ihrer Prüfer – Eine empirische Studie. In: Die Wirtschaftsprüfung, 54 (2001), 16, S. 789-801.

Wong, M. H. F. (2000): The Association between SFAS No. 119 Derivatives Disclosures and the Foreign Exchange Risk Exposure of Manufacturing Firms. In: Journal of Accounting Research, 38 (2000), 2, S. 387-417.

Wurl, H. J./Mayer, J. H. (2001): Balanced Scorecards und industrielles Risikomanagement - Möglichkeiten der Integration. In: *Klingebiel, N.* (Hrsg.): Performance Measurement & Balanced Scorecard, München 2001, S. 179-213.

Young, P. C./Tippins, S. C. (2001): Managing Business Risk: an organization-wide approach to risk management, New York 2001.

Zäpfel, G. (1989): Strategisches Produktions-Management, Berlin et al. 1989.

Zdrowomyslaw, N., et al. (2003): Akzeptanz und Verbreitung der Balanced Scorecard. In: Betrieb und Wirtschaft, o. Jg. (2003), 9, S. 356-359.

Zech, J. (2002): Integriertes Risikomanagement – Status quo und Entwicklungstendenzen. In: *Hölscher, R./Elfgen, R.* (Hrsg.): Herausforderung Risikomanagement - Identifikation, Bewertung und Steuerung industrieller Risiken, Wiesbaden 2002, S. 33-49.

Zenz, A. (1998): Controlling - Bestandsaufnahme und konstruktive Kritik theoretischer Ansätze. In: *Dyckhoff, H./Ahn, H.* (Hrsg.): Produktentstehung, Controlling und Umweltschutz: Grundlagen eines ökologieorientierten F&E-Controlling, Heidelberg 1998, S. 27-60.

Zenz, A. (1999): Strategisches Qualitätscontrolling: Konzeption als Metaführungsfunktion, Wiesbaden 1999.

Ziegenbein, K. (2002): Controlling, 7. Aufl., Ludwigshafen 2002.

Zimmerman, J. L. (2001): Conjectures regarding empirical managerial accounting research. In: Journal of Accounting and Economics, 32 (2001), o. N., S. 411-427.

Zimmerman, J. L. (2006): Accounting for decision making and control, 5. ed., Boston 2006.

Zünd, A. (1985): Der Controller-Bereich (Controllership) - Randbemerkungen zur Institutionalisierung der Controller-Funktion. In: *Probst, G. J. B., et al.* (Hrsg.): Controlling und Unternehmungsführung, Bern/Stuttgart 1985, S. 28-40.

AUSGEWÄHLTE VERÖFFENTLICHUNGEN

EUL VERLAG

CONTROLLING

Herausgegeben von Prof. Dr. Volker Lingnau, Kaiserslautern, und Prof. Dr. Albrecht Becker, Innsbruck

Band 1
Katrin von Briel
Controlling im Logistik-Outsourcing
Lohmar – Köln 2005 • 322 S. • € 52,- (D) • ISBN 3-89936-368-X

Band 2
Avo Schönbohm
Reflexives Controlling – Rationalität und Revolution unternehmerischer Wirklichkeit in der Postmoderne
Lohmar – Köln 2005 • 292 S. • € 49,- (D) • ISBN 3-89936-413-9

Band 3
Volker Lingnau (Hrsg.)
Einsatz von Controllinginstrumenten im Mittelstand – Konferenz Mittelstandscontrolling 2005, TU Kaiserslautern
Lohmar – Köln 2006 • 212 S. • € 45,- (D) • ISBN 3-89936-431-7

Band 4
Tim Dwornicki
Universitäre Kostenrechnungen – Eine entscheidungsorientierte Analyse grundlegender Gestaltungsoptionen
Lohmar – Köln 2006 • 264 S. • € 47,- (D) • ISBN 3-89936-475-9

Band 5
Peter Winter
Risikocontrolling in Nicht-Finanzunternehmen – Entwicklung einer tragfähigen Risikocontrolling-Konzeption und Vorschlag zur Gestaltung einer Risikorechnung
Lohmar – Köln 2007 • 472 S. • € 62,- (D) • ISBN 978-3-89936-553-5

RECHNUNGSLEGUNG UND WIRTSCHAFTSPRÜFUNG

Herausgegeben von Prof. (em.) Dr. Dr. h. c. Jörg Baetge, Münster, Prof. Dr. Hans-Jürgen Kirsch, Hannover, und Dr. Stefan Thiele, Münster

Band 7
Andreas Nutz
Integrierte Prüfsoftware – Business Intelligence- und Monitoring-Technologie in der Unternehmensberichterstattung, Rechnungslegung und Jahresabschlussprüfung
Lohmar – Köln 2005 • 484 S. • € 62,- (D) • ISBN 3-89936-364-7

Band 8
Lars Hepers
Entscheidungsnützlichkeit der Bilanzierung von Intangible Assets in den IFRS – Analyse der Regelungen des IAS 38 unter besonderer Berücksichtigung der ergänzenden Regelungen des IAS 36 sowie des IFRS 3
Lohmar – Köln 2005 • 496 S. • € 63,- (D) • ISBN 3-89936-402-3

Band 9
Jesco Willms
Explorations- und Evaluierungsausgaben in der Rechnungslegung nach IFRS
Lohmar – Köln 2006 • 312 S. • € 52,- (D) • ISBN 3-89936-437-6

Band 10
Ekaterina Lohwasser
Effizienz der Kapitalmärkte durch Enforcement von IFRS
Lohmar – Köln 2006 • 344 S. • € 53,- (D)
ISBN-13: 978-3-89936-512-2 • ISBN-10: 3-89936-512-7

Band 11
Alexander Scheele
Strategieorientierte Lageberichterstattung – Eine kritische Analyse internationaler Entwicklungen vor dem Hintergrund des Management Commentary des IASB
Lohmar – Köln 2007 • 390 S. • € 56,- (D)
ISBN-13: 978-3-89936-547-4 • ISBN-10: 3-89936-547-X

STEUER, WIRTSCHAFT UND RECHT

Herausgegeben von vBP StB Prof. Dr. Johannes Georg Bischoff, Wuppertal, Dr. Alfred Kellermann, Vorsitzender Richter am BGH (a. D.), Karlsruhe, Prof. (em.) Dr. Günter Sieben, Köln, und WP StB Prof. Dr. Norbert Herzig, Köln

Band 259
Ulrich Werner Lüdemann
Probleme bei der Abfindung außenstehender Aktionäre
Lohmar – Köln 2006 • 312 S. • € 52,- (D) • ISBN 3-89936-443-0

Band 260
Rico A. Hermann
Die Besteuerung von Personengesellschaften in den EU-Mitgliedstaaten und den USA – Eine besteuerungskonzeptionelle Systematisierung und quantitative Belastungsanalyse
Lohmar – Köln 2006 • 568 S. • € 66,- (D) • ISBN 3-89936-457-0

Band 261
Maibrit Frebel
Erfolgsaufteilung und -besteuerung im internationalen Konzern
Lohmar – Köln 2006 • 306 S. • € 49,- (D) • ISBN 3-89936-466-X

Band 262
Marcel Köchling
Die Bedeutung immaterieller Werte im Insolvenzverfahren
Lohmar – Köln 2006 • 444 S. • € 58,- (D) • ISBN 3-89936-472-4

Band 263
Vanessa Köth
Die Besteuerung von Unternehmen vor dem Hintergrund nationaler und internationaler Reformvorschläge
Lohmar – Köln 2006 • 434 S. • € 58,- (D) • ISBN 3-89936-480-5

Band 264
Max Philipp Rolshoven
Die gesellschaftsrechtliche Zulässigkeit von Anerkennungsprämien
Lohmar – Köln 2006 • 324 S. • € 52,- (D)
ISBN-13: 978-3-89936-486-6 • ISBN-10: 3-89936-486-4

Band 265
Maibrit Frebel
Erfolgsaufteilung und -besteuerung im internationalen Konzern
Lohmar – Köln 2006 • 306 S. • € 49,- (D)
ISBN-13: 978-3-89936-466-8 • ISBN-10: 3-89936-466-X

Band 266
Thomas Wagner
Konzeption einer Gruppenbesteuerung
Lohmar – Köln 2006 • 416 S. • € 57,- (D)
ISBN-13: 978-3-89936-490-3 • ISBN-10: 3-89936-490-2

Band 267
Stephanie Aretz
Allgemeine Geschäftsbedingungen im Arbeitsvertrag
Lohmar – Köln 2006 • 270 S. • € 48,- (D)
ISBN-13: 978-3-89936-492-7 • ISBN-10: 3-89936-492-9

Band 268
Christiane Pfeiffer
Das System des Arbeitskampfrechts am Beispiel der Arbeitskampfmittel der Arbeitgeber
Lohmar – Köln 2006 • 308 S. • € 49,- (D)
ISBN-13: 978-3-89936-494-1 • ISBN-10: 3-89936-494-5

Band 269
Felix Schleithoff
Die Unternehmensbewertung im deutschen Steuerrecht
Lohmar – Köln 2006 • 380 S. • € 55,- (D)
ISBN-13: 978-3-89936-503-0 • ISBN-10: 3-89936-503-8

Band 270
Katrin Ortgies
Die Konzernsteuerquote – Implikationen für Konzernsteuerpolitik und staatliche Steuerpolitik
Lohmar – Köln 2006 • 262 S. • € 47,- (D)
ISBN-13: 978-3-89936-523-8 • ISBN-10: 3-89936-523-2

Band 271
Elena Göke
Die ertragsteuerliche Organschaft als Gestaltungsinstrument für Mittelstandskonzerne
Lohmar – Köln 2006 • 426 S. • € 57,- (D)
ISBN-13: 978-3-89936-544-3 • ISBN-10: 3-89936-544-5

Band 272
Heribert Leineweber
Wettbewerbsverbot und Geschäftschancenlehre im Recht der GbR – Übertragbarkeit der §§ 112, 113 HGB
Lohmar – Köln 2006 • 220 S. • € 45,- (D)
ISBN-13: 978-3-89936-545-0 • ISBN-10: 3-89936-545-3

EINZELSCHRIFTEN

Jörn-Axel Meyer (Hrsg.)
Kleine und mittlere Unternehmen in neuen Märkten – Aufbruch und Wachstum – Jahrbuch der KMU-Forschung und -Praxis 2006
Lohmar – Köln 2006 • 482 S. • € 65,- (D) • ISBN 3-89936-479-1

Thomas Krupp
Benchmarking als Controlling-Instrument für die Kontraktlogistik – Prozessbenchmarking für Logistikdienstleister am Beispiel von Lagerdienstleistungen
Lohmar – Köln 2006 • 268 S. • € 47,- (D)
ISBN-13: 978-3-89936-487-3 • ISBN-10: 3-89936-487-2

Winfried Zapp (Hrsg.)
Ökonomische Analysen in der Stationären Altenhilfe
Lohmar – Köln 2006 • 282 S. • € 48,- (D)
ISBN-13: 978-3-89936-496-5 • ISBN-10: 3-89936-496-1

Detlef Hellenkamp
Bankvertrieb – Privatkundengeschäft der Kreditinstitute im Wandel
Lohmar – Köln 2006 • 336 S. • € 53,- (D)
ISBN-13: 978-3-89936-499-6 • ISBN-10: 3-89936-499-6

Tobias Grünberg
Die obligatorische Verlustanzeige
Lohmar – Köln 2006 • 316 S. • € 52,- (D)
ISBN-13: 978-3-89936-501-6 • ISBN-10: 3-89936-501-1

Herbert Strunz
Management im militärischen Bereich
Lohmar – Köln 2006 • 128 S. • € 36,- (D)
ISBN-13: 978-3-89936-505-4 • ISBN-10: 3-89936-505-4

HLB Dr. Stückmann und Partner
Unter Leitung von Benedikt Kastrup
Jahresabschlussprüfung und Steuerberatung für den Mittelstand – Festschrift für Dr. Ulrich Hüttemann anlässlich seines 65. Geburtstages
Lohmar – Köln 2006 • 448 S. • € 64,- (D)
ISBN-13: 978-3-89936-513-9 • ISBN-10: 3-89936-513-5

Helmut Krcmar, Claus Rautenstrauch, Holger Wittges und Heino Schrader (Hrsg.)
Wirtschaftsinformatik-Ausbildung mit SAP®-Software – Reader zum Track der Multikonferenz Wirtschaftsinformatik 2006 in Passau
Lohmar – Köln 2006 • 278 S. • € 48,- (D)
ISBN-13: 978-3-89936-514-6 • ISBN-10: 3-89936-514-3

Hans J. Oppelland (Hrsg.)
Deutschland und seine Zukunft – Innovation und Veränderung in Bildung, Forschung und Wirtschaft – Festschrift zum 75. Geburtstag von Prof. Dr. Dr. h. c. Norbert Szyperski
Lohmar – Köln 2006 • 800 S. • € 89,- (D)
ISBN-13: 978-3-89936-515-3 • ISBN-10: 3-89936-515-1

Philipp Goos
Strategisches Innovationsmanagement in fokalen Unternehmensnetzwerken – Gestaltung von Instrumenten
Lohmar – Köln 2006 • 248 S. • € 46,- (D)
ISBN-13: 978-3-89936-521-4 • ISBN-10: 3-89936-521-6

Leonhardt Wohlschlager
Informationssysteme für das Kundenbindungsmanagement in der Versicherungswirtschaft
Lohmar – Köln 2006 • 612 S. • € 72,- (D)
ISBN-13: 978-3-89936-526-9 • ISBN-10: 3-89936-526-7

Stefan Rutz
Die Einführung von Diagnosis Related Groups in Deutschland – Interessen – Anreize – Erste Ergebnisse
Lohmar – Köln 2006 • 432 S. • € 58,- (D)
ISBN-13: 978-3-89936-534-4 • ISBN-10: 3-89936-534-8

Oliver Serg
Optimierung der Konzernsteuerquote durch internationale Funktionsverlagerungen
Lohmar – Köln 2006 • 402 S. • € 56,- (D)
ISBN-13: 978-3-89936-540-5 • ISBN-10: 3-89936-540-2

Steffen Helmut Hütter
Beschaffungskosten und eProcurement – Kostensenkung durch materialdifferenzierte Verfahren
Lohmar – Köln 2007 • 280 S. • € 48,- (D) •ISBN: 978-3-89936-549-8

Oliver Henniges
Die Bioethanolproduktion – Wettbewerbsfähigkeit in Deutschland unter Berücksichtigung der internationalen Konkurrenz
Lohmar – Köln 2007 • 340 S. • € 79,- (D) • ISBN: 978-3-89936-551-1